城垣杯

规划决策支持模型
设计大赛获奖作品集

2017-2018

北京市城市规划设计研究院
中国城市规划学会城市规划新技术应用学术委员会 编

中国建筑工业出版社

**图书在版编目（CIP）数据**

城垣杯·规划决策支持模型设计大赛获奖作品集
（2017-2018）／北京市城市规划设计研究院，中国
城市规划学会城市规划新技术应用学术委员会编. —
北京：中国建筑工业出版社，2018.11
　ISBN 978-7-112-22790-7

　Ⅰ. ① 城… Ⅱ. ① 北… ② 中… Ⅲ. ① 城市规划　建
筑设计－作品集－中国－现代 Ⅳ. ① TU984.2

　中国版本图书馆CIP数据核字（2018）第233860号

责任编辑：张瀛天
书籍设计：锋尚设计
责任校对：王　瑞

**城垣杯**

**规划决策支持模型设计大赛获奖作品集（2017-2018）**

北京市城市规划设计研究院　　　　　编
中国城市规划学会城市规划新技术应用学术委员会

\*

中国建筑工业出版社出版、发行（北京海淀三里河路9号）
各地新华书店、建筑书店经销
北京锋尚制版有限公司制版
北京富诚彩色印刷有限公司印刷

\*

开本：889×1194毫米　1/12　印张：38　字数：943千字
2019年1月第一版　　2019年1月第一次印刷
定价：**360.00**元
ISBN 978-7-112-22790-7
（32921）

# 编委会成员

# 前言

我国目前正处于新型城镇化建设与规划转型的新时期，城市发展所面临的问题愈加综合复杂，随着信息技术由移动互联、物联网、云计算、大数据为基础支撑向人工智能技术的迈进，如何基于成熟的规划量化研究理念方法，利用先进的信息技术，对城市相关发展要素进行定量分析研究，对规划方案进行综合模拟预测，对城市建设进行动态监测评估，为城乡规划和管理工作提供更具科学性的指导与支撑，是规划从业者需要深入思考的重要问题。

为进一步推动量化研究工作在我国城乡规划行业中的深入探索与实践应用，北京市城市规划设计研究院与中国城市规划学会城市规划新技术应用学术委员会分别于2017年、2018年共同举办了两届"城垣杯·规划决策支持模型设计大赛"。大赛旨在动员国内外致力于城市量化研究的专业学者，运用国际先进的城乡规划理念方法，从我国城乡规划实际应用角度出发，采用规划决策支持模型技术，利用政务数据、开放数据、大数据等各类数据资源，深入分析城乡建设发展现状、总结发展规律、模拟发展趋势以及预测未来场景等，从而为科学化解决城乡复杂问题提供新的思路。

自20世纪80年代，北京市城市规划设计研究院率先在全国城乡规划行业开启通过定量模型技术辅助城乡规划决策的研究实践。经过30余年的成果积累，建立了国内最完整的涵盖宏观、中观、微观问题研究的"城乡规划决策支持框架体系"，研发了承载100余项专业规划模型运行的"城乡规划决策支持系统平台"，从理论与实践两方面对我国城乡规划量化研究工作发挥了重要引领作用。中国城市规划学会城市规划新技术应用学术委员会以推动新技术在整个规划行业应用为目标，结合行业对于城乡规划新技术发展工作要求，组织开展系列学术技术交流会议和相关活动，努力推动城乡规划信息化的发展，旨在提高整个规划行业信息化水平，近几年在推动我国城乡规划量化研究方面发挥了重要作用。

两届大赛共收到数百名参赛团队报名信息，参赛选手身份多样，包括来自国内外顶点学府的高校师生，及国内各大城市的规划编制及管理单位的专业人员。大赛设置了社会经济发展、空间布局规划、公共设施配置、基础设施配置、安全设施保障、生态环境控制、历史文脉保护、城市设计研究、时空行为分析、城市综合管理等十大类研究方向。大赛成果紧密结合规划转型时期复杂问题的深入剖析，不仅充分关注城市发展过程中的热点问题、难点问题，更是城市研究人员基于长期的理论探索与实践应用，充分利用城乡规划学、地埋学、经济学、社会学、建筑学、上地科学、环境科学、计算机科学等交叉学科技术，从理论方法、技术支撑、成果展现等方面的开拓创新。

两届大赛共评选出38项获奖项目，现将其汇编成册《城垣杯·规划决策支持模型设计大赛获奖作品集（2017–2018）》(以下简称《作品集》)，以飨读者，希望《作品集》的出版，能够促进规划从业人员及学者们交流学习、互相借鉴，进一步提高我国规划行业量化研究的综合实力。

编委会
2018年12月

# Preface

China is now entering an era of new type of urbanization. Problems faced up with in the urban development is becoming increasingly complex. Along with the ICT technology striding towards artificial intelligence, supported by mobile interconnection, internet of things, cloud computing and big data, how to carry out quantitative urban analysis combining the theory, method and technology, has become an important topic for planners in order to comprehensively simulate the planning scheme, to dynamically monitor and evaluate the urban construction, and to scientifically provide guidance and support for urban & rural planning and management.

To promote both the in-depth exploration and the application of quantitative study in China's urban & rural planning industry, Beijing Municipal Institute of Urban Planning & Design, in association with China Urban Planning New Technology Application Academic Committee in Academy of Urban Planning, has organized the Planning Decision Support Model Design Contest (Chengyuan Cup) every year in 2017 and in 2018.

This contest aims to arouse academics home and abroad who are dedicated to the quantitative study on the urban & rural planning. Participants will put into use the most advanced concept internationally in urban & rural planning and also considerate the domestic practical application situation, and by adopting planning decision support model technologies and taking into considerate various data resources (such as government data, open data, big data etc.), to make in-depth analysis of the development status quo, to summarizes the development rules, to simulate development trend, or to predict future development scenario. Then new ideas for addressing urban & rural problems will be inspired.

Since 1980s, Beijing Municipal Institute of Urban Planning & Design has been taking the lead in quantitative-model-aided planning decisions research and practice in China's urban & rural planning. Nowadays, after accumulating of more than three decades, not only the most well-developed Urban & Rural Planning Decision Support Framework System covering macro, medium and micro issues has been established, but also Urban & Rural Planning Decision Support Platform composed of more than one hundred planning models, which has pushed forward the quantitative research of urban & rural planning in China theoretically and practically. Taking the application of new technologies on the whole industry as a goal, China Urban Planning New

Technology Application Academic Committee in Academy of Urban Planning has launched a series of academic and technical workshops and activities, combining the industry demand on new technologies in planning industry. It is devoted to promote the information technology and the informationization of the whole planning industry, and it has played an important role in promoting the quantitative research in urban & rural planning of China in recent years.

During these two contests, hundreds of registrations have been enlisted. A variety of contestants includes teachers and students from top universities home and abroad, as well as domestic planning management/compilation organizations. The modeling themes are set as social and economic development, space layout planning, public facilities allocation, infrastructure facilities allocation, safety facilities support, ecological environment control, preservation of historical context, urban design, space-time behavior analysis, and urban comprehensive management. Closely combined with the in-depth analysis of the complexity in the planning transition period and paying full attention to the hot and difficult issues in the process of urban development, the entries of the contest are pioneering innovation on aspects of theory, technology and exhibition based on the researchers' long-term theoretical exploration and practical application, making full use of the interdisciplinary technologies of urban & rural planning, geography, economics, sociology, architecture, land science, environmental science and computer science.

This collection compiles 38 prized works in the two competitions. We hope that the publication of this collection can promote the exchanging and sharing within the planners and scholars, and furtherly improve the comprehensive strength of the quantitative research in the planning industry.

Editorial Board
December 2018

# 序

马克思认为："一门科学只有成功地应用数学时，才算真正地达到了完善的地步"，这句话自学生时代起，给我的印象就十分深刻。早期的规划方式可能更多地基于经验的推理，或者是来自案例的总结，但是对城市发展规律的定量化研究比较薄弱。由于城市发展的复杂性和综合性，传统的城乡规划方法已然面临着很大的不确定性，比如面对日益复杂的城市问题、各方面原因导致的"大城市病"矛盾的凸显等，规划行业迫切地需要从以往的经验性认知、定性化分析向以数学方法、科学计算等为基础的量化研究来转变。

北京市城市规划设计研究院与中国城市规划学会城市规划新技术应用学术委员会共同举办的"城垣杯·规划决策支持模型设计大赛"，正是一个推动我国规划行业对城市量化研究工作的深入探索与应用的优秀实践。大赛让我看到行业同仁们的努力，大家通过城市量化模型研究，共同推动城乡规划这个经验学科逐步走向真正科学应用的道路。这虽是一个尝试，但充分显示了我们规划行业在理念、技术方法、实践应用上不断创新与探索的决心。

除了论文竞赛、设计方案竞赛，"城垣杯·规划决策支持模型设计大赛"又提供了一个新的方式，也使得我们的学科更加高大上起来。2018年我有幸担任大赛的评委，很兴奋也倍感欣慰。兴奋感来自于参赛的各位选手及其提交的优秀成果，大赛设置涵盖城乡发展的多个方向，通过多源数据、多种技术方法集成等量化手段，为规划分析提供支撑，有效规避规划决策的失误。我更欣慰的是，大赛不仅是一次突破和创新的智慧碰撞，还通过多样的可视化的成果案例为社会公众理解城乡规划工作提供了新的思路。

我们很幸运，处在了一个快速变化的时代，在这个创新的时代里，大数据提升了决策能力，云计算解放了资源需求。

我们的任务很艰巨，所在的行业是一个具有政府公共政策属性的领域，我们所做的工作，是一个关乎人类生活福祉的方向。

我们要更努力，因为近年来城乡规划在落实国家战略、推进城乡统筹发展过程中承担了更高的历史责任，发挥着更为重要的战略引领和刚性控制的作用。

借着《城垣杯·规划决策支持模型设计大赛获奖作品集（2017-2018年）》序言的契机，与各位同仁共勉，让我们不忘初心，微笑前行，成就美好。我更希望"城垣杯·规划决策支持模型设计大赛"未来能有更大的影响力，有更多的单位和同行参加进来，在这个领域实现更大的突破！

石楠

中国城市规划学会常务副理事长兼秘书长

# 目录

第一届
获奖作品

第一届
获奖作品

# 基于城市内部土地利用的空间扩张模拟研究

工 作 单 位：北京市城市规划设计研究院、爱荷华州立大学

研 究 方 向：空间布局规划

参 赛 人：胡腾云、李雪草

参赛人简介：胡腾云：北京市城市规划设计研究院工程师，毕业于清华大学地学系，热衷于定量化研究对城市规划决策的支持；

李雪草：清华大学地学系博士毕业，现就职于美国爱荷华州立大学，擅长城市模型、城市遥感等。

## 一、研究问题

### 1. 研究背景及目的意义

城市作为地球上人类活动最密集、社会生产活动最剧烈的场所，一直是学界研究的热点。根据联合国最新发布的"世界城市展望"，截止到2014年，有超过54%的世界人口居住在城市区域，该比例预测到2050年会达到66%。快速的城市化为人类生活富足带来了条件，同时由城市化所导致的各类"城市病"也日趋凸显，对未来全球可持续城市发展造成新的挑战。城市的空间扩张对城市周边的环境造成巨大的影响，例如森林退化、能源危机、空气污染、公共健康、城市区域气候变化、水资源缺乏及生境环境退化等。这些挑战促使我们对城市系统的发展及影响需要做出更合理科学的评估，来支持城市发展决策的制定和实施。

城市系统本身的复杂性决定了对城市化过程的研究需要进行多维度、多学科的考量。城市增长模型作为一种系统的城市量化研究工具，对城市土地利用系统的客观规律予以基本总结和概括。通过对政策实施的社会、经济、环境影响进行综合量化评价，为决策者提供多种预期情景的比较与分析，从而规避政策的潜在风险。城市模型对城市化及城市决策可能带来的影响能提供

更加明确的预估和判断。城市模型主要分为宏观模拟与微观模拟两类。宏观模拟模型主要为城市发展需求模型，而城市用地空间分配模型则是微观模拟的典型代表。

城市发展需求模型往往应用于较大空间尺度内规划政策的社会经济效应评估，以全球、区域、城市及城市内部的若干空间单元为对象。每个空间单元具有与其地理或行政区划较一致的人口、就业、产业、土地、市场等信息，通过模型模拟出城市化所带来的国内生产总值增加、人口聚集数量、就业岗位增加以及建设用地扩张。这类模型发展历程长，包括传统的基于人口增长的统计模型，基于反馈效应的系统动力学模型，基于人口、就业和市场的多重微分方程，以及基于空间经济学和行为选择理论的城市空间均衡模型。

城市用地的空间分配模型本质是将估算的城市发展效应转化为城市土地的需求，并将其通过一定规则分配到具体空间（或网格）。这类微观模型能够较好地反映城市扩张的空间异质性，在较高的空间精度下对城市发展进行多方面的评价。城市用地空间分配的核心思想是评估用地的适宜性，将需求优先分配到适宜性高的区域，同时考虑城市发展自身的特征（例如邻域），其典型代表模型即为城市元胞自动机增长模型（Cellular Automata，CA），这也是当前城市扩张模拟领域最主要的模型之一。城市CA

模型是一类基于网格的动力学模型，可以反映城市在时间和空间上的动态过程，用以模拟城市土地开发的时空演变。由于其模型架构清晰、灵活和直观等特征，以CA为基础而衍生的多种复杂的空间增长模型被广泛应用来解决不同的问题。

### 2. 研究目标及拟解决的问题

当前，已有的城市扩张模拟研究对象主要针对城市建设用地，而鲜有探究城市内部不同土地利用类型的变化模拟，不同的城市用地类型，例如商业用地或者住宅用地，均被统一纳入建设用地。事实上，城市规划或者城市管理政策的实施往往需要更加细致和全面的多种用地类型来支撑不同的城市功能。传统的基于单一建设地类的城市空间扩张模拟，在指导和支持城市规划决策中仍存在着较大局限。同时，不同的城市功能用地类型（例如住宅用地与商业用地）在空间蔓延过程中表现不同的特征，如区位、数量、建筑格局等影响因子对不同用地类型具有不同的转化规则。另一方面，城市宏观用地需求模型与微观模型的耦合目前较为薄弱。传统的基于人口和GDP（Gross Domestic Product）的统计模型在描述城市内部功能地类的需求变化上存在明显的不足；而需求估算模型（综合考虑居住、就业等）往往无法具体获得城市空间发展规模、结构和布局，例如，传统的土地利用交通模型（Landsat Use/Transportation Model）侧重于对城市社会经济状况的描述，而非各类城市建设用地发展需求。因此，本文旨在从城市规划的实际应用出发，利用城市模型在宏观总体需求和微观空间分配的关系，探索城市内部不同土地利用的空间演化过程。本文以京津冀协同发展为背景，对北京市未来城市发展、城市副中心及周边地区的建设规划与管理提供多种模型预测场景。模型设计对城市内各功能地类（如居住用地、就业用地等）分别进行模拟与预测，改进模型中针对多种用地类型扩张的转换规则；模型承接MEPLAN模型对城市内不同功能类型建筑量的预测，实现从城市内"中观"尺度的需求总量估算到"微观"尺度土地布局模拟的耦合链接。

## 二、研究方法

城市发展用地规模需求估算根据各功能类型用房建筑规模与平均容积率作商所得。比较传统策略的基于宏观人口和经济数据的城市增长面积估算，本研究用地需求的估算为城市空间模拟提供更为详细的功能类别和空间异质结构。

城市内不同功能地类的扩张受不同约束因子的影响。居住与就业类用地土地功能不同，各地类对如交通、土地区位、土地成本等约束因子的响应也不同。因此，需要在城市用地空间分配模拟中分别针对不同地类设置转换规则并分别模拟扩张过程。研究将引入"竞争机制"对多种不同功能用地类型进行同步扩张模拟。模型设计整体流程见图2-1。

研究区共划分为143个分区，其中北京市内包含130个模型分区，北三县含13个。模型区的空间尺度随着人口和活动密度而变化，人口活动越密集的区域，模型区的空间尺度越小。为方便模

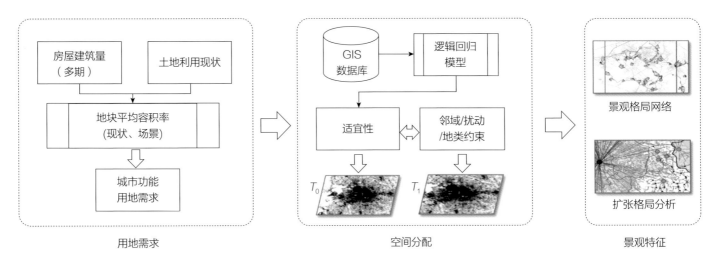

图2-1 模型设计流程

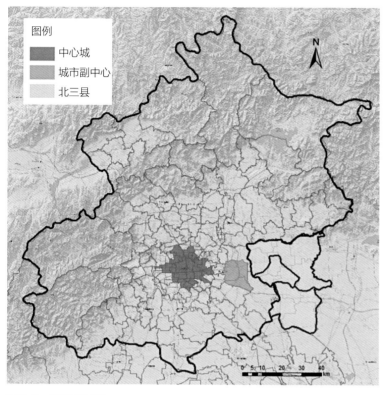

图2-2 模型分区图

| 模型输入土地利用分类系统 | 表3-1 |
|---|---|
| 模型输入类型 | 初级分类 |
| 居住用地 | 村镇居住用地、城市居住用地（一类、二类、三类、四类） |
| 就业用地 | 商业金融用地、文化娱乐用地、行政办公用地、体育用地、医疗卫生用地、教育科研用地 |
| 其他建设用地 | 工业用地、仓储物流用地 |
| 非建设用地 | 水域、耕地、园地、林地、牧草地、绿地、未开发用地 |

型情景设置，根据现有规划职能分区，北京市中心区内包含23个分区、北三县内包含13个，通州区内的北京城市副中心包含3个分区（图2-2）。

## 三、数据说明

### 1. 数据内容及类型

本研究选取数据主要包括城市内部详细土地利用数据以及相关的地理空间数据集。城市内部土地利用数据包括多种城市功能用地分布的现状图，将其归并为居住用地、就业用地、其他建设用地和非建设用地（表3-1）。地理空间数据的组织和收集主要包括各地级行政边界及行政中心（北京、天津、石家庄、河北地级市、通州核心区），交通网络（铁路、高速公路、国道、省道、市郊铁路、地铁线路）以及北京第二机场。这些空间变量用以描述城市功能地类发展的多类特征。

### 2. 数据预处理技术与成果

城市内部不同功能地类未来的土地需求增量是城市CA模型的

重要输入。土地需求增量由MEPLAN模型估算的居住类和就业类用房建筑规模，控制不同建筑类型的容积率，将建筑规模与容积率的商值作为各功能地类的用地量需求。

MEPLAN是一种基于市场均衡原则提供城市活动中量化效用指标（如，人口规模、就业规模、建筑规模）的宏观类模型。将2013年作为基准年，2013年居住类与就业类用房建筑规模由模型通过第六次人口普查和第三次经济普查标定校验后计算所得。MEPLAN模型利用人口与就业人口规模，以人均企业用房面积20平方米/人、人均住房面积不断改善（从2010年的人均50.1平方米增加至2030年的人均66.9平方米）为假设，估算居住类和就业类用房建筑规模。

容积率是反映土地集约开发程度的重要指标之一。以2013年研究区内各分区的居住类和就业类土地的平均容积率作为模型模拟的初始场。MEPLAN模型针对不同政策场景模拟输出2030年各分区内居住类与就业类建筑规模，配合分区内不同地类平均容积率的变化，从而获得不同场景下各类型土地的增长规模（即用地需求）。

## 四、模型算法

### 1. 模型算法流程及相关数学公式

（1）模拟场景设计

研究场景设计的对比主要通过基本场景和特殊场景。基本场景的设定主要是通过将历史的发展趋势延伸到未来；而特殊场景的设计一般是从模型的两个基本部件出发：未来城市发展的总体需求（或增长率）变化，或是针对某一特殊要素变化后的影响（例如交通或区位规划）。这二者的核心是实现从描述性的政策或者规划转换到定量化的城市场景变化中去，例如形态、格局或者分布。

本研究提供2030年北京及周边区域远景模拟的未来发展假设，包括2030年研究区域居住类和就业类用地规模以及空间分布形态特征。规划情景设置的主要原则：①以北京市及周边区域现有的空间发展战略和规划构想为基础；②充分考虑模型区和基础数据的空间精度；③保持单一变量原则，利于分析单一政策变量对预测结果的影响。

根据北京市已确定聚焦通州、加快推进市行政副中心建设政策背景，模型设计3种场景，宏观上分为"趋势外推"和"通州区、北三县开发增强"两部分，在此基础上添加"用地集约开发程度，即平均容积率"变化因子。各场景设置概述如下，场景中除各类用地土地开发强度，其他变量因子与MEPLAN模型对建筑量估算的场景对应。

A0—趋势外推：延续历史增量开发模式。

A1—中心区严控+通州区城市副中心和北三县开发增强：加强对北京中心区增量开发的控制，加强通州区城市副中心和北三县开发力度。北京中心区住房和企业用房保持2013年总量不变，提升通州区及周边地区建设量开发，土地集约开发程度不变。

A2—中心区严控+通州区城市副中心和北三县开发增强+用地集约开发：在A1的基础上，对通州区和城市副中心提高土地开发容积率，在现有地块平均容积率基础上提高一倍，研究区内其他区域土地集约程度维持不变。

（2）空间分配规则

约束性元胞自动机模型被广泛地应用在城市研究中。对土地单元的状态改变附加若干约束条件，如距最近交通节点的距离、周边服务设施的数量等。城市土地状态（如非建设用地、建设用地等）的转换综合考虑多个CA部件之后的综合的概率，可以表达为式（4-1）。

$$P_{ij} = S_{ij} \times \Omega_{ij} \times R_{ij} \times L_{ij} \qquad (4-1)$$

其中，$P_{ij}$代表元胞（i，j）综合的城市发展概率，$S_{ij}$是基于交通、区位和地形等多因素得出的城市发展的适宜性（又叫作"转换规则"），$\Omega_{ij}$代表着邻域的影响，$L_{ij}$代表特定的地类（如水体）对于城市发展的约束，而$R_{ij}$代表着随机扰动项，即现实状况无法考虑到模型中的要素（例如政策等）。

转换规则是模型的核心，研究选择逻辑回归（Logistic Regression；LR）方法获得模型的转换规则。逻辑回归模型是一类典型的统计模型。逻辑回归模型可以用式（4-2）和（4-3）来表示：

$$P_{g_{ij}} = \frac{exp(z)}{1 + exp(z)} = \frac{1}{1 + exp(-z)} \qquad (4-2)$$

$$z = a + \sum_k b_k x_k \qquad (4-3)$$

其中，$P_{g_{ij}}$为基于城市发展空间变量获取的发展适宜性值（即转换规则），（i，j）代表像元的地理位置。$b_k$是通过逻辑回归模型（LR）获取的系数，其值大小反映了特定要素对于城市发展的重要性，$a$是逻辑回归模型校验获得的常数项，$z$是回归模型得到的线性回归值，$x_k$是与城市发展相关的影响因子。最终，对区域内的每个像元进行逻辑回归从而得到城市发展空间适宜性分布。

研究针对居住类和就业类用地设置不同土地扩张的转换规则（表4-1）。在居住类用地扩张中城市中心的辐射影响最强，约为0.74，其次为已审批的居住类规划用地，约为0.57，说明规划审批对用地开发及未来空间增长的导向和辐射作用非常明显。同样，就业用地发展影响因素中，规划审批数据对应的权重较高。

城市用地空间发展的因素及影响作用　　　　表4-1

| 影响因素 | 居住用地权重 | 就业用地权重 |
| --- | --- | --- |
| 北京中心辐射 | 0.74 | 1.30 |
| 天津—石家庄中心辐射 | 0.50 | 0.72 |
| 河北地级市中心辐射 | 0.13 | 0.21 |
| 通州副中心辐射 | 0.06 | 0.14 |
| 铁路沿线 | 0.02 | -0.11 |
| 规划高速公路沿线 | 0.14 | 0.10 |
| 国道沿线 | 0.20 | 0.21 |
| 省道沿线 | 0.07 | 0.15 |
| 市郊铁路沿线 | 0.40 | 0.35 |
| 第二机场辐射 | -0.28 | 0.12 |
| 规划地铁沿线 | 0.43 | 0.35 |
| 规划用地审批辐射 | 0.57 | 1.42 |

本研究采用Moore邻域设置作为描述城市CA模型的邻域影响式（4-4）。

$$\Omega_{ij}^t = \frac{\sum_{w \times w} con(L = urban)}{w \times w - 1} \qquad (4-4)$$

其中，$\Omega_{ij}^t$代表着基于中心像元（$i,j$）在$t$时刻的邻域影响，$w$为邻域窗口大小（研究模型中将邻域窗口$w$设为5），$L$为周边邻接像元的地表覆盖类型；$con()$是代表着状态指示函数，如$L$为城市，则返回为1，否则为0。邻域密度值$\Omega$越高，代表着下一时刻该像元状态发生转化的概率较高。邻域的计算随着每次迭代进行更新。

此外，本研究还考虑了随机扰动及特定用地的转换约束。随机项反映了模型未考虑到的政策或其他要素的影响，使模拟结果更真实（4-5）。

$$R_{ij}^t = 1 + (-\ln\lambda)^a \qquad (4-5)$$

其中，$R_{ij}^t$代表着像元（$i,j$）在$t$时刻随机扰动的影响程度，$\lambda$为处于0-1之间的随机值，$a$为控制随机扰动强度的参数（范围为0~10之间的整数）。$a$值越大，随机扰动的程度就越大，模拟的城市景观破碎度更高；相反，$a$值越小，随机扰动的程度也越小，模型模拟的城市景观将更加集聚。研究模型中将随机扰动参数$a$设为1。模型考虑的限制发展区域$L_{ij}$括山体林地、水体，即这些区域在模拟过程中起发展概率约束为0。

约束性城市元胞自动机模型中，通过限定迭代（特定模拟步长）的城市像元转化个数，按照发展概率$P_{ij}$的值从高到低排序，发展概率由转化规则$Pg_{ij}$，邻域影像要素$\Omega_{ij}^t$，随机扰动值$R_{ij}^t$和特定的土地利用约束来共同决定。具有较高发展概率的一定数量的非城市像元将在模拟过程中优先转化为城市像元，其个数通过城市用地发展需求估算决定。

### 2. 模型算法相关支撑技术

传统的城市用地格局分析主要以定性分析为主，往往以区县或者街道为基本单元进行统计。这类分析侧重于行政区划的横向比较，包括建设用地总量及构成，而缺乏对城市空间在地块水平上的用地格局的分析和比较，特别是对于某些主导地块（例如中心城）对周边地块的交互作用。景观网络（即用地格局网络）利用数学"图论"思想（Graph Theory），对城市地块建立网络连接路径，通过地块面积及其与周边地块的连接度表征地块间景观格局的紧凑度指数，其计算可利用Graphab软件。本研究考虑的最小城市斑块面积为1平方公里。通过分析城市景观网络的时空动态直观地反映城市斑块间交互联系。具体的城市斑块被抽象为一个节点（Node），其与周围斑块的连接表达为交错的景观网络（Links）。节点等级（或大小）反映了其本身的容量（或面积）和周边的连接度。城市斑块越大，与周边连接越强，其节点等级（Node Degree）越大。

## 五、实践案例

### 1. 模型应用实证及结果解读

研究选取北京市及其东部廊坊三河市、大厂回族自治县以及香河县（统称为北三县）为重点研究区（图5-1）。北京市位于华北平原北部，地处东经115.7º~117.4º，北纬39.4º~41.6º，与河北、天津环绕相靠。北三县行政隶属河北廊坊市，位置处于北京和天津包围中，称为河北省的"飞地"。北京在过去的30年中经历了前所未有的快速城市化过程，其2010年城市建设面积较1990年翻了超过两番。毗邻的北三县随着北京地产市场的东扩，已然成为承接北京居住、消费的重要场所，成为河北省经济发展速度最快的地区之一。

2016年，通州区总体规划启动，北京将进入"一主一副多中心"的新格局。在城市化迅速发展、"大城市病"日益严重的背景和北京及周边地区协同发展的战略意义下，引入科学的定量化城市研究方法，探究城市内部不同用地功能的空间演化，为城市结构、布局方面制定科学的城市发展规划，具有突出的现实意义。

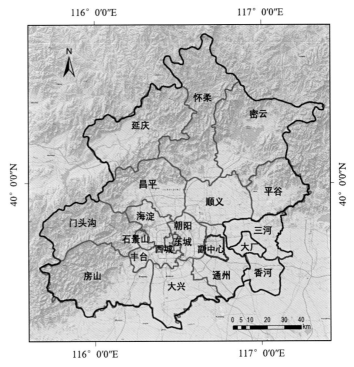

图5-1 研究区位置（北京及北三县）

## 2. 模型应用案例及分析

研究根据各模型分区不同场景中土地集约利用程度，结合 MEPLAN模型输出的居住类和就业类建筑规模，估算了各分区不同场景下2030年土地开发总量，并对比2013年土地利用现状计算各功能用地的土地变化量和变化率（表5-1）。A0场景仍然按照历史趋势蔓延扩张，而A1和A2场景限制北京市中心区城市开发并增加通州区及北三县的城市发展规模，只是土地集约开发程度有差异。表5-1显示，3个场景下北京市城六区的各类用地变化情况基本相似，居住用地和就业用地扩张量区别不大，说明此城市化程度高度发达区域"自我增强"机制足够强，区域内城市扩张发展对政策限制的响应较小。3个场景下通州区和城市副中心内各类用地开发强度有明显区别，作为北京市未来城市副中心的集中建设区，其城市发展受政策影响和土地开发模式影响非常大，但在土地高集约开发的前提下，在城市格局不发生大范围扩张的前提下能够满足其城市发展需求的（A2）。北三县作为北京"后花园"具有良好的工业基础和低廉的生活成本，土地开发增量空间较大，因其土地开发成本低，短期内实现城市集约开发的难度较大。

研究对模型输出3个场景分别进行城市景观网络格局分析，从城市地块间交互联系分析不同政策场景模拟下的城市空间发展格局（图5-2）。在A0趋势外推模拟场景下，城市发展呈现"大饼"无限蔓延扩张，"单中心"发展模式增强，城市东部通州区

及城市副中心也将依附中心城，被纳入中心城的强影响范围。A1场景对中心城发展规模予以限制，并增加通州区和城市副中心的建设开发，中心城的"单中心"辐射蔓延得到缓解，但对周边尤其是东部区域的辐射影响仍然较大。在A1基础上对城市内土地开发模式加以限定，提高城市东部地区土地开发集约程度，中心城与东部区域扩张蔓延得到有效约束，通州区内部出现次级的城市发展节点并与周边区域连接度提高。模型输出3个场景的城市景观格局分析表明，合理的政策约束（限制建设、集约开发）等对中心城及其周边区域的影响较大。城市建立"多中心"的发展模式，不仅从建设规模进行约束更要从土地开发模式优化、提高土地利用效率入手。多级、均衡发展的城市空间格局（A2）对于平衡交通流、人口流以及资本产业流通，实现区域协同发展具有重要意义。

研究将多个功能用地类型的城市扩张模型输出结合城市景观网络对2030年A2场景通州区和北京城市副中心及其周边北三县区域进行重点分析（图5-3）。A2场景显示通州区尤其是城市副中心区域具有独立发展并辐射周围的趋势，对中心城的依赖降低，逐渐显现出"双中心"协调发展态势。A2场景下北三县区域城市用地增长主要类型为居住用地，且有向北京市蔓延的倾向。北三县由于地理位置优势和低廉的土地开发和生活消费成本，通州区城市副中心的建设为北三县中劳动力生活、工业投资带来了较大的吸引，因此城市建设用地的扩张迅速。未来北三县区域的城市建

模拟2030年研究区内土地增长情况                                                  表5-1

| 用地类型 | | 北京城六区 | | 通州区 | | 北三县 | | 城市副中心 | |
|---|---|---|---|---|---|---|---|---|---|
| | | 用地面积（公顷） | 变化率（%） | 用地面积（公顷） | 变化率（%） | 用地面积（公顷） | 变化率（%） | 用地面积（公顷） | 变化率（%） |
| A0 | 居住 | 46650 | 93.17 | 30300 | 174.83 | 9250 | 239.45 | 6075 | 85.50 |
| | 就业 | 50700 | 81.88 | 20275 | 109.02 | 2650 | 202.86 | 4400 | 58.56 |
| | 非建设用地 | 5650 | -88.92 | 28250 | -51.38 | 101375 | -7.57 | 900 | -83.10 |
| A2 | 居住 | 46650 | 93.17 | 31975 | 190.02 | 13100 | 380.73 | 6175 | 88.55 |
| | 就业 | 50625 | 81.61 | 22175 | 128.61 | 3500 | 300.00 | 5025 | 81.08 |
| | 非建设用地 | 5725 | -88.77 | 24675 | -57.53 | 96675 | -11.85 | 175 | -96.71 |
| A3 | 居住 | 43825 | 81.47 | 13200 | 19.73 | 13100 | 380.73 | 3975 | 21.37 |
| | 就业 | 49175 | 76.41 | 10075 | 3.87 | 3500 | 300.00 | 2800 | 0.90 |
| | 非建设用地 | 10000 | -80.38 | 55550 | -4.39 | 96675 | -11.85 | 4600 | -13.62 |

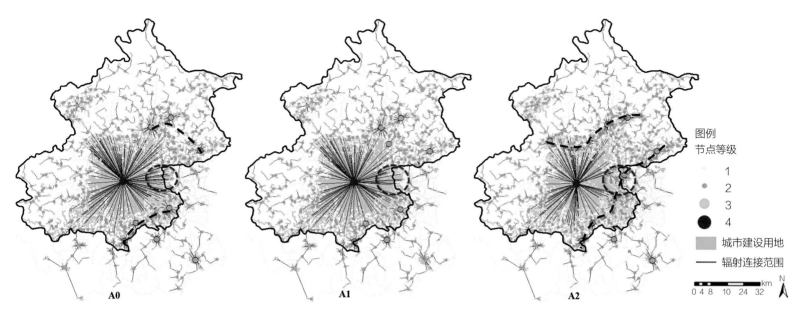

图5-2　2030年模拟场景城市空间发展格局

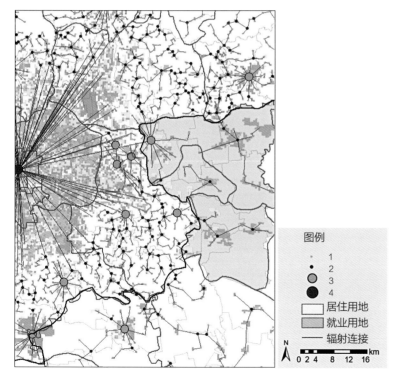

图5-3　A2场景通州区及周边区域城市景观格局

设应抓住北京市城市副中心建设的契机，不仅吸引产业投资更重视区域内生活、就业设施的配套支持，引进优势产业、打造产城融合、建立宜居城市。

2030年北京中心城—城市副中心—北三县"区域连片"发展

的可能性较大，城市副中心职能辐射已较明显，副中心南北两侧地区将呈现"两轴"多区域协同发展格局，但北三县区域居住用地占主导、缺乏就业的"职住"分异程度仍然较大。模拟结果显示城市土地集约利用对于限制城市蔓延扩张，建立城市多级中心协同发展具有重要作用。同时，北京中心城区的城市发展更加成熟，随着人口、交通和经济的密切交互，中心城—通州—北三县具有较高的"连片"发展趋势，通州区城市副中心内土地发展模式呈现为居住用地在内，外围布局就业用地现象；北三县内居住用地主导、就业缺乏模式十分严重。居住类和就业类用地的空间投放有赖于规划政策及时有效的引导，综合多个场景下北京市、通州区和城市副中心以及周边区域未来发展格局，研究对未来城市建设总结以下建议：①北京市城市建设加强集约式空间发展原则，明细中心城与城市副中心各自服务对象与功能支撑，明确城市副中心建设政策后"一主一副"双中心的格局；②根据模型预测场景分析，城市副中心在政策响应及土地集约开发的前提下，在以副中心南北两侧地区将呈现"两轴"多区域协同发展格局，多个次级发展中心将是未来城市规划引导的重点区域；③北三县因与通州区临近，应进一步加强区域协同发展，协调区域内居住、就业和配套服务业的均衡发展；④北三县区域由于土地资源开发成本的优势，应防止其过度开发，可适度将其内部分产业迁移至通州区内，强化城市副中心的经济、产业和文化辐射。

## 六、研究总结

### 1. 模型设计的特点

研究借助MEPLAN模型输出不同用地功能的房屋建筑规模，结合详细土地利用现状数据估算城市地块内不同用地类型的平均容积率，并以此作为模型场景设置的变量之一，基于城市元胞自动机模型对城市内部不同土地功能类型分别转换规则的提取并进行空间扩张过程模拟。研究以容积率为基本变量，将估算的不同用地类型的建筑量转换为城市扩张模型中的具体用地需求，实现了将土地利用交通模型与自下而上的元胞自动机模型的耦合，并基于城市内部更精细的多种土地功能类型进行空间扩张的模拟及景观格局分析。研究实现多种功能用地建筑量估算耦合城市空间扩张模型，同步模拟城市内多种用地功能空间扩张模式，模型从宏观角度的用地需求到微观角度的用地空间分配，搭建较为完整的城市内部多种土地利用类型空间扩张演化的框架。本研究提出的模拟框架是北京市城市规划设计研究院的BUDEM（Beijing Urban Developing Model）的模型内容完善和算法的深化改进，在城市需求的预测上引入了空间分异的多种功能类型，并在CA的空间分配中引入了多地类同步模拟的竞争机制。同时，通过对城市建设用地的景观网络进行分析，描述城市内地块间空间交互形态，从局部的、微观角度理解城市化各类用地空间蔓延过程及影响，便于深入了解城市地块间时空动态联系，有助于城市规划决策和管理部门识别、分析已有或潜在的重点区域与周边环境的局部空间交互效应。

### 2. 应用方向或应用前景

城市土地空间扩张模型作为一种城市量化研究的方法，为理解城市的系统结构和运行机制提供了有效的理论和技术支持，有助于城市研究者深入挖掘城市空间结构和内部层级关系。城市模型对规划政策的社会、经济以及快速城市化带来的日益尖锐的"人—地"矛盾具有重要的实践应用价值。研究在深入理解当前城市增长模型领域的基础上，以城市元胞自动机模型为出发点，从模型上游城市用地需求估算到下游城市内部多种地类的空间分配入手，搭建较为完整的城市内部土地空间扩张模拟框架。同时，在城市CA模型中，基于空间分区的异质性考虑，从中观地块的规模需求尺度上对模型的用地总量进行了约束，从而在一定程度上规避了由于模型模拟中的误差累积和传播。当然，基于多时期历史数据来标定模型转换规则能提高模型模拟精度，但受数据源限制，研究仅提供一期历史土地利用现状作为模型标定与校验数据。

# 街道空间品质的测度模型

工作单位：清华大学

研究方向：城市设计研究

参 赛 人：唐婧娴

参赛人简介：唐婧娴，清华大学建筑学院城市规划专业博士研究生，多特蒙德工业大学空间规划学院访问学者。研究方向：大都市区域治理、建成环境研究、城市更新。

街道是慢行交通的主要载体和重要的城市公共空间，广受建筑师、城市设计师和社会学家的关注。研究基于街景图像数据的兴起，以"街道空间品质"为核心研究对象，探索了街道空间品质及其阶段变化的综合测度方法，构建"物理品质—感知品质—品质变化"测度的方法论框架，形成主观与客观要素评价相互验证的评价体系。模型搭建后，选取北京二环内的胡同作为实证案例区域，检验方法的可靠性。

街道物理品质的测度突破了传统调研主观评价的思路。模型采用街道多维度数据，包括街景图像（SVP）、沿街建筑平均高度、红线宽度、街道长度，结合SegNet图像分割技术和GIS二维分析，实现智能快速评价，测度包括绿化率、围合度、开敞度（以上三个应用图像分割技术）、街道连续性、街道高宽比（应用GIS）5个子项指标，所得结果经过标准化后汇总成综合的物理品质指标（图1）；

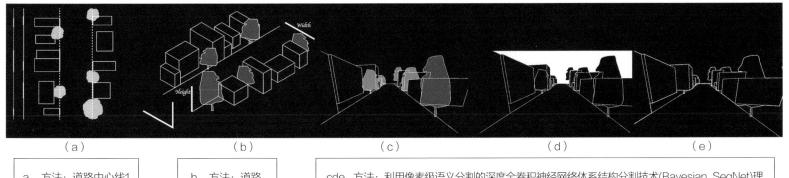

| （a） | （b） | （c） | （d） | （e） |

a. 方法：道路中心线1米间距buffer40次，与建筑断面相交的最大值与街道全长的比例

b. 方法：道路两侧建筑的平均高度与道路红线宽度的比

cde. 方法：利用像素级语义分割的深度全卷积神经网络体系结构分割技术(Bayesian SegNet)理解视觉场景。可识别出天空、建筑、柱体、道路标记、道路、铺装、树木、标识、围栏、汽车、行人、自行车共12类要素。分别汇总每个街道点位对应的东、西、南、北四个方向的要素构成，计算平均值

**图1 物理品质实证的5个方面及方法**

（a）街道连续性；（b）街道高度比；（c）绿化率；（d）开敞度；（e）围合度

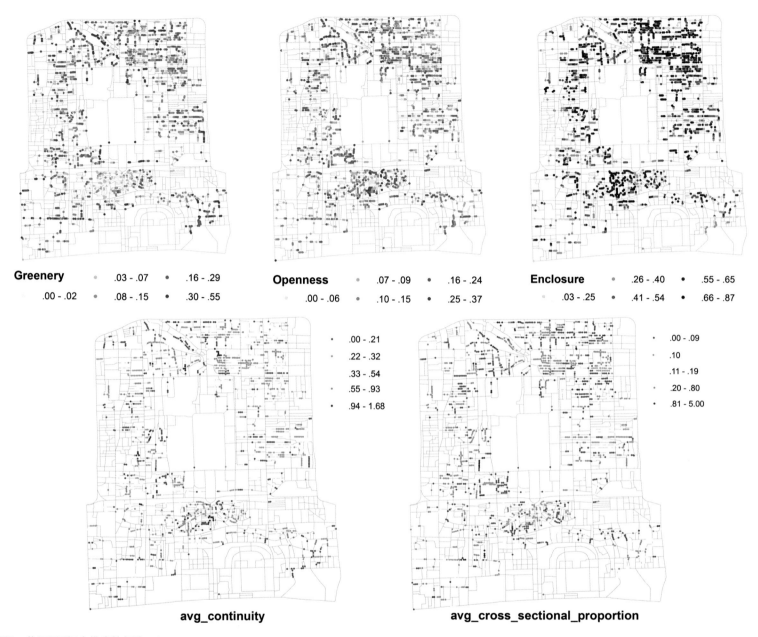

**图2  物理品质5个维度的得分**

街道的主观感知品质的评价采用专家打分方法，引介Ewing提出的城市设计评价5个维度，来获得打分者在街道空间中的停驻意愿，反映街道的感知品质；之后，通过感知品质与物理品质的对比，识别智能评价方法的可用性和局限性，并对北京胡同目前的品质做出判断（图2、图3）；

变化的识别采用间接人工识别的方法，按照街道空间的剖面功能，将空间品质变化的评价指标归入四个位置大类，即建筑部分、人行道部分、车行道部分、底商或围墙部分的品质改善评

价，而后建立系统评价指标，进行街道空间变化的数量识别和有效性汇总评价（图4）。

本模型涉及的关键技术包括：基于SegNet方法的街道构成要素识别；基于建筑物的街道空间量化GIS分析技术；主观评价打分的标准选择；变化及其有效性的识别标准制定；多年度腾讯街景获取的模拟浏览器环境搭建。

研究选取北京二环内胡同区域为实证检验样本。从测度的结果来看，虽然北京老城区拥有很高的文化价值、历史价值及建筑

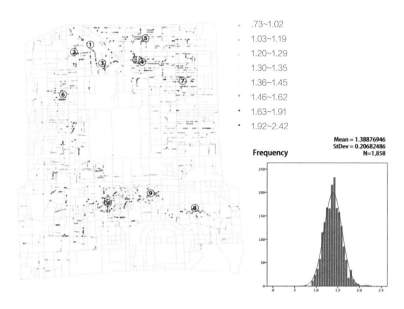

图3 感知品质得分

设计价值，但总体质量还不尽如人意。物理特征分析表明，历史保护区的胡同街道形态比较好。但总体来看，只有不到一半的胡同一直保持着以前的格局，而其他则在机动化的过程中，改变了形态，形成多孔、宽敞的形态。好的形态不一定意味着整体质量就好，需要综合考虑破败程度、整洁度、人类活动的因素，对整体品质的影响。变化的识别结果表明，胡同的质量变化不明显，十分缓慢；可能是混乱的产权和利益平衡问题对胡同再生的阻碍。但是，尽管胡同环境改善的趋势不明显，但并没有显示出下降的迹象。

经过测试，该模型方法具有较强的推广性，可辅助设计师增强对街道环境的认知，优化设计决策。模型具有较强的智能测算能力，可减少设计师的主观判断偏差——考虑到数据采集的方便性和可访问性，该模型方法可应用于街道环境的数据预处理、设计元素提取、设计模拟分析、反馈等环节，帮助设计师科学、理性地在大尺度上认识城市街道品质，进而优化设计，实现科学性、实用性与审美性的结合。另外，图像分割还可应用于多种类功能区街道空间属性的经验值提取，辅助设计规范的制定。

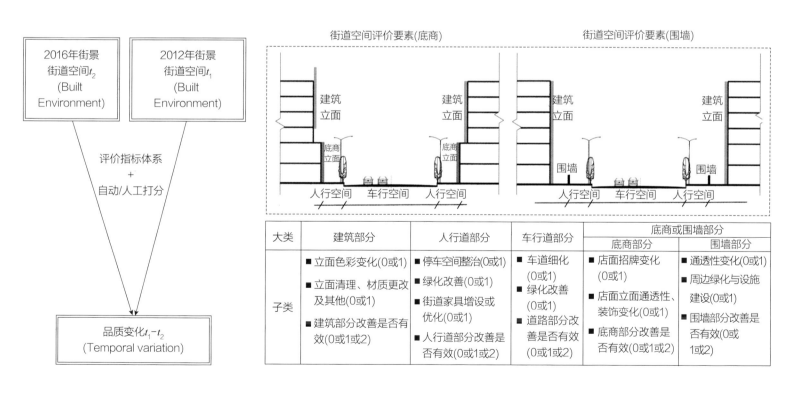

图4 变化识别方法

| 大类 | 建筑部分 | 人行道部分 | 车行道部分 | 底商或围墙部分 | |
|---|---|---|---|---|---|
| | | | | 底商部分 | 围墙部分 |
| 子类 | ■立面色彩变化(0或1)<br>■立面清理、材质更改及其他(0或1)<br>■建筑部分改善是否有效(0或1或2) | ■停车空间整治(0或1)<br>■绿化改善(0或1)<br>■街道家具增设或优化(0或1)<br>■人行道部分改善是否有效(0或1或2) | ■车道细化(0或1)<br>绿化改善(0或1)<br>■道路部分改善是否有效(0或1或2) | ■店面招牌变化(0或1)<br>■店面立面通透性、装饰变化(0或1)<br>■底商部分改善是否有效(0或1或2) | ■通透性变化(0或1)<br>■周边绿化与设施建设(0或1)<br>■围墙部分改善是否有效(0或1或2) |

# 基于居民行为的城市社区生活圈服务设施配置优化模型[1]

工 作 单 位：北京大学

研 究 方 向：公共设施配置

参 赛 人：孙道胜、端木一博、蒋晨、符婷婷

参赛人简介：团队依托北京大学城市与环境学院智慧城市研究与规划中心，长期从事面向时空行为规划的城市居民行为研究。近年来，结合大数据研究范式，团队所在中心以智慧城市规划管理作为应用出口，先后承担或参与"十二五"国家科技支撑计划项目"城市居民时空行为分析关键技术与智慧出行服务应用示范""智慧城市标准体系和核心标准研究及综合评价系统研发与示范（2015BAJ08B06）"等课题。团队目前主攻方向为基于行为的城市社区研究与规划。

## 一、研究问题

### 1. 研究背景及目的

长久以来，我国社区服务设施规划主要采用千人指标和服务半径作为配置依据。这种平均化、单元式的配置思路既不能适应由居民个体需求差异所带来的多样化需求，也无法实现对服务设施进行空间点位的精准选取。因此，亟须建立一套既能指引社区服务设施弹性化配置，又具有明确空间指向性的社区服务设施配置模型。

而当前，城市空间研究与规划的热点正从以生产空间为导向到以生活空间为导向进行过渡，如何实现由物到人，由规模到结构，由静态到动态，由管理到治理的全面转型，是关乎城市规划"日常生活"为中心、人本化的关键问题。着眼于微观的城市居民日常生活结构，提出"社区生活圈"微观行为区位结构，并以此为基础探讨其规划实践，推行基于行为的社区规划方法革新，是响应城市社会化转型，引导中国城市社区规划走向人本化的重要思路。

### 2. 研究目标及拟解决的问题

本研究基于时空间行为的视角，运用2012年北京市居民日常活动与交通出行调查数据，利用一周的GPS时空轨迹与活动日志数据，以清河街道为案例，对城市社区生活圈的公共服务设施优化开展研究，提出"基于居民行为的城市社区生活圈服务设施配置优化模型"。本研究目标旨在解决四个关键问题。

首先，如何依照居民的人群属性，反映社区公共设施的时空需求状况。当前，在我国的现行服务设施配置方法中，通常以人口乘以不同的系数，或以居住用地的面积通过用地平衡对各类设施规模进行控制。这往往导致配置标准僵化，缺乏弹性，尤其不能反映由社区的区位、人群的属性等因素带来的需求结构的变化。因此，需要基于"人群–行为"来确定服务设施配置量，使之更为弹性化。

其次，如何建立社区公共设施精细化配置的空间体系。现行服务设施配置中，往往以用地类型分割设施，以设施建设性质确定等级。这种粗放的分级配置方式忽略自身的市场规律，且存在设施等级间的断层现象。因此，必须由基于用地和建设性质的分

[1] 本作品部分成果发表于：

孙道胜，柴彦威. 城市社区生活圈体系及公共服务设施空间优化——以北京市清河街道为例 [J]. 城市发展研究，2017，24（9）：7–14.

部分内容来源于：

孙道胜. 基于时空间行为的城市社区生活圈研究——以北京清河街道为例 [D]. 北京大学，2017.

级配置体系，转向基于社区特性的精细化配置空间体系。

再次，公共服务设施的配置应该采用何种实施单元。在城市社区规划中，社区通常被视为城市中各自独立的"单元"，其边界采用行政区划或自然分界线，是在一定区域范围内若干平级的互不隶属且互相毗邻的行政单位，在这种思想的引导之下，社区与社区之间往往被割裂开来看待，就社区而论社区，缺乏"连片共建"思维。这导致忽视社区之间关联性，"麻雀"式的小规模低质量社区公共设施出现。因此，必须要设法构建连片共建的实施单元。

最后，如何依照行为需求，对设施配置现状进行评价与优化。社区公共服务设施往往随着居民需求变化而不断改变，是一个持续、动态的发展过程，对后续使用状况及时有效的反馈能够最大限度地保证规划质量。但除个别大城市公共服务设施规范的编制与修订工作之外，目前很少有针对设施利用状况开展的调查反馈工作，且仅有的反馈也以主观调查为主要机制。这导致难以反映客观需求，规划支撑薄弱。因此，必须建立基于客观行为的反馈。

总之，通过上述问题的诊断，本模型的主要任务是：基于客观行为确定生活圈空间范围、建立可量化的空间分析对象、建立和测度相关指标、提取空间体系、空间单元，从而量化地支撑社区的公共服务设施优化。

## 二、研究方法

### 1. 研究方法及理论依据

本研究的理论基础包括三个方面：行为区位论、活动空间方法、显示性偏好原理。

其中，行为区位论中的空间位移模式，以时间地理学和行为地理学为核心，正面关注人类时空行为过程，如时空棱柱的理论为考量个人的城市空间机会提供了方法，而锚点理论则由空间中各事物对行为的意义而构建行为空间等级，帮助重新理解行为空间结构。行为区位论不同于"中心地理论"等传统区位论，而更适用于微观生活空间结构的解析。

而活动空间是行为空间的"运动组成部分"，反映着个体的日常移动性。行为地理学的理论认为，活动空间的存在是城市中其他一切实体运行的需求所在，活动空间促进活动环境的改变。从活动空间刻画的方法演变来看，由简单的几何描绘，走向与

GIS空间分析技术相结合的发展方向，并在近年来开始采用更加精细的分析单元。

此外，时空间行为研究中的显示性偏好原理，认为只有在具体的选择行为中，个体才能够表现出其偏好结构（即只有通过客观真实行为的刻画，才能有效反映需求特征）。这种理论为城市规划设计中，基于人的行为表征，进行规划项目的评价以及问题的挖掘，提供了基本原理。

### 2. 技术路线及关键技术

本研究在上述理论的基础之上，主要运用的方法包括地理可视化、地理计算、空间统计、一般统计、系统聚类等。从技术流程上来看，除去对于数据本身的清理、纠偏、集成、建库等工作，模型的核心部分分为四个子模型。

社区居民服务设施时空需求测度模型主要基于不同社会经济属性人群的时空间行为指标特征的分析，构建人群—行为对应关系，根据社区各类人群比例计算社区居民服务设施的时空需求量。其处理对象是样本人群的属性和行为需求的特征。

社区生活圈空间体系界定模型主要在建立空间栅格分析单元的基础上，通过集中的、共享度的指标构建以及临界值的选取，对社区生活圈空间范围及圈层进行界定。其处理对象为行为的时空分布特征。

社区生活圈优化单元生成模型主要通过Ward聚类方法，对临近社区生活圈进行合并，形成新的空间结构——社区生活圈组团，作为服务设施配置优化的操作单元。其处理对象为社区间的空间关系。

社区生活圈服务设施空间评价—优化模型主要将社区生活圈优化单元中的各类型设施分布情况与活动分布进行对比，从而精确地在各社区生活圈层，定量地得出设施优化方案。其处理对象为社区居民的需求偏好，并以此作为设施优化的导向。

通过上述技术路线，前子模型的输出结果作为后子模型的输入，最终实现从设施规模到空间布局的全面优化调整（图2-1）。

## 三、数据说明

### 1. 数据内容及类型

本次研究数据来源于北京上地—清河地区2012年"北京居民

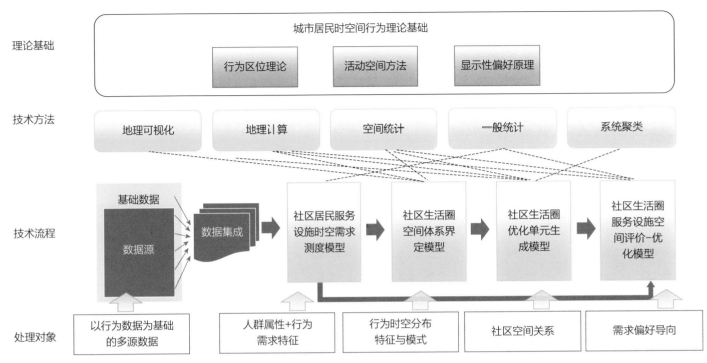

图2-1　模型技术路线及关键技术

日常活动与交通出行调查"。研究组在上地—清河地区选择了23个社区，通过社区居委会，以家庭为单元选取样本，调查社区居民的社会经济属性、一周之内的活动日志、一周之内的GPS定位数据，其中，清河地区共18个社区。

（1）日志调查问卷数据

活动日志是指样本在网上记录一天24小时的活动与出行。在本研究中，所采用的问卷数据包括两个方面：被调查者及家庭的基础信息问卷，用以调查样本的社会经济属性；被调查者一周活动日志问卷，用以确定样本一周7天×24小时的活动与出行状况。

本次调查的活动—出行日志包括连续一周内每天24小时连续的活动和出行情况，活动信息包括每次活动的起始时间、终止时间、活动所在地的设施类型、活动类型、同伴、互联网使用、满意度评价、弹性，出行信息包括每次出行的起始时间、终止时间、交通方式、同伴、互联网使用、满意度评价、弹性、陈述适应性调查。

活动和出行起止时间由居民自己根据网站平台的提示，依靠回忆进行填写，时间精度可精确到分。在活动部分，借鉴国内外研究经验，本次调查对于活动类型进行了细致的分类，将居民的日常生活活动分为19种，既包括维持性活动如睡眠、用餐、个人

护理等，生产性活动如工作、上学等，也包括消遣性活动如社交、娱乐休闲等。活动地点类型是指居民自己对于活动地点属性的判断，包括家、工作地、服务场所、商店、餐馆等9项，由于GPS跟踪数据只能给出地理坐标，因而该问题也为地理编码提供依据。在出行部分，主要针对出行方式开展调查，以衡量活动的可达性（表3-1）。

活动—出行日志主要调查项　　　　　表3-1

| 日志项 | 1. 活动、2. 出行 |
|---|---|
| 活动类型 | 1. 睡眠、2. 家务、3. 用餐、4. 购物、5. 工作或业务、6. 上学或学习、7. 遛弯散步、8. 体育锻炼、9. 接送家人朋友等、10. 社交活动、11. 外出办事、12. 娱乐休闲、13. 联络活动、14. 个人护理、15. 照顾老人小孩、16. 上网、17. 看病就医、18. 外出旅游、19. 其他 |
| 活动地点 | 1. 家、2. 学校、3. 亲朋家、4. 工作地点、5. 休闲场所、6. 服务场所 7. 商店、8. 餐馆、9. 其他 |
| 出行方式 | 1. 步行、2. 私人小客车、3. 单位小客车、4. 客货两用车、5. 货车、6. 摩托车、7. 地铁/城际、8. 公交车、9. 出租车、10. 单位班车、11. 校车、12. 黑车/摩的、13. 自行车、14. 电动车、15. 其他 |

（2）个人GPS定位数据

GPS（Global Positioning System）定位数据来源于发放给样本

图3-1 被调查者的GPS轨迹

案例社区代码及有效样本人数　　　　表3-2

| 案例社区名称 | 社区类型 | 总样本数 | 社区生活圈测度样本数 | 案例社区名称 | 社区类型 | 总样本数 | 社区生活圈测度样本数 |
|---|---|---|---|---|---|---|---|
| 安宁北路社区 | 单位社区 | 16 | 13 | 铭科苑社区 | 政策房社区 | 14 | 11 |
| 安宁东路社区 | 商品房社区 | 11 | 8 | 清上园社区 | 商品房社区 | 18 | 14 |
| 安宁里社区 | 混合社区 | 23 | 8 | 润滑油社区 | 单位社区 | 14 | 12 |
| 当代家园社区 | 商品房社区 | 33 | 18 | 学府树社区 | 商品房社区 | 25 | 17 |
| 海清园社区 | 单位社区 | 32 | 26 | 宣海家园社区 | 单位社区 | 18 | 13 |
| 力度家园社区 | 商品房社区 | 22 | 18 | 阳光社区 | 混合社区 | 19 | 10 |
| 领袖硅谷社区 | 商品房社区 | 34 | 16 | 怡美家园社区 | 商品房社区 | 8 | 3 |
| 毛纺北社区 | 单位社区 | 10 | 7 | 智学苑社区 | 政策房社区 | 22 | 12 |
| 毛纺南社区 | 单位社区 | 36 | 29 | | | | |
| 美和园社区 | 政策房社区 | 17 | 7 | 共计 | | 372 | 242 |

的GPS定位设备。被调查者在调查过程中被要求全天携带定位设备，该设备可以每30s记录一次样本所在地点的GCS_Beijing_1954坐标体系之下的地理坐标信息，定位设备每隔一定时间将采集到的定位信息上传至调查后台（图3-1）。

此次调查共采集有效社区样本480人，本文所采用的数据为其中清河街道18个社区372名样本的数据（在社区生活圈测度部分，由于部分样本缺乏近家步行活动的轨迹，因此采用有效样本数为242人）（表3-2）。本次研究数据最终采用北京清河街道2012年"北京居民日常活动与交通出行调查"中18个社区，242名社区居民一周连续7天的GPS定位数据，配合24小时活动日志调查，识别出每一个GPS定位点的活动性质。

### 2. 数据预处理技术与成果

本研究中的数据预处理技术主要为微观行为数据整合技术。

单一的GPS定位数据仅仅能够反映微观个体的空间信息，而难以直接反映出定位点背后的活动信息，如活动类型、活动地点、交通方式。而传统的问卷式活动日志信息则在地理参照方面存在不足。因此，必须将采集到的微观数据进行集成，以便于后续的研究开展。为实现这一目标，通过两个关键环节进行微观GPS数据和微观活动-出行信息的匹配。

首先，在调查阶段，GPS数据采集和日志数据采集都通过调查平台而完成。基于网络的调查技术将被调查者的活动定位到地图上，将交通方式、活动地点等背景信息清晰地呈现，便于被调查者对过去一段时间的轨迹进行观察和回忆，填写相应的日志信息，防止活动-移动信息的遗漏或时间信息的错乱。

后期阶段，对采集到的GPS数据和日志数据进行进一步的清理、纠正、补全和匹配。清理包括通过移动速率对远距离噪声点的识别和剔除。纠正是指根据GPS数据的定位时间和分布位置，对日志信息的起止时间进行纠正。补全一方面通过定位频率和相邻轨迹点对室内缺失轨迹点的插补，另一方面对照每个样本的GPS数据，根据其其余几日的惯常活动信息，对缺失的活动—出行信息进行补全。数据的匹配则指，根据完善后的活动日志，对每一条GPS定位数据进行活动—移动出行信息的赋值，以确定该GPS定位点的活动或出行性质。

本研究数据预处理技术的成果为居民微观时空行为数据库。

# 四、模型算法

## 1. 子模型I——社区居民服务设施时空需求测度模型

### （1）构建时空需求测度指数

城市居民公共服务设施时空需求测度模型，对活动频率、活动持续时长、活动的人群活跃度、活动的出行距离等指标进行整合，从居民真实发生的时空行为分析角度探讨居民对于公共设施的时空需求。

假设施配置数量调整指标为F，则

$$F = F_1 \times F_2 \times F_3 \times \alpha \qquad （4-1）$$

其中：$F_1$代表活动的频率，用于表征居民对于公共设施的利用频率，单位是次/人；$F_2$代表活动的持续时长，用于表征居民对于不同类型设施的利用强度，单位是分钟；$F_3$代表活动的人群活跃度，用于表征居民对不同类型设施的利用效率，单位是%；$\alpha$代表步行进行非工作活动的比例，用于划分在社区周边发生的活动，单位是%。F的单位为时间，表示设施所能提供的时空资源总量。在实际规划操作中，规划人员可根据不同设施的开放时间、设施容量等进行分别对应。

$$F_1 = N_a \div n_e \qquad （4-2）$$

（$N_a$：发生$a$类活动的总次数，$n_e$：发生$a$类活动的有效样本数）

$$F_2 = T_{aend} - T_{ast} \qquad （4-3）$$

（$T_{aend}$：发生$a$类活动的结束时间，$T_{ast}$：发生$a$类活动的开始时间）

$$F_3 = n_e \div n \qquad （4-4）$$

（$n_e$：发生$a$类活动的有效样本数，$n$：样本总人数）

$$\alpha = N_{aWAKL} \div N_a \qquad （4-5）$$

（$N_{aWALK}$：步行进行$a$类活动的次数，$N_a$：发生$a$类活动的总次数）

在实际的规划实践中，人口普查数据是规划人员了解社区人员构成基本情况的基础资料。规划人员首先可以按单一社会经济属性对社区居民进行划分，也可以参考本研究中对居民的组合属性分类或者赋值分类的方法，当然也可以根据实际工作的需要进行分类。

假设$i$代表人群类型，$j$代表活动类型，根据上文构建的模型计算方法，可以计算$i$类社会经济属性的人群$j$类活动的$F$值，即代表$i$类社会经济属性的人群对与$j$类活动所对应的公共设施的需求量$F_{ij}$。

$$F_{ij} = F_{1ij} \times F_{2ij} \times F_{3ij} \times \alpha \qquad （4-6）$$

同理，依次计算各类人群及活动的$F$值之后，对$F$值进行标准化处理，得到标准化的值$f_{ij}$

$$f_{ij} = \frac{F_{ij} - \overline{F_{ij}}}{\overline{F_{ij}}} \qquad （4-7）$$

然后，将该社区各类人群的$f$值求和，即得到该社区居民对于$j$类活动所对应的公共设施的需求量。

$$F_j = \sum_{i=1}^{n} f_i \qquad （4-8）$$

### （2）基于人群谱系—时空行为，计算不同人群时空需求，生成"人群—行为"对应法则表

统计不同属性人群的各类活动的设施需求总量，即$F$值，可以得到"人群—行为"对应法则表，用以表达每一类人群某类活动的需求值。

其中，按照年龄可以划分为"青年、中年、中老年、老年"四类，按照收入水平可以划分为"低学历、高学历"两类，按照户口状况可以划分为"北京户籍、非北京户籍"两类。因此，共有16类人群。

### （3）基于人口普查数据，生成社区的人群比例表，结合"人群—行为法则表"计算该社区对各类设施需求

通过社区中人群的构成状况，结合各类人群的行为需求对应法则，即可得到该社区的各类活动需求状况（图4-1）。

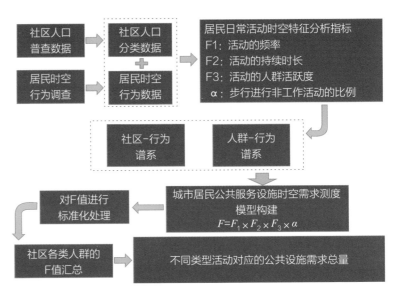

图4-1 子模型I流程

通过社区需求状况和城市一般需求水平的对比，即可得出该社区由于其人口结构的差异带来的需求变动，从而引导设施供给量的调整。

### 2．子模型II——社区生活圈空间体系界定模型

子模型II主要通过GPS数据，对社区生活圈的微观结构进行分解，以便于精细化地引导设施的空间优化。本子模型平台为Arcgis10.4。其工作流程包括空间栅格的建立、活动时长的统计、特征指数的构建及测度、空间体系的划分四个步骤。

（1）空间栅格建立

为了反映社区生活圈的自足性特征和共享性特征，首先构建栅格网，以栅格为基本单元，界定生活圈的空间范围。以栅格化的空间单元为研究对象，进行每个栅格的指标计算，通过临界值的选取，实证地划分社区生活圈层，对社区生活圈体系空间模式的假设进行验证。

筛选每一个社区居民家周边的步行、非工作活动（包括：用餐、购物、遛弯散步、体育锻炼、社交活动、外出办事、娱乐休闲、联络活动、个人护理、看病就医、外出旅游）及其相关出行，在空间上建立50m×50m的栅格网。在该栅格网中进行活动时长的统计（图4-2）。

（2）空间栅格建立

在个体层面上，统计个体居民样本在每一栅格中一周7天的每日平均活动时长，其中工作日和休息日按照天数进行权重计算。即：

$$T_i = (5A_i/a + 2B_i/b)/7 \qquad (4-9)$$

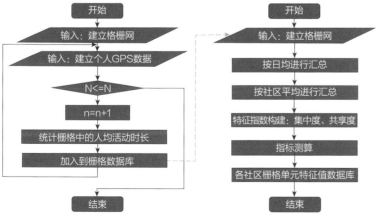

图4-2　空间栅格建立及活动时长统计流程

其中$T_i$为栅格$i$的日均活动时长，$A_i$为个体所有工作日在栅格$i$内花费的总时长，$B_i$为个体所有休息日在栅格$i$内花费的总时长，$a$为观测到的工作日天数，$b$为观测到的休息日天数。

在每一个社区中，将所有社区居民样本的个体社区生活圈进行叠加，计算平均值，得到社区汇总层面的社区生活圈，其栅格值$\tau$的计算方法为：

$$\tau_i = 1/N \sum_{n=1}^{N} T_{in} \qquad (4-10)$$

其中，$\tau_i$为栅格$i$的人均每日活动时长，$T_{in}$为栅格$i$内该社区第$n$个样本的日均活动时长，$n$的取值范围为1到$N$，$N$为该社区的有效样本数。

（3）特征指数构建及测度

本子模型构建了两个特征指数——集中度与共享度。

此文提出的集中度是指，社区生活圈中某空间单元（栅格）的向社区生活圈中心集中的程度。通过对社区生活圈中每一个栅格的集中度的计算及比较，可以筛选出集中度较高的单元，来区分出社区生活圈中的自足性部分。集中度的构建应考虑两方面的因素，首先是空间的接近性，即不考虑对空间的实际利用的情况下，单纯的区位因素，空间单元越接近生活圈的几何中心，则集中度应越高。为反映空间接近性因素，以社区居民全部GPS点生成椭圆，在椭圆内建立从中心到边缘逐渐从1下降到0的连续插值作为空间区位的背景值；其次是居民对空间单元内设施的实际利用情况，在栅格内花费时间越长，则集中度应越高。通过观察，栅格的时长值$\tau$为长尾分布，因此对其做取对数处理。

根据上述原理，确定栅格集中度的计算公式为：

$$C_i = \rho_i \cdot \frac{(ln\tau_i + \alpha)}{\beta} \qquad (4-11)$$

其中，$C_i$为栅格$i$的集中度值，$\rho_i$为栅格$i$在GPS点生成的椭圆的空间区位背景值，$\tau_i$为栅格$i$的社区人均每日活动时长，$\alpha$、$\beta$为常数，为保证最终的结果取值范围为从1至0，$\alpha$取6.60，$\beta$取9.33。

而共享度是指，某空间单元（栅格）被多个社区生活圈共同利用的程度，通过对社区生活圈中每一个栅格的共享度的计算及比较，可以筛选出共享度较高的单元，来区分出社区生活圈中的共享部分。被共享的空间的共享度，与其在所有共享该单元的社区生活圈中的利用程度共同相关。

根据社区生活圈内时间分布呈现由内向外逐渐衰减的特征，

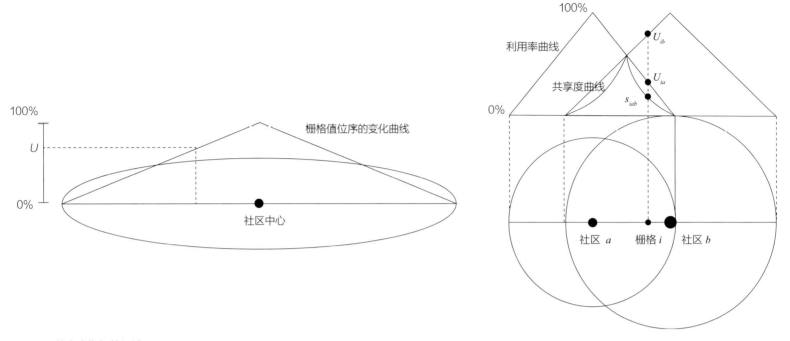

图4-3　共享度指标的设计原理

可将其抽象为圆锥体。通过计算计算栅格$\tau_i$在社区中的百分比位序，来反映该栅格在社区中被利用的"重要程度"，社区中心该值为100%，社区边缘该值为0。两个圆锥体叠加下，在其相交部分之内，形成共享度的变化曲线（图4-3），根据上述对于共享度变化特征的描述，确定两社区间共享度的计算公式为：

$$S_{iab} = \frac{min\{U_{ia}, U_{ib}\}^2}{max\{U_{ia}, U_{ib}\}} \qquad (4-12)$$

其中，$S_{iab}$为栅格$i$在社区$a$和社区$b$之间的共享度，$U_{ia}$为栅格$i$在$a$社区生活圈中的百分比位序，$U_{ib}$为栅格$i$在$b$社区生活圈中的百分比位序。

如扩展至$x$个社区叠加的情况，则为$x-1$个共享度之和，即：

$$S_i = \frac{min\{U_{i1}, U_{i2}, \cdots\cdots U_{ix}\}^2}{U_{i1}} + \cdots + \frac{min\{U_{i1}, U_{i2}, \cdots\cdots U_{ix}\}^2}{U_{ix}} - \frac{min\{U_{i1}, U_{i2}, \cdots\cdots U_{ix}\}^2}{min\{U_{i1}, U_{i2}, \cdots\cdots U_{ix}\}} \qquad (4-13)$$

经简化，可得：

$$S_i = min\{U_{i1}, U_{i2}, \cdots\cdots U_{ix}\}^2 \sum_{m}^{x} \frac{1}{U_{im}} - min\{U_{i1}, U_{i2}, \cdots\cdots U_{ix}\} \qquad (4-14)$$

（4）特征指数构建及测度

在计算全部案例社区的集中度、共享度之后，根据其分布情

况，选取各自临界值，并对社区生活圈中的栅格进行划分。其中，集中度大于临界值的部分，命名为社区生活圈Ⅰ；集中度小于临界值且共享度亦小于临界值的部分划分为第二个圈层，将其命名为社区生活圈Ⅱ；共享度大于临界值的部分划分为第三个圈层，将其命名为社区生活圈Ⅲ（图4-4）。

### 3. 子模型Ⅲ——社区生活圈优化单元生成模型

本子模型以SPSS22.0通过系统聚类方法，对社区生活圈进行合并，通过"连片共建"的方式，划分出便于操作的设施优化空间单元——社区生活圈组团。

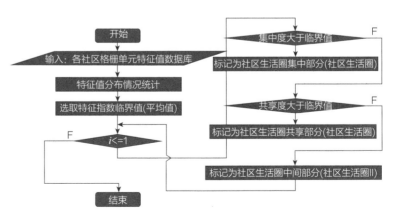

图4-4　空间栅格建立及活动时长统计流程

根据上一章提出的共享度的概念，如仅仅考虑两个社区$a$、$b$相互叠加的情况，则叠加部分的每一个栅格$i$都会具有一个共享度值$S_{iab}$，对两个社区所共有的每一个栅格的共享度进行加和，就可以反映出两个社区之间总体的共享度水平，即

$$C_{ab} = \sum_i^n S_{iab} \qquad （4-15）$$

其中$C_{ab}$为社区$a$、$b$之间的整体共享度，$S_{iab}$代表第$i$个栅格的共享度值。

由此可以计算任意两个社区之间的整体共享度，从而得到案例社区的整体共享度矩阵。以社区间整体共享度矩阵为基础，采取聚类分析的方法，对18个社区生活圈进行类的合并，并从聚类树状图中选取理想的分类结果。

在聚类方法的选取上，采用离差平方和法（Ward's method），使聚类结果具有"最优性"，即在每一步聚类中，选择使离差平方和的增加最小的结果。

### 4. 子模型IV——社区生活圈服务设施空间评价-优化模型

在前述三个子模型的基础上，以社区生活圈组团为操作单元，分不同空间圈层，对调整后的需求和设施配置现状进行对比，并得到设施的优化方案。

首先，以子模型III中得出的"社区生活圈组团"为优化单元；其次，通过POI数量反映当前的设施配置规模；根据子模型I的"人群-行为"对应法则，对当前设施规模结构调整比例，形成规模优化方案；最后，依照子模型IV中得到的社区生活圈层结构，统计各圈层内各类活动GPS点数比例，作为显示性偏好的反映，调整设施在圈层中的分布比例（图4-5）。

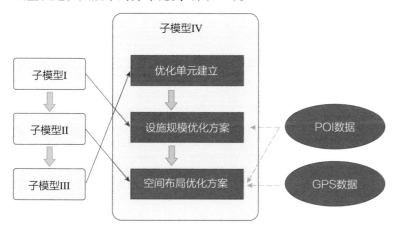

图4-5　子模型IV流程

## 五、实践案例——清河街道社区生活圈设施优化

### 1. 清河街道设施建设现状调查

为了能够使案例地更具北京城市社区的代表性，本研究试图选取在北京的快速郊区化中产生、居住活力较强、建成环境较为统一而又能够反映出一定的社区间差异、以现代封闭式城市小区为主要建筑形式的居住组团。

本研究案例地区是清河街道，位于北京市海淀区，属北京北部郊区，属于北京市十大城市边缘集团之一，是北京市重要的大型郊区居住组团，其重要职能是作为中关村科技园区的生活配套服务区之一。清河街道面积9.37平方千米，现居住人口10万。辖区内现已建成28个社区居委会，有中央级和市、区各级企事业单位共100多家；有火箭军司令部、空军装备研究院等多所部队大院；公用设施较为齐全，有包括北京体育大学等各类大中小学13所，北京市社会福利院等5家医院及福利机构；本地区商场、超市、农贸市场比较成熟；社区居民文化体育场所较为齐全，有包括海淀区北部地区最大的社区体育公园——清河燕清体育文化等大小公园和绿地10余处；地区主要干道现为小营西路，它直接连通上地信息产业基地和德昌高速路，另有大小道路十余条连接城市各个方向，交通基本上较为便利（图5-1）。

通过现场调研，本研究总结了清河街道社区公共服务设施配置中存在的问题：

首先，城乡接合部特征明显，服务设施较为落后和薄弱。直至2004年之后，该地区才开始全面进行市政基础设施建设和服务设施建设。而商业设施方面，清河街道有一定的商业基础，但分布零散。

图5-1　清河街道区位及案例社区分布

其次，缺乏清晰有效的社区边界和社区内部结构。从社区的区划上来看，除部分部队大院之外，基本与小区居委会的辖区范围一致，是行政上的社区概念，而非居民真实的活动范围。此外，由于社区之间紧密邻接，除小区围墙以外，缺乏划分空间体系的有效标志物。

最后，社区类型多样化，规模不一，难以适用统一优化标准。由于清河地区曾是老工业区，20世纪50年代到70年代，附属于工厂的单位大院成为主要的居住空间；而进入80年代之后，在北京市的快速郊区化之下，伴随着居住区改造和小区建设逐步开放；90年代以来，尤其是2000年之后以大型房地产商的商品房综合开发使得城市商品房社区快速崛起。这种情势下，社区间人口、面积等指标差异突出，需要进行整合。

本研究针对上述调研中发现的问题，运用上述模型，对社区生活圈进行空间界定、对社区设施配置状况进行评价，并提出相应的优化策略。本案例主要针对三大类设施进行研究——餐饮设施、购物设施、休闲设施。

## 2. 清河街道"人群—行为"需求分析及调整策略

本研究首先运用了以往的调查资料，以全北京市若干个社区为基础数据，对16类人群的活动需求对应指数进行了测算。在表5-1中，数值反映出该类人群对该类活动的需求相比于其他类型人群的大小，其中，正值代表该类人群对该类活动的需求较其他类型人群更强，负值代表更弱，"—"代表样本中该类人群该类活动的发生数过少。

在此基础上，基于"六普"人口数据，生成社区的人群比例表，结合"人群—行为法则表"计算社区对各类设施需求（由于"六普"数据以街道为统计单元，因此将清河街道的所有社区采用同一标准）。此外，还针对北京市整体的需求情况作为对比。研究结果发现，购物设施和休闲设施方面，清河地区由于年龄结构偏年轻化等原因，其设施需求低于北京市平均水平，因此可以认为设施的供给量高于需求量；而餐饮设施方面，清河街道的需求高于北京市平均水平，因此餐饮设施的量需要上调5.6%。

## 3. 清河街道社区生活圈体系划分

通过对计算全部18个社区的所有栅格的集中度，取所有栅格集中度的平均值0.18作为筛选每个社区自足部分的临界值。

"人群—行为"对应法则表　　　　表5-1

| 人群编号 | 人群属性 | 用餐活动 | 购物活动 | 休闲活动 |
|---|---|---|---|---|
| I | 青年低学历北京户籍 | 1.1 | -1.0 | -1.0 |
| II | 青年低学历非北京户籍 | 0.4 | 0.0 | — |
| III | 青年高学历北京户籍 | -0.6 | -1.1 | -0.7 |
| IV | 青年高学历非北京户籍 | 0.8 | -1.1 | -0.9 |
| V | 中年低学历北京户籍 | 0.7 | -0.4 | -0.7 |
| VI | 中年低学历非北京户籍 | 1.4 | -0.1 | -0.5 |
| VII | 中年高学历北京户籍 | -0.1 | -1.0 | -0.7 |
| VIII | 中年高学历非北京户籍 | -0.4 | -1.0 | -1.0 |
| IX | 中老年低学历北京户籍 | 0.6 | -0.4 | 0.3 |
| X | 中老年低学历非北京户籍 | -1.3 | 0.9 | 0.0 |
| XI | 中老年高学历北京户籍 | 1.2 | -0.4 | -0.3 |
| XII | 中老年高学历非北京户籍 | — | 1.9 | 2.4 |
| XIII | 老年低学历北京户籍 | -0.8 | 0.7 | 0.8 |
| XIV | 老年低学历非北京户籍 | -2.3 | 1.0 | 1.9 |
| XV | 老年高学历北京户籍 | -0.8 | 0.1 | 0.1 |
| XVI | 老年高学历非北京户籍 | — | 1.8 | 0.4 |

同理，在计算全部18个社区的所有栅格的共享度之后，通过反复试验，选50%分位数的值0.03作为筛选每个社区共享部分的临界值。

从每一个社区中栅格的集中度分布特征来看，首先较为明显的特征是距离衰减现象，即生活圈中心的集中度最高，接近于1，而随着远离生活圈的中心，栅格的集中度值也逐渐下降，接近社区生活圈的边缘，则栅格的集中度值趋近为0。以社区实际的外墙为界，社区边界以内与社区边界以外的集中度呈现出较大的差异，尤其是集中度最高的栅格所在区域，大都位于社区边界以内。这说明社区边界之内集中着很大一部分的社区日常活动，对于社区居民而言，这一部分空间具有重要的利用价值。

从所有社区共同形成的共享度分布特征来看，由于共享部分很少位于社区的核心区域，因此基本不存在栅格在社区中百分比位序较高（即接近100%），同时又被较高程度地共享的情况。所以在所有栅格中，共享度的最大值约为0.55。同时，共享度值的分布情况也并不均匀，大部分栅格的共享度较低，为0.1以下，只有少部分的栅格，集中度位于0.1以上。与社区生活圈的全部空间范围相比，只有其中一部分区域具有共享度值，这一部分区域基本沿道路分布，其中安宁庄东路和清河中街是最主要的共享区

图5-2　集中度的计算结果（左）和共享度的计算结果（右）

域，而承担远距离出行的交通性的城市高速路，如京藏高速，并不是共享度较高的区域（图5-2）。

根据以上临界值的选取，将各个社区生活圈中，集中度大于临界值的部分划分为第一个圈层，将其命名为社区生活圈Ⅰ；集中度小于临界值且共享度亦小于临界值的部分划分为第二个圈层，将其命名为社区生活圈Ⅱ；共享度大于临界值的部分划分为第三个圈层，将其命名为社区生活圈Ⅲ。将社区生活圈三个圈层落位于实体空间中，可以发现社区生活圈Ⅰ的分布范围和社区边界吻合程度较高，其面积也与社区边界内的面积大致相等；社区生活圈Ⅱ则在社区边界以外，沿周边街道展开，其空间大小可以体现居民步行可达非工作活动的范围；社区生活圈Ⅲ的分布则通常位于购物中心、交通站点、公共管理与公共服务设施布置较为集中的地段，且城市交通较为便利，易与周边社区发生共享。为了展现这一空间范围，将一般步行速度下15分钟出行范围的边界与生活圈进行对比，可以发现，社区生活圈的范围与15分钟出行范围大致相当（图5-3）。

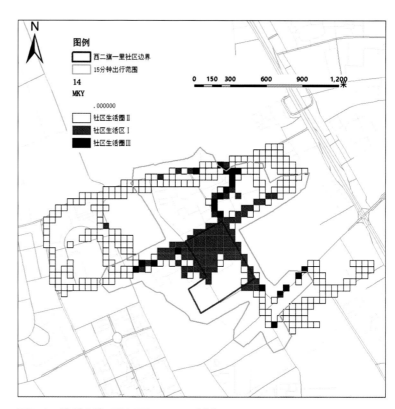

图5-3　铭科苑社区生活圈Ⅰ、Ⅱ、Ⅲ划分

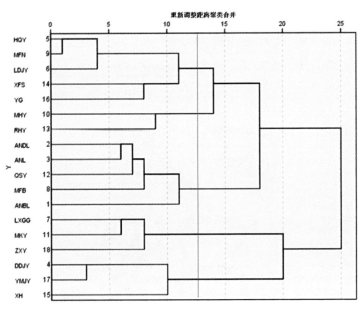

图5-4　使用Ward方法的聚类树状图

### 4. 清河街道社区生活圈组团划分

以社区间整体共享度矩阵为基础，采取聚类分析的方法，对18个社区生活圈进行类的合并，并从聚类树状图中选取理想的分类结果。最终聚类结果如树状图所示。从整体的分类结果来看，18个社区的社区生活圈已经被划分为了较为明显的5个板块（图5-4）。

从聚类之后的结果来看，5个社区生活圈组团中，社区生活圈组团B的规模较小，面积约为1km²，人口为2410户，但也已经接近于社区级服务设施服务人口的上限。而从其他社区来看，其面积都超过1.3km²，考虑到社区生活圈组团的形态中存在孔隙，因此其实际占地面积已经与街区级服务设施的服务面积相当。因此，组合之后的社区生活圈组团，可以作为独立单元，采取内部社区联合规划的方式，配置成体系的一套社区服务设施，从而避免就社区而论社区，以致设施建设的缺失或浪费（图5-5）。

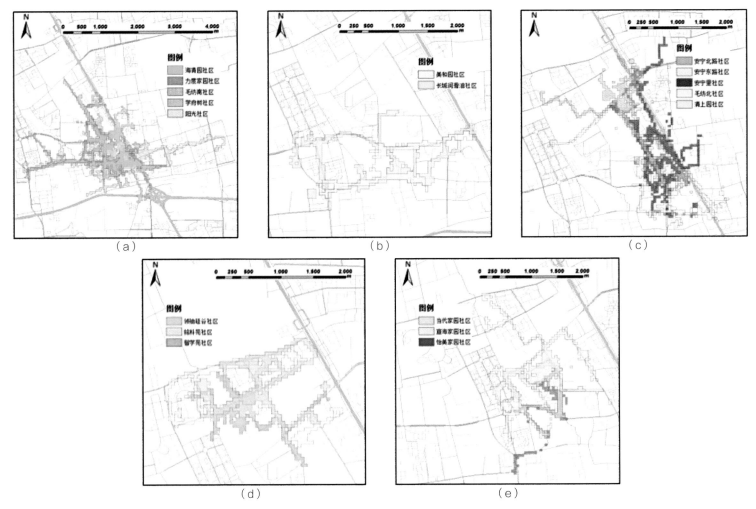

图5-5　案例社区的空间聚类结果

## 5. 清河街道设施空间评价与优化

通过活动GPS数据与圈层的叠加，可以统计出位于每个社区每一个空间圈层内的GPS点数，该数值可以反映出该社区的活动空间需求分布状况。以调查所得到的每个社区所形成的生活圈中的活动分布量，加入样本量和社区总人数，通过计算就可以得到该社区的整体活动需求状况。社区生活圈的服务设施优化应以社区生活圈组团为基本单元而进行。因此通过多个社区的整体状况的加和，就可以反映出该社区生活圈组团的空间需求状况，将其作为一个当量，能够反映出其在各个空间圈层内的比例。同时将POI点运用相同的方法进行统计。

在本部分，以社区生活圈组团A（包括海清园社区、毛纺南社区、力度家园社区、学府树社区、阳光社区）为例，阐述其优化过程（表5-2）。

首先，对该社区生活圈内5个社区的各类活动的GPS点数按照

案例社区代码　　　　　　　　　　　　　　　　　　　　表5-2

| 社区名称 | 观测人数 | 社区总人数 | 社区生活圈层 | GPS点数 | | | 服务设施当量 | | |
|---|---|---|---|---|---|---|---|---|---|
| | | | | 就餐 | 休闲 | 购物 | 就餐 | 休闲 | 购物 |
| 海清园社区 | 26 | 4640 | I | 145 | 486 | 456 | 25877 | 86732 | 81378 |
| | | | II | 8 | 9 | 60 | 1428 | 1606 | 10708 |
| | | | III | 128 | 320 | 281 | 22843 | 57108 | 50148 |
| 毛纺南社区 | 29 | 6562 | I | 781 | 1029 | 387 | 176721 | 232838 | 87569 |
| | | | II | 403 | 194 | 216 | 91189 | 43898 | 48876 |
| | | | III | 478 | 603 | 1288 | 108160 | 136444 | 291443 |
| 力度家园社区 | 18 | 2546 | I | 485 | 673 | 333 | 68601 | 95192 | 47101 |
| | | | II | 22 | 21 | 112 | 3112 | 2970 | 15842 |
| | | | III | 64 | 83 | 120 | 9052 | 11740 | 16973 |
| 学府树社区 | 17 | 5996 | I | 86 | 596 | 447 | 30333 | 210213 | 157660 |
| | | | II | 8 | 6 | 38 | 2822 | 2116 | 13403 |
| | | | III | 5 | 0 | 98 | 1764 | 0 | 34565 |
| 阳光社区 | 10 | 3592 | I | 359 | 490 | 19 | 128953 | 176008 | 6825 |
| | | | II | 0 | 3 | 13 | 0 | 1078 | 4670 |
| | | | III | 31 | 501 | 6 | 11135 | 179959 | 2155 |
| 总体需求 | — | — | I | — | — | — | 430484（63%） | 800983（65%） | 380533（44%） |
| | | | II | — | — | — | 98550（14%） | 51668（4%） | 93497（11%） |
| | | | III | — | — | — | 152954（22%） | 385251（31%） | 395285（45%） |
| 设施供给现状（POI数） | — | — | I | — | — | — | 103 | 75 | 214 |
| | | | II | — | — | — | 175 | 128 | 220 |
| | | | III | — | — | — | 26 | 25 | 78 |
| 依照人群特征调整 | — | — | I | — | — | — | 109 | 75 | 214 |
| | | | II | — | — | — | 185 | 128 | 220 |
| | | | III | — | — | — | 27 | 25 | 78 |
| 依照空间体系调整 | — | — | I | — | — | — | 203 | 148 | 224 |
| | | | II | — | — | — | 185 | 128 | 220 |
| | | | III | — | — | — | 72 | 71 | 233 |

各社区的人口数进行加和，作为活动需求的空间分布的指标。从计算结果可以看出，对三类设施而言，在社区生活圈I和社区生活圈III中的分布都较为集中。然而就POI点的分布统计结果来看，社区生活圈I和社区生活圈III都较为薄弱，需要在公共服务设施的配置上加以倾斜。

首先，将POI数量首先按照"人群—行为"对应法则进行调整，得到规模优化方案。在该社区生活圈组团中，将餐饮设施提高5.6%。其次，再按照活动分布在各生活圈层中的比例，得到空间布局上的优化方案。在本案例中，餐饮设施在社区生活圈I、III中分别应增加94个、45个，购物设施在社区生活圈I、III中分别增加73个、46个，休闲设施在社区生活圈I、III中分别增加10个、155个。

# 六、研究总结

## 1. 模型设计的特点

（1）以个体行为理论为基础，构建了面向设施优化应用的社区生活圈理论与模型

本研究基于行为地理学显示性偏好的理论，认为在长期习得行为和固定偏好结构下，人的主观需求可以通过其行为表征得到反映，而这种主观需求的表现，已经考虑了由于个体社会经济要素、城市建成环境要素的变化带来了需求变化。以空间行为数据，通过对客观行为的刻画，可以得到活动需求的空间分布格局，并作为设施布局优化调整的参照。

本研究面向社区人群差异性下的需求变化，提出了"人群-行为"需求对应法则；面向精细化的设施空间优化，提出了社区生活圈体系三圈层模式；面向可操作的社区设施优化空间单元，提出了社区生活圈组团。

（2）综合多平台，形成了社区生活圈量化研究与规划应用方法

本研究基于时空间行为视角，正面关注微观的社区居民行为，运用个体GPS数据，提出了行为需求、集中度、共享度等相关指标的测度和计算方法；充分运用GIS空间分析、地理可视化等分析技术，刻画空间形态、归纳空间特征，最终提出多尺度的社区生活圈空间结构模型体系。

本研究探讨从行为到空间的反馈作用机制，深入思考以需求为导向的社区规划实践路径，将生活圈研究进行了规划决策支持的初步应用。突破了千人指标与服务半径等僵化指标，构建了以需求为准则的设施优化方法；形成了从需求差异到空间单元，再到精细化空间体系的生活圈优化流程。

## 2. 应用方向或应用前景

（1）对子模型进行整合，简化输入和输出端口

目前的各个子模型需要独立操作，模型平台各不相同，Arcgis、SPSS等平台相互之间尚未加以整合，使得操作流程过于冗长，自动化程度不足。

未来可通过打包的方式，对各个子模型及其平台进行整合，使得上一子模型的输出对接下一子模型的输入，从而减少中间运算过程，提高自动化程度。

（2）对理论假设、空间模型进行丰富和完善

目前的"人群-行为"对应法则、集中度和共享度的测度指标、三圈层的社区生活圈空间体系、通过共享度进行聚类而形成的社区生活圈组团，都是一种简化的理论模型；未来可增加更多的研究要素，进一步丰富和完善各理论假设和空间模型。

# 基于ABM的社区老年活动中心规划布局研究——以福州市为例

工 作 单 位：福州大学

研 究 方 向：公共设施配置

参 赛 人：王喆妤、吴若晖、李俊晟、哈志琦、郑颖、马妍、陈小辉、赵立珍

参赛人简介：该研究项目参赛团队由福州大学城乡规划专业师生组成；团队中的教师们致力于区域与城乡规划、城市定量分析与模拟、空间规划决策支持等方面的研究。在指导老师们的带领下，学生们完成了《迟暮之年何往矣——福州市社区老年活动场所及设施调查》的调查研究成果。在该成果的基础上，运用ABM进行进一步的研究。

## 一、研究问题

### 1. 研究背景及目的意义

人口老龄化是21世纪人们面临的最突出的社会现象之一，而我国也正快速步入老龄化社会。据第六次人口普查结果，2010年全国60岁及以上人口为1.78亿人，占总人口的13.26%，其中65岁及以上的老年人口为1.19亿人，占8.87%。由于计划生育政策的影响，我国呈现出家庭核心化的特点，这使得我国传统的家庭养老能力逐渐下降，空巢老人数量不断增加。因此，养老问题日益成为受到普遍关注的社会问题，依靠社会和社区的养老服务体系也逐渐成为养老问题的关注点。我国也出台了一些政策规范来推进"社区养老"的发展。我国社区老年活动中心按规范要求进行均等布置，但在实际调研过程中存在空间利用率不高与老年人抱怨无处可去的设施供求之间存在极大矛盾的现象。因此，本研究探讨了该问题出现的根本原因，以及如何通过规划政策来缓解矛盾，使社区老年活动中心最大限度地达到供需匹配。

"社区养老"这一概念源于20世纪50年代英国政府推出的"社区照顾"（community care for the elderly），60年代后该模式在世界多国推广，并得到老年人的青睐。我国的社区养老模式与这种"社区照顾"模式相似，自20世纪90年代唐仲勋提出利用社区照

料资源提供养老服务之后，国内有大量学者从不同视角对社区养老展开研究。国内学者一般是从剖析家庭养老和机构养老面临困境的角度出发，亦有引用国外社区照顾模式进行论证。他们持有共同的观点，即社区养老综合了家庭养老与机构养老的优势，对减轻政府负担、鼓励社会福利社会化具有积极意义。但目前社区养老模式仅处于起步阶段，仅在北京、上海等大城市有所推广。

### 2. 研究目标及拟解决的问题

本研究的总体目标：

（1）通过对城市社区养老服务空间与老年人之间的供需关系的研究，利用人口普查，经济统计等现存统计数据库，挖掘各种复杂要素及其相互影响。

（2）基于多智能体模型（Agent-Based Modeling，ABM）建立一个面向社区养老服务空间需求的模拟分析的多智能体模拟（Community Facility for Elderly，CFE）模型，用于预测未来一定时期城市社区养老服务空间需求。

（3）将建立的面向社区养老服务空间需求的模拟分析的多智能体模拟模型进行实地应用，模拟预测未来的发展情况，并做出多种政策情景分析，选出最优方案。

模型建立要解决的难点问题是智能体之间相互作用的复杂关

系的理清与表达。老年人智能体是一个庞大的群体，且每一个个体都有其相对独立的行为方式，行为选择又受多方面因素影响。因此，合理清晰的表达多智能体之间复杂关系是这个模型建立的难点也是核心。在研究过程中，首先进行实地调研，获取的小样本基础数据作为后续动态分析的依据，并用于标定模型参数及挖掘微观个体行为规则，从而增加研究工作的真实性。此外，通过前期调研挖掘微观个体的特征，寻找其中的相互关系，利用定性与定量分析手段对研究对象的多种特性进行分类。最后，确定在不同类型小区内老年人的喜好呈现大致的偏向及特征。由此通过实地调研，结合个体行为规则，建立生命周期模型、老年活动中心评价模型以及老年人智能选择模型等。

## 二、研究方法

### 1. 研究方法及理论依据

本研究选择福州市作为案例区域，探讨严格按照规范建设的城市老年活动中心规划布局的合理性及可视化，并对分析结果存在问题进行多种的政策情景模拟，寻找可行方案，为城市老年活动中心布局方案提供决策支持。因此我们运用动态分析模拟方法，建立老年人、老年活动中心的多智能体模型。主要运用以下研究方法。

（1）通过典型社区的实地调研获取基础数据作为分析依据

利用实地典型社区调研获得的问卷资料和基础数据，作为后续动态分析的依据，用于挖掘微观个体行为规则，以及标定模型的参数，从而增加研究工作的真实性。

（2）通过定性与定量分析手段对研究对象的多种特性进行分类

不同的老年人有不同的喜好，我们通过前期调研挖掘微观个体的特征，寻找其中的相互关系，最后确定在不同类型小区内老年人的喜好呈现大致的偏向，结合社区区位和建设背景，将社区分为4种类型，同时确定老年人的特征。

（3）通过多学科数理模型交叉应用开发多智能体模拟系统

为了可视化各主体的复杂要素及其相互作用，需要利用Python语言编程开发多智能体模拟模型。在模拟系统中，还要结合个体行为规则，建立生命周期模型，老年活动中心评价模型以及老年人智能选择模型等。

（4）模拟模型的验证与实证分析

基于研究的结果，构建多智能体模拟模型，并根据计算机仿真实验对提出的模拟模型在福州市五区空间进行试验，验证模拟模型的可重复性，参数的敏感度等，以保证模型方法再现各种复杂要素及其相互作用机理的可靠性。

### 2. 技术路线及关键技术

如图2-1所示，本研究首先通过规范确定社区老年人活动场所和设施战略规划的目标和布局，并将该目标设定为模拟模型的初始参数。同时，将通过传统调研所统计得到的相关数据和研究决定的模型参考数作为模拟的输入条件，通过后台模拟运算，预测结果最终在前台展示，即模拟输出。该输出结果主要包括研究区域人口演变情况、社区老年人活动场所和设施的空间需求、空间分布，以及老年人对社区老年人活动场所和设施的使用情况等。在这一过程中，ABM扮演了一个开放的"箱子"，操作者将其对规划问题的既有知识、数据、信息和关注问题投入该箱子中，通过得出模拟数据和信息，最终参与到模型的设计中。通过了解模型输入和输出之间的关系，规划师和决策者有机会建立新的知识，同时基于从ABM设计和应用中获取的知识，帮助其更好地完成规划战略（图2-1）。

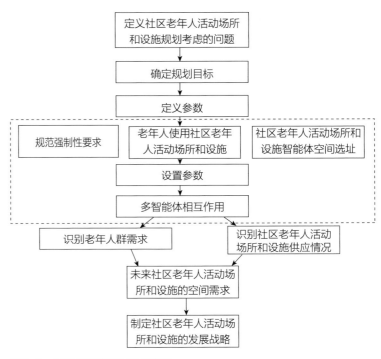

图2-1 ABM模型设计技术路线

由于一直以来，研究工作者的模型设计和应用往往以"黑箱"的模式展示在规划师和政府决策者面前，这使得规划师能否真的理解模型的含义或者相信和理解模拟的输出结果成为一个值得探讨的问题。因此本研究认为，并非将规划政策可能的实施效果通过模拟预测在规划师和决策者面前进行可视化就等同于规划决策支持。最关键的问题是通过仿真模型的应用是否有效地辅助规划师和决策者拓展针对规划问题的知识，建立新的认知，并最终达到辅助规划战略形成的目的。本研究的关键点即在于改变以往模型和模拟在规划工作中表现出的"黑箱"状态，为达到这一目标，模型的构建与应用必须体现和符合实际的规划决策过程便成为关键。

## 三、数据说明

### 1. 数据内容及类型

本研究从三个角度来选取构建模型体系需要的数据，分别为老年人角度、社区活动中心角度以及规划师角度。

在老年人角色方面，本研究采用了福州市第六次人口普查的人口数据，提取其中与本研究相关的人口数据，确定福州市区60岁以上老年人口数量以及在空间上的分布特征；不考虑人口机械增长变化的情况下，通过确定人口的年龄结构和生命周期规律，来预测未来老年人数量变化（图3-1）；根据本小组成员前期以"福州市社区老年活动中心"为主题的研究报告成果，了解老年人健康水平，确定不同类型老年人对社区活动中心各设施的喜好程度，用于考虑老年人的个人因素对活动中心选择的影响，从而得出愿意去社区老年活动中心的老年人数及其空间分布，以及为

老年人活动中心的评价做基础。

在社区老年活动中心方面，根据《城镇老年人设施规划规范》GB50437-2007中规定，小区应配建老年活动中心，应包含活动室、阅览室、保健室、不小于150m²的室外活动场地等，建筑面积不小于150m²，用地面积不小于300m²。以此规范为社区老年活动中心的基本配建内容。本研究建立了福州市社区POI，通过整理福州市各社区周边用地性质特点，结合前期走访调查，将福州市所有小区分成四类，分别为教育型社区、行政型社区、公园型社区和安置型社区，不同类型社区的老年人有社区特有的共性，对社区老年活动中心的设施评价产生一定影响。

规划师对模型环境以及智能体属性进行评定，通过用地性质图，反映小区的区位关系，结合前期传统调研的结论，得出老年人智能体以及社区老人活动中心智能体的属性数据。在老年人模型和社区老年活动中心模型建立完成后，总结得出各社区老年活动中心的使用情况数据，老年人满意度数据；运行评估程序，对社区老年活动中心各指标进行评价。

### 2. 数据预处理技术与成果

在建立的数据基础上，分别对数据进行GIS栅格化、网络获取居住社区数据空间化、普查数据空间化、编程集成、模拟平台的集成等数据预处理过程。首先通过获取的福州市行政区划范围以及福州市用地性质资料，建立研究区范围和不同土地性质的polygon数据；通过GIS栅格化获取带有数值属性的栅格数据。通过网络获取的居住社区位置信息，进行居住小区数据空间化，转化为社区POI点，属性包括坐标信息、社区名称、社区属性及地

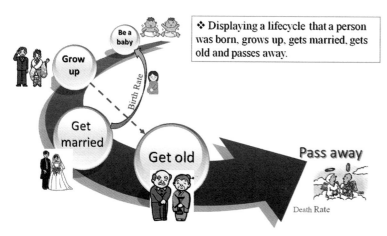

图3-1　生命周期规律图

图3-2　用地性质数据栅格化处理结果图

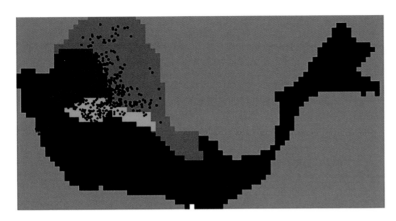

图3-3 人口数据空间化处理结果图

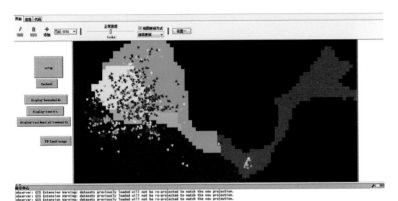

图3-4 Netlogo可视化预处理初步成果图

址信息。继而根据福州市第六次人口普查数据，将普查数据空间化，得出人口数量及年龄结构空间分布情况。通过编程语言将智能体之间可能发生的情景进行描述，实现编程集成的处理方法，并通过模拟平台集成的处理手法，运用Netlogo模拟平台将智能体之间发生的情景进行可视化处理。

## 四、模型算法

### 1. 模型算法流程及相关数学公式

模型实现步骤：

（1）从GIS中读取空间数据，包括人口的分布，小区、图书馆等各类空间的分布，建立模型运行的基本环境。

（2）普查数据空间化，对调查的数据进行整理并载入程序中，主要包含人口的分布，人口的年龄结构，人口的喜好差异等。

（3）调整好各项参数后开始进行模拟，初始化参数属性如表4-1所示。

| 初始化参数属性表 | 表4-1 |
| --- | --- |
| | 参数名称 |
| 全局变量 | 出生率<br>死亡率<br>结婚率 |
| 城市空间属性 | 土地利用分区<br>家庭密度<br>活动中心位置分布 |
| 家庭智能体属性 | 位置<br>成员构成<br>老年人喜好偏向 |
| 活动中心智能体属性 | 老年人容量<br>活动中心面积<br>设施状况<br>服务水平 |

（4）模拟程序开始运行后，家庭智能体将按照时间的推进，动态地进行成员结构的变化，包含家庭成员适龄时的婚配、生育、年龄的变化、去世，智能体将命令达到退休年龄的家庭成员对自身是否有使用活动中心的需求进行评价，如果有参与活动中心的意愿，成员将会按照各类活动中心的距离等因素定期访问活动中心（如图4-1）。

在老年人喜好的确定中，本模型采用如图4-2所示决策树来个性化老人的喜好偏向，使不同老人的喜好能够符合调研结果，并最大限度地依据调查结果归类老人的喜好，提供了六类老年人喜好偏向，这六类偏向将确定六类不同的参数值（表4-2），使基于调研所得结论尽可能贴近真实情况。

家庭智能体

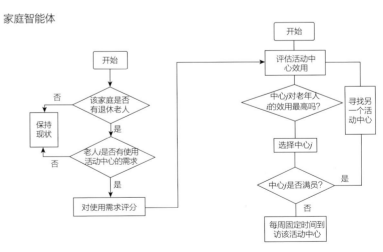

图4-1 老年人需求评定及对活动中心的选择流程图

老年人六类偏好参数　　　表4-2

| 偏好类别名 | 偏好类型 | 参数值 |
|---|---|---|
| Preference-A | 独居在行政类社区的老人 | $demand_{1,2,3}=\{0.3,0.6,0.6\}+\{float1.8\}$ |
| Preference-B | 独居在公园附近的社交型老人 | $demand_{1,2,3}=\{0.6,0.4,0.5\}+\{float1\}$ |
| Preference-C | 独居在附近无公园的社交型老人 | $demand_{1,2,3}=\{0.5,0.4,0.7\}+\{float1.6\}$ |
| Preference-D | 独居在教育型社区的老人 | $demand_{1,2,3}=\{0.6,0.6,0.6\}+\{float1.6\}$ |
| Preference-E | 子女陪伴且有独立收入的无偏好老人 | $demand_{1,2,3}=\{0.7,0.6,0.5\}+\{float1.8\}$ |
| Preference-F | 子女陪伴且无独立收入的无偏好老人 | $demand_{1,2,3}=\{0.3,0.2,0.4\}+\{float1\}$ |

（$demand_{1,2,3}$分别代表老人对空间质量、设施水平、服务管理水平的需求值，$folat$值代表不同老人喜好之间的细微差别，使模拟更加贴近真实情况）

由于距离、不同小区家庭的偏好倾向不同等因素影响，将会在第一运行后动态显示当前各中心的访问量，从而使规划师可以直观感受到老人的选择倾向，此时可进行规划决策的干预（图4-2），从而观察老人的选择是否发生变化。

老人是否前往中心的阈值计算由以下公式完成：

$$S_i = \sum_{j=1}^{n}(b_{sumi} \times x_{ijs}) + \varepsilon_i$$

（$b_{sumi}$分别代表活动中心$i$的空间（space）质量、设施（utility）水平、对服务管理（management）水平的需求值，$x_{ijs}$值代表由规划师确定该中心的各项评价因素的得分系数，该两项数值乘积之

和为该中心的最终评分，$\varepsilon_i$值表示其他相关因素，其值为负数，包括活动中心$i$到某小区的距离，随时间推移设施折旧的水平，该参数可以反映活动中心整体评价的负面影响）

当老人的需求值大于该阈值，老人会选择满足自身需求的中心并对该中心进行评价，老年人的需求值计算由如下公式确定。

$$S_w = \sum_{j=1}^{n}(demand_j \times x_j) + \delta_j$$

（$demand_j$及$\delta_j$由表4-2选择得到，$x_j$为规划师确定的老人需求值的系数，以使该需求值接近调研数据。）

在模拟完成后，通过建模时编写的实时数据获取模块，可以得到基于不同规划决策下的老年人对活动中心选择偏好的变化，以及该决策是否显著提升了活动中心的使用效率，通过对数据的分析可以辅助规划师进行相关决策（图4-3）。

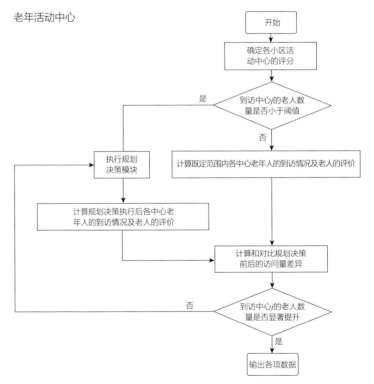

图4-3　模拟流程及规划决策干预流程图

## 2. 模型算法相关支撑技术

Netlogo是一个用来对自然和社会现象进行仿真的可编程建模平台。它是由UriWilensy在1999年发起的，由链接学习和计算机建模中心（CCL）负责持续开发，其研发目的正是为科研机构提

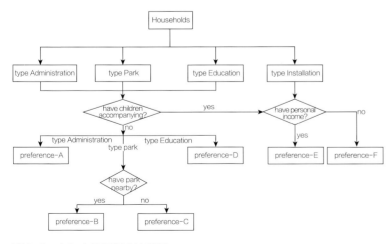

图4-2　老年人偏好判定决策树

供一个强大且易用的计算机辅助工具，对各类自然现象及社会现象进行模拟。

NetLogo是继承了logo语言的一款编程开发平台，但它又改进了Logo语言只能控制单一个体的不足，它可以在建模中控制成千上万的个体，NetLogo建模能很好地模拟微观个体的行为和宏观模式的涌现及其两者之间的联系。因此，NetLogo特别适合于模拟随时间发展的复杂系统，其这一特性十分适用本次中老年活动中心在规划中随时间变迁受各种条件影响下的发展情况进行模拟。

作为智能体的家庭（households）和作为智能体的中老年活动中心（centers）在各项参数的控制下进行交互，由于其可以创建并控制成千上万个个体的特性，基于该平台的模拟便可最大化地实现每个个体的随机性，从而呈现出区别于不够灵活的数学计算模拟的结果，使之更加接近现实情形。

# 五、实践案例

## 1. 模型应用实证及结果解读

本研究以福州市典型社区为例，选取部分典型小区，对其进行空间、设施调查及使用情况调查。结合福州市棋牌普及的文化特色，设施方面的调查从活动设施的棋牌室、阅览室、活动室、健身房、多媒体室和保健室这6个必备种类进行更深入的调研。从老年人对设施种类的需求分析，不同年龄段和不同文化程度的老年人对设施种类的需求不同。

从老年人的使用情况来看，棋牌桌普遍需要更多的数量，而多媒体室几乎无人问津。设施数量的设置应满足一周内高峰时间段的高峰时间点老年人的使用需求。经访谈，老年人更加偏爱干净、无破损的设施。并且希望在干净整洁的环境中进行活动。故管理方应根据设施的耐久性对设施进行定期维修和更换，以保证设施的正常使用。

本研究设置的模型参数属性从四个方面确定，分别为人口变动数据、城市空间属性、家庭智能体属性以及活动中心智能体属性。各类参数设置如表5-1所示。

为保证模型中的活动中心运营和管理符合案例区的实际情况，模型的应用和验证是必要的。因此，本文为保证模型的可信度，进行了模型的稳定性测试、敏感性测试及真实数据验证。

在本研究的稳定性测试中，对模型进行每20个tick重复10次

初始化参数值表　　　　　　表5-1

| | 参数名称 | 初始值 |
|---|---|---|
| 全局变量 | 出生率 | 1.10% |
| | 死亡率 | 0.90% |
| | 结婚率 | 86.0% |
| 城市空间属性 | 土地利用分区 | 按福州市行政区划分开五个区域，并确定居住用地分布 |
| | 家庭密度 | 在居住用地中依照调查结果设定各小区家庭户数 |
| | 活动中心位置分布 | 依照现行规范，为每个小区配备标准活动中心，确定具体坐标 $(x, y)$ |
| 家庭智能体属性 | 位置 | 坐标 $(x, y)$ |
| | 成员构成 | 依据调查结果确定家庭的年龄构成，确定各家庭的户均人口等 |
| | 老年人喜好偏向 | 对空间的偏好，对设施水平的偏好，对服务质量的偏好，对距离的要求等 |
| 活动中心智能体属性 | 老年人容量 | 初始化的标准活动中心的容量为30人 |
| | 活动中心面积 | 初始化的标准活动中心的面积为150平方米 |
| | 设施状况 | 初始化的标准活动中心的设施水平评分设定为3分 |
| | 服务水平 | 初始化的标准活动中心的服务水平评分设定为3分 |

的重复性实验，得到的老年人数量及对活动中心的访问次数的数据如图5-1所示：

由以上数据可以看出在10次重复实验当中，保证所有初始参数不变，且未调整任何参数，未执行规划决策模块的模型所得到的老人的人口与对活动中心访问次数的数据波动较小，符合模拟模型的设计原则。

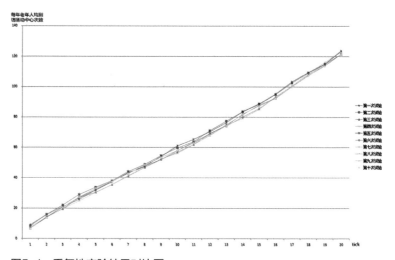

图5-1　重复性实验结果对比图

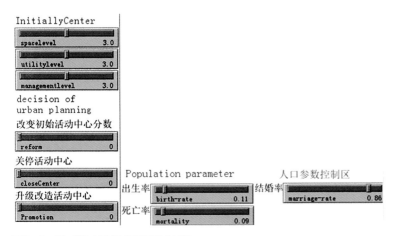

图5-2 敏感性实验评价因子初始值

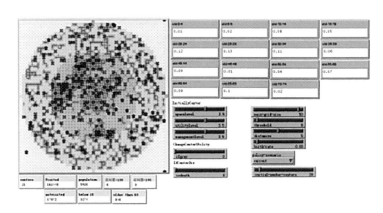

图5-3 老年人满意度分布图

在本研究敏感性测试中，我们对活动中心的三项评价因子的初始评分分别定为3.5分，如图5-2所示：

对中心的改建程度评分设置为0，此时运行模型获得如表5-2所示数据：

可见此时老年人对活动中心的满意率在35%附近波动，测试地块的满意率分布如图5-3（红色地块为评价不满意的老人集中的地区，绿色评价满意的老人集中的地区）。

既初始属性不变，对老人评价较低的活动中心进行改造，改造程度值设置为6，得到如表5-3所示数据：

敏感性实验老年人参数与满意度之间的关系表　　　表5-2

| "old peoples" | | "satisfaction" | | |
|---|---|---|---|---|
| x | y | x | y | degree |
| 0 | 180 | 0 | 64 | 35.56% |
| 1 | 213 | 1 | 77 | 36.15% |
| 2 | 235 | 2 | 88 | 37.45% |
| 3 | 260 | 3 | 82 | 31.54% |
| 4 | 289 | 4 | 94 | 32.53% |
| 5 | 315 | 5 | 114 | 36.19% |
| 6 | 341 | 6 | 111 | 32.55% |
| 7 | 364 | 7 | 122 | 33.52% |
| 8 | 384 | 8 | 129 | 33.59% |
| 9 | 401 | 9 | 136 | 33.92% |
| 10 | 420 | 10 | 125 | 29.76% |
| 11 | 428 | 11 | 139 | 32.48% |
| 12 | 441 | 12 | 146 | 33.11% |
| 13 | 448 | 13 | 155 | 34.60% |
| 14 | 463 | 14 | 154 | 33.26% |
| 15 | 480 | 15 | 149 | 31.04% |
| 16 | 485 | 16 | 168 | 34.64% |
| 17 | 487 | 17 | 155 | 31.83% |
| 18 | 489 | 18 | 187 | 38.24% |
| 19 | 492 | 19 | 180 | 36.59% |
| 20 | 495 | 20 | 159 | 32.12% |
| 21 | 521 | 21 | 177 | 33.97% |

（表5-2中x为年数，y为老人人数，degree为满意率）

敏感性实验老年人参数与满意度之间的关系表　　　表5-3

| "old peoples" | | "satisfaction" | | |
|---|---|---|---|---|
| x | y | x | y | degree |
| 0 | 180 | 0 | 108 | 60.00% |
| 1 | 211 | 1 | 118 | 55.92% |
| 2 | 233 | 2 | 134 | 57.51% |
| 3 | 264 | 3 | 156 | 59.09% |
| 4 | 286 | 4 | 162 | 56.64% |
| 5 | 315 | 5 | 183 | 58.10% |
| 6 | 335 | 6 | 193 | 57.61% |
| 7 | 357 | 7 | 193 | 54.06% |
| 8 | 374 | 8 | 208 | 55.61% |
| 9 | 395 | 9 | 211 | 53.42% |
| 10 | 420 | 10 | 219 | 52.14% |
| 11 | 428 | 11 | 236 | 55.14% |
| 12 | 443 | 12 | 236 | 53.27% |
| 13 | 455 | 13 | 235 | 51.65% |
| 14 | 470 | 14 | 260 | 55.32% |
| 15 | 480 | 15 | 261 | 54.38% |
| 16 | 481 | 16 | 254 | 52.81% |
| 17 | 488 | 17 | 273 | 55.94% |
| 18 | 494 | 18 | 281 | 56.88% |
| 19 | 494 | 19 | 262 | 53.04% |
| 20 | 495 | 20 | 275 | 55.56% |
| 21 | 527 | 21 | 270 | 51.23% |
| 22 | 546 | 22 | 282 | 51.65% |

（表5-3中x为年数，y为老人人数，degree为满意率）

可以从表5-3的数据看出，在人口结构基本未发生变化的情况下，改善了评价较差的活动中心的改造值参数后（执行规划决策干预模块后）（图5-4），老人的满意度显著提升，满意率在60%附近波动，既图5-5中绿色部分显著增多。该敏感测试说明了与活动中心的评价相关的参数值的有效性。

同理对模型进行真实数据验证，验证其他次要参数的有效性，如出生率、死亡率、结婚率等数据，可知均可以使模型模拟结果发生变化，即各项参数具有有效性。

图5-4　敏感性实验评价因子修改值

在对模型进行实际操作时，先对模型的可行性进行检验，因为福州市中心城区的数据信息庞大，为了节约用时、提高效率，我们按照本研究的核心逻辑以福州市其中一个区——鼓楼区为载体建立模型空间，抽取福州市鼓楼区部分小区做的小型的数据检验，依据鼓楼区小部分数据的可行性检验，为整个庞大模型做可行性的实践基础。

选取2010年人口历史数据，确定2010年社区总人口为5000人，以及相对应的老年人口。设置老年人活动中心各项指标为3.0，按照研究逻辑运行得出6年后满意度结果，老年人对老年活动中心的满意度为31%~34%。结合前期传统调研工作基础，在社区老年活动中心使用情况调查报告中的实地调查环节的问卷调研结果得出的满意度32%，与模型运行得出的结果相符，可知模型的真实数据检验合理。

## 2. 模型应用案例可视化表达

利用导入的福州市空间数据及福州市第六次人口普查数

据，基于现状调查情况，对未来20年的福州市中心城区老年活动场所与老年人之间的供求关系进行预测（图5-6~图5-10），结果如图5-10及表5-4所示。

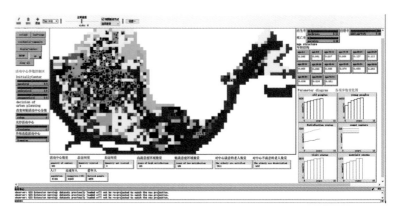

图5-6　模型模拟老年人满意度结果图

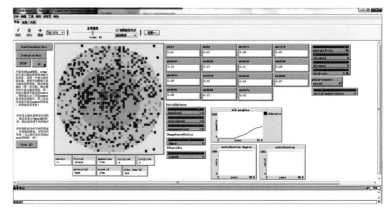

图5-7　模型模拟界面图

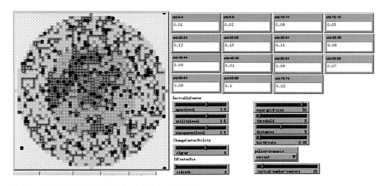

图5-5　修改参数后老年人满意度分布图

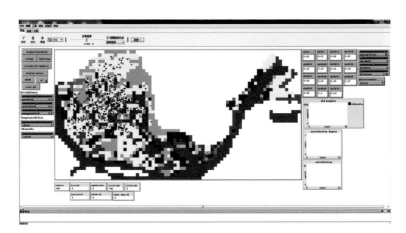

图5-8　福州市空间模型界面

图5-9　福州市空间模型界面放大图

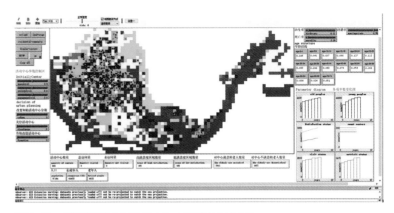

图5-10　模型模拟目标年限老年人满意度结果图

续表

| "old peoples" | | "satisfaction" | | |
|---|---|---|---|---|
| x | y | x | y | degree |
| 15 | 4874 | 15 | 1739 | 35.68% |
| 16 | 4931 | 16 | 1827 | 37.05% |
| 17 | 4971 | 17 | 1884 | 37.90% |
| 18 | 5020 | 18 | 1905 | 37.95% |
| 19 | 5068 | 19 | 1963 | 38.73% |
| 20 | 5098 | 20 | 2036 | 39.94% |

（表5-5中$x$为年数，$y$为老人人数，degree为满意率）

模型模拟老年人满意度结果表　　表5-4

| "old peoples" | | "satisfaction" | | |
|---|---|---|---|---|
| x | y | x | y | degree |
| 0 | 3268 | 0 | 1058 | 32.37% |
| 1 | 3453 | 1 | 1111 | 32.17% |
| 2 | 3629 | 2 | 1147 | 31.61% |
| 3 | 3780 | 3 | 1234 | 32.65% |
| 4 | 3916 | 4 | 1225 | 31.28% |
| 5 | 4070 | 5 | 1287 | 31.62% |
| 6 | 4187 | 6 | 1441 | 34.42% |

（表5-4中$x$为年数，$y$为老人人数，degree为满意率）

根据预测结果，未来20年内老年人满意度将增长，但增长率缓慢，资源依旧没有得到合理的利用。对此，本研究提出多种相对应的政策方案，并针对每种不同的政策方案进行多情景模拟和比较，最终选取最佳的政策方案。

政策情境1——取缔老年人不满意的活动中心，并扩建满意度高的中心

预测目标年限老年人需求与对社区老年活动中心的满意度，对于一个活动中心而言，满意的老年人少于不满意的老人时，该处社区老年活动中心显示红色。取缔该处老年活动中心，并扩建到访量大于中心容量的社区活动中心，并通过模型模拟。结果如图5-11、表5-6所示。

政策情境2——整体提高社区老年活动中心的单项水平（以空间水平为例）

预测目标年限老年人需求与对社区老年活动中心的满意度，提高初始设定的社区活动中心的单项水平（以提高中心空间水平为例），并通过模型模拟，观察结果。模拟将初始的社区活动中心三项属性中的空间属性水平由3提高到3.5，运行模型。结果如图5-12、表5-7所示。

模型模拟目标年限老年人满意度结果表　　表5-5

| "old peoples" | | "satisfaction" | | |
|---|---|---|---|---|
| x | y | x | y | degree |
| 0 | 3272 | 0 | 1015 | 31.02% |
| 1 | 3456 | 1 | 1128 | 32.64% |
| 2 | 3596 | 2 | 1166 | 32.42% |
| 3 | 3777 | 3 | 1244 | 32.94% |
| 4 | 3913 | 4 | 1250 | 31.94% |
| 5 | 4038 | 5 | 1323 | 32.76% |
| 6 | 4146 | 6 | 1407 | 33.94% |
| 7 | 4256 | 7 | 1454 | 34.16% |
| 8 | 4393 | 8 | 1493 | 33.99% |
| 9 | 4452 | 9 | 1511 | 33.94% |
| 10 | 4506 | 10 | 1563 | 34.69% |
| 11 | 4622 | 11 | 1587 | 34.34% |
| 12 | 4702 | 12 | 1651 | 35.11% |
| 13 | 4777 | 13 | 1662 | 34.79% |
| 14 | 4810 | 14 | 1769 | 36.78% |

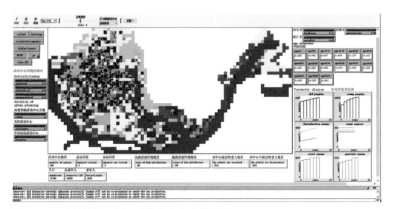

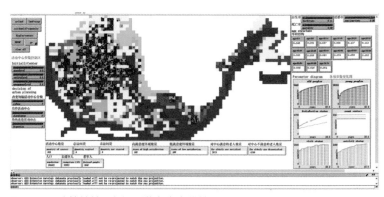

图5-11 政策情境1介入后满意度变化结果图    图5-12 政策情境2介入后满意度变化结果图

政策情境1介入后满意度变化结果图表　表5-6

| "old peoples" | | "satisfaction" | | |
| --- | --- | --- | --- | --- |
| x | y | x | y | degree |
| 0 | 3277 | 0 | 1016 | 31.00% |
| 1 | 3460 | 1 | 1120 | 32.37% |
| 2 | 3608 | 2 | 1200 | 33.26% |
| 3 | 3754 | 3 | 1241 | 33.06% |
| 4 | 3890 | 4 | 1326 | 34.09% |
| 5 | 4021 | 5 | 1466 | 36.46% |
| 6 | 4137 | 6 | 1557 | 37.64% |
| 7 | 4237 | 7 | 1796 | 42.39% |
| 8 | 4332 | 8 | 1923 | 44.39% |
| 9 | 4379 | 9 | 2016 | 46.04% |
| 10 | 4458 | 10 | 2151 | 48.25% |
| 11 | 4557 | 11 | 2294 | 50.34% |
| 12 | 4666 | 12 | 2367 | 50.73% |
| 13 | 4760 | 13 | 2444 | 51.34% |
| 14 | 4813 | 14 | 2668 | 55.43% |
| 15 | 4886 | 15 | 2840 | 58.13% |
| 16 | 4918 | 16 | 2978 | 60.55% |
| 17 | 4973 | 17 | 3179 | 63.93% |
| 18 | 5006 | 18 | 3341 | 66.74% |
| 19 | 5043 | 19 | 3571 | 70.81% |
| 20 | 5043 | 20 | 3619 | 71.76% |

（表5-6中x为年数，y为老人人数，degree为满意率）

政策情境2介入后满意度变化结果图表　表5-7

| "old peoples" | | "satisfaction" | | |
| --- | --- | --- | --- | --- |
| x | y | x | y | degree |
| 0 | 3267 | 0 | 1377 | 42.15% |
| 1 | 3485 | 1 | 1497 | 42.96% |
| 2 | 3656 | 2 | 1605 | 43.90% |
| 3 | 3806 | 3 | 1590 | 41.78% |
| 4 | 3951 | 4 | 1701 | 43.05% |
| 5 | 4049 | 5 | 1797 | 44.38% |
| 6 | 4191 | 6 | 1910 | 45.57% |
| 7 | 4262 | 7 | 1945 | 45.64% |
| 8 | 4340 | 8 | 1956 | 45.07% |
| 9 | 4426 | 9 | 2020 | 45.64% |
| 10 | 4494 | 10 | 2078 | 46.24% |
| 11 | 4591 | 11 | 2231 | 48.60% |
| 12 | 4721 | 12 | 2288 | 48.46% |
| 13 | 4771 | 13 | 2243 | 47.01% |
| 14 | 4829 | 14 | 2364 | 48.95% |
| 15 | 4880 | 15 | 2433 | 49.86% |
| 16 | 4928 | 16 | 2493 | 50.59% |
| 17 | 4949 | 17 | 2565 | 51.83% |
| 18 | 4971 | 18 | 2589 | 52.08% |
| 19 | 4997 | 19 | 2650 | 53.03% |
| 20 | 5047 | 20 | 2673 | 52.96% |

（表5-7中x为年数，y为老人人数，degree为满意度）

　　根据以上两种政策情境的模拟，整体提升单项水平能够在一定程度上提升社区老年活动中心的满意度，但总体满意度提升还是比较缓慢。相比之下，通过对老年人不满意的社区进行单独处理的方式能较为明显地起到提升满意度的作用，故政策情境1可能更为有利。

　　对于未来规划师进行相关规划决策中，该模型能帮助规划师模拟政策实施情况，并将其可视化，有助于更直观地反映规划决策的科学性和实施结果，帮助政府和规划师制定最终规划决策。

# 六、研究总结

## 1. 模型设计的特点

社区养老服务空间需求的模拟分析的多智能体模型（CFE）能对养老服务设施的需求进行合理的预测，对一个完善的方案提供规划决策支持的定量分析和预测需求是必要的。在实际操作过程中，老人的养老需求和行为会体现出充分的复杂性和随机性（主观能动性），而本研究运用到的多智能体模型（ABM模型）恰恰可以反映个体行为的差异，因此，该方法相比传统的统计分析方法（集计模型）更能够近似刻画真实的需求，体现老年人需求的不确定性。在城市作为一个复杂系统的背景下，与传统的静态统计分析相比，模拟模型的使用给规划师提供了关于规划问题更生动直观的参考。

因此，本研究在理论方面提出以下创新点：第一是以独特的视角研究基于复杂适应理论的城市养老服务空间需求。本项目试图将老人、养老机构等，视为城市复杂系统的一部分，从个体空间活动的分析角度出发，揭示影响要素之间相互作用和影响机制，进一步完善了城市养老机构选址机理研究中对微观个体行为过程和相互作用特性的观察。第二是突出个体行为差异和独立性的研究过程。单纯遵循过去发展规律的统计学分析结果在对未来进行预测时往往不容易反映城市系统内部动态变化过程，而本项目提出的多智能体模拟研究框架，将基于影响要素作用机理分析，在时间、空间的动态序列上可视化个体行为、政策、城市空间，三者间相互作用。

本研究在研究方法上有以下特色：第一是多智能体模拟方法在社区养老服务空间需求研究中的应用。在已有关于公共服务设施布局研究所采用的区位分析等方法基础上，本项目采用的多智能体模拟研究方法将弥补现有研究中关于微观个体空间行为研究不足的问题。第二是数据挖掘与多智能体模拟研究的结合。面向MAS提出了根据调查统计数据挖掘微观个体行为规则的方法，相比现有关于老年人养老服务需求、养老模式选择的宏观统计分析方法而言，有着重要的理论突破和实践价值。

## 2. 应用方向或应用前景

本研究着眼于未来老年人口变化、老年人文化水平的提高、老年人的兴趣爱好的转变等所带来的需求的不同，以福州市中心城区为例，提出多情景模拟的各方案，并对方案进行预测和评析，最终选择最佳方案。本研究可帮助规划师了解未来老年人口真正的需求，方便其提供相对应的社区活动场所及有关设施，使得城市资源最大化利用，提高资源利用率，并真正解决未来老年人口活动需求，帮助推进我国"居家养老"政策的实施。

本研究认为，在未来的规划实践中，应用 ABM模型以达到规划决策支持的目的，需要满足如下条件：①模型需要能够反映实际的人类决策过程；②模型的设计应基于相关的规定和法律，这代表了在模拟中不同的智能体之间的一种相互作用；③为了使多智能体模拟的结果能够被规划师信任，可靠和完整的模拟数据是非常必要的。

# 京津冀城市空间范围扩展及城市群集聚度分析模型

工 作 单 位：北京城垣数字科技有限责任公司、北京市城市规划设计研究院

研 究 方 向：社会经济发展

参 赛 人：荣毅龙、王蓓

参赛人简介：该参赛项目是北京城垣数字科技有限责任公司的荣毅龙联合北京市城市规划设计研究院的王蓓共同参与完成，项目中的模型及算法为2017年住房和城乡建设部科学计划项目《基于大数据的区域研究框架体系建设与应用》中的部分研究成果。两位参赛者的主要研究方向是城市群空间发展及其功能演变，并探索结合新兴大数据资源对区域研究进行支撑的体系方法。

## 一、研究问题

### 1. 研究背景及目的意义

本研究共包含两大部分内容，第一部分是京津冀城市空间扩展综合测度研究，第二部分是京津冀城市群层面的城市综合集聚度分析研究。

对于城市空间扩展综合测度的研究，通过对以往城市的研究发现，由于受到空间数据、统计数据的限制，通常只能从两个方面切入：一是从宏观层面将其作为"点"要素，视作区域中各种联系发生的节点，研究城市或区域之间的等级体系、区域联系；二是从微观层面将其作为"面"要素，研究单独某个城市个体的内部及城乡之间的各种关系。如今，随着数据自身内容的不断丰富以及数据获取手段的进一步多源化，我们试图超越传统城市研究的尺度局限，从宏观层面将城市作为"面"要素着眼城市内部空间问题，兼顾尺度和精度，以期一方面提升区域问题研究深度，另一方面也开启大数据应用于区域问题研究的新篇章。

对于城市群层面的城市综合集聚度分析研究，我们将研究范围确定为京津冀城市群，包括北京市、天津市和河北省在内的两座直辖市和11座地级市。京津冀城市群是我国的政治、文化中心以及北方经济的重要核心区，但是同长三角和珠三角城市群相比，京津冀城市群的发展面临着两个重要问题：一是经济发展的整体水平有待提高，城市群内部城市间的经济总量差别很大，从区域人均地区生产总值来看，远低于长三角和珠三角；二是核心城市对区域发展的带动作用不明显，资源过度集中于核心城市，造成十分严重的区域发展不平衡问题。因此京津冀城市群被确定为我国新型城镇化发展规划中需要重点优化和提升的区域。随着中共中央政治局2015年4月30日审议通过《京津冀协同发展规划纲要》（以下简称《纲要》），京津冀城市群的协同发展，上升到了国家战略层面。在空间布局方面，《纲要》确定了"功能互补、区域联动、轴向集聚、节点支撑"的布局思路，明确了以"一核、双城、三轴、四区、多节点"为骨架的区域空间发展格局。从中可以看出京津冀城市群内部的空间联系对区域发展的重要影响。本案例重点对城市群区域内部的综合集聚度和城市间的联系度进行研究，这对于了解区域发展情况、探明城市间的体系结构、发现区域发展问题等均有着十分重要的现实意义。

### 2. 研究目标及拟解决的问题

本研究通过同时运用多种大数据资源和传统统计数据资源，弥补了研究中数据资源存在的不足，从而在研究内容上不仅能够反映外部空间范围，也能反映内部结构功能。城市集聚主要源于

城市的规模效益、市场效益、信息效益、人才效益、设施效益等诸多方面，正是上述各种效益的吸引，使区域中的非农产业以及劳动力、人才、资金、原材料等社会经济要素向城市集聚。城市的综合集聚程度可以反映某一城市在城镇体系中的地位和对外辐射能力，城市各社会经济发展要素的空间集聚程度越高，其对外辐射功能就越强。因此，可以构建城镇综合集聚指数来衡量城市群中各城市的相对地位和关联程度，进而对城市空间发展格局进行评估。

在我国，目前没有城市功能空间的概念，城市实体空间的建成区边界只有城市自身规划部门知道，而所有以城市为个体的统计数据、空间范围等几乎均以城市行政空间为单位和界限。但自从我国实行市场经济体制以来，行政建制已发生了重大调整，导致我国的城市行政边界已远远超出实际的实体空间和功能空间。如此一来，无论是实际表征城市实体空间或功能空间的统计指标放大到整个行政空间，抑或行政空间的指标总数赋予人们意识中的"城市"，均会对问题的正确认知和决策的科学判断产生较大偏差。

因此，本研究基于DMSP/OLS、POI以及路网等多源数据，自发定义了城市生活空间的概念，并制作了相应的城市空间数据，具体是指城市人口、产业经济和基础设施等相对集中布局而形成的地域空间，是一种非行政区概念的地理空间，是城市各种社会生产、生活的场所空间。它既不是行政空间，也不是建成区空间，而是人类实实在在从事城市活动的空间。如此定义的依据是由多源数据的特点所决定的。由于灯光影像数据、兴趣点数据以及路网数据实际反映了人类活动的痕迹，而研究数据同时采用DMSP/OLS、POI分布密度以及路网密度，共同作用提取城市空间范围，依据三类数据的共性特征确定了城市人类活动空间范围。因此，在本案例研究中，所有提到的城市空间均是以此定义为内涵，所有的城市空间数据也均以此套空间数据为依据。

# 二、研究方法

## 1. 研究方法及理论依据

城市空间范围扩展是城镇化进程在时空尺度和空间格局的具体反映，可以通过空间范围扩展速度、扩展强度、空间紧凑度和分形维数等指标，共同反映城市空间范围扩展现象，为下一步计算城市空间范围扩展指数奠定基础。其中，计算全国城市空间的扩展速度和扩展强度，目的是总结其时空变化特点和趋势；计算全国城市空间的紧凑度和分形维数等指标，目的是总结其内部空间聚集程度和外部空间扩展程度等空间形态特点。在研究尺度上，不仅支持单一城市个体分析，也能涵盖全国城市进行全局单元的类型分析。同时，由于数据的多样化，研究方法也运用了遥感、GIS、熵值法、因子分析法、逻辑回归分析法等多种方法。

## 2. 技术路线及关键技术

### （1）城市空间扩展综合测度研究

本研究通过同时运用多种大数据资源和传统统计数据资源，弥补了研究中数据资源存在的不足，从而在研究内容上不仅能够反映外部空间范围，也能反映内部结构功能。

一方面，通过计算城市空间范围扩展指数，挖掘城市外部范围扩展的相关特征。具体流程是通过计算城市空间范围扩展速度、扩展强度、紧凑度、分形维数等指标，利用熵值法加权计算城市空间范围扩展指数，综合比较全国各城市空间范围扩展程度，判断与城镇化水平的耦合程度，总结特点及规律。

另一方面，通过计算城市空间土地利用信息熵，判断城市内部空间土地利用结构的合理性。具体流程是通过计算城市生活空间、二产空间和三产空间的信息结构熵，比较其在结构功能上的分布特点，继而计算土地利用结构变化与社会经济水平发展的相互作用关系，总结影响土地利用结构变化的主要因素，最终为城市存量规划的用地结构调整寻找依据。

### （2）城市综合集聚度分析研究

首先，本案例以计算城市综合集聚度的方式对京津冀城市群内部城市间的联系和空间发展程度进行分析。文中提及的城市综合集聚度是在多种因素影响下对城市地块进行的综合评定，这些因素包括自然、社会、经济以及城市发展要素等。但是如何选择影响要素以及如何确定这些影响要素对综合集聚度的影响程度成为研究需要深入探究的内容。对于城市综合集聚度而言，目前并没有一个明确的概念或公式来对其进行定义，因此，我们需要对该案例研究进行一个简单的研究假设。

第一步，对综合集聚度判定的因变量进行假设，即确定高集聚度点和低集聚度点。具体来说就是要通过已知聚集程度的点来对整体聚集度进行推断，本案例应用了二分类逻辑回归分析法，因此决定综合集聚度的因变量需要明确的分为两类：高集聚度样本点和低集聚度样本点。在本课题的数据制作章节，详细介绍了通过POI、腾讯登录数据和夜间灯光遥感确定城市集中活跃区的研究方法，本案例便是根据这一成果对城市综合集聚度的因变量进行的采集。我们假设位于城市集中活跃区范围内的点为高集聚度点，而位于城市集中活跃区范围外的点为低集聚度点。因此我们在城市集中活跃区范围内和范围外各选取了100个随机样本点来作为综合集聚度判定的二分类因变量。

第二步，对影响城市综合集聚度的自变量进行假设，即确定哪些为影响集聚度值的因子。通过文献综述可以看出，影响城市综合集聚度的因素涉及经济社会生活等各个方面。为全面地选定城市综合集聚度影响因子，我们提出了多种假设，最终将影响因子确定为自然社会经济类因子和城市发展类因子两个大类，包含有7个小类。这7类数据对最终结果的影响权重则是通过定量研究来进行决定的，即通过二分类逻辑回归分析来确定各因子的回归系数。

## 三、数据说明

### 1. 数据内容及类型

本案例所运用的原始大数据资源，包括了POI、OSM、DMSP/OLS等，通过这些原始资源，利用遥感、GIS以及模型算法，衍生了以下研究指标：不同年份各城市空间面积、城市空间周长、行政空间面积、城市居住空间面积、城市二产空间面积、城市三产空间面积等。本案例也运用了一系列传统数据资源，主要来自于《中国城市统计年鉴》《中国区域经济统计年鉴》等相应年份的统计数据。具体指标大致包括人均GDP、第二产业产值比重、第三产业产值比重、第二产业就业人口、第三产业就业人口、建成区面积、职工平均工资、万人拥有公共汽车数、城市绿化率等用来衡量城市社会经济水平及公共服务能力的指标。

城市集聚度研究共利用了7种数据来对城市集聚度进行预测，总体上分为自然社会经济要素和城市现状发展要素两类。自然社会经济要素包括自然土地利用数据、人口密度数据和人均地区生产总值数据；城市现状发展要素包括城市土地利用性质数据、道路可达性数据、交通站点便捷度数据和城市用地混合度数据。其中：自然土地利用数据来提取自2010年全球30米地表覆盖

数据，该数据属于国家863计划"全球地表覆盖遥感制图与关键技术研究"项目的重要数据成果，项目由国家基础地理信息中心牵头，并有众多参与单位共同完成；人口密度数据，主要来自于2010年《中国城市统计年鉴》，数据精度为区县级；人均地区生产总值数据主要来自于2013年《中国区域经济统计年鉴》；城市内部土地利用性质分类数据是我们根据2013年POI不同类别的分布，将城市内部的土地分为了交通、科教文卫、办公、居住、绿地、工业、商业等7大类别；道路可达性判定数据和交通站点便捷度判定数据包括铁路站点和长途汽车站，这两种类型的交通枢纽对于区域间的联系度和综合集聚度有着较大的影响。

### 2. 数据预处理技术与成果

（1）灯光遥感数据识别城市空间

灯光遥感数据与大数据的结合：我们尝试利用大数据辅助识别城市的人群活动聚集区。

本课题共使用了两种大数据资源进行辅助识别：腾讯LBS登录数据和导航数据。对于人群聚集区来说，POI数据中的一些类别同样可以较为客观地体现人群集聚的空间分布特征，例如办公和餐饮等。因此，我们将这些类别的POI点进行提取，来发现其空间分布特征。图1所展现的便是人群活跃类POI点的分布图（图3-1），共包含了49619个点，我们又将这些点进行了核密度分析（图3-2）。同样可以明显看出人群活跃类POI分布于北京中心城和新城核心区的密度要远高于其他地区。因此，该类数据对城市空

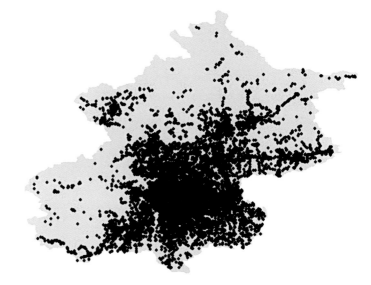

图3-1 人群活跃类POI空间分布图

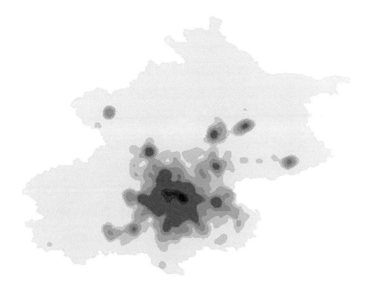

图3-2　人群活跃类POI核密度图

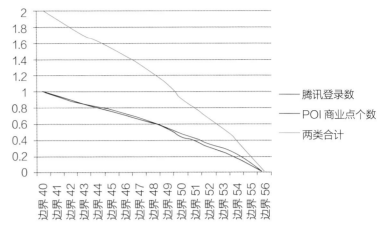

图3-3　腾讯用户登录数、POI商业点及其归一化

间识别来说也同样具有相对客观的参考价值。

　　为进一步探究灯光遥感数据与大数据之间的相关性，我们将分析不同灰度值取值范围内所包含的腾讯用户登录数和POI点总个数。分析方法如下：首先需要确定灰度值的阈值范围，根据文献综述来看，前人的研究大多将阈值定位于45～55，为保证数据的准确性，我们将范围扩大到40～56，将每一个阈值分别建立不同的图层，再通过GIS空间分析，计算出不同阈值所包含的腾讯登录用户个数和POI点个数。为更细一步查看不同灯光遥感阈值取值范围与这两类大数据之间的关系，我们将腾讯登录用户个数和POI的个数点分别进行了归一化运算，使其取值范围落在0到1之间，归一化公式如下：

$$P = \frac{d - d_{min}}{d_{max} - d_{min}}$$

　　其中，$d$为落在取值范围内的点的数量；$d_{max}$为落在取值范围内的点的最大值；$d_{min}$为落在取值范围内的点的最小值，最终的归一化结果如图3-3所示。

　　可以看出，落在阈值范围内的腾讯登录用户数和POI商业点个数都与阈值范围呈负相关，且在灰度值阈值为50时，均有一个明显的趋势变化，为更为清晰地发现这一规律，我们又将两类归一化数值进行合并，即图中绿色线段所示，该线段能更为清晰得显示出阈值范围为50时明显向下变化的趋势。这一现象表明，当灰度值范围大于50时，腾讯登录用户数和POI商业点个数呈现了明显下降的趋势。综合以上各分析要素，我们最终将灰度值阈值

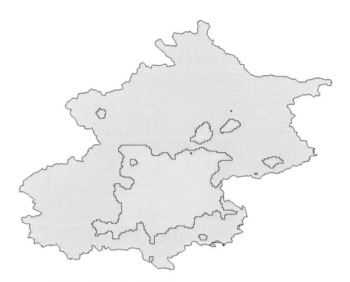

图3-4　灯光遥感灰度值50取值范围

50作为了识别城市空间的标准，如图3-4所示。

　　我们认定图中绿色范围即为北京市城市空间范围，可以看出如下几个特点：第一，该范围覆盖了北京市中心城及新城的集中建成区，北京市中心城取值范围呈现出集中连片的特点，新城也反映出了其城市发展形状，总体范围较为客观地反映了北京市的现状发展特点；第二，结合图3-3可以看出，灰度值50的区域范围与腾讯用户高密度登录区域和商业类POI高密度分布区域相一致；第三，该覆盖范围与官方公布的建成区面积接近，图3-4中的绿色区域范围的面积为1306平方公里，而北京市政府公布的2013年建成区面积为1385.58平方公里，虽然灯光遥感识别的城市人群活跃区的边界设定没有北京市政府的官方数据精确，但从总面积来看，利用该方法所得到的范围具有其合理性。

（2）路网及POI数据识别地块用地性质

城市集中活跃区识别出以后，我们将区域内的土地根据路网进行了切分。该项目中应用到的地块数据都是由路网划分出来的独立地块，尺度与街区大致相当。该精度的数据是目前数据和技术条件下所能划分出来的最精细尺度的数据。

1）路网数据预处理

为得到路网切割出的城市街区地块，我们对路网数据进行了如下步骤的操作：

第一步，路网数据预处理。OSM和导航的路网数据精度与真实情况有一定的差距，因此我们需要对已有路网数据进行一系列的预处理，去除掉与整体路网不相连的200米以内的路网片段，并将不相交的路段两段各延长20米，使其相交形成闭环（图3-5）。

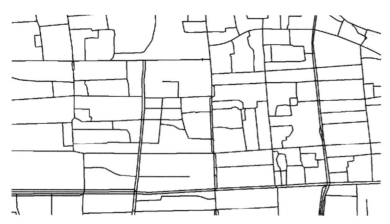

图3-5　闭环路网数据处理

第二步，识别城市道路。对于我国的道路而言，不同级别道路的要求各不相同，例如宽度、车道数量等。要识别出城市地块，就要将道路的宽度考虑进去。我们对不同级别的路网数据进行分类，并根据相关规定及实际对比，确定了其不同的道路宽度（表3-1）。

| 道路级别及其宽度设定 | 表3-1 |
|---|---|
| 道路级别 | 道路宽度（米） |
| 高速 | 60 |
| 国道 | 40 |
| 省道 | 40 |
| 县道 | 30 |
| 市道 | 10 |
| 市区杂路 | 10 |
| 铁路 | 40 |

根据该表格，我们对线状的路网数据进行缓冲区处理，并生成面状路网。

第三步，将不同级别的面状路网缓冲区数据进行合并（ArcGIS中的merge功能），得到城市整体总道路面状数据（图3-6）。

最后，用识别出的城市集中活跃区的边界将道路面状数据进行切割（ArcGIS中的erase功能），最终得到了城市街区地块边界数据（图3-7）。

按照上述方法，我们对制作了2011年和2014年两个年份的数据。由于城市扩张和数据的不断完备，可以看出，2014年的路网比2011年的路网更为密集（图3-8、图3-9），因而切割出来的地块数量更多，也更为精确。

2）地块用地性质识别

在现实世界中，当我们评价一个区域的用地功能时，一般是以该地块上最主导的用地模式为标准来确定的，而这种主导功能

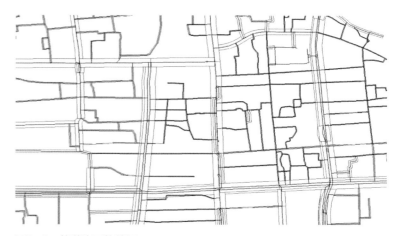

图3-6　总道路面状数据

图3-7　城市街区地块边界数据

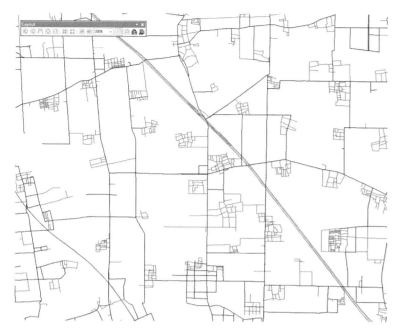

图3-8 2011年路网截图

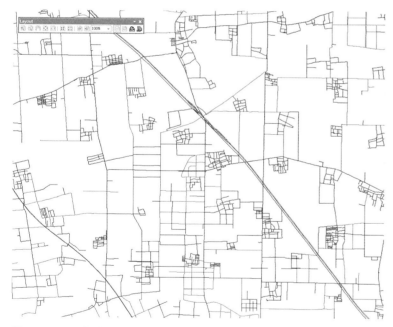

图3-9 2014年路网截图

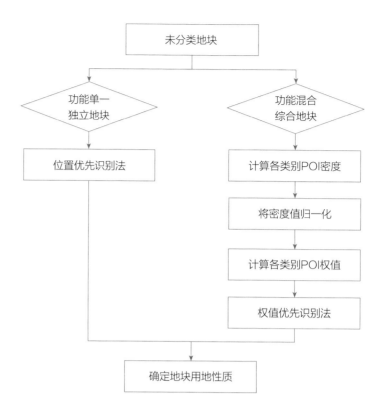

图3-10 功能区识别流程图

的确定通常是以该功能用地的面积来确定的。但是POI数据只能在一定程度上反映某种功能网点的数量，无法确定该功能的营业面积。鉴于此，我们对于功能区的识别提出了如图3-10所示的解决方案。

首先，根据识别准确率来对用地识别进行排序。对于路网切割出来的地块来说，有些场所极易形成大面积的封闭地块，相对

独立并且用地功能单一，例如：机场、火车站、大学、医院、大型工业厂房等。对于这几类用地我们运用位置优先识别法，并给予最高的识别优先级，即最先进行识别并确定用地性质，将该类POI点所在的地块直接识别为其所属的用地性质。以减少其他类型POI种类对用地性质识别的干扰。基于这种考虑，我们将总体用地识别顺序确定为：大型公共交通，科教文卫，工业，办公，住宅和商业。前三类采取直接识别的方法进行确认。

大部分的地块用地混合度相对较高，在同一个地块上，会分布多种不同的POI类型，例如：办公、住宅和商业。对于该类别POI类型，我们采取了权值优先识别法，通过计算各类别POI权值的方法来进行识别。具体方法如下：

第一步，计算地块各类POI的密度，并进行归一化处理。我们将位于地块之上及地块周围200米范围内的POI进行提取，并将每个POI点分配到最接近的地块之上。在这里我们将位于路面上的POI点也计算到与其最接近的地块之上（如图3-11）。

地块上各类POI的密度值等于该类POI的个数与面积的比值。为便于下一步计算，需要将POI密度值进行了如下的归一化处理，使其标准化分布于0到1之间：

43

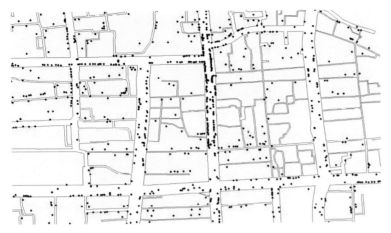

图3-11　POI点及地块分布图

$$d = \frac{\log d_{\mathrm{raw}}}{\log d_{\mathrm{max}}}$$

其中$d$代表各类归一化后的地块POI密度值；$d_{\mathrm{raw}}$代表POI原始密度值；$d_{\mathrm{max}}$则代表该类POI密度的最大值。

第二步，计算地块各类POI的权重值。地块用地性质的确定是通过识别地块上主导功能的方法完成的。具体来说就是将地块上分布权重高于50%的POI类型，确定为该地块的用地功能。权重值的计算方法如下：

$$P_i = \frac{Q_i}{\sum_{i=1}^{n} Q_i}$$

其中$P_i$为$i$类POI在该地块上的权重值占比，$Q_i$为$i$类POI在该地块上的权值之和，最终将拥有最高$P_i$值的地块确定为$i$类用地（图3-12）。

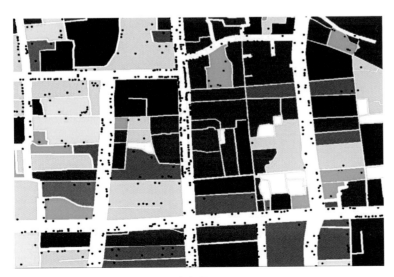

图3-12　功能区识别结果及POI分布图

# 四、模型算法

## 1. 模型算法流程及相关数学公式

（1）城市空间范围扩展研究

城市空间范围扩展是城镇化进程在时空尺度和空间格局的具体反映，可以通过空间范围扩展速度、扩展强度、空间紧凑度和分形维数等指标，共同反映城市空间范围扩展现象，为下一步计算城市空间范围扩展指数奠定基础。其中，计算全国城市空间的扩展速度和扩展强度，目的是总结其时空变化特点和趋势；计算全国城市空间的紧凑度和分形维数等指标，目的是总结其内部空间聚集程度和外部空间扩展程度等空间形态特点。

1）扩展速度

扩展速度表示城市空间在某一个时间段的年增长率，反映了城市空间扩展的整体规模和趋势，计算方法如以下公式所示，式中的$M$为扩展速度，$A$为时段初期城市空间范围总面积，$\Delta A$为时间跨度内城市空间范围的扩展面积，$\Delta t$为时间跨度。$M$越大，表示城市空间范围扩展速度越快。

$$M = \frac{\Delta A}{\Delta t \times A} \times 100\%$$

以下通过研究2000～2013年全国地级及以上城市空间面积的年增长率，反映其空间的扩展速度，从而表现全国各城市空间扩展的时空变化趋势。从各城市在全国的空间扩展速度分布态势上来看，各城市的空间范围扩展速度整体较快，说明2000年以来城市空间的大面积扩展是主要的城市增长方式。但分区域来看，东部、南部经济相对发达的地区扩展速度低于西部、北部欠发达地区，这一方面说明经济发达地区的城市增长已经过了外延扩张最为迅速的阶段，另一方面说明城市综合发展水平和空间范围扩展速度呈现负相关态势。

2）扩展强度

扩展强度表示一定时间段内城市空间范围的扩展面积占城市总行政面积的百分比，反映了城市空间范围的扩展状态，即时间段内城市空间范围扩展的强弱、快慢和趋势。具体算法如下所示：

$$I = \frac{\Delta U}{\Delta t \times TA} \times 100\%$$

式中，$I$为城市扩展强度指数；$\Delta U$为时间跨度内城市空间范围的扩展面积；$\Delta t$为时间跨度；$TA$为城市土地总面积。$I$越大，表示城市空间范围扩展强度越大。

3）空间紧凑度

紧凑度是反映城市发展紧凑与离散程度的一个重要指标，可用于定量测度城市空间的聚集程度。通过计算全国城市空间面积和外围周长比例关系，反映城市空间内部的紧凑离散程度。当紧凑度高时，空间资源集聚效应显著；紧凑度低时，离散度较大，城市空间受外界干扰越大，保证空间内部资源的稳定性较困难。通常，紧凑度的取值范围为[0，1]。

$$BCI = 2\sqrt{\pi}\,A/P$$

式中，$BCI$表示城市形态紧凑度，$A$为城市空间面积，$P$为城市空间外围轮廓周长。

4）分形维数

分形维数是研究城市形态的分形指标之一，通过计算城市边界周长与面积的关系，衡量城市的外部形态特征。具体是通过计算城市空间外围周长与面积的对数比例，以此反映城市空间内部的填充能力与整体形态的复杂程度。其分形维数越大，表示城市空间形态越复杂，如果其随着时间推移不断增大，表明城市空间形态的不规则程度增加，说明其在一定时期内城市面积以外部扩张为主；如果随着时间推移，其分形维数逐渐减小，说明其城市空间形态不规则程度下降，城市面积的增加以内部填充为主；若其值不随时间推移变化，说明城市进入相对稳定的发展阶段。通常，其取值范围为[0，2]。

$$S = 1\ln(P/4)/\ln A$$

式中，$S$表示空间维度，$A$为城市空间面积，$P$为城市空间外围轮廓周长。

依据衡量城市空间范围扩展现象的构成，将空间范围扩展速度、扩展强度、空间紧凑度和分形维数四个指标进行加权，整合为城市空间范围扩展指数。通常来讲，加权的方法有多种类型，大体分为主观赋权法和客观赋权法。其中，客观赋权法具有仅以数据说话、避免主观经验判断的特点，从而受到使用者的青睐。

以下我们选择客观赋权法中的熵值法进行加权。熵值法是根据各项指标观测值所提供的信息量大小来确定指标权数的方法。在自然科学中，物理学中的热力学熵是指系统无序状态的一种量度。在社会系统中的应用时，信息熵在数学含义上等同于热力学熵，但含义上主要是指系统状态不确定性程度的度量。一般认为，信息熵值越高，系统结构越均衡、差异越小或者变化越慢；

反之，信息熵越低，系统结构越是不均衡、差异越大或者变化越快。所以，可以根据熵值大小即各项指标值的变异程度，计算出权重。

在运用熵值法计算之前，先要对数据指标进行标准化处理。这是由于不同类型的指标受到量纲和量级的影响，具有不同的判断标准，例如正向指标是数值越大越好，而负向指标是数值越小越好。通过标准化处理，不同类型指标即可调整为统一的判断标准。标准化公式如下：

$$r'_{ij} = \begin{cases} \dfrac{r_{ij} - \min(r_j)}{\max(r_j) - \min(r_j)}, r_j\,为正向指标 \\ \dfrac{\max(r_j) - r_{ij}}{\max(r_j) - \min(r_j)}, r_j\,为负向指标 \end{cases}$$

其中，$r_{ij}$为第$i$个评价对象的第$j$个指标；$r_j$为第$j$个指标；$\min(r_j)$为第$j$个指标的最小值；$\max(r_j)$为第$j$个指标的最大值。

结合城市空间范围集约度的内涵，由空间范围扩展速度、扩展强度、空间紧凑度和分形维数四个指标的具体含义可知，只有空间紧凑度属于正向指标，即紧凑度数值越大，空间范围集约程度越高，而扩展速度、扩展强度和分形维数都属于负向指标，即指标数值越大，代表空间集约程度越低。

对指标进行标准化处理之后，对其信息熵和权重进行测算，过程如下：

①计算第$j$项指标下，第$i$个被评价对象的特征比重为：

$$p_{ij} = x_{ij}/\sum_{i=1}^{n} x_{ij}\,, \quad 其中\,x_{ij}\geqslant 0，假定，且\,\sum_{i=1}^{n} x_{ij} > 0\,。$$

②计算第$j$项指标的熵值

$$e_j = -k\sum_{i=1}^{n} p_{ij}\ln(p_{ij})$$

式中，$k>0$，$e_j>0$。若$x_{ij}$对于给定的$j$都相等，则$P_{ij} = \dfrac{1}{n}$，$e_j = k\ln n$。

③计算指标$x_j$的差异性系数。对给定的$j$，$x_{ij}$的差异越小，则$e_j$越大，当$x_{ij}$差异越大，$e_j$越小，指标对被评价对象的比较作用越大。因此定义差异系数$g_j = 1 - e_j$，$g_j$越大，越应重视该指标的作用。

④确定权数，即$w_j = g_j/\sum_{j=1}^{m} g_j，j = 1,2…,m$

通过计算可知，在城市空间范围扩展集约度指标中，空间扩展速度的权重为0.1533，扩展强度为0.2794，紧凑度为0.2833，分形维数为0.2840。四项指标除了空间扩展速度的权重略低之外，其他三项对城市空间范围扩展集约程度的影响力基本相当，具有几乎同样的重要性。具体计算结果见表4-1。

城市空间范围扩展集约度指标的信息熵和权重　　表4-1

| | 扩展速度 | 扩展强度 | 紧凑度 | 分形维数 |
|---|---|---|---|---|
| 信息熵 | 0.9969415 | 0.994424 | 0.994346 | 0.994332 |
| 差异性系数 | 0.0030585 | 0.005576 | 0.005654 | 0.005668 |
| 权重 | 0.1532536 | 0.2794 | 0.28332 | 0.284026 |

（2）城市集聚度评价分析

利用二分类逻辑回归分析生成城市综合集聚度评价结果的过程，大致可分为四步。

第一步，对各个影响因子进行数据预处理。利用SPSS软件进行逻辑回归分析的输入数据的形式应该是以二分类样本点（即100个高聚集度随机点和100个低聚集度点）为主键的表格，并且表格的属性值中包含各个样本点所在地的自变量值。研究的最终结果是通过自变量栅格数据叠加，并利用一系列模型算法，所生成的综合集聚度分级图。因此在进行分析前，需要对数据进行一系列的预处理。表4-2是对数据预处理的详细说明：

数据预处理流程表　　表4-2

| 初始影响因子 | | 原始数据 | 数据处理过程 | 数据标准化 |
|---|---|---|---|---|
| 自然社会经济要素 | 自然土地利用分类 | 30米精度遥感数据 | 遥感解译 | 水域——0 |
| | | | | 林地——1 |
| | | | | 草地——2 |
| | | | | 耕地——3 |
| | | | | 裸露地表——4 |
| | | | | 人造地表——5 |
| | 人口密度分布 | 统计年鉴（区县级单元） | 空间化-栅格化 | Natural Break分级法：低人口密度——0 … 高人口密度——5 |
| | 人均地区生产总值 | 统计年鉴（区县级单元） | 空间化-栅格化 | Natural Break分级法：低人均GDP——0 … 高人均GDP——5 |
| 城市现状发展要素 | 城市土地利用性质 | POI、OSM数据 | 空间处理 | 未识别用地——0 |
| | | | | 工业类用地——1 |
| | | | | 居住类用地——2 |
| | | | | 科教文卫用地——3 |
| | | | | 办公用地——4 |
| | | | | 商业类用地——5 |

| 初始影响因子 | | 原始数据 | 数据处理过程 | 数据标准化 |
|---|---|---|---|---|
| 城市现状发展要素 | 道路可达性 | 导航路网数据 | 距离分析 | Natural Break分级法：距离道路远——0 … 距离道路近——5 |
| | 交通站点便捷度 | 交通枢纽POI点 | 核密度分析 | Natural Break分级法：距离交通枢纽远——0 … 距离交通枢纽近——5 |
| | 城市用地功能混合度 | POI、OSM数据 | 空间处理、算法 | Natural Break分级法：低用地混合度——0 … 高用地混合度——5 |

表4-2对各影响因素所用的原始数据、数据处理过程以及数据标准化的过程进行了介绍。上文已经对各评价因子的原始数据及制作过程进行了详细的说明，这里仅重点对最后一步：数据的标准化处理进行说明。逻辑回归的目的是找到自变量和因变量之间的相对关系，因变量相对来说较为固定，即"0"和"1"（"0"代表低集聚度点；"1"代表高集聚度点），因此不需要再次进行标准化处理；而各个自变量的数据类型不统一（包含数值型、比例性、分类型等），且取值范围跨度非常大，如不进行标准化处理，会对结果造成很大的影响。该数据标准化的原则是将各个数据根据不同的方式分为6类，将对综合集聚度起到最正面影响的类别赋值为"5"，将对综合集聚度起到最负面影响的类别赋值为"0"。经过数据标准化处理，自变量的值均按照合理的方式分布于0～5。至此，数据预处理工作完成。

第二步，为作为因变量的随机样本点进行赋值。首先，为随机样本点新建属性字段"present"，将位于城市集中活跃区的100个随机点赋值为"1"，代表高综合集聚度区域；将剩余的100个随机点赋值为"0"，代表低综合集聚度区域。然后，将7个栅格格式的自变量数据和这200个随机样本点共同导入ArcGIS中。利用"提取阈值到点"的功能，将7个自变量值赋到样本点数据中，并将点数据的属性表导出，用于逻辑回归分析。

第三步，利用SPSS进行二分类逻辑回归分析，确定因变量与自变量之间的关系。将提前生成的属性表导入SPSS分析软件中，选定Binary Logistic Analysis功能，将"present"确立为因变量；将7个自变量分别确定为自变量，然后进行分析，其分析结果如表

Variables in the Equation

表4-3

| | | B | S.E. | Wald | df | Sig. | Exp（B） |
|---|---|---|---|---|---|---|---|
| Step 1ª | 用地混合度 | 2.844 | 912.616 | .000 | 1 | .000 | 17.178 |
| | 人口密度 | 11.315 | 3681.461 | .000 | 1 | .000 | 82026.803 |
| | 人均GDP | 5.785 | 962.160 | .000 | 1 | .005 | 325.226 |
| | 交通枢纽密度 | 7.904 | 2726.122 | .000 | 1 | .000 | 2708.845 |
| | 道路距离 | 20.497 | 2756.225 | .000 | 1 | .004 | 797690644.427 |
| | 用地性质分类 | 58.135 | 2737.182 | .000 | 1 | .043 | 17690522694621904000000000.000 |
| | 自然土地利用 | 25.047 | 1164.120 | .000 | 1 | .024 | 75474917692.959 |
| | Constant | −253.341 | 16480.199 | .000 | 1 | .988 | .000 |

4-3所示，其中的"B"值是各自变量的回归系数。

最后一步，根据确定的相关回归系数，生成综合集聚度分级图。将SPSS软件生成的回归系数带入如下公式，生成Y值。Y值可以近似理解为权重叠加值，是逻辑回归中进行logit转换的过程数据。

$Y=$（25.047）×自然土地利用＋（11.315）×人口密度

＋（5.785）×人均地区生产总值＋（58.135）×城市土地利用性质

＋（20.497）×道路可达性＋（7.904）×交通站点核密度

＋（2.844）×用地功能混合度＋（−253.341）

上述公式的计算过程可以利用ArcGIS的代数计算和栅格叠加功能实现，最后将生成的Y值带入如下公式，计算出综合集聚度：P值。

$$P=\frac{e^{y}}{1+e^{y}}$$

经过空间计算，最终生成了京津冀综合集聚度分值图。

### 2. 模型算法相关支撑技术

软件支持：ArcGIS、SPSS

## 五、实践案例

### 模型应用实证及结果解读：

（1）城市空间范围扩展研究

通过研究2000～2013年全国地级及以上城市空间面积的年增长率，反映其空间的扩展速度，从而表现全国各城市空间扩展的时空变化趋势。从各城市在全国的空间扩展速度分布态势上来看，各城市的空间范围扩展速度整体较快，说明2000年以来城市空间的大面积扩展是主要的城市增长方式。但分区域来看，东部、南部经济相对发达的地区扩展速度低于西部、北部欠发达地区，这一方面说明经济发达地区的城市增长已经过了外延扩张最为迅速的阶段，另一方面说明城市综合发展水平和空间范围扩展速度呈现负相关态势。

通过研究2000～2013年全国地级及以上城市空间的扩展强度，来表现全国城市空间的时空变化强弱、快慢等特点。从空间范围扩展强度的空间分布态势来看，全国整体城市的扩展强度远低于它们的扩展速度，城市空间扩展强度总体不大。因为空间范围扩展强度最大的城市是黑龙江的大庆，其扩展强度值也仅有21%。造成这种现象的原因在于，强度的关注对象是城市空间增长面积与城市行政区面积的比较，尽管城市空间增长出现了甚至超过100%的增长，但它作为居民生活工作的活动空间范围，与整个行政区的范围相比是微乎其微的。这也是我们在全国尺度上看每个城市的居民活动场所空间不够明显的重要原因。因此我们用填充行政区的图面表达方式来代替仅仅填充城市空间，即居民的活动空间。

通过分析2013年全国地级及以上城市的空间紧凑度，可知紧凑度取值越高的地方，其空间集聚程度越好，其空间分布更多集中在中部地区。而沿海、沿江等经济相对发展程度更好的区域，其紧凑度程度反而较低，空间离散分布明显，这与这类地区城市建设更加迅速，空间形态较为多样，不同程度建设了城市新区、新城的发展状态有关。因为一旦城市建设了发展新城，一定在空间形态上有别于单中心的向心式集聚发展模式。但这样一来，在新城的发展阶段还未到真正的成熟时期时，其整个城市的空间效率、用地效率必然受到一定程度的影响，具体表现为紧凑度低、离散度大，内部资源的利用效率暂时相对较低。

通过分析2013年全国地级及以上城市的分形维数可知，就全国整体而言，各地级及以上城市的分形维数取值大多分布在1~1.1，说明这些城市的空间形态差异不大，基本都在向外扩张的阶段，只是扩张程度均不是特别显著。但具体细分每个城市所在的取值区间，可知城市空间形态相对简单的城市多集中在中部地区，而沿海、沿江地区的城市取值相对较高，空间形态更加复杂。这一方面说明全国各地级及以上城市的空间扩展仍以外向扩展为主，但扩张程度较之2000年前后已大为改善；另一方面说明，越是经济较发达城市，其空间形态更为复杂，原因和空间集聚度的分布态势类似，都和城市发展的新城建设阶段性特征相关。

我们得到了全国各地级及以上城市空间范围扩展集约度指数，其在全国范围内的分布如图所示。可知，就全国的各地级及以上城市空间集聚度分布而言，分布规律不太明显，但从城市经济发展水平来看，大致有以下规律：以京津冀、长三角、珠三角为代表的经济相对发达的三大城市群而言，其空间扩展集聚度指数均较低；而空间扩展集聚度指数较高的城市，大多是经济发展水平相对较低的城市，这说明城市空间范围扩展现象在我国城市发展中还没有走上良性轨道，还未达到经济水平越高、空间发展越集聚的理想状态。

（2）根据京津冀综合集聚度分值图，可以看出：

1）北京一极独大集聚特征明显，周边影响辐射范围较广；天津集聚能力次之，与北京辐射影响渐有集中连片趋势，形成了京津冀最强的集聚地区；京津冀区域已基本形成了"一核、双城、多节点"的发展态势，但各节点城市的集聚能力仍有待进一步提高。

2）石家庄作为河北省省会，从图中可以明确看到其作为京津冀区域范围内的第三极，影响力不容忽视。

3）近年来京津冀区域内部延续了北京向北发展，天津向海发展的大方向，但在北京和天津之间并没有形成发展连接轴，廊坊及其周边的集聚度离北京和天津差距较大。

4）在河北南部地区，比较传统的认知是邯郸应作为河北南部的区域中心，但是从图中可以看出与其临近的邢台市和衡水市的集聚度也与邯郸市的水平相当。

5）从承德与唐山的集聚度对比可以看出，承德市在整个京

津冀范围内的平均集聚度是最低的，而唐山市的平均集聚度在河北省内仅次于省会石家庄，虽然唐山处于传统产业的淘汰转型期，但其发展的基础仍然存在，京津唐中的唐山仍然占有十分重要的地位；反观承德，虽然始终坚持以新兴的生态和旅游产业作为发展的重心，但其集聚度基础仍相对薄弱，因此仍有较大的发展空间。

6）张家口集聚度中心呈轴线状分布，主要集中在几大主城区范围内，城区以外范围的整体集聚度相对薄弱，张家口可借助2020年冬奥会的机遇，提高主城区外的城市集聚度，并有机会成为未来冀北地区区域发展的集聚度中心。

7）京津冀范围内城市发展集聚不平衡的问题不仅存在于传统认知中的省级行政边界上，还存在于河北省内市级行政边界之上。以石家庄市为例，在与其接壤的周边城市的行政边界内部，集聚度要明显高于行政边界范围外的区域。

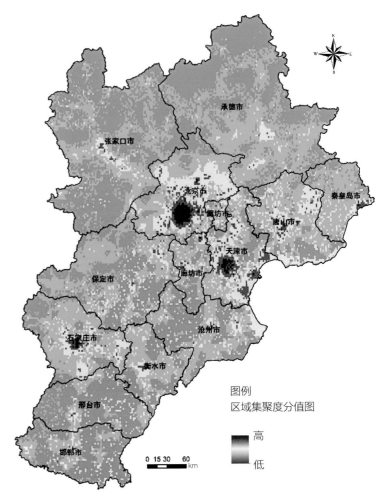

图5-1 京津冀综合集聚度分值图

## 六、研究总结

### 1. 模型设计的特点

城市空间范围扩展是城镇化进程在时空尺度和空间格局的具体反映，可以通过空间范围扩展速度、扩展强度、空间紧凑度和分形维数等指标，共同反映城市空间范围扩展现象，为下一步计算城市空间范围扩展集约度指数奠定基础。其中，计算全国城市空间的扩展速度和扩展强度，目的是总结其时空变化特点和趋势；计算全国城市空间的紧凑度和分形维数等指标，目的是总结其内部空间聚集程度和外部空间扩展程度等空间形态特点。

城市综合集聚度是在多种因素影响下对城市地块进行的综合评定，这些因素包括自然、社会、经济以及城市发展要素等。但是如何选择影响要素以及如何确定这些影响要素对综合集聚度的影响程度成为研究需要深入探究的内容。对综合集聚度判定的因变量进行假设，即确定高集聚度点和低集聚度点。具体来说就是要通过已知聚集程度的点来对整体聚集度进行推断，本案例应用了二分类逻辑回归分析法。

本模型的创新点在于：根据逻辑回归分析中确定的回归系数，将个自变量通过GIS进行栅格空间叠加，并通过逻辑回归的算法最终生成城市集聚度评分图。同事将集聚度评价与城市大数据进行结合分析，以辅助进行现状评估、规划决策以及政策评估等。

### 2. 应用方向或应用前景

就城市活动空间范围扩展这一方面而言，全国各地级及以上城市的区域空间差异是比较显著的。东部沿海地区经济社会基础好，城镇化水平高，但因城市空间范围扩展集约程度较低，所以与城镇化水平的耦合协同关系尚未达到最佳水平，存在进一步提升空间。而中西部内陆地区的经济社会基础次之，城镇化水平普遍低于东部地区，虽然就城市空间范围扩展集约水平而言与东部地区差距不大，但城市空间范围扩展程度和城镇化水平的耦合协调关系仍与东部地区存在较大差距。

本案例利用自然、社会、经济以及城市发展数据对京津冀的区域发展集聚度进行了综合评价，并结合大数据对区域发展现状进行了评估。结果显示，京津冀的发展集聚特点为"三极、三轴、多中心"。在一定程度上这与《京津冀协同发展规划纲要》中提出的"一核、双城、三轴、四区、多节点"的空间布局相呼应。从京津冀范围内的城市联系度来看，这种空间布局也得到了印证。自《京津冀协同发展规划纲要》颁布以来，又有一系列京津冀区域内的政策规定相继颁布。包括《京津冀地区城际铁路网规划的批复》《京津冀农产品流通体系创新行动方案》等，从社会生活的各个方面对京津冀的协同发展进行了整体规划，对提高城市群集聚度和城市间的联系度起到了积极的促进作用。

# 城市洪涝防治系统规划模型构建及应用

工 作 单 位：北京市城市规划设计研究院

研 究 方 向：基础设施配置

参 赛 人：王强、黄鹏飞、孟德娟、刘子龙、付征垚、崔硕、叶婉露、王乾勋、葛裕坤、黄涛

参赛人简介：参赛团队为北京市城市规划设计研究院市政规划所模型工作室，该工作室自2007年以来，从2008年北京奥运会奥运场馆的防洪排水模型研究开始，持续关注城市水文模型领域。先后开展了北京市中心城防洪防涝系统规划模型及后续动态维护工作、北京市中心城75座下凹桥防涝模型、北京新机场等重大建设项目防洪防涝模型等研究和工程应用工作。该团队完成的"北京市中心城防洪防涝系统规划"获得2015年度全国优秀城乡规划设计一等奖。

## 一、研究问题

### 1. 研究背景及目的意义

近年来，受全球气候变化和城市热岛效应的影响，全国城市极端降雨事件明显增多。城市化发展导致产汇流特征发生显著变化，城市暴雨频繁造成严重内涝积水，如2007年济南"7.18"、2004年北京"7.10"、2011年北京"6.23"、2012年北京"7.21"等特大暴雨，对居民生命财产和城市安全运行构成了巨大威胁，反映出传统城市排水和防洪体系存在缺陷。

北京是全国政治中心、文化中心、国际交往中心、科技创新中心，是人口高度密集的超大城市。北京作为首都，是祖国的象征和形象，是向世界展示中国的首要窗口，一直备受国内外高度关注。建设和管理好首都，是国家治理体系和治理能力现代化的重要内容。频繁发生的洪涝灾害与首都的功能定位和治理要求严重不符，急需开展相关研究，从系统上和关键技术环节取得突破，缓解城市洪涝灾害频发的问题，对提高首都城市安全乃至全国城市治理水平都具有重要意义。

目前国内外关于城市洪涝灾害研究方面，模型已经成为必不可少的重要工具。关于模型的研究和使用现状，主要有两种研究方向。一是研究尺度涵盖大城市的城区，甚至更大范围（如大流域尺度），但由于数据精度和数值计算能力限制，采用了概化的数字地形模型（DEM），同时对于对城市内涝灾害有重要影响的排水管网进行大幅度概化。这种研究方式虽然可以反映大尺度的洪涝关系，但是对于刻画局部敏感信息无能为力。二是研究中应用了精度较高的DEM、管道、泵站、河道等数据，但是研究尺度较小。这种研究方式可以对小尺度的内涝问题进行较深入的剖析，但是由于河道水位等数据受上下游影响较大，难以从大尺度上反映水文之间相互响应关系，使得研究结论具有一定的局限性。

### 2. 研究目标及拟解决的问题

本研究旨在利用先进模型工具评估北京的洪涝积水风险、构建更全面的防洪防涝体系应对极端降雨，提出具体规划方案逐步提升北京防洪防涝能力。研究中的关键问题在于耦合模型的构建，以及特别是耦合模型中如何协调城市大尺度、模拟精度和合理计算效率之间的关系。建立地表—管道—河道耦合的城市水文模型，定量研究城市化条件下下垫面—地面积水—管道排水—河道排水的响应关系，评估洪涝灾害损失，并基于风险分析制定防洪防涝规划方案。

## 二、研究方法及算法

### 1. 研究方法

为了解决城市尺度洪涝防治系统规划问题，需要收集数字地形、下垫面铺装、排水管网、河道断面等数据；基于水文水力学模型构建城市洪涝系统模型，并对模型参数进行率定和验证；应用构建模型，采用现状基础数据开展现状问题和风险评估；针对模型评估暴露出的问题，针对性的采取规划措施，并对规划实施效果进行评估。具体技术路线图如图2-1所示：

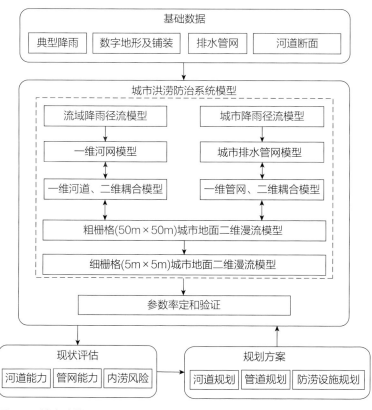

图2-1　技术路线图

以水文水力学为基础的城市洪涝防治系统模型是最核心的内容，相关模型技术在国内外已多有应用，世界上知名的模型软件有美国EPA的SWMM、丹麦DHI的Mike、荷兰DLFT的Sobek、英国Wallingford的InfoWorks等；国内自主开发或改进的模型有SSCM模型、CSYJM模型等。然而，国内外现行软件和模型方法仍无法解决建模尺度和计算精度之间的矛盾，这是城市尺度构建洪涝防治系统模型的关键。

本次研究采用多尺度耦合模拟方法，通过空间模拟降尺度实现城市空间大尺度与计算模拟精度之间的协调。具体而言，在管网—河道—地面耦合模型模拟计算中采用粗栅格（相对大尺度）进行数值模拟计算，同时对于每一个步长模拟结果，将地表二维的积水模拟结果，在细栅格（相对小尺度）的数字地形上通过水量平衡计算进行再分配，得到更为精细的模拟结果，从而兼顾了大空间尺度与较高模拟精度的需求。

在软件选择上，为了保证防洪防涝科学编制，模型软件必须采用能够计算流量过程线、采用非恒定非均匀流计算并且能够耦合计算雨水管道、河道和地面积水的模型软件进行。本次研究根据实际需要选择丹麦水资源及水环境研究所（DHI）的雨洪综合利用模型软件（MIKE）作为模型构建基础工具。

### 2. 原理及算法

城市洪涝防治系统模型主要包含以下五个部分：

（1）降雨径流模型；（2）雨水管道模型；（3）城市地面二维漫流模型；（4）河网模型；（5）耦合模型平台。各模型之间的关系如图2-2所示。

（1）降雨径流模型原理

本研究中应用时间—面积模型作为管网降雨径流模型。在时

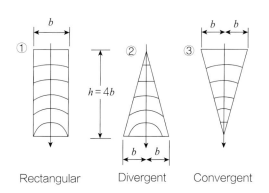

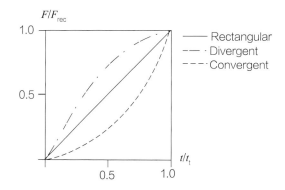

图2-2　水文模型原理介绍

间—面积模型中，径流系数、初损、沿损控制了径流总量。径流曲线的形状（径流的方式）由集水时间和T-A曲线控制。

时间—面积法将整个连续的产汇流过程被离散到每个计算时间步长进行计算。恒定径流速率的假设意味着该方法将集水区表面在空间上离散为一系列同心圆，其圆心也就是径流的出水点。单元（同心圆）的数量为：

$$n = t_c / \Delta t$$

其中$t_c$为集水时间，$\Delta t$为计算时间步长。模型中根据特定的时间—面积曲线计算每个单元面积，所有单元的面积等于给定的不透水面积。

（2）管道水动力学模型

管道水动力学模型计算建立在一维自由水面流的圣维南方程组即连续性方程（质量守恒）和动量方程（动量守恒—牛顿第二定律）：

$$\partial Q / \partial x + \partial A / \partial t = 0$$

$$\partial Q / \partial t + \partial (\alpha Q^2 / A) / \partial x + gA \, \partial y / \partial x - gAI\_f = gAI\_0$$

模型采用了Abbott-Ionescu六点隐式格式有限差分数值求解，此计算方法可以自动调整时间步长，并为分支或环型管网提供有效而准确的解法。并且该计算方法适用于排污管道的有压流和自由水面的垂向均匀流。临界和超临界流都使用同样的数值解法处理。水流现象如倒灌和溢流可以被精确的模拟。

完全的非线性水流方程可以根据用户提供的或自动提供的边界条件求解。另外，除了完整的动态描述，模型还提供简化的水流模拟。

（3）河道水动力学模型

河道水动力计算模型是基于垂向积分的物质和动量守恒方程，即一维非恒定流Saint-Venant方程组来模拟河流或河口的水流状态。

$$\frac{\partial A}{\partial t} + \frac{\partial Q}{\partial x} = q$$

$$\frac{\partial Q}{\partial t} = \frac{\partial (\alpha \frac{Q^2}{A})}{\partial x} g + gA \frac{\partial h}{\partial x} + \frac{gn^2 Q |Q|}{AR^{4/3}} = 0$$

式中：$x$、$t$分别为计算点空间和时间的坐标，$A$为过水断面面积，$Q$为过流流量，$h$为水位，$q$为旁侧入流流量，$C$为谢才系数，$R$为水力半径，$\alpha$为动量校正系数，$g$为重力加速度。

方程组利用Abbott-Ionescu六点隐式有限差分格式求解，如图2-4所示。该格式在每一个网格点不同时计算水位和流量，而是按顺序交替计算水位或流量，分别称为$h$点和$Q$点。Abbott-Ionescu格式具有稳定性好、计算精度高的特点。离散后的线形方程组用追赶法求解。

（4）地面漫流模型原理

地面漫流模型计算所基于的二维水动力学的基本方程为浅水方程，方程组如下所示：

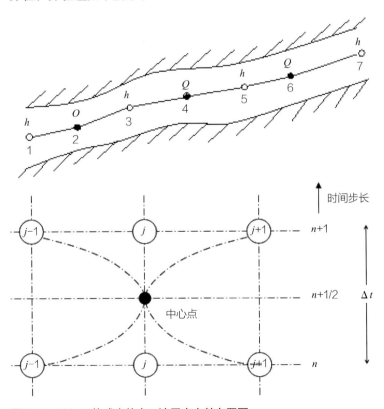

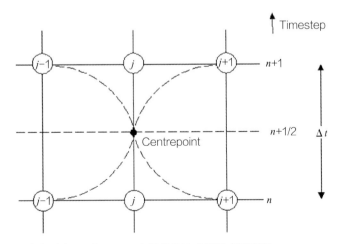

图2-3　六点Abbott-Ionescu有限差分法求解格式示意图

图2-4　Abbott格式水位点、流量点交替布置图

$$\frac{\partial \zeta}{\partial t} + \frac{\partial p}{\partial x} + \frac{\partial q}{\partial y} = \frac{\partial d}{\partial t}$$

$$\frac{\partial p}{\partial t} + \frac{\partial}{\partial x}\left(\frac{p^2}{h}\right) + \frac{\partial}{\partial y}\left(\frac{pq}{h}\right) + gh\frac{\partial \zeta}{\partial x} + \frac{gp\sqrt{p^2+q^2}}{C^2 h^2} -$$

$$\frac{1}{\rho w}\left[\frac{\partial}{\partial x}(h\tau_{xx}) + \frac{\partial}{\partial y}(h\tau_{xy})\right] - \Omega_q - fVV_x +$$

$$\frac{h}{\rho w}\frac{\partial}{\partial x}(P_a) = 0$$

$$\frac{\partial q}{\partial t} + \frac{\partial}{\partial y}\left(\frac{q^2}{h}\right) + \frac{\partial}{\partial x}\left(\frac{pq}{h}\right) + gh\frac{\partial \zeta}{\partial y} + \frac{gp\sqrt{p^2+q^2}}{C^2 h^2} -$$

$$\frac{1}{\rho w}\left[\frac{\partial}{\partial y}(h\tau_{yy}) + \frac{\partial}{\partial x}(h\tau_{xy})\right] - \Omega_p - fVV_y +$$

$$\frac{h}{\rho w}\frac{\partial}{\partial y}(P_a) = 0$$

模型采用的数值方法是矩形交错网格上的ADI法，具体离散用半隐式，求解用追赶法，交错网格上各物理量的布置如图所示，其中 $z$、$h$、$u$、$v$ 分别处于不同的网格点上。

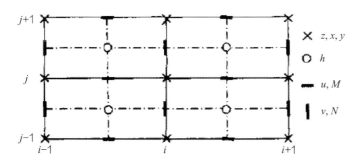

图2-5 Mike 21数值解法示意图

（5）耦合模型原理

针对标准连接，河道使用耦合的地表漫流网格的水位作为边界水位，河道进入地表的水量则采用如下公式进行计算：

$$\frac{\partial Q^{n+1/2}}{\partial t} = -\left(gA\frac{\partial H^n}{\partial x} + \frac{Q^n \cdot |Q^n|}{A \cdot C^2 \cdot R}\right)$$

$T$＝时间；$X$＝长度；$A$＝过流断面面积；$C$＝Chezy谢才系数；$R$＝水力半径。

针对侧向连接，水通过河道模型的侧向边界流向地表漫流模型。

## 3. 模型参数说明

城市洪涝防治系统规划模型模块包括：降雨径流模型、管道模型、河道模型和二维地面漫流模型。各模型模块主要参数包括：

降雨径流模型：不透水率、初始损失、沿程损失、汇水时间、$T-A$曲线；管网模型：管道糙率；河道模型：河道糙率；二维地面漫流模型：地面糙率。

根据相关研究，不同模型模块的主要参数取值，如表2-1所示。

降雨径流模型参数情况表　　表2-1

| $T-A$参数 | | 定义 | 经验取值 |
|---|---|---|---|
| 总量控制 | 初损$I_0$（mm） | 降雨到地面时，由于润湿地面和低洼截留等造成的损失 | 初损（mm）（无初损） |
| | 水文衰减系数（延损系数）$I_p$ | 雨水在汇入排水系统（雨水篦子等）过程中，由于地面低洼截留、蒸发以及非完成不透水性而造成的水量损失 | 1（无延损） |
| | 不透水率$m$（%） | 不透水面积比（只考虑对于径流有贡献的面积） | 按规范中不同用地性质径流系数按面积比例加权平均得到 |
| 汇流控制 | 汇水时间$T_c$ | 汇水区域最远端的水流入雨水系统的时间 | 集水区最远端到检查井的距离/地表平均流速（m/s） |
| | $T-A$曲线 | 对汇水有贡献的面积比随时间比的变化 | 时间面积曲线（三种类型），按经验参数设置。$Area(t=50\%T_c)/Area=0.00\sim0.37$ TA-Curve3 $Area(t=50\%T_c)/Area=0.38\sim0.6$ TA-Curve1 $Area(t=50\%T_c)/Area=0.6\sim1$ TA-Curve2 |

管道糙率参数情况表　　表2-2

| 管道糙率 | 糙率$n$ |
|---|---|
| 新铸铁管 | 0.013~0.014 |
| 旧铸铁管 | 0.014~0.035 |
| 石棉水泥管 | 0.012~0.014 |
| 钢管 | 0.012 |
| 钢筋管 | 0.014 |
| 塑料管 | 0.020 |

河道糙率参数情况表（人工河道）　　表2-3

| 人工渠道表面特征 | 糙率$n$ |
|---|---|
| 抹光的水泥抹面 | 0.012 |
| 光滑的护面 | 0.015 |

续表

| 人工渠道表面特征 | 糙率n |
|---|---|
| 粗糙的护面 | 0.017 |
| 紧密黄土或细石乐土渠，有薄淤泥层 | 0.018 |
| 紧密黏土、黄土、壤土的渠道，养护条件在中等以上的渠道 | 0.02 |
| 紧密黏土、黄土、壤土的渠道，有薄淤泥层，开凿的很好的岩石渠道 | 0.0225 |
| 良好的干砌石渠道，养护条件中等的土渠 | 0.025 |
| 养护条件低于一般标准的土渠 | 0.0275 |
| 条件较差的土渠 | 0.03 |
| 条件很恶劣的渠道（如断面不规则等） | 0.035 |
| 条件异常恶劣的渠道（如有塌岸石块等） | 0.04 |

河道糙率参数情况表（天然河道） 表2-4

| 自然河道表面特征 | 糙率n |
|---|---|
| 顺直通畅，河床为细砂土、单式断面、平均水深在2米以上 | 0.017~0.02 |
| 顺直通畅，河槽稳定，河床为砂夹卵石、单式断面、平均水深在2米以上 | 0.020~0.025 |
| 有缓弯，有砂洲，河槽稳定，河床为砂卵石、一般颗粒较大、河岸多为石质、断面不够规整、平均水深在2米以上 | 0.025~0.030 |
| 弯曲，有砂洲，河床为大砂石或有少量灌木、河岸多为石质、断面很不规整、平均水深在2米以下 | 0.030~0.040 |
| 灌木杂草丛生，或为树林高棵庄稼、复式河道的滩地，平均水深在1.5米以下 | 0.04~0.067 |

地面糙率参数情况表 表2-5

| 地面糙率 | 推荐值 | 取值范围 |
|---|---|---|
| 混凝土 | 0.011 | 0.010~0.013 |
| 沥青 | 0.012 | 0.010~0.015 |
| 裸沙 | 0.01 | 0.010~0.016 |
| 碎石铺砌的路面 | 0.012 | 0.012~0.03 |
| 耕地 | 0.05 | 0.006~0.16 |
| 草地（牧草） | 0.45 | 0.39~0.63 |
| 短草草地 | 0.15 | 0.1~0.2 |
| 致密的草地 | 0.24 | 0.17~0.3 |
| 森林 | 0.45 | |

## 三、数据说明

### 1. 数据内容及类型

北京市中心城内涝风险分析模型构建是一项庞大的系统工程，需要大量的不同类型的数据作为基础支撑，主要包含降雨数据、中心城雨水管网数据、卜凹桥雨水管道及泵站数据、河道断面数据、相关管道及河道的流量数据和中心城积水情况等相关数据。

降雨数据由北京市气候中心提供，包括中心城2016年6月~9月间发生的几场明显降雨过程，时间步长为1分钟，以及2016年7月19日至7月21日的特大暴雨数据，包括300座自动气象站连续3日的降雨数据，时间步长为1分钟。北京降雨十分集中，主要发生在6月~9月，所以选择2016年6月~9月间发生的降雨事件基本涵盖了北京全年不同特点的降雨情景。此外，降雨数据要求时间步长为1分钟，一是为了更真实的反映降雨过程，二是可以根据需要模拟5分钟、15分钟、30分钟等不同降雨时间间隔的内涝风险情况。

北京市中心城雨水管网数据是构建一维模型的基础条件，主要是由北京城市排水集团有限责任公司提供的更新到2016年11月的GIS数据，以及北京市规划设计研究院更新到2016年11月的GIS数据库和CAD数据库。

下凹桥雨水管道及泵站数据由北京城市排水集团有限责任公司提供，主要包括《北京城区雨水泵站系统升级改造及雨洪控制利用三年工作计划（2012 -2014年）》建成的78座下凹桥改造项目。下凹桥是内涝积水高风险区，增加下凹桥雨水管道及泵站数据不仅能进一步充实基础数据，同时能有效、客观评估泵站实施后不同降雨情境下下凹桥积水情况。

河道断面数据是市测绘院2012年的实测数据，由北京市测绘院提供。河道断面及不同洪水水位等数据是管网与河道耦合的边界条件，有助于更真实表达降雨过程中管道出流与河道的相关关系。

管道流量数据是根据北京排水集团在凉水河流域内，丰台区方庄排水分区，选取了三处雨水管道，安装了管道液位和流速的检测仪器，实测了汛期雨水管道的液位和流速数据。

河道流量数据由北京市水文总站提供，主要包括中心城通惠河乐家花园站、清河羊坊闸站、通惠河高碑店站、凉水河大红门闸站、运公园站、坝河分洪闸站、大石桥站、东岗子闸站、马家坟站、沙窝闸站、通惠闸站、西坝站、西客站测站、厢红旗测站、学清闸站、洋桥闸站、仰山闸站、张家湾站等站点。2014年的实测水位和流量资料，数据类型包括逐日平均水位过程和流量过程，以及2014年部分场次洪水流量过程数据。

北京市中心城的积水情况数据由北京市防汛抗旱指挥部办公室提供，主要是2016年的积水数据，包括积水位置、积水深度、积水发生时间、积水原因、排水责任部门、排水下游和拟采取措施及建议等。

降雨数据、中心城管网数据、下凹桥雨水管道及泵站数据及河道断面数据等是构建城市内涝风险分析模型极重要的支撑条件，是保障城市内涝风险评估和规划方案模拟评估系统性、完整性、准确性的关键，其数据的全面性及准确度直接关乎模拟分析结果与现实情况的逼近程度。而管道与河道流量监测数据以及积水数据等是模型校核、参数率定的基础支撑，是评估模型评估结果可信度的重要依据。总体而言，只有上述全面、真实的基础数据作为基础条件，才能保证模型分析内涝积水原因和规划方案预期效果的客观、科学性与系统性，进而为规划决策提供强有力的支持。反言之，如果没有上述大量基础数据的支撑，内涝风险评估和规划方案模拟评估结果的可信度与科学性将大打折扣，甚至成为其"致命软肋"。

### 2. 数据预处理技术与成果

降雨数据预处理主要是根据模拟需求，利用Mike Urban对降雨条件进行处理，分别建立不同重现期、不同降雨历时的工况条件，并保存为dfs0文件。

节点数据预处理主要是对节点直径、节点地面标高、节点井底标高赋值与检查，其中节点地面标高赋值是通过Mike Urban模型直接从DEM中提取，节点直径、井底标高通过ArcGis软件直接赋值，节点数据的检查是利用Mike Urban模型中"工程检查工具"进行检查。

管网数据预处理包括三部分，一是数据格式转换，利用ArcGis数据处理工具将管网的CAD数据转换为SHAPE文件；二是管网管径大小、管底高程以及拓扑结构的检查、校对；三是通过Mike Urban的"集水区自动连接工具"与集水区进行连接。

DEM数据预处理：首先是利用ArcGis中的"3D Analyst Tools"

工具将地形插值生成格栅文件，然后利用ArcMap将格栅文件转换为ASCⅡ文件，最后通过Mike Zero模型将ASCⅡ文件转换成dfs2文件。

河道与管网耦合：利用Mike Flood模型中连接工具将Mike Urban中的出水口与河网模型的河道进行连接。

河道（Mike 11）与地形（Mike 21）耦合：利用Mike Flood模型中连接工具，建立两个侧向连接，即河道的左右岸的侧向连接。

## 四、实践案例

### 1. 模型参数率定

模型进行降雨径流时主要涉及的模型模块包括：降雨径流模型、管道模型、河道模型和二维地面漫流模型。各模型模块主要参数包括：降雨径流模型：不透水率、初始损失、沿程损失、汇水时间、$T$-$A$曲线；管网模型：管道糙率；河道模型：河道糙率；二维地面漫流模型：地面糙率。

（1）管道模型参数率定

方庄排水分区的监测点数量为3个，其中有效监测点为2个，包括监测水位和流速数据，流量数据基于断面尺寸、水深和流速进行计算，该三处监测点分别为FM01——方庄路与群星路交汇口监测点、FM02——成寿寺路（北三环以北）高架桥右侧辅路监测点以及FM03——成寿寺路（北四环肖村桥以北）主路右侧监测点。监测时间段为2015年7月18日02:30至06:30，共历时4个小时。

FM01实测数据包括水位、流速和流量数据（流量数据基于断面尺寸、水深和流速进行计算），图4-1为模型计算结果和实测数据对比情况，其中红色线为实测数据，绿色线为模型计算数据。

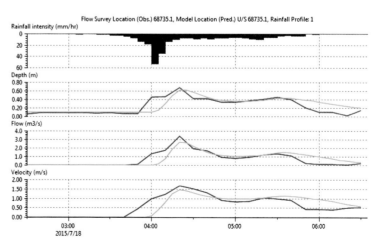

图4-1 情景2监测点1模型率定结果

图4-1可见，该监测点曲线变化趋势拟合情况较好，其中峰值流量和液位时间偏差均小于1小时。监测峰值液位为0.678m，模型计算峰值液位为0.629m，峰值液位数值偏差-7.2%。监测峰值流速为1.689m/s，模型计算峰值流速为1.563m/s，峰值流速数值偏差-7.5%。监测峰值流量为3.235m³/s，模型计算峰值流量为2.914m³/s，峰值流量数值偏差-9.9%。监测总流量为10391m³，模型计算总流量为11049m³，总流量数值偏差6.3%。

FM03实测数据包括水位、流速和流量数据（流量数据基于断面尺寸、水深和流速进行计算），图4-2为模型计算结果和实测数据对比情况，其中红色线为实测数据，绿色线为模型计算数据。

图4-2可见，该监测点曲线变化趋势拟合情况较好，其中峰值流量和液位时间偏差均小于1小时。监测峰值液位为1.029m，模型计算峰值液位为0.940m，峰值液位数值偏差-8.6%。监测峰值流速为2.060m/s，模型计算峰值流速为1.907m/s，峰值流速数值偏差-7.4%。监测峰值流量为6.680m³/s，模型计算峰值流量为6.097m³/s，峰值流量数值偏差-8.7%。监测总流量为30052m³，模型计算总流量为35332m³，总流量数值偏差17.6%。

**（2）河道模型参数率定**

本次参数率定采用MIKE URBAN+ MIKE 11+ MIKE 21的模式，也就是管网、河道与二维地面耦合模型。管网数据采用现状测量管网数据，并进行适当概化；河道数据采用现状河道实测数据；地面DEM数据采用北京市测绘员提供的5m精度的DEM数据。

本次率定数据的流量过程主要来自水文总站和各河道管理处，同时在模型中考虑：①闸门敞泄；②流量过程线涨水段和落水段起始和终点流量比较小；③洪水过程线无基流分割。

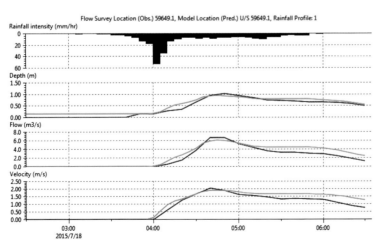

图4-2 情景2监测点3模型率定结果

通过以上数据进行分析，可以得到各河道模拟结果，通过与实测数据对比分析可以发现，结果基本能够满足精度要求。

参数率定后的各参数取值详见表2-1~表2-5。

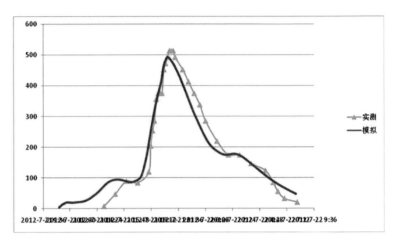

图4-3 凉水河大红门闸实测与模拟流量对比图

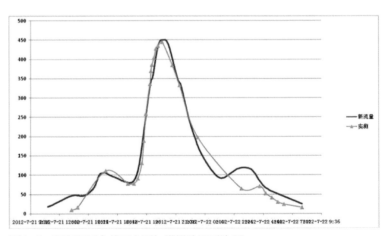

图4-4 通惠河乐家花园实测与模拟流量对比图

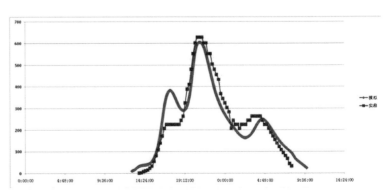

图4-5 清河沈家坟闸实测与模拟流量对比图

## 2. 模型在北京市中心城的应用

### （1）河道能力评估

应用模型对中心城建成区内70条主要河道进行评估。经评估，35条河道经治理基本达标，12条河道已经治理尚未达标，23条河道未经过治理，系统治理河道总长约370公里，治理率达74%。另外，还有63条乡镇排水沟渠未经治理，河道总长度约137.9公里。河道构筑物和附属设施评估如下：评估河道共有桥829座、闸76座，本次实测桥815座、闸76座。在实测的桥和闸中，经评估，达标的桥有554座、达标的闸有47座，达标率分别为67.98%和61.84%。评估结果详见图4-6。

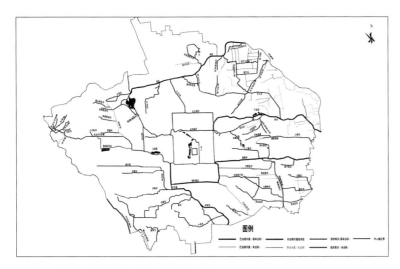

图4-6　北京市中心城现状河道能力评估图

### （2）管道能力评估

应用模型对2291公里主要雨水管道进行评估。其中，低于0.5年一遇（不含）标准的管道约1164公里，占管道总长的51%；达到0.5年一遇（含）~1.0年一遇（不含）之间的管道约346公里，占管道总长的15%；达到1.0年一遇（含）~3.0年一遇（不含）之间的管道约299公里，占管道总长的13%；达到3.0年一遇（含）~5.0年一遇（不含）之间的管道约74公里，占管道总长的3%；达到5.0年（含）一遇标准的管道约407公里，占管道总长的18%。评估结果详见图4-7。

### （3）内涝风险评估

将50年一遇24小时设计暴雨过程和2012年"7.21"实际降雨过程作为输入条件，利用构建的中心城内涝模拟模型，对中心城内涝风险进行分析。将模拟结果中积水深度大于15厘米且时间大

图4-7　北京市中心城雨水管道布局及能力评估图

于30分钟的连续积水区域作为积水点，结合历次实际发生积水点和模型模拟结果进行综合分析，总结出中心城主干以上道路积水风险点共有377个。按积水风险点对交通、医院、中小学校、幼托、重要行政区等综合影响程度分类，影响程度较大的积水风险点有34个、一般的有172个、影响较小的有171个；按照行政管辖区域分类，东城区36个，西城区20个，朝阳区139个，海淀区90个，丰台区84个，石景山区8个。评估结果详见图4-8。

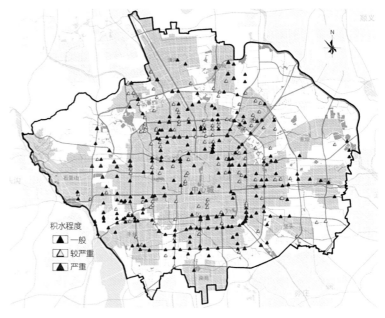

图4-8　50年一遇降雨北京市中心城现状内涝模拟积水点分布图

## 五、研究总结

### 1. 模型设计的特点

本项目构建城市洪涝防治系统模型的宗旨在于科学合理地辅助规划设计，指导城市洪涝防治设施建设，解决或缓解城市洪涝问题，保障居民生命和财产安全，避免城市遭受重大灾害损失。构建的模型包括：城市排水管道、泵站及防洪防涝设施系统水力模型、城市河道水系水力模型、基于城市数字地形（DEM）的地表二维漫流模型以及上述三者的耦合模型。另外，城市下垫面情况、降雨以及河道上、下游洪水位等作为模型的输入参数。模型应用于编制北京市中心城、副中心和新机场等排水和洪涝防治系统专项规划。

构建的模型特点如下：

（1）长期以来，我国一直沿用原苏联的体系方法，基于经验采用推理公式法开展排水规划设计。随着城市快速发展，传统方法已无法解决日益复杂的城市排水和洪涝问题。构建水力数值模型开展洪涝水的非稳定流和非恒定流过程模拟辅助，是对传统经验计算方法的改进和创新，在推进我国城市排水和洪涝系统规划设计、建设和运行的方法、技术和数据库建设等方面具有里程碑意义。

（2）突破以"快排"为主的传统排水防洪规划设计理念，利用模型辅助分析，建立了城市全方位（地块、街区、城区）、全过程（源头、过程、末端）的"渗、滞、蓄、净、用、排"海绵城市"缓排"体系。在加强城市水安全的同时，促进了水资源、水环境、水生态的发展。

（3）利用模型探索性研究了城市水文学问题。传统水文学在非建设区的山、水、林、田、湖有较为成熟的理论研究，然而城市小区、公建、道路、铁路以及人造下垫面等根本改变了水文自然特性，给传统水文学带来了新挑战。本项目在北京中心城案例中，建立了超大城市区域尺度高精度的地表–管道–河道耦合城市水文水力学数值模型，进行了城市水文过程的多尺度融合和多精度模拟计算，探索性研究了城市化条件下的下垫面—地面积水—管道排水—河道排水相互响应的水文关系，为后续城市水文学深入研究提供了技术手段支撑。

### 2. 应用前景

随着我国城市化水平的提高，发生城市内涝灾害的次数逐年增加，造成的生命、财产损失成倍递增，影响范围和受灾程度均有进一步扩大的趋势，极大地影响了社会经济的正常发展。2013年3月25日，国务院办公厅颁布《关于做好城市排水防涝设施建设工作的通知》（国办发[2013] 23号），通知要求各大城市要组织编制城市排水防涝系统规划。

城市洪涝防治系统规划模型是编制城市排水防涝系统规划必不可少的工具，继而可以更加科学地指导防洪防涝基础设施建设和运行管理。

其主要应用前景有：

（1）运用于日常规划编制过程中，建立统一基础数据库，辅助解决城市各种空间尺度复杂洪涝积水问题，高效指导设施建设，提高规划工作科学技术水平。

（2）运用于城市总体规划编制过程中，模拟分析不同级别洪涝风险隐患区或位置点，指导城市规划有效规避和设置大型蓄滞区进行防治。

（3）运用于街区控制性详细规划中，对排水（雨水）和防涝设施规划进行模拟辅助，分析风险原因，计算"滞、蓄、排"等基础设施规划规模。

（4）运用于地块修建性详细规划中，对分散的低影响开发（LID）设施规划设计方案进行模拟计算、分析与评估，实现雨水在源头的"渗、滞、蓄"。

（5）运用于城市交通和用地规划中。模拟分析城市内涝风险对交通的影响，辅助编制交通疏导方案和优化方案；模拟分析低影响开发（LID）设施、渗滞、调蓄等"海绵体"设施对城市用地空间的限制与要求等。

（6）运用于辅助政府水务管理部门加强日常洪涝设施运行维护，提高精细化管理水平；运用于辅助政府防汛部门提前编制洪涝应急预案，提高灾害抢险能力。

（7）随着社会生命财产保险业的发展，模型运用可以为保险行业提供风险区划、灾害程度识别等技术支撑。

（8）运用于定期模拟城市洪涝风险，向社会发布模拟风险蓝皮书，告之风险隐患所在，加强社会公众教育，提高居民洪涝风险防范自救意识。

# 基于GIS的24小时便利店布局优化研究——以厦门市思明区为例[1]

工作单位：福州大学

研究方向：公共设施配置

参赛人：曹浩然、林筠茹、万博文、戚荣昊、张远翼

参赛人简介：参赛团队主要由福州大学2013级本科生组成，他们未出茅庐，但却热爱城市规划，善于尝试新技术，依托于福州大学建筑学院数字福建空间规划大数据研究所，在沈振江教授、张远翼老师、马妍老师、李苗裔老师的指导下，尝试进行新技术在城市规划中应用实践中的初步探索。

## 一、研究问题

### 1. 研究背景及目的意义

随着国民经济的快速发展和人们生活水平的日益提高，我国的24小时便利店正处于快速蓬勃发展阶段，在北京、上海等地，24小时便利店已经全面开花。目前福建省的24小时便利店仍处于初步发展阶段，即使是在24小时便利店发展较快的厦门市，也仅有约每百万人拥有100家24小时便利店，远小于日本的每百万人388家（2016年统计数据）。因此，本研究将立足于福建省城市24小时便利店的广阔前景，以厦门市思明区为例，为24小时便利店营业网点的布局优化提供一种科学的分析决策方法。

本研究将为城市24小时便利店的选址和布局优化提供一种科学决策方法。一方面可以为经营者提供决策上的支持，减少风险，提高收益。另一方面，在城市决策层面上，研究侧重于商业设施的选址分析与评价，以提高其所在区域的服务水平并且优化商业设施的规划布局。由于现阶段24小时便利店的营业网点选址方法比较粗放，导致部分地区便利店分布过密，盈利能力较差，而另有部分地区需求潜力很大。因此，本研究将对现有24小时便利店的营业网点布局进行优化，减少资源浪费，提高其盈利能力。

通过CNKI中国知网的搜索结果，我们可得知国内外有关便利店选址的文章有35篇，仅有少数研究是通过GIS方法来解决便利店的选址问题，而从便利店的城市空间布局角度来着手研究的则更是微乎其微。

本研究通过分析其他学者所做的相关研究，总结如下几个方面的内容：

（1）以往研究从相关影响力因子入手，如人口因素、交通因素、竞争者因素等，运用AHP层次分析法进行决策分析研究，构建便利店的选址评价体系模型。但是，相关研究在考虑便利店的选址与布局问题时，没有充分考虑到24小时便利店的全天营业特性，特别是人们夜间活动的影响力因子。

（2）以往研究通过利用GIS技术对城市基础设施的选址进行分析，如商业空间和公共服务设施的选址等。所使用的技术方法主要是缓冲区分析法。

（3）在有关城市商业空间分布研究中，研究对象多是针对大尺度的商业空间（如：大型综合体），对于24小时便利店这种类型的小微型商业空间研究很少。

---

[1]  该研究已发表至《福州大学学报（自然科学版）》。

### 2. 研究目标及拟解决的问题

本研究的总体目标是结合层次分析法与GIS技术，提出24小时便利店的选址决策模型和经营网点布局的优化策略。

本研究的关键科学问题主要包括：

第一，便利店的选址与布局相关影响力因子的选取问题以及相关因子的权重赋值问题。拟通过文献分析法来考虑选址与布局相关的影响因子，并通过AHP层次分析法和定量分析法来确定各影响因子的权重。

第二，便利店选址数学模型问题。本研究将引入多元统计理论中的聚类分析方法，建立24小时便利店的选址模型。

第三，便利店营业网点布局适宜性模型问题。主要的解决方法是：首先，使用渔网分析功能将研究区域划分成若干个网格；再将收集到的基础数据根据AHP层次分析法算出的权重赋值并给GIS中所对应的网格，得到一个城市中24小时便利店营业网点布局适宜性模型。

第四，便利店营业网点布局优化问题。以便利店为中心建立Voronoi进行饱和度评价，判断现有营业网点的盈利能力。再结合24小时便利店营业网点布局适宜性模型，对24小时便利店的营业网点进行优化。

## 二、研究方法

### 1. 研究方法及理论依据

（1）AHP层次分析法：

层次分析法是一种经典的决策分析方法，在对复杂决策问题的本质、影响因素及其内在关系等进行深入分析的基础上，利用较少的定量信息使决策的思维过程数学化，从而将复杂的决策过程简单化。本研究使用层次分析法来分析各影响因子对最终的选址决策的影响权重，并生成选址决策的数学模型。

（2）文献分析法：

文献分析法主要指搜集、鉴别和整理文献，并通过对文献的研究，形成对事实科学认识的方法。

（3）定量分析法：

定量分析法（quantitative analysis method）是对社会现象的数量特征、数量关系与数量变化进行分析的方法。是通过统计调查法或实验法，建立研究假设，收集精确的数据资料，然后进行统计分析和检验的研究过程。

（4）GIS空间分析法：

GIS系统即地理信息系统（GIS，Geographic Information System）是一种基于计算机的工具，它可以很方便地对空间地理信息进行成图和分析。GIS技术把地图这种独特的视觉化效果和地理分析功能与一般的数据库操作（例如查询和统计分析等）集成在一起。这种能力使 GIS 与其他信息系统相区别，从而使其在广泛的公众和个人企事业单位中解释事件、预测结果、规划战略等中具有实用价值。

（5）多元统计理论中的聚类分析方法：

多元统计分析是从经典统计学中发展起来的一个分支，是一种综合分析方法，它能够在多个对象和多个指标互相关联的情况下分析它们的统计规律。而聚类分析则是将个体（样品）或者对象（变量）按相似程度（距离远近）划分类别，使得同一类中的元素之间的相似性比其他类的元素的相似性更强。目的在于使类间元素的同质性最大化和类与类间元素的异质性最大化。

（6）Anylogic系统仿真分析法：

根据系统分析的目的，在分析系统各要素性质及其相互关系的基础上，建立能描述系统结构或行为过程且具有一定逻辑关系或数量关系的仿真模型，据此进行试验或定量分析，以获得正确决策所需的各种信息。

### 2. 技术路线及关键技术

（1）技术路线

本课题将围绕"24小时便利店营业网点的选址与布局优化"这一主题开展研究，研究过程包括：文献资料收集整理→影响因子量化研究（AHP模型研究）→ArcGIS布局模型研究→选址数学模型研究，技术路线图如图2-1所示。

研究步骤如下：

第一步：查阅文献，确定影响力因子；

第二步：运用AHP层次分析法建立层次结构模型；

第三步：利用专家评价法和文献分析法确立评价矩阵；

第四步：计算各影响因子的权重并进行层次总排序；

第五步：研究相关数据的收集工作，包括厦门市思明区的人口数据、道路数据、交通热力图、用电量、房价等相关的POI数据；

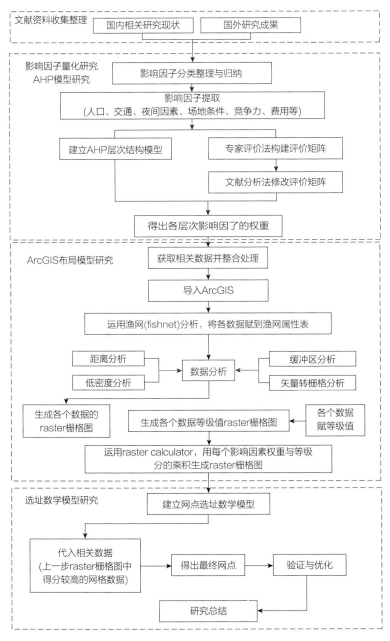

图2-1 技术路线

24小时便利店的数量可能越多；

第九步：验证研究结果，将厦门市思明区见福便利店的位置与本次研究得到的研究结果进行对比验证。

第十步：在GIS中，运用泰森多边形和500m半径的缓冲区分析现有的厦门市思明区24小时便利店营业网点的经营辐射区域，并对现有便利店营业网点进行经营饱和度分析，结合24小时便利店经营网点布局适宜性模型，对厦门市思明区的24小时便利店经营网点进行优化。

（2）关键技术

1）数据挖掘技术

研究中所涉及的部分数据如房价，需要使用火车头数据爬取软件在互联网上爬取。

2）AHP层次分析技术

利用AHP层次分析法对可能影响24小时便利店选址与布局的因素进行定性与定量分析。在选取24小时便利店影响力因子的时候，研究通过查询文献的方式学习了前人所做的研究，并且考虑到本研究的对象是便利店的24小时营业特性，将夜间活动作为影响力因子考虑进来，与人口、交通、竞争力、场地和租房费用一起作为评价指标层。将人口规模、人口结构、购买力水平、道路等级、道路密度、公交情况、车流量、竞争者、土地利用、租金、夜间人流量与日间人流量的比值作为评价准则层。

3）GIS空间分析技术

利用GIS里的渔网分析（fishnet）功能，先将厦门市思明区划分成若干个300m×300m的网格，再使用矢量数据栅格化的方式，将收集到的人口规模、人口结构、购买力水平、道路等级、道路密度、公交情况、车流量、竞争者、土地利用、租金等矢量数据处理为栅格数据，并将GIS评价指标赋值给GIS中所对应的网格，得出数个含有评价信息的网格，再使用栅格计算器功能，通过将数个网格的值进行综合计算得出24小时便利店选址的适宜性指数。

再利用Voronoi图，即以便利店为中心建立的泰森多边形，用多边形内的居住区内的人口数量与面积之比作为，评价现有的24小时便利店商业饱和度的依据。

4）多元统计理论下的聚类分析方法

首先，筛选符合较大R、P值的便利店网点N个。然后以R值为界线进行分类，选出大于等于R值一类的便利店网点，小于R值

第六步：处理数据，将收集的数据整合、梳理并导入ArcGIS中；

第七步：在ArcGIS中进行渔网分析，将厦门市思明区划分为300m×300m的方格网并用Spatial join功能将点数据赋值到由渔网生成的多边形上；

第八步：运用之前得出的数学模型，对每一个网格进行综合计算，得到24小时便利店在城市中营业网点布局适宜性模型，网格分数越高说明该地区越适合经营24小时便利店，同时该网格内

一类的便利店网点。其次以小于R值的一类的便利店网点继续细分，从某一P值开始划分，大于等于P值属于一类，小于P值属于一类，大于等于P值的一类继续以下一个P值划分，重复上述做法直至分完。最后对上述每一分类点引入损失函数，计算吸引力水平，确定最终点。

5）Anylogic系统仿真技术

利用Anylogic软件构建逻辑关系模型，利用六个评价层的相互制约关系，计算随着时间推移，适合建设便利店的区域空间数量如何变化。

## 三、数据说明

### 1. 数据内容及类型

本研究所采集的数据主要包括：截至2016年的厦门市思明区POI点（shp矢量数据）、各级道路矢量数据（shp矢量数据）、第六次全国人口普查数据（栅格数据）、公交站点与线路数据（shp矢量数据）、2017年的厦门思明区房价数据（csv文件）、过去一个月的厦门市百度热力图数据（图片）和土地利用性质图（图片）。其中，思明区POI点数据提供了停车场数量、竞争者的数量和距离及24小时便利店的分布情况；道路矢量数据提供了道路网密度和道路网等级，与公交站点与线路数据一起进行交通情况的分析；思明区房价数据用于计算租金；第六次全国人口普查数据提供了人口规模和人口结构用于进行人口这一影响因子的分析；利用百度热力图进行人车流量的分析；厦门市总体规划提出来的土地利用性质图用于土地性质的分析。

一部分是使用数据爬取工具（主要是"火车头"）爬取开源网页上的数据，比如：思明区的房价数据，来源于安居客二手房网站的开源网页信息。这一部分数据包括POI点数据、房价数据、公交站点与公交线路数据（来源于百度地图）及百度热力图（来源于百度地图）。

另一部分数据是从互联网上搜集的数据，如土地利用性质，是从厦门市（2011-2020）年的总体规划的土地利用规划图中获得。研究还包括第六次全国人口普查数据。

### 2. 数据预处理技术与成果

数据的处理是将得到的基础数据空间化、矢量数据栅格化，

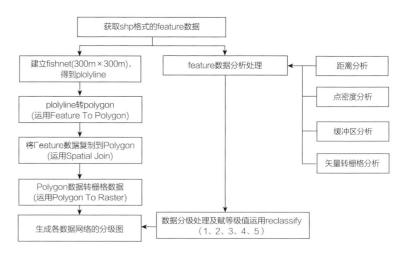

图3-1 数据预处理流程图

数据预处理流程图如图3-1所示。

首先，得到shp格式的feature数据，并建立渔网，得到polyline线；再使用Feature To Polygon将渔网Polyline线转换为Polygon面；并通过spatial join工具，按照属性表指定行列信息，将各信息点、信息线所需的feature数据赋值到polygon上，得到含有不同信息的polygon数据；最后通过polygon to raster工具，将polygon按照设定的格式、大小转换为栅格数据。

其次，由于数据的类型不一样，为了对赋值方式有所区别，方便数据可以被ArcGIS软件识别，本研究将数据其直接导入到ArcGIS中，然后利用距离分析、点密度分析、缓冲区分析、矢量转栅格分析等方法将各因素的影响程度用栅格数据表示出来，并对各指标进行分级与赋值，各影响因子的具体评价分值见下一节。不同等级将被赋以1~5的评分值，这样便可以得到各个影响因子的网格分级图。

对于用地性质，由于本次研究只获取到厦门市总体规划的土地利用规划图，于是通过手动将其评价信息输入到GIS中。在用地性质这个因子中，本研究根据该300m×300m的网格中影响力最大的土地利用来确定用地性质。在POI点数据的处理中则是计算网格中点的密度，并以此为依据来为网格赋值。

数据处理的最终结果是将shp格式的feature数据，转化为带有评价信息的栅格数据，或者将GIS无法直接识别的非shp格式数据，通过手动输入属性的方式，得到一个思明区的300m×300m、带有评价信息的网格。这个网格则以不同的颜色以及颜色深浅将各影响因子的评价信息表达出来。

## 四、模型算法

### 1. 模型算法流程及相关数学公式

（1）基于层次分析法的评价指标影响因子权重分析

研究运用 AHP 层次分析法分析影响因子权重。通过查阅相关文献，本研究选择以下影响因素作为影响因子，构建如图4-1所示的层级结构模型。该模型分为三个层次：第一层为目标层A，即24小时便利店的选址；第二层为准则层B，包括人口、交通、竞争力、场地条件、租房费用和夜间活动六项影响因素；第三层为因子层C，分别对应准则层的各个影响因子。

影响因子的权重将通过两两比较的方式确定各因素的相对重要性，并进行相对重要性程度的判断，确定决策方案相对重要性的总排序。利用专家评价法和查阅文献法确立评价矩阵，使用成对比较法和1~9的比较尺度构造成对比较阵。先构成准则层的评价矩阵，再对每一个评价层下属的因子层建立评价矩阵。通过两两比较的方式确定各因素相对重要性，然后综合决策者的判断，确定决策方案相对重要性的总排序。

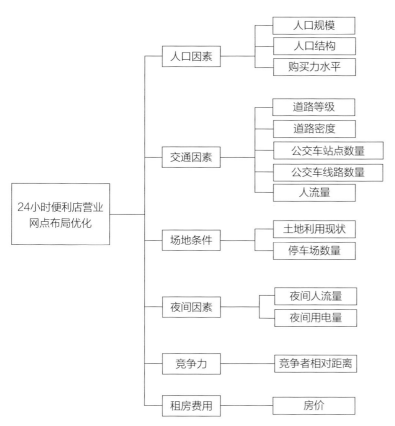

图4-1　评价指标体系的层次结构模型

决策目标判断矩阵一致性比例：0.0256；对总目标的权重：1.0000；lambda_{max}：6.1613。

| 决策目标判断矩阵 | | | | | | 表4-1 |
|---|---|---|---|---|---|---|
| 人口 | 交通 | 场地 | 竞争力 | 租房费用 | 夜间因素 | $W_i$ |
| 1.0000 | 1.0000 | 2.2255 | 3.3201 | 2.7183 | 1.8221 | 0.2590 |
| 1.0000 | 1.0000 | 3.3201 | 3.3201 | 3.3201 | 2.2255 | 0.2960 |
| 0.4493 | 0.3012 | 1.0000 | 2.2255 | 2.7183 | 0.6703 | 0.1286 |
| 0.3012 | 0.3012 | 0.4493 | 1.0000 | 1.4918 | 0.3012 | 0.0730 |
| 0.3679 | 0.3012 | 0.3679 | 0.6703 | 1.0000 | 0.3012 | 0.0639 |
| 0.5488 | 0.4493 | 1.4918 | 3.3201 | 3.3201 | 1.0000 | 0.1795 |

人口判断矩阵，一致性比例：0.0043；对总目标的权重：0.2590；$\lambda_{max}$：3.0044。

| 人口判断矩阵 | | | | 表4-2 |
|---|---|---|---|---|
| 人口 | 人口规模 | 人口结构 | 购买力水平 | $W_i$ |
| 人口规模 | 1.0000 | 4.0552 | 2.7183 | 0.6220 |
| 人口结构 | 0.2466 | 1.0000 | 0.8187 | 0.1640 |
| 购买力水平 | 0.3679 | 1.2214 | 1.0000 | 0.2141 |

交通判断矩阵一致性比例：0.0544；对总目标的权重：0.2960；$\lambda_{max}$：5.2438。

| 交通判断矩阵 | | | | | | 表4-3 |
|---|---|---|---|---|---|---|
| 交通 | 道路等级 | 道路密度 | 公交车站点数量 | 公交车线路数量 | 人流量 | $W_i$ |
| 道路等级 | 1.0000 | 0.5488 | 0.6703 | 1.2214 | 0.6703 | 0.1540 |
| 道路密度 | 1.8221 | 1.0000 | 1.2214 | 0.6703 | 0.4493 | 0.1808 |
| 公交车站点数量 | 1.4918 | 0.8187 | 1.0000 | 2.2255 | 1.0000 | 0.2392 |
| 公交车线路数量 | 0.8187 | 1.4918 | 0.4493 | 1.0000 | 0.8187 | 0.1669 |
| 人流量 | 1.4918 | 2.2255 | 1.0000 | 1.2214 | 1.0000 | 0.2591 |

场地判断矩阵一致性比例：0.0000；对总目标的权重：0.1286；$\lambda_{max}$：2.0000。

| 场地判断矩阵 | | | 表4-4 |
|---|---|---|---|
| 场地 | 土地利用现状 | 停场数量车 | $W_i$ |
| 土地利用现状 | 1.0000 | 2.2255 | 0.6900 |
| 停场数量车 | 0.4493 | 1.0000 | 0.3100 |

夜间因素分析判断矩阵一致性比例：0.0000；对总目标的权重：0.1795；$\lambda_{max}$：2.0000。

| 夜间因素判断矩阵 | | | 表4-5 |
|---|---|---|---|
| 夜间因素 | 夜间人流量 | 夜间用电量 | $W_i$ |
| 夜间人流量 | 1.0000 | 2.2255 | 0.6900 |
| 夜间用电量 | 0.4493 | 1.0000 | 0.3100 |

其中租房费用层和竞争层均只下属一个因子层，故将其评价层权重作为因子层权重。

最后得到了所有影响因子对决策目标的权重，如表4-6所示。

| 影响因子权重总表 | 表4-6 |
|---|---|
| 影响因子 | 权重 |
| 竞争力 | 0.0730 |
| 房价 | 0.0639 |
| 人口规模 | 0.1611 |
| 人口结构 | 0.0425 |
| 购买力水平 | 0.0554 |
| 道路等级 | 0.0456 |
| 道路密度 | 0.0535 |
| 公交车站点数量 | 0.0708 |
| 公交车线路数量 | 0.0494 |
| 人流量 | 0.0767 |
| 土地利用现状 | 0.0888 |
| 停场数量车 | 0.0399 |
| 夜间人流量 | 0.1239 |
| 夜间用电量 | 0.0557 |

**（2）评价指标分值的确定**

评价指标影响因子的权重确定完成后，接下来将确定各个影响因子在GIS中的评价分值。首先，为了让不同类型的影响因子可以放在一起衡量，本研究统一将分值划定为1～5个等级。并根据不同影响因子的特征，确定各因子内的评价标准。

在GIS中对基础数据进行了初步处理之后，根据文献资料分析结果和多源数据处理结果，确定了GIS中的评价指标的分值，如表4-7所示。

| GIS评价指标分值表 | | | 表4-7 |
|---|---|---|---|
| 指标 | 分级值 | 评分值 | 权重 |
| 人口规模 | 根据人口密度分为5个等级 | 1，2，3，4，5 | 0.1611 |
| 人口结构 | 根据年龄划分为幼儿1、老年人2、少年3、中年人4、青年人5 | 1，2，3，4，5 | 0.0425 |
| 购买力水平 | 人均工资分级值：5100、5350、5600、5850、6100 | 1，2，3，4，5 | 0.0554 |
| 道路等级 | 影响分级值：国道1、省道2、城市主干路3、城市支路4、城市次干路5 | 1，2，3，4，5 | 0.0456 |
| 道路密度 | 道路条数分级值：≤2、4、6、8、>8 | 1，2，3，4，5 | 0.0535 |
| 公交车站点数量 | 数量分级值：0、1、2、3、4或5 | 1，2，3，4，5 | 0.0708 |
| 公交车线路数量 | 线路数量分级值：1～5、5～11、11～17、17～24、24～32 | 1，2，3，4，5 | 0.0494 |
| 竞争力 | 根据500米内同类商业服务设施的相对距离分为5个等级：≤100m为4、100～200m为5、200～300m为3、300～400m为2、400～500m为1 | 1，2，3，4，5 | 0.0730 |
| 土地利用现状图 | 商业用地5、居住用地4、公共服务设施用地3、绿地与广场用地2、工业物流用地1 | 1，2，3，4，5 | 0.0888 |
| 停车场数量 | 根据停车场数量分为5个等级 | 1，2，3，4，5 | 0.0399 |
| 房价 | 网格内每平方米平均房价分级值：30000元、45000元、55000元、65000元、80000元 | 1，2，3，4，5 | 0.0639 |
| 夜间人流量 | 根据人流量数值分为5个等级 | 1，2，3，4，5 | 0.1239 |
| 夜间的用电量 | 电量分级值：≤2.2、3.4、4.1、4.8、5.5 | 1，2，3，4，5 | 0.0557 |

**（3）24小时便利店布局适宜性评价模型的构建**

本研究将采用多元统计理论中的聚类分析方法来构建24小时便利店的布局适宜性评价模型。

模型主要从人口分布、交通状况和商业竞争状况3个方面进行分析假设：$V_1$、$V_2$、$V_3$…$V_N$表示$N$个备选便利店网点，$p_1$、$p_2$、$p_3$…$p_N$表示$V_1$、$V_2$、$V_3$…$V_N$500m服务半径的人口规模，$d_{ij}$表示$V_i$、$V_j$之间的距离，$P$表示24小时便利店服务半径内的最小人口规模，$R$表示消费者能接受的到24小时便利店的最大距离。

选点过程：首先，在$P$和$R$的控制下将$V_1$、$V_2$、$V_3$…$V_N$分成$M$（$\leq N$）个不同的类$G_1$、$G_2$、$G_3$…$G_M$，其次，对于每一类$GS$，选$VS0 \in GS$，使得$LS$（$S0$）=Min LS（$t$），$S$=1，2，…$M$；$Vt \in GS$，其中LS（$t$）=$\sum$（d"$ij$"δ"$i$"）/（γ"$i$"β"$i$"），$S$=1，2，…$M$；$Vt \in GS$，$\delta_i$为所选24小时便利店500m内的同类便利店数量，$\beta_i$为所选便利店500m内的公交车站点数量，这样可以选择出$M$和$VS0$，记这些$VS0$为$V_1'$、$V_2'$、$V_3'$…$V_M'$。$V_1'$、$V_2'$、$V_3'$…$V_M'$就是选出来的最终24小时便利店网点的位置。

### 2. 模型算法相关支撑技术

支撑本研究模型实现的相关技术包括软件、方法及开发语言，分别如下：

软件：yaahp进行层次分析法，ArcGIS进行GIS的空间信息处、Anylogic仿真软件。

方法：回归分析法，GIS中渔网分析法，泰森多边形分析，缓冲区分析，栅格数据的叠加分析法，矢量转栅格分析法、多元统计理论下的聚类分析法。

语言：Python语言。

## 五、实践案例

### 1. 模型应用实证及结果解读

本研究对象是厦门市思明区的24小时便利店。截至2016年共有133家24小时便利店。在GIS中，将厦门市思明区的基础数据栅格化和可视化结果如下：

人口密度指的是在每一个网格内人口的数量，人口密度越高的区域颜色越深。

道路等级的GIS评价指标为：铁路1分；国道省道2分；城市主干路3分；城市支路4分；城市次干路5分。路网密度是指方格网内道路的条数GIS评价指标根据网格内道路的条数划分为五个等级。白天人流量的GIS评价指标根据百度热力图划分为五个指标。公交车站点数量的GIS评价指标由网格内的该信息点的密度决定。

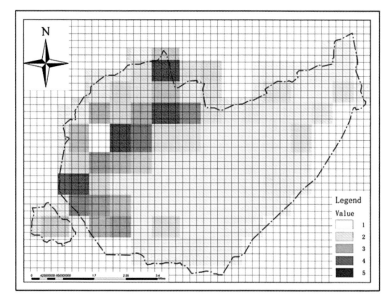

图5-1　人口因素：人口密度

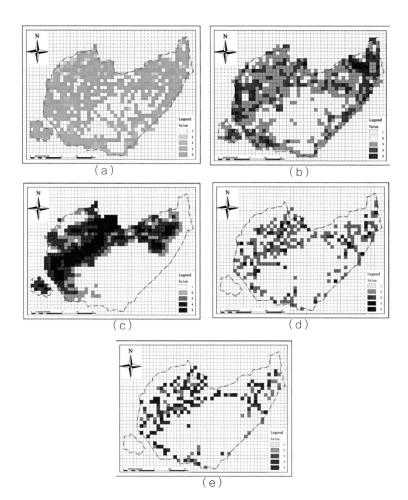

图5-2　交通因素：（a）道路等级；（b）路网密度；（c）白天人流量；（d）公交站点数量；（e）公交线路条数

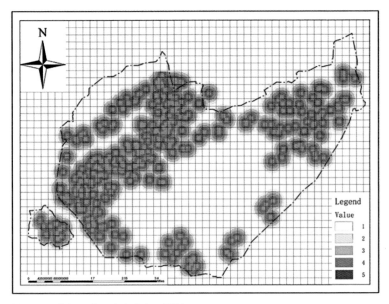

图5-3　竞争因素：竞争者相对距离

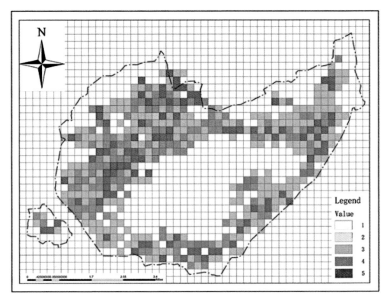

图5-5　租房费用：房价

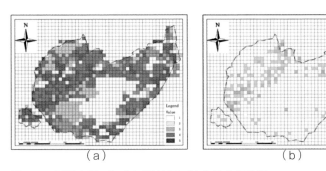

图5-4　场地条件：（a）用地性质；（b）停车场数量

公交线路数量根据网格内经过的公交线路数量划分为五个等级。

从交通因素的处理结果可以看出，除了在白天人流量这一影响因子上有较明显的聚集在于东部，其他各项影响因子分布较离散。

竞争因素下属的影响因子只有竞争者一个，根据便利店到其他竞争者的距离划分等级。从图中可以发现整个思明区的便利店覆盖较为明显。

用地性质这一影响因素在本研究的GIS评价指标中，商业用地为5、居住用地为4、公共设施用地为3，工业用地为2、物流用地为1。停车场数量则根据网格内停车场信息点数量来划分。东部即厦禾路到中山路一线，评分相对较高较集聚，另外在西部滨水大道一线也较为聚集。

租房费用是从二手房网站上得到的各个地区的房价信息，GIS评价指标是根据方格网内的房价平均值划分为五个等级。颜色越深代表该地块的平均房价越高。

夜间人流量的GIS评价指标根据百度热力图中得到的人流量信息划分为五个等级。人流量越大的区域颜色越深。

根据前文所述的层次分析法，结合所获取数据的实际情况，对已进行空间化、栅格化的数据进行综合分析计算。通过Raster Calculator进行权重的叠加计算，得到初步结论。再依据便利店数据进行Q型空间聚类分析，综合利用多个变量的信息对样本进行分类，得出便利店之间的联系，并结合初步结论，进行多元聚合分析，最终建立出更为准确的选址模型。

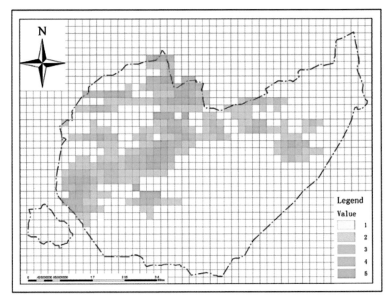

图5-6　夜间因素：夜间人流量

在GIS中对各个影响因子在网格中和评价信息分值结合权重进行了综合计算，得到了厦门市思明区24小时便利店营业网点预测布局图。预测分布图依据最后的综合得分划分成五个层次，用五种颜色从深到浅的表示出来。综合评价分值越高的格子，颜色越深，表示这个区域相对来说更适合设置便利店，同时，24小时便利店的数量可能更多，预测结果如图5-7所示。

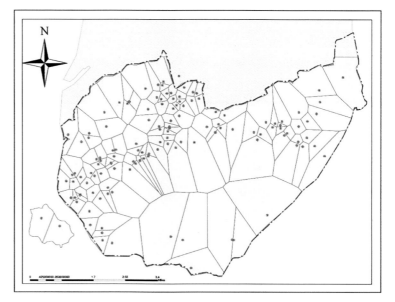

图5-8 厦门市思明区24小时便利店泰森多边形边界图

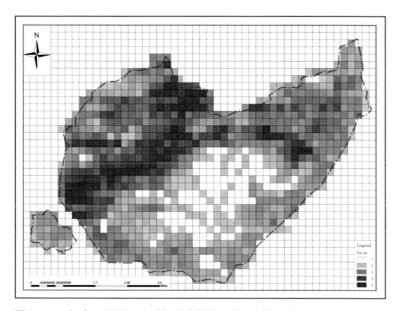

图5-7 厦门市思明区24小时便利店营业网点适宜性评价图

本研究对现有的便利店网点进行了商业饱和度分析。

在GIS中导入厦门市思明区现有24小时便利店的POI位置信息，建立泰森多边形图层和500米半径的缓冲区图层，将两图层进行叠加分析，空间聚合。对某点的边界取缓冲区和泰森多边形中较近的值为边界，作为该便利店营业网点的经营辐射区域。如图5-8、图5-9、图5-10所示。

得到了厦门市思明区24小时便利店经营辐射范围后，计算24小时便利店的经营饱和度，经营饱和度越高意味着盈利能力越受到限制。经营饱和度的算法是在便利店的经营辐射范围内，潜在客户数量越多，盈利能力越强，经营饱和度越低。潜在客户的数据来源是，厦门市思明区的居住区、景点、餐饮、娱乐、工作等POI点数据的数量。

经营饱和度分析中，颜色越深的区域表示该便利店经营饱和度越低，意味单位面积上潜在客户更多，该便利店宜盈利能力高。颜色浅的区域经营饱和度较高，潜在客户数量较少，未来的

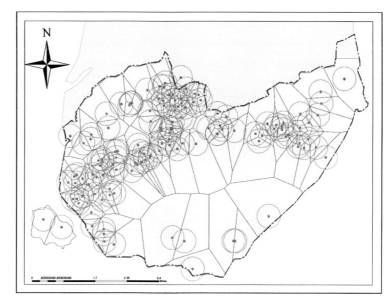

图5-9 厦门市思明区24小时便利店500m半径缓冲区

盈利能力可能较弱。

## 2. 模型应用案例可视化表达

（1）布局（选址）的适宜性评价结果验证

本研究将2012年、2014年、2016年厦门市思明区的24小时便利店的分布与预测得出的便利店营业网点预测布局图进行比对。可以发现，预测分布图中整个思明区得分最高的区域是嘉禾路—厦禾路沿线的一段，而实际上目前24小时便利店分布最多、最密

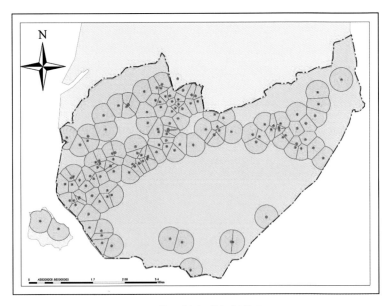

图5-10 厦门市思明区24小时便利店经营辐射范围

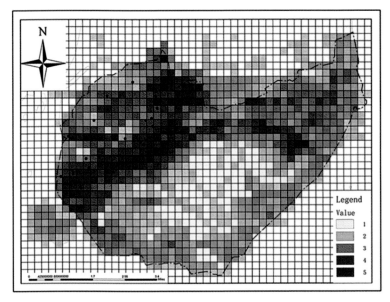

图5-12 2012年厦门市思明区24小时便利店位置与营业网点适宜性评价对比图

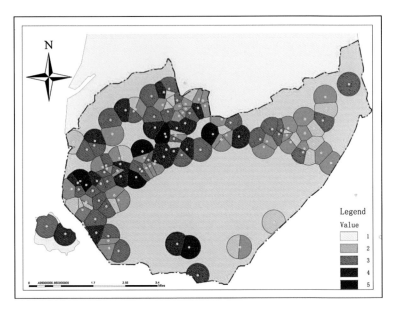

图5-11 厦门市思明区24小时便利店经营饱和度分析

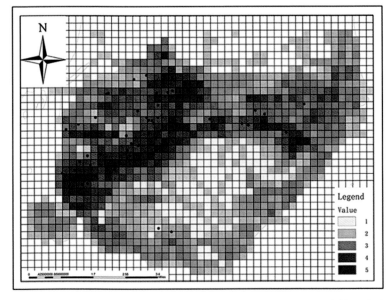

图5-13 2014年厦门市思明区24小时便利店位置与营业网点适宜性评价对比图

的区域也在这一带。可以说，在预测中最适合设置便利店的区域与见福便利店的分布密度最高的区域大体上是重合的。

此外，从时间上分析，24小时便利店较早的营业网点出现在预测分布图中评分更高的区域，进一步验证了本次研究结果的准确性，2012年、2014年、2016年见福便利店结果验证分别如图5-12、图5-13和图5-14所示。

（2）厦门市24小时便利店布局优化

结合厦门市24小时便利店营业网点布局的适宜性评价和经营饱和度评价，对厦门市24小时便利店的营业网点布局进行优化。在适宜性评价较高且现状没有便利店的区域增加便利店，并减少营业饱和度过高的区域的营业网点。以更好的优化资源配置，提高便利店网点的营业能力。

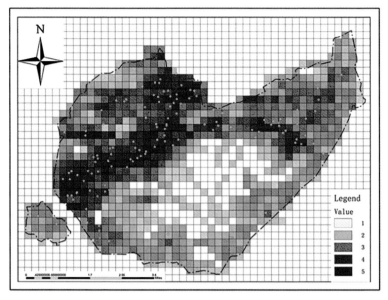

图5-14　2016年厦门市思明区24小时便利店位置与营业网点适宜性评价对比图

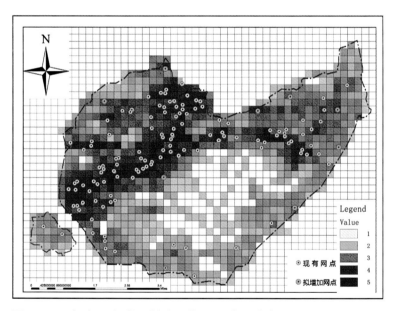

图5-15　厦门市24小时便利店布局优化——拟设立点

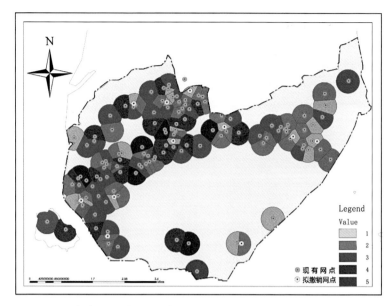

图5-16　厦门市24小时便利店布局优化——拟撤销点

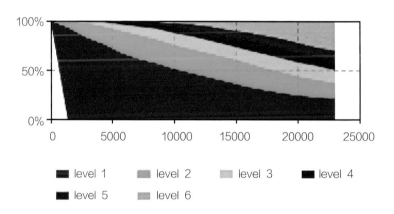

图5-17　适宜建设便利店区域的增长趋势图

# 六、研究总结

## 1. 模型设计的特点

本研究通过AHP层次分析法、GIS空间分析法和多元统计理论中的聚类分析方法建立了24小时便利店的数学模型。对影响24小时便利店选址的因素进行了定量分析，用层次分析法判断各因子的权重，并通过统计学中聚类分析的方法得到24小时便利店选址的数学模型。使用GIS中的渔网分析将思明区划分成网格，将基础数据转化为1~5的分析指标信息对网格赋值。结合权重进行计算得到厦门市思明区24小时便利店营业网点适宜性评价。再利用泰森多边形和500m半径缓冲区确定现有24小时便利店营业网

（3）便利店选址布局趋势分析

在本次研究的最后，使用Anylogic对24小时便利店适宜建设的区域的数量关系进行了趋势分析。在Anylogic中将评价层的人口、交通、租房费用、竞争者、场地条件、夜间活动这六个因素进行逻辑上的相互推进和制约，得到适宜建设区域的增长趋势，如图5-17所示。

点的辐射范围，计算其经营饱和度，寻找盈利能力不佳的营业网点，并进行布局优化。研究还用计算得到的网点布局与24小时营业便利店的2012、2014、2016年的位置进行了对比。从比较结果上可以看出，24小时便利店的分布，与GIS中得到的布局结果是吻合的。

本研究的特色与创新主要体现在两个方面：其一，是结合层析分析法和GIS技术对24小时便利店提出了24小时便利店的选址模型及其在城市空间中的营业网点布局优化策略。其二，本研究抓住了24小时便利店的一个主要特征，即全天候营业，不仅以此作为区别24小时便利店和现在较为常见的普通小超市、小卖部等标准，也将夜间活动相关的一些影响因子（比如：夜间人流量和用电）纳入到研究的评价层中来。

## 2. 应用方向与前景展望

24小时便利店在我国正处在蓬勃的发展阶段，在北京、上海等大都市，24小时便利店已成为人们生活中的常态。而在我国大部分省份，虽然收入水平和生活需求都已经达到了24小时便利店发展的要求，但是24小时便利店仍然相对少见。比如：福州市人均GDP在2015年已经达到10900美元，但至今还没有成熟的24小时便利店的品牌入驻，本土品牌也刚刚处在起步阶段。在这种情况下，本次研究所提出的24小时便利店营业网点的选址与布局优化有相当广阔的应用前景。

本研究的后续将朝着更精确、融入动态、更有普适性等方向努力。首先，搜集更详尽、更精确的基本数据，建立针对24小时便利店相关的数据库能够提高布局模型的准确度，并且使数据具有时间上的广度，以便在之后进行更动态的布局优化模型研究。而融入动态除了体现在时间广度外，还表现为构建模型的时候可以加入市场的实时反馈，包括已有和可能有的24小时便利店带来的影响等因素，让模型可以适应更多的变化。其次，更有普适性的方向是希望在后续的研究中，研究对象涉及更多的城市和地区，使得研究具有更大尺度上的应用和推广价值。

# 城市社会经济活动空间演化模型

工 作 单 位： 中国科学院地理科学与资源研究所

研 究 方 向： 社会经济发展

参 赛 人： 牛方曲

参赛人简介： 博士，副研究员，硕士生导师，英国利兹大学访问学者。从事城市、区域发展模拟分析方面研究工作，与利兹大学、剑桥大学定量模拟分析研究专家有长期的交流合作。近年先后负责完成国家科技支撑计划项目、国家自然科学基金项目、中科院重点部署项目等各类项目。发表论文40余篇，其中SCI/SSCI 10余篇。担任《地理科学》、《地理研究》、《地理科学进展》、《Cities》、《Chinese Geographical Sciences》等多个学术期刊的审稿人。

## 一、研究问题

### 1. 研究背景及目的意义

随着社会经济的快速发展，和新型城镇化工作的进一步推进，我国城市正在经历巨大的转型，未来将有越来越多的人涌入城市，城市内部经济活动、交通网络以及空间结构也将会发生一系列变革。因此，为确保城市空间健康有序发展，对城市空间政策的科学合理性提出了至高要求。城市空间的决策通常需要回答如下问题：在某处开发一定数量的住房或商用房对城市空间会有什么影响、新建一条高速公路（或轨道交通）对人口和企业分布带来什么影响？即"What-if"问题。城市发展不容彩排，为确保城市空间政策的可持续性，模拟城市空间演化过程、开展政策实验，从而辅助决策至关重要。而城市系统是一个完整、开放、复杂的体系，交通或土地利用系统任何一个要素的变化都将影响到社会经济活动的分布格局，因此，城市空间演化过程的模拟须从系统论角度，综合各要素开展集成性研究。

城市空间演化的研究已经经历了很长的历史，自20世纪60年代地理学的计量革命开始，国外已经开始运用模型模拟的方法来研究城市空间演化的问题，开发了不少有影响力的模型，如Lowry模型等。80年代，Dentrinos和Mullaly将反映捕食关系的Volterra-Lotka方程引入城市系统，构建了动态分析模型。90年代，Wegener把城市各子系统的模型整合起来，建立了Dortmund模型。自20世纪90年代开始，基于人工智能理论的微观模拟方法取得较大突破，自下而上的模拟思路，通过模拟微观主体的行为来研究城市空间的宏观演化规律。其中，元胞自动机（CA）的应用显著提高了预测精度，多主体模拟（MAS）将模拟的关注点进一步由栅格单元转移到智能体。具体应用领域涉及城市空间增长、居住空间演化、土地利用变化及交通流和城市形态演变等诸多方面。总的来说，研究成果丰富，模型的研究方法不断革新，为我国城市发展起到很好的科学支撑作用。但是目前来看，模型应用领域较为分散，综合各领域的集成性模拟研究较为薄弱；同时，模型涉及的城市空间多指物理意义上的土地利用（如建设用地），缺乏对经济、人口等城市指标的综合集成和对城市演化内在驱动力的挖掘。而且，中国的经济改革过程中，城市土地利用是地方政府实现经济增长的重要环节；除市场外，城市的发展更大程度上受政府引导。通常当前的经济发展形势及全国或区域的宏观规划是制定城市空间政策的依据。因此，短期内（政策实施期内）预测城市物理土地利用扩展或用地变化可达到预期效果，但长期来说，政策不断变化，土地利用扩张难以预测。所以可以说，目前城市演化模型，难以很好地满足政策制约下城市运行趋势和综合集成动态预测的需求。

城市空间结构是城市社会结构和经济结构的空间投影，其发展过程是城市社会经济活动空间分布的重构过程，称作空间演化过程。本研究将以社会经济活动为抓手，从系统论和空间经济学角度分析、模拟城市空间演化过程，并开展土地利用、交通政策实验。研究成果不仅为国内城市可持续发展模拟分析研究提供有益参考、促进学科发展，而且服务于新型城镇化、京津冀协同发展的战略目标，具有重要的理论和现实意义。

### 2. 研究目标及拟解决的问题

（1）研究目标

构建城市土地利用-交通相互作用模型，模拟城市社会经济活动空间演化过程，并以开展政策实验，为城市空间决策提供支撑。

（2）拟解决问题

1）交通可达性评价

交通可达性来自于交通系统，交通系统通过可达性作用于土地利用系统。交通可达性是影响区位效用的关键因素。同一区块对于不同社会经济活动交通优势度不同，项目需针对不同的社会经济活动分别评价各区块的交通可达性。

2）社会经济活动区位效用评价

BJLUTI模型的假设是社会经济活动趋于效用更高的区位，区位效用受交通可达性、消费效用（房租、收入、其他支出）等多种因素影响。如何综合各种因素建立区位效用评价模型是本研究的关键环节，也是难点。

3）社会经济活动区位模型的构建及模型的边界条件

BJLUTI模型用于预测社会经济活动区位，区位模型是其又一关键问题，本项目将基于区位效用构建区位模型。BJLUTI模型通过对区位模型递归调用确定经济社活动空间分布，需要解决算法的收敛问题，即模型的边界条件设定，数学上是方程有解的问题。若模型运行结果过于震荡（区块的社会经济活动密度由很大变为很小或反之），无法满足循环结束条件，程序将陷入死循环。需要从数学角度进行数据处理和模型优化，确保模型收敛。

## 二、研究方法

### 1. 研究方法及理论依据

城市物质空间是社会经济活动的空间投影，城市物质空间的

变化本质是城市社会经济活动空间分布的变化。城市空间政策的实施将改变城市社会经济活动分布格局。因此，本研究将基于社会经济活动，开展城市空间演化集成模拟研究，为快速城市化背景下的城市空间决策提供科学支撑。城市土地利用—交通相互作用（Urban land use/transport interaction model，LUTI）模型被认为是模拟城市社会经济活动空间演化过程的有力工具，在城市发展中常被用于辅助决策。LUTI模型实则是描述一个计算机模型的理论框架，其思想是利用计算机无限循环的处理功能模拟城市无限发展的过程。

20世纪50年代，美国学者Hansen研究提出，更好的交通区位拥有更好的发展机会、更高的密度；城市交通与社会经济活动区位相互影响，交通和土地利用规划决策应相互配合、协调处理。该思想包含的城市土地利用、交通相互作用关系可以归纳如下为：城市土地利用格局（如居民区、工业区、商业区分布等）决定了人类活动的区位（居住、工作、购物等）的空间分离，城市各类活动需通过交通相互作用，而交通便捷度（可达性）决定了活动的区位选择，并导致土地利用系统的变化，土地利用系统变化反过来影响交通系统，如此循环相互作用，最终达到平衡状态。该思想风靡美国规划界，奠定了LUTI理论框架。随之，1960年代初定量模拟在城市规划领域得到了空前的关注，1964年，Lowry基于LUTI理论首次尝试采用计算机技术建立城市模型，称作Lowry模型，该模型成为LUTI模型发展的里程碑。Lowry模型将城市空间看作是由交通网络与土地利用组成，并将社会经济活动分为家庭、基础生产部门、服务部门三大类。给定基础部门的区位，输出居民点、服务部门的空间分布。Lowry模型包含居住区位模型和服务业区位模型，模型相互嵌套。

本研究以LUTI原理为指导，通过刻画城市社会经济活动空间相互作用规律建立城市模型、模拟城市空间发展过程，并以北京为例开展政策实验，称作北京土地利用交通相互作用模型（BJLUTI）。LUTI理论被认为科学合理的描述了城市土地利用—交通的相互作用规律，以其为指导，保证了理论上的可行性。

### 2. 技术路线及关键技术

模型的构建以LUTI理论为指导，采用定性与定量分析相结合、社会经济统计数据与典型调查相结合，充分发挥遥感与GIS数据获取与分析的巨大优势辅助研究工作的开展。

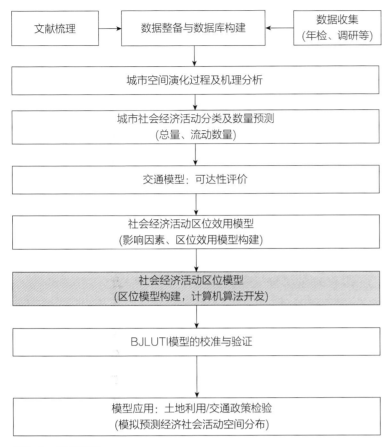

图2-1　技术路线

项目技术路线如图2-1所示，主要步骤包括：

（1）文献梳理与数据整备，数据来源包括各类年鉴、市志、遥感资料、调研资料等。

（2）借鉴前人研究成果、结合北京历年的数据情况，进行社会经济活动分类，研究各类社会经济活动数量的变化规律，预测其数量变化。

（3）基于多模式交通路网和社会经济活动空间分布建立交通模型，在评价区块间通勤费用的基础上评价区块的交通可达性。

（4）分析社会经济活动区位效用影响因素，在此基础上，建立区位效用评价模型，并针对不同的社会经济活动评价各个区块的区位效用。

（5）构建区位模型并开发区位模型递归算法，确定社会经济活动空间分布。

（6）进行模型的校准、验证与应用，实验不同的土地利用与交通政策；进行课题总结、撰写研究报告。

## 三、数据说明

### 1. 数据内容及类型

复杂模型的构建与应用通常面临数据的获取问题。本研究除了收集大量的公开出版的二手资料外，还将进一步开展问卷调查、实地访谈获取一手数据。在此基础上建立社会经济活动数据库和空间数据库。所需数据包括：

社会经济活动数据：①家庭的空间分布：本研究组储备了历次全国人口普查数据，其中北京部分有街道尺度的家庭数据，包括各类家庭空间分布和在岗人口居住分布。根据各区县的统计年鉴和政府公报发布的人口住房信息，可以挖掘出住房数量的空间分布；②非家庭活动的空间分布：本研究组储备了2011年企业调查数据，几乎涵盖北京所有企业、研究机构、学校、医院等部门的空间分布、员工人数、资产规模，通过该数据可以挖掘出北京各个行业部门的空间分布、就业岗位数量，同时储备了北京历年经济普查数据；③房租（房价）数据：房租是区位选择的重要因素，本研究组已经收集了历年北京房租空间分布的数据（来源是房产交易中介，如搜房网）。上述数据构成了本研究所需的社会经济活动空间分布数据。本研究将进一步收集统计年鉴、经济年鉴，并结合调研和深度访谈建立数据库。

空间数据：本研究需要详细交通路网数据，包括高速、国道、城市快速路、市道、县道等各级道路及轨道交通路线，用于计算城市可达性；同时需要各级行政区划数据及绿地、河流的空间分布数据。本研究组在北京已经有了很好的积累，并利用遥感影像和GIS技术解译提取不同空间尺度下的目标数据，建立空间数据库。

除此以外，还需通过居民问卷和访谈调查居民居住与出行行为，以辅助分析城市居民出行分布规律；企业访谈与问卷调查除了获取企业的规模、资产、使用的房产面积等信息外，进一步了解企业活动选址的影响因素、确定其分布规律。

本研究采用就业人数统计各类活动数量（如教育科研业$x$万人），采用面积统计各类房产数量（如居住用房$y$万平方米、工业用房$z$万平方米）；对于家庭，分类统计家庭数量（如两口之家$m$万户），如此便于数据的获取。总之，本研究组已有的数据储备加之后期数据收集和问卷访谈，足以满足研究所需，保障项目的顺利完成。

### 2. 数据预处理技术与成果

上述社会经济数据均处理为街道（乡镇）尺度。采用文本格式存储于文件中。分街道和城市活动存储。例如某街道家庭居住用房××万平方米，某街道教育活动规模××万人。模型通过文件读写模块实现数据的读写操作。

图3-1所示的是家庭的数据结构，第一行表示第一类家庭在街道13内有39194户，以及其中孩子、工人、未工作的、退休人数，以及该街道所有家庭的数量。

| Actv | Zone | Quantity | Children | Workers | NonWorkers | Retired | TotalHHLD |
|------|------|----------|----------|---------|------------|---------|-----------|
| 1 | 13 | 39194 | 8618.02 | 34458.5 | 20304.39 | 3938.3 | 106170 |
| 1 | 14 | 66160 | 18460.38 | 58973.89 | 29757.63 | 5586.17 | 135644 |
| 1 | 15 | 88234 | 19256.01 | 77267.51 | 38974.31 | 8638.7 | 179493 |
| 1 | 16 | 54043 | 12506.63 | 50820.46 | 22703.82 | 5754.84 | 137695 |
| 1 | 17 | 2423 | 719.23 | 2092.35 | 931.97 | 447.36 | 5886 |
| 1 | 18 | 8990 | 3024.79 | 8799.55 | 3919.47 | 1881.4 | 20734 |

图3-1 家庭数据结构示意

其他各类数据格式略。

## 四、模型算法

### 1. 模型算法流程及相关数学公式

（1）模型算法

本节描述的算法对于家庭区位模型和经济活动区位模型均适用。城市土地利用、交通相互作用过程对应于算法的循环迭代处理过程（如图4-1）。交通模型基于社会经济活动分布、交通费用计算交通可达性；同时，算法根据房租和家庭收入计算各区块区位成本（家庭消费效用、公司区位房租费用）；随之，交通可达性及区位成本被用于计算各区块的区位效用；然后区位模型依据区位效用、房产分布计算社会经济活动的空间分布，至此，城市社会经济活动密度分布发生变化，进一步导致房租发生变化，重复上述过程，直至满足结束条件，程序停止，此时的城市空间状态即为预测值。循环结束条件指的是两次循环结果无变化或变化很小，这时模型输出的是下一时段（例如下一年）预测值。利用模型预测值，加之政策情景设置（$t+2$年份的政策情景）可进一步预测再下年（$t+2$年份）的情况。以此类推，逐年预测未来城市空间状况。

开发层面，区位模型包括多个相互联系的子模型，需要解决各模块间相互作用关系、数据的共享、参数的传递以及平衡等问题。

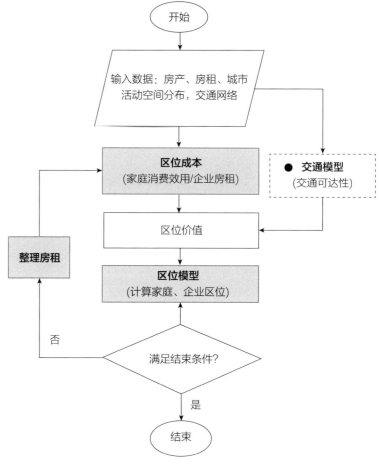

图4-1 模型算法

（2）各个子模型及其数学公式

1）交通模型

交通模型基于城市路网和社会经济活动（家庭和经济活动）空间分布评价区块的交通可达性，用于表征从该区块出行的便捷度。对于家庭居民来说，区块的可达性反映了居住于该区块工作出行的便捷度（家庭可达性），受周围工作机会空间分布的影响；对于经济活动（企业），区块可达性反映的是区块作为终点被居民到达的便捷度（企业可达性），受周围居民的空间分布影响。可达性评价是基于活动和区块进行，即同一区块对于不同的活动来说交通可达性评不同。BJLUTI模型采用公式（4-1）评价交通可达性。

$$A_i = \frac{1}{\lambda} \cdot \ln\left\{ \sum_j W_j \exp(\lambda \cdot gc_{ij}) \right\} \quad （4-1）$$

其中$A_i$是区块$i$的交通可达性；$W_j$是区块$j$的权重（对于家庭可达性，$W_j$为区块$j$的工作岗位的数量，对于公司可达性，$W_j$为区块

$j$内居民的数量），$gc_{ij}$为区块$i$与$j$之间最小通行费用（评价交通条件可以采用时间费用和经济费用，也可以对二者进行综合加权，同时受交通供需情况影响，通常需要建立智能交通模型用于评价城市交通状况，例如"交通四阶段法"，这里不对其展开讨论，本文指时间费用）。$gc_{ij}$从物理层面反映了区块间通行方便程度。区块间最小交通费用$gc_{ij}$通过GIS软件计算得出，计算结果是一个$M \times M$阶的矩阵（$M$是城市内区块的数量），即两两区块间的最短通行时间。

2）区位成本

区位成本指的是家庭或企业选择某一区位的经济成本。对于家庭而言，本文将消费效用定义为家庭对于收入支出的满意度。我们假设家庭在支配其收入时，会调整用于住房和其他消费的比例，以寻求效用最大化，因此，本研究将家庭支出归为两类：住房消费（房租）和其他商品或服务消费（other goods or services，ogs），采用Cobb–Douglas方程计算消费效用（$U$），公式（4-2）。这里的消费效用的计算并没有考虑交通费用，这是因为交通费用已经包含在了区位效用的评价，出现在交通可达性里面。

$$U_{pi} = (a_{pi}^H)^{\beta_p^H} \cdot (a_{pi}^O)^{\beta_p^O} \qquad (4-2)$$

其中$U_{pi}$是在区块$i$内、$p$时段家庭的消费效用；$a_{pi}^H$是家庭的平均使用面积；$a_{pi}^O$家庭在$ogs$的平均花费；$\beta_p^H$和$\beta_p^O$表征家庭将收入分配到住房和$ogs$两类消费上的倾向性，要求：

$$\beta_p^H + \beta_p^O = 1 \qquad (4-3)$$

对于公司，通常其最需要的是利润最大化，我们采用房租计算其区位成本。

3）家庭区位模型

家庭区位（居住区位）模型用于计算城市家庭空间分布，确定各个区块的家庭的数量。模型的基本假设是家庭区位选择趋于效用更高的位置。模型考虑的区位影响因素有交通可达性、房租（消费效用），各个影响因素的加权为一个表征值，称作区位效用（$V$）。

模型假设各类家庭区位选择倾向于已有家庭居住的区块，同时受区位效用的变化的影响（增量），以及可用的住房数量的影响（居住类房产分布），因此采用增量模型。此外，由于研究人员不可能知道每个个体是如何评估各个区位的，所以我们选择了概率离散选择模型。概率离散选择模型认为误差项相互独立均匀分布。如此，作为住房消费者的家庭对区位的评价可以看作是一系列影响因素的函数。基于此，构建家庭区位模型如下：

$$\Delta V_{t+1,i} = \theta^U (U_{t+1,i} - U_{ti}) + \theta^A (A_{t+1,i} - A_{ti}) \qquad (4-4)$$

$$H(L)_{t+1,i} = H(M)_{t+1} \cdot \frac{H_{ti} \cdot F(A)_{t+1,i}^H \cdot \exp(\Delta V_{t+1,i}^H)}{\sum_i \{H_{ti} \cdot F(A)_{t+1,i}^H \cdot \exp(\Delta V_{t+1,i}^H)\}} \qquad (4-5)$$

其中，$\Delta V_{t+1,i}^H$是在$t+1$时段内区块$i$的家庭区位效用的变化量，是对家庭可达性、区位成本变化的加权，$\theta$是加权系数；$H(L)_{t+1,i}$是$t+1$时段内迁入区块$i$的家庭的数量；$H(M)_{t+1}$是$t+1$时段城市内搬迁家庭的总量；$H_{ti}$是$t$时段（上一时段）内$i$区块的家庭的数量；$F(A)_{t+1,i}^H$是$t+1$时段内可用住房数量（面积）。

4）经济活动（企业）区位模型

经济活动区位模型用于确定经济活动的空间分布，确定各个区块经济活动的数量。经济活动分布受企业选址影响。如前文所述，本研究重点关注的是"居住—工作"的相互作用，假设企业的区位选择受家庭分布的影响，则企业区位模型与家庭区位模型形式类似，如公式（4-6）所示。

$$E(L)_{t+1,i} = E(M)_{t+1} \cdot \frac{E_{ti} \cdot F(A)_{t+1,i}^e \cdot \exp(\Delta V_{t+1,i}^e)}{\sum_i \{E_{ti} \cdot F(A)_{t+1,i}^e \cdot \exp(\Delta V_{t+1,i}^e)\}} \qquad (4-6)$$

其中，$E(L)_{t+1,i}$是$t+1$时段内迁入区块$i$的经济活动的数量；$\Delta V_{t+1,i}^e$是在$t+1$时段内区块$i$的企业的区位效用的变化量。类似家庭区位效用，企业区位效用是一系列变量的加权，本研究案例中采用的是企业可达性和房租，即将公式4中的家庭可达性、消费效用变量换成企业可达性和房租费用（cost）；$E(M)_{t+1}$是$t+1$时段城市内需要搬迁的经济活动的总量；$F(A)_{t+1,i}^e$是$t+1$时段内城市可用商用房数量（面积）；$E_{ti}$是$t$时段（上一时段）内区块$i$的经济活动的数量。

5）房租模型

房租或房价是影响城市社会经济活动区位效用的关键因素。区位模型计算出城市活动分布后，由于各类活动分布（密度）的变化，住房供求发生了变化，房租必然随之发生变化。房租模型用于实时调整房租的变化，新的房租将再次被用于计算城市活动的空间分布。系统的实现层面，房租调整模型被隐含于区位模型中。房租模型依据房产的需求与供给，并参考以往的房租预测新的房租，区块对房产需求越大，区块的房租越高，基于此构建居住房租模型公式（4-7）。

$$r'^{H}_{pi} = r_{pi}^H \left[ \frac{a_{pi}^H \cdot H(L)_{pi}}{F(A)_{pi}^H} \right] \qquad (4-7)$$

其中，$r'_{pi}$是区块$i$的估算房租；$r_{pi}$是上一次运行的房租（区位模型是递归处理的过程，见图4-1算法）；变量*a*是当前家庭分布密度；$H(L)_{pi}$是迁入区块*i*的家庭数量；$F(A)_{pi}$是当前可用的居住用房的总面积。

将公式（4-6）中关于家庭的变量替换为对应的经济活动变量即可得到商用房租调整公式，即将$H(L)$换做$E(L)$，$r^H$换做$r^e$，$a^H$换做$a^e$，$F(A)^H$换做$F(A)^e$。

### 2. 模型算法相关支撑技术

系统的开发拟采用"数据+参数+模型"架构，如图4-2所示。本研究中涉及大量的矩阵运算，因此拟采用具有强大矩阵运算功能的MatLab。数据采用文本形式存储，参数存储采用文本文件（.txt）。具体工作包括模型开发、数据库的构建、数据库读写模块的开发、参数文件结构设计与读写模块的开发。

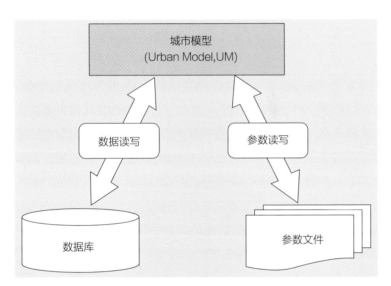

图4-2 城市群社会经济联系模拟系统架构

## 五、实践案例

### 1. 模型应用实证及结果解读

以北京为研究案例区，开展土地利用政策情景实验。模拟目前土地利用政策对城市空间的影响。

土地利用政策情景：与社会经济活动分类相对应，本文将土地利用（房产开发）分为两类：住房开发和商用房开发，采用面积计量，如某街道某年住房开发数量为20万平方米。每年政府均会出让土地给开发商，每个售出地块一般会规定其用途（居住或

商用等）和限制开发面积。我们收集整备了近五年的北京土地交易数据（2009～2013），由此得出每个街道每年开发的各类房产数量。加以平均，计算得出每个街道每年平均的开发情况，以此作为未来每年房产开发数量。为了展示土地利用开发自然分布规律，如图5-1采用自然断点法进行了区块分类。由图5-1可知，土地利用开发主要分布在主城区以外、五六环路之间，以及郊县的县城。这也符合目前北京市疏解主城区社会经济活动、建立多中心、减轻交通阻塞的宏观政策。另一重要原因是，主城区目前已经处于高度开发状态，进一步开发建设较为困难、成本高昂。对比住房开发和商业开发可见，商业开发更为分散，可以预见这将导致就业分布的进一步分散化。商业土地利用开发在城南地区

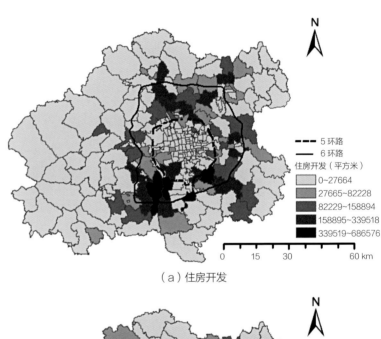

（a）住房开发

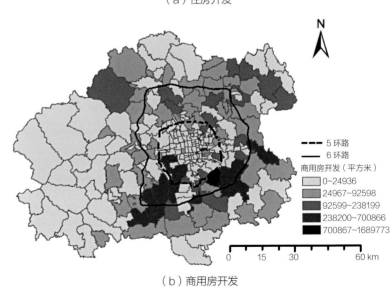

（b）商用房开发

图5-1 房产开发政策情景

分布较多，尤其是亦庄地区。模型的实现中，土地利用政策的输入是通过文件，该文件中存储了每个区块每年各类房产的开发数量。

除了交通和土地利用政策，城市社会经济活动的年增长同样需要设定。参考近年人口和就业增长的平均速度，本文设定城市家庭和经济活动的年增长率分别是0.023、0.020。

（1）人口分布格局模拟

北京市2030年家庭人口分布预测情况如图5-2（a）所示。2030年大部分人口仍分布在五环以内的主城区。这是因为历史上主城区已经被高度开发，聚集大量的人口和经济活动，具有较高的交通可达性。当人口逐年增长时，同样会有部分人涌入该区域，加之原有的人口基数，主城区依然是人口分布最为密集的区域。由图5-2（a）可以直观得出，交通线路对于居民的空间分布影响很大，人口趋于交通沿线的位置。同时一些远离中心城区的区块具有较高的人口密度，这些区块通常是远郊区县的县城，如区块昌平城北街道（23）和城南街道（24）、顺义光明街道（77）和胜利街道（78）、房山迎风街道（51）等。

图5-2中（b）图所示的是相对于2010年人口增长模式：2030年各个区块人口变化百分比。由图可知，随着人口的逐年增长，越来越多的人口趋向于四环路以外区域。BJLUTI模型考虑的因素包括房租、交通可达性和房产分布，由此可以得出，城区已经高度开发，人口高度密集，致使进一步的房产开发量较少，同时高昂的房租也阻碍了人口进一步集聚。新增人口的郊区化与土地利用政策一致。由于郊区开发了大量的住房导致当地的房租下降，而且大量的商业用房建设吸引了大批的经济活动，进一步提升了该区域的家庭交通可达性。

根据图5-2（b）我们可以发现，人口的增长较为迅速的地区大多位于六环路沿线、五六环之间。而增长幅度明显高于周围区域的区块有南邵（89）、马坡（73）、后沙峪（236）、北臧村（92）、长阳（97）、良乡（98）和亦庄（173）。按照目前的土地利用政策，这些区域将逐步发展成为城市副中心。这些潜在的副中心的分布与目前政府发展多中心结构以缓解交通阻塞的目标相一致。其中，亦庄是大兴区目前着力发展的一个副中心，根据模拟结果，亦庄将逐渐集聚大量人口，下面经济活动模拟也有类似的态势。

（2）经济活动分布格局模拟

图5-3展示了2030年经济活动分布格局。在2030年，大部分的经济活动仍然分布在四环以内的主城区。而外围的经济活动分布多集中于交通主干线的附近区域，交通可达性较好的区域。除了主城区以外郊区区块中经济活动较为集中的有亦庄（173）、黄村（95）、望京（140）、金顶街（233）。在土地利用开发政策情景中（见图5-1），这些区块有着较高的房产开发量，导致其房租下降，吸引更多的公司迁入。根据预测结果，这些地区的经济活动密度也明显高于其周围地区。

图5-3（b）显示了2030年经济活动的增长模式。由图可知，中心城区和西南地区有大量区块的就业增长百分比小于零，说明在2030年，这些区块的经济活动较之2010有所减少。需要指出的是，在我们的情景设置中，经济活动总量的年增长幅度是两个百

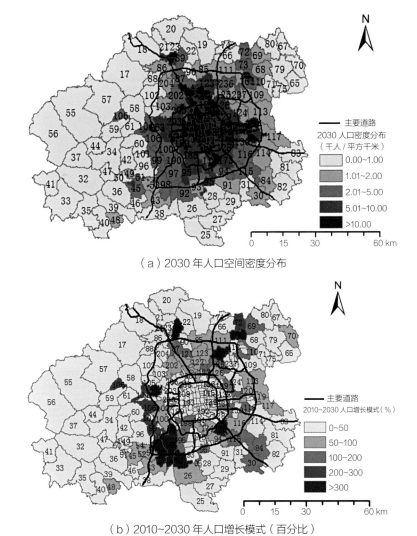

（a）2030年人口空间密度分布

（b）2010~2030年人口增长模式（百分比）

图5-2　2030年人口分布预测

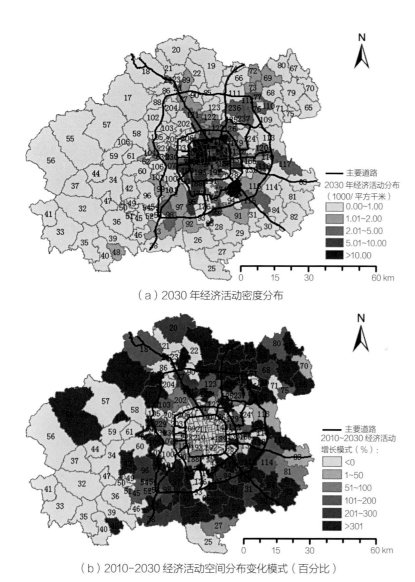

（a）2030年经济活动密度分布

（b）2010-2030经济活动空间分布变化模式（百分比）

图5-3　2030年经济活动分布预测

分点。在总量增长的背景下，存在很多区块的经济活动数量在减少。与土地利用政策情景作对比可以发现，这些区块商用房开发较少甚至没有。而对于其他房产开发较多的郊区区块，房租必然下降，企业将趋向于房租低的区域以降低其区位成本。所以，大量的经济活动从房产开发较少的中心城区搬出，从而导致郊区的就业活动迅速增加。该模拟结果也与目前疏散主城区经济活动的规划目标相一致，也进一步佐证了模型的有效性。

将人口增长模式与经济活动增长模式相对比可以发现，经济活动增长模式在空间上更为分散，郊区的增长幅度更大。可以得出在市场驱动下，企业的选址对区位成本（房租）更为敏感。除了交通条件以外，家庭区位选择上考虑的是消费效用，而公司在

区位选址上考虑的是房租。随着周围商用房产的大量开发，房租下降，大量的公司迁入郊区，以降低其区位成本。可以预见的是，经济活动的外迁将进一步带动家庭人口的外迁。此外，由图5-3（b）可以发现，经济活动增长强度较高的区块多分布在六环路的两侧，与商用土地利用开发模式（图5-1）相似，反映出政府可以通过土地利用政策引导城市经济活动的空间分布，从而间接控制着城市经济活动空间分布格局。

### 2. 模型应用案例可视化表达

模型可逐年预测未来城市人口和经济活动空间分布。
（1）居住人口分布预测（图5-4）。
（2）经济活动分布（图5-5）。

## 六、研究总结

### 1. 模型设计的特点

本研究有自身特色、兼具创新之处。

在国内城市模拟分析研究较为分散的背景下，本研究从系统论角度致力于构建土地利用、交通集成模型，模拟城市空间演化过程。研究是对人文—经济地理学多个领域研究的综合集成，对于城市土地利用、交通一体化政策实验更具操作性，并可为国内城市可持续发展模拟分析研究提供参考。BJLUTI模型可为城市空间政策实验提供平台，模拟城市交通、土地利用政策城市空间的影响，回答"what-if"问题，为制定合理的城市空间政策提供保障，发挥决策支撑作用。

本研究并非针对物理土地利用变化过程的惯性模拟，而是着眼于城市社会经济活动相互作用这一内在驱动力，有利于刻画城市空间发展过程；从更为微观层面入手，针对不同社会经济活动评价城市交通可达性，在此基础上评价城市区位效用、构建区位模型，有助于合理的描述不同社会经济活动空间分布规律。

目前关于城市空间发展研究多是从不同的侧面利用历史数据统计分析驱动力、驱动机制，而对长远发展预测较少，而本研究从系统角度模拟城市发展过程，致力于预测未来发展趋势；本研究采用就业岗位的数量计算非家庭活动的数量，便于数据的获取，且可以更为准确的预测各类就业人口的空间分布；定量模拟结合定性分析为决策作支撑，以社会经济统计数据与典型调查相

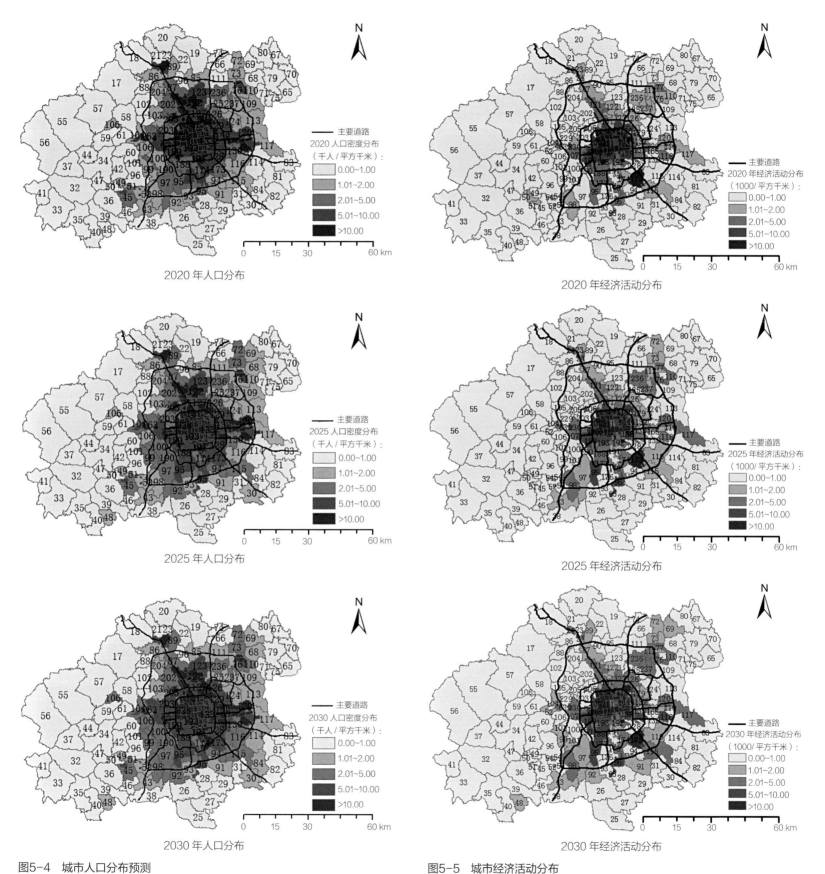

图5-4 城市人口分布预测

图5-5 城市经济活动分布

结合，充分发挥GIS、计算机及模型综合集成技术的巨大优势。

## 2. 应用方向或应用前景

目前新型城镇化背景下，城市空间将发生巨大变化。北京市从其"四大中心"的核心功能（全国政治中心、文化中心、国际交往中心、科技创新中心）定位出发，按照构建现代城镇体系要求，有序疏散非首都核心功能，包括：一般性产业特别是高消耗产业、区域性物流基地、区域性专业市场等部分传统第三产业，部分教育、医疗、培训机构等社会公共服务功能，部分行政性、事业性服务机构。这些社会经济活动空间分布的重构需以对其空间演化过程的认识作决策依据，为此，探索北京城市社会经济活动空间演化规律、模拟其空间演化过程，并开展政策实验极具现实意义。

本模型的构建可以用于回答城市决策中常见的"what-if"问题，如"某条快速路修建对城市空间的影响"、"开发××万平方米的居住用房或商业用房对城市空间有何影响"等。本研究以北京为案例，在评价城市交通可达性、区位效用的基础上，通过构建土地利用–交通相互作用模型，运用社会经济活动空间分布数据、交通路网数据，模拟城市社会经济活动空间演化过程，并开展土地利用、交通政策实验，预测不同政策下城市空间发展趋势，为城市空间决策提供支撑。同时，城市土地利用–交通相互作用理论描述了城市空间发展的本质规律，BJLUTI模型可以在优化校准的情况下推广到其他城市，具有良好的应用前景。

# 城市养老设施选址及评估模型

工 作 单 位：中国科学院地理科学与资源研究所

研 究 方 向：公共设施配置

参 赛 人：颜秉秋、许泽宁、吴兰若、吴丹贤、季珏、甄茂成

参赛人简介：课题组依托中国科学院地理科学与资源研究所、北京城垣数字科技有限责任公司等单位，在GIS空间分析、人文经济地理学、城市和区域可持续发展等领域，有扎实的理论研究基础和深厚的政策实践积累。课题组在高晓路教授的指导下，关注城市地理学、社会文化地理学、区域可持续发展分析与模拟的综合交叉研究，特别是围绕城市养老问题，已开展相关的服务需求、设施配置、决策支持研究，并取得丰硕成果。

## 一、研究问题

### 1. 研究背景及目的意义

特大城市是我国城镇化和人口变化最剧烈、公共服务压力最突出的地区。在快速的老龄化过程中，老年人口数量、健康程度、空间迁移、生活模式都发生着十分剧烈的变化。同时，城市家庭结构小型化、空巢化、老年人口经济能力下降的态势也日渐明显，与城市人口老龄化相关的养老服务设施建设问题受到极大的关注。与成熟老龄化社会不同，处于社会经济重构和生活环境变化之中的老年人群体对于未来的打算和养老设施的需求并不清晰，因此也为养老服务设施的配置增加了难度。在实践中，社会养老服务资源的配置效率低，缺乏对未来问题的预见性把握和全盘统筹已经成为制约城市社会养老服务事业健康发展的突出矛盾。为此，党的十八届三中全会提出，"应积极应对人口老龄化，加快建立社会养老服务体系和发展老年服务产业"，可见，养老服务设施和服务体系的发展已成为应对我国人口老龄化的重中之重。

然而，特大城市现有各类养老设施的供给和需求在价格、品质、区位方面的失衡相当严重。这一方面与上述社会转型带来的新趋势和需求的剧烈变化有直接关联，另一方面则与规划理念和技术方法的落后有很大关系。在各个地区养老服务设施的配置和养老服务建设水平的评估中，仍沿用着传统的城市规划指标——"千人指标"。然而，其理论假设——即老年人一定会就近选择养老服务设施且所有地区的老年人对养老设施的需求强度是均等的——存在很大问题。事实上，老年人对养老服务设施的需求具有非常显著的社会分异和空间分异。因此，有必要深入思考社会转型带来的新趋势和剧烈变化，转变规划理念和更新技术方法，综合考虑老年人的实际需求与城市空间和养老资源的合理配置，以实现公平与效率的统筹兼顾。本研究力图采用新的规划理念和模型方法来解决这些问题，为探讨和解决城市养老服务设施的规划选址问题提供规划支持。

### 2. 研究目标及拟解决的问题

一是对相关理论方法和相关国际经验进行系统的综述；二是通过对北京市老年居民个体行为调查等数据的分析，识别城市社会养老服务需求的基本特征和一般规律，评估各类不同群体对公共服务设施的差异化需求，识别北京养老服务需求的特异区；三是基于不同等级养老服务设施的需求总量和结构的模拟及预测，结合人口数量分布、土地利用和设施可达性等传统要素的影响，进行养老服务设施的选址研究，构建科学的养老设施选址模型。

设施的综合评估部分，不仅要考虑需求特征，而且需要更好地融入社会人口、行为规划、公共政策等方面的内容。

## 二、研究方法

### 1. 研究方法及理论依据

基于城市地理学、行为地理学、空间信息科学的研究方法，本研究在人地关系理论研究框架下，对公共服务的需求主体——居民的时空分布特征及其微观行为特征进行深入分析，充分把握其多元化特征和演化规律，并在此基础上开展面向规划的公共服务设施需求评估与选址模型的开发。

### 2. 研究技术路线

根据以上研究思路，我们设计了课题的研究技术路线及研究内容。一是城市人口空间分布及其演化；二是养老服务社会区的识别与划分；三是典型社会区的养老设施需求分析；四是养老设施配置需求强度的综合评估；五是养老设施选址优度的空间分析。

（1）城市人口空间分布及其演化

1）依据人口学和人口迁移理论，分析北京市城市人口规模结构的演化特征，研究城市人口的生命周期及其规律；

2）分析各地区人口老龄化的特征，预测未来20年北京市老年人口总量及年龄结构；

3）基于土地利用、房屋等信息，对老年人口的空间分布进行分析预测，把握养老设施的潜在需求总量。

（2）养老服务社会区的类型识别与空间划分

1）基于普查、统计数据和对老年群体的调查，识别养老服务需求同质性的居民群体，并建立居民群体与地理环境的映射关系；

2）对北京市养老服务的社会区类型进行识别，基于人口、土地利用、周边设施、房屋价格、产权属性等要素的综合分析，利用地理环境区划方法对社会区进行空间划分。

（3）典型社会区养老设施需求差异分析

1）基于对北京市典型的养老社会区开展的养老设施需求调研，构建决策模型，从而了解不同老年人群体在养老模式选择方面的差异；

2）以养老设施性质、区位、环境、服务等变量为因子，构建不同地区养老设施的需求模型。

（4）各地区养老服务设施配置需求的综合评估

1）基于居民对养老服务设施需求的时间和空间分异特征，构建评估养老设施配置需求的定量化方法；

2）以北京市养老服务设施的现状为基础，评估空间配置的合理性，测算未来各地区对新增设施的需求。

（5）养老服务设施选址模型研究

1）依据养老服务的需求主体（老年人口）的时间、空间分布，构建涵盖人口、需求、服务、设施、环境等要素的养老服务设施选址的定量分析模型；

2）通过用地分析案例，对养老服务设施选址模型的可行性进行验证。

### 3. 关键技术

本研究的总体目标是面向实际规划的需要，探索城市养老设施评估、优化选址的模型方法。较之传统的规划技术方法，我们注重解决以下几个关键问题：

（1）充分把握人口动态和人口结构

1）以未来10~15年的人口演变作为适宜的研究时间跨度；

2）结合人口学、老年学的生命周期法和统计调查方法，细致分析老年人口年龄、健康、收入等重要人口学和社会学特征；

3）考虑研究时间跨度内人口政策、规划政策等行政因素对人口空间分布及外来人口的影响。

（2）研究落实到城市土地利用层面

1）基于面向规划的研究思路，结论尽量落实到城市土地利用层面。因此，基本的空间单元不宜过粗，应细化至与土地利用有较强对应关系的街道、片区或地块上；

2）根据课题组已有基础数据的空间精度，暂以街道为基本的空间单元。

（3）准确把握养老设施选址的关键要素

1）准确把握养老模式和设施需求的嵌套性和关联性；

2）就养老设施的布局来说，距离绝非唯一考虑因子，因此研究将综合考虑周边环境、服务、价格等要素的影响。

（4）精准识别养老设施需求的社会—空间差异

在个人因素（健康、收入、家庭、住房）、环境因素（交通、公园、公共服务）等因子的共同作用下，不同人群、不同地区对养老服务设施的需求强度、需求内容差异巨大。因此，研究应该以养老设施需求的社会—空间差异的分析为基本出发点。

### 4. 模型的框架设计

根据设定的五项研究内容，结合研究的关键技术，构成了城市养老服务设施选址模型的各个重要模块。模块内容互为输入输出。它们之间的关系见图2-1。

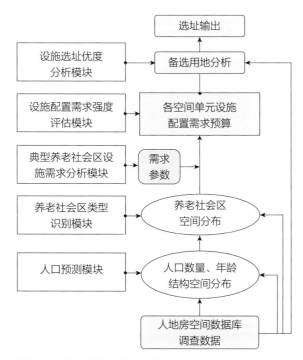

图2-1　养老设施选址及评估模型的框架设计

## 三、数据说明

本部分按研究内容的先后顺序，阐明了在项目实施过程中所涉及数据的内容、类型、来源、获取方式，相关数据的预处理流程、关键技术，以及预处理成果数据的结构等内容。

### 1. 人口结构分布数据

根据北京人口发展趋势，我们用北京市"六普"的各街道总人口数、各年龄别人口的比例，对北京市人口数据进行空间化处理。

首先，基于计算机的计算能力、速度以及统计代表性的综合考虑，按1：1000的比例，随机生成街道人口代表点。该过程可理解为逆抽样的过程，1：1000的比例保证了人口代表点属性的统计代表性。

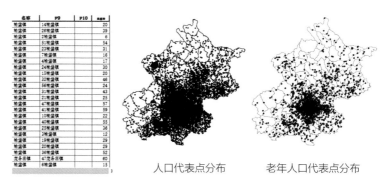

图3-1　"六普"北京　　图3-2　按照1:1000比例生成的人口代表点分布
市分街乡镇人口统计
数据示例

然后，按各街道的年龄性别人口比例，给各人口代表点的年龄属性赋值（图3-1）。而后，每个人口代表点都获得了年龄属性，如某一代表点的年龄为68岁，代表其所在街道在统计意义上有相应数量同样年龄的人口。

由此，我们得到北京市各街道人口代表点与老年人口代表点的空间数据，如图3-2所示。

### 2. 养老社会区划分变量数据

表3-1展示了本研究中个人维度和环境维度的变量及其定义。其中，个人维度中包含年龄、健康水平、可支配个人收入、文化层次和家庭结构等五个变量；环境维度中包含公园绿地、交通出行、商业服务、医疗服务、养老服务和居住类型等六个变量。

划分城市养老社会区的关键变量及其定义表　　表3-1

| | 变量 | 变量定义（level） | 数据来源 |
|---|---|---|---|
| 个人维度 | 年龄（岁） | 60~65；65~70；70~75；75~80；80~85；85以上 | 六普数据 |
| | 健康水平 | 健康，独立生活，轻度依赖，完全依赖 | 调研（数据空间单元为小区居住类型）根据六普数据修正（数据空间单元为市域） |
| | 可支配个人收入（元/月） | <2000，2000~3000，3000~5000，≥5000 | |
| | 文化层次 | 小学；初中；高中；专科及以上 | |
| | 家庭结构 | 独居；老人组合；子女同住 | |
| 环境维度 | 公园绿地 | 街道内公园绿地的点密度 | POI |

续表

| 变量 | | 变量定义（level） | 数据来源 |
|---|---|---|---|
| 环境维度 | 交通出行 | $x_1$：街道内公交站点的密度<br>$x_2$：街道内地铁站点的密度<br>$x_3$：最近公交距离 | POI |
| | 商业服务 | 街道内超市和农贸市场的点密度 | |
| | 医疗服务 | 街道内医疗设施的点密度 | |
| | 养老服务 | 街道养老服务设施的点密度 | |
| | 居住类型 | 平房四合院、老公房、混合房、新建商品房、郊区城镇住房、其他类型 | 根据本课题组搜集的二手房价数据估算 |

基于数据的可获得性，本次研究的空间尺度确定为街道层次。以上这些变量的数据来源包括：

（1）六普（公开数据）：全市分年龄健康状况；全市各区健康状况；全市分年龄受教育程度状况；全市各区家庭结构状况；

（2）2011～2012年典型社区调查（本研究组数据）：老年人口属性数据，包括健康水平，可支配个人收入，家庭结构，文化层次；

（3）2010年百度地图POI（本研究组数据）：公园绿地，各类交通站点，超市、农贸市场，医疗设施，养老服务设施；

（4）北京市2012年二手房市场数据（本研究组数据）：通过搜房网（http://www.soufun.com/）和安居客网（http://beijing.anjuke.com/）采集，经校核和属性插补后，得到样本点8807个，并进行空间匹配。

根据老年人口的空间分布以及本调查组对于不同类型居住社区的调查所得到的不同属性老年人口的比例数据，我们对数据进行了街道尺度的数据聚合。图3-3展示了某街道的尺度聚合过程。

### 3. 典型社会区问卷调查

基于本研究组于2011年8～9月及2013年7月开展的"北京市典型社区老年人抽样调查"，共获取了8个社区的730份居家老人问卷。结合前期研究开发的相关模型和方法，根据前章的养老社会区分析进行调整，得到了需求评估模型的参数。

表3-2为调查样区的基本情况，它们涵盖了北京市的主要居住类型。实际上，本研究的每一个空间单元（街道）中都可能含有若干种居住类型，因而，典型区调查和分析所获得的结果可为养老社会区的参数估计提供基本信息。

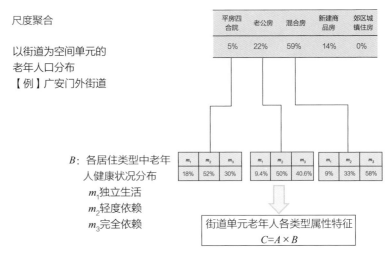

图3-3 某街道数据的尺度聚合过程

2011～2013年问卷调查样区的基本情况　　表3-2

| ID | 典型社区 | 居住类型 | 社区老年人画像 | 区位 | 社区规模（人） | 老年人比例 | Valid N |
|---|---|---|---|---|---|---|---|
| 1 | 白纸坊里仁街 | 普通混合社区 | 企业事业单位退休老人 | 南二环 | 6000 | 11% | 101 |
| 2 | 东花市京城仁合 | 廉租房社区 | 低保户、军人和优抚老人 | 东二环 | 3000 | 35% | 62 |
| 3 | 平房国美家园 | 新建商品房社区 | 为改善住房条件由内城外迁，或随子女来京的老人 | 东四环 | 18000 | 5% | 94 |
| 4 | 回龙观龙腾六区 | 经济适用房社区 | 内城拆迁或投奔子女的老人 | 北五环 | 7000 | 6% | 98 |
| 5 | 万寿路复兴路40号 | 单位大院 | 国家机关事业单位退休老人 | 西三环 | 7000 | 20% | 84 |
| 6 | 什刹海柳荫街 | 四合院街坊 | 居住多年的老北京居民 | 北二环 | 5000 | 20% | 97 |
| 7 | 南苑新华社区 | 旧城镇社区 | 城镇居民 | 南四环 | 8000 | 10% | 96 |
| 8 | 东小口镇小辛庄村 | 农村社区 | 失地农民 | 北六环 | 6000 | 12% | 98 |

表3-3对于调查样本的主要信息进行了统计。受抽样和调查方式所限，调查对象不包括生活在养老设施、医院里的老年人，以及那些不能出门的老年人。因此，调查样本中高龄老人（＞80岁）占60岁以上老年人的比重较低（占10.8%，全市比重为14.5%），其他指标与北京市统计年鉴的指标差别不大。关于高龄老人的分析结果可能会被低估。因此，我们认为，要想满足实际规划的需要，近期还有必要开展进一步的问卷调查，及时把握老年人需求的变化，同时通过增加调查样本的数量、二次抽样等手段对前次调查中的样本进行纠偏。

### 4. 北京市养老机构数据

依据北京市民政信息网（2014年1月）公布的数据，北京市共有养老机构387个，剔除数据缺失机构后，共计364个。经过空间匹配，建立了北京市养老机构空间数据库（图3-4、图3-5）。

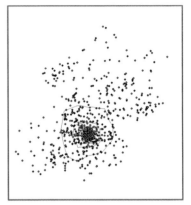

图3-4　北京市公办/民办养老机构分布，2014　　图3-5　北京市各环路养老机构分布，2014

养老机构的主要属性包括养老院的收费、位置区位、服务水平、公私性质。因此，我们着重对相关属性特征数据进行了采集和分析。

经过对机构属性的分析，我们发现，北京市养老机构具有以下一些分布特征（表3-4）。

在收费方面：主要集中在1000～3000元/月范围内，占77.2%。

在区位方面：75.7%分布在五环以外的郊区。

在服务水平方面：绝大部分为基础服务24.4%和介助服务66.4%，提供介护服务的很少。

在性质方面：公办略多于私营。

| 2011～2012年问卷调查的样本情况 | | | 表3-3 |
| --- | --- | --- | --- |
| | | *N* | % |
| 年龄 | ＜60岁 | 113 | 19.2 |
| | 60~65岁 | 145 | 24.6 |
| | 65~70岁 | 90 | 15.3 |
| | 70~80岁 | 178 | 30.2 |
| | ＞80岁 | 56 | 9.5 |
| 性别 | 男 | 227 | 38.5 |
| | 女 | 348 | 59.1 |
| 住房类型 | 租房 | 102 | 17.3 |
| | 自己房 | 358 | 60.8 |
| | 亲属房 | 54 | 9.2 |
| | 单位房 | 45 | 7.6 |
| | 其他 | 22 | 3.9 |
| 从前工作 | 国企 | 295 | 50.1 |
| | 私企 | 10 | 1.7 |
| | 机关事业单位 | 183 | 31.1 |
| | 个体 | 4 | 0.7 |
| | 其他 | 92 | 16 |
| 可支配收入 | ＜1000元 | 48 | 8.1 |
| | 1000~3000元 | 239 | 40.6 |
| | 3000~5000元 | 209 | 35.5 |
| | 5000~10000元 | 70 | 11.9 |
| | ＞10000元 | 8 | 1.4 |
| 文化程度 | 初中以下 | 264 | 44.8 |
| | 高中或中专 | 187 | 31.7 |
| | 专科 | 72 | 12.2 |
| | 大学以上 | 61 | 10.4 |

| 北京市养老机构数据的样本属性 | | 表3-4 |
| --- | --- | --- |
| 指标 | 变量 | 比例 |
| 性质 | 公办 | 53% |
| | 私营 | 47% |
| 收费 | 500~1000元/月 | 5.9% |
| | 1000~2000元/月 | 54.7% |
| | 2000元~3000元 | 22.5% |
| | 3000~5000元/月 | 17% |
| | 5000元以上/月 | 5.9% |

续表

| 指标 | 变量 | 比例 |
|---|---|---|
| 区位 | 城区 | 24.3% |
| | 郊区 | 75.7% |
| 服务水平 | 基础服务/服务一般 | 24.4% |
| | 介助服务/服务较好 | 66.4% |
| | 介护服务/服务优 | 9.2% |

### 5. 典型案例区研究数据

以北京市朝阳区大屯街道为研究案例，我们进行了选址模型和方法的测试。

大屯街道位于北京市北部四环路与五环路之间，面积9.6平方公里，2010年常住人口14万人（"六普"数据），其中老年人口1.6万人，老年人口比例为11.4%。

图3-6为大屯街道的土地利用性质和各类设施的分布情况。在老年人的居住环境方面，公园包括大屯花园、如苑公园，周边还靠近奥林匹克森林公园、国家体育馆等大型公园；公交出行较为便利，街道内包含372个公交站点，公交站的密度38.75个/平方公里，地铁站4个；老年人日常医护使用较多的综合医院共计7个，老年人就医条件较好。与日常生活密切相关的购物设施较丰富，大中小型超市、便利店布局较多。老年人的居住社区类型以混合房、新建商品房为主。

图3-6　大屯街道养老机构选址的土地利用基本条件

## 四、模型算法

### 1. 人口预测模块

以城市人口特征及发展趋势研究为基础，首先进行人口数据的空间离散化；其后，一方面运用人口队列要素法进行空间人口结构演化的预测，另一方面，采用情景预测的方法对于迁移人口或外来人口进行估计。

依据人口学、老年学的生命周期理论，随着年龄的增长，生命的老化，人的生活轨迹、和角色、状态发生重大转换，这些变化对老年人的日常生活以及社会经济地位有深刻的影响，体现在老年人健康状况、经济收入水平、居住安排等都随之发生明显的改变。

基于人口生命周期理论的人口预测推演方法主要是人口队列要素法。它适用于封闭环境的人口预测，涉及的重要参数包括：

1）基年分性别、分年龄的人口数；

2）年龄别死亡率；

3）育龄妇女生育率。

以上数据均可以通过人口普查获得。具体来说，本研究中采用空间化的"六普"分街道、年龄的人口数，全市的分年龄别死亡率，全市育龄妇女生育率三个指标。预测的结果为研究区内，预测年份的总人口数、分年龄别人口数据（人口年龄结构）。从中，我们可以识别老年人口未来的增长趋势。

若一个人从出生存活至$x$岁的存活概率$p(x)$可用$p(x)=l(x)/l(0)$来表示，其中函数$l(x)$表示年龄组$x$的尚存人口。研究表明，由于人口的死亡模式在短期内具有相对稳定的特征，对$p(x)$做如式（4-1）所示的logit函数变换后，其值$y(x)$相对于从开始时出生存活至确切年龄$x$岁时的存活概率的logit函数值$y_s(x)$而言，存在显著的线性关系（曾毅等，2011），如式（4-2）所示。

$$y(x) = \log it(p(x)) = (1/2) \times \ln((1 - p(x))/p(x)) \quad （4-1）$$

$$y(x) = a + y_s(x) \quad （4-2）$$

由此可得：

$$p(x) = p_s(x)/(p_s(x) + (1 - p_s(x)) \times e^{(2x)}) \quad （4-3）$$

据此，可利用各年龄区间的人口和平均预期寿命等数据通过迭代计算来求解年龄别存活概率、和死亡率等参数。年龄别生育率$F(x)$则可根据$F(x)=g(x)/TFR$求得，其中，$g(x)$为当前育龄妇女的生育频率分布曲线模式，TFR（Total Fertility Rate）为总和生育率。

## 2. 养老社会区类型识别模块

基于P-E fit模型，我们提出了养老社会区类型识别模型，其识别因子可大体分为老年人的个人维度和环境维度两个方面（图4-1）。

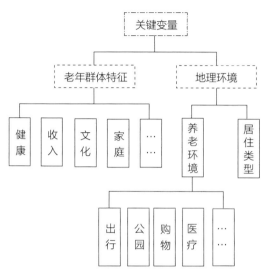

图4-1　划分城市养老社会区的关键变量

养老社会区类型的划分，首先根据各个空间单元的老年群体个人特征和养老环境特征，将具有相似特征的单元进行逐级归并，使得位于同一尺度的老年人养老特征具有相似性，成为一个养老社会区，而其他养老社会区之间具有一定的差异性。在此，我们采用了K-MEANS聚类算法。K-MEANS聚类是基于分割方法的聚类算法，是应用最广的、较为简单快速的聚类算法，SAS、SPSS等各种统计软件均可实现。K-MEANS聚类算法的目标是使各类别内部的对象之间尽可能的紧凑，而类别之间尽可能的分开。具体方法是将每个对象按照与类中心距离的临近程度分配到最近的类中，并不断重复这一步骤，直到所有对象都被分配到指定的K类当中去。

## 3. 典型养老社会区设施需求分析模块

为了了解不同老年人群体在养老模式选择方面的差异，我们首先构建不同养老模式（居家养老、社区养老、子女赡养、机构养老）选择的决策模型；由此，我们得到不同老年人群对于机构养老方式的养老需求。而后，以养老机构性质、区位、环境、服务等变量为因子，构建不同地区老年人对养老设施机构需求的模型。

（1）养老方式选择的决策模型

为了准确把握不同因素对决策的影响，并准确识别不同的群体，本文采用决策树分析方法。研究表明，经济收入、家庭结构、社区环境和服务等因素对老人的养老方式选择有重要影响（高晓路，2012）。因此，影响养老方式选择的因子包括：年龄、性别、收入、家庭结构、健康状况等。结合当前的实际情况，可供选择的养老方式一般包括：独自生活、子女赡养、社区服务、养护机构。在每一种情景下，以4种养老方式为因变量，影响因子为自变量，构建决策模型。

（2）养老设施需求模型

性质、收费、区位条件、服务质量等四个主要属性是影响老年人选择意愿的养老机构的主要特征，各因子的数量等级如下：

为定量分析不同类型老年人对养老设施的偏好强度，可采用离散选择模型（高晓路，2013；颜秉秋，2015）。在此，针对不同社会区老年人样本，我们分别建立了离散选择模型，采用统计分析软件（如SAS、SPSS等）的Logistic Regression进行模型系数的估算。

具体地，Logistic Regression模型中的被回归因子向量$Y$和回归因子向量$X$定义为：

$Y$：对某产品选择与否，取值0，1；

$X$：设施属性的各个选择肢，根据设施是否符合选择肢条件而取值为0，1。

其中，向量$X$中具体包含四个变量，$x_1$表示养老设施的公私营性质；$x_2$表示养老设施的地理位置；$x_3$表示养老设施的服务水平；$x_4$示养老设施的收费。

模型参数的估计采用以下两个步骤。

首先，根据logistic regression模型的回归系数，得到各属性不同水平的特征效用。其次，根据各属性不同水平的特征效用，利用下式计算出每一属性重要程度，即相对重要程度$W_i$，

$$W_i = C_i / \sum_{i=1}^{m} C_i \qquad (4-4)$$

其中，$C_i$为属性$i$的效用变动范围，$C_i = \{\mathrm{Max}(X_{ij}) - \mathrm{Min}(X_{ij})\}$。

通过这些步骤，我们得到了基于各养老社会区老年人样本的设施需求参数，即不同类型社会区的老年人对养老机构的偏好系数。

### 4．养老设施配置需求强度评估模块

设施配置需求强度评估模型是基于居民对养老服务设施需求的时间和空间分异特征，构建评估养老设施配置需求的定量化方法；以北京市养老服务设施的现状为基础，评估空间配置的合理性，测算未来各地区对新增设施的需求。

全市所有养老机构对于特定空间单元的效用为U，公式如下：

$$U = \sum_{t=1}^{n} U_t = \sum_{t=1}^{n} \sum_{i=1}^{m} \sum_{j=1}^{k_i} x_{ij} a_{ij} \qquad (4-5)$$

其中：U表示在全市养老机构现状配置下，各基本空间单元的效用，即这里的老年人对养老设施的需求得到满足的程度。它反映了该空间单元对额外养老设施的需求强度；

$t = 1, \cdots, n$代表养老机构（$n = 364$）；

$i = 1, \cdots, m$代表养老机构的不同属性（包括性质、服务水平、价格、区位）；

$j = 1, \cdots, k$代表不同机构属性的取值水平；

$\alpha_{ij}$为养老机构属性的效用；

$X_{ij}$为各养老机构第$i$个属性的第$j$个水平。

### 5．养老设施选址优度分析模块

依据养老服务的需求主体（老年人口）的时间、空间分布，构建涵盖人口、需求、服务、设施、环境等要素的养老服务设施选址的定量分析模型，为此，我们提出"养老服务设施选址的优度指标"（SI）。这一指标着眼于对整个城市养老服务设施的资源投放效率的评估，并在全市空间范围内选择最合适的养老服务设施选址方案。为了实现这个目标，需要评估和测算城市中每个地点的选址优度。具体公式如下：

$$SI = P \times M^{\beta} \times (S_0 + S') \qquad (4-6)$$

其中，

$$S' = a_1 x_1 + a_2 x_2 + a_3 x_3 + a_4 x_4 \qquad (4-7)$$

上式中，

SI表示特定地点的养老服务设施选址优度；

$S_0$表示当前养老机构配置方案给特定地点带来的效用值，为评估背景值；

$S'$表示特定地点新增设施带来的效用值；

$P$表示规划年份的老年人口数量；

$M^{\beta}$表示养老模式选择的系数向量，根据模块三中不同类组的人群选择机构养老的比例计算。其中，$\beta = 0 \sim 1$是模式选择的调节参数。当$\beta = 0$时，表示不考虑养老模式选择的差异；当$\beta = 1$时，表示完全按照现状的比例取值；当$\beta = 0 \sim 1$时，表示未来由于政策调整或需求变化等原因，人们的模式选择会发生不同程度的变化；

$x_1$表示规划新增养老设施的性质属性；

$x_2$表示规划新增养老设施的价格属性；

$x_3$表示规划新增养老设施的服务水平；

$x_4$表示规划新增养老设施的距离属性；

$a_1$，$a_2$，$a_3$，$a_4$为需求参数。

从理论上说，根据以上方法，就可判别哪个地方的SI是最高的，从而找到最佳的选址位置；同时，也可以测算出城市里调整养老设施的数量、服务水平和成本后，整个城市的SI格局所发生的变化。

## 五、实践案例

### 1．模型应用实证及结果解读

北京等特大城市是受我国老龄化影响最深刻、公共服务压力最突出的区域，现有养老设施的供给和需求矛盾相当严重。据北京晚报报道，2010年以来北京市设立的4000多家社区老年日托所有三分之二处于空转状态。在社会服务资源极其有限、总体供给不足的同时，现有设施的大量闲置引起社会各方面的广泛关注。同时，北京市养老设施在不同空间区位的供需差异也很明显，中心区一床难求，而周边区县的供给严重过剩。除通州和顺义之外，其他各区的养老床位空置率普遍超过40%；怀柔、延庆两区的空置率高达64%。

因此，以北京市养老设施选址及评估为案例，将模型应用于实践中进行实证，并对计算结果进行分析和解读，以检验模型的科学性与实用性。

第一步　北京市人口空间分布及其演化预测

根据预测结果，2030年，本地常住总人口2436万人，其中，60岁以上的老年人口578万人，占总人口数量的24%。

在本研究中，我们考虑了迁移人口与外来人口的情景预测，如结合通州城市副中心规划、"非首都功能"的疏解、北京市人口总量及分区控制等政策因子的影响。将人口自然增长的模拟结果与以上结果叠加，可得各个街道的常住人口数量和老年人口比例。预测

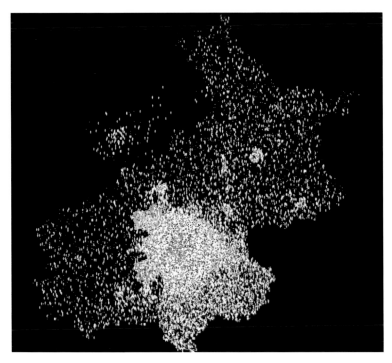

图5-1 2030年北京市各个街道的常住人口数量及分布预测

至2030年，全市60岁以上老年人口648万，比重约22%。

第二步 北京市养老社会区的识别与划分

我们从人口维度、环境维度对各类型养老社会区的特征进行了归纳，北京的四类城市养老社会区及其空间分布为（见图5-2）：

• 类型1：中心城高龄老人集居区

中心城高龄老人集居区主要集中分布在北京市的中心城区，环路位置大致在四环路以内及周边地区，覆盖了约80个街道。

在这一类型的社会区，75岁以上的高龄老年人比重比其他社会区高。但老年人一般以健康老年人为主，生活独立性较强。收入水平属于中等层次，每月的个人可支配收入为1000～5000元。从文化层次来看，普遍较其他社会区偏低，且老年人多与配偶或自己父母同住、与子女同住的情况较多。

从老年人的居住环境来看，与老年人密切相关的生活环境，如娱乐休闲、购物、医疗、养老等条件均相对较佳，其中，街道公园绿地、公交站、超市、养老设施的点密度分别为0.17个/km²，47.75个/km²，5.17个/km²，3.31个/km²，0.1个/km²。

• 类型2：城区混合型老年居住区

城区混合型老年居住区主要分布中心城区外围，在四环路至

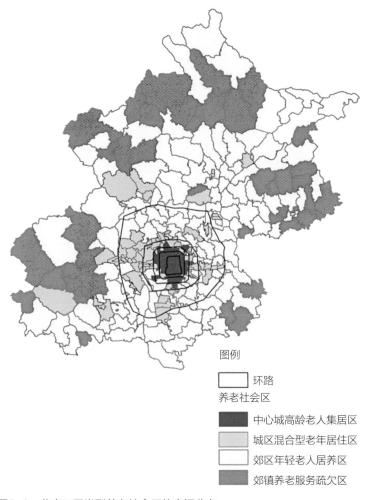

图例

☐ 环路
养老社会区

■ 中心城高龄老人集居区
▨ 城区混合型老年居住区
☐ 郊区年轻老人居养区
▨ 郊镇养老服务疏欠区

图5-2 北京不同类型养老社会区的空间分布

五六环路之间，分布较为分散，覆盖了约40个街道。

这一类型的养老社会区里，老年人以健康的年轻老年人为主，文化层次较高。据我们研究小组调查，文化层次较高的老年人对新兴事物接受较快，一般对养老院、社区养老等新型养老方式较为热衷。

从居住及养老环境看，娱乐休闲、购物、医疗、养老等条件也均相对较佳，其中，街道公园绿地、公交站、超市、养老设施的点密度值略高于中心城高龄老人集居区的相应指标值。

• 类型3：郊区年轻老人居养区

郊区年轻老人居养区主要分布在六环路以外的大面积区域内，也是目前养老社会区分类中所占比例最多的社会区类型，约涉及100多个乡镇或街道。

这一类型的养老社会区中，老年人仍然以健康的低龄老年人

为主，文化层次较高。他们与子女同住的比例最高，帮助年轻的下一代带孩子的老年人居多。

但由于居住在郊区，生活环境与养老环境均相对较差。

• 类型4：郊镇养老服务疏欠区

郊镇养老服务疏欠区主要分布在北京市郊区，分布分散。

这一类型养老社会区以70岁以上的老年人为主，普遍有较强的照护需求，同时，他们文化层次较低、收入不高，养老的社会依赖性最强，然而，这部分老年人独居的比例最高，因此，社会养老的服务需求相对较大。

居住环境方面，老年人的居住环境较北京市区有很大差距，但在区域养老机构的数量配置上较为丰富。尽管城市郊区县的养老机构数量多，养老机构的空置率较高，说明配置效率并不高。

第三步　北京市典型社会区养老设施的需求

• 第一类社会区——中心城高龄老人集居区设施需求分析结果见表5-1。

第一类养老社会区老年人养老机构的选择偏好　　表5-1

| | 各属性水平的特征效用 utility（part worth） | 各属性相对重要性 important utility |
|---|---|---|
| 基础服务/服务一般 | -0.344 | 10.27% |
| 介助服务/服务较好 | 0.009 | |
| 介护服务/服务优 | 0.335 | |
| 500~1000元/月 | 0.494 | 51.77%价格为最重要的因素 |
| 1000~2000元/月 | 1.857 | |
| 2000~3000元/月 | -0.785 | |
| 3000~5000元/月 | 0 | |
| 5000元以上/月 | -1.566 | |
| 附近 | 1.255 | 37.96%距离也受到高度重视 |
| 较远 | -1.255 | |

该社会区老年人普遍认为，价格是最重要的因素，其中，1000~2000元/月的影响最突出；说明低价格对老年人的吸引力最大。距离也受到高度重视，更加趋于在附近选择养老机构。对于养老机构的服务，则希望可以提供介护服务，或介助服务。

• 第二类社会区——城区混合型老年居住区设施需求分析结果见表5-2。

第二类养老社会区老年人养老机构的选择偏好　　表5-2

| | 各属性水平的特征效用 utility（part worth） | 各属性相对重要性 important utility |
|---|---|---|
| 基础服务/服务一般 | 0.318 | 10.21% |
| 介助服务/服务较好 | -0.185 | |
| 介护服务/服务优 | -0.133 | |
| 500~1000元/月 | 1.703 | 60.60%非常关注价格承受能力很低 |
| 1000~2000元/月 | 0.35 | |
| 2000~3000元/月 | -0.77 | |
| 3000~5000元/月 | 0 | |
| 5000元以上/月 | -1.283 | |
| 附近 | 0.719 | 29.19%距离也较为关注 |
| 较远 | -0.719 | |

该社会区老年人非常关注价格，并且承受能力很低。500~1000元/月的影响最大。养老机构的距离属性也很重要，趋于在附近选择养老机构。对于养老机构的服务，则不期望过多，可以提供基础的日常护理服务即可。

• 第三类社会区——郊区年轻老人居养区设施需求分析结果见表5-3。

第三类养老社会区老年人养老机构的选择偏好　　表5-3

| | 各属性水平的特征效用 utility（part worth） | 各属性相对重要性 important utility |
|---|---|---|
| 基础服务/服务一般 | -0.232 | 9.95% |
| 介助服务/服务较好 | 0.372 | |
| 介护服务/服务优 | -0.14 | |
| 500~1000元/月 | 0.571 | 60.45%非常关注价格尤其偏好中低价格 |
| 1000~2000元/月 | 1.925 | |
| 2000~3000元/月 | -0.753 | |
| 3000~5000元/月 | 0 | |
| 5000元以上/月 | -1.743 | |
| 附近 | 0.898 | 29.60%距离也较为关注 |
| 较远 | -0.898 | |

该社会区老年人同样关注价格，1000～2000元/月的影响最大。养老机构的距离属性也很重要，趋于在附近选择养老机构。对于养老机构的服务，则更加倾向于提供介助服务的养老机构。

- 第四类社会区——郊镇养老服务疏欠区设施需求分析结果见表5-4。

第四类养老社会区老年人养老机构的选择偏好　　　　表5-4

| | 各属性水平的特征效用 utility（part worth） | 各属性相对重要性 important utility |
|---|---|---|
| 基础服务/服务一般 | 4.344 | |
| 介助服务/服务较好 | 2.128 | 71.40%非常重视服务 |
| 介护服务/服务优 | -6.472 | |
| 500~1000元/月 | 0.744 | |
| 1000~2000元/月 | 0.918 | |
| 2000~3000元/月 | 0.243 | 18.63% |
| 3000~5000元/月 | 0 | |
| 5000元以上/月 | -1.905 | |
| 附近 | -0.755 | 9.97%距离不重要 |
| 较远 | 0.755 | |

该社会区老年人非常重视服务，最期望的是基础服务，这与老年人独居状况较多不无联系。与此相对的是，他们认为养老机构的距离并不重要。这与其他三类社会区，特别是第一类社会区的老年人形成了鲜明对比。

第三步的分析结果，包括不同类组居民的养老模式选择概率和不同类型社会区的老年人对养老机构的偏好系数，为我们在下一阶段中进一步定量评估和测算各个空间单元的养老设施需求提供了基本的数值参数。

第四步　北京市设施配置需求强度评估

基于北京市街道尺度测算的养老设施配置需求结果，如图5-3所示，即按照北京全市养老机构的现状配置，每个街道内的老年人所获得的效用。效用的空间分布体现了老年人对新增养老设施的需求强度。具体而言，效用值高（蓝色）：则未来的养老设施需求强度相对较低或可能设施过剩。效用值低（蓝色）：则未来的养老设施需求强度相对较高。

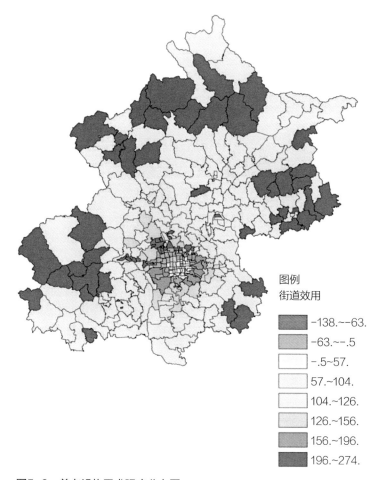

图例
街道效用

| | |
|---|---|
| ■ | -138.~-63. |
| ■ | -63.~-.5 |
| □ | -.5~57. |
| □ | 57.~104. |
| □ | 104.~126. |
| ▨ | 126.~156. |
| ▨ | 156.~196. |
| ■ | 196.~274. |

图5-3　养老设施需求强度分布图

第五步　养老设施选址优度的空间分析

如果是在仅考虑距离因素（$x_4$）的情况下，可以按照各个空间单元对新增养老设施的需求（见图5-4）及人口规模，养老模式选择向量，通过克里格空间插值方法得到各个规划试点$SI$的估计。例如图5-4，展示了根据2030年人口测算得到的北京市养老设施选址优度的空间分布。

基于养老服务设施选址优度分析结果，对于一定区域内，养老机构布局位置的选择有以下三种策略（图5-5）：

策略一：考虑本区域内是否有直接可供养老机构建设的用地（即：C9社会福利设施用地或一类/二类/三类居住用地中的公共服务设施用地，R12、R22、R32）。有则直接比较用地的养老服务设施选址优度值大小，取优度值最大的地块进行选址；若无，则考虑第二种策略；

策略二：若本区域内无直接的可建设用地，则筛选区域内是否包含可兼容的用地或可变换性质的用地。如果有，则比较这些

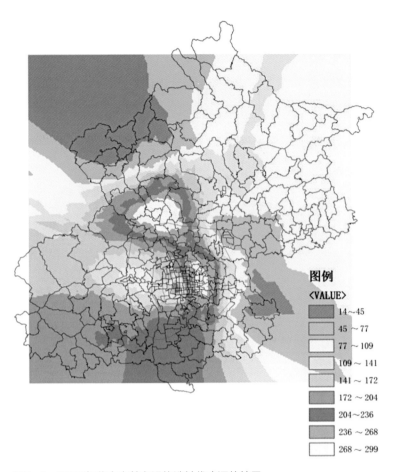

图5-4　2030年北京市养老设施选址优度评估结果

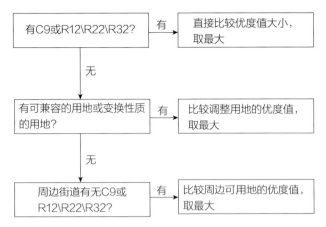

图5-5　养老机构选址的三种策略

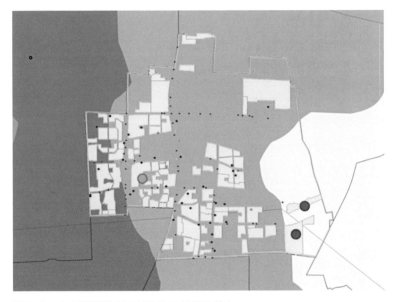

图5-6　大屯街道养老服务设施选址优度分布

用地的养老服务设施选址优度值大小，取优度值最大的地块进行选址；若无，则考虑第三种策略；

策略三：以上两种情况均不满足，则由近及远，依次筛选，考虑本区域周边街道是否有社会福利设施用地、一类/二类/三类居住用地中的公共服务设施用地。找到周边的可用地后，若有多处，则比较周边可用地养老服务设施选址优度值大小，取优度值最大的地块进行选址。

以北京市朝阳区大屯街道为研究案例，我们进行了选址模型和方法的测试。

根据公式进行选址优度的计算，可得到2015年大屯路街道的选址优度分布。右下角（街道东南部）的浅色区域优度值最高，中部浅粉色区域优度值居中，左侧深红色区域的选址优度值最低。

接着进行用地条件的分析。大屯路街道符合"策略一"，区域中包括养老服务设施的建设用地C9用地（左侧粉点）以及

R22、R32（右侧的2个灰点）（图5-7）。比较以上三个地块的养老设施选址优度值，右侧两灰点的养老服务设施选址优度值均大于左侧粉点，上部灰点的养老服务设施选址优度值大于下部的灰点。因而，最佳选址确定在右侧的北部灰点处。

## 2. 本研究的局限性

（1）人口预测的准确性存在局限

人口预测模块中，封闭环境下的人口自然增长预测较为准确，但外来人口预测与人口空间预测主要结合了几种发展情景，将发展情景参数化的过程中取值的人为性较强，因此可能会影响人口预测结果的准确性。

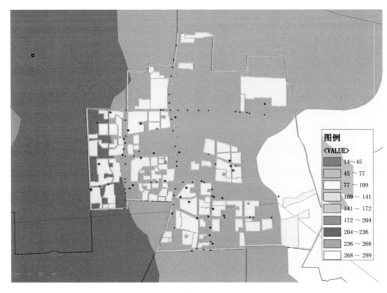

图5-7　大屯街道养老机构选址的案例分析

（2）研究尺度局限于街道空间单元

由于高精度人口和房屋数据难以获得，本研究的结果并未基于地块或社区尺度，而是主要基于街道尺度。由于尺度较大，以街道为基本空间单元所划分的养老社区的分析精度受到一定限制，需求评估和选址结果的实际意义有限。

（3）典型居住区的调查数据存在局限

受人力财力所限，本研究采用了2011～2013年的社区调查数据。居住类型的覆盖范围比较有限，一部分对老年人来说有意义的研究类型，可能没有包括进来；受抽样方式所限，调研数据的调查对象不全，数据分析得到的部分结论可能需要补充和更新。

（4）养老设施选址的其他关键要素需进一步考虑

医疗服务是老年长期照护的关键性内容，尤其对于独立生活有困难的高龄老人、失能失智老人的疾病治疗、康复保健等十分重要，是养老服务设施未来应当强化的基本服务，也是当前北京众多老年人对一些医疗服务条件较佳的公办养老机构特别热衷的原因之一。"医养结合"实现了医疗资源与养老资源相结合，以及社会资源利用的最大化。因此，结合未来养老设施配置的"医养结合"趋势，应进一步加强考虑医疗设施布局对养老服务设施选址的影响。

社区照护服务在我国社会养老服务体系中占有重要地位，在当前"4-2-1"家庭结构固化的情况下，依托社区，生活在社区内的受照护者提供服务的"就地养老"愈加重要。因此，社区照护服务设施，如社区养老服务中心、日托中心、社区诊所等可以提供的连贯式养老服务的社区服务设施，应当被作为未来养老服务设施配置的关键部分，尽快加强此类设施的选址研究势在必行。

城市老年人的大半时间是在社区或住房中度过的，居住环境与老年人的身心健康息息相关。居住环境的无障碍设施是否完善、体育娱乐场所是否健全、购物出行等设施是否便利影响着老年人的日常生活。社区老年人生活服务设施的配置也将成为养老服务体系建设的重要内容，未来的研究应进一步深入分析。

## 六、研究总结

### 1. 模型设计的特点

通过本项目的分析研究，我们构建了养老设施选址及评估的理论框架和技术流程，整合了人口预测、养老社会区类型识别、典型养老社会区设施需求分析、设施配置需求强度评估、设施选址优度分析五个模块，识别了影响老年人口的动态预测与空间分布的关键要素，提取了城市老年人养老服务及设施需求的关键指标，提出了养老服务设施空间配置效率评估模型的主要参数，从而实现了规划理念和技术方法的更新，为解决城市养老服务设施规划选址和评估的关键问题提供了技术支撑。

### 2. 应用方向或应用前景

人口和社会快速转型带来的新趋势和新变化，要求城市规划师必须转变规划理念、更新技术方法，更加精准地把握城市居民切实需求，高效配置城市空间与要素，实现公平与效率的统筹兼顾。调查研究表明，城市居民对养老服务设施的需求具有非常显著的社会分异和空间分异。基于此，本研究面向实际规划的需要，创造性地提出了"养老社会区"的概念和以养老社会区为空间单元来识别需求、实现养老服务设施优化配置的规划理念、模型和技术方法。

较之传统的"千人指标"等规划工具，本研究所提出的理论和方法更好地符合城市居民的差异化需求和行为特征，实现了对城市人口空间演化和需求分布的预测。这不仅为解决北京市养老服务设施的规划选址问题提供了支持，而且为更广泛意义上探讨城市空间和要素资源的优化配置提供了理论和方法参考。

# 基于街坊类型学的城市三维体量模型的生成方法研究

工 作 单 位： 同济大学

研 究 方 向： 空间布局规划

参 赛 人： 孙澄宇、罗启明、饶鉴

参赛人简介： 参赛人员来自同济大学建筑与城市规划学院，团队长期在城市空间虚拟仿真实验方面开展研究。该参赛作品就大批量、依据指标约束、面向特定语境快速地生成三维城市建筑模型方案的方法开展研究，在快速的城市设计实践中具有应用前景。

## 一、研究问题

### 1. 研究背景及目的意义

本模型研究的目的和意义涵盖以下两个方面：

一方面，本研究面向控制性详细规划中的分区规划工作，通过将分区规划的内容转化为三维体量模型，实现了控规阶段城市区域的可视化。三维体量模型的生成开发工作的意义在于，解决长期以来通过算法在指标限定下进行城市生成过程中的基本的问题，为未来城市模型的生成提供探索经验。城市模型的作用将在未来城市的发展中日益凸显，自动生成三维体量模型正是在这种趋势下的新技术，基于此，以体块为基础，包括更多建筑细节的城市模型有可能进一步发展。更多生成方法的出现，将丰富自动生成技术在建筑、街坊或者城市模型领域的成果。

另一方面，本模型为城市尺度的性能分析提供了近似的三维模型，对应于控规阶段实现等强度开发下的城市形态，将面向城市规划的数据分析变为可能。生成方法的开发工作与对控制性详细规划的研究密不可分。研究和开发工具的过程中，需要对控制性详细规划本身进行全面的研究调研工作，从宏观角度理解本应用的实际作用，以及其对规划工作和管理方式带来的改变。可以说，城市三维体量模型的生成的实现，能够改变传统的强度分区规划的工作方式，为控制性详细规划提供新的技术支撑，解决控制性详细规划中的科学性不足的问题，提高控制性详细规划的严谨性，丰富规划的内涵。

### 2. 研究目标及拟解决的问题

一方面需要熟悉控规的工作内容，提取影响城市空间形态的控制指标，另一方面，需要收集已开发的地块，通过总平面对影响街坊类型的要素进行抽象，将抽象的要素与控规控制指标联系起来，建立数学上的相应关系。当以建筑单元为单位，将相同或体量相近的单元划分为同一分区时，通过分区内单元的排布法则，街坊总平面的组织将变得有序，各项指标的关系也变得更加明了。以地块形状、分区划分方式、单元的排布法则等要素构成的街坊原型，具有作图（建模）与计算（算法）的优势，因此，可以作为程序化的街坊模型的自动生成方法的基础。

## 二、研究方法

### 1. 理论方法

本模型经常涉及对多种方法进行取舍的过程，因此需要对不同的方法的优势和劣势进行比较，分析得到最适合的方法。

传统的生成方法，通过算法生成的模型往往不够完整，有些"混乱"、"呆板"的结果并不具有实际的应用价值。一方面是研究人员并没有站在城市生成层面进行算法构建，而只是针对部分的控制要素进行研究，评估和改善单个街坊某方面的性能，故而忽视了街坊的设计要素，另一方面则是在考虑设计的原理时，将生成规则抽象和描述得相对简单，使得最终结果缺少变化。

在街坊类型的探讨中需要从城市的整体性出发，将街坊内建筑的排布特征与城市的空间肌理紧密联系，从建筑的排布方式、分区特点去理解街坊的不同类型，既能够将生成过程逐级拆解，也能够实现对街坊的设计原则、城市生成逻辑的整体把握，因此，城市的生成也即街坊的生成，街坊的生成才是城市的生成。

从总平面上对建筑单体的排布形式进行图式化的研究，可以总结街坊内部建筑的排布规律，以基本的排布为单位，可以对街坊的类型进行进一步讨论。

## 2. 技术路线及关键技术

（1）分类中的指标信息

街坊的类型讨论充分体现了设计的原则，保证了生成的多样性。在对建筑排布方式的算法中，预先对指标的约束条件进行了数学上的计算，是约束原则与设计原则的统一。实际上，对类型的两个分级操作已经涵盖了街坊规划中的诸多控制要素、信息：

第一，对建筑单体（单元）（building unit）的讨论包含了住宅单元的选择，涵盖了单元面宽（width）、单元进深（depth）、单元层高（story height）、单元最大层数（the number of floors）、建筑高度（building height）、单体建筑面积（unit area）等指标信息。

第二，建筑排布的方式涵盖了建筑间距（building interval）（受技术管理规定的高距比、日照规范、消防规范等控制）、建筑退界（setback）、建筑朝向（building orientation）、建筑单体数量（unit number）等指标信息。

第三，地块本身包含地块形状（land mass shape）、面积（ground area）等要素，生成过程中涉及用地类型（type of land use）、建筑密度（building density）、地块容积率（floor area ratio）、地块限高（height limits）、绿地/集中绿地率（green area ratio）等控制指标信息，街坊生成后会得到这些指标的最终结果（图2-1）。

跳过对街坊类型的讨论，可以直接在建筑的排布规则中增加模拟的内容，使得最终出现多个符合约束条件的排布结果，对结

本方法的概念框架

> 从指标到模型：生成计算算法（单元、间距、容积率）——地块为单位
> 由街坊到城市：街坊类型原型（单元、排布、集中绿地）——地块为单位

**数理关系**——生成算法
　　建筑单体（单元）—建筑群（分区）—街坊（地块开发量）—城市建设总量
**图形关系**——类型原型
　　单元—分区（单元的排布方式）—原型（街坊类型）—城市肌理、空间环境

图2-1　本研究生成方法的概念框架图

果进行筛选，也可以得到合适的街坊模型。李飚通过"highFAR"罗列了点式高层住宅进行平面布局的多种可能，然后选择最优的方案，得到了多样化的街坊生成结果。

可以认为，作者强调的设计原则、多样性要求以及与真实案例贴合的生成要求，是相互关联和影响的，真实案例是丰富的，是多样的设计方法的结果，因此可以认为设计原则本身就是多样性原则。但街坊的设计并不是自由的，因此作者在讨论中进行了约束条件和设计原则的区分。

（2）指标计算与生成平台

一般迭代算法进行生成的过程，时间较长，可以针对个别地块进行演算，得到比较细致的平面布局结果。比如宋小冬的实验中，通过50代计算，得到日照约束下的平面排布。这个排布的结果近似行列式，但在局部有所变化，在特定的单元变化和边界条件下进行了修正和适应。

一般的，如果大范围的生成工作，对每一个地块进行多次的迭代运算将花费更多时间。如果可以确定各个指标之间的数学关系，通过预设的数学公式直接求解各参数的数值，那么一次性的静态的计算，可以大大缩短得到这个平面结果的过程。

由于单个地块的细节特征将不再是整体关注的对象，因此排布单元的标准化，排布规则的简单化，使得处理指标间的数学关系成为可能。以Rhino（犀牛）为生成平台，通过内置的rhinoscript进行算法编写，能够将这种数学关系清晰地表达出来，同时，利用rhinoscript包含的Rhino作图工具的代码，实现街坊模型的自动绘制（生成）。

## 三、数据说明

作者所在的研究团队通过前期的大量调研和资料收集工作，

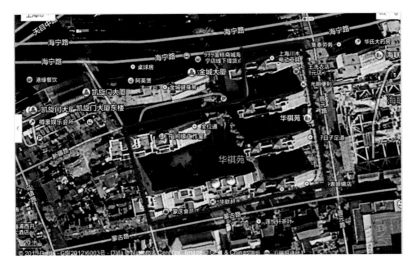
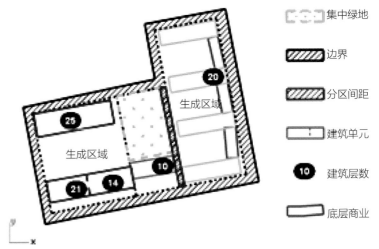

集中绿地

边界

分区间距

建筑单元

建筑层数

底层商业

图3-1　街坊案例（左）及街坊元素抽象的结果（右）

得到了真实街坊案例的大量数据，并构建了街坊数据库（图3-1）。这些街坊案例遍布全国各大城市，可以说还原了国内住宅地块开发的历史和现实情况。

一个完整的街坊被确定下来后，提取要素如下：

### 1. 地块的形状

地块的形状是对街坊进行类型划分的重要依据，同时也是控规图则（如图3-2城市规划编制的未开发地块）的基本信息之一。

地块的形状与分区状况密切相关，这也就意味着，依据分区进行街坊的类型讨论时，地块形状将是街坊类型讨论的首要要素。

### 2. 分区的形状

将聚焦于不同地块形状的街坊类型，通过抽象的街坊的分区特征进行街坊类型的划分，因此，有必要进一步讨论分区的形状（图3-3）。

通过数据统计，可以归纳并得到不同地块分区划分的主要方

图3-2　城市规划编制的未开发地块

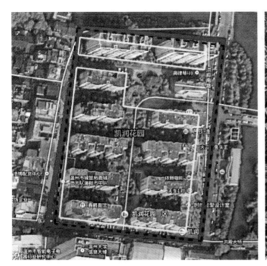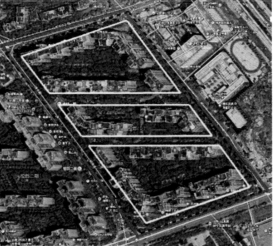

图3-3　几种主要的分区形状（包括矩形、L形、凹形、梯形）

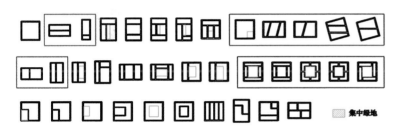

图3-4　矩形地块的主要分区方式（蓝色框内为适用于B类、C类排布的分区）

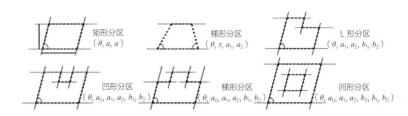

图3-5　主要的分区形状
（$\theta$、$\tau$为角度变量，$a$、$a_0$、$a_1$、$a_2$为面宽长度变量，$b$、$b_0$、$b_1$、$b_2$为进深长度变量）

式（如图3-4为矩形地块的主要分区方式）。不同的分区划分一方面基于地块形状，另一方面与地块大小、比例、朝向等因素相关。分区特征与建筑的排布方式共同构成了单个地块生成不同类型街坊的两大要素。

一般的，可以通过如图3-5所示的六个标准分区构成完整地块，即矩形（平行四边形）分区、梯形分区、L形分区、凹/凸形分区、回形分区。

## 四、模型算法

### 1. 分区内建筑的行列式排布

行列式排布是最常见的排布方式，A、B两类行列式街坊占总街坊数的2/3，本模型将面向编程的算法规则要求，在不同形状的分区内部构造建筑单元的行列式排布，以行列式的排布方式为基础，可以初步实现不同类型的街坊的生成。

### 2. 不同类型街坊的生成过程

通过地块进行分区划分，在分区内进行不同单元的排布，可以生成不同类型的街坊。矩形、梯形、L形是本模型优先处理的部分。

一般的，地块内生成街坊可以分为三个步骤：步骤一是选择街坊的类型并得到标准的分区，步骤二是选择单元在分区内进行排布计算，步骤三是根据排布信息进行强度校核，如果结果符合要求则生成模型，如果不符合要求则重复步骤二选择单元，或重复步骤一选择街坊类型（图4-1）。

### 3. 三维体量模型的生成程序

将地块生成算法转为rhinoscript程序语言，首先编写单个地块类型的生成程序。一般的，单个地块类型的生成程序主要包括主函数以及其引用的其他函数。主函数部分包括了生成框架的全部内容，即：

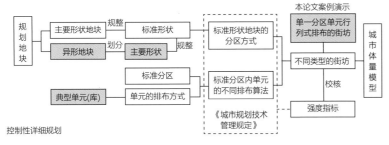

控制性详细规划

图4-1 不同类型的街坊的生成过程

{输入地块——输入指标——要素赋值（规范段）——地块处理（得到标准形）——[选择类型参数——分区划分（得到标准分区）——选择单元（单元库）——分区内排布计算——结果校核]——（构造单元进行排布计算）——生成模型——输出模型数据}

当需要成片地生成模型时，单个选择地块，并选择特定类型的生成程序进行生成的做法缺乏效率。为了能够大面积生成，进行总体生成的程序需要能够对应大量地块数据的输入，生成与地块形状相对应的不同类型的街坊。借助rhinoscript与excel的程序关联，将地块信息记录在excel表格中，可以实现城市等级的体量模型生成。

通过生成程序得到的模型，在excel中可以查找相应的数据，实现了模型与数据的一一对应。在控制性详细规划的工作中，不仅需要通过指标生成模型，还有必要进行双向的操作，这些操作包括，通过选择地块查找相应数据，通过数据查找模型，修改某些地块的指标重新生成模型并记录数据等等。

在rhinoscript中，通过GetObject命令可以选择地块边界，并获得地块在rhino中的唯一编码。在excel中通过该编码即可查找到编码对应的地块的生成信息。

当地块指标改变时，相应的修改表格中的指标数据，通过单个生成程序可以实现地块的单独生成，将生成后的数据记录在表中的相应位置即可。

## 五、实践案例

### 1. 北海城市三体量模型的生成

（1）北海控制性详细规划研究

受北海市政府委托，同济大学城市规划研究院的老师牵头，组成了北海城市规划研究团队，在《北海市城市总体规划（2013-2030）》的指导下，进行北海控制性详细规划编制，并研究制定北海城市规划技术管理规定。本模型所在的团队一方面积极研究街坊的生成，发展不同的自动生成方法，另一方面，与北海控规研究团队进行合作，进行城市总体生成实验。基于生成结果的校核，团队一方面针对性地调整技术管理规定关于控制指标的内容，另一方面，借助城市体量模型，展开北海城市规划的其他研究。

北海位于广西壮族自治区南端，毗邻雷州半岛，与海南省隔海相望，纬度在北纬20°26′~21°55′34″之间，位于北回归线以南，地处热带，属于亚热带海洋性季风气候。北海由于日照充足，相较于国内其他城市，城市规划建设对日照的要求较低。除了控规规定的一般内容外，城市风环境是技术管理规定研究关注的一个主要问题。如图5-1所示是北海城市区位以及城市建设现状地图。

2015年北海市人民政府颁发了《北海市建设用地容积率指标管理暂行技术规定》，规定了北海市城市建设容积率的计算方法。该规定依据北海市城市总体规划确定的开发强度分区，结合地块区位、微观区位等影响条件进行修正，综合确定地块容积率上限值FAR。计算公式如下：

$$FAR = FAR_0 \cdot (1+A_1) \cdot (1+A_2) \cdot (1+A_3) \cdot (1+A_4) \cdot (1+A_5) \quad (5-1)$$

其中$FAR_0$为强度分区的基准容积率，$A_1$为开发强度等级分区修正系数，$A_2$为地块规模系数，$A_3$为临路修正系数，$A_4$为临海岸线修正系数，$A_5$为邻开敞空间修正系数。规范规定北海市居住用地基准容积率为2.5。根据此规定计算的未建设地块的容积率指标为控规方案指标①。

此外，同济规划院北海城市规划研究团队在参考各大沿海城市的技术管理规定的基础上，通过制定北海城市规划技术管理规定，确定了另一套强度指标作为参考。研究方案指标②的制定主要为了考察建筑高度、建筑间距对容积率的影响，这套指标针对北海居住地块面积跨度较大的特点，借鉴厦门、广州模式，对不同面积大小、不同建筑高度的地块的强度分别控制（图5-2），各指标的赋值如表5-1所示：

强度开发研究对建筑间距的控制如表5-2所示，当仅考虑建筑的行列式排布时，建筑间距参照平行布置与并排布置控制：

图5-1　北海城市区位及卫星地图

图5-2　北海市中心城区容积率等级分区图

北海地块的容积率、建筑密度与绿地率（研究方案指标）　表5-1

| 地块大小<br>街坊类型 | ≤1公顷 | | | 1~3公顷 | | | ≥3公顷 | | |
|---|---|---|---|---|---|---|---|---|---|
| | FAR | D（%） | G（%） | FAR | D（%） | G（%） | FAR | D（%） | G（%） |
| 低、多层（≤6F） | 1.5 | 32 | 35 | 1.4 | 30 | 40 | 1.2 | 28 | 40 |
| 中高层（7~9F） | 2.0 | 30 | 35 | 1.8 | 28 | 40 | 1.6 | 26 | 40 |
| 高层（≥10F） | 3.0 | 28 | 35 | 2.8 | 26 | 40 | 2.5 | 24 | 40 |

北海建筑间距控制（研究制定）　表5-2

| | 低、多层与低、多层 | 高层与高层 | 低、多层与高层 |
|---|---|---|---|
| 平行布置 | $k_g$=1.0<br>$g_{min}$=9m | $k_g$=0.5<br>$g_{min}$=24m | $k_g$=0.5<br>$g_{min}$=24m |
| | $k_g$=0.9 | $k_g$=0.3<br>$g_{min}$=24m | $k_g$=1.0, $g_{min}$=18m |

| | 低、多层与低、多层 | 高层与高层 | 低、多层与高层 |
|---|---|---|---|
| 并排布置 | 满足消防间距与通道要求<br>有侧窗时按垂直布置控制 | $g_{min}=13m$<br>满足消防间距与通道要求，有侧窗时按垂直布置控制 | |
| 垂直布置 | $k_{g1}=0.8$，$k_{g2}=0.7$<br>当$d>12m$时按平行布置控制 | $g_{min}=18m$<br>当$d\geq16m$时按平行布置控制<br>高层住宅有侧窗时$g_{min}=21m$ | 高层在北$k_g=0.8$，$g_{min}=15m$<br>高层在南$g_{min}=18m$<br>当$d\geq16m$时按平行布置控制 |
| 其他情况 | 1. 平行布置的低层独立式住宅，其间距不小于南侧建筑高度的1.4倍；<br>2. 超高层住宅（$H>100m$）在满足日照要求时，与周边建筑的最小距离至少为50m；<br>3. 当两幢建筑的夹角不大于45°时，最窄处的间距应按平行布置的住宅间距控制；<br>4. 当两幢建筑的夹角大于45°时，最窄处的间距应按垂直布置的住宅间距控制 | | |

相应的，研究制定的技术管理规定对建筑退界$sb$的控制如下表（退界最小值$sb_{min}$、建筑物高度$H$的倍数$k$）：

北海建筑退界控制（研究制定）　　　　表5-3

| 参数＼街坊类型 | 低、多层 | 中高层 | 高层 |
|---|---|---|---|
| $k$ | 0.5 | 0.5 | 0.25 |
| $sb_{min}$（m） | 4 | 6 | 13 |

北海中心城区地块分为未建设地块和已建设地块，研究方案指标针对未建设地块制定（未建设地块334个）。如图5-3所示为北海中心城市地块与指标信息地图，蓝色地块为未建设地块，未建设地块中用红色标注了该地块的控制指标赋值。图5-4（左）显示了更详细的地块指标图，图中通过绿色体块表示已建设地块中的已建设建筑，即现状。图5-4（右）显示了同一个地块上的控规方案和研究方案指标，该地块编号为YC-01-02，用地类型为R21B11，地块面积为58197m²。控规方案容积率指标为3.0，建筑密度指标为0.22，限高为80，集中绿地率指标为0.3；研究方案容积率指标为2.8，限高为40，查表5-1可知该地块的建筑密度指标为0.26，集中绿地率指标为0.4。同时指标还规定了地块内建筑

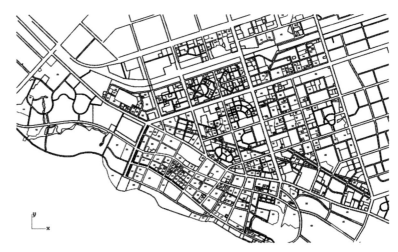

图5-3　北海中心城区未建设地块与指标信息地图

的朝向（EWN），本生成实验不作考虑。

（2）北海城市三维体量模型的生成

以下通过控规、研究方案两套指标分别在未建设地块中生成城市体量模型。

1）准备工作

将未建设地块进行重绘，并记录重绘地块的形状；将异形地块划分成2～3个可排布的形状部分。分别将重绘后的地块编码记录在excel表格中，并录入对应的原地块的控规方案指标和研究方案指标信息。如图5-5所示是重绘后的未建设地块，橙色表示的

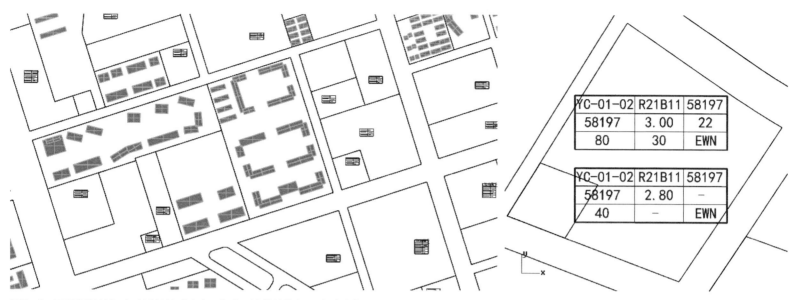

图5-4　已建设地块与未建设地块（左）；未建设地块的指标信息（右）

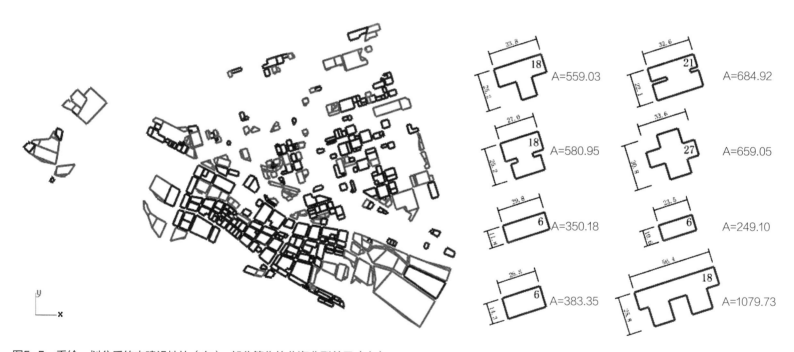

图5-5　重绘、划分后的未建设地块（左）；部分简化的北海典型单元（右）

多个部分拼合成一个异形地块。

　　通过筛选北海地区典型的街坊案例，选择出用于排布的建筑单元。本模型选择了北海典型案例中的8个低、多层单元以及10个高层单元，汇集成单元库。

　　2）生成工作

　　根据得到的十八个单元，在未建设地块中逐一进行街坊生成，即可得到北海城市的体量模型。由于本案例的强度指标紧凑（控规方案指标与研究方案指标均如此），为了保证生成的成功率，因此统一采用单一分区标准的行列式街坊类型［A（1）］进行生成（地块生成的不成功率为40/334≈12%）。同时方便形成对照，本章最后一节将进一步叙述采用多样街坊类型的北海城市生成的方法。

北海典型建筑单元　　　　表5-4

| 单元编号 | 面宽w(m) | 进深d(m) | 面积A(m²) | 最大层数f_max | 单元编号 | 面宽w(m) | 进深d(m) | 面积A(m²) | 最大层数f_max |
|---|---|---|---|---|---|---|---|---|---|
| 1 | 36.0 | 16.2 | 554.7 | 6 | 11 | 36.2 | 14.0 | 445.4 | 26 |
| 2 | 23.6 | 14.4 | 314.4 | 6 | 12 | 26.5 | 16.1 | 350.6 | 26 |
| 3 | 23.4 | 14.6 | 310.2 | 6 | 13 | 17.7 | 12.3 | 192.4 | 26 |
| 4 | 23.5 | 15.9 | 288.8 | 6 | 14 | 24.1 | 19.2 | 393.2 | 26 |
| 5 | 27.0 | 25.2 | 580.9 | 6 | 15 | 32.2 | 20.2 | 582.4 | 26 |
| 6 | 29.8 | 11.8 | 350.2 | 6 | 16 | 24.0 | 21.3 | 421.8 | 26 |
| 7 | 26.8 | 14.3 | 383.3 | 6 | 17 | 33.8 | 25.2 | 559.0 | 26 |
| 8 | 23.5 | 10.6 | 249.1 | 6 | 18 | 56.4 | 25.8 | 1079.7 | 26 |
| — | | | | | 19 | 32.6 | 22.1 | 684.9 | 26 |
| | | | | | 20 | 33.6 | 30.8 | 659.1 | 33 |

排布的平面结果如图5-6所示（基于研究方案指标）。同一片区在控规方案指标与研究方案指标下的生成结果如图5-6所示，对比可以发现控规方案下建筑的高度、空间的紧凑程度普遍大于研究方案指标，说明控规方案指标强度更高：

将生成数据记录在excel相应地块的表格中，可以通过表格数据进行生成结果的分析。对于构造单元仍然无法成功生成的地块，一方面可以人工排布计算得到结果，另一方面考虑到地块形状的特殊以及强度指标的不合理，需要修改强度赋值，完善控规《城市规划技术管理规定》的内容。

## 2. 数据分析与生成应用

### （1）生成数据分析

#### 1）生成成功率

当强度指标较为宽松时，通过排布计算一般可以对地块成功生成街坊。在前文中讨论了，相较于其他的排布方式和类型，当采用标准行列式进行排布时，可以得到该地块的容积率的最大值。一般的，如果某地块在某容积率指标下，所有单元采用标准行列式进行排布均无解，那么该地块通过这些单元不能成功生成达到指标要求的模型。这也就意味着，除非构造单元成功实现排布计算，否则，该地块只能得到一个低于强度指标要求的模型，这样的模型不能反映强度指标的实际控制效果。

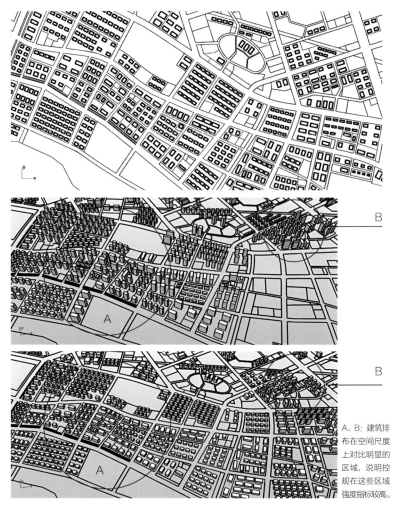

A、B：建筑排布在空间尺度上对比明显的区域，说明控规在这些区域强度指标较高。

图5-6　生成结果平面图（上）；控规方案与研究方案的生成结果对比（中、下）

为了避免后者的情况，只要该地块能够通过判定：$D_{st} \cdot H_{st}/3 \geqslant FAR_{st}$（或$\delta = D_{st} \cdot H_{st}/(3 \cdot FAR_{st}) \geqslant 1$），那么仍然应该尝试构造单元进行生成。北海18个典型单元并不能实现所有未建设地块的生成，无论这些地块是否采用了标准的行列式街坊类型，因此仍然有一部分形状特殊或者强度指标紧凑的地块需要构造单元尝试。通过控规方案指标以及研究方案指标下的总体生成结果，可以得到这些无法成功生成的地块。

在非异形地块中，通过单元库内的单元成功生成的地块统计如表5-5。对于四边形地块（包括矩形和梯形），研究方案指标的生成成功率仅为42.1%（其中居住地块生成的成功率为47.1%），控规方案指标的生成成功率为64%（其中居住地块生成的成功率为67.4%）（表5-5）。

控规方案、研究方案指标下通过单元库成功生成标准行列式街坊的地块数量统计　　　　表5-5

| 地块形状（数量） | | 控规方案指标 | | | 研究方案指标 | | |
|---|---|---|---|---|---|---|---|
| | | 生成成功 | 生成失败 | 成功率 | 生成成功 | 生成失败 | 成功率 |
| 四边形 | 228 | 146 | 82 | 64% | 96 | 132 | 42.1% |
| L形 | 27 | 17 | 10 | 63% | 12 | 15 | 44.4% |
| 异形地块 | 90 | 32 | 58 | 35.6% | 19 | 71 | 21% |
| 居住地块形状 | | | | | | | |
| 四边形 | 138 | 93 | 45 | 67.4% | 65 | 73 | 47.1% |
| L形 | 19 | 13 | 6 | 68.4% | 8 | 11 | 42.1% |
| 异形地块 | 61 | 13 | 48 | 21.3% | 14 | 47 | 23% |

地块生成成功率受到强度指标宽松程度的影响。在生成成功的地块中，研究方案指标下，容积率达到限定值的0.952（即$\phi_{FAR}$的平均值为0.952），这一指标在控规方案生成结果中是0.967，生成结果较好地受到了容积率指标的控制。

对于建筑密度而言，控规指标生成结果达到限定值的0.599（即$\phi_D$的平均值为0.599），研究方案并没有给出建筑密度指标，根据建筑密度的默认值，研究方案生成结果与该默认值的平均比值是0.661。由此可见大多数地块没有达到目标建筑密度，即生成结果并不受到建筑密度的控制，在本案例中不是影响生成成功率的决定因素。同样的，控制方案生成结果的建筑高度与限高比值的平均值为0.749，该平均值对于研究方案是0.836。数据整理如表5-6：

控规方案、研究方案强度指标与生成结果统计　　　表5-6

| 居住地块 | 控规方案 | | | | 研究方案 | | | |
|---|---|---|---|---|---|---|---|---|
| | 容积率 | 建筑密度 | 限高（m） | $\delta$ | 容积率 | 建筑密度 | 限高（m） | $\delta$ |
| 指标平均值 | 3.25 | 0.25 | 77.4 | 1.98 | 2.82 | 0.27 | 49.8 | 1.59 |
| 生成成功的地块 | | | | | | | | |
| 结果平均值 | 2.96 | 0.15 | 59.7 | — | 2.49 | 0.18 | 43.5 | — |
| 指标平均值 | 3.03 | 0.25 | 79.7 | 2.19 | 2.60 | 0.27 | 52.4 | 1.81 |
| 比值$\phi$ | 0.97 | 0.60 | 0.75 | — | 0.95 | 0.66 | 0.83 | — |

为了形象地阐释强度指标对生成成功率的影响，根据上文数据分析体现的强度指标的影响程度，作者绘制了控规方案、研究

方案下居住地块强度指标分布图（图5-7），该图分别以容积率、限高为坐标轴，用半径大小不同的圆表示该强度指标组合下地块的数量，如图5-7所示。控规方案尽管容积率指标平均值较研究方案高（超15.2%），但拥有更大的建筑限高（超55.4%），强度指标整体上比研究方案更宽松，因此也拥有较高的生成成功率。该图是$\delta$的具象化，前者只能侧面反映指标的宽松程度。此外，可以统计得到单元成功生成的次数（生成时单元随机选择），见表5-7。

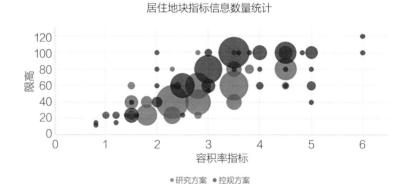

图5-7　居住地块容积率、限高指标计数图

单元生成成功的次数统计　　　　表5-7

| 单元编号 | 2 | 3 | 5 | 6 | 7 | 11 | 12 | 13 | 14 | 15 | 16 | 17 | 18 | 19 | 20 |
|---|---|---|---|---|---|---|---|---|---|---|---|---|---|---|---|
| 控规方案 | 1 | 0 | 1 | 1 | 1 | 11 | 8 | 1 | 16 | 27 | 6 | 8 | 34 | 33 | 15 |
| 研究方案 | 0 | 1 | 0 | 0 | 0 | 7 | 1 | 0 | 11 | 14 | 4 | 8 | 31 | 29 | 2 |

2）无法成功生成的地块

根据上文的数据统计，对于生成成功的地块，地块限高的利用较为充分（0.8的比值），但建筑密度均有较大余量。对于本案例而言，若通过单元库的单元不能成功生成地块，即不能达到指定的容积率，主要的原因是建筑密度没有得到充分利用（限高利用较充分）。实际上，强度指标越紧凑，有限的典型单元进行排布计算时，越难以得到指标利用充分的结果，也即容易生成失败。

根据生成结果对生成失败的案例进行统计，可以得到这些生成失败的地块的统计信息。如图5-8所示是控规方案和研究方案指标下，用蓝色表示的生成失败的地块分布（不包括异形地块）。地块形状是造成通过典型单元进行标准行列式排布时，建筑密度

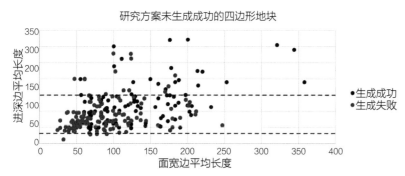

图5-8 研究方案未生成成功的四边形地块的形状分布

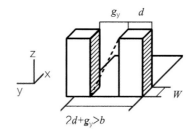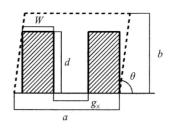

图5-9 进深长度特殊导致生成失败（左）；构造非典型单元生成地块（右）

无法充分利用的重要原因，以下将统计这些生成失败的四边形地块的形状，进一步对该结论进行说明。

确定这些四边形地块的两组面宽方向、进深方向的边，分别计算这两组边的平均边长（在进行行列式排布时，面宽方向长度、进深方向长度与单元面宽、进深、横向建筑间距以及纵向建筑间距相关）。以面宽边平均长度、进深边平均长度分别为横、纵坐标统计这些地块的形状信息。如图5-8所示，研究方案指标下未生成成功的四边形地块的形状统计分布图，在该图内，可以发现生成失败的四边形地块进深边的平均长度集中在30~150m的范围内，在该范围内，地块的面宽边平均长度越长，生成成功率越高，而面宽边平均长度在25~65m范围内的地块几乎都生成失败。

容易梳理典型单元在地块内生成失败的原因，当地块面宽边长度过小时，面宽长度上由于无法放下一个单元，因此排布失败。另一方面，在进深方向上，由于纵向建筑间距的取值较大，当放不下两个单元时，可能导致放下一个单元后进深方向上的空间较大，建筑密度有较大余量（大多属于此类）。以进深100m为例，减去退界后，进深方向上用于排布的距离为75m，若放下两个15号单元（单元进深20m），则建筑间距必须小于35m，即建筑高度不能大于70m（$k=0.5$）。进深越小，放下两个单元要求的建筑高度越低，也越难以生成成功。

对于这样的情况，如果希望地块能够成功生成，则要求当进深方向上只排布一个单元时，也能够充分利用建筑密度与限高。通过构造非典型单元，可以达成上述目标（构造进深大于面宽的单元，避免限高对纵向建筑间距的影响，因此能够同时充分利用限高与建筑密度，由此导致的非典型单元，也可以理解为东西朝向的行列式排布的单元）（图5-9）。

3）构造单元生成行列式街坊

一般的，对于指标条件比较苛刻但通过判定的地块，当单元库中的典型单元不能通过标准行列式生成成功时（也就意味着不能通过其他类型生成成功），需要构造单元重新进行行列式生成计算。构造单元的原则和目的，仍然是充分利用强度指标。构造单元时，可以通过设定取值范围和变化模数，逐级改变单元的面宽和进深，直到合适尺寸的单元完成生成排布计算与校核，抑或没有合适尺寸的单元实现生成，也即构造单元生成失败。为了减少计算量，针对不同形状的地块构造单元时，取值方式可以针对性地变化。以上文中进深尺寸在30~150m范围内的矩形地块为例进一步说明。

设单元的面宽取值范围为$[w_{min}, w_{max}]$，进深取值范围为$[d_{min}, d_{max}]$。令$w=w_{min}$，当建筑密度取限值时，单元的高度$H$为：

$$H = 3 \times f, f = [FAR_{st}/D_{st}] + 1 \tag{5-2}$$

根据退界后面宽方向尺寸$a$、进深方向尺寸$b$、横向建筑间距$g_x$和纵向建筑间距$g_y$，计算得到面宽方向上能够排布的单元的数量$N_x$，有（注意该式没有扣除面宽间隙）：

$$N_x = [(a + g_x)/(w + g_x)] \tag{5-3}$$

单元在进深方向的累加长度$d_\Sigma$，有：

$$d_\Sigma = [(S \cdot D_{st})/(\overline{\lambda_a} \cdot w \cdot N_x)] \tag{5-4}$$

其中$\overline{\lambda_a}$为折算系数；当$d_\Sigma > b$时，令$d_\Sigma = b$。重新计算建筑单元高度$H$：

$$H = 3 \times f, f = [(FAR_{st} \cdot S)/(\overline{\lambda_a} \cdot w \cdot d_\Sigma \cdot N_x)] + 1 \tag{5-5}$$

为计算方便见起，当$H \leq 0.5H_{st}$时，令$H=2H$；否则令$H=H_{st}$。根据建筑单元高度重新计算横向建筑间距$g_x$和纵向建筑间距$g_y$，并重新计算面宽方向上能排布的单元数量$N_x$：

$$N_x = [(a - d_\Sigma/|\tan\theta| + g_x)/(w + g_x)] \tag{5-6}$$

重新计算单元在进深方向的累加长度$d_\Sigma$，有：

$$d_{\Sigma} = [(FAR_{st} \cdot S)/(3 \cdot \overline{\lambda_a} \cdot w \cdot N_x \cdot H)] \qquad (5-7)$$

根据以下方式计算进深方向上能否划分为多个单元。设进深方向上排布的单元数量为$N_y$，单元的进深为$d$，有：

$$\begin{cases} N_y = [(b - d_{\Sigma})/g_y] + 1 \\ d = [b/N_y] \end{cases}, \left(若 d < d_{min}，则 \begin{cases} N_y = N_y - 1 \\ d = [b/N_y] \end{cases}\right) \quad (5-8)$$

调整得到达到容积率要求的单元高度$H$，有：

$$H = 3 \times f, f = [(FAR_{st} \cdot S)/(\overline{\lambda_a} \cdot w \cdot d \cdot N_x \cdot N_y)] \qquad (5-9)$$

若$d \le d_{max}$且$H \le H_{st}$（通过条件），则构造单元排布成功，新单元的信息为：

$$unit:\{add, w, d, A, f\} \qquad (5-10)$$

其中，单元面积$A = \overline{\lambda_a} \cdot w \cdot d$。

若不同时满足$d \le d_{max}$且$H \le H_{st}$，则本次单元构造失败，令$w = w + \Delta w$，重新进行构造单元的计算，直到满足通过条件，或者当$w > w_{max}$，即意味着该地块构造单元生成失败。

构造单元仍然无法成功生成的地块，或者是由于形状过分特殊，或者是强度指标过分紧凑，尝试人工计算可以生成符合指标要求的模型，或者生成低于强度指标要求的模型替代。在本实验中，通过对四边形地块构造单元补充生成后，仍然生成失败的地块数量、生成的成功率、生成结果统计等如表5-8至表5-10：

控规方案、研究方案指标下构造单元后成功生成标准行列式街坊的地块数量统计　　　　表5-8

| 地块形状（数量） | 控规方案指标 | | | 研究方案指标 | | |
|---|---|---|---|---|---|---|
| | 生成成功 | 生成失败 | 成功率 | 生成成功 | 生成失败 | 成功率 |
| 四边形 228 | 219 | 9 | 96.1% | 198 | 30 | 86.8% |
| L形 27 | 21 | 6 | 77.8% | 16 | 11 | 59.3% |
| 居住地块形状 | | | | | | |
| 四边形 138 | 135 | 3 | 97.8% | 127 | 11 | 92% |
| L形 19 | 16 | 3 | 84.2% | 11 | 8 | 57.9% |

构造单元生成的居住地块的控规方案、研究方案强度指标与生成结果统计　　　　表5-9

| 构造单元生成的居住地块 | 控规方案 | | | | 研究方案 | | | |
|---|---|---|---|---|---|---|---|---|
| | 容积率 | 建筑密度 | 限高（m） | $\delta$ | 容积率 | 建筑密度 | 限高（m） | $\delta$ |
| 结果平均值 | 3.39 | 0.15 | 70.5 | — | 2.84 | 0.20 | 45.2 | — |
| 指标平均值 | 3.50 | 0.26 | 78.5 | **1.94** | 2.96 | 0.28 | 50.6 | **1.60** |
| 比值$\phi$ | **0.97** | **0.58** | **0.90** | — | **0.96** | **0.71** | **0.89** | — |

构造单元后仍然生成失败的地块数量统计　　表5-10

| 生成失败的原因 | 地块数量 控规方案 | | 研究方案 | |
|---|---|---|---|---|
| | 四边形 | L形 | 四边形 | L形 |
| 不通过判定（$\delta < 1$） | 0 | 0 | 10 | 3 |
| 地块形状特殊 | 8 | 4 | 16 | 4 |
| 地块形状标准，但指标过分紧凑（$1 \le \delta \le 1.6$，非充分） | 1 | 2 | 4 | 4 |
| 总计 | 9 | 6 | 30 | 11 |

控规方案、研究方案指标下异形地块的生成结果统计　　表5-11

| 异形地块生成 | 控规方案指标 | | | 研究方案指标 | | |
|---|---|---|---|---|---|---|
| | 生成成功 | 生成失败 | 成功率 | 生成成功 | 生成失败 | 成功率 |
| 通过典型单元 | 32 | 58 | 35.6% | 19 | 71 | 21% |
| 构造单元后 | 62 | 28 | 68.9% | 47 | 43 | 52% |

4）异形地块的生成

异形地块由于形状特殊，比一般地块的生成成功率低。对异形地块进行恰当地划分可以提高生成的成功率图5-10。当典型单元不能成功生成时，通过构造单元，异形地块生成成功率能够显著提高。异形地块的生成结果统计如表5-11：

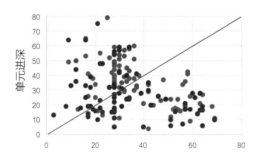

图5-10　构造单元的尺寸分布图

5）北海城市的生成结果比较如图5-11所示：

（2）北海城市风环境实验

研究团队基于三维体量模型的生成数据，一方面查找强度指标不合理的地块，更新这些地块的指标赋值，另一方面，通过比较不同要素变化后生成的城市形态，针对性地调整控制指标要素

图5-11　构造单元前后控规方案（上）、研究方案（下）生成成功的地块

的取值，对城市规划技术管理规定进行修订。

　　以下展示三维体量模型在本案例中的应用。将生成的未建设地块的模型与城市现状体量模型合并，可以得到北海中心城区总体体量模型，如图5-12所示分别为现状模型以及研究方案指标下的城市总体模型：

北海城市紧邻北部湾，地处热带，通风散热是城市规划建设的课题。充分利用海风，构建合理的城市通风廊道，有助于提升城市空气的流动性，缓解城市热岛效应，改善城市内人体的舒适度。研究团队基于此，提出借助城市总体体量模型，对北海城市风环境进行实验，评估规划后北海城市的通风状况，从而提出构建城市通风廊道的规划建议，改善控制性详细规划的内容。

　　如图5-13（上）所示是北海一天内的风向情况，主导风向依次为SE、ENE、SSW，将总体模型一天内的通风情况进行叠加，可以得到城市主风廊道控制区域。如图5-13（中左、中右）所示是控规方案、研究方案下城市主风廊道叠加图，紫色区域表示城市建成区域（即现状）的风廊道交汇点，红色区域表示未建设区域的风廊道控制地。

　　SSW风向的主廊道在区域1被堵塞，在区域3则阻挡了原有的风廊道。区域2的风廊道情况良好且有余量。为了改善城市风环境，使得在三个主导风向上的风廊道分布均匀，因此需要提高SSW方向上的风量。原本1、3区域风量充足，因此需要留出足够的风道，适当控制开放空间、降低区域内地块的建筑密度。区域2内的地块可以适当提高容积率和建筑密度。在容积率指标不改变的情况下，增加地块内建筑单元的高度（增加限高），可以降

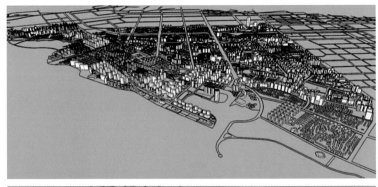

图5-12　北海城市建设现状模型（上）；研究方案指标下的城市总体模型（下）

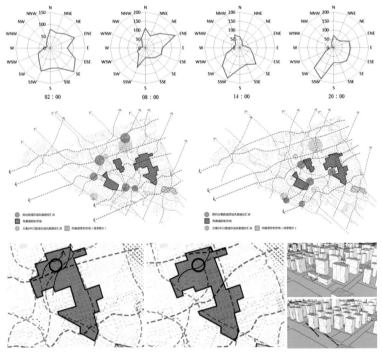

图5-13　北海一天内的风向情况（上）；控规、研究方案下城市主风廊道叠加图（中左、中右）；同一区域不同体量的建筑的通风分析（下）

低地块的建筑密度。图5-13（下）显示了同一区域，当板式高层与低层顺风廊道搭配时，该区域通风量大。

## 六、研究总结

至此，作者以"基于街坊类型学的城市三维体量模型的生成方法研究"为题，完成了该生成工作方法的建构，并通过真实案例的演示，证明了该方法的可行性，以及它的应用价值。从工作的流程上总结本研究，可以将其归纳为三个部分。

（1）调研。内容包括：收集街坊案例并进行图式化的类型研究，抽象出构建街坊生成体系的类型要素，提出分区生成（设计）的想法；熟悉控制性详细规划的工作流程，研究强度指标的确定方法以及它在城市分区规划中的地位；解读《城市规划技术管理规定》的主要内容，总结影响城市空间形态、城市生成的关键指标；针对进行生成的目标城市，结合街坊的类型要素，将《城市规划技术管理规定》的指标条文简化成数学、几何语言。

（2）原型构建与算法编写。内容主要有：将分区规划图则中的地块根据形状要素划分为一般形状地块和异形地块，得到主要的地块形状；进一步研究街坊案例，并总结出具有算法特征的四种建筑单元排布方式；针对不同的地块形状以及单元的排布方式，结合分区理念，在真实案例中总结出具有代表性的街坊类型原型，得到五种标准分区。针对不同分区方式的一般形状地块编写得到标准分区的算法（①）；针对不同排布方式编写不同标准分区的单元的排布算法（②）；针对异形地块编写地块划分得到一般形状的算法。

（3）街坊与城市生成。内容包括：编制地块信息记录表格，录入地块数据及强度指标信息；编写地块信息读取与生成信息记录程序（A），编写《城市规划技术管理规定》的指标赋值程序（B）；确定生成指标校核的目标，即得到建筑密度不大于指标规定、容积率不小于指标规定的生成结果；明确模型调整的方法，包括降低层高、更换单元、调整（集中绿地）形状系数、更换街坊类型；编写校核算法（C）与模型生成算法（③）；通过组合主函数（A+B+C）与引用函数（①+②+③），编写单个类型街坊的生成程序；编写异形地块的生成程序；编写应用于整体生成的单元行列式排布的街坊单一分区的城市生成程序（本案例演示）；编写多种街坊类型的城市的生成程序。

本模型的研究过程是一个将复杂问题逐级抽象简化的过程，在处理整体问题的时候，对大的范围逐级划分，找到最小的单元，通过逐步解决划分过程中出现的问题，最后完成整体性的工作。本论文的写作着重展现了这种研究方式的思想价值。

# 城市建设强度分区规划支持系统的研究与开发[1]

工 作 单 位： 同济大学

研 究 方 向： 空间布局规划

参 赛 人： 薄力之、宋小冬、徐梦洁

参赛人简介：薄力之，浙江大学建筑设计研究院上海分院总工程师，同济大学博士；主要研究方向为大城市建设强度分区规划与
建设强度分区规划支持系统，先后主持和参与了上海、杭州、宁波、舟山、北海、南宁等地的建设强度分区规划以
及城市高度分区规划，并于《城市规划学刊》《国际城市规划》《规划师》等期刊发表相关研究成果十余篇。

宋小冬，同济大学城市规划系教授、博士生导师。

徐梦洁，上海同济城市规划设计研究院规划师，同济大学硕士。

## 一、研究问题

### 1. 研究背景及目的意义

在城市规划体系中，建设强度分区规划（后文简称"强度分区"）是衔接总规层面建设强度管控原则与控规层面地块具体建设指标的中间层次，具有"承上启下"的重要作用：通过分级分片划定建设强度指标区间来给控规指标的制定提供必要的依据，保证分片开发的不同区域满足城市发展总体导向的要求。深圳（2002年）、上海（2004年）、武汉（2006年）等主要的大城市均已经展开了强度分区规划编制工作，在经历了多轮修编后仍然没有达到稳定。在实际的实施过程中经常受到质疑，而重新编制强度分区规划，不仅耗费极大的人力物力，在时效性上也无法满足城市快速发展的要求，使规划管理部门陷入进退两难的境地。

现有的强度分区方法主要为多因子叠加评价法，也就是将与强度有关的各项因子进行汇总，分别划定不同的范围、影响半径及权重，然后在空间上进行叠加评分，以此为依据划定4～6级的

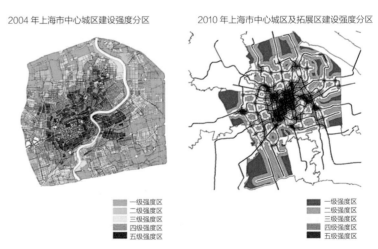

**图1-1 上海市中心城区前后两轮强度分区（2004及2010年）**
资料来源：《上海市控制性详细规划技术准则相关专题研究—开发强度专题研究》

分区，并按照一定的规则（总量分配法、可接受强度法等）给每个分区赋予一定的强度数值。这种方法存在一定的问题：第一，强度数值和空间分布不仅与城市各系统之间存在复杂的关联关系，同时跨越时间、空间等多个维度，受到多项影响因素的叠加

---

[1] 本文摘自《规划师》2017（9）：52-57；《城市建设强度分区规划支持系统的研发与应用——以宁波市中心城为例》；国家"十二五"科技支撑计划，城镇群高密度空间效能优化关键技术研究（2012BAJ15B03）

影响。第二，强度的数值和空间分布无法兼顾全部影响因素，必然存在"顾此失彼"。第三，强度分区规划的目标通常涉及强度以外的城市系统，具有模糊、多元的特点；而强度政策制定的手段往往局限于强度系统自身，具有清晰、单一的特点，两者具有显著的不对应性。第四，强度指标具有从属性的特点，其对城市各系统的影响作用并非决定性的，或至少不是唯一决定性的。因此很难判别强度分区"手段"与"结果"之间的对应关系。第五，影响强度分区规划制定的各要素，例如决策者的价值观、外部环境等均具有不确定性的特点。第六，强度分区的各影响因子之间存在复杂的"叠加替代"作用，很难清晰界定彼此之间的边界，其两两之间本身存在正相关性的可能。因此，决策者在面对强度分区规划决策问题时，必须处理大量的决策信息，理清各因素间复杂的相互关系，考虑限定条件各种变化的可能。而这些内容，大大地超出了决策者个人能力能够达到的范畴，这个时候就需要决策支持系统的协助。

### 2. 研究目标及拟解决的问题

建设强度分区规划支持系统（Density Zoning Support Systems，DZSS）基于地理信息系统，通过计算机模拟不同备选强度分区方案的实施结果，验证不同结果对于规划目标的达成情况，并进行综合评分排序，以此作为辅助决策者决策的依据。

## 二、研究方法

### 1. 研究方法及理论依据

在公共管理科学的决策理论中，将与政策分析相关的五个部分称为决策五要素："价值"与"环境"分别代表了政策以外的主客观状态，"目标"、"手段"、"结果"共同构成了政策本身。决策五要素之间的关系可以体现政策所具有的"政治理性"与"技术理性"："政治理性"为决策各方的接受度，具体体现为"价值—环境—政策"关系，既在现实的决策中，我们首先关注的并不是规划本身是否"客观"正确，而是"政策"在特定的"环境"下有没有真正体现决策者的"价值"；"技术理性"为政策本身的逻辑关系是否清晰，具体体现为"目标—手段—结果"关系，即"目标"决定"手段"，"手段"决定"结果"，"结果"反映"目标"三个关系的一致性与充要性。"价值—环境—政策"关系代表了

政策制定的方向，"目标—手段—结果"关系代表了政策制定的效率，两者共同构成了政策制定的效能。

传统强度分区采取的依据"价值"细化"目标"，再用"目标"推导"手段"的常规决策顺序存在明显不足，而先提出备选"手段"，其后通过模拟实施"结果"，再评估"目标"达成情况，最后验证其是否符合"价值"导向这种"倒置"的决策顺序更适合强度分区。决策支持是协助决策者梳理五要素关系的有效工具，通过计算机系统模拟并评估不同外部环境下各备选方案的实施结果及目标达成情况，给不同决策者提供明确的"方案—价值"对应关系，辅助决策群体作出选择。

决策模式指的是决策时必须遵循的原则，例如：经验决策、理性决策、渐进决策等。传统的强度分区规划促进了强度管控由经验向理性决策的转变，但是考虑到五要素之间特殊的关系，理性决策要求的：获得全部决策信息；了解所有决策者价值偏好及相对比重；找到全部备选方案；能够准确地预测每种方案产生的全部后果等，这些先置条件无法完全满足。同时，强度分区希望达到的目标之间还存在的矛盾性，也决定了不存在"最优"只存在"满意"的方案。因此，有限理性模式更适合强度分区决策。有限理性模式由西蒙于20世纪50年代提出，不要求最后选择的方案达到目标体系的绝对最优，只要备选方案中的相对最优，且达到决策者的满意即可。

### 2. 技术路线及关键技术

强度分区决策支持程序包含：明确问题（明确"政策"的边界）、目标体系（制定"目标"）、方案设计（确定备选的"手段"）、结果模拟（模拟不同"手段"在不同"环境"下的"结果"）、目标评估（评估不同"结果"的"目标"达成情况）、综合评价（验证"手段"、"结果"、"目标"之间的"技术理性"关系）、群体选择（验证"政策"与"价值"之间的"政治理性"关系）、实施反馈（满足"技术理性"与"政治理性"后做出决策）八个阶段。

阶段之间还存在循环关系：方案设计阶段提出初步的备选方案，在多外部环境下进行方案模拟后，依托决策模型可以获得不同目标下的评分。此时得分最高的优胜方案往往不是最终的决策方案，其作用主要在于确定大致的分区、赋值方向。基于综合评价的结论，通过调整优胜方案的技术参数形成新的备选方案，

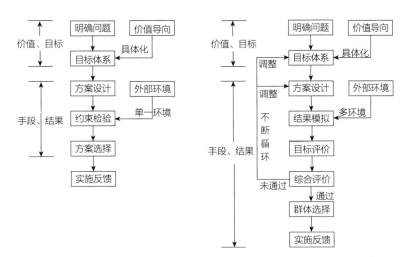

图2-1 传统强度分区（左）与强度分区决策支持（右）的不同程序顺序（笔者自绘）

循环结果模拟、目标评估、综合评价三个阶段，可以进一步完善优胜方案的指标细节，直至通过综合评价，在决策群体层面做出最终决策。在循环过程中，决策者不断加深对决策问题的认识，除了调整备选方案外，也可能调整目标体系，甚至整个决策模型。

除了上述理论方法的指导，从目标体系到方案设计，再到综合评价，本项研究还依靠多准则分析方法和土地适宜性评价技术（叶嘉安等，2006），前者为了将规划涉及的各种因子综合起来，方案比较则采用TOPSIS方法，使参与决策的各方逐步向满意的结果靠拢，后者是为了让各种因子准确落地，空间位置、相互距离、用地面积准确、一致。

## 三、实践案例

宁波中心城面积约为2560平方公里，包含海曙区、江北区、江东区、镇海区、北仑区、鄞州区六个行政区。本规划支持系统主要针对矛盾比较突出的居住用地。本次规划提出了"美丽宁波、山水宜居、疏密有致、高低错落、公交优先、强化中心"的规划目标。强度分区模型分为主体模型和修正模型两个部分。主体模型主要包含公共中心、公共交通两项主要的影响因素。其中公共中心一方面代表了未来城市的主要就业中心，也代表了城市公共服务设施集中的区域，在公共中心及其周边高强度开发，不仅可以使更多人便利地享受到服务设施，也可以促进就近就业，

避免长距离的通勤或购物出行，便于缓解城市交通压力。靠近公共交通设施高强度开发可以使更多的人摆脱对私车交通的依赖。修正模型重点考虑三江六岸地区的景观风貌控制对强度的影响。在涉及城市主中心、城市副中心、沿江节点的单元提升建设强度，在涉及风貌及视线保护的单元降低建设强度。

### 1. 模型应用实证及结果解读

（1）基础底图构建

将建设强度分区规划需要的各类数据导入GIS数据库，这些数据包括总规用地数据；历史风貌保护区范围、生态山体等数据以及各影响因子及范围线等。

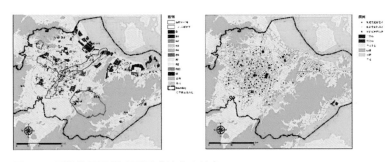

图3-1 用地范围及影响因子（笔者自绘）

（2）影响因子选择

公共中心因素包括：公共主中心、公共副中心、片区中心三类影响因子；公共交通因素包括：轨交枢纽站、轨交换乘站、轨交普通站三类影响因子（表3-1）。因子专题图生成采用模糊分类法。不同的备选方案可以选用不同的影响因子，也可以设置不同的权重体系。

最终选择备选方案的各影响因子和权重　　表3-1

| 影响因素 | 权重 | 影响因子 | 小类权重 | 影响范围（米） | 小类叠合计算方式 |
|---|---|---|---|---|---|
| 公共中心 | 0.47 | 公共主中心 | 1.00 | 3000 | 取最大值 |
| | | 公共副中心 | 0.69 | 2000 | |
| | | 片区中心 | 0.38 | 1000 | |
| 公共交通 | 0.53 | 轨交枢纽站 | 1.00 | 1200 | 取最大值 |
| | | 轨交换乘站 | 0.72 | 900 | |
| | | 轨交普通站 | 0.46 | 600 | |

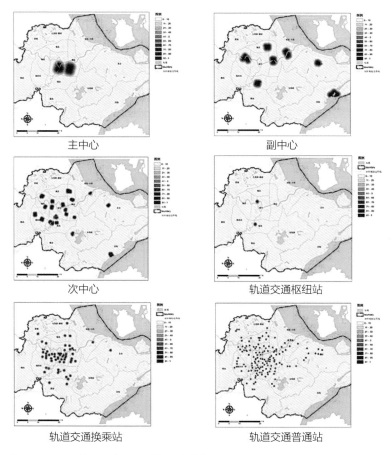

主中心　　　　　　　　副中心

次中心　　　　　　　　轨道交通枢纽站

轨道交通换乘站　　　　轨道交通普通站

图3-2　各影响因子专题图（笔者自绘）

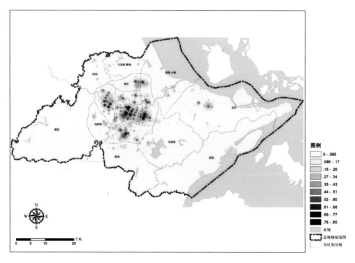

图3-3　最终选择备选方案的因子叠加结果（笔者自绘）

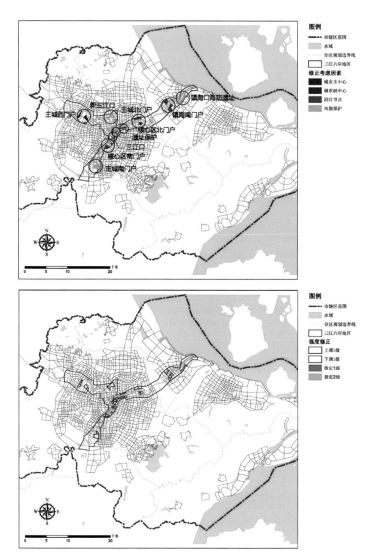

图3-4　模型修正要求（笔者自绘）

（3）因子叠加计算

系统将栅格文件转化为100×100（单位：米）的矢量点，并将各栅格数据集的属性提取至矢量点的属性表中。运行综合评分计算插件得到每个点的综合评分，再次转化为栅格后形成基础模型叠加结果。将每个点的综合评分以平均数的形式统计入用地矢量文件，选择自然间断点法分为四级，得到基础强度分区图。

（4）特别区模型修正

依据三江六岸沿线的具体情况，提出对用地强度分级的调整建议，然后落实到强度分区上。此外还考虑了慈城地区的历史保护要求和东钱湖风景名胜区的景观视线保护要求。

（5）强度赋值

按表进行赋值。对拆迁安置区、经济适用房、廉租房、旧城改造、棚户区改造等特殊用地按照相关政策调整容积率数值，得到最终的强度分区图。不同的备选方案可以采取不同的平均容积率以及不同的强度级差。

| 强度分区 | 每一级的强度赋值 | | 表3-2 |
| --- | --- | --- |
| | 基础强度区间 | 特殊情况上限值 |
| 一级强度控制区 | 1.0~1.6 | 2.0 |
| 二级强度控制区 | 1.6~2.0 | 2.5 |
| 三级强度控制区 | 2.0~2.5 | 3.0 |
| 四级强度控制区 | 2.5~3.0 | 3.5 |

（6）目标检验

根据目标检验的情况对各备选方案做出选择，目前现有的规划支持系统只能支持有限的目标，其他目标需要通过其他方式进行人为检验。最终选择的方案，总体规划中的住宅用地按照强度分区规划全部开发建设后，总建筑面积为20496万（考虑保留）~23181（不考虑保留）万m²。换算成人口为488万~552万人（人均35~42 m²），考虑实施率后与总体规划中的人口规模相符。

## 2. 模型应用案例可视化表达

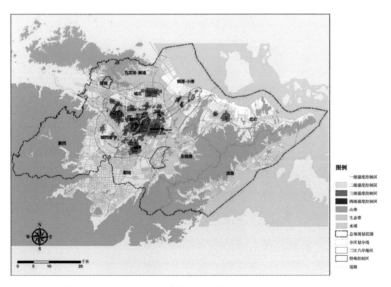

图3-5　最终中心城强度分区图（笔者自绘）

## 四、研究总结

### 1. 模型设计的特点

建设强度分区规划支持系统是辅助决策者进行强度分区的工具，解决传统方法在强度分区方案生成和目标检验过程中存在的耗时长、机械工作量大、需要经常反复、易出错等问题，同时便

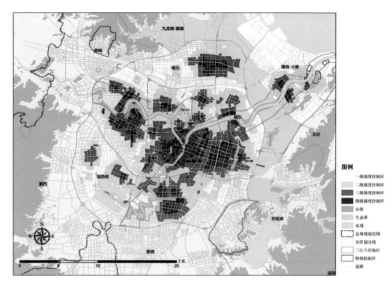

图3-6　最终中心城（高速公路环线以内）强度分区图（笔者自绘）

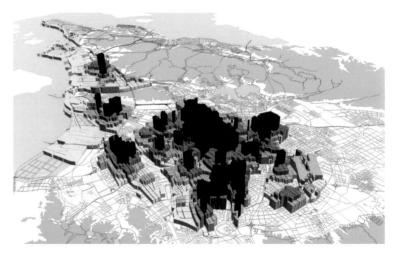

图3-7　中心城强度分区三维展示图（笔者自绘）

于不熟悉规划编制和计算机软件的决策者使用，降低规划参与的门槛。该系统具有以下优点：

（1）提高建设强度分区规划编制的效率

建设强度分区规划的编制是一个复杂的过程，必须综合考虑人口增长、房地产市场等外部环境的变化，以及与公共设施、交通设施、景观环境、生态保护等因素的匹配，同时要充分尊重城市的现状、并符合城市总体规划及其他各类专项规划的要求，且要和已经执行的控制性详细规划相衔接。一个完整的强度分区规划编制过程需要多轮不同前置条件下的循环，是一个各种信息和条件相互适应、交织，各决策者的价值观相互妥协的漫长过程。这个过程如果靠手工或简单人机交互（传统的GIS分步操作）的方式，则决策的周期较长，采用规划支持系统后，不仅每一轮的编制周期明显缩短（由2～3周缩短为2～3天），同时明显提高了准确性。

（2）适应不同规划导向

在强度分区规划中，不同的决策者拥有不同的价值观，不同价值观体现为不同的规划导向，且规划方案可能是多种价值导向的组合，在多价值导向下得出方案无疑增加了规划的难度。采用传统方式，受限于咨询人员的精力，只能覆盖到一定数量的导向，部分可能的导向或导向组合无法得到有效的验证。通过规划支持系统，能够快速给出不同分区赋值方案与不同规划导向的对应关系，并且在城市总体发展导向发生变化时减少规划师的无效劳动，更适应多价值导向下的规划决策问题。

（3）提高规划决策透明性

通过决策支持系统，输入条件（不同的分区方案）与输出结果（不同分区方案能达到的目标）之间的过程由计算机完成，可以避免人为干扰，保持透明性与公平性。

（4）为多方参与提供便利

城市规划学科的发展目标正由"为公众规划"逐步向"与公众一起规划"转变。如何得到"多方参与"而不是"一家之言"，是我国现阶段规划决策的重要任务。对于决策的各参与方而言，强度分区规划中大量的决策信息以及必要的专业知识形成了一道无形的屏障，阻碍了其参与规划决策的积极性。因此，需要有能快速建立备选分区方案与参与者自身诉求之间联系的新工具来支持多方参与，并为参与规划的各方提供一个互动的、用于讨论的平台。规划支持系统可以很好地扮演这一决策，未来随着进一步开发可以和互联网系统结合，形成基于网络的规划支持系统。

## 2. 应用方向或应用前景

本文提出的强度分区规划支持框架具有比较强的开放性，对技术路线加以调整可以形成用地布局规划支持、基础设施布点规划支持、公共服务设施布点规划支持、高度分区规划支持等其他专项系统。此外，强度分区规划支持可以和其他专项规划支持共模型运算（例如在模型中将强度与用地作为双变量），分析更加复杂的决策问题。

# 基于综合分析方法的城市通风廊道划定研究[1]

工作单位：江苏省城市规划设计研究院

研究方向：生态环境控制

参 赛 人：蒋金亮、韦胜、李苑常

参赛人简介：参赛团队成员目前均在江苏省城市规划设计研究院供职，团队中成员覆盖城市规划、建筑、地理信息等多学科背景，对于城市决策支持模型有长期深入的跟踪和探索，团队成员已经针对规划方法和模型申请多项发明专利和软件著作权，在国内高层次会议和期刊上发表过多篇相关论文。

## 一、研究问题

30年的城市化进程带来社会经济、人民生活的迅速改善，城市化率从1978年的18%增长到2016年的57.35%，到2030年将有65%的中国人口（10亿人口）居住在城市。但是城市化带来的负面作用也日益凸显，生态环境恶化逐渐暴露，中国许多区域空气污染严重，以城市建成区尤为严重，另一方面随着城市硬质化面积不断增加，热岛效应日益突出。政府在十八大以后将生态文明提到前所未有的高度，十三五规划明确提出"创新、协调、绿色、开放、共享"的发展理念，十九大指出加快生态文明体制改革，建设美丽中国。近年来住建部也陆续推行海绵城市建设、城市双修等措施，旨在改善城市生态环境，建设宜居城市。

2015年中国气象局组织编写的《城市通风廊道规划技术指南》明确提出"城市通风廊道的构建是提升空气流通能力、缓解城市热岛、改善人体舒适度、降低建筑物能耗的有效措施，对局地气候环境的改善有重要的作用"，通过建设通风廊道将郊区清新空气引入建成区，促进空气流通成为众多城市改善城市气候的有效手段。国内外较多城市已经开展城市通风廊道的研究，德国的斯图加特最早通过城市气候图寻找补偿空间；日本东京根据电脑模拟获取可利用风系统；中国香港是国内风道研究的先行区，珠三角地区基于大尺度风环境分析提出规划引导，武汉和福州也采取不同分析方法划定城市通风廊道。目前计算流体力学（Computational Fluid Dynamics，CFD）是城市风环境分析公认的方法，CFD是一种用于分析流体流动性质的计算技术，众多实践将其应用在建筑及城市与城市气候关系的研究。早期德国斯图加特采用CFD方法寻找城市通风廊道，香港、武汉等城市通过不同专家团队陆续采用空气流通分析、城市气候图、城市粗糙度等不同方法划定城市通风廊道。因此，在城市规划中应用城市气候学与地理信息知识，合理建设城市通风廊道，改善城市通风环境，应对城市环境问题成为当前规划师不容忽视的课题。随着地表环境不断复杂，城市环境中通风效能评价不能简单通过单一因子进行评价，且技术、专业要求高，对于城市规划师来说，需要建立综合性强、技术难度低、实用性高的分析方法，构建一套通风廊道划定综合分析方法。

---

[1] 本文部分内容摘自2016年城市发展与规划大会文章《城市通风廊道规划研究–以宜兴市中心城区为例》《基于GIS的城市建成区通风廊道识别研究》。本文主要成果来自江苏省城市规划设计研究院课题《基于RS、GIS、CFD技术的城市风环境研究》成果。

为应对城市建设实际需求，本研究从宏观、中观和微观三个尺度建立城市、街道以及建筑群风环境分析模型，构建城市通风廊道划定综合分析体系。在宏观层面从城市热环境、建筑高度、开敞空间、道路、建设用地等因子定量评价基础上，构建城市通风廊道空间定量分析体系，分析其通风廊道适宜性；在中观尺度对建筑楼宇密布的城市建成区，引入迎风面密度这一形态指标，将三维建筑形态指标转化为二维指标，利用GIS技术图示化分析迎风面密度的分布规律，验证城市建成区通风廊道构建的可行性，并针对问题提出相应的优化建议；在微观尺度采取CFD分析方法，对宏观尺度及中观尺度两种技术方法进行计算、验证，确保模型的适用性和可靠性，在保证分析技术科学性的基础上提高规划效率。在城市风环境分析综合体系构建基础上，自主研究基于GIS、RS和CFD的城市风环境分析应用平台，满足宏观、中观和微观尺度城市规划设计需求，借用信息化手段，综合运用城市规划、生态、气象、地理信息等多学科知识，构建城市风环境规划决策支撑模型，对通风廊道建设提出规划建议与指引，为城市规划和建设提供决策参考。

## 二、研究方法

### 1. 技术路线图

本研究首先对城市现状风环境问题进行梳理，结合相关文献综述，指出目前模型研究的现实意义和实践意义，并以风廊道相关理论为基础，收集整理风廊道建设案例库、风廊道相关技术库；其次在宏观层面提出下垫面综合分析方法，在中观层面提出迎风面密度计算方法，并结合微观层面CFD分析对宏观、中观尺度分析方法进行验证分析；最后在提出不同层面风廊道划定方法基础上，建立城市风廊道划定综合分析方法体系，为城市通风廊道构建提供决策支持依据。

### 2. 下垫面综合分析法

#### （1）理论基础：局地环流理论

在德国斯图加特风廊道规划中，德国学者Kress根据局地环流运行规律提出的下垫面气候功能评价成为通风规划思想基础。城市下垫面按照气候功能主要分为三种：①作用空间，指存在热岛或空气污染的建成或待建区域；②补偿空间，产生新鲜空气或局

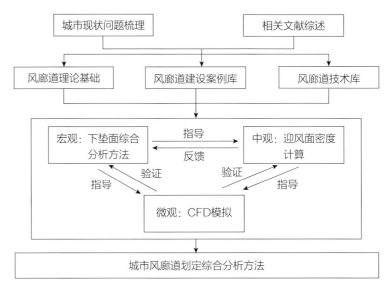

**图2-1 技术路线图**

地风系统的来源地区，比如冷空气生成区（林地、耕地等非建设用地）；③空气引导通道（也指狭义的风道），指下垫面粗糙度较低，空气流可以顺畅通过的区域，即使在静风天气下，不会阻碍气团由城郊补偿空间向市区流动（宽阔的街道、河道等）。按照上述理论，城市风廊道构建过程中需要综合考虑城市建设用地、道路、开敞空间、非建设用地等要素。

#### （2）基于局地循环理论下的下垫面综合分析方法

根据Kress的局地循环理论，结合城市规划用地分类，将城市下垫面用地类型与风廊道影响要素进行对应，按照考虑因素对其进行分类分级，判断其是否适合作为通风廊道建设。在本研究中，加入地表温度要素对城市物理空间边界进行补充和校正，纳入下垫面综合分析方法体系。

| 风廊道影响要素状况 | | 表2-1 |
|---|---|---|
| 风廊道影响要素 | 下垫面类型 | 考虑因素 |
| 作用空间 | 大部分建设用地 | 建筑物高度及布局 |
| 补偿空间 | 大型水体、大型公园绿地、农林用地等 | 规模 |
| 空气引导通道 | 河道、道路等 | 与主导风向夹角、等级 |

### 3. 以迎风面密度表征地表通风潜力

根据《城市总体规划气候可行性论证技术导则》中关于城市通风廊道规划的指导建议，地表通风潜力分析是构建通风廊道的

重要环节之一。地表通风潜力估算值由天空开阔度和粗糙度长度综合评价获得，受建筑物和植被覆盖影响。其中变化的城市形态是降低城市内部空气流通的主要因素，而自然植被和开敞区域则是增加空气流动的因素。

**地表通风潜力等级划分** 表2-2

| 通风潜力类型 | 一级 | 二级 | 三级 | 四级 | 五级 |
|---|---|---|---|---|---|
| 粗糙度长度（m） | ＞0.5 | 0.1~0.5 | ≤0.1 | 0.1~0.5 | ≤0.1 |
| 天空开阔度 | — | 0.75~0.90 | 0.75~0.90 | ≥0.9 | ≥0.9 |
| 含义 | 无 | 一般 | 较高 | 高 | 很高 |

由表2-2可见粗糙度长度越低且天空开阔度越高，意味着地表通风潜力越大。然而在城市通风廊道规划的实际应用中，天空开阔度的计算结果通常符合预期，但是粗糙度长度往往超出上表所示的阈值范围，尤其是城市建成区的粗糙度长度大多在0.5m以上，导致中心城区普遍成为地表通风潜力估算的空白区域。另一方面，现行的粗糙度长度形态学计算方法由简单排列的城市模型推算演变而来，仅适用于较为匀质的研究对象，面对复杂多变的城市形态时就显得捉襟见肘，是否能够全覆盖计算城市建成区的粗糙度长度还有待质疑。

文献中有很多关于计算粗糙度长度的表达式，其中与城市形态有关的常用参数分别是建筑密度、迎风面密度和建筑物平均高度。国内外学者已论证粗糙度长度与迎风面密度存在高相关性的单调增函数关系，因此在城市建成区范围多采用迎风面密度替代粗糙度长度进行研究。迎风面密度（Frontal Area Ratio，FAR）指的是在一定用地范围内的建筑物，沿着固定风向的投影面积与用地面积的比值，通常也会被翻译成迎风面积指数（Frontal Area Index，FAI）。由于不同风向的迎风面密度不同，所以在每个风向上对气流的阻碍程度也不一样，所以这一形态参数可以被用于验证城市通风廊道的存在，并作为参考指标用于改善城市整体的通风条件。

#### 4. CFD模拟进行验证

计算流体力学是流体力学的一门分支学科，始于1930年代初的计算机模拟技术，其集流体力学、数值计算方法以及计算机图形学于一体。它是一种用于分析流体流动性质的计算技术，包括对各种类型的流体在各种速度范围内的复杂流动在计算机上进行数值模拟计算。运用CFD技术对一定空间中的气流建立流体的湍流模型，再根据提供的合理的边界条件和参数，可以对该空间内的流体流动形成的温度场、速度场和浓度场进行仿真模拟，并直观地显示其设计结果。使用者根据设计结果对其进行合理的分析研究，不断优化设计方案，寻找有规律性的知识，从而更好地指导工程设计。

随着计算机技术的飞速发展和应用以及CFD的发展，将CFD技术应用于城市规划，来研究城市规划中的问题，特别是近年来已开始将其利用在对建筑和规划的风环境模拟分析中。目前多数研究认为CFD计算是评价城市建成环境通风的可信度较高的分析方法，但CFD在具体城市分析特别是城区大尺度、街道尺度的分析建模较为繁琐、复杂，对人力、时间成本要求较高。本研究提出了宏观层面下垫面综合分析法、迎风面密度计算下的通风潜力评价两种风环境分析方法，利用CFD方法对上述两种技术方法进行计算、验证，确保本研究方法的适用性和可靠性，进而试图在未来规划项目中通过本研究两种技术方法替代传统的大工作量、繁琐复杂的CFD计算分析，即保证分析技术科学性的基础上提高规划效率。

### 三、数据说明

#### 1. 数据内容及来源

本研究以宜兴市中心城区作为实证研究对象，具体研究数据包括：①2014年CAD地形图；②TM遥感影像来源于Landsat8 OLI拍摄，拍摄时间为2014年7月22日，空间分辨率为30m×30m；

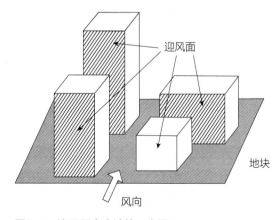

图2-2 迎风面密度计算示意图

土地利用现状图

遥感影像图

建筑物分布图

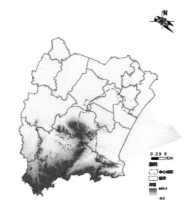

高程图

图3-1　基础数据示意图

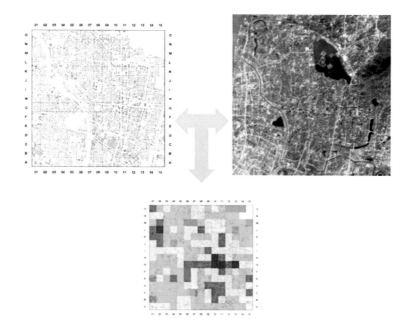

图3-2　迎风面密度计算切片示意图

③建筑高度图（CAD格式）；④宜兴市温度、风向等相关气象数据以及从其他相关部门收集的专题数据等。

首先，将地形图与相关建筑高度数据转换为GIS矢量文件，提取宜兴市建设用地、植被、水体及建筑物高度等基础数据信息。其次，借助GIS软件分析平台，对TM数据与矢量数据进行校正、配准、裁剪。最后，结合调研数据，对已有数据资料进行修改和校正，得到研究区土地利用现状图。

### 2. 迎风面密度计算数据预处理

迎风面密度是一个类似建筑密度的形态参数，计算过程中对用地范围的定义在很大程度上影响最后结果。本研究以固定大小的肌理切片（Grids）作为单位将研究对象切分成大小一致的研究单元，相对匀质化地切分城市肌理，避免了用地大小不一和功能性质不同的问题，适合探讨城市形态的变化对迎风面密度的影响。

本研究依据《城市通风廊道规划技术指南》中关于廊道尺度的建议——城市主通风廊道应与主导风向基本宽度应不小于200m，次通风廊道应与主导风向基本平行且宽度应不小于50m，将研究对象在GIS平台上切分成200m×200m的肌理切片，分别计算每个切片在主导风向上的迎风面密度值。需要进一步验证的核心区域将研究对象细化成50m×50m的肌理切片，并再次计算迎风面密度值，判断次通风廊道的构建是否可行。由于本研究关注的研究对象为城市建成区，对城市周边山地地形不做考虑，故研究范围内山体高程做简化处理，默认建筑基底高程均等。

### 3. CFD模型数据预处理

在借助CFD模型对宏观尺度、中观尺度研究方法进行验证前，需要对中心城区及地块进行三维建模和环境设置，主要包括对建筑物、河流、道路等进行三维建模，将其导入CFD软件中设置模型分析环境。

（1）中心城区CFD模型建立

将复杂的城市转化为可在CFD中进行仿真模拟的数字模型，对城市进行一定的区域划分及简化是十分必要的。在CFD中建立城市数字模型进行分析研究时，由于城市中各种因素的多样性，若对城市中现有的各种条件一一建立数字模型，工作量将会非常大（图3-3）。通过对城市中不同地区的分析调查，将相似特征的

图3-3 全市三维模型图

地区作为一个整体进行分析研究，给研究城市大气候对城市以及城市中不同地区之间相互影响提供了十分便利的手段。

以主要干道、河流、湖泊等各种条件为界限，分为不同的区域地块的基础上，考虑到不同区域的建筑密度大小、容积率等因素组成的CFD数字模型在模拟仿真计算过程中可能表现出的不同特性，将研究区域进行适当简化，取各地块建筑的平均高度作为地块高度。

图例
高度（m）
■ <5
□ 6~8
▨ 9~13
▨ 14~19
▨ >19
□ 水系

图3-4 地块划分图

为了提高计算效率，在保证模拟结果可靠性的前提下，对模型进行适当的简化：

①以主要干道、河流、湖泊等各种条件为界限，分为不同的区域地块，在CFD中以"blocks"来表示；

②对于城市中的比较空旷的区域，在CFD中留出相应比例的空地；

③城市的风环境，根据其特性，采用大气边界层"atmospheric boundary layer"来设置；

建立的实际模型如图3-5所示：

④在CFD中完成模型创建后，输入要进行模拟仿真的宜兴地区的气象条件，如风速、风向、高度、温度等因子。

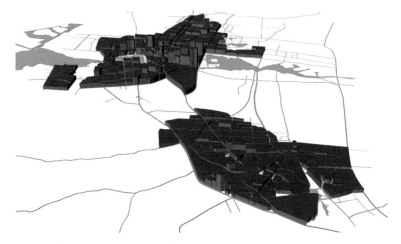

图3-5 宜兴CFD三维模型示意图

（2）地块CFD模型建立

根据中观尺度迎风面密度计算，选取用地类型混合，建筑高度、形态差异较大，水系、道路纵横，且迎风面密度高低区别较大的围合地块作为分析对象。根据对现有数据的目视判断，选取以下地块作为研究对象。地块西至人民北路，东至荆溪中路，北至太滆东路，南至解放中路。地块面积位于东氿和团氿之间，面积约为24.32公顷，土地利用类型以居住用地、商业用地、公共服务用地、水域等为主，太滆河由东向西穿插其中。地块内建筑物高度最高40m左右，最低建筑物低于5m。

在GIS工具中选取建筑、道路、水系等图层，将其导出至CAD文件。按照建筑高度字段对每栋建筑进行三维建模（图3-8）。为了提高计算效率，在保证模拟结果可靠性的前提下，对模型进行适当的简化：

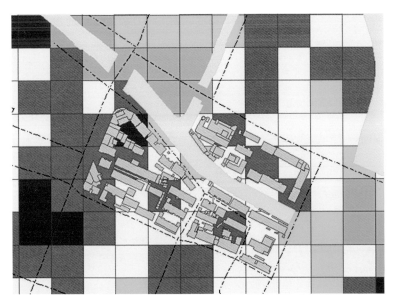

图3-6 地块迎风面密度计算结果

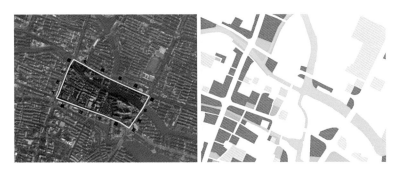

图3-7 地块现状图（左）及地块用地现状图（右）

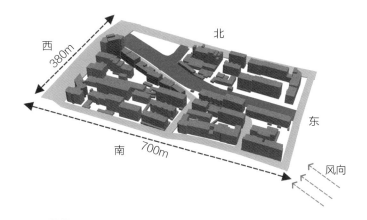

图3-8 三维模型图

①将每栋建筑、道路、水体设置为一个模块，在CFD中以"blocks"来表示；

②对于城市中的比较空旷的区域，在CFD中留出相应比例的空地；

③城市的风环境，根据其特性，采用大气边界层"WIND"来设置；

④设置风环境边界条件。

## 四、模型算法

### 1. 下垫面综合分析方法

（1）技术路线图

首先，根据遥感数据反演城市地表温度，分析城市热环境，结合用地数据提取出城市开敞空间、非建设用地、道路及建设用地等，根据建筑图层数据计算建筑高度；其次，根据城市热环境进行温度分级，开敞空间和非建设用地按照规模进行分级，道路按照道路等级及与主导风向夹角分类，通过建设用地与建筑高度叠合得到地块建筑高度，进而进行分级；再次，结合空间叠加方法，对城市热环境、开敞空间、非建设用地、道路、建设用地等不同因子进行空间叠加，计算得到城市通风廊道适宜性分析结果；最后，结合城市通风廊道适宜性分析结果，对城市通风廊道规划提出空间指引，并对不同等级风道管控提出相应建议。

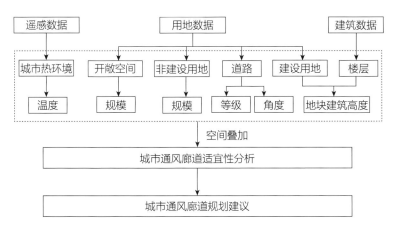

图4-1 地表综合分析技术路线图

（2）通风廊道适宜性分析影响要素

将影响通风廊道建设所有要素投射到下垫面，进而对其进行赋值叠加，分析通风廊道建设适宜性。

$$s = \text{Min}[f(x_1), f(x_2), f(x_3) \cdots f(x_n)] \qquad (4-1)$$

式中$s$为下垫面通风廊道建设适宜性值，值越小表明适宜性越高，$f(x_n)$表示不同影响因子，包括开敞空间、非建设用地、建设用地、道路、温度等要素。

1）开敞空间

开敞空间中水体、绿地与广场用地能够缓解内城热岛效应，调节局部微气候，为城区创造适宜的气候条件。在具体风廊道适宜性分析中，考虑到开敞空间的规模是影响其适宜性的重要因素，按照面积大小分为30公顷、30～50公顷及50公顷以上，分别赋值为5、3、1，表示一般适宜度、强适宜度及极强适宜度（表4-1）。

2）非建设用地

非建设用地中耕地、农林用地等属于重要的补偿空间，对于静风天气频发的城市，应尽量利用其地表类型和土壤性质的特殊性，组织城市通风。因其冷空气生成区域面积越大，气流流速越快，故按照面积大小分为30公顷、30～50公顷及50公顷以上，分别赋值为7、5、3，表示弱适宜度、一般适宜度及强适宜度（表4-1）。

3）建设用地

建设用地（除绿地与广场用地）下垫面属于城市已建成区，以硬质化路面和建筑物为主，属于现状热污染或空气污染较高的区域。考虑到建设用地地表异质性差异较小，在城市通风廊道适宜性分析中应将其纵向建筑高度作为重要影响因子，建筑高度越低，冷空气流动障碍越小。通过GIS叠加分析，计算不同地块平均建筑高度，将建设用地建筑高度分为1～2层、2～5层、5～10层及10层以上，分别赋值为3、5、7、9，表示强适宜度、一般适宜度、弱适宜度及极弱适宜度（表4-1）。

4）道路

城市道路对气流阻力较小，特别对于等级较高的快速路和主干路，连接郊区与中心城区，能够将新鲜空气从郊区输送进入城区，激化城区内部空气流通，缓解中心城区热岛效应，稀释空气污染物。道路对通风廊道影响主要体现在宽度、与主导风向角度等方面，因此在通风廊道构建过程中道路等级越高，与主导风向夹角越小，越适宜作为通风廊道将郊区冷空气引导进入城区。按照上述思路，分别将快速路和主干路、次干路及支路按照与主导风向夹角分为0～30度、30～60度、60～90度，分别进行相应赋值表示不同风廊道构建适宜度（表4-1）。

5）地表温度

地表温度作为风廊道适宜性分析的重要影响因子，地表温度越低，表明越适宜建设通风廊道。采用基于影像的反演算法模拟地表温度，得到研究区地表温度空间分布图。基于GIS软件平台，将地表温度划分为5类，分别为25～30度、30～32度、

32～34度、34～36度和大于36度，赋值为1、3、5、7、9，表示极强适宜度、强适宜度、一般适宜度、弱适宜度、极弱适宜度（表4-1）。

| 风廊道体系评价赋值标准 | | | 表4-1 |
|---|---|---|---|
| 影响因子 | 指标值 | 评价赋值 | 风廊道建设适宜度 |
| 开敞空间（水域、绿地与广场用地）（单位：公顷） | 0～30 | 5 | 一般适宜度 |
| | 30～50 | 3 | 强适宜度 |
| | >50 | 1 | 极强适宜度 |
| 非建设用地（农林用地、其他非建设用地）（面积单位：公顷） | 0～10 | 7 | 弱适宜度 |
| | 10～30 | 5 | 一般适宜度 |
| | >30 | 3 | 强适宜度 |
| 建设用地（除绿地与广场用地外）（建筑高度）（单位：层） | 1～2 | 3 | 强适宜度 |
| | 2～5 | 5 | 一般适宜度 |
| | 5～10 | 7 | 弱适宜度 |
| | 10以上 | 9 | 极弱适宜度 |
| 道路（与主导风向夹角）（单位：度） 快速路 | 0～30 | 1 | 极强适宜度 |
| | 30～60 | 3 | 强适宜度 |
| | 60～90 | 5 | 一般适宜度 |
| 主干路 | 0～30 | 3 | 强适宜度 |
| | 30～60 | 5 | 一般适宜度 |
| | 60～90 | 7 | 弱适宜度 |
| 次干路、支路 | 0～30 | 5 | 一般适宜度 |
| | 30～60 | 7 | 弱适宜度 |
| | 60～90 | 9 | 极弱适宜度 |
| 热环境（单位：摄氏度） | 25～30 | 1 | 极强适宜度 |
| | 30～32 | 3 | 强适宜度 |
| | 32～34 | 5 | 一般适宜度 |
| | 34～36 | 7 | 弱适宜度 |
| | 36以上 | 9 | 极弱适宜度 |

## 2. 迎风面密度计算方法

20世纪90年代初澳大利亚学者提出了迎风面密度$\lambda_F$的概念，它指的是单位水平面积内的建筑外墙的迎风面大小，不同的风向（$\theta$）会有不同的值：

$$\lambda_{\mathrm{F}}(\theta) = \frac{总迎风面积(\theta)}{总用地面积} = \frac{\sum A_{\mathrm{F}}(\theta)}{\sum A_{\mathrm{T}}} \qquad (4-2)$$

迎风面密度是一个与风向有关的形态参数，相关关于迎风面密度的算法多为36个风向的平均值。但对于大陆的城市形态而言，由于规范条例的限制建筑间距和退让大多被控制在合理的区间内，"有效"迎风面积在这里并不成立，对于风向不同迎风面密度不同这一特点来说，当地的主导风向下的迎风面密度才是最"有效"的。

在前人研究的基础上，本研究利用GIS平台强大的三维地形数据处理功能，将城市建成区的建筑三维体量编译成shp文件导入ArcGIS软件，并将研究范围切分成尺度适宜的网格，通过编程计算每个网格内部建筑形态的迎风面密度，并通过ArcGIS软件特有的栅格图示化功能，用深浅不一的色块表达每个网格的迎风面密度值，以求全覆盖地展现城市建成区迎风面密度分布状况，用于后期城市通风廊道规划可行性的验证。

### 3. 通过Phoenics软件进行CFD模拟

本研究采用Phoenics软件进行CFD模拟分析，主要由三部分组成：前端处理（preprocessing）、求解器（Solver）计算和结果数据生成和后处理（Postprocessing）。前端处理需要生成计算模型所必需的数据，这一过程包括建立模型、数据录入（或从CAD导入）、生成计算网格等；前处理完成后，CFD的核心求解器根据具体的模型，进行相应的计算任务，并生成计算结果数据；后处理是组织和诠释结果数据，通常以直观、可视的图形形式给出来。本研究分为对宏观尺度方法、中观尺度方法的验证两个部分，按照上述流程进行CFD模拟验证。

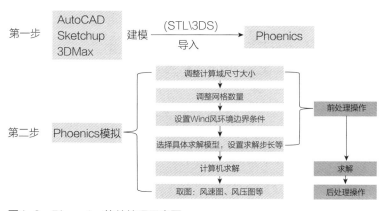

图4-2 Phoenics软件处理示意图

## 五、实践案例

### 1. 研究区概况

宜兴中心城区总面积为308km²，研究区位于宜兴市东部，紧邻太湖，地势相对平坦，地形以平原为主，东氿、团氿、西氿自西向东穿越宜兴中心城区。宜兴属北温带南部季风区，四季分明，温和湿润，雨量充沛；年平均气温15.7℃，全年气温与常年比较呈现"头尾低、中间高、高温特高、低温较低"的特点。研究区全年盛行风为东南风，2004～2013年平均风速为2.07m/s。近年来，宜兴市处在快速城市开发阶段，城市建成区范围不断扩大，夏季城市热岛效应明显，加之受弱风或静稳风环境影响，空气污染特别是中心城区有所恶化。

### 2. 风廊道建设适宜性分析

（1）风廊道适宜性分析结果

按照上述技术路线及要素分类赋值，借助GIS分析平台对不

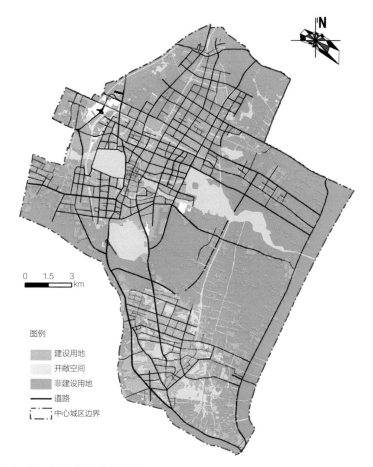

图5-1 中心城区用地现状图

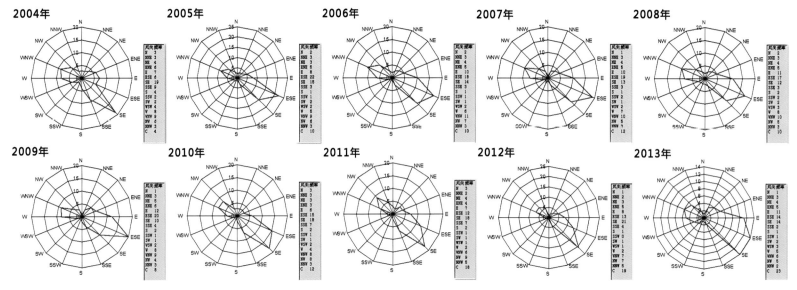

图5-2 宜兴近十年风玫瑰图

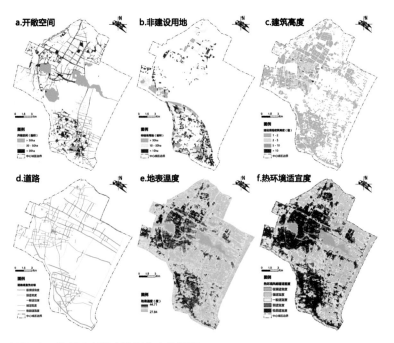

图5-3 分项风廊道建设适宜度分析图

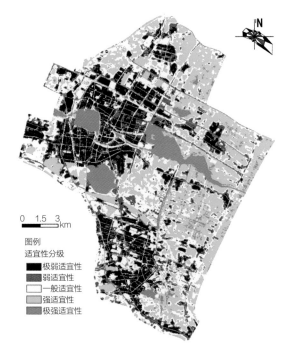

图5-4 风廊道适宜性分析结果

同因子进行叠加分析，对不同下垫面进行通风适宜性评价，得到宜兴中心城区通风廊道空间定量研究结果（图5-4）。

（2）通风廊道规划建议

按照通风廊道适宜性分析结果，寻找其中补偿空间、作用空间和空气引导空间，进而划分城市一级、二级通风廊道。

1）一级风道

一级风道与城市主导风向基本一致，贯穿整个宜兴城区大尺度的绿地以及较大面积河湖水体等的宏观层面城市尺度风道。一级风道主要整合通风廊道中的风促进空间，包括城市内部和近郊的大型生态资源，如湖泊、森林等。风促进空间自身即是提高大气质量，降低城市温度的载体，能为城市产生更多的清凉风。每个湖泊、每片绿地作为节点通过一级风道串联，成为通风廊道中的枢纽。结合风廊道适宜性分析结果，一级风道主要依据宜兴市自然条件以及主导风向，沿着自然山体或者水域进入城区，主要包括三条一级风道。一条为沿莲花荡—龙背山—团氿，主要为自东南向西北，与宜兴主导风向基本一致；一条为东氿—团氿—西氿，主要为东南向西北，与宜兴主导风向东南风夹角不大；一条为沿着长深高速自西向东经过龙背山。

2）二级风道

二级风道与城市主导风向平行或夹角较小，与宏观层面风道相衔接，将等级较高的道路串联的中微观层面的风道。以具体通风廊道上道路等级、道路宽度、与主导风夹角作为参考，顺应风向与一级风道衔接。按照同风廊道适宜性分析结果，二级风道主要包括八条，其中宜城以道路为载体的二级风廊道分别是国道104—氿滨大道—阳泉西路—红塔路—赛特大道、通蜀东路—通蜀中路—通蜀西路、宜浦线—龙潭东路—东山东路—东山西路—绿园路—G104、东虹路—太湖大道—阳泉东路—阳泉西路—X202、庆源大道—S240；以水系为载体的分别为城南河和太滆河，串联东氿和团氿。丁蜀以道路为载体的二级通风廊道为丁山路—宝阳路。串联道路以快速路与主干路为主，水系以较宽水系为主，走向主要为东南到西北，与主导风向基本一致或夹角较小。

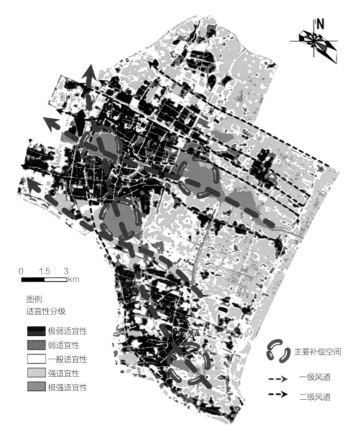

图5-5 风廊道规划建议

## 3. 迎风面密度计算结果

（1）图示化验证分析

当城市肌理切分成200m×200m网格计算时，其中迎风面密度最高的区域位于宜城区和丁蜀区，即城市通风潜力最差的区域。这两处区域均为宜兴市重要的片区中心，是商业、文化、服务中心和主要的生活用地。

以宜城区为例，城市主导风向东南风从东氿向团氿吹去，穿越城市中心区时，高耸的商业建筑和成片的板式住宅成为影响风速的主要原因。得益于宜兴市绝佳的生态本底格局，中心城区有宜北河、太滆河等多条河道自东南向西北与主导风向大致平行穿城而过，形成了自然的生态廊道。这些河道的断面在30~50m左右，结合两岸建筑退让形成的开敞空间，为规划构建次一级的通风廊道提供了可能性。丁蜀区城市建设多集中在城区河道两岸，然而河道又呈现出自东北向西南的走向，与城市主导风向恰好垂直形成了一堵严实的"风墙"，无法形成200m尺度的主通风廊道。

为进一步验证次通风廊道构建的可能性，本研究将中心城区切分成50m×50m网格进行迎风面密度的计算。以宜城区为例，迎风面密度较高的肌理切片散布在中心城区的沿河两岸，并未形成200m分辨率时的集聚效应。经过分析论证，宜城区内部可以形成以宜北河、太滆河、南虹河与城南河为载体的城市次通风廊道，这些廊道的尺度均大于50m，长度也可达1000m并穿城而过。

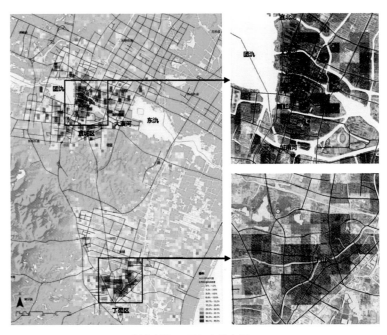

图5-6 200m×200m分辨率迎风面密度分布图

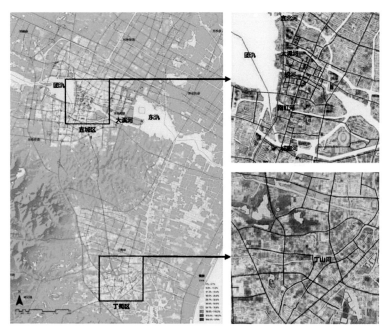

图5-7　50m×50m分辨率迎风面密度分布图

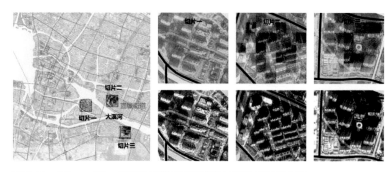

图5-8　50m×50m分辨率局部肌理切片及迎风面密度分布

另一方面，丁蜀区迎风面密度较高的肌理切片较为均匀地分布在道路及河道两侧，与宜城区呈现出较大的区别。造成这一现象的主要原因是该区域城市形态普遍偏低偏密——建筑形式主要是以低矮的棚户区和楼间距较密的多层住宅为主，相较而言没有可"透气"的绿化开敞空间，所以呈现出一片"密不透风"的状态。

（2）样例分析

进一步对分析结果进行验证，选择不同样例进行深入解析。切片一是位于大溪河南岸溪隐府小区，切片二是位于北岸的君悦逸品尚东小区。这两处住宅区地理位置均位于城市中心区主导风向的上风向，建筑类型均是以高层搭配多层住宅的组合形式，容积率和建筑密度也较为接近，但是迎风面密度却出现了迥异的区别。

造成这一结果的主要原因是因为住宅建筑的朝向不同，溪隐府小区住宅为西南朝向，建筑主体与主导风向基本平行，而君悦逸品尚东小区住宅为东南朝向，建筑主体面朝主导风向。切片三是位于大溪河南岸的融创汎园小区，从该肌理切片的迎风面密度分布图可以看出，小区中央的绿化景观轴有效地降低了该片区的迎风面密度，类似尺度的绿化空间虽无法直接构成城市通风廊道，但是可以有效地化解建筑覆盖率高所导致的城市通风潜力下降的问题，为城市建成区增加"透气"空间。

## 4. CFD分析验证

（1）中心城区CFD分析

从宜城和丁蜀的CFD模拟结果对比可以看出，宜城城区建筑物密度及高度都明显高于丁蜀片区，对风速的削减作用强于丁蜀，表现在宜城整个片区背风面的影响范围明显大于丁蜀区；另一方面，从宜城内部来看，庄源大道和解放东路这两条东西走向道路之间的区域，建筑物较为密集，开发强度大，对风速阻碍作用大，背风面风速影响范围较大，而百合大道周边区域位于城郊地带，开发强度低于核心区域，虽然对风速也有一定影响，但明显弱于核心区。

对比中心城区CFD模拟风速图与中心城区风廊道适宜性分析结果，二者具有较强的一致性，特别是对于大型河道、空旷地带及与主导风向夹角较小的高等级道路。从东汎、团汎到西汎自西向东的河道，CFD模拟结果具有较好的通风性，风廊道适宜性分析结果也表明在这一轴线比较适合建设通风廊道。东西走向的主干路庆源大道，等级较高，且与主导风向夹角小于30°，经过CFD计算验证，通风性较好，与风廊道适宜性结果一致。

（2）地块CFD模拟

样例地块CFD模拟结果表明，地块整体通风环境较好，原因主要在于建筑沿水系而建，水系走向与主导风向夹角较少，起到了通风、降温的效果，提高了地块整体的通风性。局部高密度高强度建设区的风环境有待改善，密集建设的高层建筑物，特别是建筑形态与主导风向夹角较大，影响空气流通，降低风速。

从CFD计算结果风速矢量图和速度云图来看，CFD计算结果与迎风面密度计算结果具有高度一致性，一方面可以印证迎风面密度大、小可以反映对于风速的削减、促进作用，通过迎风面密度及CFD验证分析可以对阻碍通风的区域改造提出参考建议，另一方面表明结合城市的主要道路、河流的绿化建设，沿主导风向设置通风廊道，对改善热岛和空气品质具有重要作用。

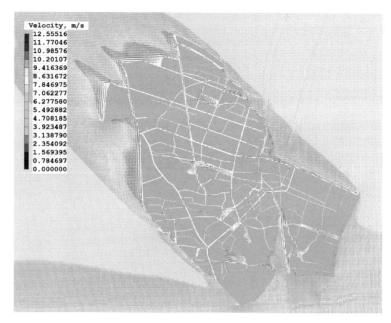

图5-11　丁蜀片区模拟风速图

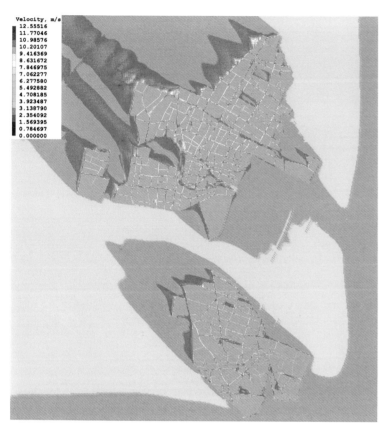

图5-9　中心城区模拟风速图

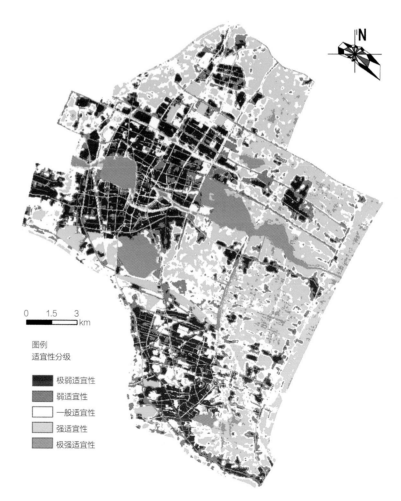

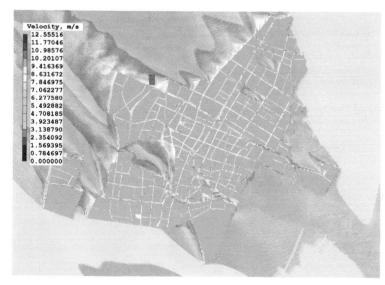

图5-10　宜城片区模拟风速图

图5-12　风廊道适宜性分析结果

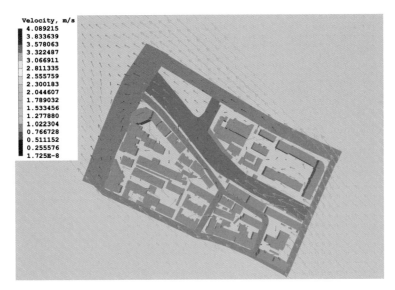

图5-13 风速矢量图

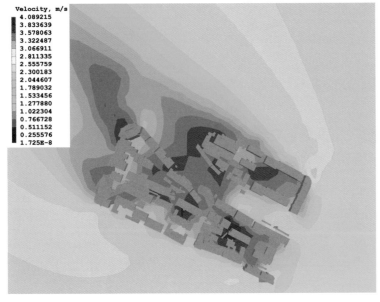

图5-14 风速云图

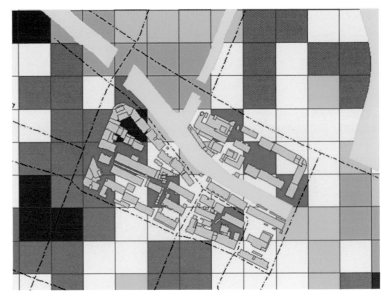

图5-15 地块迎风面密度计算结果

业化、城镇化中期乃至初期阶段，雾霾及城市气候问题频发仍是未来很长一段时间城市发展面临的难题。本研究从解决实际问题角度入手，通过宏观层面的下垫面综合分析方法、中观尺度的迎风面密度计算以及微观尺度的CFD验证，构建了城市通风廊道划定综合分析体系，从方法论和实证分析的角度对城市通风廊道规划空间定量研究进行探索，为城市风廊道规划提供决策依据和科学参考。

本研究系统总结了风环境在城市规划应用中的问题、技术方案以及规划指引等内容，特别是从不同尺度所给出的规划技术解决办法。在方法体系构建基础上自主开发了基于影像反演算法模拟地表温度、迎风面密度计算软件，便于提高规划工作效率和科学性，且软件在计算速度和操作方便程度上具有一定优势。该模型探索了相关专项规划项目实践的技术方法，从案例库与理论层面为通风廊道划定相关应用实践提供了重要支撑，为今后精细化和存量规划提供了特定方面的技术储备。

## 六、研究总结

### 1. 结论

城市通风廊道是缓解城市热岛效应，改善气候环境的一种有效途径，在快速城市化背景下，城市通风廊道能增加空气流通，稀释城市空气污染物，也能够设计形成特定的景观廊道，为城市居民提供良好的视野环境和气候环境，对宜居城市建设具有重要意义。目前中国城镇化处于50%左右水平，大多数城市还处于工

### 2. 展望

本研究建立从"数据—技术—结论—指引"的全过程分析方法，以实际问题为导向，以数据和技术为驱动，通过定量分析得出结论，进而指导规划设计，较好体现规划决策支持模型的实践价值和内涵。该模型旨在提高城市规划中风廊道划定科学性，建立适用于规划师的可操作性强的模型体系，辅助城市生态规划设

计。在区域和城市总体规划中，该模型可对区域风环境进行整体分析并将成果可视化，从RS、形态学以及CFD技术对规划方案（如分区规划、生态廊道构建等部分）给予支撑和验证，进而为项目提供了一定的科学理论依据。未来可进一步对现有模型体系

进行系统化集成，构建一套风廊道划定综合分析软件平台，加强软件精细化建模水平，在现有软件平台的基础上，提升软件在建模的前期处理能力和综合集成能力，并在控规、城市设计等具体项目中结合特色化建设需求，进行指标等方面的创新。

图6-1 基于影像反演算法模拟地表温度

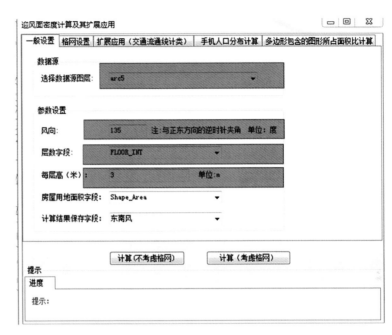

图6-2 迎风面密度计算软件

# 城市建成区绿地综合评价指标体系

工 作 单 位：广州市城市规划编制研究中心、广州奥格智能科技有限公司

研 究 方 向：生态环境控制

参 赛 人：黄怡敏、施志林、梁枫明、游甜

参赛人简介：参赛团队主要由广州市城市规划编制研究中心的规划师和广州奥格智能科技有限公司的开发人员组成，致力于智慧水务、智慧市政和智慧规划等智慧城市方面的研究。

## 一、研究问题

城市绿地作为提升城市品质、改善居民生活质量的重要载体，其规划和建设实施的重要性越来越受国家政府和居民重视。

如今虽然各级城市通过垂直绿化、屋顶绿化等增加整体绿量，绿地考核指标得到提高，但仍存在绿地分布不均匀、绿化质量不高、绿地面积不足等问题。而迫于城市化急速进展的巨大压力，尤其在新区与老城区结合区，城市建设多高层建筑，人口密度大，热岛效应日趋严重，生物多样性的稳定也受到威胁，城市生态环境日益恶化。

因此，以人均公园绿地面积、绿地率和绿化覆盖率三项定额指标为核心的传统城市绿地评价体系仅从二维的数量层面衡量城市绿地建设，未能从绿地的空间布局、实际服务水平、生态效益等全面客观地反映不同城市的实际绿化情况，亟需建立一套明确、完整的统计方法和公认的绿地评价分级标准，因地制宜地评价城市绿地建设情况。

目前城市绿地评价体系尚需补充完善，本文拟通过对城市建成区绿地综合评价指标的研究，着眼于寻找指标的最大公约数，画出最大的同心圆，构建一套与目前城市建成区绿地规划相匹配的评价体系，为政府提供检验方案的方法，全面科学评估规划编制方案，使其更有效引导城市绿化建设。

本研究的开展，抛砖引玉，期望促进我国城市绿地规划评价的系统研究，建立一套涵盖市域、市区、建成区或中心城区、外围区域等一系列相应的绿地评价指标体系，使得评价范围与城市总体规划范围保持一致，以更好地指导区域绿地建设，加大实施性，确保实施力度。

城市绿地是城市生态基础设施重要的专项规划，如何科学地规划绿地，使城市绿地从技术层面深入到生活层面，再反馈于技术层面指导规划，如何使城市绿地得到合理、永续利用是值得我们思考和研究的。

因此，与城市相匹配、科学可行、全面客观地评价绿地规划的合理性，建立城市绿地实际情况的综合评价指标体系，便于有效监督绿地规划方案的制定，减少规划不合理、方法单一等问题，优化城市土地利用结构，提高土地利用效率，构建和谐、健康的绿色生态城市，提高人们生活幸福指数。

# 二、研究方法

## 1. 研究方法

### （1）定量与定性相结合

针对指标的特殊性，必定存在客观评价与主观评价的问题，因此在制定评价指标时，集中采用了定量与定性相结合的研究方法，提出全面的、能够反映各方面问题的综合评价指标体系，如层次分析法、德尔菲法。

### （2）归纳演绎

对收集的各种理论和研究成果，从自身研究角度出发，进行系统、有目的性地选择、归类、整理和分析，总结归纳后再进一步延伸、融合和扩展，从而构造一套城市建成区绿地评价指标体系。

## 2. 城市建成区绿地综合评价指标体系

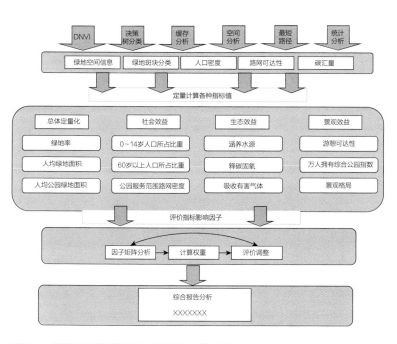

图2-1　城市建成区绿地综合评价指标体系构建思路

### （1）指标体系的确定

根据专家的反馈意见进行归纳总结和筛选，按照城市绿地规划的社会效益、景观效益和生态效益等为基础进行分类，建立层次结构。

城市建成区绿地综合评价指标体系　　表2-1

| 目标层 | 准则层 | 指标层 |
|---|---|---|
| 城市建成区绿地综合评价指标体系（A） | 总体定量化（B1） | 绿地率（C1） |
| | | 人均绿地面积（C2） |
| | | 人均公园绿地面积（C3） |
| | 社会效益（B2） | 0～14岁人口所占比重（C4） |
| | | 60岁以上人口所占比重（C5） |
| | | 公园服务范围路网密度（C6） |
| | 景观效益（B3） | 游憩可达性（C7） |
| | | 万人拥有综合公园指数（C8） |
| | | 景观格局（C9） |
| | 生态效益（B4） | 涵养水源（C10） |
| | | 释碳固氧（C11） |
| | | 吸收有害气体（C12） |

### （2）指标体系权重的确定

经过层次分析法和专家咨询法计算各指标的组合权重如表2-2。

城市建成区绿地综合评价指标权重表　　表2-2

| 目标 | 准则 | 权重 | 指标层 | 权重 |
|---|---|---|---|---|
| 城市建成区绿地综合评价指标体系（A） | 总体定量化（B1） | 0.5659 | 绿地率（C1） | 0.6250 |
| | | | 人均绿地面积（C2） | 0.2385 |
| | | | 人均公园绿地面积（C3） | 0.1365 |
| | 社会效益（B2） | 0.3727 | 0～14岁人口所占比重（C4） | 0.6586 |
| | | | 60岁以上人口所占比重（C5） | 0.1562 |
| | | | 公园服务范围路网密度（C6） | 0.1852 |
| | 景观效益（B3） | 0.0614 | 游憩可达性（C7） | 0.6870 |
| | | | 万人拥有综合公园指数（C8） | 0.1865 |
| | | | 景观格局（C9） | 0.1265 |

### （3）指标标准值和分级标准的确定

城市绿地指标的评价标准是在城市绿地系统规划的要求与规定，各指标的衡量标准是人们基于相应对象的科学认识而建构起来的、能普遍地反映对象和控制行为的度量，属于客观共识性的结论，其来源有：①学术界认可的研究成果；②国家、行业和地方政府颁布或规定的相关标准、准则。

对于暂时没有明确标准值或参考值的主观指标，采用国家、行业和地方政府颁布或规定的相关标准准则区间范围的临界值或国内外城市绿化研究现状值的加权平均值作为指标的标准值。

本文对城市建成区绿地综合评价各项指标的标准值作出如下参考：

城市建成区绿地综合评价指标参考标准值　　表2-3

| 指标 | 依据来源 | 参考依据 | 标准值 |
|---|---|---|---|
| 绿地率 | 国家园林城市标准 | 秦淮以南100万以上人口城市基本≥31%，各城区最低25% | 31 |
| 人均绿地面积 | 国家园林城市标准 | 8 | 8 |
| 人均公园绿地面积 | 国家园林城市标准 | ≥5，9，12 | 9 |
| 0~14岁人口所占比重 | 少子化 | 20%~23% | 23 |
| 60岁以上人口所占比重 | 老龄化 | 10% | 10 |
| 公园服务范围路网密度 | 《城市道路交通规划设计规范》 | 0.8~1.4 | 1.4 |
| 游憩可达性 | 国家园林城市标准 | ≥70% | 70% |
| 万人拥有综合公园指数 | 国家园林城市标准 | ≥0.06 | 0.06 |
| 景观格局 | — | — | 2.4 |

参照国内外各种综合指数的分级方法，本研究设计了一个五级的分级标准对城市建成区绿地综合评价指数予以定级，并给出相应的分级表述，如表2-4。

城市建成区绿地综合评价水平分等定级　　表2-4

| 等级 | 分值 | 说明 |
|---|---|---|
| Ⅰ级 | 0.8~1分 | 城市建成区绿地建设水平高 |
| Ⅱ级 | 0.6~0.8分 | 城市建成区绿地建设水平较高 |
| Ⅲ级 | 0.4~0.6分 | 城市建成区绿地建设水平一般 |
| Ⅳ级 | 0.2~0.4分 | 城市建成区绿地建设水平较低 |
| Ⅴ级 | 0~0.2分 | 城市建成区绿地建设水平低 |

# 三、数据说明

## 1. 数据内容及类型

系统使用数据主要来源于G市规划局和统计年鉴，2010年数据，比例尺1:10000，克拉索夫斯基椭球体，高斯克吕格投影，北京1954坐标系。具体如表3-1所示：

模型应用数据来源说明　　表3-1

| 序号 | 内容 | 来源 | 类型 | 格式 |
|---|---|---|---|---|
| 1 | 行政界线 | 市规划局 | 图形 | .dwg |
| 2 | 四级空间管理体系 | 市规划局 | 图形 | .dwg |
| 3 | 年龄段人口规模 | 统计年鉴 | 表格 | .xls |
| 4 | 土地利用现状图 | 市规划局 | 图形 | .dwg |
| 5 | 都会区生态廊道 | 市规划局 | 图形 | .dwg |
| 6 | 市域干道 | 市规划局 | 图形 | .dwg |

## 2. 数据预处理

数据预处理包括对原始数据进行格式转换、提取研究区域数据、属性赋值和数据检查等，如图3-1展示了数据预处理流程。基于GIS平台进行数据的格式转换和提取，如表3-2所示；对空间图形数据，系统使用的属性数据部分来源于原有数据，部分根据搜寻的资料输入得到，部分通过属性表连接获取属性值。

图3-1　数据预处理流程

数据格式转换和提取　　表3-2

| 序号 | 数据内容 | 原始格式 | 目标格式 | 提取数据 |
|---|---|---|---|---|
| 1 | G市行政界线 | .dwg | .shp | 研究范围行政区域 |
| 2 | G市四级空间管理体系 | .dwg | .shp | 研究范围四级空间管理体系：组团、功能单元等 |
| 3 | G市年龄段人口规模 | .xls | .shp | 研究范围0~14岁和60岁以上现状人口 |
| 4 | G市土地利用现状图 | .dwg | .shp | 研究范围绿地、公园绿地、综合公园和居民点现状 |
| 5 | G市都会区生态廊道 | .dwg | .shp | 研究范围绿色生态廊道 |
| 6 | G市市域干道 | .dwg | .shp | 研究范围市域干道 |

## 四、模型算法

### 1. 系统模型库设计

按城市建成区绿地综合评价指标体系建立，系统界面如下：

系统功能简介：

| 系统功能清单 | | 表4-1 |
|---|---|---|

| 模型分类 | 功能模块 | 功能说明 |
|---|---|---|
| 总项 | 总规 | 总规的指导意义，对控规、现状或历史数据的比对分析 |
| 总项 | 控规 | 对总规的落实，促进总控联动，辅助控规修编，指导未来规划 |
| 总项 | 现状 | 分析城市建成区绿地建设现状 |
| 总项 | 历史 | 总结历史年份绿地发展规律 |
| 指标 | 绿地率 | 计算绿地率、达标与否（缺口） |
| 指标 | 人均绿地面积 | 计算人均绿地面积、达标与否（缺口） |
| 指标 | 人均公园绿地面积 | 计算人均公园绿地面积、达标与否（缺口） |
| 指标 | 0至14岁人口所占比重 | 计算0至14岁（儿童）人口所占比重 |
| 指标 | 60岁以上人口所占比重 | 计算60岁以上（老人）人口所占比重 |
| 指标 | 公园服务范围路网密度 | 计算公园绿地一定服务半径范围内交通道路的密度 |
| 指标 | 游憩可达性 | 计算公园绿地服务半径覆盖率：居民到周边公园绿地的方便程度 |
| 指标 | 万人拥有综合公园指数 | 计算区域内万人拥有综合公园（符合面积要求）指数 |
| 指标 | 绿色生态廊道密度 | 计算绿色生态廊道密度，表明绿地间的连接性、格局的合理程度 |
| 指标 | 涵养水源 | 计算城市绿地涵养水源的数量 |
| 指标 | 释碳固氧 | 计算各种绿地吸收二氧化碳吸收氧气的量 |
| 指标 | 吸收有害气体 | 计算各种绿地吸收二氧化硫的量（二氧化硫为有害气体元凶之首） |

1）勾选评价指标，点击【分析】按钮，弹出【确定指标权重--判断矩阵】交互界面。

2）采用德尔菲法输入指标刻度值（1，2，3，……，9）计算权重。若C.R.>0.1，则表示判断矩阵不具有满意的一致性，用户需要重新调整判断矩阵的标度值，然后重新计算、检验，直至满足C.I.≠0且C.R.<0.1条件（即系统不再弹出如下提示）为止。

3）【确定】后，系统缺省出具《××市建成区绿地综合评价

图4-1 城市建成区绿地综合评价系统主界面

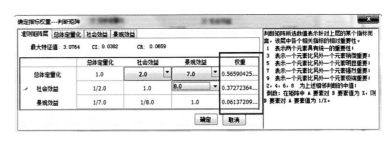

图4-2 矩阵权重确定界面（模拟）

分析报告》，模板如下，其中下划线为系统自动获取（计算）相应数据的填空部分。用户可另行自定义报告的表达效果，如文字描述、专题图渲染或要素相对位置。

### ××市建成区绿地综合评价分析报告（模板）

根据对××市建成区___年___、___年___、___年___、___年___等数据分析，结果显示：

【注】仅列出与系统分析相关的主要数据，如总规、控规或公园绿地、人口、交通等。

1. ___年××市建成区绿地综合评价指数为___分，属___级，城市绿地建设水平___。

城市建成区绿地综合评价水平分等定级　表1

| 等级 | 分值 | 说明 |
|---|---|---|
| Ⅰ级 | 0.8～1分 | 城市建成区绿地建设水平高 |
| Ⅱ级 | 0.6～0.8分 | 城市建成区绿地建设水平较高 |
| Ⅲ级 | 0.4～0.6分 | 城市建成区绿地建设水平一般 |
| Ⅳ级 | 0.2～0.4分 | 城市建成区绿地建设水平较低 |
| Ⅴ级 | 0～0.2分 | 城市建成区绿地建设水平低 |

具体如下：

城市建成区绿地综合评价指数分析表（模拟）　表2

| 目标层 | 准则层 | 准则权重 | 指标层 | 单位 | 指标权重 | 参考标准值 | 计算值 | 单项指数 | 综合指数 |
|---|---|---|---|---|---|---|---|---|---|
| 城市建成区绿地综合评价指标体系 | 总体定量化（B1） | 0.5659 | 绿地率（C1） | % | 0.625 | 31 | 33.2 | 1 | 0.8613 |
| | | | 人均绿地面积（C2） | m² | 0.2385 | 8 | 9.3 | 1 | |
| | | | 人均公园绿地面积（C3） | m² | 0.1365 | 9 | 15.5 | 1 | |
| | 社会效益（B2） | 0.3727 | 0至14岁人口所占比重(C4) | % | 0.6586 | 23 | 10 | 0.4348 | |
| | | | 60岁以上人口所占比重(C5) | % | 0.1562 | 10 | 13 | 1 | |
| | | | 公园服务范围路网密度(C6) | — | 0.1852 | 1.4 | 3.168 | 1.0000 | |
| | 景观效益（B3） | 0.0614 | 游憩可达性（C7） | % | 0.687 | 70 | 80.57 | 1 | |
| | | | 万人拥有综合公园指数(C8) | — | 0.1865 | 0.06 | 0.087 | 1 | |
| | | | 景观格局（C9） | — | 0.1265 | 2.4 | 2.5856 | 1 | |

2. ××市建成区绿地综合评价指数呈现逐年（攀升/下降）趋势，其中（评估年）年相对（历史）年提高了__%，较（预测年）年相差____百分点。按往年发展趋势，预计到（预测年）年建成区绿地综合评价指数为____，（能否达到/超额完成）规划预期目标。

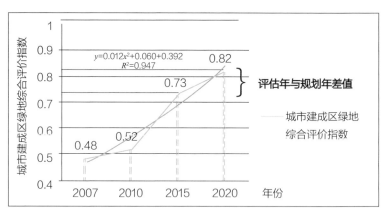

图1　往年××市建成区绿地综合评价指数历年变化趋势（模拟）

3. ××市建成区的绿地率、人均绿地面积、人均公园绿地面积具体情况如表3绿地评价三项传统指标分析情况表（模拟）所示，可以看出，××市（____区）的绿地率、人均绿地面积、人均公园绿地面积（均已）/（基本）达到相应的参考标准值，由图可直观反映三项指标达标情况。

城市建成区绿地评价总体定量化指标分析情况表（模拟）　表3

| 指标 | 项目 | 指标值 |
|---|---|---|
| 绿地率 | 实际值 | 36 |
| | 参考标准值 | 30 |
| | 规划目标 | 35.5 |
| | 是否达标 | 是 |
| | 缺口 | 0 |
| 人均绿地面积 | 实际值 | 11 |
| | 参考标准值 | 8 |
| | 规划目标 | 10 |
| | 是否达标 | 是 |
| | 缺口 | 0 |
| 人均公园绿地面积 | 实际值 | 12 |
| | 参考标准值 | 9 |
| | 规划目标 | 12 |
| | 是否达标 | 是 |
| | 缺口 | 0 |

4. 重点、特殊服务人口

××市（____区）的儿童（14岁以下）人口所占比重为____%，（低于/高于）正常值，属____（注：0～14岁人口占总人口的比例在

15%以下为超少子化；15%～18%为严重少子化；18%～20%为少子化；20%～23%为正常）。老人（60岁以上）人口所占比重___%，已经进入老龄化。

对××市（　　区）来说，儿童（14岁以下）和老人（60岁以上）作为城市绿地特殊、重点的服务群体，其人口数量所占比重___%。

5. 交通干道

以半径800米（10分钟步行时间、每分钟步行80米）计算公园绿地的服务范围，××市（　　区）的路网密度（分别）为：___km/km²、___km/km²、___km/km²，与对应参考标准值___km/km²相距：___km/km²、___km/km²、___km/km²。

在公园绿地覆盖程度的视角下看××市（　　区）交通干道密度，其相对优劣程度由优到劣的先后顺序依次是：___＞___＞___。

总体而言××市（　　区）道路密度（较/不）理想，其中有___%的交通干道在公园绿地800米的缓冲范围内，仅有部分区域的交通干道位于服务范围之外。

6. 居民点

据分析，××市（　　区）的游憩可达性（分别）为：___%、___%、___%，与对应参考标准值___%相距：___%、___%、___%。对××市（　　区）的游憩可达性而言，其相对优劣程度由优到劣的先后顺序依次是：___＞___＞___。

由密度图分析可知，___的居民点聚集区域，而___居民点分布相对匀散。

结合公园绿地服务半径覆盖率分析可知，××市（　　区）约___%居民点完全处于公园绿地800米的辐射服务范围。

总体而言，××市（　　区）的游憩可达性（较为/不）理想。编制规划时，可考虑___。

7. 综合公园

××市（　　区）拥有面积大于10公顷的综合公园___个。

___、___和___万人拥有综合公园指数（分别）为___、___、___，与对应参考标准值___相距：___、___、___。对××市（___区）万人拥有综合指数而言，其相对优劣程度由优到劣的先后顺序依次是：___＞___＞___

8. 绿色生态廊道

××市（___区）的生态绿地廊道密度分别为：___km/km²、___km/km²、___km/km²，与对应参考标准值___km/km²相距

___km/km²、___km/km²、___km/km²。

生态绿地廊道密度指数的高低，表明绿地之间可能的连接性的好坏，同时也从一个侧面反映了绿地格局的合理程度。对××市（　　区）的景观格局而言，其相对优劣程度由优到劣的先后顺序依次是：___＞___＞___。

结论：

××市城市建成区城市绿地建设水平___，发展（相对/不）乐观。

| 绿地评价指标 | G市三区对比 | 建议（辅助决策支持） |
| --- | --- | --- |
| 绿地率 | B＞C＞A | |
| 人均绿地面积 | B＞C＞A | |
| 人均公园绿地面积 | A＞C＞B | |
| 0~14岁人口所占比重 | A≈B≈C | |
| 60岁以上人口所占比重 | A≈B≈C | |
| 公园服务范围路网密度 | A＞B＞C | |
| 游憩可达性 | A＞B＞C | |
| 万人拥有综合公园指数 | C＞A＞B | |
| 景观格局 | A＞B＞C | |

　　　　年　　月　　日

【注】自动获取系统工作日期。

## 2. 模型算法相关支撑技术

系统基于城市规划学、景观生态学和计算机科学等相关学科知识，沿用设计→软件开发→应用系统平台建立→系统集成的技术路线，重点突破城市绿地专题分析模型与GIS系统工具的集成、GIS应用系统的环境模式和系统构建的技术方法，采用插件式框架，基于ESRI公司Arc Engine组件和.NET Framework 4.0进行二次开发，采用C#.NET作为开发语言，运行在Windows系列操作系统上。

## 五、实践案例

### 1. 研究对象概况

本文引用G市A区、B区和C区三个市辖区（以下简称"G市三区"）应用城市建成区绿地综合评价指标体系，并根据G市"四层

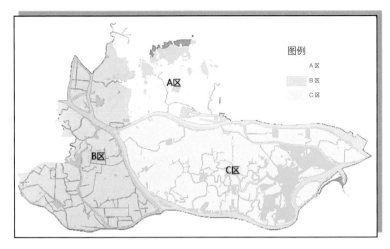

图5-1　G市三区行政区划

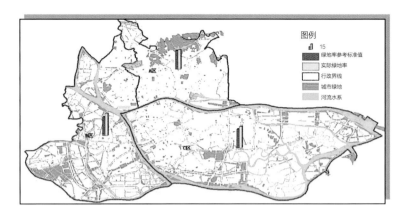

图5-2　G市三区城市绿地率

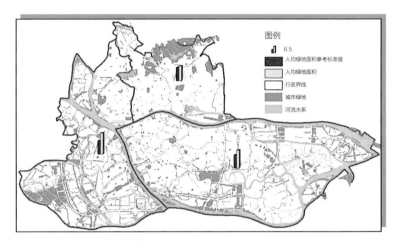

图5-3　G市三区城市人均绿地面积

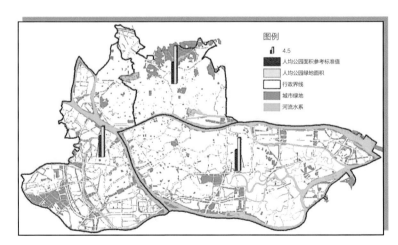

图5-4　G市三区城市人均公园绿地面积

级空间管理体系"：市域—片区—组团—功能单元进行研究，清晰明了地评价城市建成区绿地规划情况和实施情况，从而更好地实现"总控联动"，保障总体规划的实施落地。

G市三区位于G市中心城区西南部（图5-1G市三区行政区划），三区均于G市建成区范围内。G市三区四层级空间管理体系如表5-1所示。

G市三区四层级空间管理体系　　　表5-1

| 隶属城市 | 片区 | 行政区 | 组团 | 功能单元 | 面积（平方公里） |
|---|---|---|---|---|---|
| G市（片区编码：ZX） | 中心片区（片区编码：ZX） | A区 | A核心发展组团（组团编码：ZX03） | 功能单元编码：ZX0301~ZX0310 | 33.8 |
| | | B区 | B核心发展组团（组团编码：ZX02） | 功能单元编码：ZX0201~ZX0212 | 59.1 |
| | | C区 | C生态城组团（组团编码：ZX06） | 功能单元编码：ZX0601~ZX0630 | 90.4 |
| 合计 | | | | | 183.3 |

城市总体规划（2011—2020年）规划2020年中心城区旧城区（A区、B区及C区部分区域）人均公园绿地面积达到13m²，建成区绿地率达到35%，公园绿地服务半径覆盖率达90%。

## 2. 城市建成区绿地评价体系在G市的应用

（1）绿地

由图5-2～图5-4可看出G市三区绿地率、人均绿地面积和人均公园绿地面积均已达到相应的参考标准值。

（2）服务人口

由图5-5可以看出，G市儿童人口占比低，远低于正常值（注：0～14岁人口占总人口的比例在15%以下，为超少子化；20%～23%，为正常）。少子化间接说明了G市居民生活压力大，儿童人口数量

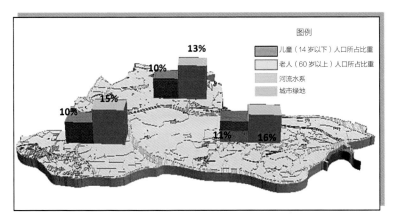

图5-5　G市三区儿童、老人人口比重

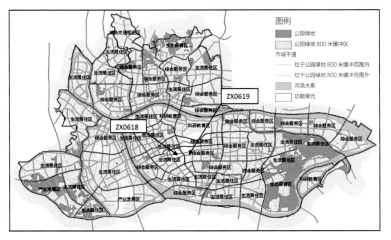

图5-6　G市三区公园绿地服务范围道路

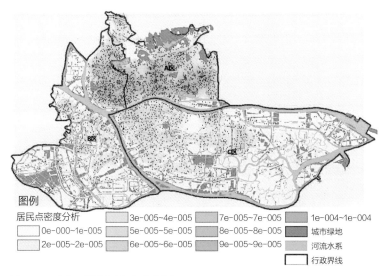

图5-7　G市三区居民点密度分析

少，对城市绿化的社会实际服务能力期望较高。另一方面，G市老龄化现象严重，过高的老年人口占比同样也对城市绿地的社会服务能力提出了实质要求。

（3）交通干道

结合图5-6G市三区公园绿地服务范围道路，在公园绿地覆盖程度的视角下看G市三组团交通干道密度，其相对优劣程度由优到劣的先后顺序依次是：A核心发展组团＞B核心发展组团＞C生态城组团。

总体而言，G市道路密度均较为理想，三组团高达93.4%的交通干道在公园绿地800m的缓冲范围内，仅有部分功能单元（如编码ZX0618）部分区域的交通干道位于服务范围之外。

因此，编制C生态城组团规划时，可重点考虑是否在功能单元编码为ZX0618（生活居住区）和ZX0619（综合服务区）交界处增设公园绿地。

（4）居民点

本文研究居民点到周边公园绿地的游憩可达性。据分析，G市三个组团的游憩可达性而言，其相对优劣程度由优到劣的先后顺序依次是：A核心发展组团＞C生态城组团＞B核心发展组团。

由图5-7G市三区居民点密度分析可知，A核心发展组团的东北部、B核心发展组团的东北部均为居民点聚集区域，而B核心发展组团其他地区以及C生态城组团的居民点分布相对匀散。

结合图5-8可知，A核心发展组团、B核心发展组团约95%居民点完全处于公园绿地800米的辐射服务范围，C生态城组团的部分区域如功能单元编码为ZX0610、ZX0611、ZX0618、ZX0619和ZX0620（图5-9G市三区公园绿地服务半径覆盖分析局部放大图）中的部分居民点未完全位于公园绿地800米的辐射服务范围。

总体而言，G市A核心发展组团、B核心发展组团和C生态城组团三个组团的游憩可达性较为理想。编制规划时，可考虑是否适当疏散转移部分A核心发展组团居民点人口，或是如何提高该部分区域公园绿地的质量或利用价值，以满足高密度区域人群的对城市绿地要求。

（5）综合公园

G市三区合计拥有面积大于10公顷的综合公园30个，其中A核心发展组团11个，B核心发展组团5个，C生态城组团14个，如表5-2所示。

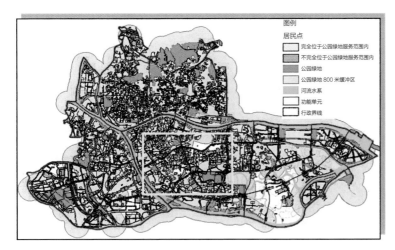

图5-8　G市三区公园绿地服务半径覆盖分析

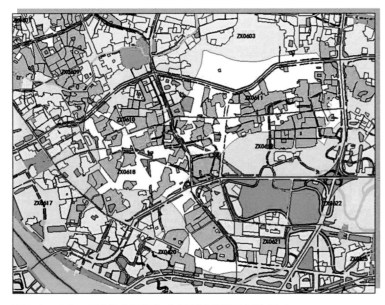

图5-9　G市三区公园绿地服务半径覆盖分析局部放大图

G市三区综合公园　　　　　　　表5-2

| 序号 | 综合公园名称 | 所在区名称 | 面积（公顷） |
| --- | --- | --- | --- |
| 1 | G起义烈士陵园 | A核心发展组团 | 19.49 |
| 2 | 黄花岗公园 | A核心发展组团 | 11.99 |
| 3 | G动物园 | A核心发展组团 | 33.87 |
| 4 | 二沙岛中心公园 | A核心发展组团 | 25.38 |
| 5 | 二沙岛宏城公园 | A核心发展组团 | 10.54 |
| 6 | A公园 | A核心发展组团 | 68.34 |
| 7 | 东山湖公园 | A核心发展组团 | 31.49 |

续表

| 序号 | 综合公园名称 | 所在区名称 | 面积（公顷） |
| --- | --- | --- | --- |
| 8 | 流花湖公园 | A核心发展组团 | 55.6 |
| 9 | 麓湖 | A核心发展组团 | 202.49 |
| 10 | 雕塑公园 | A核心发展组团 | 50.58 |
| 11 | 云台花园 | A核心发展组团 | 56.44 |
| 小计 | | | 566.21 |
| 1 | 双桥公园 | B核心发展组团 | 13.53 |
| 2 | 大坦沙环岛带状公园 | B核心发展组团 | 29.82 |
| 3 | B湖公园 | B核心发展组团 | 28.82 |
| 4 | 白鹅潭滨江公园 | B核心发展组团 | 51.48 |
| 5 | 葵蓬生态公园 | B核心发展组团 | 35.8 |
| 小计 | | | 159.45 |
| 1 | 珠江新城南部公园 | C生态城组团 | 15.42 |
| 2 | 七星岩古海岸遗址公园 | C生态城组团 | 21.58 |
| 3 | C体育公园 | C生态城组团 | 10.33 |
| 4 | 丫髻沙公园 | C生态城组团 | 16.99 |
| 5 | 珠江新城中轴线南端公园 | C生态城组团 | 14.8 |
| 6 | C区珠江后航道滨江公园 | C生态城组团 | 95.57 |
| 7 | 琶洲滨江公园 | C生态城组团 | 51.15 |
| 8 | 珠江新城中轴线南端体育公园 | C生态城组团 | 28.79 |
| 9 | 晓港公园 | C生态城组团 | 16.53 |
| 10 | C区滨江公园 | C生态城组团 | 18.56 |
| 11 | 生物岛环岛湿地公园 | C生态城组团 | 26.83 |
| 12 | 琶洲塔公园 | C生态城组团 | 20.53 |
| 13 | 黄埔涌公园 | C生态城组团 | 61.44 |
| 14 | 琶洲体育公园 | C生态城组团 | 18.08 |
| 小计 | | | 416.6 |
| 合计 | | | 1142.26 |

明显，A区综合公园面积占比均比其他两区大，且拥有大、中、小一系列面积不等的综合公园；而不管从面积还是从个数上看，B区都不具有绝对优势，个数约为A区的二分之一，C区的三分之一，有待加强B区的综合公园建设。

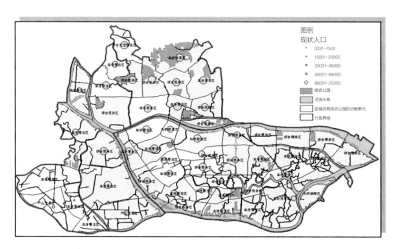

图5-10　G市三区综合公园与人口分布图

由图5-10可以看出，A核心发展组团和C生态城组团的综合公园空间布局相对匀称，而B核心发展组团综合公园较少，且分布不均匀，主要集中在中部和西北部。从综合公园形态上看，A区的综合公园主要为团状片区，而B区和C区则以带状为主。

G市A核心发展组团、B核心发展组团和C生态城组团万人拥有综合公园指数分别为0.0870、0.0674、0.1097，与对应参考标准值0.06相距：+0.027、+0.0074、+0.0497。对G市三个组团万人拥有综合公园指数而言，其相对优劣程度由优到劣的先后顺序依次是：C生态城组团＞A核心发展组团＞B核心发展组团。

G市三区共有52个功能单元，有33个功能单元区域范围内设有综合公园，其中A核心发展组团7个，B核心发展组团6个，C生态城组团20个。15个功能单元区拥有2～3个综合公园，如G市三区拥有综合公园的功能单元清单；而ZX0601、和ZX0307的功能单元主导功能为"生活居住区"和"综合服务区"，人口规模已达13万和21万，但区域内仍未设置综合公园，编制规划时可综合多方因素，考虑设置综合公园，为居民提供服务。

G市三区拥有综合公园的功能单元清单　　　表5-3

| 功能单元 | | 综合公园 |
| --- | --- | --- |
| ZX0302 | 综合服务区 | 流花湖公园 |
| ZX0303 | 综合服务区 | A区公园、雕塑公园 |
| ZX0304 | 生态保育区 | 雕塑公园、麓湖、云台花园 |
| ZX0305 | 综合服务区 | G市起义烈士陵园 |
| ZX0306 | 生活居住区 | 黄花岗公园、G市动物园 |
| ZX0309 | 综合服务区 | 东山湖公园 |

续表

| 功能单元 | | 综合公园 |
| --- | --- | --- |
| ZX0310 | 综合服务区 | 二沙岛中心公园、二沙岛宏城公园 |
| ZX0202 | 生活居住区 | 大坦沙环岛带状公园、双桥公园 |
| ZX0204 | 综合服务区 | B区湖公园 |
| ZX0205 | 生活居住区 | 白鹅潭滨江公园、葵蓬生态公园 |
| ZX0206 | 综合服务区 | 白鹅潭滨江公园 |
| ZX0208 | 生活居住区 | 白鹅潭滨江公园 |
| ZX0212 | 产业发展区 | 白鹅潭滨江公园 |
| ZX0603 | 科研教育区 | C区滨江公园 |
| ZX0604 | 综合服务区 | C区滨江公园、Q部新城中轴线南段公园 |
| ZX0605 | 综合服务区 | 琶洲滨江公园、黄埔涌公园 |
| ZX0606 | 综合服务区 | 琶洲体育公园、黄埔涌公园、琶洲滨江公园 |
| ZX0607 | 综合服务区 | 琶洲滨江公园、黄埔涌公园、琶洲塔公园 |
| ZX0608 | 生活居住区 | C区Q部后航道滨江公园 |
| ZX0609 | 生活居住区 | 晓港公园 |
| ZX0612 | 综合服务区 | Q部新城中轴南端公园 |
| ZX0613 | 生活居住区 | 七星岩岩石古海岸遗址公园、黄埔涌公园 |
| ZX0614 | 生活居住区 | 黄埔涌公园 |
| ZX0615 | 生活居住区 | 黄埔涌公园 |
| ZX0616 | 综合服务区 | 琶洲滨江公园、黄埔涌公园 |
| ZX0617 | 综合服务区 | C区Q部后航道滨江公园、 |
| ZX0620 | 生活居住区 | C区Q部后航道滨江公园、丫髻沙公园 |
| ZX0625 | 生活居住区 | Q部新城中轴线南端公园 |
| ZX0626 | 综合服务区 | C区Q部后航道滨江公园、丫髻沙公园 |
| ZX0627 | 生活居住区 | C区Q部后航道滨江公园、Q部新城南部公园、C区体育公园 |
| ZX0628 | 生活居住区 | C区Q部后航道滨江公园 |
| ZX0629 | 生态保育区 | 黄埔涌公园 |
| ZX0630 | 科研教育区 | 生物岛环岛湿地公园 |

（6）绿色生态廊道

G市A核心发展组团、B核心发展组团和C生态城组团三个组团的生态绿地廊道密度分别为：2.5856km/km²、2.5721km/km²、1.9706km/km²，与对应参考标准值2.4km/km²相距：+0.1856km/km²、+0.1721km/km²、−0.4294km/km²。生态绿地廊道密度指数的高低，表明绿地之间可能的连接性的好坏，同时也从一个侧面反映了绿地格局的合理程度。对G市三个组团的景观格局而言，其相对优劣程度由优到劣的先后顺序依次是：A核心发展组团＞

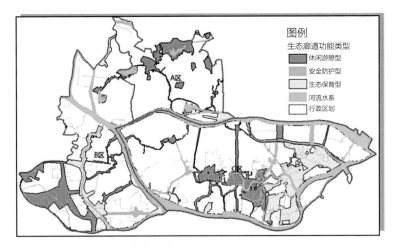

图5-11　G市三区绿色生态廊道

B核心发展组团＞C生态城组团。

由图5-11可以看出，G市三区绿色生态廊道总体的空间分布相对均匀；三种功能类型中，安全防护型的绿色生态廊道面积仅占全部的6.06%，占生态保育型的11.28%，休闲游憩型的15.07%。G市C区生态廊道功能类型以生态保育型为主，且多呈带状环绕于C区边界，兼顾服务A核心发展组团和B核心发展组团；休闲游憩型和安全防护型生态廊道则分别以块状和带状穿插其中，辅助景观功能；G市A区和B区两区则多以块状的休闲游憩型生态廊道为主，安全防护型的较少。

因此，整体规划绿色生态廊道要求具有预见性，注重优化结构，提高绿色生态廊道的连通性、合理性、生态性和畅通性。

（7）结论

G市三区绿地综合指数分别为：0.8613、0.8572、0.8705，具体如表5-4所示。根据城市建成区绿地综合评价水平分等定级，G市三区同属Ⅰ级，绿地建设水平高，相对而言，建设水平由高到低的先后顺序依次是：C生态城组团＞A核心发展组团＞B核心发展组团。

G市三区绿地综合评价指标结果表　　　　　　　　　　　　　　　　　表5-4

| 目标层 | 准则层 | 准则权重 | 指标层 | 单位 | 指标权重 | 参考标准值 | A区（0.8613） | | B区（0.8572） | | C区（0.8705） | |
|---|---|---|---|---|---|---|---|---|---|---|---|---|
| | | | | | | | 计算值 | 单项指数 | 计算值 | 单项指数 | 计算值 | 单项指数 |
| 城市建成区绿地综合评价指标体系 | 总体定量化（B1） | 0.5659 | 绿地率（C1） | % | 0.625 | 31 | 33.2 | 1 | 35.61 | 1 | 34 | 1 |
| | | | 人均绿地面积（C2） | m² | 0.2385 | 8 | 9.3 | 1 | 13 | 1 | 11 | 1 |
| | | | 人均公园绿地面积（C3） | m² | 0.1365 | 9 | 15.5 | 1 | 13 | 1 | 14 | 1 |
| | 社会效益（B2） | 0.3727 | 0至14岁人口所占比重（C4） | % | 0.6586 | 23 | 10 | 0.4348 | 10 | 0.4348 | 11 | 0.4783 |
| | | | 60岁以上人口所占比重（C5） | % | 0.1562 | 10 | 13 | 1 | 15 | 1 | 16 | 1 |
| | | | 公园服务范围路网密度（C6） | — | 0.1852 | 1.4 | 3.168 | 1 | 2.21 | 1 | 1.41 | 0.9413 |
| | 景观效益（B3） | 0.0614 | 游憩可达性（C7） | % | 0.687 | 70 | 80.57 | 1 | 63.2721 | 0.9039 | 76.2 | 1 |
| | | | 万人拥有综合公园指数（C8） | — | 0.1865 | 0.06 | 0.087 | 1 | 0.0674 | 1 | 0.1097 | 1 |
| | | | 景观格局（C9） | — | 0.1265 | 2.4 | 2.5856 | 1 | 2.5721 | 1 | 1.9706 | 0.8211 |

G市三区绿地评价指标达标情况　　　　　　　　　　　　　　　　　表5-5

| 目标层 | 准则层 | 指标层 | 单位 | 规划年指标值（2020年） | A区（2010年） | | B区（2010年） | | C区（2010年） | |
|---|---|---|---|---|---|---|---|---|---|---|
| | | | | | 实际值 | 缺口 | 实际值 | 缺口 | 实际值 | 缺口 |
| 城市建成区绿地综合评价指标体系 | 总体定量化 | 绿地率 | % | 35 | 33.2 | -1.8 | 35.61 | 0 | 34 | -1 |
| | | 人均绿地面积 | m² | 10 | 9.3 | -0.7 | 13 | 0 | 11 | 0 |
| | | 人均公园绿地面积 | m² | 13 | 15.5 | 0 | 13 | 0 | 14 | 0 |
| | 景观效益 | 公园绿地服务半径覆盖率 | % | 90 | 80.57 | -9.43 | 63.2721 | -26.7279 | 76.2 | -13.8 |

# 六、研究总结

## 1. 成果

本文从评价城市建成区绿地建设情况入手，在现有城市绿地的理论和实践基础上进行补充性研究。

（1）摆脱传统定量化指标评价城市绿地建设的禁锢，更加全面地考虑绿地为城市带来的社会效益、景观效益和生态效益，构建评价城市建成区绿地综合评价指标体系，为建立城市中心城区、城市外围区，甚至是市域范围的系统研究起反馈、示范作用。

（2）依托已有的绿地评价指标，建立城市建成区绿地综合评价指标体系，体系分为目标层、准则层和指标层。

目标层：城市建成区绿地综合评价指标体系。

准则层：1总体定量化（0.5659）、2社会效益（0.3727）、3景观效益（0.0614）。

指标层：4绿地率（0.6250）、5人均绿地面积（0.2385）、6人均公园绿地面积（0.1365）；7儿童（0～14岁）人口所占比重（0.6586）、8老人（60岁以上）人口所占比重（0.1562）、9路网密度（0.1852）；10游憩可达性（0.6870）、11万人拥有综合公园指数（0.1865）、12景观格局（0.1265）。

（3）根据建立的城市建成区绿地综合评价指标体系，输出《××市建成区绿地综合评价分析报告》，操作简洁、方便、效率高，可对初步出具的报告进行编辑，人性化操作，贴近实际需求，可行性、实施性较强。

（4）建立城市建成区绿地综合评价指标体系——模型可视化具有较强拓展性，可依不同城市发展需求和自身特点增删评价指标、修改标准值，形成更加合理科学的指标体系。

## 2. 展望

（1）研究广度

城市绿地建设指标综合评价体系的区域衡量范围应从宏观层面（不同城市）—中观层面（某一城市不同区域）—微观层面（某一城市某一区域）纵向深化。

1）中国地域广袤、沃野千里、"千城千面"，因此，应根据我国东、中、西部差别，南北部差异（如园林城市以"秦淮河"为界线，为不同城市制定不同考核标准），因地制宜建立科学的城市绿地综合评价指标体系。

2）1980年以来，我国的城市绿地规划虽在整体结果方面扩大到市域层面，但市域绿地系统评价指标只是提及城市森林的面积达到多少、占整个市域面积的百分比是多少，仅此而已，尚未反映市域市区共同的绿化整体效应。而在城市化进程日益加大的今天，市域在整个城市生态背景方面所起的作用越来越重要。

因此，亟需建立一套涵盖市域、市区、建成区或中心城区、外围区域等一系列相应的绿地评价指标体系，使得评价范围与城市总体规划范围保持一致，以更好地指导区域绿地建设，加大实施行为，确保实施力度。

3）为某一城市某一区域量身定制一套绿地建设评价指标体系时，则应根据绿地生态效益、社会效益、景观效益和经济效益，乃至绿化管理水平，并且结合绿地系统的结构布局和建设管理。从生态、景观、美学、环境、植物多学科，多角度出发，筛选代表性评价因子，定性与定量相结合地提出绿地综合评价指标，力求科学、有效、全面、合理。

（2）研究深度

1）制定形成统一、科学的统计分析方法和公认的分级标准，不仅评价指标的数据易获取，计算和测量也方便简洁，操作性和实用性强，容易被大众及广大城市规划者接受，从而实现理论的科学性与现实的可行性的高度统一。

2）借助航空遥感等技术，搜集大量基础数据，广泛听取相关领域的专家意见，建立资料数据库，实现数据自动查询、统计、修改、绘图和数据库的功能，纵向深化。

不管从研究广度或深度、横向或纵向，都可以在本文模型建立的基础上，加以拓展，取舍、添加适合的绿地评价指标，确定合理的新体系、考核标准（如目录层级的树状结构），从而实现批量、快速地科学分析，真正做到多、快、好、省，提高规划辅助决策的科学性和先进性。

# 基于多准则决策分析的交通枢纽选址模型

工 作 单 位：瑞士联邦理工学院

研 究 方 向：基础设施配置

参 赛 人：王碧宇、梁弘

参赛人简介：团队成员2015年毕业于北京大学撑死规划专业，目前就读于苏黎世联邦理工学院（ETH）空间规划专业。主要研究兴趣是数据支持的城市与交通规划。在ETH就读期间，合作完成了基于多智能体交通仿真模型（MATSim）的顺风车模式研究、基于地理信息系统（GIS）的景观生态规划等一系列数据辅助规划的决策研究。

## 一、研究问题

### 1. 研究背景及目的意义

20世纪90年代以来，中国快速的城市化进程和机动化增长，给城市发展、土地利用、生态环境带来了巨大的压力。在这种多方压力之下，优先发展公共交通成了多数城市解决交通和环境问题的主要策略。

公共交通枢纽作为城市公共交通网络体系的基础以及各种客运交通方式衔接的纽带，是公共交通系统的重要基础设施。在我国以及许多国家的大城市中，公交系统已经极具规模，整合了多种公共交通模式，网络复杂，同时也承载了巨大的客运压力。城市公共交通问题与交通系统供需不平衡之间的矛盾息息相关，难以匹配的供需关系甚至会制约城市经济发展和城市居住环境。而层级分明，布局有序的公共交通枢纽，可以整合并优化交通系统，提高交通一体化水平及运营效率，使已有的各种交通方式得以和谐地衔接。

公共交通枢纽布局选址问题隶属于设施选址问题，亦是一种资源分配优化模型。最早的设施选址问题由Weber于1929年提出。而枢纽选址理论方面的研究始于1987年O'kelly的对选址问题

的数学表述，此后逐渐演化成为中枢网络结构理论。目前国内对于枢纽布局选址方法主要有四种：数学解析法，运筹学模型，交通配流法以及分级枢纽布局模型。

已有的数学模型方法，更多的是在理论交通数据的基础上进行分析。而在现实生活中，制约的因素，如环境因素、用地类型、政策等，往往更多且更复杂，唯一理想的选址可能并不存在。因此，本文在分级枢纽布局模型的基础上，加入了多准则决策分析（MCDA）。多准则决策分析是指在具有相互冲突，难以比较的方案中，通过建立评价标准体系标准化、赋值权重和敏感性分析进行选择的决策。利用多准则决策分析，可以在权衡多种因素的综合作用的同时，优化交通枢纽选址。

### 2. 研究目标及拟解决的问题

本模型意指在对复杂的城市交通网络进行整合规划，为分层级的交通枢纽选址提供模型理论依据。

本文中，将交通枢纽分为了两级：一级交通枢纽和次级交通枢纽，并分别对其进行优化布局。需要明确的是，在本文中，次级交通枢纽主要是对已有交通资源的整合，承担其交通中转的作用，而不一定需要有新的大体量的设施和建筑作为支撑。而一级交通枢纽，体量更大，功能更丰富，往往配以商业配套设施。因

此，两级枢纽需要考虑的因素也各有不同。在次级交通枢纽的决策中，主要考虑交通流量，并通过土地利用类型来判断建设适宜性；在一级交通枢纽的决策中，主要考虑了与次级交通枢纽连接，以及对次级交通枢纽的整合，地形和城市内涝的影响。

由于本文的切入点主要是在多准则决策分析的框架下研究交通枢纽选址模型，而过于复杂的模型对电脑的系统要求过高，计算时间过长。在一定权衡之后，我们选择了较为简单的客运枢纽分级布局模型作为基础，主要考虑枢纽点服务人口的密度和距离。

其次，在实例中，因为可获得数据的局限性，数据的精度和数据的类型没有绝对的保障。因此，在此模型中，我们做出了一些妥协和替代。例如，因为交通需求与流量数据难以获得，在此模型中，居住密度、工作密度、商业密度、公共交通站点密度四种指标被用做衡量交通流量的主要指标。

# 二、研究方法

## 1. 研究方法及理论依据

关于公共交通枢纽的选址问题，国内外的相关研究已经在数理模型上已经发展的较为成熟。目前已有的公共交通枢纽布局选址的方法主要可以归纳为两类。一类侧重于交通流量，即从网络交通流量的角度出发，以实现运输系统最优为目的进行选址规划；另一类则侧重于城市用地布局，即从城市的用地布局结构角度，对不同等级的枢纽进行定位。

公共交通枢纽布局选址问题是一个很复杂的多目标多准则决策问题，目前的相关研究尽管已经在各种算法的有效性上有了深入的探讨，然而在模型算法中，如何能够结合实际影响因素（如土地利用性质）却鲜少有人探讨。

因此，本文的切入点即是在多准则决策的分析方法（MCDA）的系统框架下，选择了客运枢纽分级布局模型，对交通枢纽的选址问题做了进一步的探讨。

客运枢纽分级布局模型，是一种较为简单的选址模型，由东南大学吕慎在其博士学位论文《大城市客运交通枢纽规划理论与方法研究》中提出。相较于经典的中枢网络结构理论，该模型弱化了交通流量的优化计算，而以枢纽点服务人口和距离作为替代。从某种程度上，将复杂的网络连接问题，转化成了选址问题中经典的覆盖问题。

## 2. 技术路线及关键技术

本文的主要框架和技术路线是基于多准则决策分析方法（MCDA），其主要模型流程如图2-1所示：

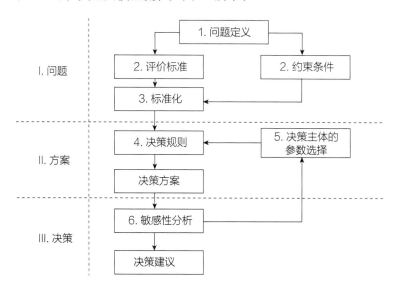

图2-1 MCDA技术路线

本模型的思路，依照多准则决策分析方法（MCDA），主要分为三个部分，即定义问题、提出方案、做出决策。在此思路下，由于一级交通枢纽和次级交通枢纽的性质和需求不同，因此两级枢纽在多准则决策分析方法中具体的实施方法也有所差别。下文中将分别对两级枢纽的分析决策思路进行梳理。

（1）次级交通枢纽

1）定义问题

次级交通枢纽，在本文中我们将其定义为交通网络中主要的换乘中转站，即对现有公交站点的整合。因此，在客运枢纽分级布局模型的基础上，我们主要考虑了次级枢纽附近的人口，即流量需求；以及周围已有公交站点的数量。与此同时，适宜的用地类型也是刺激交通枢纽选址的主要限制条件。

具体的评价标准和约束条件如表2-1、表2-2：

| 次级交通枢纽选址标准 | | 表2-1 |
| --- | --- | --- |
| 评价标准 | 数据 | 数据类型 |
| 高居住密度 | 居住区分布 | 点 |
| 高办公密度 | 写字楼、办公点分布 | 点 |
| 高商业密度 | 商业娱乐分布 | 点 |
| 已有公交站点密集 | 已有公交地铁站分布 | 点 |

次级交通枢纽约束条件　　　　　表2-2

| 约束条件 | 数据 | 数据类型 |
|---|---|---|
| 在建成区范围内 | 建成区范围 | 多边形 |
| 避免水系 | 水系范围 | 多边形 |
| 避免历史保护区 | 历史保护区范围 | 多边形 |
| 避免绿地系统 | 绿地系统范围 | 多边形 |

关于数据的进一步描述与处理将在之后的章节中具体阐明。

2）提出方案

制定决策规则是提出方案，也是整个多准则决策分析模型中的核心部分。

在多准则决策分析方法中，决策规则主要有两类，即多属性决策（Multi-attribute Decision Making，MADM）和多目标决策（Multi-objective Decision Making，MODM）。多属性决策，主要是对影响决策的不同属性进行打分，将不同属性的图层以不同的权重进行叠加，从而得到得分较高的选址位置。而多目标决策，则是利用线性规划或目标规划选择出满足给定目标的位置。

在次级枢纽选址决策的问题上，我们希望能够用尽可能少的枢纽数量覆盖到尽可能大的交通需求（即居民、办公、商业点）。覆盖问题和明确的目标都决定了，在该问题中，多目标决策是更为合适的选择。具体到线性规划的具体数学表达和参数的选择，将在后文中具体描述。

3）作出决策

敏感性分析同样是多准则决策分析模型中的关键部分之一。在整个多准则决策分析过程中，我们人为主观的对不同评价标准和影响因素的重要性进行了排序并赋予的权重。同时，包括一些参数的设定也存在着在一定范围内浮动的可能性。

那么，在我们在一定程度上调整了权重和参数的设定后，最终的结果是否会产生巨大的差异，则反映了模型的稳定性，亦是最后决策可信赖性的重要判断依据。

（2）一级交通枢纽

1）定义问题

一级交通枢纽，是整合了次级交通枢纽，并作为整个城市公共交通网络的重要节点，承载着巨大的交通流量和转运作用。一级交通枢纽，往往配以商业配套设施，占地面积大，并需要新建大量的基础设施予以支持。因此，一个城市中的一级交通枢纽的

个数，往往被其城市规模和经济水平所限定。

考虑到这些因素，一级交通枢纽具体的评价标准和约束条件如表2-3、表2-4：

一级交通枢纽选址标准　　　　　表2-3

| 评价标准 | 数据 | 数据类型 |
|---|---|---|
| 平坦的地势 | 高程图 | 栅格 |
| 服务更多的次级枢纽 | 次级枢纽的分布 | 点 |

一级交通枢纽约束条件　　　　　表2-4

| 约束条件 | 数据 | 数据类型 |
|---|---|---|
| 避免积水区 | 城市积水点分布 | 点 |

关于数据的进一步描述与处理将在之后的章节中具体阐明。

2）提出方案

在一级枢纽选址决策的问题上，我们希望能够用给定枢纽数量，来尽可能地达到评价标准和约束条件中所表明的目标。因此，我们同样选择了多目标决策，并用多目标线性规划予以实施。

具体到线性规划的具体数学表达和参数的选择，将在后文中具体描述。

3）作出决策

与次级枢纽相同的，需要用敏感性分析来对最终结果的稳定和可信程度给予评价。

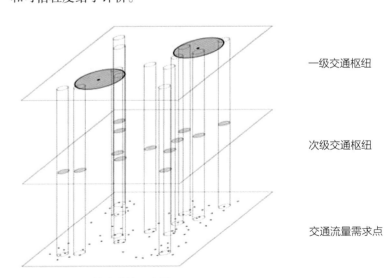

图2-2　MCDA技术路线示意图

一级交通枢纽

次级交通枢纽

交通流量需求点

## 三、数据说明

### 1. 数据内容及类型

公共交通枢纽选址要匹配目前公共交通客流需求，以合理的交通枢纽布局方式缓解交通压力，优化目前公共交通供给结构。因此，模型所用数据应该客观准确描述公共交通客流需求，为后续模型实现提供良好基石。然而在网络公开数据中，很难找到交通需求、现状交通流量等相关数据，所以我们用网络上可获取的精度较高的土地利用与功能区分布等数据来描述公共交通客流需求。

我们的模型数据包括北京居民点分布数据，办公点分布数据，商业点分布数据，公交车站、地铁站点分布数据、积水点等Shapefile点数据，绿地、水系、历史保护区、城市建成区等Shapefile多边形数据、高程等栅格数据，这些数据均来源于网络公开数据。基于开源数据，我们尽可能真实反映目前北京公共交通需求。

在本项目中，我们将分别对一级交通枢纽和次级交通枢纽选址。在次级交通枢纽选址中，我们要用以上数据来选取交通需求高、与现有交通网络连接较好、适宜建设的用地。其中，居民点数据、办公点数据、商业点数据用于反映交通需求，居民点、办公点、商业点密集地区交通需求较高，反之需求较低。公交车站、地铁站点数据用于反映与现有交通网络的连接情况，公交车站、地铁站点密集表示与已有交通网络衔接较好，反之则表示与已有交通网络衔接较差。绿地、水系、历史保护区、城市建成区来表示土地适宜建设情况，在交通枢纽建设中，应选用城市建成区内用地，尽量避免绿地、水系和历史保护区。在一级交通枢纽选址中，我们要基于以上数据，选取坡度合适、不易积水、次级交通枢纽密集的用地，其中高程数据用于计算坡度，积水点数据来源于北京特大暴雨时期积水点分布。

### 2. 数据预处理技术与成果

本项目数据预处理主要用ArcGIS统一数据坐标系，避免数据位置错位导致的误差。各个数据格式统一成果如表3-1所示：

排除不适宜建设区是指根据用地限制，将所有选址点标记为TRUE适宜建设，和FALSE不适宜建设两种状态。在次级交通枢纽选址中，绿地、水系、历史保护区范围内选址点均标记为

数据预处理方法与计算参数方法一览　　表3-1

| 数据 | 预处理方法 | 数据格式 | 计算方法 |
|---|---|---|---|
| 居民点、办公点、商业点分布数据 | 统一坐标系 | Shapefile点 | 覆盖问题 |
| 公交车站、地铁站点数据 | 统一坐标系 | Shapefile点 | 覆盖问题 排除不适宜建设区 |
| 绿地、水系、历史保护区数据 | 栅格化、统一坐标系 | 栅格 | 排除不适宜建设区 |
| 城市建成区 | 提取城市建成区范围、统一坐标系 | 栅格 | 排除不适宜建设区 |
| 高程数据、积水点数据 | 统一坐标系 | Shapefile点 | 标准化效用函数 |

FALSE，以外标记为TRUE，城市建成区范围内选址点均标记为TRUE，以外标记为FALSE。即我们将所有在城市建成区范围内，而又不在绿地、水系、历史保护区范围内的选址点标记为适宜建设用地，缩减选址点数量。

覆盖问题是计算每一个栅格点在一定范围内可以覆盖到的点数量。具体流程如图3-1所示：

在本项目中，覆盖范围选取要考虑步行可达距离，即我们认为步行可达选址点的范围均为选址点的覆盖范围，这个数值我们选为500m，即一个栅格。因此，问题转化为计算在选址点及选址点周围一个栅格范围内的点数量，分别对居民点数量、工作点数量、商业点数量、公交车站及地铁站点数量进行计算。由于次级交通枢纽需要更多考虑与现有交通系统的衔接问题，所以选址点覆盖范围内需要至少有一定数量的交通站点，在北京的案例中，次级交通枢纽覆盖范围内至少要有8个公交站点（往返站点算两个不同的站点）或1个地铁站点。所有不符合要求的选址点将被标记为FALSE不适宜建设。

由于一级交通枢纽选址中考虑了单位不同的坡度、积水点数据和服务水平，所以我们采取标准化效用函数的方式来对数据进行标准化，即将不同单位的数据均转换为0～1范围内的数据进行

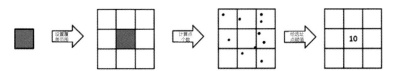

图3-1　覆盖问题计算示例

比较。其中服务水平是指在一定范围内选址点覆盖的次级交通枢纽数量，用上述覆盖问题进行计算，这个范围在北京案例中定为5km，即10个栅格。坡度标准化效用函数采取"S"曲线，即当坡度到达某个值以后，建设适宜程度迅速下降，在达到临界值之前和之后适宜程度差别不大；积水点标准化效用函数采取指数函数，即只要出现积水点，即使该积水点严重程度较小，适宜程度也会迅速下降。服务水平标准化效用函数采取线性公式：

$y_i = \dfrac{x_i - \min x_i}{\max x_i - \min x_i}$，其中$y_i$表示选址点$i$的适宜程度，$x_i$表示服务水平。

将所有数据进行如上方法处理后，我们得到了一级和次级交通枢纽线性规划模型所需的参数。

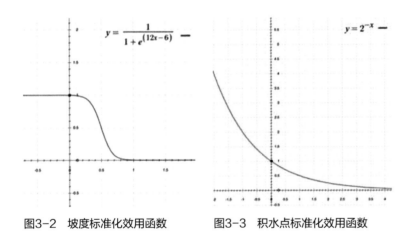

图3-2　坡度标准化效用函数　　图3-3　积水点标准化效用函数

## 四、模型算法

### 1. 模型算法流程及相关数学公式

一级交通枢纽选址和次级交通枢纽选址均采用线性规划模型，前者采用多目标线性规划模型，后者采用一般线性规划模型。

**（1）次级交通枢纽**

在次级交通枢纽选址线性规划模型中，目标是在适宜建设范围内，以尽可能少的交通枢纽点来覆盖尽可能多的需求，因此目标函数设置成交通枢纽数量最少，约束条件是覆盖至少60%的居民点，60%的工作点和60%的商业点，避免同一个栅格被多个选址点覆盖。数学模型表达为，设：

$i$是整数变量，表示适宜建设的栅格$i$，坐标为$(x_i, y_i)$，

$a_i$是布尔型变量，表示交通枢纽的位置，$a_i=1$表示$i$位置应选为交通枢纽，

$c_i$是常数，表示栅格$i$ 500米范围内的居民点数，

$b_i$是常数，表示栅格$i$ 500米范围内的工作点数，

$r_i$是常数，表示栅格$i$ 500米范围内的商业点数，

$N_c$是常数，表示居民点总数，

$N_b$是常数，表示工作点总数，

$N_r$是常数，表示商业点总数，

$N$是常数，表示所有可选选址点数量，$i=1, 2, \cdots N$，

$x_i, y_i$是浮点型变量，表示栅格$i$的地理坐标；

目标函数：　$\min \sum_{i=1}^{N} a_i$

约束条件：　$\dfrac{\sum_{i=1}^{N} c_i a_i}{N_c} \geqslant 0.6$

$\dfrac{\sum_{i=1}^{N} b_i a_i}{N_b} \geqslant 0.6$

$\dfrac{\sum_{i=1}^{N} r_i a_i}{N_r} \geqslant 0.6$

$\sum_{x \in (x_i - 1000, x_i + 1000), y \in (y_i - 1000, y_i + 1000)} a_i^{x,y} \leqslant 1$

计算得到次级交通枢纽的数量和位置。

**（2）一级交通枢纽**

一级交通枢纽选址模型基于次级交通枢纽选址结果，目标是在次级交通枢纽范围内，选择尽可能评分高的用地建设一定数量的一级交通枢纽。在北京案例中，我们将一级交通枢纽数量控制在18个以下，与现状相匹配。因此目标函数应该是，最大化坡度、积水点和服务水平三个因素的综合评分，计算他们的加权和。权重根据他们的重要等级进行计算。在北京案例中，最重要的权重是服务水平，其次是积水点，再次是坡度，所以权重计算结果如下：

服务水平权重：（3-1+1）/6=0.5

积水点权重：（3-2+1）/6=0.33

坡度权重：（3-3+1）/6=0.17

约束条件是一级交通枢纽数量和两个一级交通枢纽之间距离至少5km。数学模型表达为，设：

$j$是整数变量，表示次级交通枢纽栅格$j$，

$m_j$是浮点型变量，表示栅格$j$的评分，

$c_j$是浮点型变量，表示栅格$j$的服务水平，

$s_j$是浮点型变量，表示栅格$j$的坡度，

$p_j$是浮点型变量，表示栅格$j$的积水程度，

$T$是常数，表示一级交通枢纽数量，

$C$是常数，表示次级交通枢纽数量$j=1,2,\cdots C$，

$x_j$，$y_j$是变量，表示栅格$j$的地理坐标；

目标函数：$\max \sum_{j=1}^{C} m_j a_j$

$$m_j = 0.5 \times c_j + 0.33 \times s_j + 0.17 \times p_j$$

约束条件：$\sum_{j=1}^{C} a_j < T$

$$\sum_{x \in (x_j - 5000, x_j + 5000), y \in (y_j - 5000, y_j + 5000)} a_j^{x,y} \leqslant 1$$

计算得到一级交通枢纽的数量和位置。

（3）敏感性分析

在计算得到结果后，还要进行敏感性分析，即改变所选参数数值，观察模型结果是否稳定，是否会随参数改变而发生较大变化。敏感性分析是为了尽量避免不合理参数设置导致模型结果发生较大偏差。稳定的模型较少受个别参数影响，即在参数改变情况下，结果也应该相对稳定，不会出现很大偏差。本项目的敏感性分析采取网格搜索的方式，即循环所有可能的参数组合，统计所有地点被选择的概率。如果一个地点大概率被选中，说明这是一个较为稳妥的选址，即使参数改变，选址结果也大概率不会改变，如果一个地点只是小概率被选中，说明这是一个非常依赖特定参数的选址，缺乏稳定性。

## 2. 模型算法相关支撑技术

该模型中变量众多，实现需要较为强大的矩阵计算和地理数据处理能力，最终依靠R语言实现。R语言非常适合处理大量矩阵数据，有众多方便快捷的包可以帮助模型实现，raster，maptools和ggplot2包用于处理和可视化地理数据，reshape2和rgeos用于矩阵处理，ggthemes和grid用于制图规范，lpSolve用于求解线性规划问题。除此之外，我们使用ArcGIS平台对数据坐标进行转化，统一坐标系统。

# 五、实践案例

## 1. 案例介绍

该模型根据交通需求，对现有公交网络进行分级优化，适用于缺乏层级交通枢纽，饱受交通问题困扰的大城市，整合现有交通设施，形成多中心的公共交通网络布局，减轻现状交通网络压力。在这个项目中，我们选择北京作为案例，研究北京一级和次级交通枢纽的最优布局与选址。

北京是中国的首都，是超过2100万人口，占地超过1.6万km²的特大城市。在经济迅猛发展的同时，北京饱受大城市病的困

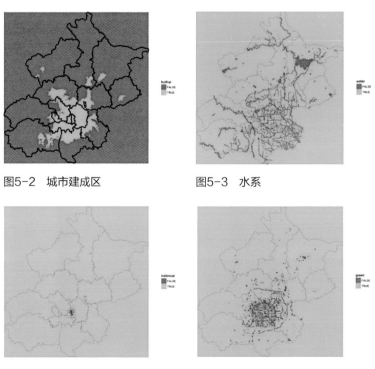

图5-2 城市建成区 　　图5-3 水系

图5-4 历史保护区 　　图5-5 绿地

图5-1 北京市交通枢纽规划与建设状况（图片制图：蒋柯 2010）

扰，其中交通拥堵问题是最典型最突出的问题之一。据北京师范大学发布的《2015中国劳动力市场发展报告》的数据显示，北京平均通勤时间为全国之首，长达97分钟。北京单中心的城市形态，清晰的功能分区，过大的人口压力和较高的机动车保有量都是北京城市拥堵的原因。交通需求大、需求分布不均、交通供需不匹配、通勤时间长等是北京公共交通面临的巨大挑战。

北京不仅面临巨大的市内公共交通运输压力，更是全国公共交通枢纽中心。北京市内的国际与区域交通和市内交通需求均远超适宜供给水平，截止到2016年底，北京有2个主要机场，5个主要火车站，10个长途大巴中心，19条地铁线路（包括机场快轨），345个地铁站点，超过900条公交线路和7条快速公交BRT线路。北京市政府已经着手规划并建设交通枢纽，旨在通过分等级、分层次的交通资源整合与梳理，来缓解公共交通压力，减少通勤时间。目前北京已规划并建成了若干公交枢纽，如下图所示。这些交通枢纽同时考虑了与区域交通的衔接和市内公共交通，要么临近区域交通枢纽火车站或汽车站，如北京南站枢纽、六里桥枢纽等，要么位于外省市进京的交通干道附近，如宋家庄枢纽、苹果园枢纽等。目前规划的交通枢纽均为一级公共交通枢纽，不能分等级、分层次的疏导交通。由于市内交通需求和区域交通需求具有差异性，我们的模型试图单纯从市内交通需求的角度出发，通过线性规划模型，来选出匹配交通需求和现状交通网络的一级和次级交通枢纽，构成多等级、多层次的公共交通网络，为北京交通枢纽未来规划提供科学参考。

### 2. 模型应用实证及结果解读

（1）北京市次级交通枢纽选址过程如下：

首先，500m×500m的网格划分整个北京市，每个栅格代表一个选址点，共计219427个选址点。

其次，对所有数据进行预处理，将它们转换为可用于线性规划模型的数据。

1）选取适宜建设用地，排除城市建成区以外区域，河流水系，绿地和历史保护区，结果如下：

2）选取现状网络连接较好的用地，要求选址点500m范围内至少覆盖有8个公交车站或1个地铁站点，结果如下：

3）综合考虑以上两步，筛选适宜建设的选址，共965个适宜选址点，结果如下：

图5-6 公交站点计算结果　　　图5-7 地铁站点计算结果

图5-8 适宜选址点　　　图5-9 选址点覆盖的居民点个数

4）计算选址点覆盖的居民点、工作点和商业点个数，结果如下：

图5-10 选址点覆盖的工作点个数　　　图5-11 选址点覆盖的商业点个数

最后，带入线性规划模型，要求次级交通枢纽至少覆盖60%的居民点，60%的工作点和60%的商业点，两个选址点至少相距500m以上，计算结果，最终选出110个次级交通枢纽，结果如下：

图5-12 110个次级交通枢纽选址　　　图5-13 坡度计算结果

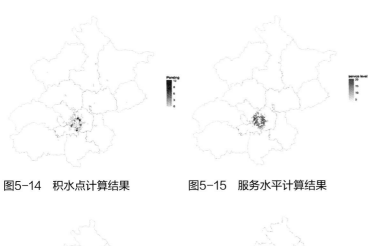

图5-14　积水点计算结果　　　　图5-15　服务水平计算结果

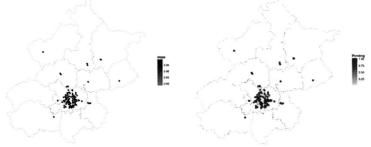

图5-16　坡度标准化后结果　　　图5-17　积水点标准化后结果

（2）北京市一级交通枢纽选址过程如下：

首先，计算110个次级交通枢纽的坡度，积水程度和服务水平。服务水平计算选址点5公里以内覆盖的次级交通枢纽个数，结果如下：

其次，分别用模型介绍中提到的三种效用函数将上述三个影响因素标准化，标准化后结果如下：

最后，带入线性规划模型，18个一级交通枢纽选址结果如下：

（3）敏感性分析

选取不同权重参数，对上述结果进行敏感性分析，结果如下：

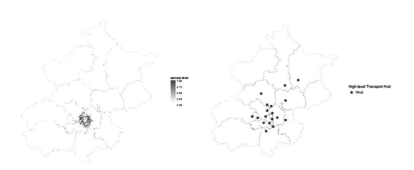

图5-18　服务水平标准化后结果　图5-19　18个一级交通枢纽选址结果

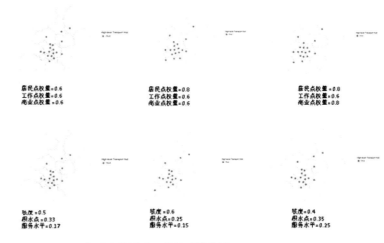

图5-20　不同权重参数影响下的敏感性分析

图5-21　叠加结果

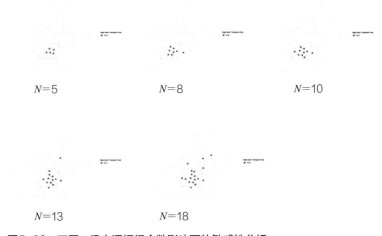

图5-22　不同一级交通枢纽个数影响下的敏感性分析

将多次结果叠加，结果如下图所示，颜色深表示该点被多次选择，颜色浅表示该点被选择次数较少。最后结果中，大部分点颜色都很深，说明我们的模型稳定性很高，多数点都不随参数改变而发生改变，参数选取对模型影响不大。

选取不同一级交通枢纽个数，结果如下：

将多次结果叠加，最终结果如图5-23所示，发现若干点出现频率非常高，说明这几个是最需要建设的交通枢纽，无论网络中有多少个一级交通枢纽，他们应该被选中，是公共交通网络中重要的枢纽点。

综上所述，基于多准则决策分析的北京市公共交通枢纽选址模型结果稳定，受参数影响较小，值得信赖，可以为公共交通系统优化和交通枢纽建设提供参考，有效满足交通需求，升级公共交通供给。这套模型在其他城市也普遍适用，可以根据不同城市情况和数据获取情况适当改变参数和增减选择标准，因地制宜地为城市公共交通发展提供科学依据。

图5-23　叠加结果

## 六、研究总结

### 1. 模型设计的特点

多准则决策分析方法是系统工程学和控制学领域的一种较为成熟的分析方法。尤其是在具有相互冲突、不可共度的方案集中进行选择决策时，多准则决策分析显得尤为重要。

城市规划中的选址问题，常常伴随着各方利益和各种因素的相互制约，不同因素做主导的选择方案有时甚至可能是相互矛盾的。因此，多准则决策分析是城市规划选址问题的一个有效方法，而目前还没有被广泛地应用。

例如，本文所关注的交通枢纽的选址问题，大多国内外的研究仍旧着眼于交通流量的优化，对于其他因素的考虑仍然较少，很多只是将枢纽的选址与行政区划相结合。

因此，本研究在比较了国内外多种交通枢纽选址模型的基础上，融合了多准则决策分析方法（MCDA），创新性地交通枢纽选址问题从纯粹的交通流量理论模型，扩展成了可以考虑交通流量，用地类型等多种影响因素的复杂决策模型。该模型在遵循了交通理论的同时，可以帮助决策者考虑更多复杂的评价标准，为更加科学人文的规划提出了技术支持和理论依据。

### 2. 应用方向或应用前景

随着中国高速的城市化进程，和大城市以及大都市圈的快速发展，各种大城市病也不可避免的伴随发生。然而大力发展城市公共交通，不管是对交通拥堵的缓解还是对城市环境的改善，都有着重要且积极的作用。

本文以北京为例，探讨了以多准则决策分析方法为框架，以客运枢纽分级布局模型为基础的公共交通枢纽选址问题。在模型中，选址的影响因素和权重分配多以北京的实际情况作为考量。但该模型，具有很强的扩展性和适应性，对于不同的城市可以很容易地将其他影响因素纳入考虑。交通理论的基础模型，即一部分决策规则的制定也同样可以根据需要作出调整。模型的开放性，给了未来的应用和发展方向提供了各种可能性。

城市规划问题，其本质在一定程度上可以说是在多方利益的博弈之下的决策过程。在大数据时代的今天，这种多方博弈，从以往的"拍脑门"决定，注定将会转向更为定量、更为科学，更多公众参与的发展方向上。那么多准则决策的分析方法，将会给大数据时代的城市规划决策带来更精准的分析方法和更科学的理论支持。

# 基于企业微观数据库的空间数据挖掘与决策支持平台

工作单位：苏州科技大学

研究方向：社会经济发展

参 赛 人：叶林飞、邵鑫焱、赵朱祎

参赛人简介：成员均来自苏州科技大学地理信息科学专业的学生，其中队长叶林飞大四，其他成员大三。三位同学对编程有着浓厚的兴趣同时对城市建设充满热情，希望通过比赛加强专业知识的技能，对打造"智慧城市"贡献一分力量，同时推进GIS"平台化"的发展。

## 一、研究背景

地理信息系统（GIS）的快速发展使其成了许多领域不可或缺的一种工具，GIS通过空间数据模型探求空间数据的内部关系，将空间数据和属性数据的潜在意义挖掘显示给决策者，为空间数据的分析和数据深层次的利用提供了新的思考方式。随着GIS技术，尤其是Web GIS开发技术的快速发展，使得利用Web GIS技术开发资源信息管理及决策支持系统和数据资源的有效管理成为可能。

研究在"一套表"基础上建立了基于昆山企业数据库的管理决策软件系统。企业一套表调查，是通过对企业调查的统一设计和统一布置，以及对企业数据的统一采集和处理，实现统计数据高度共享的一种统计方法。昆山市企业微观经济信息管理决策系统的目标是通过与国家统计局的企业"一套表"系统、政府部门的数据采集平台进行对接，对企业微观数据进行定期收集、统计汇总和360度分析，科学、准确、及时地掌握当前昆山市企业地理分布、产业结构和运行状况等基本信息，为宏观经济形势分析和研判提供数据基础和理论依据。系统建成投入使用后，将对昆山市统计局的工作乃至昆山市的经济发展产生积极的影响。

一是极大地丰富了昆山市信息基础设施建设。昆山市宏观经济数据库二期的建成，使得昆山市自己拥有了一套与国家统计局"一套表"系统一致的企业数据库，这对大数据时代背景下"智慧昆山"的建设尤为重要，可为昆山市其他行业/专业信息系统建设提供数据支撑，为今后各类普查、重大国情国力调查提供普查企业的基本信息。

二是系统既提供了基于微观层面的企业分析，又提供了基于宏观层面的行业、区域分析，为昆山市各级党委、政府进行国民经济宏观管理以及城市规划、行业规划、产业布局、结构调整等提供决策支持，也可为外来企业到本地投资提供统计咨询。

三是有效提高统计工作的水平和效率。以往统计局针对企业数据的统计分析均由业务科室人工完成，数据整合难度大，各类报表、报告生产效率低。本系统通过一致的数据存储、内置的计算模型、丰富的系统展示界面，能够快速生成满足不同统计要求的各类表格、图表和分析报告，大大提高了统计工作效率。

## 二、研究方法

### 1. 空间集聚分析

模型选择DO指数，利用昆山企业地理位置数据（地理坐标）

和微观数据（目前只选择了用工数量）进行不同空间尺度细化行业的产业集聚测度分析。

产业集聚是计量经济学一个热门话题，通过该模型，可以探究某一具体行业在哪个尺度上发生集聚，集聚程度如何。而且由于计算的覆盖行业范围比较齐全，可以探究哪些行业是集聚，哪些是分散的。模型采用通用的Duranton和Overman提出的计算模型。此外，模型还通过蒙特卡洛模拟来建立置信区间进行显著性检验，以确保结果的科学性，准确性。

### 2. 择业参考及企业综合评价

构建一个模型，用一个综合指标评价一个企业的综合竞争力。利用该指标对昆山的所有企业的进行综合排名，为政府、企业及公众（择业人员）提供决策参考。

以企业周围5km的平均房价、交通（选择与市中心距离）、周围2km餐饮业（店家数量、网评平均分）、周围2km娱乐业（店家数量、网评平均分）以及企业工资水平等指标作为变量，标准化后用熵权系数法确定各指标权重，加权求和得到一个综合指数，该指数代表了各企业的发展对周边区域的经济贡献和辐射能力。然后并对昆山的所有企业的进行综合排名。该指数从某种程度反映了企业的发展对周边区域的经济贡献和辐射能力，并给择业人员提供了参考。

### 3. JDBC

（1）JDBC简介

JDBC代表Java数据库连接，这对Java编程语言和广泛的数据库之间独立于数据库的连接标准的Java API。JDBC库包含的API为每个通常与数据库的使用相关联的任务：

①使得连接到数据库；

②创建SQL或MySQL语句；

③执行SQL或MySQL的查询数据库；

④查看和修改结果记录。

从根本上说，JDBC是一种规范，它提供的接口，一套完整的，允许便携式访问底层数据库。可以用Java来写不同类型的可执行文件，如：

①Java应用程序；

②Java Applets；

③Java Servlets；

④Java ServerPages（JSP）；

⑤Enterprise JavaBeans（EJBs）。

所有这些不同的可执行文件就可以使用JDBC驱动程序来访问数据库，并把存储的数据的优势。

JDBC提供了相同的功能，ODBC，允许Java程序包含与数据库无关的代码。

（2）JDBC架构

JDBC API支持两层和三层处理模型进行数据库访问，但在一般的JDBC体系结构由两层组成：

①JDBC API：提供了应用程序对JDBC的管理连接。

②JDBC Driver API：支持JDBC管理到驱动器连接。

JDBC API的使用驱动程序管理器和数据库特定的驱动程序提供透明的连接到异构数据库。

JDBC驱动程序管理器可确保正确的驱动程序来访问每个数据源。该驱动程序管理器能够支持连接到多个异构数据库的多个并发的驱动程序。

以下是结构图（图2-1），它显示了驱动程序管理器方面的JDBC驱动程序和Java应用程序的位置：

本项目利用JDBC来链接Oracle数据库，获得属性数据库中的数据，为算法模型的构建提供数据基础。

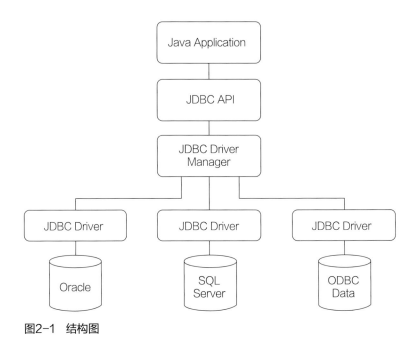

图2-1 结构图

### 4. Java编程语言

Java是一门面向对象编程语言，不仅吸收了C++语言的各种优点，还摒弃了C++里难以理解的多继承、指针等概念，因此Java语言具有功能强大和简单易用两个特征。Java语言作为静态面向对象编程语言的代表，极好地实现了面向对象理论，允许程序员以优雅的思维方式进行复杂的编程。

Java具有简单性、面向对象、分布式、健壮性、安全性、平台独立可移植性、多线程和动态性等特点。Java可以编写桌面应用程序、Web应用程序、分布式系统和嵌入式系统应用程序等。

在本项目中，利用Java语言来编写两个模型算法的类，通过调用JDBC获取Oracle数据库中的数据来构建算法模型。

## 三、数据说明

### 数据内容及类型：

（1）企业数据库

本系统数据库是昆山企业数据库的有机组成部分，昆山企业数据库涵盖企业的基本信息、劳动工资、财务状况、生产经营、科技状况、信息化、能源和水资源消耗七大类信息；涉及的企业包括昆山市规模以上工业企业、所有的建筑业、房地产业、规模以上的服务业、住宿餐饮业和批发零售业企业3000余家；数据库建成各类表单（包括年报、半年报、季报、月报）50余个，涵盖2011年以来上述企业的所有数据。

（2）空间数据库

空间数据包括点、线、面三种类型。空间数据包括点、线、面三种类型，共有17个图层（见表3-1）。其中本系统最重要的图层是"昆山企业"图层，该图层是根据昆山统计口径内各类企业坐标（EXCEL文件）数据的转换而来，在ArcMap中把点坐标转换为shp图层。而其他图层通过在ArcMap中对比影像图，和查询位置坐标，进行矢量化得到shp图层。

（3）属性数据库

本系统的属性数据库对一套表的数据进行整理，共有18张表，5个视图，较为重要的9张属性表分别是餐饮数据表、娱乐数据表、历年经济数据表、昆山企业基本数据表、区镇统计表、区镇各控股类型统计表、区镇各行业统计表、区镇各注册类型统计表、预警表。

系统空间数据库构成　　　　　　表3-1

| 序号 | 图层名 | 图层类型 |
|---|---|---|
| 1 | 高速公路 | 线图层 |
| 2 | 国道 | |
| 3 | 城市快速路 | |
| 4 | 省道 | |
| 5 | 县道 | |
| 6 | 城市支路 | |
| 7 | 细街道 | |
| 8 | 城市支细路 | |
| 9 | 构内道路 | |
| 10 | 窄道路 | |
| 11 | 乡道 | |
| 12 | 铁路 | |
| 13 | 水系 | 多边形图层 |
| 14 | 区县 | |
| 15 | 乡镇 | |
| 16 | 政府 | 点图层 |
| 17 | 昆山企业 | |

部分属性表简介　　　　　　表3-2

| 表名 | 介绍 |
|---|---|
| CATERING | 餐饮数据表 |
| ENTERTAINMENT | 娱乐数据表 |
| ECONOMIC_DATA | 历年经济数据表 |
| KSQY_DOT | 昆山企业基本数据表 |
| TOWN_STACTIC | 区镇统计表 |
| TOWN_STATIC_CONTROL_TYPE | 区镇各控股类型统计表 |
| TOWN_STATIC_INDUSTRY | 区镇各行业统计表 |
| TOWN_STATIC_REGISTRATION_TYPE | 区镇各注册类型统计表 |
| WARN_TABLE | 预警表 |

1）CATERING表

CATERING表中DCDXXTM字段为主键，该表用来存放企业周边餐饮业的信息，包括店名、评分、餐饮细分种类。

2）ENTERTAINMENT表

ENTERTAINMENT表中DXDXXTM字段为主键，该表用来存放企业周边娱乐业的信息，包括店名、评分、服务细分种类。

CATERING表　　　表3-3

| 字段名 | 字段类型 | 长度 | 字段描述 |
|---|---|---|---|
| DCDXXTM | VARCHAR2 | 20 | 调查对象系统码 |
| B102 | VARCHAR2 | 50 | 单位详细名称 |
| name | VARCHAR2 | 50 | 餐饮业店名字 |
| CODE | VARCHAR2 | 10 | 类型 |
| TYPE | VARCHAR2 | 20 | 级别 |

ENTERTAINMENT表　　　表3-4

| 字段名 | 字段类型 | 长度 | 字段描述 |
|---|---|---|---|
| DCDXXTM | NVARCHAR2 | 255 | 调查对象系统码 |
| B102 | NVARCHAR2 | 255 | 单位详细名称 |
| name | NVARCHAR2 | 255 | 娱乐业店名字 |
| TYPE | NVARCHAR2 | 255 | 评分 |
| CODE | NVARCHAR2 | 255 | 类别 |

### 3）ECONOMIC_DATA表

ECONOMIC_DATA表中DXDXXTM字段为主键，该表用来存放企业历年的各种指标值。

ECONOMIC_DATA表　　　表3-5

| 字段名 | 字段类型 | 长度 | 字段描述 |
|---|---|---|---|
| OBJECTID | NUMBER | 0 | 序号 |
| DCDXXTM | NVARCHAR2 | 15 | 调查对象系统码 |
| B1921 | NUMBER | 38 | 从业人员期末人数（人） |
| B1933 | NUMBER | 38 | 资产总计（千元） |
| C217_1 | NUMBER | 38 | 负债本期 |
| C301_1 | NUMBER | 38 | 营业收入本期 |
| C327_1 | NUMBER | 38 | 利润总额本期 |
| C328_1 | NUMBER | 38 | 应交所得税本期 |
| C402_1 | NUMBER | 38 | 应交增值税本期 |
| C309_1 | NUMBER | 38 | 营业税金及附加本期 |
| C01_1 | NUMBER | 38 | 从业人员期末人数本期 |
| C02_1 | NUMBER | 38 | 从业人员期末人数_女性本期 |

续表

| 字段名 | 字段类型 | 长度 | 字段描述 |
|---|---|---|---|
| C05_1 | NUMBER | 38 | 非全日制人员期末人数本期 |
| C12_1 | NUMBER | 38 | 在岗职工期末人数本期 |
| C13_1 | NUMBER | 38 | 从业人员工资总额本期 |
| C14_1 | NUMBER | 38 | 在岗职工工资总额本期 |
| C86_1 | NUMBER | 38 | 基本工资本期 |
| C88_1 | NUMBER | 38 | 从业人员平均工资_国家机关、党群组织、企业 |
| Z41 | NUMBER | 38 | 从业人员平均工资_办事人员和有关人员本期 |
| Z45 | NUMBER | 38 | 生产电力消费 |
| TAX | NUMBER | 38 | 总税 |
| YEAR_ | NUMBER | 0 | 年份 |

### 4）KSQY_DOT表

KSQY_DOT表中DXDXXTM字段为主键，该表用来存放企业的基本信息，如企业名称、地址、电话、开业时间等。

KSQY_DOT表　　　表3-6

| 字段名 | 字段类型 | 长度 | 字段描述 |
|---|---|---|---|
| OBJECTID | NUMBER | 0 | 序号 |
| SHAPE | COMPLEX | 1 | 要素类型 |
| DCDXXTM | NVARCHAR2 | 254 | 调查对象系统码 |
| B102 | NVARCHAR2 | 254 | 单位详细名称 |
| B0156 | NVARCHAR2 | 254 | 所在地单位所在地地址（街） |
| B2032 | NVARCHAR2 | 254 | 固定电话 |
| B015 | NVARCHAR2 | 254 | 组织机构代码 |
| B104 | NVARCHAR2 | 254 | 报表类别 |
| B191 | NUMBER | 38 | 单位规模 |
| B205 | NUMBER | 38 | 登记注册类型 |
| B206 | NUMBER | 38 | 企业控股情况 |
| B1034B | NUMBER | 38 | 行业代码 |
| B2021 | NUMBER | 38 | 开业年份 |
| B2022 | NUMBER | 38 | 月 |
| B208 | NUMBER | 38 | 日 |

续表

| 字段名 | 字段类型 | 长度 | 字段描述 |
|---|---|---|---|
| X | NUMBER | 38 | GPS（X坐标） |
| Y | NUMBER | 38 | GPS（Y坐标） |
| BIRTH_DATA | DATE | 7 | 成立年份 |

5）TOWN_STATIC表

TOWN_STATIC表中A2是主键，该表用来存放历年各个乡镇的各类经济指标的统计值。

TOWN_STATIC表　　　　表3-7

| 字段名 | 字段类型 | 长度 | 字段描述 |
|---|---|---|---|
| A1 | VARCHAR2 | 25 | 区划代码 |
| A2 | VARCHAR2 | 25 | 年份 |
| B1 | VARCHAR2 | 25 | 企业个数 |
| B2 | VARCHAR2 | 25 | 从业人员人数 |
| B3 | VARCHAR2 | 25 | 从业人员工资总额 |
| B4 | VARCHAR2 | 20 | 资产总计 |
| B5 | VARCHAR2 | 20 | 负债总计 |
| B6 | VARCHAR2 | 20 | 营业收入 |
| B7 | VARCHAR2 | 20 | 利润总额 |
| CB1 | VARCHAR2 | 25 | 应交所带税 |
| CB2 | VARCHAR2 | 25 | 应交增值税 |
| CB3 | VARCHAR2 | 30 | 应交营业税及附加 |
| CB | VARCHAR2 | 25 | 应交税金总和 |
| B8 | VARCHAR2 | 25 | 综合能源消费量上年同期 |
| B9 | VARCHAR2 | 25 | 工业生产电力消费上年同期 |
| B10 | VARCHAR2 | 25 | 煤 |

6）TOWN_STATIC_CONTROL_TYPE表

TOWN_STATIC_CONTROL_TYPE表中A2是主键，该表用来存储历年每个乡镇各控股类型的企业的各类经济指标的统计值。

TOWN_STATIC_CONTROL_TYPE表　　表3-8

| 字段名 | 字段类型 | 长度 | 字段描述 |
|---|---|---|---|
| A1 | VARCHAR2 | 15 | 区域代码 |
| A2 | VARCHAR2 | 10 | 年份 |
| B1 | VARCHAR2 | 10 | 企业个数 |
| B206 | VARCHAR2 | 10 | 企业控股情况 |
| B2 | VARCHAR2 | 15 | 从业人员人数 |
| B3 | VARCHAR2 | 15 | 从业人员工资总额 |
| B4 | VARCHAR2 | 15 | 资产总计 |
| B5 | VARCHAR2 | 15 | 负债总计 |
| B6 | VARCHAR2 | 18 | 营业收入 |
| B7 | VARCHAR2 | 15 | 利润总额 |
| CB1 | VARCHAR2 | 15 | 应交所带税 |
| CB2 | VARCHAR2 | 15 | 应交增值税 |
| CB3 | VARCHAR2 | 15 | 应交营业税及附加 |
| CB | VARCHAR2 | 25 | 应交税金总和 |
| B8 | VARCHAR2 | 25 | 综合能源消费量上年同期 |
| B9 | VARCHAR2 | 25 | 工业生产电力消费上年同期 |
| B10 | VARCHAR2 | 25 | 煤 |

7）TOWN_STATIC_INDUSTRY表

TOWN_STATIC_INDUSTRY表中A2是主键，该表用来存储历年每个乡镇各类行业的企业的各类经济指标的统计值。

TOWN_STATIC_INDUSTRY表　　　表3-9

| 字段名 | 字段类型 | 长度 | 字段描述 |
|---|---|---|---|
| A1 | VARCHAR2 | 15 | 区划代码 |
| A2 | VARCHAR2 | 10 | 年份 |
| B1 | VARCHAR2 | 10 | 企业个数 |
| B104 | VARCHAR2 | 10 | 报表类别 |
| B2 | VARCHAR2 | 10 | 从业人员人数 |
| B3 | VARCHAR2 | 20 | 从业人员工资总额 |
| B4 | VARCHAR2 | 20 | 资产总计 |
| B5 | VARCHAR2 | 20 | 负债总计 |

续表

| 字段名 | 字段类型 | 长度 | 字段描述 |
|---|---|---|---|
| B6 | VARCHAR2 | 20 | 营业收入 |
| B7 | VARCHAR2 | 15 | 利润总额 |
| CB1 | VARCHAR2 | 15 | 应交所带税 |
| CB2 | VARCHAR2 | 15 | 应交增值税 |
| CB3 | VARCHAR2 | 15 | 应交营业税及附加 |
| CB | VARCHAR2 | 25 | 应交税金总和 |
| B8 | VARCHAR2 | 25 | 综合能源消费量上年同期 |
| B9 | VARCHAR2 | 25 | 工业生产电力消费上年同期 |
| B10 | VARCHAR2 | 25 | 煤 |

### 8）TOWN_STATIC_REGISTRATION_TYPE表

TOWN_STATIC_REGISTRATION_TYPE表中A2是主键，该表用来存储历年每个乡镇各中登记注册类型企业的各类经济指标的统计值。

TOWN_STATIC_REGISTRATION_TYPE表　　表3-10

| 字段名 | 字段类型 | 长度 | 字段描述 |
|---|---|---|---|
| A1 | VARCHAR2 | 15 | 区划代码 |
| A2 | VARCHAR2 | 10 | 年份 |
| B1 | VARCHAR2 | 10 | 企业个数 |
| B205 | VARCHAR2 | 10 | 登记注册类型 |
| B2 | VARCHAR2 | 15 | 从业人员人数 |
| B3 | VARCHAR2 | 15 | 从业人员工资总额 |
| B4 | VARCHAR2 | 15 | 资产总计 |
| B5 | VARCHAR2 | 15 | 负债总计 |
| B6 | VARCHAR2 | 15 | 营业收入 |
| B7 | VARCHAR2 | 15 | 利润总额 |
| CB1 | VARCHAR2 | 15 | 应交所带税 |
| CB2 | VARCHAR2 | 15 | 应交增值税 |
| CB3 | VARCHAR2 | 15 | 应交营业税及附加 |
| CB | VARCHAR2 | 25 | 应交税金总和 |
| B8 | VARCHAR2 | 25 | 综合能源消费量上年同期 |
| B9 | VARCHAR2 | 25 | 工业生产电力消费上年同期 |
| B10 | VARCHAR2 | 25 | 煤 |

### 9）WARN_TABLE表

WARN_TABLE表中DXDXXTM字段为主键，该表用来存储预警指标的值以及预警级别。

WARN_TABLE表　　表3-11

| 字段名 | 字段类型 | 长度 | 字段描述 |
|---|---|---|---|
| DCDXXTM | VARCHAR2 | 15 | 调查对象系统码 |
| WARN_DEBT | NUMBER | 1 | 资产负债率 |
| WARN_TAX | NUMBER | 1 | 纳税变化率 |
| WARN_EMPLOY | NUMBER | 1 | 员工数变化率 |
| WARN_INCOME | NUMBER | 1 | 营业收入变化率 |
| DEBT | FLOAT | 10 | 负债预警级别 |
| TAX | FLOAT | 10 | 纳税预警级别 |
| EMPLOYE | FLOAT | 10 | 员工数预警级别 |
| INCOME | FLOAT | 10 | 营业收入预警级别 |

## 四、模型算法

### 1. 模型算法

（1）空间集聚分析

根据DO指数模型，利用昆山企业地理位置数据和企业微观数据进行了不同空间尺度细化行业的产业集聚测度研究。在程序中，计算了昆山所有行业的（国民经济行业分类GB/T 4754-2011）带权重和不带权重的DO指数。

产业集聚是计量经济学一个热门话题，通过该模型，可以探究某一具体行业在哪个尺度上发生集聚，集聚程度如何。而且由于计算的覆盖行业范围比较齐全，可以探究哪些行业是集聚，哪些是分散的。模型采用通用的Duranton和Overman提出的计算模型。

Duranton和Overman（2005）则采用了无参数回归模型，重新构造了产业集聚测度指数，不带权重的计算公式如下：

$$K_d = \frac{1}{n(n-1)/h} \sum_{i=1}^{n-1} \sum_{j=i+1}^{n} f\left(\frac{d - d_{ij}}{h}\right)$$

其中$d_{ij}$为之间$i$，$j$的距离$h$为$Silverman$提出的最优带宽，$f$为高斯核函数，所有的距离以单位km。边界问题采用$Silverman$提出的反射方法处理。

考虑权重的计算公式如下：

$$K^{emp}(d) = \frac{1}{h\sum_{i=1}^{n-1}\sum_{j=i+1}^{n}e(i)e(j)}\sum_{i=1}^{n-1}\sum_{j=i+1}^{n}e(i)e(j)f\left(\frac{d-d_{ij}}{h}\right)$$

其中，$h$为带宽，$f$为高斯核函数，$e$为企业用工人数。

模型还通过蒙特卡洛模拟来建立置信区间进行显著性检验，以确保结果的科学性，准确性。

针对该模型，系统提供了两个功能：

用户可以查询某一具体行业的DO指数值，从而分析出该行业是否集聚，如果集聚，集聚尺度多大，集聚程度如何。用户还可以查看该行业的企业在昆山的具体分布位置。

本系统对上述计算出的结果进行了统计分析，统计内容如下：

①不同空间尺度全局集聚的行业数；

②不同空间尺度全局分散的行业数；

③不同空间尺度行业集聚程度；

④不同空间尺度行业分散程度；

⑤行业集聚发生的最大空间尺度及最大平均集聚尺度发生的空间尺度；

⑥行业分散发生的最大空间尺度及最大平均分散尺度发生的空间尺度。

（2）择业参考及企业综合评价

该指数以企业周围5km的平均房价、交通（选择与市中心距离）、周围2km餐饮业（店家数量、网评平均分）、周围2km娱乐业（店家数量、网评平均分）以及企业工资水平等指标作为变量，标准化后用熵权系数法确定各指标权重，加权求和得到一个综合指数，该指数代表了各企业的发展对周边区域的经济贡献和辐射能力。然后并对昆山的所有企业的进行综合排名。该指数从某种程度反映了企业的发展对周边区域的经济贡献和辐射能力，并给择业人员提供了了参考。

熵值分析法公式如下：

计算第$j$项指标下第$i$个地区占该指标的比例（$P_{ij}$）。

$$P_{ij} = X_{ij}/\sum_{i=1}^{n}X_{ij},(i=1,2,\cdots,m)。$$

计算第$j$项指标的熵值（$E_j$）。

$$E_j = -k\sum_{i=1}^{n}P_{ij}\ln(P_{ij})，其中，\ k>0,\ \ k=1/\ln(n),E_j \geqslant 0。$$

计算第$j$项指标的效用值（$D_j$）。

$$D_j = 1 - E_j。$$

计算第$j$项指标的权重（$W_j$）。

$$W_j = D_j/\sum_{j=1}^{m}X_{ij}D_j,1 \leqslant j \leqslant m。$$

计算该地区的评价指数$A$。

$$A = \sum_{i=1}^{m}P_{ij}W_j。$$

系统提供了两个功能：

用户可查询某一企业周边服务业的具体信息，包括餐饮业和娱乐业，以及查看某一店家的具体评分。

将综合评价指数可视化，用图表显示具体数据，用核密度插值做成三维图。

## 2. 模型算法相关支撑技术

系统采用的开发软件主要包括ArcGIS Server10.2、Flash Builder4.6以及ArcGIS Desktop10.2，其中ArcGIS Server10.2、Flash Builder4.6用于程序开发，ArcGIS Desktop10.2用于地图资源的制作与发布，系统开发涉及的主要相关软件如图4-1所示。

（1）ArcGIS 10.2

ArcGIS系列软件是ESRI公司综合了现代流行的GIS技术构建的一个多视角的地理信息系统空间处理分析共享平台。ArcGIS对地图的处理与制作、空间信息数据操作和空间数据分析处理能力非常强大，可以使用不同格式的空间数据。并且为了在因特网的条件下实现空间数据共享，ArcGIS还提供了空间数据发布与管理能力。

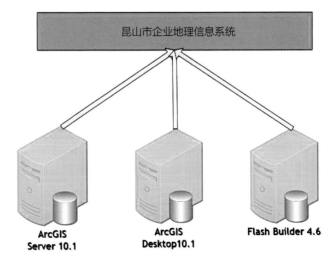

图4-1　系统开发涉及主要相关软件

ArcMap是ArcGIS多个功能软件中最重要也是最基本的应用功能组件，对空间数据进行专业的操作，不但可以对二维空间数据更新处理，对三维数据也可以进行空间操作。ArcMap中多样的空间分析工具箱提供了多种空间分析方式，比如：密度分析、局部分析、水文分析等，可以对多数据进行分析，从而提供专业的决策支持。ArcCatalog也是ArcGIS for Desktop产品系列中基本的应用程序组件，用来对空间资源实施有效的管理，进行空间数据库的设计、管理，并且用来记录、展示属性资料，在网络开发中还可用来发布与管理地图服务，本系统主要使用ArcCatalog进行地图文档的管理、地图服务的发布与管理。

（2）ArcGIS Server 10.2

ArcGIS Server是ESRI公司推出的ArcGIS产品体系中的一个开发企业级WebGIS的应用平台，它的功能强大，能够在分布式环境下工作，可以实现地图绘制、地图资源的发布与管理、空间数据管理、空间分析以及地理编码等高级空间服务功能。ArcGIS Server适用于多种语言的开发，集成了多个内部接口和封装好的类库，用户可以直接调用内部函数以及可使用类库。

ArcGIS Server能够在分布式环境下工作，即可以分别部署在不同的机器上，由分布在多台机器上的多个角色协同工作完成复杂任务。一般工作流程为用户使用桌面应用程序调用浏览器在HTTP协议下访问Web服务器上发布的GIS网络服务，请求到达Web服务器，Web服务器向GIS服务器请求服务，GIS服务器将处理结果反馈给Web服务器，再由Web服务器将结果转交给用户。

使用ArcGIS Server开发应用程序，可以忽略各种不同类型的数据，而利用相应的地图服务概念来使用它们，在分布式环境下实现地图绘制、空间与属性数据管理、专题图制图、空间分析、要素查询、要素编辑、地图渲染、地图标注、DEM生成以及其他的GIS功能。每一个地图服务都是在SOM的管理下存在于一个SOC之中，客户端向服务器端请求服务，最终由ArcGIS Server为客户端应用提供该地图服务。

（3）Flash Builder4.6

Flex是一个支持丰富互联网应用系统RIA的免费、高效的开源框架，浏览器只需安装Adobe公司的视频播放器插件即可运行Flex创建的应用程序，跨操作系统的 Adobe AIR上也可运行Flex创建的应用程序，因此利用两种插件就可以实现跨所有主要浏览器、操作系统的一致的运行。

Flex采用用户图形界面开发，使用基于可扩展标记语言XML的MXML语言。Flex包含丰富的组件，可实现网络服务、控件自由拖放、各种图表绘制、表格控件排序和动态消隐效果等功能。FLEX控件样式美观而且内置动画效果，因此其在界面设计和动画效果方面表现突出。Flex应用程序开发主要包括的技术框架如下：

描述应用程序界面的XML语言（MXML，Macromedia XML）；

用于响应和处理系统和用户的事件，构建复杂的数据模型的符合ECMA（European Computer Manufactures Association）规范的脚本语言（AS，ActionScript）；

一个基础类库（SDK，Software Development Kit）；

运行时的即时服务（AIR，Adobe Integrated Runtime）。

# 五、实践案例

## 实践案例及成果分析：

（1）企业空间分布

根据企业所属的不同行业类型、单位规模、控股类型与登记注册类型等对企业进行分类显示，利用不同的图标标注企业空间位置分布，形成不同的专题地图，揭示昆山不同类型企业空间分布状态，并对不同的类型进行企业数量统计，生成饼状图直观地对各类型进行对比。用户可以通过本功能分析对比不同条件下企业的分布模式，以此探究区位因素对企业选址的影响。

用户还可以进行唯一值渲染，通过将统计指标与地理位置结合，直观对比企业与周边企业、区域与周边区域的差异。

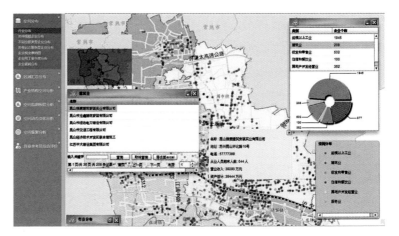

图5-1　空间分布之企业分布

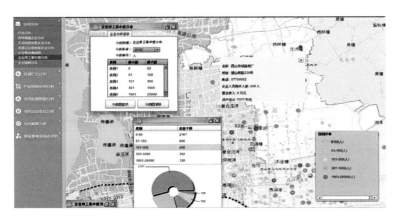

图5-2 空间分布之企业唯一值渲染

图5-4 三维分析图

（2）区域汇总分布

对近几年昆山市各区镇企业的各种经济指标（如资产总计、负债总计、营业收入、利润总额、缴纳税金等）进行求和、取均值和计算年变化率，并用所求数据作为分级渲染数据源做分级专题图。用户可自行更改分级类别，可通过图表中的数据结合专题图分析，系统还采用CityEnginer的三维可视化效果将渲染的区域指标进行三维制图，用户可以操作地图，点击后获取详细数据，具有良好交互性能。

（3）产业结构空间分布

产业结构空间分布以区镇为单位，以经济指标作为分析对象，统计不同行业、不同注册类型和不同控股企业的某一指标总量占所有企业的比重。并动态绘制饼状图与直方图，使繁杂的经济数据得到丰富多彩的展现，使决策者对各类型企业占总体经济比重有了直观清晰的认识。

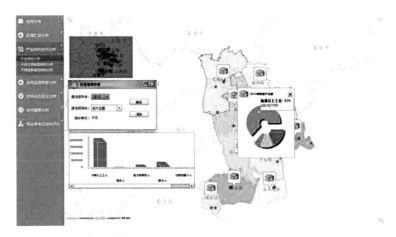

图5-5 产业结构空间分布

（4）空间动态变化分析

根据企业的注册开业时间，在地图上动态显示各类企业历年的动态分布情况，柱状图列出的是每年新增的企业。通过该功能，可分析企业位置变化情况，新加入的企业是否与原有企业有相同的分布模式，新进入的企业是否与原有企业就近集聚分布等。

系统还可以在地图和图表上显示各区域历年的企业经济运转指标的动态变化情况，横向可以同其他区域对比，纵向可以和历年情况分析对比。

（5）企业空间经济预警

根据企业上报的数据进行筛选，选择资产负债率（负债总额与资产总额的百分比）作为企业经济预警指标，它能够衡量企业在清算时保护债权人利益。该指标反映债权人所提供的资本占全部资本的比例，亦称为举债经营比率。如该比率过低说明公司资金需求较少，意味着企业扩张及发展潜力不足、活力不够；比率过高则表示超过债权人心理承受程度，难以筹到资金、筹资风险加大且利息

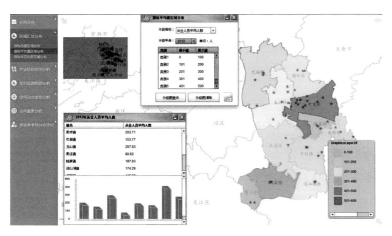

图5-3 区域汇总分布

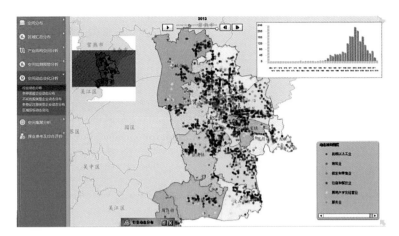

图5-6　企业时间轴

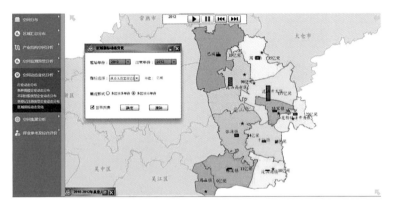

图5-7　区镇指标动态分析

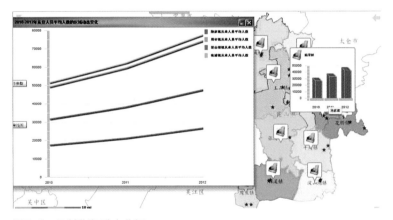

图5-8　区镇指标动态分析

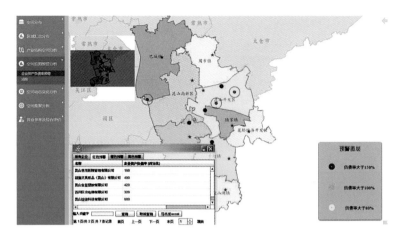

图5-9　预警分析

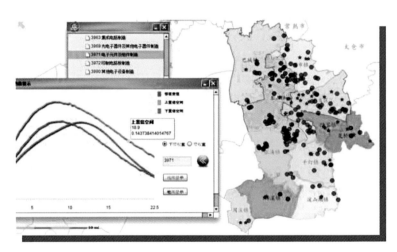

图5-10　集聚分析

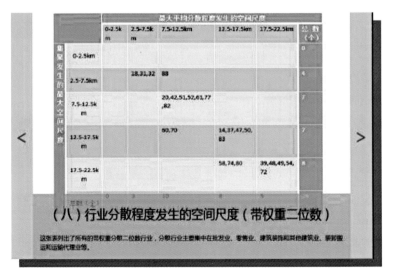

图5-11　集聚统计

负担增加，偿债风险也随之增加。通常资产负债率在60%～70%比较合理、稳健，达到85%及以上时应视为发出预警信号。

（6）空间集聚分析

根据DO指数模型，利用昆山企业地理位置数据和企业微观数据进行了不同空间尺度细化行业的产业集聚测度研究。

（7）择业参考及企业综合评价

该指数以企业周围5km的平均房价、交通（选择与市中心距离）、周围2km餐饮业（店家数量、网评平均分）、周围2km娱乐业（店家数量、网评平均分）以及企业工资水平等指标作为变量，标准化后用熵权系数法确定各指标权重，加权求和得到一个综合指数，该指数代表了各企业的发展对周边区域的经济贡献和辐射能力。然后并对昆山的所有企业的进行综合排名。该指数从某种程度反映了企业的发展对周边区域的经济贡献和辐射能力，并给择业人员提供了参考。

熵值分析法公式如下：

计算第$j$项指标下第$i$个地区占该指标的比例（$P_{ij}$）：

$$P_{ij} = X_{ij} / \sum_{i=1}^{n} X_{ij}, (i = 1, 2, \cdots, m)$$

计算第$j$项指标的熵值（$E_j$）：

$$E_j = -k \sum_{i=1}^{n} P_{ij} \ln(P_{ij}) ，其中，k>0，\quad k = 1/\ln(n), E_j \geq 0$$

计算第$j$项指标的效用值（$D_j$）：

$$D_j = 1 - E_j$$

计算第$j$项指标的权重（$W_j$）：

$$W_j = D_j / \sum_{j=1}^{m} X_{ij} D_j, 1 \leq j \leq m$$

计算该地区的评价指数$A$：

$$A = \sum_{i=1}^{m} P_{ij} W_j$$

系统提供了两个功能：

用户可查询某一企业周边服务业的具体信息，包括餐饮业和娱乐业，以及查看某一店家的具体评分。

将综合评价指数可视化，用图表显示具体数据，用核密度插值做成三维图。

图5-13　综合评价插值图

# 六、研究总结

## 1. 研究总结

（1）本系统使用的原始数据丰富详实，结合GIS技术与Flex强大的动画功能，把抽象繁杂的数据经过处理后直观展示。并通过对企业微观数据的统计分析，借助GIS可视化功能，为政府、企业提供辅助决策。

（2）在集聚分析中，使用准确的企业GPS坐标，引入了DO指数模型，对昆山市各行业进行了集聚分析。结果表明，昆山市大多行业集聚程度不高，导致工业用地利用效率低下。如昆山金属加工及冶炼行业（31，32）没有明显集聚，而这类企业属于重点监控的高污染、高能耗企业，这样加大了政府监控成本，也不利于污染治理。政府可以考虑建立专门的工业园。

（3）创新性地将企业微观数据与周边服务业数据结合，为查询企业周边服务业质量和数量做参考。企业的发展会带动周边区域的发展，由集聚分析中得出，大企业是集聚的主要推动力，并吸引中小企业集聚，而周边个体小店是小企业的一分子，所以研究通过构建模型，可以量化一个企业对周边区域的辐射能力。并通过对微观个体的核密度插值来评价一个区域的发展水平。

## 2. 应用方向或应用前景

建立在昆山企业数据库之上的管理决策软件系统包括五大业务功能模块：数据上报模块、信息查询模块、重点关注模块、专

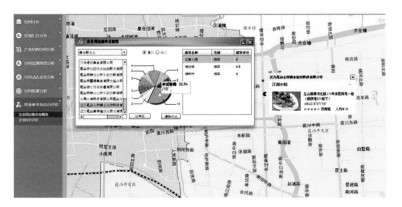

图5-12　企业周边服务业概览

题报告模块和地理信息系统模块。数据上报模块使得系统上线后，保证了昆山企业数据库不再单纯依赖国家统计局"一套表"系统，而是有了自己的数据采集渠道；信息查询模块提供了对数据库信息的查询检索功能，系统提供了包括指标查询、企业查询、主题查询、原始报表查询在内的数十种信息检索功能，可满足不同部门用户的各个方面的需求；重点关注模块则注重信息的挖掘与分析，关注于政府部门所关心的热点问题，提供了诸如企业、行业、区域等宏观与微观经济信息的分析、决策、预警功能；专题报告模块通过精确的数值计算，以文字报告、统计报表、统计图表等形式展示昆山企业发展的不同时期所取得的成绩和存在的问题，包括从创新人才、创新服务、创新投入、创新产出、创新协作等方面体现的企业创新能力报告，从产业规模、产业效益、产业结构、产业布局等方面体现的产业发展报告，从活力型企业、领军型企业、外资企业等体现的企业成长报告；地理信息系统模块在昆山市地图上直观地展示了昆山企业的空间分布，并提供了基于地图的多种分析功能。

# 基于均等性评价的公园绿地布局优化研究

工 作 单 位：天津大学

研 究 方 向：生态环境控制

参 赛 人：戚一帆、王美介、于君涵

参赛人简介：戚一帆，2016级天津大学建筑学院城乡规划学研究生，主要研究方向为城市设计；王美介，2016级同济大学建筑与
城市规划学院城乡规划学研究生，主要研究方向为城市管理与法规。

## 一、研究问题

### 1. 研究背景及目的意义

（1）研究背景

1）天津市大力推进公园绿地建设

近年来，天津市大力推进公园绿地建设，通过实施增绿、大绿、绿廊、绿居和绿园五大工程，展现津城园林绿化的生态之美。从2013年起，天津市每年建设城市绿地1400万平方米，增加城市的"肺活量"，将城市绿化由突出景观性向突出生态功能转变，致力于实现公园建设和道路绿化的全覆盖，形成层次分明、自然生态的城市绿化体系。

2）基本公共服务呈现均等化趋势

我国经济社会在经过经济快速增长和社会急剧转型后，基本需求发生了深刻变化，这不仅要求尽快转变经济发展方式，以应对生态环境恶化和能源资源短缺引发的严峻挑战，而且要求加快建立覆盖全体社会成员的基本公共服务体系，逐步实现基本公共服务均等化，以应对基本公共需求全面快速增长所带来的新的挑战。均等性是公共服务设施布局的基本原则之一，自20世纪50年代以来，就已被广泛地用于如公园、医疗服务设施、购物中心、学校体育设施等的布局研究中。虽然研究对象、方法不尽相同，但研究目的都是为了探讨城市公共设施布局的公平性问题。城市内的公园绿地作为公共服务设施的重要组成部分，其布局的均等性也越来越受到社会的重视。

（2）国内外基于GIS平台的相关研究评述

GIS具有区域空间分析、多要素综合分析和动态预测等功能，再加上其强大的空间数据管理功能，能够产生高层次的有用信息，从而完成人工难以完成的任务，促进绿地系统规划决策过程的科学化、系统化。

1）国外相关研究评述

早在20世纪初，国外的规划学者们就已经开始关注城市公共设施的空间公平性问题，近年来，利用GIS对公共服务设施的空间布局进行研究，已得到越来越广泛的应用。Alexis Comber等以英国城市Leicester为例，借助GIS的网络分析功能，对绿色开敞空间进行了研究，认为不同宗教和种族群体的可达性可以作为同后英国政府提供绿色空间服务的部分标准与参考。Erkip F通过问卷调查，选用公园数量、人口分布特点、行进时间和可达性等指标，对土耳其首都安卡拉市公园的可达性及利用率情况进行了研究分析和评价，结论表明人们是否经常使用公园主要由距城市公园的距离和居民的收入水平高低来决定，并初步讨论了一种距离

与城市公园绿地之间的关系。Herzele AV通过选取距开敞空间的距离作为可达性分析因子，运用GIS的空间分析功能，对佛兰芒等四个城市的开敞空间可达性进行了对比分析，并选取空间感、自然环境、文化和历史、安静程度和设施情况等因子对开敞空间的吸引力进行了评价。

2）国内相关研究评述

国内利用GIS对可达性分析的研究也有很多，如俞孔坚等利用GIS技术，对中山市的城市绿地可达性进行了研究，并提出阻力矩阵分布模型。李博等应用GIS提出一种易操作和可验证的绿地可达性指标定量评价模式。邵琳、黄嘉玮运用GIS地理信息技术分析城市公园公共服务格局，将市民的休闲需求与城市公园系统的空间布局紧密结合，将研究区域内居住区到城市公园的可达性范围确定在500m与1000m两个距离门槛之间。宋小冬、钮心毅将GIS技术与微观可达性和宏观可达性的计算方法相结合，并通过实例对城市居民出行的交通可达性、便捷性进行分析，使可达性能更好地为规划、管理、和决策人员提供精确信息和决策服务。尹海伟以济南市1989年、1996年和2004年SPOT遥感卫星影像数据为基础数据资料，采用费用加权距离方法，对济南市整体绿地系统和公园与广场绿地可达性的时空动态变化及其原因进行了分析，他还以上海市开敞空间为例，采用行进成本法对上海市公园、开放式绿地和城市广场的可达性与合理性及其动态变化进行了深入分析。朱勇等通过对昆明市人口数量、公园面积等详细调查，应用GIS空间插值技术对城市人口统计数据进行了空间分析，并分析了昆明市现状公园分布存在的问题并提出建议。

3）相关研究简评

从众多的文献中可以看出，在空间可达性研究发展过程中，新技术的应用起到了重要作用，尤其是GIS技术已成为可达性研究中最为重要的研究工具之一，因此将GIS技术用于城市公园绿地均等性的应用研究是十分有必要的。

## 2. 研究目标及拟解决的问题

公园绿地布局的首要原则是均等性，即参与的均等与使用的公平，因此应当将可供人群使用的绿地尽可能均等地布置。

本研究选取天津市东丽区张贵庄地区及周边地块，通过对基地内公园绿地的覆盖率，可达性以及人均绿地面积的计算，评价了公园绿地在空间和质量方面的均等性，并在此基础上利用ArcGIS对规划范围内的公园绿地进行了重新规划，确定了最优位置及绿地面积，提升了规划范围内公园绿地的均等性。

# 二、研究方法

## 1. 研究方法及理论依据

本研究主要运用ArcGIS软件。

## 2. 技术路线及关键技术

（1）基础工作：建立数据库。明确研究范围、人行路径、居住单元及公园绿地的位置。

（2）规划评价：对规划方案进行绿地均等性评价。评价分为空间均等和质量均等两个部分，空间均等以覆盖率和可达性进行评价，质量均等以人均绿地面积进行评价。

（3）方案优化：研究的关键步骤。在规划方案基础上对绿地位置和数量进行优化，使用最小化设施点模型、最小化阻抗模型和最大化人流量模型，并将结果叠加，计算优化面积。

（4）方案评价：对优化结果重新进行绿地均等性评价。

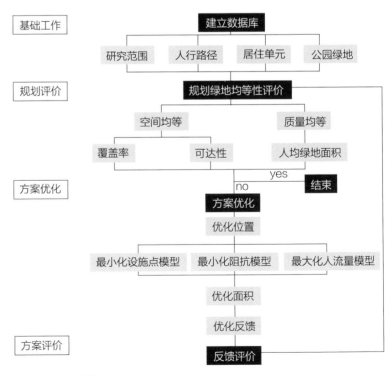

图2-1　研究框架

## 三、数据说明

本研究使用研究范围、人行路径、居住单元、公园绿地四项数据，并对其进行抽象化提取，导入ArcGIS软件进行操作。

（1）研究范围

规划用地位于天津市东丽区西部，西至昆仑路、北至昆仑北里北道、东至耀华东路、南至铁路干线，总面积约为6km²，紧邻天津中心城区。

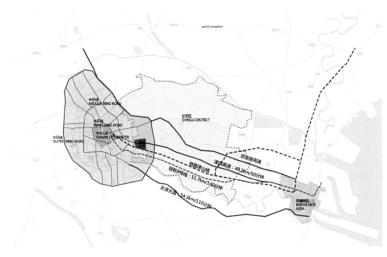

图3-1　基地区位

为了保证基地边缘的居住区的绿化覆盖率，而且人的步行舒适距离最大为1000m，将研究范围向外扩展1000m，将基地外缘的绿地纳入研究范围，也将基地内部的居住区作为基地外围绿地的服务对象，从更大范围去评价，减小误差。

图3-2　规划范围

（2）原控规方案

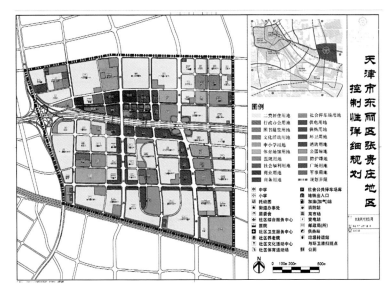

图3-3　原控规方案

（3）人行路径

由于主干路、次干路道路中间设有分隔带，行人不可跨越，本研究提取道路两侧人行道作为人行路径；由于城市支路没有隔离带，且道路宽度小于12m，误差可忽略不计，故本研究提取其道路中线作为人行路径。

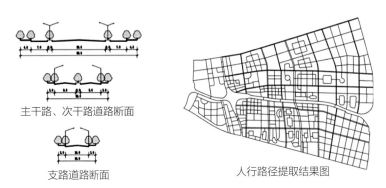

主干路、次干路道路断面

支路道路断面

人行路径提取结果图

图3-4　人行路径提取

如图3-5所示，与传统的设施点服务半径划定服务范围相比，以人行路径的长度划定服务范围更加能够反映真实情况，误差更小。

（4）居住单元

1）居住单元抽象化

居住单元是本研究中人群活动的出发地，在本研究中，将每一个居住小区划分为若干规模大小基本相等的居住单元，并用其

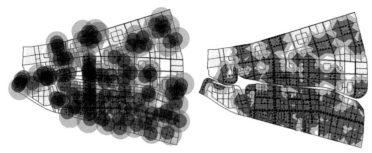

以 500m 为半径的绿地服务范围　　　以 500m 为路径长度的绿地服务范围

图3-5　500m绿地服务范围

居住区空间布局现状　　　划分居住单元　　　取中心点代表居住单元位置

图3-6　居住单元抽象化

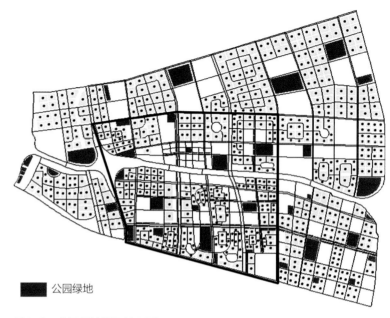

■ 公园绿地

图3-8　公园绿地选取结果图

绿地，按照500m的服务半径计算覆盖居住区的百分比。

根据《公园设计规范CJJ-48-92》

综合性公园面积 ≥ 10ha

居住区公园面积宜为 5 ~ 10ha

居住区小游园面积＞0.5ha

综上所述，提取面积在5000m²以上的公园绿地作分析，结果如图3-8所示：

2）公园绿地抽象化

理论上各条边界上的任一点都是该绿地的入口。我们除去面向河流、商业的边界选取间隔100m的距离设置绿地入口，以模拟理论上的任一点。

公园绿地是本研究中人群活动的目的地，在本研究中经过对比发现，以绿地入口代表绿地位置比以绿地中心点更准确。

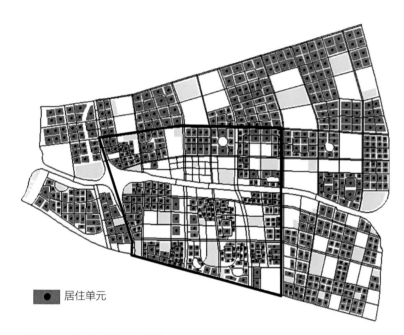

●■ 居住单元

图3-7　居住单元提取结果图

几何中心表示居住单元的位置，减小误差。

2）居住单元划分结果

用约为100m×100m的块等效于一个居住单元，其到绿地的最小路径距离是原居住组团每栋建筑到绿地路径距离的平均值。

（5）公园绿地

1）选取公园绿地

城市绿地服务半径覆盖率定义：指面积在5000m²以上的公园

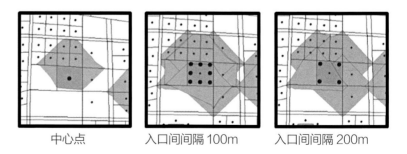

中心点　　　入口间间隔 100m　　　入口间间隔 200m

图3-9　公园绿地抽象化

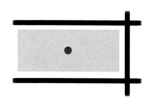

以绿地中心点代表绿地位置

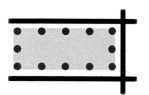

以绿地入口代表绿地位置

图3-10 公园绿地提取结果对比

图4-1 公园绿地覆盖率

## 四、模型算法

### 1. 均等性评价

（1）空间均等性评价

1）公园绿地覆盖率

《住房城乡建设部关于促进城市园林绿化事业健康发展的指导意见》：

加快公园绿地建设。要按照城市居民出行"300米见绿，500米见园"的要求，加快各类公园绿地建设，不断提高公园服务半径覆盖率。

在此基础上，定义公园绿地覆盖率为：

$$公园绿地的覆盖率 = \frac{公园绿地覆盖的居住单元数}{总居住单元数} \quad （4-1）$$

本研究对人行路径300m、500m、1000m的覆盖率进行研究，结果如图4-1：

结论：规划范围内绿地300m、500m覆盖率相对较高，没有覆盖到的居住单元大多为现状居住区，难以规划绿地。说明规划的公园绿地在空间均等性的覆盖率方面较为合理，可以覆盖到绝大多数居住区。

2）公园绿地可达性

定义公园绿地可达性为：以规划用地内的一定范围内覆盖的居住单元数计算。

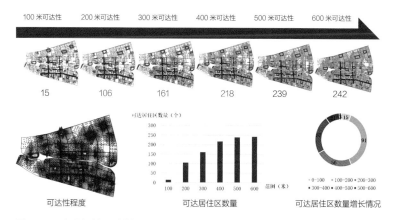

图4-2 公园绿地可达性

结论：规划范围内绿地的可达性在200～400m之间有较大提升，说明大部分居住区可以在400m范围内到达绿地；在600m范围内基地内所有居住区均可到达绿地。

（2）质量均等性评价

公园绿地的质量均等性由人均公园绿地面积评价。

$$人均公园绿地面积 = \frac{公园绿地面积}{覆盖的居住单元总数} \quad （4-2）$$

在人均公园绿地面积计算方面，应用ArcGIS最大化覆盖范围模型，在所有候选的设施选址中挑选出给定数目的设施的空间位置，使得位于设施最大服务半径之内的设施需求点最多。模型选定一部分公园绿地，并将居住单元最大化分配给绿地，以此实现对居住单元的最大化覆盖。

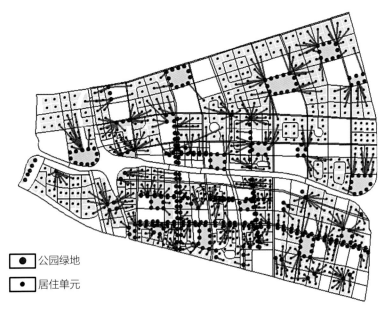

图4-3 公园绿地分配情况

图例：
- 公园绿地
- 居住单元

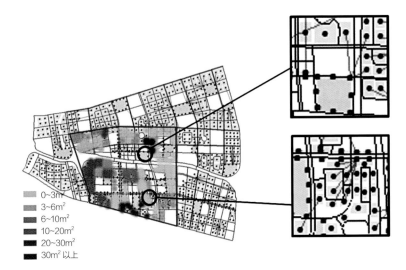

图4-4 人均公园绿地面积大小分布

图例：
- 0~3m²
- 3~6m²
- 6~10m²
- 10~20m²
- 20~30m²
- 30m² 以上

续表

| 绿地编号 | 绿地面积（m²） | 覆盖的居住单元数 | 人口数 | 人均绿地面积（m²） |
|---|---|---|---|---|
| 33 | 39118.8 | 12 | 4284 | 9.1 |
| 30 | 21500.3 | 7 | 2499 | 8.6 |
| 32 | 21116.2 | 8 | 2856 | 7.4 |
| 2 | 18454.9 | 7 | 2499 | 7.4 |
| 13 | 2080.5 | 1 | 357 | 5.8 |
| 31 | 14595.6 | 10 | 3570 | 4.1 |
| 6 | 1439.2 | 1 | 357 | 4.0 |
| 28 | 9393.6 | 7 | 2499 | 3.8 |
| 1 | 18377.8 | 16 | 5712 | 3.2 |
| 18 | 9066.9 | 9 | 3213 | 2.8 |
| 3 | 17846.1 | 18 | 6426 | 2.8 |
| 8 | 925.2 | 1 | 357 | 2.6 |
| 23 | 5243.3 | 8 | 2856 | 1.8 |
| 9 | 1257.2 | 2 | 714 | 1.8 |
| 19 | 1839.4 | 3 | 1071 | 1.7 |
| 5 | 996.9 | 2 | 714 | 1.4 |
| 24 | 1976.5 | 4 | 1428 | 1.4 |
| 20 | 1851.6 | 4 | 1428 | 1.3 |
| 15 | 2777.3 | 8 | 2856 | 1.0 |
| 22 | 734.8 | 3 | 1071 | 0.7 |
| 16 | 1316.7 | 6 | 2142 | 0.6 |
| 17 | 1269.1 | 6 | 2142 | 0.6 |
| 26 | 1022.1 | 5 | 1785 | 0.6 |
| 4 | 1135.4 | 6 | 2142 | 0.5 |
| 25 | 1087.5 | 7 | 2499 | 0.4 |
| 27 | 1022.2 | 8 | 2856 | 0.4 |
| 11 | 1245.6 | 12 | 4284 | 0.3 |
| 12 | 1328.1 | 14 | 4998 | 0.3 |

结论：规划用地内人均绿地面积存在较大差异，主要为两个原因：

人均公园绿地面积大小　　　表4-1

| 绿地编号 | 绿地面积（m²） | 覆盖的居住单元数 | 人口数 | 人均绿地面积（m²） |
|---|---|---|---|---|
| 10 | 56329.1 | 3 | 1071 | 52.6 |
| 29 | 69934.1 | 8 | 2856 | 24.5 |
| 21 | 4043.1 | 1 | 357 | 11.3 |
| 14 | 51190.6 | 13 | 4641 | 11.0 |
| 7 | 7028.6 | 2 | 714 | 9.8 |

①绿地面积足够而覆盖居住单元较少；

②绿地覆盖居住单元较多而面积不够。

## 2. 绿地布局优化

（1）优化目的

根据新版《城市用地分类与规划建设用地标准》：

规划人均绿地面积不应小于$10.0m^2$/人，其中人均公园绿地面积不应小于$8.0m^2$/人。

在此基础上，选择ArcGIS三种模型进行计算：

①最小化设施点模型——服务范围最广；

②最大化人流量模型——使用效率最高；

③最小化阻抗模型——可达性最佳。

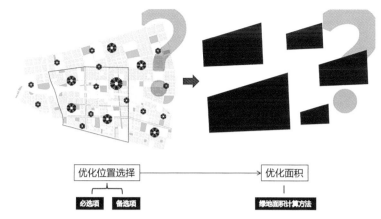

图4-6 优化思路

## 规划建设用地结构

| 类别名称 | 占城市建设用地的比例（%） |
|---|---|
| 居住用地 | 25.0 ~ 40.0 |
| 公共管理与公共服务用地 | 5.0 ~ 8.0 |
| 工业用地 | 15.0 ~ 30.0 |
| 交通设施用地 | 10.0 ~ 30.0 |
| 绿地 | 10.0 ~ 15.0 |

图4-5 规划建设用地结构

（2）优化思路

优化位置选择方面，绿地选在哪些位置会使规划用地内：绿地均等性最佳？服务范围最广？使用效率最高？可达性最佳？有哪些位置是必须选择的？有哪些位置是可以选择的？

优化面积方面，每块绿地能够服务多少人口？多大面积能保证人均绿地面积均等？

①优化位置选择

（a）必选项

研究范围内，选择规划的大块面状绿地作为绿地位置选择的必选位置。规划用地范围内，选择现状保留绿地以及规划的大块面状绿地作为绿地位置选择的必选位置。得出必选项共有34块绿地。

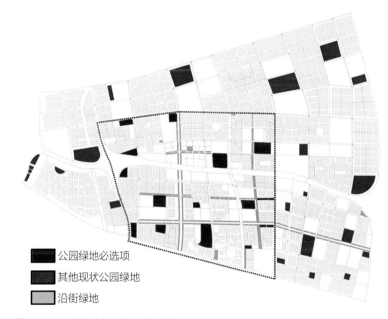

■ 公园绿地必选项

■ 其他现状公园绿地

■ 沿街绿地

图4-7 公园绿地必选项分配情况

（b）备选项

a）现状保留用地内空置地为备选位置。

b）规划居住区街坊四角为备选位置。

c）规划为其他用途的用地沿路边一周均匀设置绿地备选位置。相邻备选点间距不超过50m，服务半径为500m，误差小于10%。

最终选定1547个候选位置。

②面积优化模型

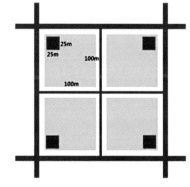

图4-8 居住区街角绿地设置

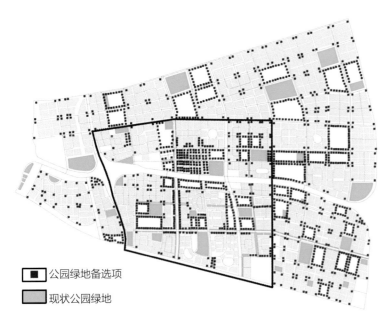

图例：
■ 公园绿地备选项

■ 现状公园绿地

图4-9 公园绿地备选项分配情况

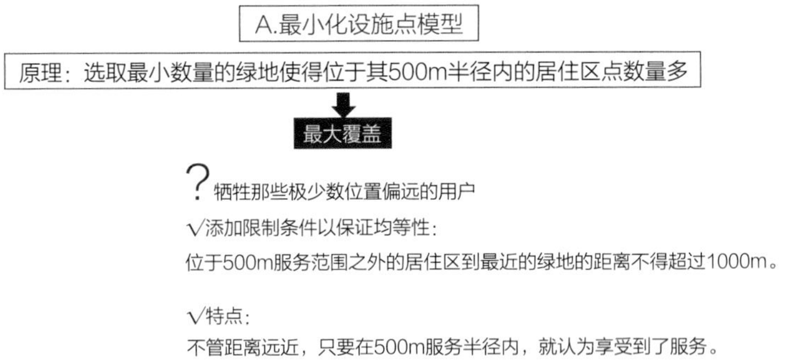

| 绿地面积计算（S）方法 | $S=S_0 \times q$ |
|---|---|

$S$    绿地面积

$S_0$    每个居住单位需要的绿地面积

$q$    绿地服务的居住单位数量

**每个居住单位需要的绿地面积（So）计算方法**

| 规划人均单项建设用地指标 | |
|---|---|
| 居住用地 | 25.0~40.0m²/人 |
| 公园绿地 | ≥8.0m²/人 |

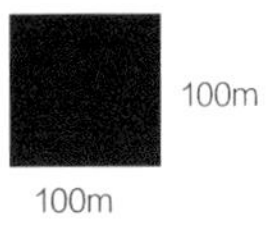

100m

100m

居住单位面积=10000m²

$S_0$=每个居住单位的面积/人均居住用地面积×人均公园绿地面积≥3200m²

图4-10 面积优化模型

③布局优化模型

（a）最小化设施点模型——服务范围最广

计算结果：

除了必选绿地，软件选择了29个点作为其他绿地的最优位置。

规划用地内选择了如图4-12所示的8个位置。

（b）最大化人流量模型——使用效率最高

计算结果：

除了必选绿地，软件选择了29个点作为其他绿地的最优位置。

规划用地内选择了如图4-14所示的11个位置。

（c）最小化阻抗模型——可达性最佳

A.最小化设施点模型

原理：选取最小数量的绿地使得位于其500m半径内的居住区点数量多

↓

**最大覆盖**

？牺牲那些极少数位置偏远的用户

√添加限制条件以保证均等性：

位于500m服务范围之外的居住区到最近的绿地的距离不得超过1000m。

√特点：

不管距离远近，只要在500m服务半径内，就认为享受到了服务。

图4-11 最小化设施点模型

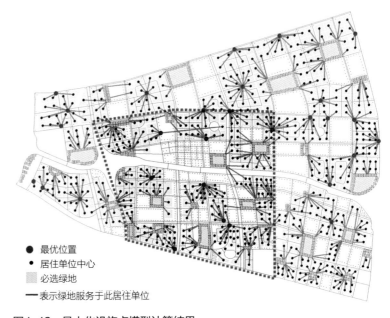

图例：
● 最优位置
· 居住单位中心
▨ 必选绿地
—— 表示绿地服务于此居住单位

图4-12 最小化设施点模型计算结果

计算结果：

除了必选绿地，软件选择了29个点作为其他绿地的最优位置。

规划用地内选择了如图4-16所示的8个位置。

（3）绿地布局及面积优化反馈

①计算结果

（a）绿地布局

最终将3个模型计算结果叠加，取点原则如下：

a）为了达到三个模型各自的优化目的，所以取三个模型计算结果的并集。

b）两个点距离小于50m时，误差小于10%，只取一个点的位置。

（b）绿地面积

（c）控规方案优化

（d）研究范围内公园绿地优化

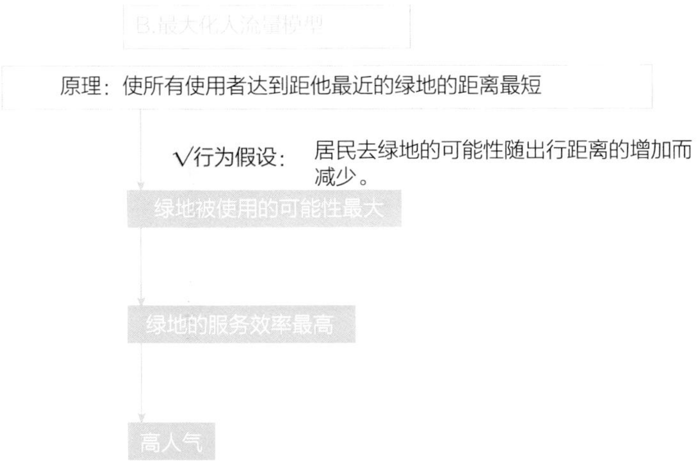

B.最大化人流量模型

原理：使所有使用者达到距他最近的绿地的距离最短

√行为假设：居民去绿地的可能性随出行距离的增加而减少。

绿地被使用的可能性最大

绿地的服务效率最高

高人气

图4-13　最大化人流量模型

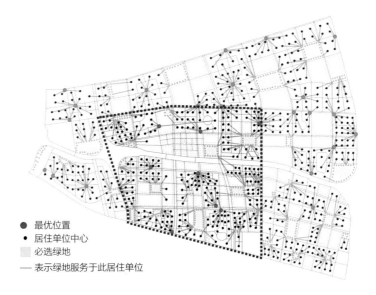

● 最优位置
• 居住单位中心
　必选绿地
— 表示绿地服务于此居住单位

图4-16　最小化阻抗模型计算结果

● 最优位置
• 居住单位中心
　必选绿地
— 表示绿地服务于此居住单位

图4-14　最大化人流量模型计算结果

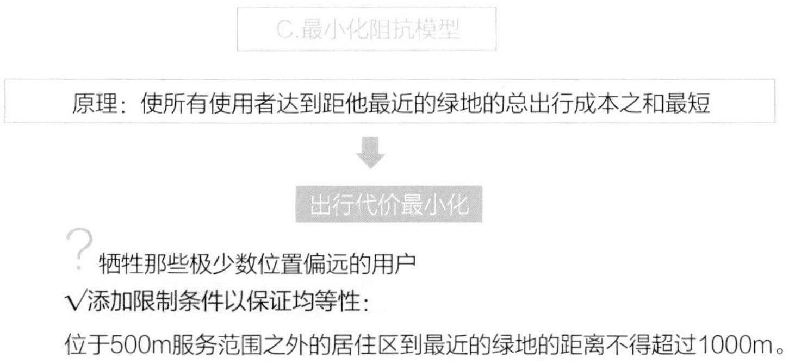

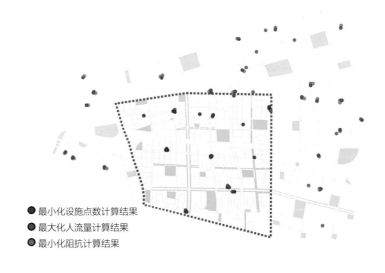

● 最小化设施点数计算结果
● 最大化人流量计算结果
● 最小化阻抗计算结果

C.最小化阻抗模型

原理：使所有使用者达到距他最近的绿地的总出行成本之和最短

出行代价最小化

? 牺牲那些极少数位置偏远的用户

√添加限制条件以保证均等性：

位于500m服务范围之外的居住区到最近的绿地的距离不得超过1000m。

图4-15　最小化阻抗模型

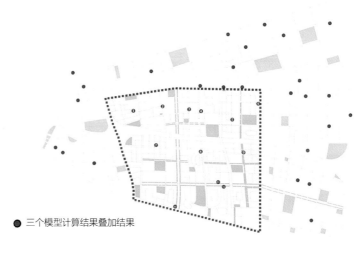

● 三个模型计算结果叠加结果

图4-17　3个模型计算结果叠加

公园绿地面积优化结果 表4-2

| 绿地编号 | 服务居住单位数量 | 最小面积/m² |
|---|---|---|
| 1 | 10 | 25000 |
| 2 | 6 | 15000 |
| 3 | 11 | 27500 |
| 4 | 8 | 20000 |
| 5 | 8 | 20000 |
| 6 | 18 | 45000 |
| 7 | 10 | 25000 |
| 8 | 18 | 45000 |
| 9 | 12 | 30000 |
| 10 | 7 | 17500 |
| 11 | 7 | 17500 |
| 12 | 10 | 25000 |

注：根据用地的现实情况进行面积调整。

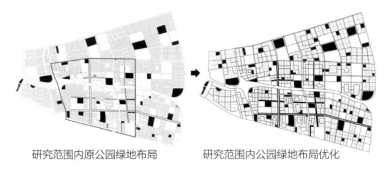

研究范围内原公园绿地布局　　研究范围内公园绿地布局优化

图4-20　总研究范围内公园绿地布局优化

# 五、实践案例

## 1. 覆盖率反馈评价

规划用地内绿地300m服务区覆盖率为80.3%；规划用地内绿地500m服务区覆盖率为100%。优化后的方案使得规划用地内每个居住单元在距离不超过500m的范围内最少能享受到一块绿地的服务。达到了"300m见绿，500m见园"的要求，基本实现了每个居住单元在享受绿地服务的空间上的均等性。

计算结果最小面积

图4-18　公园绿地面积优化结果

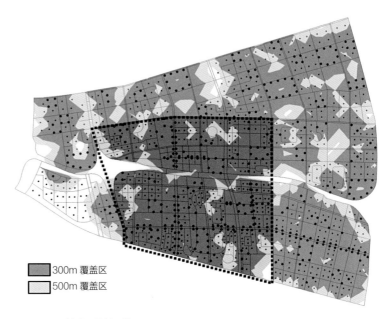

■ 300m 覆盖区
□ 500m 覆盖区

图5-1　覆盖率反馈评价

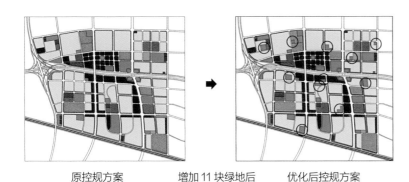

原控规方案　　增加11块绿地后　　优化后控规方案

图4-19　控规方案优化结果

## 2. 可达性反馈评价

优化后的方案使得规划用地内的大部分居民在出门步行100~200m的距离即可享受到公园绿地的服务，可达性较之前规划方案有了很人提高。

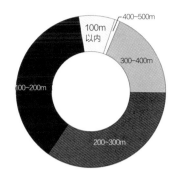

100m、200m 可达区

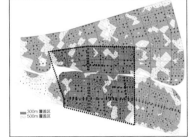
300m、500m 可达区

图5-2 可达性反馈评价

### 3. 人均绿地面积反馈评价

优化后方案的人均绿地面积比较均等，70%的居住单元的人均绿地面积在6~9m²之间，极少数居住单元的人均绿地面积为4m²左右，大型公园绿地周围的居住单元的人均绿地面积较高为11m²左右。

▴ 4~5m²/人

● 6~9m²/人

● 10~12m²/人

图5-3 人均绿地面积反馈评价

## 六、研究总结

### 1. 研究创新点

本文的创新之处在于以下几点：

（1）以地理空间的视角，从空间均等和质量均等两个维度定量分析公园绿地配套水平，建立系统的指标体系，将定性研究转化为定量研究，提供一个均等化的评价标准。

（2）用人行路径距离代替传统半径计算法，使数据更精确，与现实生活更贴切。

（3）运用三种ArcGIS空间分析模型，并在此基础上进行叠加选择，使数据分析更合理有根据，考虑问题更加完善。

### 2. 应用前景

本研究通过对规划方案内公园绿地的覆盖率、可达性以及人均绿地面积的计算，评价了公园绿地在空间和质量方面的均等性，并在此基础上利用ArcGIS对方案内的公园绿地进行了重新规划，确定了最优位置及绿地面积，提升了规划范围内公园绿地的均等性。研究过程中可应用的主要成果如下所示：

（1）定量评价公园绿地配置水平。详细介绍了公园绿地评价体系构建的原则和方法，明确了指标的定义及计算方法，以地理的视角建立了公园绿地配置水平评估指标体系。选取德宏州梁河县实验区作为案例研究对象，从结果显示，梁河县两个维度方面的均等化程度都不高，且在两个维度上存在分化。

（2）优化了公园绿地选址模型。在传统ArcGIS模型基础上，进一步叠加，优化了公园绿地选址模型，相对传统结果更为精确。

# 空心村大数据信息库支撑技术研究

工 作 单 位：北京舜土规划顾问有限公司

研 究 方 向：基础条件分析

参 赛 人：白亚男、陈冬梅、杨华、何昭宁、周建民、李东

参赛人简介：白亚男：国土资源工程高级工程师，北京舜土规划顾问有限公司副总经理，北京师范大学硕士，主持参与过多个国家级科技计划课题任务的研究工作。近几年来，团队重点研究领域包括农村发展研究、农村土地利用研究、空心村综合整治研究，基于农村地区数据基础较为薄弱的现实情况，团队整合了土地调查、遥感测绘和人类时空行为跟踪等多种技术手段，形成了农村地区的大数据信息库，用以更加全面、快速的判断村庄发展建设情况，为规划提供重要的辅助决策支撑。

## 一、研究问题

### 1. 研究背景及目的意义

城乡规划是一项具有全局性、综合性、战略性和公益性的重要工作。长期以来针对城市地区的规划编制和实施管理体系较为成熟，但广大的乡村规划基础较为薄弱。在我国全面推进新型城镇化建设战略引导下，加强对农村地区的规划引导和管控成为主要空间性规划的发展新方向。

我国正处于城乡建设的高速发展期，城镇化水平快速提升的同时，村庄的空心化成为一个涉及范围广、影响因素复杂、治理难度大的严重问题，其从表征上兼有物理空心化和社会空心化的特点。虽然通过规划手段可以形成系统的解决方案，但乡村地区基础数据十分匮乏，需要大量的现场采集工作，其完整性、客观性和及时性不佳。本研究旨在通过整合多种科技手段，实现对广大农村地区关键基础数据的快速获取、批量处理和状态识别，为村镇体系规划、村庄建设规划和村庄土地利用规划等提供重要的数据保障与决策支持，对于判断村庄空心化程度，提高村级规划编制和实施管理水平具有重要意义。

图1-1 村庄空心化实地风貌

### 2. 国内外研究现状

（1）"空心村"成因与类型研究现状

"空心村"这一特殊的现象是在我国农村经济和社会发展过程中出现的，国外的研究一般都集中在农村发展、村镇规划等方面，没有专门的针对"空心村"的研究，更没有专门的"空心村"这一词汇。欧美发达国家在快速城镇化进程中出现的乡村地区衰

落问题以及日本城镇化进程中乡村地域过疏化问题，都与我国的农村空心化问题具有相似之处。

空心村的形成由方方面面的原因造成，它的出现不是偶然，是在特殊的经济、社会、文化和政策背景下形成的必然产物。普遍认为影响空心村形成的原因主要有制度原因、经济原因、社会历史原因、自然因素、交通因素、文化及观念因素，因而出现农村空心化演进的阶段性及其差异，客观上产生不同驱动力作用下农村空心化区域类型。

区域经济社会发展水平与自然环境条件的差异决定了空心村的类型。目前还没有对空心村的类型划分形成权威的标准。各个领域只是根据不同的标准对空心村类型做了不同的划分。现阶段存在的划分标准主要有空心村的发展程度、地理位置、表现形态和形成原因。如根据空心村成因与演变规律，把空心村分为了城镇化引导型、中心村整合型和村内集约型三种类型；根据空心村的不同表现形式可以分为全面衰落型空心村、中心陷落型空心村、季节性空心村和断裂性空心村。

（2）空心村用地类型识别与空心化程度判别研究现状

目前，国内外在影像分割、分类上的方法相对于传统的分割分类方法在精度上有了很大的提高。面向对象的提取方法可有效解决传统的信息提取技术面临同物异谱和同谱异物等问题，提高信息提取精度。但是目前针对空心村信息提取方面的研究较少，且研究方法尚未达成一致，一套可推广、快速的空心村信息提取技术尚待深入研究。

农村空心化是城乡转型发展进程中乡村地域系统演化的一种不良过程，是快速城镇化进程中伴生的一种较为普遍的现象。对于空心化程度判别的研究方法较为传统，如选取农村空心化程度影响因素，采用逐步回归方法研究农村空心化程度及其影响因素之间的定量关系。但是目前关于农村空心化影响因素的定性研究较多，关于农村空心化程度的评价及其影响因素之间的定量研究较少。

### 3. 研究目标

（1）利用3S技术实现村庄形态、用地类型、建筑情况的自动化快速信息提取；

（2）通过多种理论模型对村庄建设情况进行快速识别和分析判断；

（3）建立为各类村庄规划提供数据保障的大数据信息库，并开发信息平台进行数据的收录、管理、分析和决策服务。

### 4. 拟解决的问题

针对研究目标，项目中遇到的主要问题主要有3个：

（1）如何快速自动提取空心村用地？

基于高分辨率遥感影像的土地利用分类与信息提取技术，基于高分辨率遥感影像可解译精度、村庄用地遥感影像形态特征和不同类型区空心村用地调查需求，制定村庄土地利用分类体系，研制村庄用地信息自动化快速生成技术与模型，实现快速自动提取空心村土地利用类型。

（2）怎么利用时空大数据对空心村类型、空心化程度判别？

研究中突破以往利用基于人文经济、人口等因素进行空心村特征的判别，基于时空大数据（遥感与移动数据相结合），应用景观指数与格局分布模型、物理空心化判别模型和社会空心化判别模型实现对空心村类型和空心化程度的判别。

（3）如何实现数据的存储、管理与可视化？

建成成套空心村基础数据库，以大型关系数据库为核心，综合利用地理信息系统技术、数据库技术和空间数据库引擎技术，基于Oracle11g服务器+ArcSDE技术构建融合基础数据与专业数据、属性统计数据与空间数据的空心村用地数据库。

## 二、研究方法

### 1. 研究方法

（1）遥感解译法

遥感解译是根据图像的几何特征和物理性质，进行综合分析，从而揭示出物体或现象的质量和数量特征，以及它们之间的相互关系，进而研究其发生发展过程和分布规律，也就是说根据图像特征来识别它们所代表的物体或现象的性质。研究中采用遥感解译法对村庄用地进行快速的识别提取。

（2）GIS（地理信息系统）空间分析法

空间分析是对于地理空间现象的定量研究，其常规能力是操纵空间数据使之成为不同的形式，并且提取其潜在的信息。空间分析是GIS的核心。GIS的空间分析是指以地理事物的空间位置和形态为基础，以地学原理为依托，以空间运算为特征，提取和产生新的空间信息技术和过程，如获取关于空间分布、空间形成及空间演变的信息。研究中通过GIS空间分析，对数据进行预处理，研究村庄的景观指数与格局分布。

（3）对比分析法

对比分析法是通过实际数与基数的对比来提示实际数与基数之间的差异，借以了解经济活动的成绩和问题的一种分析方法。研究中是通过遥感技术提取的用地类型与基数（二调数据）对比来提示遥感解译与实地调查数之间的差异，借以了解研究区域多时相变化的一种分析方法；通过不同时期人口数量的对比反映人口流动等。

（4）定量分析法

定量分析法是对社会现象的数量特征、数量关系与数量变化进行分析的方法。研究中对经济统计数据和时空大数据进行数量特征和关系的分析，用于空心村空心类型和空心化程度的判别。

（5）实证研究法

实证研究法是借用已有的数据对利用方法或模型得到的数据加以验证分析或者对方法和模型本身的正确性进行验证分析的方法。研究中利用此方法，可对自动提取识别结果进行验证，和验证其他方法的可行性。

### 2. 技术路线

研究中首先对预处理后的高分影像数据，进行影像的分割和分类得到空心村土地利用类型和建筑物提取结果。再采用GIS空间分析法、定量分析法、对比分析法，通过景观和格局分布模型、物理空心化程度判别模型和社会空心化程度判别模型实现空心村类型和空心化程度的识别。最后建立一套空心村大数据信息库。具体技术路线如图2-1所示：

### 3. 关键技术

在实施该技术路线时，主要的关键技术包括：多尺度分割、决策树分类、时空大数据技术和信息化技术。

（1）多尺度分割

不同的土地类型适宜采用不同的分割尺度，并在此基础上进行分类，有效避免了"同谱异物"、"同物异谱"及"椒盐现象"。多尺度分割算法是基于区域合并技术，从任一个像素开始合并直至形成一个对象（影像区域）。相邻对象的合并是基于两个可量

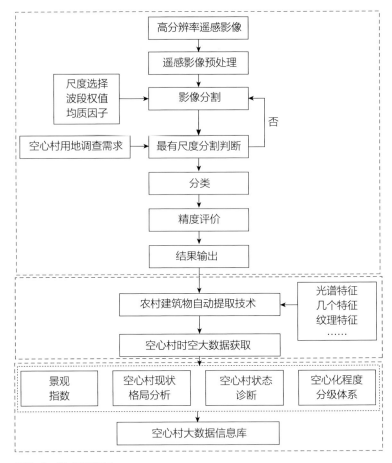

图2-1 技术路线图

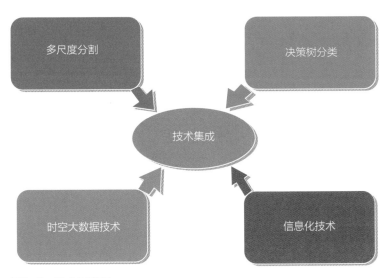

图2-2 技术示意图

测的异质性变化因子：光谱异质性变化因子和形状异质性变化因子，它们决定了影像分割生成的对象内部同质性和相邻对象异质性的适宜程度。

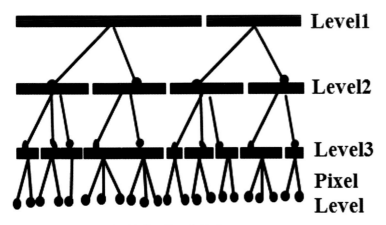

图2-3　eCognition中对象的网络层次关系

光谱异质性变化因子$h_{光谱}$的计算公式为：

$$h_{光谱} = \sum_i \omega_i (n_{a_1+a_2} \cdot \delta_i^{a_1+a_2}) - (n_{a_1} \cdot \delta_i^{a_1} + n_{a_2} \cdot \delta_i^{a_2}) \quad （2-1）$$

$i$表示第$i$个影像波段；$\omega_i$表示第$i$个影像波段所占的权重，是由用户自己决定的；$n$是指对象所包含的像素数；$\delta_i$是指在第$i$个影像波段中的像素值的标准差；$a_1$和$a_2$分别表示两个相邻的对象。

形状异质性变化因子$h_{形状}$是由紧致因子$h_{紧致}$和平滑因子$h_{光滑}$决定的，它们的关系为

$$h_{形状} = W_{紧致} \cdot h_{紧致} + （1-W_{紧致}）h_{平滑} \quad （2-2）$$

式中，$W_{紧致}$是指紧致因子的权重。

两个相邻对象是否合并由光谱异质性变化因子$h_{光谱}$和形状异质性变化因子$h_{形状}$的权重和进行判断，权重和$f$定义为

$$f = w \cdot h_{形状} + （1-w）\cdot h_{光滑} \quad （2-3）$$

式中，$w$表示用户给光谱异质性变化因子设定的权重值。如果两个相邻对象要合并，就需要满足$f < s^2$，其中$s$是用户制定的边界值，也就是尺度参数。

（2）决策树分类

CART（Classification And Regression Tree）是通过对由测试变量和目标变量构成的训练数据集的循环二分形成二叉树形式的决策树结构。CART分析在决策树生长过程中，采用经济学领域中的基尼（Gini）系数作为选择最佳测试变量和分割阈值的准则。

$$Gini\ Index = 1 - \sum_j^J P^2(j|h)$$
$$P(j|h) = \frac{nj(h)}{n(h)}, \quad \sum_{j=1}^J P(j|h) = 1 \quad （2-4）$$

式中，$p(j|h)$是从训练样本集中随机抽取一个样本，当某一测试变量值为$h$时属于第$j$类的概率，$n_j(h)$为训练样本中该测试变量

值为$h$时属于第$j$类的样本个数，$n(h)$为训练样本中该测试变量值为$h$的样本个数，$j$为类别个数。

（3）人类行为时空大数据技术

大数据指无法在一定时间范围内用常规软件工具进行捕捉、管理和处理的数据集合，是需要新处理模式才能具有更强的决策力、洞察发现力和流程优化能力的海量、高增长率和多样化的信息资产。本项目研究通过TalkingData分布式大数据挖掘技术，追踪并获取指点空间范围、指点时间区间内的非结构化数据集，并利用强大的数据解析工具挖掘出移动终端设备使用数量，从而监测移动设备位置变化情况。

（4）信息化技术

以大型关系数据库为核心，综合利用地理信息系统技术、数据库技术和空间数据库引擎技术，基于Oracle11g服务器+ArcSDE技术构建融合基础数据与专业数据、属性统计数据与空间数据的空心村用地数据库，实现数据资源集中管理、统一维护和分部使用。系统服务平台软件采用.NET Framework技术，C/S架构，可运行于多种环境。

## 三、数据说明

### 1. 数据内容及类型

根据技术路线，研究所需的数据分4个大类：经济社会统计数据、空间矢量数据、高分辨率遥感数据和人类时空行为大数据。

（1）经济社会统计数据

主要包括人口数据、户数、农村用电量、农村GDP（国内生产总值）等。数据来源于统计年鉴、统计公报和政府工作报告，由村镇政府提供等。数据可作为对村庄基本情况的了解，数据可作为社会空心化程度判别模型的输入参数。

（2）空间矢量数据

主要是GIS格式的基础地理信息数据、地籍调查数据和土地利用变更调查数据等。数据由国土部门提供，用于辅助遥感影像解译，检验遥感影像村庄用地信息提取精度，作为基础数据，辅助数据为模型提供数据支持。

（3）遥感数据

包括高分辨率遥感影像、DEM（数字高程模型）数据和雷达数据等。高分影像包括红绿蓝三个波段、分辨率0.2m的DOM影像

高分遥感影像　　　　　　　　　　雷达数据

图3-1　多源遥感数据

数据来源于国土部门。雷达数据为分辨率1m和3m的SAR影像，数据来源于星载雷达ALOS-2和国产X波段机载极化干涉SAR系统。此类数据主要用于遥感解译，建筑物提取，空心化程度判别，空心村数据库建设。

（4）人类时空行为大数据

随着网络移动终端设备的普及和低价产品的推广，农村劳动力也基本配备了智能手机等移动终端，人类时空行为大数据可以通过追踪移动设备，提供任意时点和任意空间范围内的设备数量，间接体现人口分布情况。数据由TalkingData第三方数据提供商加工而成，可作为空心村社会空心化程度判别模型的输入参数。

 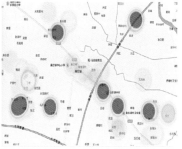

图3-2　TalkingData时空行为大数据

| 数据名目表 | | | | 表3-1 |
| --- | --- | --- | --- | --- |
| 数据类型 | 主要数据内容 | 数据格式 | 数据来源 | 数据用途 |
| 经济社会统计数据 | 人口数据、户数、农村用电量、农村GDP等 | 文本数据 | 统计年鉴、经济要情手册、政府工作报告等 | 模型输入参数 |

续表

| 数据类型 | 主要数据内容 | 数据格式 | 数据来源 | 数据用途 |
| --- | --- | --- | --- | --- |
| 空间矢量数据 | 基础地理信息数据、地籍调查数据、土地利用变更调查数据等 | shp格式的矢量数据 | 主要来源于国土部门 | 基础数据辅助数据 |
| 遥感数据 | 高分辨率遥感影像、DEM数据、雷达数据等 | 栅格格式的图像数据 | 主要来源于国土部门 | 基础数据模型输入参数 |
| 人类时空行为大数据 | 由TalkingData第三方数据提供商加工而成的移动设备数据 | 文本数据 | TalkingData | 模型输入参数 |

### 2. 数据预处理技术与成果

经济社会统计数据通过EXCEL和SPSS等统计软件，在村域尺度上通过数值计算得出人均收入、村庄常住人口密度、村庄从业人口中务农人口所占比重和村庄人口男女比例等衡量社会空心化程度的指标。这些指标一方面作为数据单独存在数据库中，另一方面作为空间矢量数据的属性存在数据库中。

空间矢量数据主要是对数据进行投影转换，使所有数据可以在相同的参考系下叠加显示。矢量的裁剪和拼接，主要是针对研究区域的尺度进行调整，得到研究区大小的矢量数据。属性数据的编辑是把经过处理的经济社会统计数据当作属性，输入到指定的图层中。经过预处理，研究最终能够得到属性更加丰富的村庄的行政区划数据、地籍调查数据和土地利用变更数据。

遥感数据首先要进行几何精校正，以地形图或者野外GPS（全球定位系统）点作为控制点（GCP）对影像进行几何校正。数据的拼接裁剪等，是当研究区超出单幅影像的范围时，需要将两幅或多幅影像镶嵌在一起，图像拼接时需要考虑图像匹配的问题。图像裁剪的目的是将研究之外的区域去除，常用的是按照行政区划边界或自然区划边界进行图像的分幅裁剪。影像预处理后的数据质量更高，仍以影像存在于数据库中。

## 四、模型算法

### 1. 村庄用地类型提取

村庄空心化在土地利用空间布局、用途结构和利用强度等方面都有直接表征，根据研究需要对村庄用地进行分类是后续工作的技术基础。本研究结合第二次全国土地利用调查、土地规划等分类体系，考虑到空心村用地调查需求以及遥感影像特征，将村庄用地信息提取目标分为8个类别，分别为水域（包括水体、沟渠）、建筑用地（工矿用地、住宅）、道路（包括铁路、公路和农村道路）、耕地、林地、草地、裸地和绿化用地。在分类基础上对影像进行解译，确定形状参数和地物分割尺度，建立各地类解译标志，最终完成村庄用地类型的提取。

图4-1 房屋解译标志

| 类别 | 代码 | 含义 |
|---|---|---|
| 村庄用地分类及含义 | | 表4-1 |
| 耕地 | 100 | 指种植农作物的土地 |
| 林地 | 200 | 指生长乔木、竹类、灌木的土地，及沿海生长红树林的土地。不包括居民点内部的绿化林木用地，以及铁路、公路、征地范围内的林木，以及河流、沟渠的护堤林 |
| 草地 | 300 | 指生长草本植物为主的土地 |
| 建筑用地 | 400 | 指主要用于人们生活居住的房基地及其附属设施的土地。有人居住使用的宅基地、无人居住使用的宅基地、达不到居住条件的宅基地、工矿用地等 |
| 道路 | 500 | 指用于运输通行的地面线路等土地；指用于铁道线路、场站的用地；指用于国道、省道、县道和乡道的用地；指公路用地以外的村间、田间道路 |
| 水域 | 600 | 指陆地水体，内陆滩涂及沟渠。包括河流水面、湖泊水面、水库水面、坑塘水面用地，内陆滩涂；指人工修建，用于引、排、灌的渠道 |
| 裸地 | 700 | 指表层为土质，基本无植被覆盖的土地；或表层为岩石、石砾，其覆盖面积≥70%的土地 |
| 绿化用地 | 800 | 与林地类似，但是分布在建筑用地周围 |

## 2. 村庄建筑物提取与房屋形态识别

除了土地利用特征，空心村建筑物的物理形态也会有明显表征，尤其是房屋的废弃或者空置。所以需要基于多尺度分割，在建筑用地提取的基础上，结合矢量数据分割，对高分影像再分割。

针对农村建筑物的特点，选择面积、形状指数、走向特征和光谱特征等解译标志来提取房屋，如图4-1所示。在此基础上，结合空心村房屋形态和建筑材料的电磁辐射特征，研究空心村形态关键指标与雷达回波信号的关系模型，实现对房屋建筑形态的自动识别，如图4-2所示。

建筑物提取

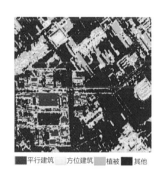
建筑物朝向分布提

雷达影像

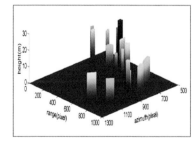
建筑物高度

建筑物材质

图4-2 空心村形态关键指标与雷达回波信号的关系模型

## 3. 景观指数与格局分布

除了单体建筑房屋的形态，村庄整体房屋分布也会形成不同的空间格局，根据房屋的分布情况将研究区内房屋现状格局分为三类：聚集式、条带式、离散式。景观指数指反映景观格局结构和空间配置的定量指标。针对研究区景观格局和斑块类型的特征，选取斑块数量（NP）、平均斑块面积AREA_MN与最大斑块指数（LPI）等指标来分析和认识研究区域景观水平格局特征和演变规律，并进一步分析地形、基础设施、人文经济和耕地分布等方面的影响。

景观指数　　　　　表4-2

| 景观指数 | 含义 | 计算公式 |
|---|---|---|
| 斑块数量（NP） | 反映景观的空间格局，其值大小与景观的破碎度有很好的正相关性，一般规律为NP越大，破碎度越高；NP越小，破碎度越低 | $NP = \text{sum}(A)$<br>A为景观类别 |
| 平均斑块面积AREA_MN | 在景观格局上等于景观总面积除以各个类别斑块总数，可表征景观的破碎程度。通常情况下，在景观级别上一个具有较小AREA_MN值的景观比一个具有较大AREA_MN值的景观更破碎 | $AREA\_MN = \dfrac{S}{NP}$<br>S为景观面积 |
| 最大斑块指数（LPI） | 指某一斑块类型中的最大斑块占整个景观面积的比例，其值的大小决定着景观中的优势种的丰度特征，其值的变化可反映人类活动的方向和强弱 | $LPI = \dfrac{\text{Max}(S_A)}{S}$<br>$\text{Max}(S_A)$为某一斑块类型中的最大斑块 |

## 4. 物理空心化判别

物理空心化反映村庄内土地和建筑物原有功能丧失的表征。从土地利用方面最直接表现为耕地撂荒、土地空闲等特征，从建筑方面一般表现为房屋破损、倒塌、空置，且由村庄内向外越建越新、越建越高、越建越大、越建越阔。随着村庄空心化程度加剧，整体格局和景观风貌受到严重破坏，与村民生产生活密切相关的道路、电力、通信、排水等基础设施，不是残缺不全，就是梗阻堵塞。考虑到指标典型性和数据的可获取性，研究中选取了5个负向指标来评价村庄的物理空心化程度，指标越大空心化程度越严重，也可以通过加权算法形成综合物理空心化指数，指数越大空心化程度越严重。

物理空心化评价指标　　　　　表4-3

| 评价指标 | 指标 | 含义 | 计算公式 | 默认权重 |
|---|---|---|---|---|
| 物理空心化评价指标 | 耕地撂荒率（GD_R） | 变更调查的现状耕地中，有多少已经不处于耕种状态 | $GD\_R = \dfrac{N_{GD}}{GD} \times 100\%$<br>GD表示土地变更调查数据中耕地的面积，$N_{GD}$表示在土地变更调查数据的耕地范围内农村用地类型中不属于耕地的面积 | 0.2 |

续表

| 评价指标 | 指标 | 含义 | 计算公式 | 默认权重 |
|---|---|---|---|---|
| 物理空心化评价指标 | 土地空闲率（TD_R） | 空闲地占农村居民点用地的比例 | $TD\_R = \dfrac{KGD}{TD} \times 100\%$<br>TD代表土地调查数据中村庄的面积，KGD表示在村庄范围内，土地利用类型不是房屋的面积 | 0.2 |
| | 房屋废弃率（FW_R） | 集体土地使用权调查的宅基地中，有多少已经失去了建筑形态 | $FW\_R = \dfrac{FW}{ZJD} \times 100\%$<br>FW代表在宅基地范围内，已经失去了建筑形态的房屋建筑面积，ZJD为集体土地使用权调查的宅基地面积 | 0.2 |
| | 户均建筑面积（HJMJ） | 平均每户占用的建筑面积 | $HJMJ = \dfrac{JZ}{F}$<br>JZ表示建筑面积总和，F表示户数 | 0.2 |
| | 砖混以下材质占比（CZZB） | 砖混结构房屋及以下材质占比 | $CZZB = \dfrac{CZ_{ZH}}{FWS} \times 100\%$<br>$CZ_{ZH}$表示砖混以下材质房屋数量，FWS表示房屋总数 | 0.2 |

首先，对户均建筑面积指标进行归一化，归一化方法为：

$$\frac{Y_{\max} - Y_{\min}}{X_{\max} - X_{\min}} \times (x - X_{\min}) + Y_{\min} \quad （4-1）$$

式4-1中，$Y_{\max}$和$Y_{\min}$为归一化后范围，例如将数据归一化到[0，1]，$Y_{\max} = 1$，$Y_{\min} = 0$。$X_{\max}$和$X_{\min}$为要归一化数据中的最大值和最小值，x为要归一化数据。

其次，物理空心化评价指标用W表示，根据空心村类型和专家评定设置不同的阈值，来评价空心化程度。其中W由5个评价指标的加权和得到：

$W = a \times GD\_R + b \times TD\_R + c \times FW\_R + d \times HJMJ + e \times CZZB$（4-2）

式4-2中，GD_R为耕地撂荒率，TD_R为土地空闲率，FW_R为房屋废弃率，HJMJ为户均建筑面积，CZZB为砖混以下材质占比。a，b，c，d，e分别是5个指标的权重系数，根据空心村类型和专家评定给出具体数值。

最后，根据加权求和得到的物理空心化综合指数，按照（0~0.2），（0.2~0.5），（0.5~0.8），（0.8~1）四个区间进行归类，分别判定为轻度空心化、中度空心化、高度空心化和重度空心化四种类型。

## 5. 社会空心化判别

社会空心化是反映人口外流导致村庄人口数量减少或者老龄化导致村庄活力低的表征。表现为大批青壮年劳动力离开农村转移到城镇，即使留在村里的个别青壮年，也大都早出晚归，在附近工矿企业或城镇从事其他劳动，基本脱离农业生产，村内多为留守老人和儿童。一方面从经济社会统计数据中能够选取代表性指标，例如村庄人均收入、常住人口密度、劳动力占比重衡量社会空心化程度。另一方面通过技术手段可以探测到移动设备（手机、平板电脑）中讯息交互的使用情况，间接反映出不同时间人流流动数量，例如分别统计春节期间、春节后和农忙时节人口使用设备情况，选择监测人口流动最大值与统计常住人口之间的比例，以及监测人口最小值与最大值之间的比例反映农村人口流动特征，结合当地背景推断空心村类型。研究中选取了5个指标来评价村庄社会空心化程度，均为正向指标，即指标数值越大，空心化程度越低。也可以通过加权算法形成综合社会空心化指数，指数数值越大，空心化程度越低。

和最小值，$X$为要归一化数据。

其次，社会空心化评价指标用$X$表示，根据空心村类型和专家评定设置不同的阈值，来评价空心化程度。其中$X$由5个评价指标的加权和得到：

$$X = a \times S + b \times M + c \times W + d \times R_1 + e \times R_2 \qquad (4-4)$$

式4-4中，$S$为人均收入，$M$为村庄常住人口密度，$W$为务农人口占比，$R_1$为人流占比，$R_2$为人口流动峰值。$a$、$b$、$c$、$d$、$e$分别是5个指标的权重系数，根据空心村类型和专家评定给出具体数值。

最后，根据加权求和得到的社会空心化综合指数，按照（0~0.2）、（0.2~0.5）、（0.5~0.8）、（0.8~1）四个区间进行归类，分别判定为重度空心化、高度空心化、中度空心化和轻度空心化四种类型。

## 五、实践案例

### 1. 案例概况

宁夏中南部地区是全国18个集中连片贫困地区之一，为根本解决这些地区农村的生产、生活、生态问题，政府先后启动了"吊庄移民"、"异地扶贫搬迁"和生态移民工程。所选案例位于宁夏西吉县兴隆镇、白崖乡范围内，包括十个行政村。

社会空心化评价指标　　　　　　表4-4

| 评价指标 | 指标 | 含义 | 计算公式 | 默认权重 |
|---|---|---|---|---|
| 社会空心化评价指标 | 人均收入 | 在一定人数内，收入的总和再平分 | $S = \dfrac{G}{R}$　$S$代表人均收入，$G$代表村庄总年度收入，$R$代表人口总数 | 0.2 |
| | 村庄常住人口密度 | 单位面积土地上居住的人口数 | $M = \dfrac{R}{MJ}$　$M$代表常住人口密度，$R$代表村庄人口总数，$MJ$代表村庄居民地总面积 | 0.2 |
| | 劳动力占比 | 村庄常住人口中劳动力占比 | $W = \dfrac{N}{R}$　$W$代表常住人口劳动力占比，$N$代表劳动力总数，$R$代表人口总数 | 0.2 |
| | 人口常住率 | 监测人口最大值与统计常住人口比较得到实际数据与统计数据之间的差值 | $R_1 = \max（监测数据）/ R（统计人口）$ | 0.2 |
| | 人口流动率 | 监测人口流动最大差值 | $R_2 = \min（监测数据）/ \max（监测数据）$ | 0.2 |

首先，对人均收入指标进行归一化，归一化方法为：

$$\frac{Y_{max} - Y_{min}}{X_{max} - X_{min}} \times (x - X_{min}) + Y_{min} \qquad (4-3)$$

式4-3中，$Y_{max}$和$Y_{min}$为归一化后范围，例如将数据归一化到[0，1]，$Y_{max} = 1$，$Y_{min} = 0$。$X_{max}$和$X_{min}$为要归一化数据中的最大值

基础数据列表　　　　　　表5-1

| 数据类型 | 数据内容 | 数据来源 |
|---|---|---|
| 经济社会统计数据 | 西吉县2014年村庄人口数据、经济数据 | 中国统计年鉴（2014年）和西吉县统计年鉴（2014年）以及西吉县经济要情手册（2007~2014年）和农户问卷调查、政府工作报告等 |
| 空间矢量数据 | 西吉县2014年村庄行政区划图、地籍调查数据、土地利用变更调查数据 | 宁夏地理信息中心 |
| 遥感数据 | 西吉县2014年高分遥感数据、DEM数据、雷达数据 | 宁夏地理信息中心 |
| 人类时空行为大数据 | 2014年不同时期人口使用设置数量数据 | TalkingData官网 |

### 2. 宁夏空心村用地类型提取

（1）影像分割

影像分割是均质因子（包括形状参数和紧致度参数）、波段

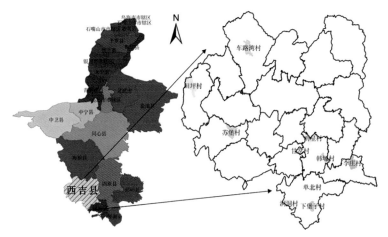

图5-1　研究区地理位置

图5-2　西吉县空心村示意

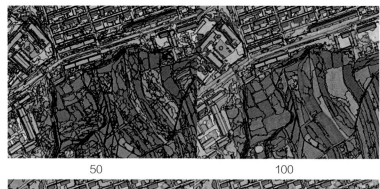

50　　　　　　　　　　　　100

200　　　　　　　　　　　　300

图5-4　分割尺度

300，其中尺度较大的分割是在尺度较小的分割的基础上完成的（即先进行50尺度的分割，在此基础上进行100尺度的分割，以此类推），并不都是以主影像为目标进行分割的。结果如图5-4所示：

经过不同尺度的比较，为了能够获得更好的分类效果。采用不同的地物类型对应于不同的尺度。结果如表5-2所示：

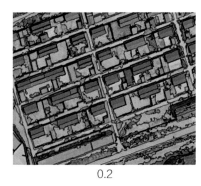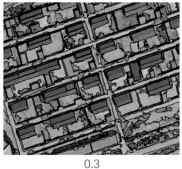

0.2　　　　　　　　　　　　0.3

图5-3　均质因子选择

权重以及分割尺度三者共同作用的结果。影像分割结果是否满足要求，要根据用地调查需求而定。

由于利用遥感手段判别地物，最主要的还是以光谱特征作为依据，对于高分辨率的影像，当研究的地物目标形状特征较为突出时，可适当地加大形状参数的比重。经过对比研究，本次试验所用的形状参数的最优值为0.2，紧致度参数的最优值为0.3。

不同的地物类型匹配于不同的尺度，研究中同质性参数设置按照上面的最优参数进行取值，分割尺度设置为50、100、200、

| 地物类型与分割尺度的确定 | 表5-2 |
| --- | --- |
| 类别 | 适宜分割尺度 |
| 耕地 | 300 |
| 林地 | 300 |
| 水域 | 300 |
| 建筑用地 | 200 |
| 道路 | 200 |
| 草地 | 200 |
| 裸地 | 100 |
| 绿化用地 | 100 |
| 房屋 | 50 |

（2）解译标志

本研究根据空心村整治地类调查需求，结合实地调研经验，并将影像与土地利用现状图反复对照，建立了各地类解译标志如表5-3：

影像与解译标志的建立 表5-3

| 类别 | 影像 | | 备注 |
|---|---|---|---|
| 耕地1 |  |  | 亮度大，有明显的纹路特征（大棚） |
| 耕地2 |  |  | 排列整齐，颜色呈现绿色或青色 |
| 耕地3 |  | 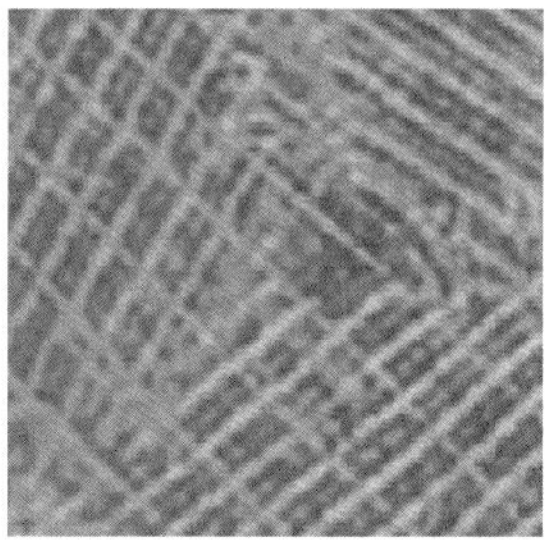 | 该类耕地没有植被覆盖，呈现出灰白色和灰色。翻耕过后有明显的纹路 |
| | 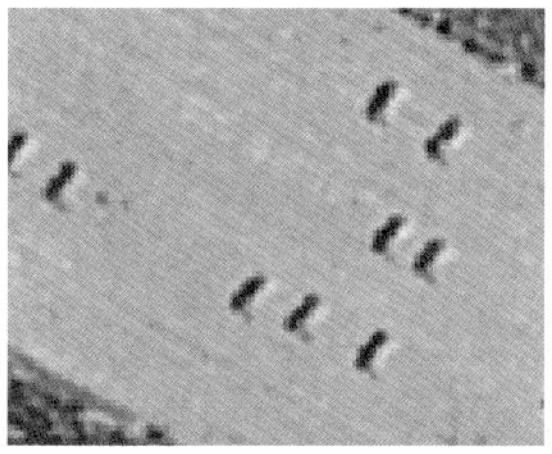 | 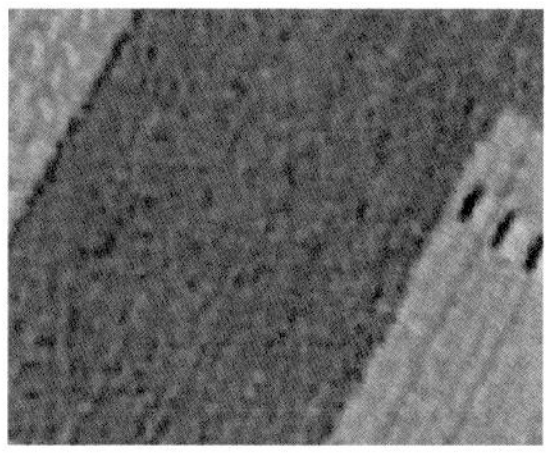 | |
| 林地 | 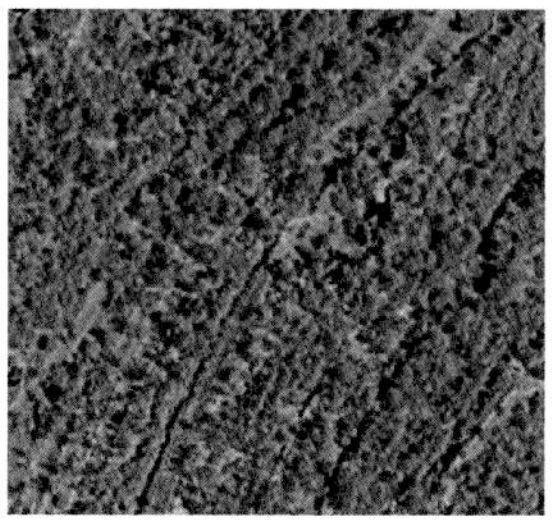 | 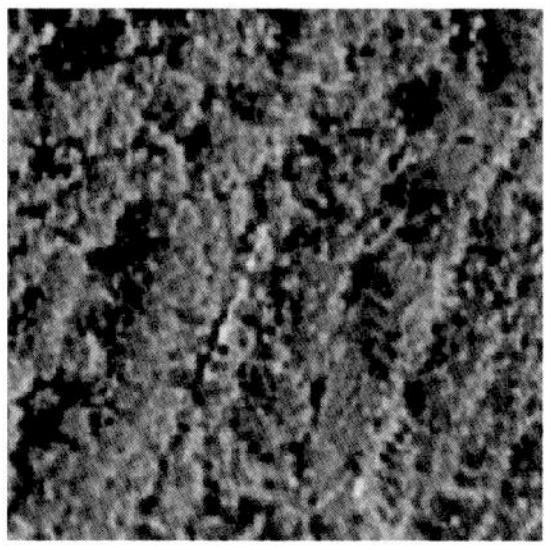 | 林地面积较大，成片分布。有条形的行列 |

| 类别 | 影像 | | 备注 |
|---|---|---|---|
| 草地 | | | 表面平整，形状不规则，呈现出浅绿色 |
| 道路 | | | 呈现出直线型或不规则的直线型，颜色为亮白色或土黄色（道路） |
| 建设用地2 | | | 单块面积较大，分布均匀，有明显的纹路特征（工矿用地） |
| 建设用地3 | | | 呈现出不规则块状，颜色多变，一般有灰色和浅绿色组成 |
| 建设用地4 | | | 屋顶的颜色一般为砖黄色和灰白色，蓝色（建筑物） |
| 水体1 | | | 面积广大，颜色呈比较浅的绿色，水体明显有菌落状的斑点 |

续表

| 类别 | 影像 | | 备注 |
|---|---|---|---|
| 水体2 | | | 该水体呈现出土黄色，是明显的泥水河。形状为条状。易与未铺水泥的公路混淆 |
| 绿化用地 | | | 与林地类似，只不过在位置上处于建筑用地之间 |
| 裸地 | | | 该地类呈现暗黄色（容易与水体2混淆）与亮白色（容易与建设用地1混淆） |

（3）解译结果

通过对分类结果的分析，得到研究区所有村庄的分类数据，针对不同的要求，将分类结果重新定位为地类分布现状图、房屋分布现状图和综合图三种类型。并对分类结果进行展示（图5-5、图5-6、图5-7）。

根据解译结果可以看出：洞洞村耕地面积占比较高，占总地类面积的58%，裸地、草地占比面积较高，房屋、建筑用地占比较小，有地广人稀的数据表征；苏堡村属于低矮丘陵地区，林地远高于其他几个村庄，占总地类面积的48%，其他面积适中；甘岔村属于干旱山区，没有水域面积，房屋面积和建筑用地面积都较少，从自然资源来看，取水问题影响了村庄的发展；下堡子属于半丘陵地区，村用地类型较为正常。

## 3. 空心村现状格局与功能特征分析

根据房屋的分布情况将研究区内空心村房屋现状格局分为三类：聚集式、条带式、离散式。

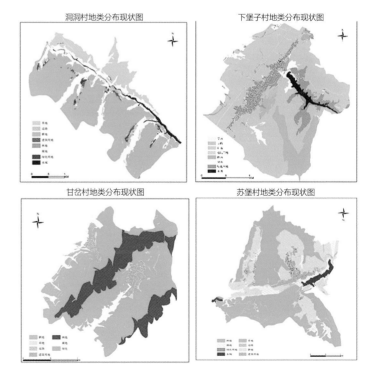

图5-5 地类分布现状图

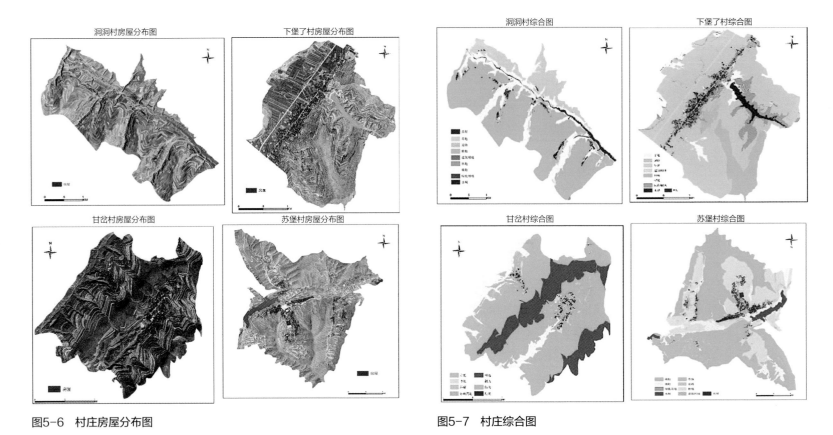

图5-6　村庄房屋分布图

图5-7　村庄综合图

村庄地类解译结果（面积：ha）　　　　　　　　　　　　　　　　　表5-4

| 地类\村名 | 房屋 | 草地 | 道路 | 耕地 | 林地 | 裸地 | 水域 | 绿化用地 | 建筑用地 |
|---|---|---|---|---|---|---|---|---|---|
| 洞洞村 | 2.45 | 148.19 | 9.42 | 520.71 | 1.57 | 170.81 | 18.82 | 10.77 | 12.52 |
| 下堡子村 | 5.69 | 57.63 | 16.52 | 433.33 | 71.29 | 34.80 | 13.59 | 25.65 | 29.48 |
| 甘岔村 | 1.45 | 5.86 | 4.87 | 245.99 | 94.09 | 70.29 | 0 | 15.76 | 7.10 |
| 苏堡村 | 10.84 | 79.72 | 24.35 | 347.39 | 610.53 | 102.20 | 28.57 | 22.83 | 52.32 |

　　单北村的居民点分布主要是聚集在地势较为平坦的低洼地区，沿主干道路建设，南部靠近耕地，方便农业活动，北边靠近山林，方便采石伐木。

　　车路湾村属于丘陵地区，居民点主要沿南北通向的主干路建造，而在水资源较少的西部，沿低洼地区建造居民点，更容易获得水资源。所以车路湾村呈现了明显的条带式分布。

　　洞洞村属于丘陵山区，居民点的分布受到地形的影响较大，而且没有贯穿村庄的主干道路，居民点分布的比较分散，对于每一个小的区域又相对比较集中，因此洞洞村居民点呈离散式分布。

　　选取斑块数量（NP）和平均斑块面积AREA_MN进行评价。由表5-3可知：由于房屋斑块数量多且面积较小，水域斑块数据少，面积都较大，因此三个村庄均呈现房屋破碎度最高，水域破碎度最小的特征。

### 4. 物理空心化程度评价

　　以洞洞村、单北村和下堡子村为例，计算物理空心化评价指数。其中洞洞村为异地搬迁村。考虑到宁夏空心村实际情况和专家对权重的打分，最后确定权重的分配为$a$，$b$，$c$，$d$，$e$分别等

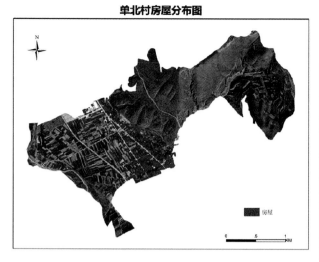

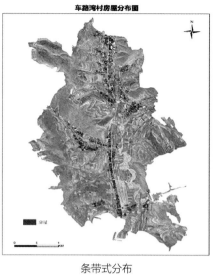

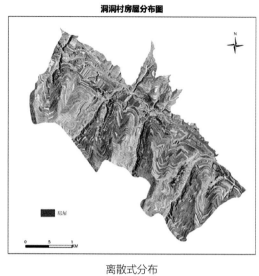

聚集式分布            条带式分布            离散式分布

图5-8 村庄房屋空间格局

景观指数            表5-5

| 地类 | 洞洞村 | | 单北村 | | 车路湾村 | |
|---|---|---|---|---|---|---|
| | 斑块数量（NP） | 平均斑块面积AREA_MN | 斑块数量（NP） | 平均斑块面积AREA_MN | 斑块数量（NP） | 平均斑块面积AREA_MN |
| 房屋 | 619 | 0.014423255 | 1198 | 0.0049 | 2255 | 0.0057 |
| 草地 | 167 | 0.053461048 | 48 | 0.1213 | 196 | 0.0656 |
| 道路 | 60 | 0.148799917 | 41 | 0.1420 | 70 | 0.1837 |
| 耕地 | 66 | 0.135272652 | 63 | 0.0924 | 130 | 0.0989 |
| 林地 | 8 | 1.115999375 | 16 | 0.3640 | 117 | 0.1099 |
| 裸地 | 31 | 0.287999839 | 81 | 0.0719 | 50 | 0.2571 |
| 水域 | 7 | 1.275427857 | 1 | 5.8237 | 4 | 3.2142 |
| 绿化用地 | 43 | 0.207627791 | 56 | 0.1040 | 108 | 0.1190 |
| 建筑用地 | 152 | 0.058736809 | 131 | 0.0445 | 247 | 0.0521 |

物理空心化评价表            表5-6

| 行政村 | 耕地撂荒率 | 土地空闲率 | 房屋废弃率 | 户均建筑面积 | 砖混以下材质占比 | 评价得分 | 空心化程度 |
|---|---|---|---|---|---|---|---|
| 洞洞村 | 0.1443 | 0.8127 | 0.7864 | 1 | 0.3864 | 0.6288 | 高度空心化 |
| 单北村 | 0.0862 | 0.6217 | 0.5639 | 0 | 0.1898 | 0.3591 | 中度空心化 |
| 下堡子村 | 0.0735 | 0.2532 | 0.3173 | 0.107 | 0.1333 | 0.1979 | 轻度空心化 |

于0.1，0.2，0.3，0.1，0.3。

根据物理空心化综合指数，按照四个区间进行归类可知，洞洞村为高度空心化、单北村为中度空心化、下堡子村为轻度空心化。评价得分也会受空心村类型差别和国家政策引导影响，如洞洞村，虽然搬迁，但农民的耕地没有及时补偿，仍然需要在原址耕种，由此可以发现洞洞村虽然土地空闲率和房屋废弃率高，但是耕地撂荒率并不是很高，所以在指标权重的设置上需要考虑多重因素的影响；单北村虽然耕地撂荒率低，但是土地空闲率和房屋废弃率较高，说明村庄内部出现空闲宅基地较多，构成了村庄内部的物理空心化；下堡子村各项指标得分均较低，因此为轻度空心化村庄。

### 5. 社会空心化程度评价

以洞洞村、单北村和下堡子村为例计算社会空心化程度评价指数，考虑到宁夏空心村实际情况和专家对权重的打分，最后确定权重的分配为$a$，$b$，$c$，$d$，$e$分别等于0.1，0.1，0.3，0.3，0.2。

实验村人类时空大数据采集结果　表5-7

| 行政村名 | 监测数据 | | | 统计人口数 |
|---|---|---|---|---|
| | 春节 | 节后 | 农忙 | |
| 陈堂村 | 125 | 62 | 126 | 2403 |
| 高店村 | 84 | 62 | 169 | 3002 |
| 尹营村 | 116 | 66 | 158 | 3028 |
| 管路营村 | 118 | 46 | 59 | 1700 |
| 下堡子村 | 49 | 49 | 91 | 2390 |
| 洞洞村 | 10 | 25 | 52 | 860 |
| 单北村 | 104 | 95 | 217 | 2710 |

社会空心化程度评价表　表5-8

| 行政村名 | 人均收入 | 人口密度 | 劳动力占比 | 人流常驻率 | 人口流动率 | 评价得分 | 空心化程度 |
|---|---|---|---|---|---|---|---|
| 洞洞村 | 0 | 0.06 | 0.21 | 0.06 | 0.192 | 01254 | 重度空心化 |
| 单北村 | 1 | 0.31 | 0.73 | 0.08 | 0.438 | 0.4616 | 高度空心化 |
| 下堡子村 | 0.6 | 0.34 | 0.69 | 0.04 | 0.538 | 0.4206 | 高度空心化 |

根据社会空心化综合指数，按照四个区间进行归类可知，洞洞村为重度空心化、单北村和下堡子村为高度空心化。从人类时空大数据和社会空心化评价表可以看出，洞洞村作为异地搬迁村，社会空心化程度高，自我发展各项指标都明显低于单北村和下堡子村。在人类时空数据中也体现为春节人口极低，但因为土地权属问题没有得到妥善解决，农耕时候依然有大量人员回到原村耕种，反映出异地搬迁制度的不完善；单北村作为目前还能自然发展的村庄，社会活动比洞洞村活跃，但自我发展乏力；下堡子村人流常驻率较低，劳动力少，人口外流明显。

### 6. 建立成套空心村基础数据库与信息平台

通过研究得到的模型算法及采集取得的数据基础资料，运用计算机编程技术形成研究成果的可视化表达，即成套空心村基础数据库与信息平台软件。

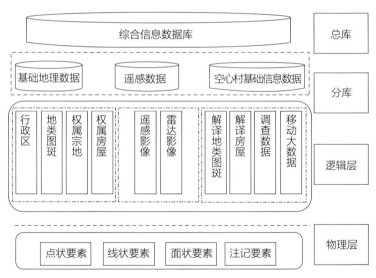

图5-9　数据库建设

空间要素采用分层的方法进行组织管理，如表5-9所示：

数据库空间要素　表5-9

| 序号 | 层名 | 层要素 | 几何特征 | 属性表名 | 说明 |
|---|---|---|---|---|---|
| 1 | 基础地理数据 | 行政区 | Polygon | XZQ | |
| | | 地类图斑 | Polygon | DLTB | |
| | | 权属宗地 | Polygon | ZD | |
| | | 权属房屋 | Polygon | ΓW | |

续表

| 序号 | 层名 | 层要素 | 几何特征 | 属性表名 | 说明 |
|---|---|---|---|---|---|
| 2 | 遥感数据 | 遥感影像 | Image | SGSJ | |
| | | 雷达影像 | Image | SGSJ | |
| 3 | 空心村技术信息数据 | 解译地类图斑 | Polygon | JYDLTB | |
| | | 解译房屋 | Polygon | JYFW | |
| | | 调查数据 | | DCSJ | |
| | | 移动大数据 | | YDDSJU | |

软件采用.NET Framework技术，C/S架构：

运行硬件环境：1台满足安装64位oracle11g服务器的服务器电脑；1台安装windows7的台式机。

软件运行环境　　　　　　　　　表5-10

| 序号 | 名称 | 版本 |
|---|---|---|
| 1. | ArcGIS Engine | 10.1 |
| 2. | Oracle64位服务端 | 11g |
| 3. | Oracle32位客户端 | 11g |
| 4. | WINDOWS | 7 |
| 5. | .net framework | 3.5 |
| 6. | Arcsde | 10.1 |

软件由7个部分构成，主要包括：地图操作、数据编辑、系统维护、专题查看、数据管理、物理空心化程度评价、社会空心化程度评价。

图5-10　软件界面

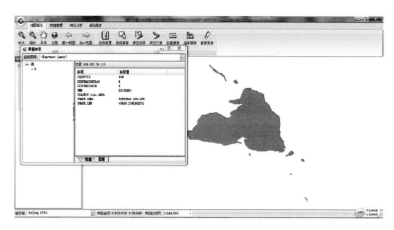

图5-11　软件视图与工具功能

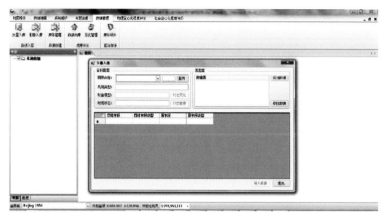

图5-12　数据管理功能

## 六、研究总结

### 1. 项目特点

（1）选题方面：选择热点问题的薄弱环节，大胆创新。

随着社会经济的发展和城镇化进程的加快，城乡之间的联系日益交融，相互影响。制定合法、合理、可持续发展、绿色生态的村庄规划是建设社会主义新农村的关键环节，农村空心化已经收到全社会的关注，但可供研究和分析的基础数据十分有限，精度和时效性不高。本项目研究着眼于广大的农村建设，运用多种现代化信息获取技术，快速、准确、高效地提取农村基础条件信息，为农村规划设计提供必要的基础数据支持。

（2）技术方面：集成各类自动化信息提取技术，提高效率。

我国村庄数量多、分布散、地形地貌多样，以往对村庄发展建设情况的调查除了传统的统计数据分析外，基本要依赖大量的现场调研才能获取更多有价值的数据，这种工作模式受人力财力物力限制，难以反复使用，对于村庄变化和规划实施情况无法及时了解。为了提高基础工作效率，我们所选取的技术手段都具有自动化的特点，遥感影像的解译、GIS空间分析和人类时空大数据的调取，再结合传统的统计数据分析，无需进行大量现场调研也能为规划编制和实施管理提供所需的核心数据。

（3）数据方面：广泛搜集可用数据并充分挖掘其价值，且精度高。

我们广泛搜集了针对农村地区的可以进行自动化处理的各类数据，包括传统的各类统计资料，针对农村开展的各类资源调查，三种高分辨率遥感影像（其中热红外影像精度不能满足需求未使用），还与时俱进引入了人类时空行为大数据，广泛搜集了数据源，充分挖掘了大数据价值。针对高分辨率遥感影像，采用的面向对象分类方法的精度要高于基于像元的影像解译精度。多尺度分割能减小"同物异谱"和"异物同谱"现象的影响。人类时空行为大数据采集的时点能反映农村人口流动特征，使得分析结果更准确、直观。

（4）模型方面：既反映空间特性也反映经济社会特性，全面剖析。

对于村庄状态，尤其是空心化程度的判断，大多基于统计数据分析或者依靠现场摸底调查。我们针对村庄空心化可能表现出来的多种特征进行了综合评价，包括土地利用结构特点、建筑特征、空间格局特征和经济社会特征等，最后整合汇总为物理空心化和社会空心化两个大的角度，对村庄发展建设情况进行更为全面的剖析，尤其是对社会空心化程度的判断难度更高。

## 2. 应用前景

（1）现阶段大数据的应用和数据价值的深度挖掘已经发展至各行各业，但在数据支持薄弱的农村地区还停留在传统数据分析的水平。本研究在数据搜集方面做出的努力，在研究方法、技术路线、关键技术和模型设计方面做出的尝试，都为大数据的推广应用开拓了新领域。

（2）本研究通过对广大农村地区关键基础数据的快速获取、批量处理和状态识别，大大提高了对村庄基础情况的分析效率，能够广泛应用于村镇体系规划、村庄建设规划、村土地利用规划和土地整治规划等众多空间性规划。

（3）本研究中对于空心化程度的判别能够为深入分析我国空心村发展建设现状提供基础支持，为下一步空心村整治出台系统性政策措施提供决策依据。

# 多灾种综合应对的避难场所选址优化研究

工 作 单 位： 清华大学、南京大学

研 究 方 向： 安全设施保障

参 赛 人： 范晨璟、周姝天、翟国方

参赛人简介： 范晨璟，清华大学建筑学院城市规划系博士后，研究兴趣为城市防灾，风险管理等，发表核心期刊论文10余篇，其中SCI一作两篇；

周姝天，南京大学建筑与城市规划学院区域与城市规划系博士生，研究方向为城市防灾，韧性城市建设；翟国方，南京大学建筑与城市规划学院教授。

## 一、研究问题

### 1. 研究背景

灾害伴随着人类的发展，是未来社会发展必须面对的挑战之一。随着20世纪后人类财富聚集速度的不断增加，自然灾害与由人类活动引发的事故灾害同时呈现出影响范围上升，类型多样的趋势（图1-1）。我国是世界上遭受灾害类型最为多样、损失最为严重的国家之一，为在应对灾害的过程中尽可能减少生命财产损失，我国政府在"十三五"规划纲要中，明确提出：城市规划应"坚持以防为主、防抗救相结合，全面提高抵御气象、水旱、地

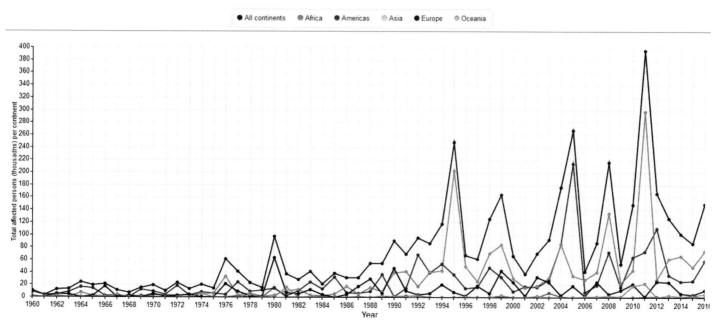

图1-1　1960～2016年全球灾害受影响人数统计（来源：EMDAT数据库）

震、地质、海洋等自然灾害综合防范能力"，同时需"健全防灾减灾救灾体制，建立城市避难场所"，因此，研究城市综合防灾设施的规划建设，对促进城市可持续发展，确保人民生命安全有着极为重要的意义。

避难场所是城市防灾设施中，民众躲避地震、火灾、爆炸、洪水等各类重大灾害事先建设的安全场所，能够确保居民在灾后一定阶段的救护与安置。然而，在面临2011年"3·11"大地震发生引起的海啸、核泄漏事故等多种灾害后，防灾设施高度完善的日本仍出现了避难场所规模不足，重灾区场所人满为患，物资供给短缺的现象，这种惨痛的灾害经验提醒我们，在场所规划中必须做好多灾种后果全面分析工作，建设足够规模的安全的避难设施。

## 2. 研究现状及存在问题

我国现有避难场所规划的理论及基本原则借鉴自国外经验，强调"综合防灾、统筹规划，与城市规划协调，因地制宜，选址安全，平灾结合，应急避难与长期防灾协调"。规划实践中参考规范是《城市抗震防灾规划标准》GB 50413，将避难场地（避震为主）分为：紧急避震疏散场所、固定避震疏散场所、中心避震疏散场所。规划流程通常是以固定避难场所选址为主，以"单一风险分析——安全评价、受灾人数分析——场所选址"的流程进行。由于避难场所是公共设施的一种，因此选址问题也可以看作是满足规划原则，确保安全、就近、均衡的公共设施配置问题，这类问题一般求解思路是先挑选出备用的场所，之后通过条件约束（如场所面积限定，设施最大化覆盖等），求解其他变量变化下的最优解或近似解（如：总投资最小，总移动距离最小等），这方面的探索也是最近避难场所研究的热点。

汶川地震后，在综合防灾的学术背景下，部分学者针对现有避难场所定义、标准、管理部门的不统一，提出避难场所选址优化"统筹安排"的原则。然而目前实证研究多以单灾害为主，多灾种应对避难场所规划方面的技术、方法研究都相对匮乏，对于除地震、洪水外灾害的疏散场所综合规划的案例研究也较少；在新城区的防灾规划实践中，我们时常发现避难场所数量不足，必须新增选址，增加建设规模，但是部分片区的避难场所选址需要考虑的灾害影响因素较多，备选场地较多，可选择的规划方案也较多，如何在经济性，容量与安全性之间进行取舍是十分复杂的

问题。因此，构建一种选址方法，提高规划效率，确保居民安全避难迫在眉睫。

## 3. 研究目标

研究多部门统一制定的多灾种应对的避难场所规划是城市防灾的难点，探索最优的选址方案重要性不言而喻，本研究试图结合本领域研究发展趋势与存在问题，对多灾种应对的避难场所规划框架与优化方法进行实证研究，解决如下两方面问题将是本研究的主要内容与目标：

（1）扩展现有单灾种避难场所规划选址优化模型与方法到多灾种综合应对。将参照现有单灾种避难场所选址模型，为多灾种应对的避难场所规划建立选址优化模型，并选择合适的求解算法，进而获得理论上的最优方案。

（2）多灾种综合应对的避难场所规划实践。将构建的模型运用于避难场所区位选择的实践中，通过与传统做法的比对，验证模型的实用性，并提出本模型较传统方法的优势。

# 二、研究方法

## 1. 研究方法及理论基础

（1）公共设施配置模型概述

避难场所是公共设施的一种，解决其设施选址问题可借用公共设施配置理论的相关原理方法。这方面的研究往往是先对公共设施层级功能进行分析，进而在备选场地中选址，最终制定完整的规划选址方案。选址的过程中，有可能会发现会有许多种满足要求（如覆盖最大化，满足使用空间要求等）的方案，并且有可能存在满足全部要求的最优解（如：资金投入最少，设施建设量最少、总路径最小化等），为寻求这类问题的最优解，通常可以用多目标优化思路进行分析，其根据不同的优化目标可以归纳为三大类：中值问题（P-median Problem）、中心问题（P-center Problem）与覆盖问题（Covering Problem），其中覆盖问题可细化分为集合覆盖问题（Location Set Covering Problem，LSCP）及最大覆盖问题（Maximal Covering Location Problem，MCLP）等。在规划实践中，大多数设施配置问题求解可以上述三类模型为基础，结合案例的特点，增加或修改限制性的条件从而进行求解。表2-1给出了三类模型的简介以及本研究中的适用性分析。

常用的公共设施配置模型描述与避难场所规划适用性分析　　　　　　　　　　表2-1

| 模型名称 | 模型描述 | 避难场所规划适用性分析 |
|---|---|---|
| 中值问题 | 寻求设施与需求点之间总加权距离的最小化，进而求解出预设设施的数目与最适合的区位 | 模型是为了全局考虑，牺牲了部分需求点，可用于管道电线的铺设以减少成本，在避难场所布局研究中，为了保证避难公平性，不适宜使用 |
| 中心问题 | 最小化任何需求点与其最近设施的最大距离，以求取预设设施数目及区位 | 模型可以减少交通成本，可用于物流网络的规划，但避难场所服务最大距离有规范制定，不需要最小化该数值。该模型在避难场所布局研究中不适宜使用 |
| 覆盖问题 | 以最少的设施数目或最低的建设投入为目标确定方案的区位，并尽可能使所有需求点都在设施服务范围内<br>当每个设施点都有一定的投入成本时，最优解为成本最低的一组设施点去建造设施，使其覆盖全部的需求点（集合覆盖）<br>在投入被限定的条件下，去选择设施点建造设施，使其最大限度的覆盖需求点（最大覆盖） | 减少设施数目、节约建设成本的思路适用于避难场所布局、消防站、急救所等设施布局研究，然而还需要增加其他约束条件完善模型 |

（2）公共设施配置模型在本研究中运用可行性探讨

目前研究成果中没有一种公共设施配置模型可以直接运用在本研究中——由表2-1的分析可知，中值问题模型、中心问题模型从根本上不适用于本研究；覆盖问题模型中优化设施数目、建设成本的目标符合当前节约场所建设的资金投入、缩减项目数量的城市规划理念，较适用于本研究，但是，固定避难场所规划中还需要考虑多灾害后果造成的容量、安全等限制因素，必须在覆盖问题模型的基础上增加其他约束条件与优化目标完善模型。

因此本研究提出，先对多风险后果进行分析，在得到场地安全性、居民疏散人数分析的结果之后，套用覆盖问题模型，增加场所适宜性与疏散人数的选址约束，通过资金投入为目标选出最优的固定避难场所布局方案。相关学科对规划方法的指引见图2-1。

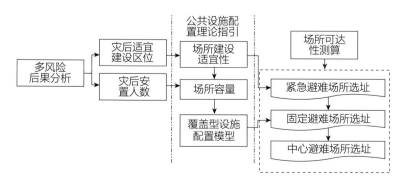

图2-1　公共设施配置理论对本研究中模型构建的支撑

## 2. 多灾种综合应对的避难场所规划基本思路与技术流程

（1）多灾种综合应对的避难场所规划基本思路

传统的避难场所主要由"紧急—固定—中心"三级结构组成，各部门避难场所规划过程中，更加关注对本部门管辖范围内的灾害进行转移人数，安全性等风险后果分析（图2-2）。在综合防灾的理念指导下，应对灾害的各部门将统一的进行避难场所规划，固定避难场所将分为能够应对所有灾种的综合型固定避难场所以及应对一个或多个特定灾害的固定避难场所（图2-3）。在规划中，通过可达性，容量，安全性的综合分析后，明确场所规划最优方案。

（2）规划技术流程

根据多灾种综合应对的规划思路，规划流程主要可分为如下四步（图2-4）：

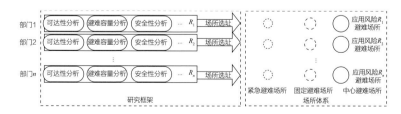

图2-2　传统避难场所规划中的研究框架与场所结构

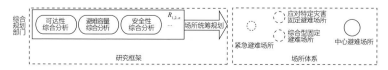

图2-3　多灾种综合应对的避难场所规划中研究框架与场所结构

1）资料搜集。在城市总体规划、控制性详细规划与绿地系统规划中提取中小学、广场、绿地及体育场\馆等可作为避难场所用地的地理信息数据，收集未来城市居住区、路网、各社区人口及社会经济数据等，依照城市总体规划、城市社区边界及防灾组织要求，划分防灾区域，明确各防灾分区中的居民数量。

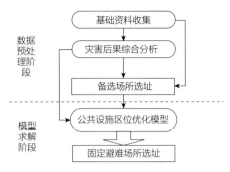

图2-4 多灾种综合应对的避难场所规划技术流程

2）灾害后果综合分析。根据实地调研所得到的相关资料，对当地不同灾害的后果进行评价，重点是明确对避难场所建设有安全隐患的区位，预测各防灾片区中的各类灾害发生后需要转移安置的人口数量。

3）备选避难场所筛选。从公园、绿地、空地、广场、体育用地及学校操场中选取备选场所，计算现状可作为避难场所的设施的灾后可达性，找出可达性较差的地区。之后规划备选避难场所，确保城市中绝大部分地区满足紧急疏散可达的要求，如果备选场所无法作为固定避难场所，那么将选为紧急避难场所。

4）固定避难场所选址。根据防灾区域划分结果、避难场所多风险后果分析结果以及备选避难场所选址结果，选用公共设施配置模型，设定优化目标与约束条件，寻找最优的固定避难场所选址方案。实现该步骤是本模型设计研究的关键步骤。

## 三、模型设计及算法

### 1. 模型的设计思路

（1）固定避难场所选址约束性分析

根据设施配置中传统覆盖问题模型的构建与研究方法，本文提出的固定避难场所选址优化问题可以简化为：在条件约束下，从候选场所中选取若干个场所形成最优组合的问题。约束条件主要有设施紧急避难可达性、避难安全性、场所容量三方面，这三方面的数据均在数据预处理中完成分析。

1）可达性约束

按照《城市抗震防灾规划标准》GB 50413中的要求，规划中应保证每个紧急避难点位到达固定避难场所距离都在3600m的服务范围内以确保及时疏散与设施的公平使用，此外，由于地震等灾害对城市道路通行能力会产生一定的影响，在可达性分析过程中需考虑道路损毁的影响。

2）安全性约束

从选址适宜性的角度出发，在候选的避难场所中，某避难场所只有在应对所有灾害均安全并且是城市规划中合理的选址区位，才有机会被选中作为综合性的固定避难场所，如果有部分灾害评价后发现不安全，那么只有可能作为特定灾害的固定避难场所，如果面对所有灾害均不安全，那么禁止未被选中作为固定避难场所。

3）场所容量约束

场所容量决定了总建设规模，其有两方面的约束：①保证每种灾害发生后，有足够的面积提供居民避难，即有效面积应足够风险评价中转移安置的居民使用；②保证场所的最小有效面积满足《地震应急避难场所场址及配套设施标准》中提出的大于2000m²的要求。

（2）固定避难场所选址优化目标分析

从减少资金投入，增加避难舒适度的角度出发，本文对选取场所方案提出"最低建设资金投入情境下最大总有效避难面积"的优化目标——在满足规划基本要求的方案中，最低建设资金相同时可能会有多个方案，本研究会对最优资金投入的各方案进行进一步优化筛选，要求建设总有效面积最大为最优方案。

（3）模型设计原则及思路

基于以上的模型限制性与优化目标的分析，本文借鉴了公共设施配置覆盖模型（表2-1）的数学建模思路设计多灾种应对的固定避难场所的选址模型（图3-1）。模型基于以下原则筛取备选选址方案：①未被选取的任一场所到达最近的选取作为固定避难场所的距离按照《城市抗震防灾规划标准》GB 50413的要求小于3600m；②至少有一个场所被选中作为固定避难场所；③每个被选取的场所必须至少能承担一种灾害的固定避难功能；④每种灾害发生后，选中的能够应对该灾害的场所的总有效面积大于风险后果预测的需要避难的空间；⑤每个被选中的场所的有效面积不应小于2000m²。之后从满足要求的备选方案中寻找总的投资最少，有效避难面积最大的规划方案作为最优方案输出。

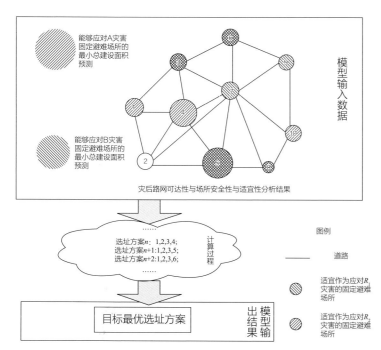

图3-1　模型设计思路（$R_n$为灾害名称，以数量为2为例）

## 2. 模型的数学表达

基于模型的构建原则与设计思路，多灾种综合应对的固定避难场所选址数学模型表示如下：

**模型参数：**

$w$——可选择的避难场所总数；

$i$——场所编号；

$Cap_i$——避难场所$i$的有效面积；

$Dis_{ij}$——$ij$场所之间的距离；

$x_i$——0，1二值变量，当$i$点为固定避难场所时，$x_i=1$，否则为0；

$y_i$——0，1二值变量，当$i$点在固定避难场所的覆盖范围内时，$y_i=1$，否则为0；

$Safe_{iRn}$——0，1二值变量，$i$场所应对灾害$R_n$的安全性，取值为1为适宜作为应对$R_n$的固定避难场所，不适宜则为0，取值可借用4.2中对场所容量分析的结果；

$Idealcap_{Rn}$——$R_n$灾害发生后避难场所最理想的总有效面积，取值可借用4.2中对疏散人数预测的结果；

$m_i$——$i$场所建设资金投入数量，取值可借用4.2中对场所造价分析的结果；

$M$——资金投入总数量。

模型数学描述：

其分为寻找最低资金投入量$M$值与寻找最低$M$值条件限定下的最大有效避难面积两个阶段：

**第一阶段：寻找最优$M$值解**

$$M = Min\sum_{i=0}^{i=w}x_i \times m_i \qquad (3-1)$$

$$subject\ to\sum_{i=0}^{i=w}y_i = w\ \ 其中\begin{cases}y_i = 0\ Dis_{ij} \geqslant 3600\\y_i = 1\ Dis_{ij} < 3600\end{cases},$$

$$j点为相邻x_i=1的点 \qquad (3-2)$$

$$\sum_{i=0}^{i=w}x_i \geqslant 1 \qquad (3-3)$$

当$x_i=1$时，$\displaystyle\sum_{n=0}^{i=w}Safe_{iRn} > 0,\ n = (1,2..)$　（3-4）

$$\sum_{i=0}^{i=w}Safe_{iRn} \times x_i \times Cap_i > Idealcap_{Rn},\ n = (1,2..) \qquad (3-5)$$

当$x_i=1$时，$Cap_i>2000$　（3-6）

其中目标方程式（3-1）的含义是：选出最少的资金投入量$M$，以期节约建设成本；式（3-2）到（3-6）为约束函数，其中：约束条件式（3-2）保证了每个点位都在固定避难场所1小时步行（3600m）到达服务范围内；约束条件式（3-3）保证固定避难场所的数量至少为1；约束条件式（3-4）限制了如果某设施点$i$对于所有风险都不安全，那么禁止未被选中作为固定避难场所；约束条件式（3-5）确保了每种灾害发生后，避难场所有足够的空间供居民避难；约束条件式（3-6）按照《地震应急避难场所场址及配套设施》的要求，保证每个避难场所的有效面积不应小于2000m²。

**第二阶段：寻找$M$值限定下最优建设规模解**

$$Max\sum_{i=0}^{i=w}x_i \times Cap_i \qquad (3-7)$$

$$subject\ to\sum_{i=0}^{i=w}y_i = w\ 其中\begin{cases}y_i = 0\ Dis_{ij} \geqslant 3600\\y_i = 1\ Dis_{ij} < 3600\end{cases},$$

$$j点为相邻x_i=1的点 \qquad (3-8)$$

$$\sum_{i=0}^{i=w}x_i \geqslant 1 \qquad (3-9)$$

当$x_i=1$时，$\displaystyle\sum_{n=0}^{n}Safe_{iRn} > 0\quad n = (1,2..)$　（3-10）

$$\sum_{i=0}^{i=w}Safe_{iRn} \times x_i \times Cap_i > Idealcap_{Rn}\ n = (1,2..) \qquad (3-11)$$

当$x_i=1$时，$Cap_i>2000$　（3-12）

$$\sum_{i=0}^{i=w}x_i \times m_i = M \qquad (3-13)$$

其中目标方程式（3-7）的含义是：选出最大的有效面积，提供给居民灾后充足的空间；式（3-8）到（3-13）为约束函数，其中式（3-8）到（3-12）同式（3-2）到（3-6）的定义；约束条件式（3-13）保证固定避难场所的资金投入为阶段一中得出的最少总投入$M$值。

### 3. 模型算法支撑技术及求解思路

在数学模型的基础上，本文通过计算机编程实现了模型的求解，模型是通过：输入初始条件——生成选址方案分析——研究是否满足约束——研究是否最优——分析下一组选址方案的思路的进行运算求解，算法采用迭代方法，并在C语言环境中进行编程。

在输入初始条件的数据中主要有不同灾害的避难场所建设最小规模，各备选场所的可达性、容量、资金预测以及应对某种灾害是否安全等参数，最终输出的结果是最优的选址方案。与数学模型略微不同的是，计算机模型优化了计算过程——在测算方案资金投入是否最优的步骤后，会将现阶段的最优$M$值作为全局变量，传导回约束条件中，从而限定$M$值不再增加，避免第二阶段的计算。计算机模型的算法与求解思路见图3-2。

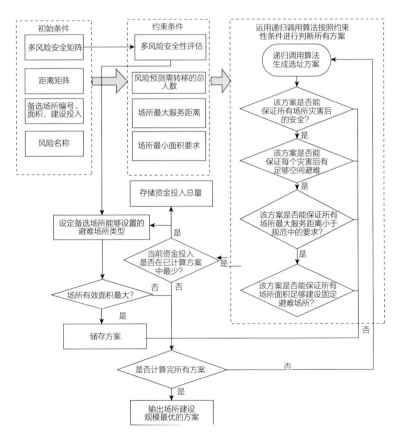

图3-2 选址模型计算机求解算法思路

## 四、数据说明

### 1. 数据资料来源

本文研究的避难场所规划属于防灾规划中的子课题，按照第三章中的模型分析方法，收集数据包括：①当地统计年鉴；②1：1000地形图；③城市总体规划、部分片区控制性详细规划、绿地系统规划及国土资源现状调查数据库；④城市开敞空间调查数据（公园、广场、学校、地面停车场等）；⑤城市危险品调查数据（包括民用加油加气站，储油储气站，工业用储罐等）；⑥地质灾害数据、水文数据等。以上数据收集后均需要通过ArcGIS矢量化录入地理信息数据库。

### 2. 数据预处理

按照图2-4中的技术流程，首先进行灾后后果综合分析，之后根据分析结果将重点对输入模型的场所安全性$Safe_{iRn}$、容量需求$Idealcap_{Rn}$、备选固定避难场所造价$m_i$等数据进行计算（图4-1）。

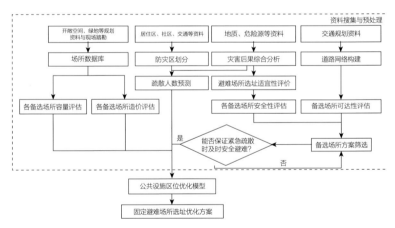

图4-1 数据预处理流程

（1）疏散人数预测数据预处理

灾后，居民将会离开不适宜居住的房屋，避难场所最低容量可以通过分析这部分避难居民人数以及场所中人均避难面积进行预测，实际建设中，避难场所容量应大于该预测结果。式（4-1）是通用的估算各类灾害后转移安置居民数量的公式：

$$N_{Rn} = \frac{1}{ra}\sum_{s=1}^{s} W_{sRn}A_{sRn} \qquad (4-1)$$

式中，$N_{Rn}$为灾害$R_n$发生后无家可归人数（人）；$ra$为人均居住面积（m²），通过建筑面积除以居住人数得到，也可按30m²每人进行估计；s是对评价灾害后不同损坏程度（如严重损毁、轻度损毁、无损毁）的住宅类型的分类计数，$W_{sR_n}$为灾害$R_n$发生后s类损坏程度的建筑单位面积需转移安置人员经验参数，对于不同灾害的取值有所不同；$A_{sR_n}$为灾害$R_n$发生后s类损坏程度的住宅建筑面积（m²），具体计算中，可先结合不同灾害的评价模型预测不同区位灾害产生的后果，求取灾害影响范围与城市居住区重叠的区域，之后详细分析灾害造成的房屋损害情况。

（2）备选固定避难场所数据预处理

对备选固定避难场所的容量、造价、可达性、安全性进行评价量化，并建立场所数据库。

1）场所容量数据预处理

固定避难场所容量指的是灾后最大容纳居民的数量，其与场所避难有效面积成正比，已建的避难场所有效面积可以通过实际调查得出，规划待建的避难场所有效面积可以利用占地面积进行系数的换算，详见式（4-2）。

$$Cap_i = area_i \times ka \qquad (4-2)$$

其中$Cap_i$表示第i个避难场所的有效面积；ka为换算系数，根据不同开敞空间类型按照经验取值求取避难场所的有效面积，ka的取值见表4-1；$area_i$表示第i个避难场所的占地面积。

开敞空间类型及其作为避难场所有效面积换算ka值　　表4-1

| 场所类型 | 公园 | 绿地 | 体育场 | 中学 | 小学 |
|---|---|---|---|---|---|
| ka | 0.6 | 0.6 | 0.7 | 0.4 | 0.4 |

在式（4-2）基础上可以根据式（4-3）进一步推算场所的理想建设规模：

$$Idealcap_{R_n} = N_{R_n} \times a \qquad (4-3)$$

式（4-3）中，$Idealcap_{R_n}$是固定避难场所对灾害$R_n$理想的有效面积总和，$N_{R_n}$为灾害$R_n$风险后果分析得出的灾后无家可归人数（参见式4-1），a是人均避难面积，按照《城市抗震防灾规划标准》GB 50413中固定避难场所2m²每人的标准进行计算。

2）场所造价数据预处理

对于规划的固定避难场所，面积可按照下表进行估算，对于现状已建的场所，可按照0元/座进行估计，对于部分改造，或已经有部分设施的现状场所按照实际情况进行估算（表4-2）。

规划待建固定避难场所有效面积与建设成本估算　　表4-2

| 有效面积$Cap_i$（平方米） | 建设成本$m_i$（万元） |
|---|---|
| >50000 | 96 |
| 10000~50000 | 70 |
| 2000~10000 | 58 |

3）场所可达性数据预处理

为确保紧急避难场所均在固定避难场所1小时步行（3600m）到达范围内，需结合规划路网利用ARCGIS网络分析模型构建各场所的OD矩阵。

4）场所安全性数据预处理

为了寻找场所建设有安全隐患的区位，避免避难场所在其中建设，可将研究地区分割为一定大小的地理栅格，进行风险分析，在地理栅格中对某一风险$R_n$各种可能的后果进行安全性打分，以最不安全的得分作为该风险的避难场所安全性评价得分，具体可以按照式（4-4）依次对各类风险$R_n$影响下的避难场所安全性进行分析。

$$Safe_{R_n,x,y} = min(Safe_{R_n,1,x,y}, Safe_{R_n,2,x,y}... Safe_{R_n,m,x,y}) \qquad n=1,2\cdots\cdots \quad (4-4)$$

其中，$Safe_{R_n,x,y}$是从对$R_n$风险影响下的避难场所区位（x，y）用地安全性的评分；$Safe_{R_n,m,x,y}$是灾害$R_n$发生后，在坐标（x，y）上，第m个影响避难场所安全的因素评价的得分，分值-1时表示灾害$R_n$发生后该处不安全，不适宜做为避难场所，分值0表示灾害$R_n$发生后，该处较安全，可以选为紧急避难场所，分值1表示灾害$R_n$发生后该处安全，可建设为紧急避难场所以及灾害$R_n$灾后的固定避难场所。在进行备选场所选址以后，得到场所的坐标（x，y），场所的安全性得分即是对应坐标$Safe_{R_n}$的分值。

## 五、实践案例

### 1. 固定避难场所选址优化研究

（1）案例地数据预处理成果

案例地I-1片区位于某市港区西部，是当地镇区所在地，规划人口8.7万人，风险后果综合分析的结果显示，片区I-1在进行避难场所规划时，需要同时考虑洪水、地震、工业事故后人员的避难安置问题。按照数据预处理得到的结果，其地震（8度烈度）需疏散人数约3.49万人，洪水（百年一遇决堤）疏散人数约4.66万人，工业事故（爆炸及有毒气体扩散）后疏散人数约0.40万人，能提供地震后安置功能的场所面积需要达到69800m²，能提供洪水后避难安置功能的场所面积需要达到93200m²，能提供工业事故后避难安置功能的场所面积需要达到8000m²，满足灾后紧急避难可达性与安全性选址的备选场所共有16处，场所位置及编号见图5-1，灾害后果评价结果见图5-2，各备选场所有效面积、场所类型的适宜性评价结果与建设投入资金估算分析详见表5-1。

**各备选场所有效面积、场所类型的适宜性评价结果与建设投入资金分析表**　表5-1

| 场所编号 | 场所有效面积（平方米） | 安全性评价结果（是否能够作为某灾害固定避难场所） | | | 造价估算（万元） |
| --- | --- | --- | --- | --- | --- |
| | | 地震 | 洪水 | 工业事故 | |
| 1 | 5192 | 是 | 是 | 是 | 58 |
| 2 | 11541 | 是 | 是 | 是 | 70 |
| 3 | 11924 | 是 | 是 | 是 | 70 |
| 4 | 34684 | 是 | 是 | 是 | 70 |
| 5 | 2616 | 是 | 否 | 是 | 58 |
| 6 | 60092 | 否 | 是 | 是 | 48 |
| 7 | 16121 | 是 | 是 | 是 | 35 |
| 8 | 32090 | 是 | 是 | 是 | 70 |
| 9 | 13646 | 是 | 否 | 是 | 70 |
| 10 | 34647 | 是 | 是 | 是 | 35 |
| 11 | 22498 | 是 | 否 | 是 | 35 |
| 12 | 7886 | 否 | 否 | 是 | 58 |
| 13 | 3462 | 否 | 否 | 否 | 58 |
| 14 | 11410 | 是 | 否 | 是 | 70 |
| 15 | 22257 | 是 | 是 | 是 | 70 |
| 16 | 3550 | 否 | 否 | 否 | 58 |

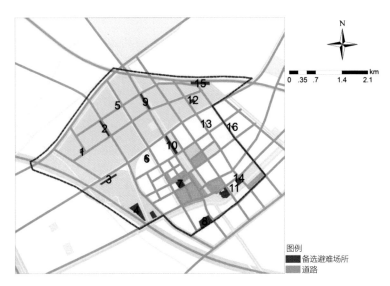

图5-1　案例地备选场所

**（2）模型输入参数与输出结果**

根据I-1片区中的实际情况，基于数据预处理结果，在C语言代码中设定以下参数进行优化选址分析：

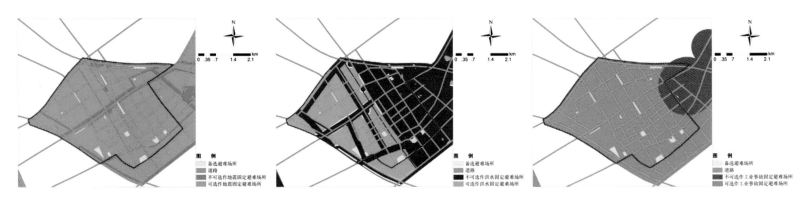

图5-2　案例地地震、洪水、工业事故灾害后果预处理结果

1）灾害名称定义。即数学模型中$R_1$、$R_2$、$R_3$的名称，在代码中定义如下：

char g_disastername[3][100] = { {"地震"}, {"洪水"}, {"事故"} };

2）各避难场所有效面积的赋值。在代码中按场所编号顺序$i$定义如下：

int g_cap[16] =

{5192,11541,11924,34684,2616,60092,16121,32090,13646,34647,22498,7886,3462,11410,22257,3550};

3）场所适宜性赋值。场所应对灾害的适宜性矩阵，即数学模型中的$Safe_{iRn}$参数，0表示不适宜，1表示适宜，在代码中定义如下：

int g_safe[3][16] =

{{ 1,1,1,1,1,0,1,1,1,1,1,0,0,1,1,0},{1,1,1,1,0,1,1,1,0,1,0,0,0,0,1,0},{1,1,1,1,1,1,1,1,1,1,1,0,1,1,0}};

4）场所间的距离矩阵。即数学模型中$Dis_{ij}$参数，由ArcGIS网络分析模块OD矩阵模型对灾后交通路网通达能力计算得出，数组矩阵$i$行$j$列数值表示场所$i$到场所$j$的距离，在代码中定义g_dis参数如图5-3：

5）有效避难面积赋值。即本文中$idealcap_{Rn}$参数，在代码中定义如下：

int g_idealcap[3]= {69800,93200,8000};

6）固定避难场所建设资金投入预测。有效面积应大于2000m²，在代码中定义如下：

int g_mi=2000;

在以上参数输入的背景下，得到图5-3的输出结果：

图5-3 模型中参数设定与结果输出

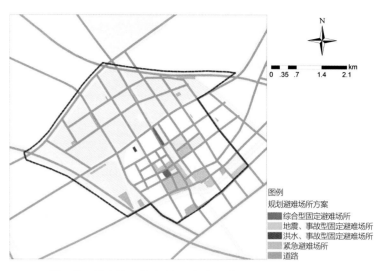

图例
规划避难场所方案
■ 综合型固定避难场所
▨ 地震、事故型固定避难场所
▨ 洪水、事故型固定避难场所
▨ 紧急避难场所
▨ 道路

图5-4 基于模型输出结果的避难场所规划方案

（3）基于优化模型的规划方案

基于计算机对模型分析的结果，本文对I-1片区的场所选址提出了规划方案，按照模型输出结果，在地理信息数据库中更新字段并绘制规划方案图，指导避难场所设施布局规划（图5-4）。其中：6号避难场所作为洪水事故避难场所，7号、10号备选场所作为综合型固定避难场所，11号避难场所作为地震事故的避难场所，共计4处固定避难场所，其他场所作为紧急避难场所（详见表5-2），此方案需进行133358m²避难场所的建设，地震后总计可提供73266m²的面积供居民避难，比数据预处理分析预测的69800m²地震避难场所建设规模需求多出3466m²；洪水后总计可提供110860m²的面积供居民避难，比数据预处理预测的93200m²洪水避难场所建设规模需求多出17660m²；工业事故后总计可提供133358m²的面积供居民避难，比数据预处理中预测的8000m²事故避难场所建设规模需求多出125358m²。

## 2. 选址优化效果讨论

为研究本模型选址的优化效果，本文对比了传统避难场所选址方法、选址数量为最优目标综合规划模型以及本文提出的选址方法形成的规划方案，进行经济性讨论（表5-2）。

选址结果优化效果比较（以I-1片区固定避难场所选址为例）表5-2

| i | $m_i$ | 本文选址结果 | | 基于选址数量最优综合规划模型 | | 传统方法重复建设基于选址数量最优综合规划模型 | | | | |
| | | $x_i$ | $m_i×x_i$ | $x_i$ | $m_i×x_i$ | $x_i$ ($R_1$) | $x_i$ ($R_2$) | $x_i$ ($R_3$) | $x_i$ | $m_i×x_i$ |
|---|---|---|---|---|---|---|---|---|---|---|
| 1 | 58 | 0 | 0 | 0 | 0 | 0 | 0 | 0 | 0 | 0 |
| 2 | 70 | 0 | 0 | 0 | 0 | 0 | 0 | 0 | 0 | 0 |
| 3 | 70 | 0 | 0 | 0 | 0 | 0 | 0 | 0 | 0 | 0 |
| 4 | 70 | 0 | 0 | 1 | 70 | 0 | 0 | 0 | 0 | 0 |
| 5 | 58 | 0 | 0 | 0 | 0 | 0 | 0 | 0 | 0 | 0 |
| 6 | 48 | 1 | 48 | 0 | 0 | 0 | 1 | 0 | 1 | 48 |
| 7 | 35 | 1 | 35 | 0 | 0 | 0 | 0 | 0 | 0 | 0 |
| 8 | 70 | 0 | 0 | 1 | 70 | 0 | 0 | 0 | 0 | 0 |
| 9 | 70 | 0 | 0 | 0 | 0 | 1 | 0 | 0 | 1 | 70 |
| 10 | 35 | 1 | 35 | 1 | 35 | 1 | 1 | 0 | 1 | 35 |
| 11 | 35 | 1 | 35 | 0 | 0 | 0 | 0 | 0 | 0 | 0 |
| 12 | 58 | 0 | 0 | 0 | 0 | 0 | 0 | 0 | 0 | 0 |
| 13 | 58 | 0 | 0 | 0 | 0 | 0 | 0 | 0 | 0 | 0 |
| 14 | 70 | 0 | 0 | 0 | 0 | 0 | 0 | 1 | 1 | 70 |
| 15 | 70 | 0 | 0 | 0 | 0 | 1 | 0 | 0 | 1 | 70 |
| 16 | 58 | 0 | 0 | 0 | 0 | 0 | 0 | 0 | 0 | 0 |
| 总计 | | 4 | 153 | 3 | 175 | 3 | 2 | 1 | 5 | 293 |

综合来看，本模型相较传统方法，能够节约大量的建设资金及场所建设数量；相比以选址数量最优为目标的综合规划模型，本模型虽然选址数量并非最优（多了一处），但在资金投入上比选址数量最优的模型综合规划模型要节约22万元投入。因此，运用本研究提出的配置模型方法进行避难场所设施综合规划，可以优化固定避难场所选址方案，在未来可以帮助城市灾害管理者制定高安全性的场所布局方案，减少因不同类型避难场所重复无序建设造成的资金浪费。

# 六、研究总结

## 1. 模型主要特点

本研究的模型设计理念源自于"一所多用"的避难场所综合防灾规划思路，研究将能够应对多灾种的避难场所选址规划作为对象，提出了规划的技术流程与场所选址优化模型，并最终将优化模型运用在了场所的规划案例中，与传统方法形成的方案对比表明，本文提出的规划方法优化了场所布局，方案具有较高的科学性与经济性。相比之前的研究与传统的规划方法，本模型有以下特点：

（1）将综合防灾理论与避难场所布局规划实践相结合

传统避难场所规划选址中偏重主观判断，为数不多的研究提出了单灾种的避难场所规划优化模型。然而，多灾种应对的避难场所规划选址模型由于没有成熟的理论与技术支持在已有文献中难以觅寻相关的借鉴。本文在传统单灾害避难场所的研究基础上，通过避难场所经济性、适宜性、可达性、容量等方面定量分析的结果，构建了多灾种综合应对的固定避难场所选址模型。

（2）能够显著提升选址效率，避免重复规划

在多灾种综合应对的固定避难场所选址数学模型的基础上，在计算机中实现了建设资金投入最优为目标的选址模型的求解。模型及求解算法的提出弥补了现有避难场所综合防灾中规划手段与方法的缺失，降低了各部门的多次规划重复选址的人力投入，避免了规划间的不衔接；同时也减少了主观思维对规划的影响，显著提升了固定避难场所选址的效率。在城市快速发展的过程中，只需要更新信息，修改相关参数，即能够实现动态化的方案更新，符合避难场所规划的研究发展趋势。

（3）形成的方案能够缩减资金投入并确保避难安全。

通过对比传统方法与已有研究，证明了本文提出的场所优化方法的科学性与实用性。在优化效果讨论中还可以看到，运用本文提出的模型选址形成的方案，相比传统做法能够缩减项目建设数量与场所整体建设的资金投入；所得规划方案能确保灾后场所及时可达，安置过程中场所有足够的容纳空间，确保居民不受次生灾害的影响，这对于缩减城市防灾预算，提升城市安全有着重要的意义。

## 2. 应用前景

本文提出的多灾种应对避难场所规划方法，综合考虑了各类灾害对固定避难场所选址的影响，其统筹规划建设各类避难场所的思路，在本质上减少了避难场所的重复无序建设，能够优化避难场所结构，为城市防灾建设减少大量的资金投入，将在未来能帮助规划管理部门制定更加科学合理的城市防灾策略。

作者希望在模型应用的过程当中，对模型进行如下两方面优化：一是由于模型的求解算法采用了最传统的递归调用的思路，未来可以通过退火，遗传等算法来优化计算时间，这对于大规模的场所选址至关重要；另一方面，目前的模型是独立在C语言环境中进行计算，参数的输入（如规模，距离矩阵，适宜性矩阵）是由GIS数据库导出后手动贴入代码中，在进一步的研究中，作者会将该模型集成至GIS中，实现相关地理信息数据的动态调用，与可视化操作，从而减少软件之间数据导入导出产生的时间损耗。

# 避暑休闲资源识别与开发空间布局规划

工 作 单 位：重庆市地理信息中心

研 究 方 向：空间布局规划

参 赛 人：肖禾、闰记影、何志明、陈甲全

参赛人简介：团队成员涉猎生态保护、城乡规划、地理等多个学科，关注于对多学科定量化模型的开发、调整与整合，以服务于空间规划工作，促进规划水平的提升。小组成员已实现将各类分析模型引入到区域发展研究、规划实施评估、专业专项规划等工作中，正探索模型整合与分析数据产品开发，以为规划设计提供数据深化服务。小组围绕分析方法与规划，发表了多篇中英文文章，多次获得规划设计类奖项。

## 一、研究问题

### 1. 研究背景及目的意义

重庆市以"火炉"著称，夏季炎热，市民有较高的避暑休闲需求。重庆周边的湖北利川、苏马荡和贵州桐梓等地的休闲避暑地产快速发展成为需求市场强大的重要佐证。为避免盲目开发导致的资源浪费与破坏，需有效辨识避暑休闲资源的空间分布以及开发适宜性，进而制定地产开发布局规划。

当前避暑休闲地产空间布局规划，多针对一个项目或一个较小开发区制定，虽能较好规划地区的空间形态、结构与功能组织，但难以协调总体区域发展需求。因此，需要在区域尺度上开展避暑休闲资源辨识，进而根据资源质量及其空间分布开展布局规划，以便于更高效地利用避暑休闲资源、组织相关开发活动和协调区域总体发展。

### 2. 研究目标及拟解决的问题

（1）研究目标

辨识避暑气候资源的空间分布特征，考虑政策管理约束及配套设施基础，结合开发计划与意愿，制定避暑休闲地产布局规划，构建配套完善、管理规范和生态环保的避暑休闲地产发展空间格局。

（2）拟解决问题

避暑气候资源区识别。辨识夏季凉爽的避暑气候资源区，是开展相关开发的基础。基于气象站点的多年监测数据，使用温湿指数模型，考虑体表温度体验，建立避暑气候资源评价体系，识别夏季气候凉爽地区。

潜在开发空间辨识。地产开发受自然条件及相关政策影响巨大，缺乏任一因子的考虑将大幅降低规划成果的可实施性。以DEM评价地形地貌对建筑开发的影响与限制，搜集各行业部门的空间管制要求与数据，并与避暑气候资源区开展叠加分析，辨识出符合基本空间管理要求、具备可实施性的潜在开发空间。

开发适宜性评价。避暑休闲地产的成功开发，重在持续运营，受周边旅游资源与当地设施配套显著影响。搜集交通、设施等各方面数据，从交通条件、水资源条件、生态环境条件、旅游资源条件和设施服务能力五方面，分别制定适宜性评价体系，并综合评价整体开发适宜性。

可供开发空间筛选。避暑休闲地产开发空间，不仅需要有凉爽的夏季气候、符合相关土地开发管理政策，同时需要具备较好的开发适宜性条件。因此，研究通过叠加潜在开发空间与开发适宜性评价结果，筛选出可供开发空间。

开发地块划定。为强化用地管理与规划落地，可划定开发地

块。在可供开发空间基础上，与地方政府、各主要开发平台公司，结合当前发展计划，在可供开发空间中划定开发地块，作为空间布局规划成果。

# 二、研究方法

## 1. 研究方法及理论依据

整个研究以GIS为技术平台，开展所有的定量化空间分析与评估。采用"分项评估，叠加综合"的总体研究方法，实现多个模型的分项研究，以及各模型研究成果的整合并支撑空间布局规划工作的开展。整个研究工作各部分研究方法介绍如下：

（1）市场需求调研。以网络平台上开展调查问卷的方式，对避暑休闲游客以及潜在购房者的选择偏好进行调查。结果显示，交通便利性、生活用水供应、生态环境质量、旅游资源丰富程度和设施服务能力是消费者做出决定的五个关键因子。

（2）空间插值方法。在区域气温反演中，使用了空间插值方法，将点状数据反演为面状结果，便于区域整体评价。

（3）缓冲区分析。对于高压线走廊，河流等水系周边保护范围划定，均使用缓冲区分析方法，确定具体保护边界。

（4）数字化方法。将图片数据和纸质数据，通过数字化转化为可用于空间分析与评价的数据形式，支持整体分析。

（5）叠加分析。叠加分析是空间综合分析与评价中广泛使用的技术，通用于各个案例中。

（6）交通可达性模型。基于网络分析技术，构建交通可达性模型，模拟交通通行时间，更为真实地评价基于道路系统的交通可达性。

（7）遥感反演模型。基于遥感影像，基于反演技术，开展NDVI、植被覆盖率等指标的计算与评价，分析区域生态环境。

（8）GIS空间处理方法。在各要素处理与分析中，广泛使用了GIS的各种空间分析与处理方法。

## 2. 技术路线及关键技术

项目研究主要包括7个实施步骤：

（1）基础分析

从避暑纳凉旅游产业的政策背景、规划衔接、区位交通、社会经济、资源本底和发展现状等角度，梳理并分析研究区域避暑

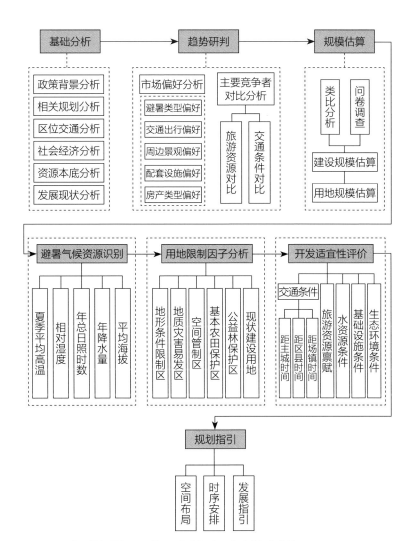

图2-1　避暑休闲资源识别与开发空间布局规划技术路线

休闲地产发展的资源、环境、经济、社会和政策等条件。

（2）趋势研判

通过对避暑类型偏好、交通出行偏好、周边景观偏好、配套设施偏好和房产类型偏好等市场偏好进行分析，并且与周边主要竞争对手的旅游资源和交通条件等进行对比分析，研判避暑休闲地产的市场发展趋势以及与市内外主要竞争对手的区域竞合态势。

（3）规模估算

结合类比分析法与问卷调查法开展避暑休闲地产新增开发规模测算，估算出研究区域合理的新增建设规模，在此基础上估算出研究区域的用地规模。

（4）避暑气候资源识别

参照已有研究和相关规程，结合重庆实际，利用山地气象数

据空间化模拟模型对离散的气象站点数据进行空间化模拟，得到模拟的气温和湿度等数据。参考中国避暑旅游城市综合评价体系中的"避暑资源指数"和加拿大米茨科夫斯基（Mieczkowski）的"旅游气候指数"，构建由夏季最热月（7、8月）平均气温、平均最高气温、平均最低气温和相对湿度等组成的温湿指数模型，并基于日照、降水和海拔等指标对温湿指数模型进行修正，识别出适宜避暑气候资源区。

（5）用地限制因子分析

在识别出适宜避暑气候资源区的基础上，从地形条件、地质灾害、空间管制和现状建设等角度，分析用地限制因素，扣除各类受到限制的区域，得到可供开发建设的避暑气候资源区。主要考虑如下因子：①坡度，25%以上坡度受到限制；②高压线走廊；③水源保护区；④空间管制区，包括自然保护区、风景名胜区、市级以上地质公园、土规禁建区、基本农田保护区等。

（6）开发适宜性评价

以村（社区）为评价单元，从交通条件、旅游资源条件、水资源条件、基础设施条件和生态环境条件等角度构建评价指标体系，在单因子评价的基础上，通过专家打分，赋予指标权重，进行避暑休闲综合发展条件定量化评价。

（7）规划指引

使用参与式评估的理念与方法，考虑两类对区域开发格局影响明显的主体：①区县及乡镇政府。将避暑休闲地产融入区县正定的区域发展总体体系中，强化与区域发展的彼此促进作用。乡镇政府熟悉小尺度的资源与发展条件，能弥补定量化评价体系未考虑的影响因子；②区级开发平台公司。主要是承担重庆市綦江区旅游地产一级开发的地产公司，对于避暑休闲地产开发业态和空间选址等市场需求有明确把握的，能指导符合市场需求的地块选择。研究综合考虑利益相关者诉求，提出避暑休闲地产规划指引，具体包括空间布局、发展时序和建设内容等。

## 三、数据说明

### 1. 数据内容及类型

（1）游客问卷调查数据：包括避暑类型偏好、交通出行偏好、住宿类型偏好、配套设施偏好和房产类型偏好等数据，通过网上平台对游客发放调查问卷获取，目的是预测避暑休闲地产市场需求偏好和规模。

（2）气象站点监测数据：包括气温、湿度、日照和降水等气象数据，是通过气象部门收集获取而来，研究构建山地气象数据空间化模拟模型模拟得到研究区域相对准确的气象空间化数据，是避暑纳凉气候条件评价具体实施的数据保障。

（3）DEM数据：采用的是1∶1万DEM数据，来源于重庆市地理信息中心，利用ArcGIS地形分析模型得到的高程和坡度数据，可以识别地形适宜的避暑气候资源区，另外利用ArcGIS水文分析模型可以估算地表潜在水资源量。

（4）空间管制区数据：包括自然保护区、风景名胜区、地质公园、公益林、地质灾害高易发区、土规禁建区和基本农田保护区等，由甲方相关职能部门提供，用于分析避暑气候资源的空间限制因素。

（5）现状城镇建设用地：包括城区、镇区和乡场等现状城镇建设用地，由高分辨率遥感影像解译得到，来源于重庆市地理信息中心，用于识别已被开发利用的避暑气候资源区。

（6）交通路网数据：包括高速公路、一级公路、二级公路、三级公路、四级公路、等外公路、城市道路和农村道路，来自地理国情普查数据，用于构建交通路网数据集，分析村（社区）的交通可达性。

（7）高分遥感影像：采用的是HJ-1号遥感卫星数据、QuickBird、WorldView高分影像，以及部分航拍数据，来源于重庆市地理信息中心。获得真实的地表高分辨率影像，并利用植被覆盖度模型计算得到植被覆盖度，有利于分析区域的生态环境状况。

（8）水利调查数据：饮用水源地、小（二）型及以上水库和规模以上集中式供水工程等数据，来自水利部门，用于评价村（社区）的供水工程覆盖情况、周边水库蓄水量和现有水源地水资源可利用程度等。

（9）林业二调数据：采用的是森林图斑数据，来源于林业部门，基于林业资源二类调查结果，提取森林图斑，计算村（社区）的森林覆盖率。

### 2. 数据预处理技术与成果

（1）坐标转换：收集到的数据类型多样，来源广泛，采用的坐标系统不统一，需要进行坐标转换。研究采用2000国家大地坐标系（CGCS2000）和1985国家高程基准，在ArcGIS平台下，选择合适的转换参数，把多源数据转换为统一坐标系。

（2）空间模拟：通过离散的站点测量数据，选取适当的空间插值模型，对区域所有位置的数值进行估算，能够形成连续的数据曲面。本研究应用山地气象数据空间化模拟模型，在ArcGIS平台下，对离散的气象站点数据进行空间化模拟，实现气象数据的空间估算，得到研究区域的气温、湿度、降雨和日照等空间分布图。

（3）地形分析：DEM数据包含高程、坡度和坡向等地形数据，可以分析得到研究区域的地形和地貌特征。研究采用1：1万DEM数据，应用ArcGIS地形分析模型，得到研究区域的高程和坡度分布图。

（4）路网构建：基于研究区域的交通网络现状、准现状和规划数据，设置高速公路、一级公路、二级公路、三级公路、四级公路、等外公路、城市道路和农村道路的通达速度和连通特征，构建涵盖研究区及周边区域的交通网络数据集。

（5）遥感分析：根据HJ-1号遥感卫星对地面进行观测获取的光谱数据，选择对植被信息较为敏感的红波段与近红外波段计算归一化植被指数（NDVI），进一步根据NDVI值域分布区间提取裸土与植被完全覆盖状态下的NDVI值，进而计算植被覆盖度。

## 四、模型算法

### 1. 模型算法流程及相关数学公式

由于所能获取到的常规气象数据主要来源于气象观测站的长期连续观测，而实际上气象观测数据只能代表其所在位置的气象状况，广大无站区域的气象状况只能默默忍受"被代表"之痛。重庆素有"山城"之称，在起伏崎岖的山区，气温、湿度等地域差异大，形成不同的立体气候区。为了准确识别山地气象数据的微观地域分布，以气象站空间位置及观测数据、DEM数据为输入参数，构建了山地气象数据空间化模拟模型。以气温数据为例进行说明。

①结合气象站气温观测数据与气象站海拔高程数据，利用GIS地理加权回归模型推求各气象站所在区域的气温直减率。

②在上一步推求的气象站所在区域气温直减率的基础上结合气温与海拔线性关系模型进行气象站点对应的海平面（海拔0米）

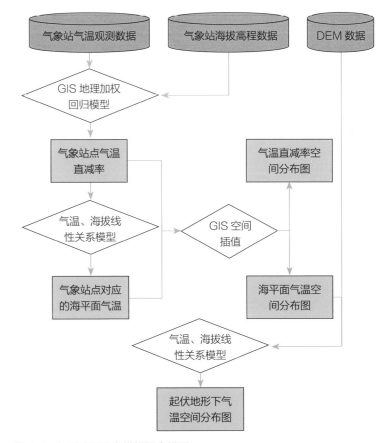

图4-1 气温空间分布模拟概念模型

气温的计算。

③结合GIS反距离空间插值方法，对推求的气象站区域气温直减率、气象站区域对应的海平面气温分别进行空间插值，形成气温直减率空间分布图和海平面气温空间分布图。

④将气温直减率空间分布数据和海平面气温空间分布数据作为已知常量，结合全市DEM数据，再次利用气温与海拔线性关系模型，反推地形起伏状态下的气温空间分布图。

（1）温湿指数模型

避暑纳凉气候条件评价综合考虑夏季最热月（7、8月）平均气温、平均最高气温、平均最低气温和相对湿度等多因子进行综合评价。首先采用国内外较为常用的气候舒适度模型进行气候舒适区初步识别；然后针对气候舒适度模型评价中存在的不足，以最高气温、最低气温以及海拔因子进行修正，获取更为精确的避暑纳凉适宜区范围。具体评价技术流程如图4-2所示。

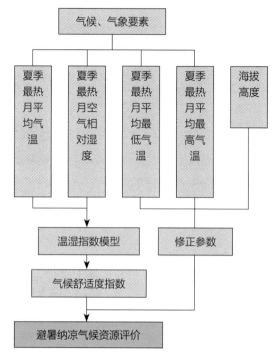

图4-2　温湿指数模型

温湿指数模型具体计算公式如下：

$$THI = (1.8T+32) - 0.55(1-F)(1.8T-26) \quad (4-1)$$

式中$THI$为温湿指数，$T$为平均气温，$F$为平均相对湿度。根据温湿指数值与人体感觉之间的关系，选择$THI$值介于55～75之间的区域作为初步识别的气候舒适区。

（2）规模测算模型

结合其中的类比分析法与问卷调查法开展避暑休闲地产新增开发规模测算。

其中，类比分析法测算公式如下：

$$Y=RT_1 \quad (4-2)$$

$$R=S_2/T_2 \quad (4-3)$$

$Y$为綦江区避暑休闲地产住宅规模；

$T_1$为綦江区2015—2020年累计游客数量；

$R$为游客购买比，及每接待一位游客带来的避暑休闲地产住宅销售规模；

$S_2$为类比区县历史累计销售规模；

$T_2$为类比区县销售时段累计游客接待量。

使用调查结果的消费者购买意愿，对避暑地产市场进行住宅规模进行测算。测算公式如下：

$$Y = \frac{T_1}{3} \times R_1 \quad (4-4)$$

$Y$为避暑休闲地产购买总套数。$T_1$为2015～2020年累积游客数量，使用预测值。

（3）地表水资源量估算模型

基于DEM数据、多年平均降水量和流域产流系数数据，在GIS平台下，通过水文分析，估算地表潜在水资源量。首先，利用GIS水文分析模型进行流向和流量分析，获取各个像元的最大集水面积；其次，在不考虑截流的情况下，结合多年平均降水量和产流系数计算得到各村（社区）域最大可利用地表水资源量。

（4）交通可达性分析模型

首先，构建交通网络数据集。其次，设置客源地交通节点。考虑研究区的地理位置和交通区位，依据客源市场分析，选取主要客源地和客流节点。然后，采用GIS网络分析模型，以村（社区）为目的地节点，分析村（社区）距离主要客源地交通时间。

（5）植被覆盖率反演模型

ENVI平台下，基于HJ-1号遥感卫星对地面进行观测获取的光谱数据，选择对植被信息较为敏感的红波段与近红外波段计算归一化植被指数（$NDVI$），进一步根据$NDVI$值域分布区间提取裸土与植被完全覆盖状态下的$NDVI$值，利用植被覆盖度反演模型计算植被覆盖度。$NDVI$公式如下：

$$NDVI = (NIR-R)/(NIR+R) \quad (4-5)$$

式中，$NIR$为近红外波段的反射值，$R$为红光波段的反射值。$-1 \leq NDVI \leq 1$，负值表示地面覆盖为云、水、雪等，对可见光高反射；0表示有岩石或裸土等，$NIR$和$R$近似相等；正值，表示有植被覆盖，且随覆盖度增大而增大。

## 2. 模型算法相关支撑技术

（1）ArcGIS 10.3

ArcGIS是Esri公司开发的一套完整的地理信息系统平台产品，具有强大的地图制作、空间数据管理、空间分析、空间信息整合、发布与共享的能力。其桌面产品ArcGIS for Desktop是为GIS专业人士提供的用于信息制作和使用的工具，利用它可以实现任何从简单到复杂的GIS任务。其功能特色主要包括：高级的地理分析和处理能力、提供强大的编辑工具、拥有完整的地图生产过程以及无限的数据和地图分享体验。本研究中的数据分析、模型构建和综合制图等大多是基于ArcGIS 10.3的提取分析、叠加分析、网络分析、水文分析、插值分析和制图综合等技术实现的。

（2）ENVI 5.3

ENVI是由遥感领域的科学家采用IDL开发的一套功能强大的、完整的遥感图像处理软件。IDL是进行二维或多维数据可视化、分析和应用开发的理想软件工具。ENVI架构非常灵活，提供一个功能全面的函数库（API），可以满足用户的个性化需求。同时，ENVI/IDL与ArcGIS为遥感和GIS的一体化集成提供了一个最佳的解决方案。本研究中植被覆盖度反演模型的构建便是基于ENVI 5.3完成的。

## 五、实践案例

### 1. 模型应用实证及结果解读

以重庆市綦江区（不含万盛地区）作为本次研究的实践地区。

（1）基础条件分析

通过大量的基础资料搜集、文献综述和统计数据分析等，对綦江区暑休闲地产发展的基础条件和优劣势进行分析，发现綦江区发展避暑休闲地产的条件比较成熟，优势相对突出。

（2）市场趋势研判

通过问卷调查和消费者偏好分析，发现来綦江区避暑休闲的消费者以周末休闲与短期度假为主，养老型避暑休闲需求不断攀升，自驾条件便利、依附景观资源、配套设施成熟和小户型偏好是重要影响因素，区域竞争对手既包括市内的万盛、南川、武隆等，也包括市外习水、桐梓、九道水、遵义等。

（3）发展规模估算

结合类比分析法与调查问卷法两种估算结果，至2020年綦江区避暑休闲地产用地规模约450公顷，扣除已建项目用地约112公顷，约需新增用地规模338公顷。而根据《重庆市避暑休闲地产规划（2014–2020年）》，綦江区至2020年新增用地规模300公顷，预测结果组织基本相符。遵循谨慎原则，确定綦江区避暑休闲地产至2020年新增用地规模300公顷。

（4）避暑休闲资源空间识别

通过山地气象数据空间化模拟模型和温湿指数模型，识别出綦江区避暑休闲资源的空间分布区域。结果显示，綦江区避暑资源主要分布在海拔800～1500米的地区，总面积约1158平方公里，约占全区总面积53%。

（5）用地空间限制因子分析

通过对綦江区避暑休闲资源的地形条件、地质灾害、空间管制和现状建设条件进行分析，得到避暑休闲潜在开发空间3579公顷，主要分布在西部与南部地区，约占全区总面积1.64%。

（6）开发适宜性综合评价

综合交通条件、水资源条件、旅游资源条件、生态环境条件和设施服务能力等影响因素，通过专家打分，进行避暑休闲综合发展条件定量化评价，采用natural breaks方法将评价结果分为好、较好、一般三类。选取分布在开发适宜性“好”与“较好”两类的潜在开发空间作为可供开发空间。

（7）用地布局与规划指引

以旅游规划和乡镇总规作为政府开发意愿的体现，用于提取避暑休闲地产的地块选取。以座谈会的形式，多次与区县及乡镇政府和綦江区旅投集团等开发平台公司进行讨论。政府明确开发的重点地区以及各地区的大致开发规划，开发平台公司则以可供开发空间为地图，依据市场需求进行地块选取。最终划定56个地块，总面积300公顷，约占綦江区总面积的0.14%。

### 2. 模型应用案例可视化表达

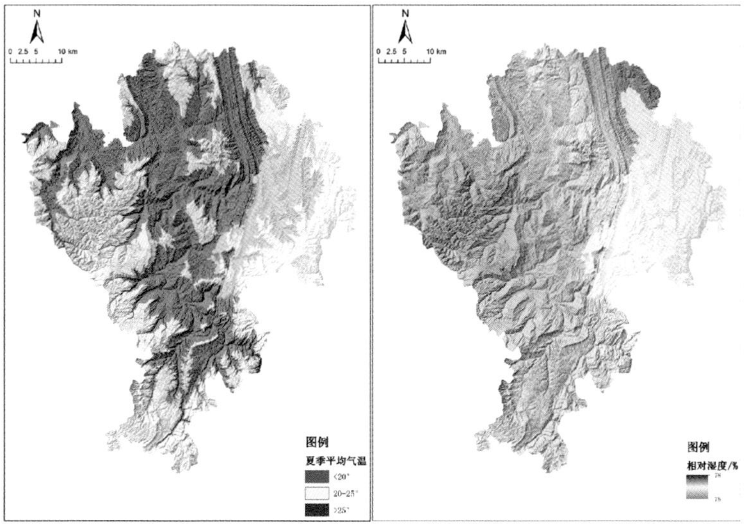


图5–1　避暑气候资源评价结果图（a）

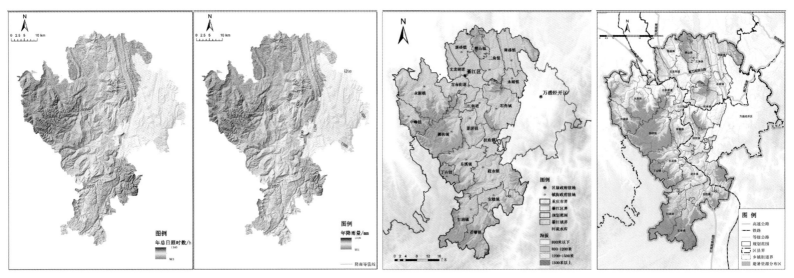

图5-1  避暑气候资源评价结果图（b）

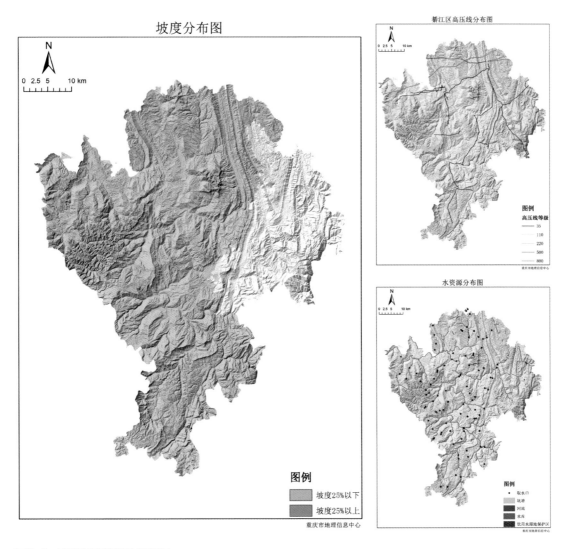

图5-2  建设适宜性评价结果图

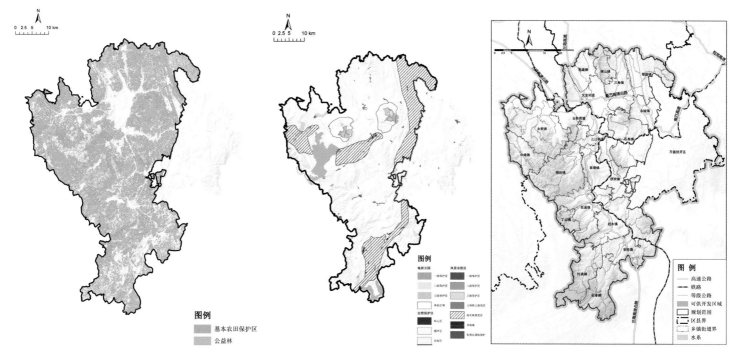

图5-3 空间管制区与可供开发区评价结果图

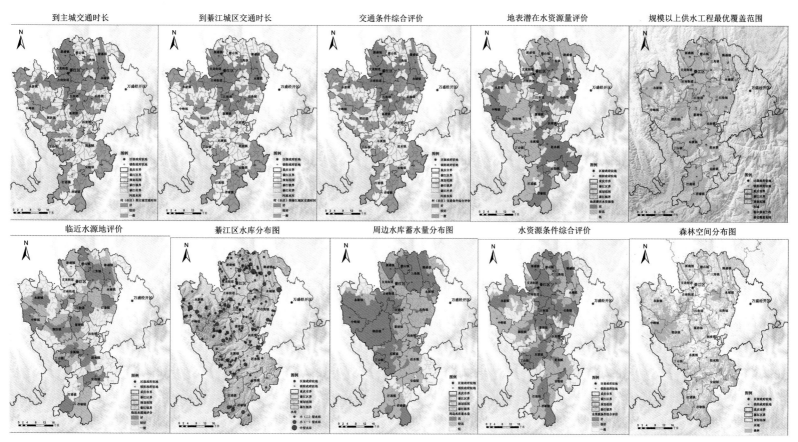

图5-4 建设适宜性评价指标结果图（a）

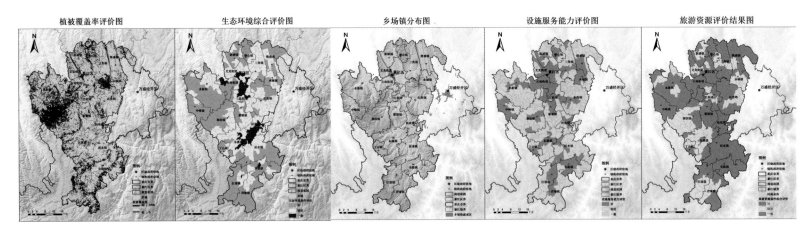

| 植被覆盖率评价图 | 生态环境综合评价图 | 乡场镇分布图 | 设施服务能力评价图 | 旅游资源评价结果图 |

图5-4　建设适宜性评价指标结果图（b）

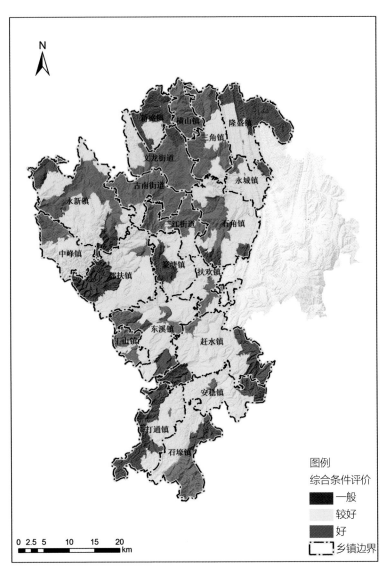

图5-5　建设适宜性综合评价结果图

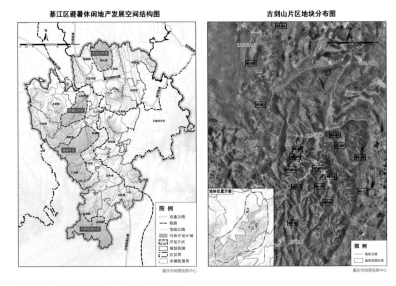

图5-6　避暑休闲地产规划成果图

## 六、研究总结

### 1. 模型设计的特点

（1）本研究所建立的方法体系，实现了避暑休闲地产开发空间的有效识别，能对适合开发空间进行有效聚焦，避免在不适宜地区进行开发造成的资源浪费。如在实践案例中，筛选出的潜在开发空间仅占全区总面积的1.64%，对于区域相关开发具有较高的指导性，提升后续规划与开发的效率。

（2）开展了模型化和空间化的地理分析，构建了从避暑气候适宜区识别到发展条件综合评价的全链条的评价技术体系，形成了支撑避暑休闲资源精准识别的地理分析模型集，这样的研究在国内较为少见。

（3）开展了全要素、多维度的地理信息大数据应用分析，实现了以地理国情普查数据为基础，涵盖气象、水利、交通、水文、规划和国土等多元异构的社会经济数据的高效融合。

（4）探索区域空间格局规划中的参与式应用。在区域尺度上，考虑规划师、地方政府、平台公司，分别从专业、地方发展策略和市场需求三方面提出发展诉求，进而权衡三方诉求形成最终规划方案。

## 2. 应用方向或应用前景

（1）研究所制定的空间格局规划成果，不仅仅来自于规划师的专业知识，更多地建立在客观发展条件、各类型空间管理政策和市场发展需求基础上，通过逐级剖析、层层递进的方式，进而做出发展的空间安排。此方法虽然对于地块间空间结构组织等内容未做深入辨析，但遵循了涉及空间管制的各类政策，符合开发主体需求，具备较高的实施性。以实施性为出发点的规划结果，

论证虽然不够严谨，但对于促进区域经济发展意义更大。

（2）改变参数以适应不同项目需求。本项目工作体系可归纳为资源识别、政府许可、开发适宜性与市场需求四个模块，是只有可实施性的工作体系组织。该体系可在不同项目中，依据工作需求制定不同模块的分析评价参数，进而组建工作方案。

（3）研究成果能支撑"多规合一"工作的深入开展，为市县经济社会发展总体规划的制定与实施提供新的思路。研究充分考虑了基本农田、公益林、水源保护区、自然保护区等各类限制性空间，应用地理空间分析技术快速筛选出符合用地管理政策下的可供开发区域，将规划新增建设用地聚集于可供开发区域中，保障空间布局规划成果符合相关规划要求，进而提升规划的可实施性。研究采用的数据均来源于规划、国土、环保和林业等权威部门，对各业务部门的相关规划进行了充分的摸底和统筹协调。研究成果能也为科学地划定市县域城镇、农业和生态三类空间提供决策支持，落实经济社会发展任务，实现差异化管控提供技术支撑与成果借鉴。

第二届
获奖作品

# 基于大数据的城市就业中心识别及其分类模型研究

工 作 单 位： 北京市城市规划设计研究院

研 究 方 向： 空间布局规划

参 赛 人： 王良、崔鹤

参赛人简介： 参赛人主要研究兴趣是基于多源数据支持的城市规划，包括大数据、数据挖掘、城市生长和地理信息相关方向。曾获得美国数学建模竞赛二等奖。参与过"基于大数据的城市规划应用研究"、"基于手机定位数据的局面通勤行为与城市职住空间特征研究"等相关项目。

## 一、研究问题

### 1. 研究背景和目的

伴随改革开放及城市化的快速发展，城市内部空间结构发生大规模重组与调整。一方面，经济结构开始向服务型经济转型，工业企业大规模外迁，城市内部用地功能发生置换。另一方面，传统计划经济下的单位分房体系逐渐解体，市场机制在住房资源配置中的作用不断增强。在社会经济转型期，大城市内部物质空间重组的结果必然带来社会空间结构的变化。居民居住地与就业地的选择性和流动性比过去显著增强，居住和就业空间选择开始出现社会分化。在此基础上，对城市居民的居住与就业空间分布集聚特征进行更加细化的实证分析尤为重要。

城市内部人口的空间分布是城市内部空间结构研究的主要内容之一，具体体现在居住空间和就业空间。在城市用地开发模式的选择方面，规划师通常强调通过功能分区，组织居住与就业空间，从产业功能的角度，城市中心的首要条件应是就业中心。近年来，随着土地资源愈发紧缺，优化调整空间结构、完善中心城的多中心体系显得尤为重要（例如就业岗位如何分布，就业中心规模、就业者来源等），如果无法准确把握这些基本特征，为构建多中心体系而调整土地使用、建设交通设施、配置公共设施就有可能发生目标和效果的错位、偏移。

就业空间分布研究受数据可获取性的影响，国内研究成果相对较少。已有研究主要利用经济普查和工商企业登记等统计数据来分析，研究内容多集中于探讨不同行业的就业结构、就业密度或空间分布规律等。这些研究从宏观层次阐述了各个城市整体就业空间格局，但缺乏对就业中心的辐射范围和企业多样性等属性特征的考虑。

人口普查数据是围绕居民居住地展开调查的，主要反映统计单元内居住居民的各种属性特征，难以体现不同社会属性居民就业空间的具体分布。已有研究多侧重于宏观层面的分析，微观视角研究还亟待补充，但前人收集数据时，空间单元可能过大（例如以街道为单元），无法在较大的空间单元内部再细分，就业中心的边界只能和某个或几个空间单元重合，与实际边界可能存在偏差，且缺少对就业者通勤方向和范围的研究（就业中心辐射范围），调查手段、基础资料是造成上述局限的主要原因。

另外，在就业空间分布方面，除了关于就业空间分布格局之外，不同社会属性群体的劳动力市场分割现象（就业空间的差异性）也值得城市研究者关注。

## 2. 研究意义

本研究了提出基于多种大数据的就业中心识别和分类方法。

理论意义：由于城市规划只能在土地利用上贯彻职住平衡这一理念，而住房和就业岗位的分配是在市场中进行的，市场既无法保证居住在当地的居民就可以得到当地的就业岗位，也无法保证在当地工作就可以购买当地的住房，所以即使规划从用地角度做到了平衡。常规方法以人口普查数据为依据，只能判断居住人口在城市里的聚集状况，无法识别就业岗位的空间分布，且无法反映居住——就业的空间联系方向（职住关系），基于大数据的就业中心识别方法能很好地解决这一问题。

实践意义：落实新版《北京城市总体规划》，研究产业园区（就业中心）数量多、规模大及导致的职住失衡问题；避免执行"非首都功能疏解"政策时出现新的职住分离问题。"新两翼"将引发北京都市圈空间结构和功能组织的变化，应为城市副中心、雄安新区等重要就业聚集区的建设，提供就业中心的规律认识和技术分析参考。对北京城市不同就业空间分布特征进行实证研究，不仅可以弥补以往宏观数据研究的不足，丰富城市社会地理学的研究内容，也有助于解读北京城市社会空间结构特征，并可为北京城市就业空间组织优化提供科学依据。

## 3. 研究目标及拟解决的问题

本研究拟建立基于多种大数据的就业中心识别和分类方法，为省、市、区、局部等不同层级区域的规划建设，提供就业中心的规律认识和技术分析参考。

（1）就业中心能级测度（范围、边界、企业多样性）

1）提出基于手机定位数据的城市个体职住空间分析方法；

2）就业岗位空间分布测定，以此来识别就业中心，勾勒就业中心边界；

3）就业中心内容企业多样性分析，以此刻画就业中心活力。

（2）功能联系（辐射区域）

1）各中心吸引和辐射范围；

2）不同就业中心吸引就业者的来源地区。

# 二、研究方法

## 1. 研究内容

"就业中心"首先要符合就业人口、企业和资本密度显著高于周边区域；其次对周边就业产生一定影响的就业集聚区域。从微观局部出发根据需求可按不同尺度（地块、街区、街道等）进行空间集聚分析，从而识别任何区域内的就业中心（不局限于全市或者某个区）。

主要研究内容，侧重于以下两个方面。就业中心能级测度（范围、边界、企业多样性）：提出基于手机定位数据的城市个体职住空间分析方法；就业岗位如何分布，哪些地区就业最密集，以此来识别就业中心，勾勒就业中心边界；就业中心内容企业多样性如何，以此刻画就业中心活力。功能联系（辐射区域）：各中心吸引和辐射多大范围；不同地区的就业者主要受哪个中心吸引。

## 2. 研究方法及理论依据

（1）综合分析法

综合分析法是指运用各种统计综合指标来反映和研究相关领域现象总体的一般特征和数量关系的研究方法，是把事物和现象整体分割成若干部分进行认识和研究的一种思维方法。它是一种科学的思维活动，是在通过感性认识获得大量感性知识基础上进行的。常使用的综合分析法有综合指标法、时间数列分析法、统计指数法、因素分析法、相关分析等。常使用的综合分析法有综合指标法、时间数列分析法、统计指数法、因素分析法、相关分析等。

（2）香农—维纳多样性指数

多样性指数是指物种多样性测定，对区域内的生物多样性数据进行了很好的描述。

$$H' = -\sum_{i=1}^{s} p_i \times \log_2 p_i \qquad （2-1）$$

$H'$=样品的信息含量=就业中心产业多样性指数；

$S$=企业类别数；

$P_i$=第$i$类企业的占比；

$H'$在$P=1/S$时有极大值。

多样性指数是反映丰富度和均匀度的综合指标。应指出的是，应用多样性指数时，具有低丰富度和高均匀度的群落与具有高丰富度与低均匀度的区域，可能得到相同的多样性指数。

（3）K-Means聚类算法

K-means算法是硬聚类算法，是典型的基于原型的目标函数聚类方法的代表，它是数据点到原型的某种距离作为优化的目标函数，利用函数求极值的方法得到迭代运算的调整规则。

K-means算法以欧式距离作为相似度测度，计算对应某一初始聚类中心向量*V*的最优分类，使得评价指标*j*最小。算法采用误差平方和准则函数作为聚类准则函数。

$$V = \sum_{i=1}^{k} \sum x_{j\dot{e}si}(x_j - \mu_i)^2 \qquad (2-2)$$

算法过程如下：

1）从*N*个文档随机选取*K*个文档作为质心；

2）对剩余的每个文档测量其到每个质心的距离，并把它归到最近的质心的类；

3）重新计算已经得到的各个类的质心；

4）迭代2~3步直至新的质心与原质心相等或小于指定阈值，算法结束。

### 3. 技术路线及关键技术

研究技术路线如图2-1所示：

本文关键技术有以下几点：

（1）手机定位数据处理技术，如何构建合适的大数据计算框架，处理近百亿条手机定位数据是本项目的基础。

（2）量化模型构建，构建能够反映出城市就业中心识别和画像特征的指标体系。

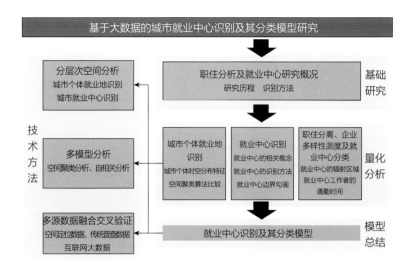

图2-1　技术路线

（3）多源数据融合技术，针对传统数据提出相应的数据问题，结合大数据的优势，在兼顾数据有效性的前提下，尽可能多地考虑如何刻画就业中心特征。

## 三、数据说明

本研究所用的数据及其基本处理概述如图3-1：

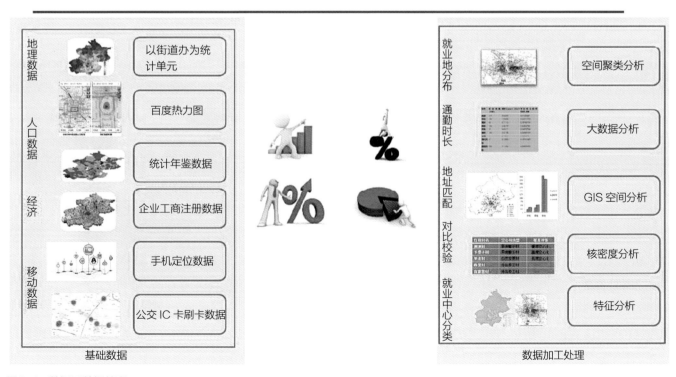

图3-1　数据及数据处理

## 1. 数据内容及类型

### （1）手机定位数据

为了获取基于位置的服务，智能手机会主动或被动、定期或非定期地连接移动网络，将自己的位置数据上传到网络中，这些包含位置时空数据的请求会被服务提供商记录下来，该类数据就是手机定位数据，该数据主要包括：匿名用户唯一识别码（ID）、时间（Time）、经纬度（gpsx，gpsy）、应用名（APP）以及设备名（Device）。

本研究采用的手机定位数据来自于国内某互联网公司，包括京津冀地区2015年10月共31天的数据，数据总量是4.1亿条，这些数据来自于1100多万用户的7700多个APP，这些APP包括社区服务类应用、生活服务类应用、购物类应用、办公类应用以及各类游戏应用。其数据样例如表3-1所示：

图3-2 定位点数据示意图

| 手机定位数据样例 | | | | | 表3-1 |
| --- | --- | --- | --- | --- | --- |
| ID | Time | gpsx | gpsy | APP | Device |
| ID1 | 1445565030833 | 116.1845 | 38.48989 | 某社区服务类应用 | MI 2 |
| ID2 | 1445156140694 | 118.1605 | 39.66274 | 某出行类应用 | Ascend G700 |
| ID3 | 1445216817991 | 116.4992 | 39.80738 | 某出行类应用 | Galaxy Note 4 |
| ID2 | 1443879879527 | 113.5652 | 38.98415 | 某生活服务类应用 | Ascend G700 |
| ID4 | 1444207725546 | 114.5542 | 39.83851 | 某生活服务类应用 | iPhone 6 plus |

### （2）企业工商注册数据

以2015年北京市工商登记数据为基础，涉及96万个企业。主要包括企业名称、行业类型、注册资本、企业地址以及注册时间等属性。其分布及行业分类如图3-3、图3-4所示：

### （3）公交IC卡数卡数据

2015年北京公交一卡通一周数据，其中包括269个地铁站，日均客流量超过1000万人次，及8691个公交车站，日均客流量近500万人次。

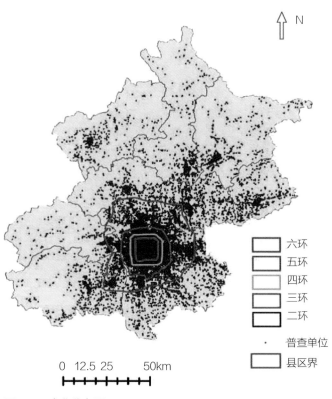

N

| | 六环 |
| --- | --- |
| | 五环 |
| | 四环 |
| | 三环 |
| | 二环 |

· 普查单位

| | 县区界 |

0  12.5 25      50km

图3-3 企业分布图

不同类型的企业数量

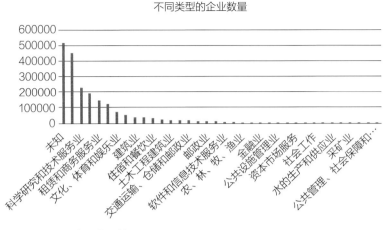

图3-4　不同类型企业数量

## 2. 数据预处理技术与成果

数据预处理主要包括以下几点内容：

（1）手机定位数据处理

删除原始数据中少量字段缺失或乱码、时间及位置异常的

数据记录。如前所述，由于同一用户的数据可能来源于不同的APP，而某些APP（比如打车、导航类软件）的应用场景多出现在用户移动过程中，在此过程中的请求数据包含具有很强的移动特征；而某些手机被用于特殊的用途（比如手机卖场中的手机），该类手机经常安装一些特殊的应用（比如手机常量展示类软件），以便手机一直播放某些动画，来自于这些APP的数据都会影响职住分析结果，因此在利用手机定位数据计算职住的模型中，已剔除了该类数据。在对原始数据处理过程中，我们剔除来自于手机常亮展示、某桌面类应用、出行、代驾和导航类等应用的数据，形成有效数据集。

针对上述有效数据集，我们按照以下时间规则选定特定的数据用于计算用户的职住分析。根据居民生活及睡眠习惯，对于就业地的识别，我们选定上午10点至下午5点的手机定位数据，对于居住地的识别，选定晚上11点至第二天6点的手机定位数据，并去掉数据量低于100的用户，将得到的数据集称之为可用数据，使用ArcGIS软件对整理好的数据进行空间化。

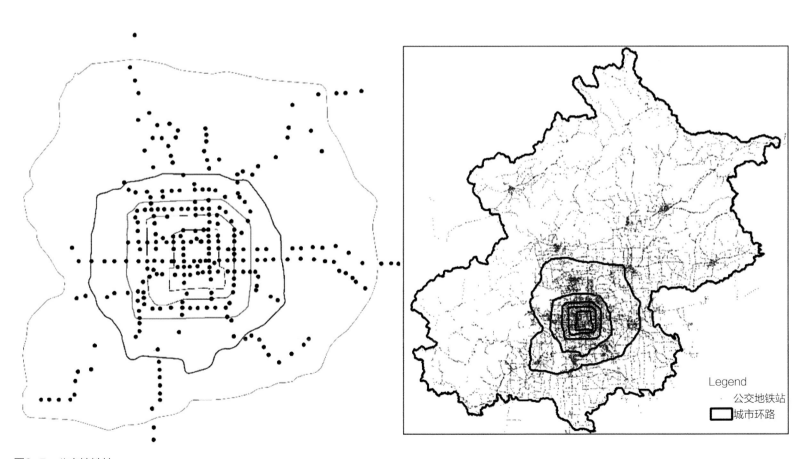

图3-5　公交地铁站

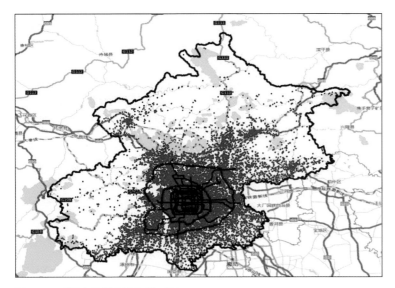

图3-6　手机定位数据空间化成果

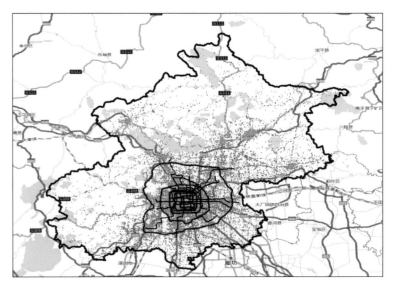

图3-7　企业工商注册数据空间化成果

（2）企业工商注册数据的地址匹配

全市域企业工商注册数据中精确到门牌号的地址文本，结合百度地图API接口将其地址解析成经纬度坐标，转化为空间数据。

（3）坐标转换

从百度地图获取的经纬度坐标为百度自行定义的坐标体系，构建算法，将其转化为WGS84地球坐标。

## 四、模型算法

### 1. 就业中心识别方法

（1）基于手机定位数据的就业地分析方法

为了寻找适用于该类手机定位数据的聚类算法，我们随机选定部分用户，以这些用户的数据作为训练数据集，对比不同的聚类算法的结果，最终选定DBSCAN算法作为职住分析模型核心算法，由于DBSCAN算法的参数敏感性，在使用该算法进行聚类分析之前，我们要对该聚类算法的两个参数半径Eps和最小点数量MinPts进行标定。基于手机定位数据的职住分析模型数据处理流程图如图4-1所示：

DBSCAN（Density-Based Spatial Clustering of Applications with Noise，中文名：具有噪声的基于密度的聚类方法）利用基于密度的聚类的概念，即要求聚类空间中的一定区域内所包含对象（点或其他空间对象）的数目不小于某一给定阈值，算法可从具有噪声的数据集合中发现任意形状的簇（Cluster），使得具有足够的密度区域划分在同一个簇内，从而达到聚类的目的。DBSCAN算法

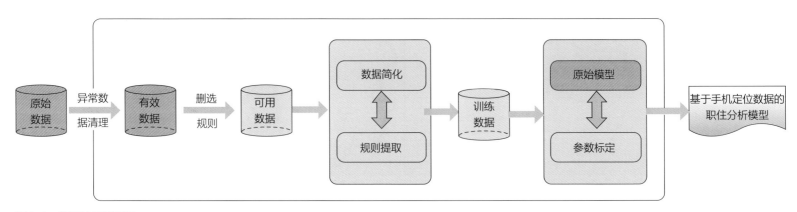

图4-1　数据处理流程图

有两个重要的输入参数：半径（Eps）和最小点的数量（MinPts），DBSCAN算法的具体步骤如下：

1）解析训练数据，形成空间点数据集$P=\{p(i); i=0,1,\cdots,N\}$，$p(i)$表示训练数据，$N$表示训练数据的总数；

2）计算集合$P$中每个点$p(i)$的$k-$距离。针对数据集$P$，对于任意点$p(i)$属于$P$，计算点$p(i)$到集合$P$的子集$S=\{p(1)$，$p(2)$，$\cdots$，$p(i-1)$，$p(i+1)$，$\cdots$，$p(N)\}$中所有元素之间的距离，距离按照从小到大的顺序排序，假设排序后的距离集合记作$D=\{d(1)$，$d(2)$，$\cdots$，$d(k-1)$，$d(k)$，$d(k+1)$，$\cdots$，$d(N-1)\}$，则$d(k)$就被称为$p(i)$的$k-$距离。也就是说，$k-$距离是点$p(i)$到所有点（除了$p(i)$点）之间距离中第$k$近的距离。对待数据集$P$中每个点$p(i)$都计算$k-$距离，最后得到集合$P$中所有元素$p(i)$的$k-$距离，用集合$E$表示$E=\{e(1)$，$e(2)$，$\cdots$，$e(n)\}$；

3）用散点图显示集合$P$中的所有元素$p(i)$表示$k$的距离值，根据散点图确定半径$Eps$的值；

4）根据给定的初始最小点的数量$MinPts$（比如4），以及上一步中半径$Eps$的值，计算所有核心点，即以点$p$为中心、半径为$Eps$的邻域内的点的个数不少于$MinPts$的点成为核心点，并建立核心点与到核心点距离小于半径$Eps$点的映射；

5）根据得到的核心点集合，以及半径$Eps$的值，计算能够连通的核心点，得到噪声点；

6）将能够连通的每一组核心点，以及到核心点距离小于半径$Eps$的点，都放到一起，形成一个簇；

7）选择不同的半径$Eps$，使用DBSCAN算法聚类得到的一组聚类簇及其噪声点，使用散点图对比聚类效果，确定参数$Eps=0.0003$，$MinPts=10$为DBSCAN算法的模型参数。利用DBSCAN

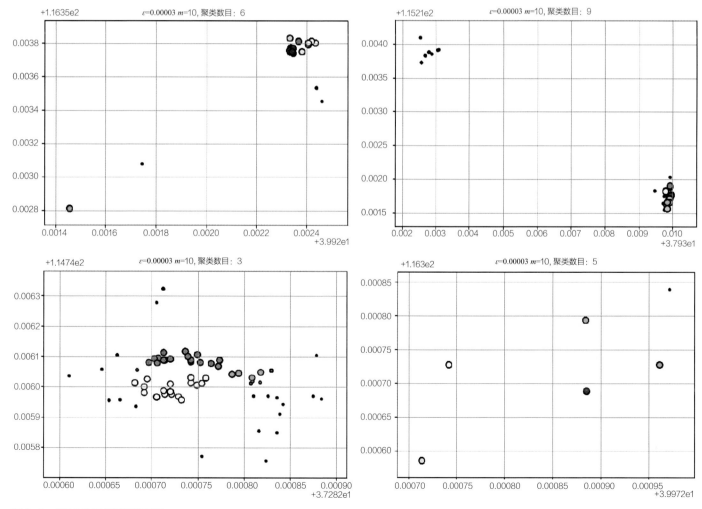

图4-2　DBSCAN聚类效果图

算法计算得到的如下图所示的结果（黑色实心点为异常噪声数据）：

8）计算最大的聚类簇中点坐标的算术平均数，以此作为该用户的就业地（或居住地）。

DBSCAN算法的显著优点是能够有效地剔除噪声数据、高效快速的发现任意形状的空间聚类簇。这里主要是就所有用户的有效数据进行聚类，获取最大的聚类簇中坐标点的算数平均值，这样每个用户就能得到两个有效聚类点，白天的作为就业地，晚上的作为居住地。

（2）基于企业工商数据的就业地分析

根据企业聚集情况，利用上述方法进行聚类分析，得出企业注册地聚集地。

（3）城市就业中心识别

利用上面计算得到的城市居民的就业地及企业工商的就业地进行叠加，分析出就业中心热力图、等值线等相关指标。

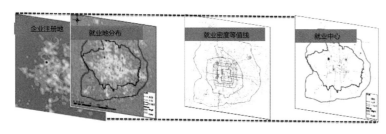

图4-3　就业中心识别流程

筛选出占总就业人口前30%的区域，基于此范围得出就业中心范围。

## 2. 基于企业工商注册数据的就业中心产业多样性度量

（1）香农—维纳多样性指数

引入生物学中的多样性指数，计算就业中心内部产业多样性。根据香农指数可反映就业中心是否具有优势产业。

（2）产业情况分析

对就业中心内部产业进行分析，按类别比例，绘制风玫瑰图，凸显其优势产业。

## 3. 基于公交IC卡数据的就业中心辐射范围度量

就业中心辐射范围度量：

（1）在识别就业中心及其边界的基础上，筛选出就业中心的

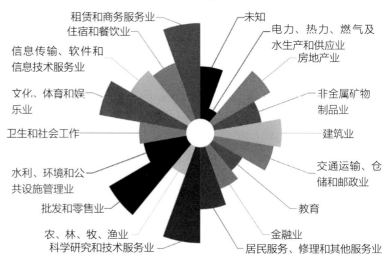

图4-4　北京CBD产业分布风玫瑰图

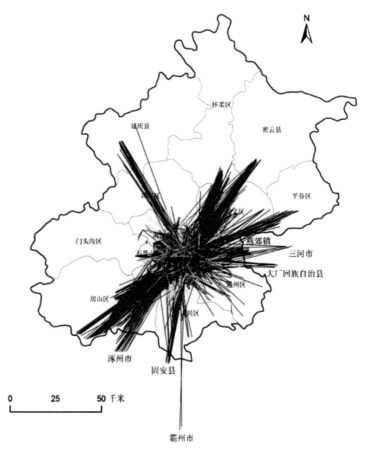

图4-5　公交出行OD

地铁站和公交站。

（2）选定时间段为7:00～11:00在就业中心下车的通勤者。

（3）计算通勤者的平均通勤时间，度量就业中心辐射范围。

## 4. 基于K-Means的就业中心分类方法

利用K-Means，根据产业多样性及辐射范围对就业中心进行分类。

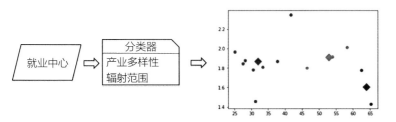

图4-6 就业中心分类流程

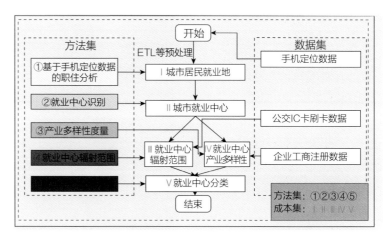

图5-1 以北京为例模型流程图

具体操作流程如下：

利用K-Means算法实现，具体步骤：

（1）确定就业中心类别数（K个特征向量）；

（2）求出K个集合的均值，得到K个新的特征向量；

（3）重复（1）和（2），直到K个集合不再变化或者达到迭代上限。

## 五、实践案例

以识别北京市就业中心并对其分类为例，利用北京市2015年手机定位数据、公交IC卡数据和工商企业数据，结合模型体系，识别北京的就业中心。关注的问题是:北京的就业中心的特征并对其进行分类。根据城市规划的实践和对北京市空间结构的了解和其他研究成果对识别出的就业中心进行定性分析。其主要实施成果如图5-1所示：

## 1. 北京城市就业中心识别

（1）城市居民就业地识别

利用上述基于手机定位数据的职住分析模型，识别出京津冀地区46.5万居民的就业地和24.9万居民的居住地，其识别流程如图5-2所示：

将能识别出居住地和就业地居民进行汇总，绘制出北京市居民就业地分布热力图，如图5-3所示，通过观察图5-3可以看到北京市就业地有以下几个主要分布特征：

1）主要就业集中在中关村、CBD、金融街和望京等地区，其中中关村就业集聚度最高，而CBD就业范围最广；

2）上地作为信息产业基地，其就业密度也明显高于周边地区；

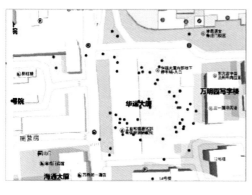
个体居民定位点分布

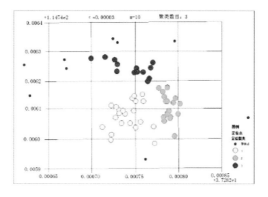
空间聚类分析

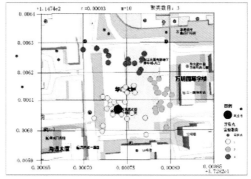
该居民就业地位置

图5-2 北京市居民就业地识别

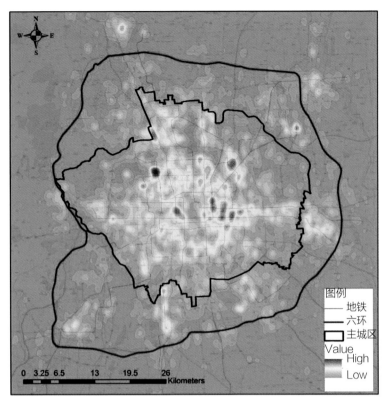

图5-3 北京市居民就业地分布热力图

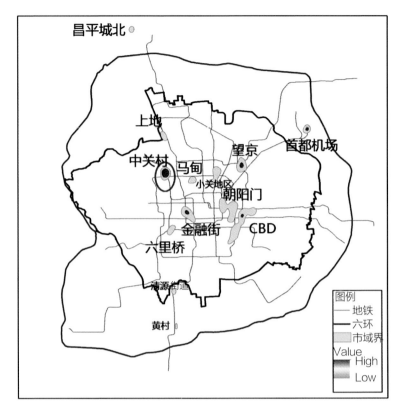

图5-4 就业中心识别结果

3）就业集中区均出现在地铁沿线，可见其对轨道交通的依赖。

根据企业分布情况，识别出企业聚集地。

（2）就业中心结果及验证

将城市居民的就业地及企业聚集地进行叠加，分析出就业中心热力图、等值线等相关指标。识别出北京市内包括中关村、CBD、金融街、朝阳门、望京、六里桥、马甸、小关地区、上地、昌平城北、大兴清源、黄村和首都机场13个就业中心。

为了验证模型结果的合理性，我们利用北京市2013年统计年鉴人口数据借助拟合优度检验方法对基于手机定位数据的职住模型结果进行检验。

拟合优度（Goodness of Fit）是一个统计术语，指线性回归对目标观测值的拟合程度，度量拟合优度的统计量是多重相关系数即$R^2$，$R^2$的值越接近于1，说明对观测值的拟合程度越好；$R^2$越小说明拟合程度越差。

从图5-5可以看出，多重相关系数$R^2=0.77$，即基于手机定位

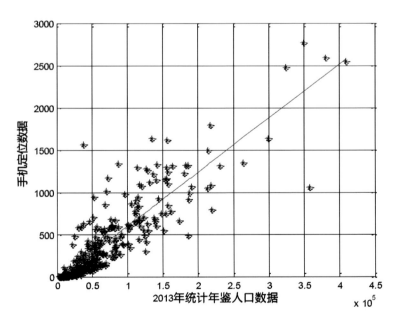

图5-5 拟合优度检验

数据的职住空间分析模型所能解释北京市2013年统计年鉴人口数据的百分比约为77%，说明模型的拟合程度较好，具有良好的解释能力。

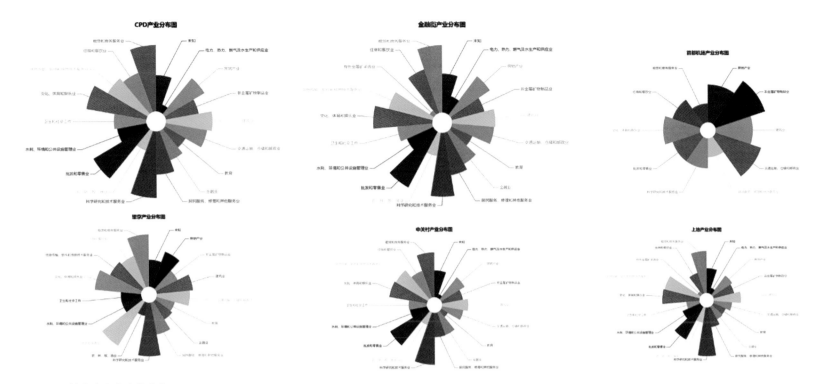

图5-6　就业中心内产业分布

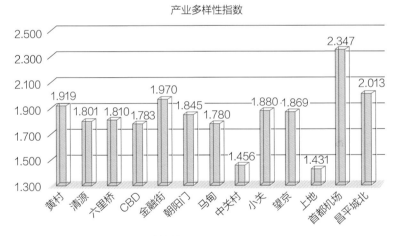

图5-7　就业中心多样性指数柱状图

## 2. 北京城市就业中心产业多样性

利用上述基于企业工商注册数据的产业多样性分析方法，计算北京市主要就业中心的产业多样性。

结果表明：以中关村为例，该就业中心内有18个产业，多样性指数较低，更趋向于主导优势产业为金融业及商业。以上地为例，主导产业明显（科技创新型，月薪5万的码农大量扎

堆）。以首都机场为例，该就业中心多样性指数较高，各项产业发展均匀，其远离市中心，需要相对均衡的配置实现自给自足。

## 3. 北京城市就业中心辐射情况

我们选取时间段为7:00～11:00在就业中心下车的通勤者，计算就业通勤者的通勤时长，利用就业中心辐射模型，计算就业中心平均辐射情况如图5-8：

结果表明：以金融街为例，通勤时间比较低，就业者收入高，有以空间换时间的能力。以上地为例，通勤时间长，就业者从事IT行业，分布广，通勤时间长，由于上班工作时间弹性大，不在意通勤时间成本。

## 4. 北京城市就业中心分类

基于K-Means算法，根据实际需要，自定义分类个数$K$，根据模型二和模型三计算出的描述就业中心的属性，将$K$值及就业中心属性度量输入到分类器中，最终得到就业中心的等级划分。

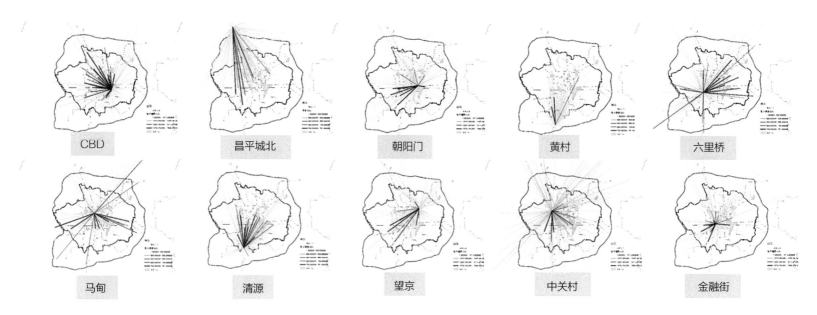

图5-8　各就业中心辐射情况

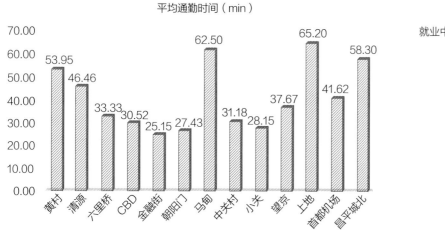

图5-9　就业中心平均通勤时间柱状图

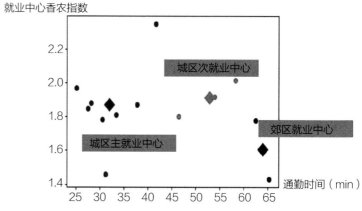

图5-10　就业中心平均通勤时间柱状图

就业中心分类指标　　　　　　　　　　表5-1

| 就业中心 | 1 | 2 | 3 | 4 | 5 | 6 | 7 | 8 | 9 | 10 | 11 | 12 | 13 |
|---|---|---|---|---|---|---|---|---|---|---|---|---|---|
| 就业中心产业多样性 | 1.92 | 1.80 | 1.81 | 1.78 | 1.97 | 1.85 | 1.78 | 1.46 | 1.88 | 1.87 | 1.43 | 2.35 | 2.01 |
| 辐射度量（min） | 53.95 | 46.46 | 33.33 | 30.52 | 25.15 | 27.43 | 62.50 | 31.18 | 28.15 | 37.67 | 65.20 | 41.62 | 58.30 |

　　案例中，我们根据规划实际需求和文献方法，确定K值为3，基于模型二和模型三种就业中心产业多样性和就业中心就业者平均通勤时长为度量，将城市就业中心分为三个等级：

（1）一类就业中心：CPD、金融及、中关村、望京；

（2）二类就业中心：上地、六里桥、马甸、首都机场、小关；

（3）三类就业中心：清源、黄村、昌平城北。

分级结果与规划人员普遍认知的等级结果一致。符合实际情况。模型主要方法和部分结论在新一轮《北京城市总体规划》中得以应用，并纳入《北京城市总体规划实施工作方案》，是规划实施和城市治理的重要抓手。

# 六、研究总结

## 1. 模型设计的特点

本文从城市就业中心及其分类入手，在现有城市就业中心的理论和实践基础上进行补充性研究。

（1）定量分析与定性判断相校验，基于多源数据融合分析技术，多视角、多尺度勾勒就业中心及其边界；

提出利用多种数据对就业中心进行识别的新方法，通过人口和企业双门槛筛选并运用大数据手段进行校验。

综合运用离散趋势、聚集度、自相关、多样性等空间分析技术，对就业空间演变特征进行模拟分析。

（2）综合多软件平台，形成了基于大数据的就业中心识别和量化分类研究与规划模型方法。

通过SQL server、ArcGIS等软件，对数据进行分析处理，利用Python等语言对相关算法进行开发，实现就业中心识别与量化及可视化效果。

（3）引入生物学多样性指数，评判区域产业多样性。

首次在产业领域引入生物学中多样性评价指标，描述区域内产业多样性。判别区域内具有优势产业或产业相对均衡等情况。定量化反映区域产业情况。

## 2. 应用方向或应用前景

就业—居住空间是城市经济和社会空间结构中最为重要的组成部分，它直观反映了城市生产空间和生活空间的协调关系，是表征城市运转效率和居民生活舒适性的重要方面。新时期，北京要实现新版《北京城市总体规划（2016年—2035年）》提出的"科学配置资源要素，协调就业和居住的关系，推进职住平衡发展，有效治理'大城市病'，建设国际一流的和谐宜居之都"等目标任务，需要深入研究促进就业—居住协调发展的空间优化策略和规划管理政策，为政府决策提供技术支撑。同时，为北京城市副中心、雄安新区等重要就业聚集区的建设，提供职住关系的规律认识和技术分析参考。在此背景下，北京市城市规划设计研究院联合北京联合大学应用文理学院于2016年开展"北京城市就业中心演变及职住关系研究"。研究可为提供就业中心的规律认识和技术分析参考，量化就业空间结构，指导构建多中心体系，调整土地使用规则。

# 基于大规模出行数据的我国城市功能地域界定

工作单位：清华大学

研究方向：空间布局规划

参 赛 人：马爽、李双金、徐婉庭

参赛人简介：参赛团队来自清华大学建筑学院。参赛团队成员包括清华大学博士后研究员马爽（队长），清华大学客座学生硕士二年级学生李双金以及来自宝岛台湾的清华大学硕士一年级学生徐婉庭。指导教师为清华大学建筑学院特别研究员，博士生导师，龙瀛。

## 一、研究问题

### 1. 研究背景及目的意义

（1）背景

对城市地域的概念的理解可以分为三种：城市行政地域，城市实体地域和城市功能地域。城市行政地域指城市管辖权对应的空间范围，我国城市的统计工作及其他各项工作，一般是以行政地域为基础开展的。行政城市的定义一般基于历史基础，依据不同政府对城市的理解和文化的观点。城市高速的增长和无序的蔓延不断的超过现有行政城市的管理的能力，导致从行政角度定义的城市不断过时。城市功能地域指功能性的城市经济单元，包括核心区和与核心区紧密联系的外围，一般是以一日为周期的城市居住、就业、教育、医疗等城市功能所辐射的范围。城市实体地域指城市中城镇型的城市空间，泛指城市的建成区范围，我国对城市实体地域和功能地域的研究较少。

城市功能地域：城市功能地域的界定将会供一个通用的基准来理解城市地域，从而为城市规划方案，城市管理，城市政策制定和城市群划定供依据。界定中国城市功能地域的一个重要原因是，在现实中，城市的行政边界并不能代表劳动力和经济活动的影响力和规模。举例来说，有相当一部分居民，尽管居住在河北省的三河和燕郊，却每天通勤去北京工作，这种通勤不可避免在传统的行政边界以外对北京的经济，房地产和环境产生重大的影响。

实体地域：城市和乡村有不同的生产系统和消费系统，相对于农村，城市有高密度的生活居住空间，相对完善的基础设施和公共设施及人工景观。因而在实践中需要掌握准确的城乡范围，从而区别管理。其次，确定城市的影响范围，也将有利于评价人与自然的相互关系，也被学者认为有利于当代的可持续的城市化以维护城市化和生物圈的稳定关系。但是，我国频繁的改变市镇划分标准，尤其是1986年以来多次"撤县改市"、"撤乡改镇"、"县级市改地级市"、"县和县级市改区"，只是单纯的调整市镇设置标准并没有起到划分城乡、解决城乡统计问题的作用。并且错误地认为通过市镇设置可以直接促进经济发展。这给有关部门掌握真实的城市人口数据，确定准确的城市化水平，了解我国的基本国情带来了困难，如一般国家都是用市镇范围内的人口作为城市人口的，而由于我国的市镇划分调整，中国的市镇其实是包括农业人口和非农业人口的城乡混合地域，如果以"市长管理的人口"作为城市人口统计标准来计算，我国城市的城市化率达到90%以上，这明显与实际情况不符。因而我国急切的需要明确城市的实体地域，建立区别城乡的空间识别系统，从而了解我国城市化的具体情况和演进。同时规范城市人口统计的边界也将为城市人口预测提供基础。

由于利用不同指标定义的城市不同，科学分析城市、规划城市的第一步是明确和精准的定义城市。我们将针对城市的功能地域和实体地域两部分分别展开研究，明确覆盖全部中国领土城市功能地域和实体地域范围，重新认识中国城市系统。

（2）国内外研究现状

自从城市功能地域概念引入以来，各国统计局和学者们出了一系列划定功能地域边界的方法。这些方法的主流可以概括为两步法：首先确定核心空间单元，然后确定与核心空间单元有着密切联系的腹地或者外围。然而，尽管这些方法的基本思想相似，但用于识别核心或衡量联系强度的具体数据和技术却有所不同。

美国人口普查局于1910年首次建立了城市功能地域的统计定义并依据城市 人口进行分类：人口超过5万的称为大都市统计区（MSA），人口介于1万到5万之间的称为都市统计区（MCSA）。之后，又将大都市统计区和小都市统计区合称为"基于核心区识别的统计区"（CBSA），并将外围定义为与核心区有高度的社会和经济联系的外围郡县，有通勤联系评价。欧洲空间规划观测网络（ESPON）出了对接美国CBSA的概念，并将其视为"一个密集的且协同的形态整体"。在具体操作中，不同于美国以人口数量设定阈值的方式，ESPON兼顾人口密度与人口总量，尝试引入Google Earth等遥感影像来辅助验证，同时根据国家和地区的不同采用不同的核心和外围阈值。类似的，经济合作组织（OECD）也针对不同国家和地区采用了不同的人口与通勤门槛指标来进行城市功能地域的划分。中国学界从20世纪90年代起也陆续开展城市功能地域的界定和划分。但是研究缺乏系统性，且没有统一的研究框架，研究成果也很有限。

尽管目前我国没有全国范围内明确的城市实体地域范围，但是国内对城乡划分有过长期的讨论。针对20世纪80年代中期以来我国市镇设置标准频繁变动、城市行政范围脱离城市城镇型地域的情况，周一星1994发文首次提出"建立中国城市实体地域"的概念，认为中国城乡划分必须基于实体地域进行。2003年8月，"国家中长期科学和技术发展规划战略研究"中，周一星参与"城市发展与城镇化科学问题研究"，向国家正式建议研究识别城乡划分的空间识别系统（周一星，2013）。2006年"城乡边界识别与动态监测关键技术研究"国家"十一五"科技支撑计划课题正式启动，探讨以遥感技术为基础，识别城乡和监测城乡边界技术方法并出版《城乡划分与检测》一书。但是由于经费和数据条件所限，该研究最终从十多个样本城市中，选择了义乌市和南充市两个城市进行研究。

划分城乡系统的指标也一直是我国学者讨论的重点，回顾我国城乡划分标准，学者们普遍认为划分指标变化过于频繁，且类别过多过细，导致不同年代的城乡范围和人口之间缺乏可比性，评价结果让人难以信服。1995年周一星曾提出利用建成区下限人口规模、非农业化水平和人口密度三个指标来定义城市实体地域，以区别于农村，并提出2000人/km²的平均密度标准划定城市统计区。惠彦等利用GIS对江苏常熟市的实体地域进行了划分，采用了建设用地比例、地块连接状况和人口密度几项指标。宋小冬等利用上海市2000年的航空遥感影像和人口普查信息，作了实验性的城乡实体地域划分。

大数据和人工智能在城市规划中的应用为研究我国实体地域提供了新的方法和思路。龙瀛认为中国行政管辖范围内的"城市"概念既不能代表实际的中国城市，又不能与西方的城市概念接轨，并且中国有大量城镇型的聚落没有被列入行政城市的范围，这给城市的统计工作带来了很多不便。因此他利用覆盖全国的道路交叉口数据，重新定义了我国的城市系统，识别得到全国4629个城市。吴志强及其团队的"城市树"城市研究项目，用人工智能对以单机的机器学习（Artificial Intelligence）技术，通过30m×30m精度网格，在40年时间跨度内对全世界所有城市的建成区卫片进行智能动态识别。截至2017年10月，已高速完成了精确到建成区9km²以上的包括中国城市在内的全球9516个城市的描绘，识别了大量城市的空间分布特征和增长规律。

国际上各个国家的城乡划分采用了不同的标准和方法。比如美国的城市化地区（Urbanized Area）和城镇簇（Urban Cluster）、英国的城市地区（Urban Area）和日本的人口集中地区（Densely Inhabited District、DID）等。日本的DID是在人口及聚落分布的基础上，以人口密度4000人/km²以上的调查区或市区町村内互相邻接、合计人口在5000人以上的调查区作为界定城市和农村的标准。

总体上，识别我国城市实体地域得到了一部分学者的关注，识别城市实体地域的指标选择和基本流程已有一定研究基础，国际上城市实体地域识别的方法也可为我国实体地域的识别提供指导和借鉴。困于经费或者数据的所限，较多的实体地域研究是基于典型城市的单一案例研究，并且划分指标还是过于繁琐且不宜搜集，没有从根本上解决我国实体地域识别的问题。

## 2. 研究目标及拟解决的问题

### （1）研究目标

本研究的主要目标是实现城市功能地域和实体地域的识别，重新定义中国城市系统。城市功能地域（Functional Urban Areas，FUAs）是指功能性的城市经济单元，一般是以一日为周期的城市工作、居住、教育、商业、娱乐、医疗等功能所波及的范围。由一系列高密度人口的城市核心区和相邻的且与核心区有密切社会经济联系并形成功能一体化的外围组成。在我国由于受到数据的限制，尤其是长期以来的通勤数据缺失，目前为止还没有建立起一套与国际接轨的城市功能地域是识别方法。其一，研究将利用基于乡镇街道办事处尺度的OD出行大数据流，规范我国城市功能地域的识别标准，识别全国范围的城市功能地域，从而评估城市群发育质量，为城市行政区划调整提供建议。城市的实体地域是集中了各种城市设施的以非农业用地和非农业经济活动为主体的城市型景观分布范围。以往识别城市实体地域指标过于繁琐，且缺乏针对全国范围城市的实体地域识别方法。因此，其二，研究还将利用2015年城镇建设用地分布和全国乡镇街道办事处边界数据，首次识别全国范围的城市实体地域，从而解决城乡规划与设计学科的"基本问题"。

### （2）研究的瓶颈问题及解决策略

1）基于大规模出行数据的研究打破了传统研究的两个桎梏：其一是以往的中国城市功能地域研究常常是局限于少量城市的典型案例研究，滴滴出行APP的出行数据覆盖中国大量城市，出行量巨大，较为适合在精细化尺度研究中国城市系统，并且可以实现全国范围内的城市功能地域研究和讨论。其二，中国的出租车市场长期以来受到地域性的运营管制，而此APP网约车则一般不受其影响。这为我国城市功能地域研究和识别供了基本保障。

本研究已取得2016年APP出行数据，覆盖了全国五万多个乡镇街道办事处，出行数据包含出租车、专车、快车和顺分车几种类型。这将是研究的重要基础。

2）在识别实体地域的时候，以往的研究通常因为指标变化频繁等原因缺乏连续性以及可比性。因此，本研究特别强调用行政单元作为基本的空间单元，这样才能保证长期以来的统计和管理制度的连续性。不能严格的用城镇建设用地的边界作为我国实体地域的边界，因为城镇建设用地边界变化频繁，而乡镇街道办事处层次的行政边界则基本不变，适合未来动态调整城市实体地域的边界。

3）城市功能地域和实体地域识别中阈值的确定

城市功能地域和实体地域识别的难点和关键在于阈值的确定。采用不同的阈值，利用数据识别的城市功能地域或者实体地域的结果差别会比较大。因此研究的科学问题在于阈值的选择和调整，理解阈值的门槛效应和敏感性，从而得到科学客观的研究结论。

# 二、研究方法

## 1. 研究方法及理论依据

### （1）研究方法

研究遵循"理论梳理和分析——实证识别运用"的研究思路。第一步，分别构建我国城市功能地域和实体地域系统分析框架；第二步，分别提出我国城市功能地域和实体地域划定的思路、流程以及建立相应的指标体系。

### （2）可行性分析

1）对于城市的界定一直是困扰规划领域的难题，参赛团队所在工作团队利用道路交叉口密度指标重新定义和识别了中国城市系统，认为尽管我国的行政城市有654个（2014年口径），但按照实体地域来划分，我国的城市数量实际有4629个之多。认识、理解和研究城市实体地域，是我们研究全国范围的城市实体地域和功能地域，重新定义全国城市系统的理论和实践基础，将为我们此次研究提供理论保障和实践经验。

2）参赛团队已获得2016年滴滴大规模出行数据，这将是研究等重要保障。并且工作团队多次尝试用大数据和GIS相结合的方式识别中国城市系统，为研究提供重要保障。另外，参赛团队已获得此次研究所需要的其他多源数据。

3）研究利用时空大数据，识别城市功能地域；以现有行政边界和城市城市建设用地为依据，识别城市实体地域，为城市规划和管理提供决策依据，地理学，城市规划学等多学科的传统研究方法为研究提供重要依据，国外识别城市功能地域和实体地域的方法也为此次研究提供借鉴。研究思路可行，理论依据充分。

## 2．技术路线及关键技术

（1）中国城市的空间结构规律和理论分析研究框架研究

基于城市规划、城市地理学，探讨OD出行数据下的城市功能地域的空间结构，总结功能地域与实体地域、行政地域的差异联系，并构建我国城市功能地域的理论分析框架。

（2）中国城市功能地域与实体地域的识别

1）中国城市功能地域的识别

依据中国城市功能地域界定的主要思路和流程，利用滴滴出行打车APP，大量出行数据的OD流量（flows），来识别全国范围内的以乡镇街道办事处为基本单位的城市功能地域并绘制我国城市功能地域地图。

2）中国城市实体地域的识别

依据中国城市实体地域界定的主要思路和流程，利用全国2015年城镇建设用地和全国乡镇街道办事处边界，构建城市实体

地域的界定标准，从而识别城市实体地域。

## 3．研究数据说明

该研究范围覆盖中国全部领土（因为数据所限，不包括港澳台地区），但不局限于中国行政城市。使用数据包括以下四种：

（1）全国乡镇街道办事处

包含全国39007个乡镇街道办事处单元（不包括港澳台地区），是识别本文我国城市实体地域的基本单元。

（2）滴滴出行APP网约车数据

包含2016年8月24～26日三天数据，共计40000000余次出行。

（3）全国2015年城镇建设用地

包含全国659个行政城市。全国2015年城镇建设用地面积共72208km$^2$，包括28416个斑块。

（4）全国23个城市群

研究用到的23个官方认可的城市群数据是由科学出版社出版的《2010中国城市群发展报告》中获得。

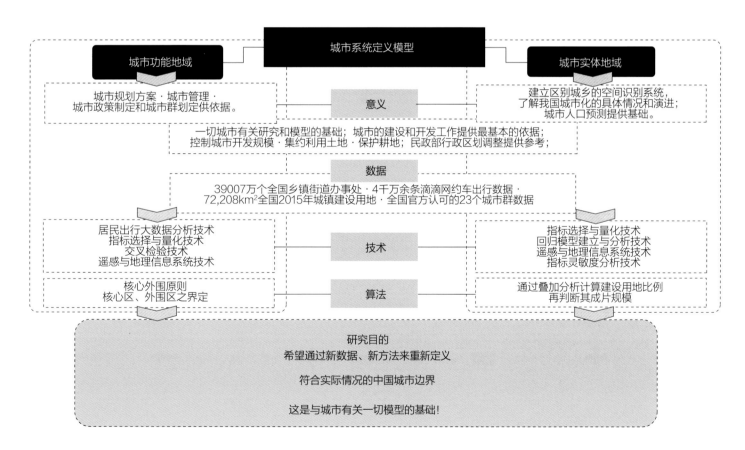

图2-1　研究技术路线与目标

## 三、模型算法

在识别城市功能地域时，研究利用国内外学者较为普遍使用的核心-外围原则，既先划定核心区，在划定与核心区密切相联系的外围。采用如图3-1所示的算法:

在识别城市实体地域时，以全国2015年城镇建设用地为核心，以每个乡镇街道办事处为边界和基本单元，在ArcGIS里进行叠加分析，确定每个乡镇街道办事处内城镇建设用地的比例，超过一定比例的乡镇街道办事处则为城市实体地域的候选，连成片并达到一定规模的实体地域即为城市实体地域并形成一个空间实体上的城市（见图3-2）。

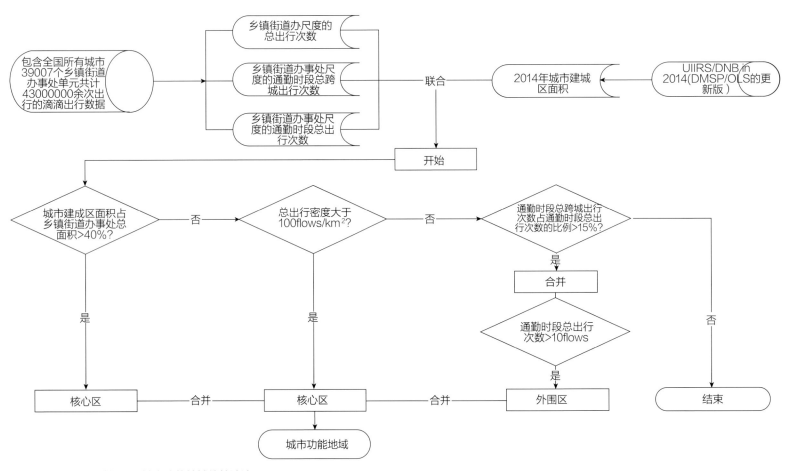

图3-1　利用出行数据识别城市功能地域的算法流程

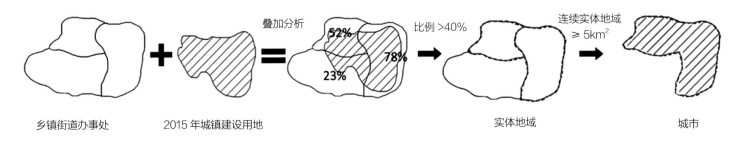

图3-2　城市实体地域识别的基本流程

## 四、模型实践结果

### 1．模型结果解读

将模型应用于实践案例中进行实证，并对计算结果进行分析和解读，以检验模型的科学性与实用性。

（1）城市功能地域

本研究通过滴滴出行的交通轨迹，确定了我国320个城市功能地域的核心与周边区域边界。这些城市功能地域覆盖了我国39007个乡镇街道办事处中的4539，占11.6%。

在这三个城市群中，珠江三角洲的城市功能地域最集中也最完整。广州_深圳城市功能地域涵盖了广州、深圳、佛山、惠州、中山、东莞等地级市及以上城市，以及四会、增城两个县级市。广州_深圳城市功能地域占珠江三角洲城市功能地域总面积的80.7%；除此之外，仅有珠海、从化两个市周边有单独的城市功能地域。

而京津冀城市群中，有566个乡镇街道办事处被识别为城市功能地域，总面积达21580.9km²。最大的城市功能地域位于北京_廊坊，包含了264个乡镇街道办事处，面积达10882.7km²，占据了京津冀全部城市功能地域的一半以上（50.4%）。其他面积较大的城市功能地域分别位于天津、唐山和石家庄一带。

长江三角洲城市群中共有833个乡镇街道办事处被识别为城市功能地域，总面积达38026.8km²。这个城市群中最大的两个城市功能地域位于上海_江苏以及杭州_绍兴一带，分别占据长江三角洲城市功能地域总面积的25.3%和16.8%。上海_苏州城市功能地域中包括了上海、苏州和太仓、昆山两个县级市。杭州_绍兴城市功能低于涵括杭州、绍兴以及海宁、临安、阜阳三个县级市。长江三角洲城市群中其他较大的城市功能地域主要位于南京、宁波和嘉兴周边。这三个较为大型的城市功能地域面积分别为5052.3 km²、3137.1 km²和1899.2km²。

（2）城市实体地域

全国范围内城市实体地域基本判读：

我国实体地域视角共有787个城市，总面积为60630km²，比官方认可的全国659个行政城市多19.4%。实体城市在我国东西部分布不均，较大的实体城市主要集中在东部沿海地区，而西部地区相对较少。

### 2．模型应用案例

基于模型分析的成果，科学制定可视化技术解决方案，准确、直观、动态地呈现分析成果。

（1）城市功能地域与城市现行的行政边界之比较

基于城市功能地域的研究成果，接下来用可视化的表达方法，继续深入动态的呈现分析成果，并提出了两点识别全国城市功能地域的具体应用。

将城市现存的行政边界与城市功能地域进行比较是评估城市行政边界调整潜力的必要条件，有助于制定适当的城市规划和管理方案。本文评估了包括市级市、省级市和副省级城市在内的36个中国城市行政边界，根据5.1.1节所划定的城市功能地域进行空间比较，并依其空间关系分为四大类型。

经比较后，依其空间关系可以分为以下四个类型：类型一、城市功能地域与城市现存的行政边界非常一致，大连、南京是此类型的典型案例；类型二、城市行政边界小于识别出来的城市功能地域，建议应适当扩大行政边界范围，石家庄、成都、重庆、长沙、南昌、合肥和郑州等城市属于此类城市；类型三、城市行政边界大于城市实际的功能地域，如：天津、海口、沈阳等，这些城市在近二十年来不断历经行政边界的调整，导致行政空间扩张，腹地过大，应适当缩小范围；类型四、城市行政边界与功能地域范围有所偏离，应于某些方向进行缩减并向其他方向扩展，是所有类型中最常见的一种。

（2）实体城市与行政城市的对比

本文将现状行政城市与实体城市进行比较分析。我国现状659个行政城市市区面积为781844km²，787个实体城市总面积为60630km²，实体城市总面积仅为行政城市面积的7.8%。

将659个现状行政城市和787个实体城市的规模按照自然间断点分级法（Jenks）分为五个城市等级结构进行对比。自然间断点分级法（Jenks）按照规模的近似值进行分级，可以使各个类别之间的差异最大化。对比二者发现：位于最高等级和第二级的城市，两类城市一致性较好。第三级则差别较大，现状行政城市中，第三级城市分布广泛，包含我国中部、西北和西南地区，例如甘肃、宁夏、陕西和四川的许多城市，而实体城市中第三级数量较少且主要位于华北地区和中部地区的省会城市。而中部及西北部的较多实体城市位于第四级或者第五级。我国中部和西部的

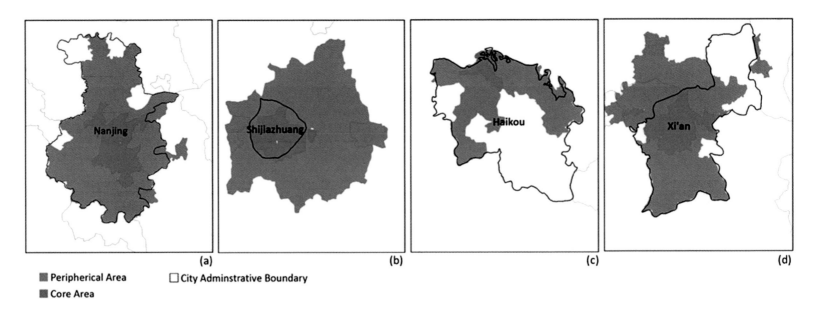

图4-1 四大类型的典型城市功能地域是分布图（a）南京（类型1）；（b）石家庄（类型2）；（c）海口（类型3）；（d）西安（类型4）

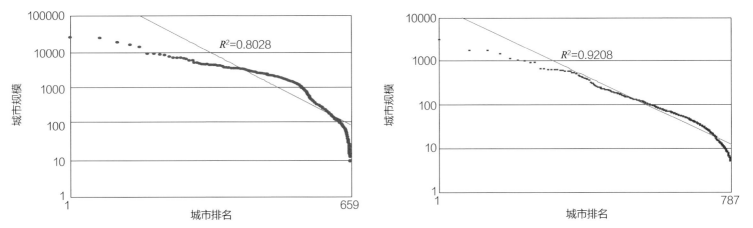

图4-2 全国行政城市与实体城市满足齐普夫定律的情况：（a）行政城市的排名-规模分布（双对数坐标）；（b）实体城市的排名-规模分布（双对数坐标）

较多行政市在规模上发展较好，而实体地域发展却较为落后。

由美国学者George Kingsley Zipf提出的齐普夫定律（Zipf's law），被广泛用于城市规模研究中。我们对这两种不同定义方式的城市的规模和排名分别取了双对数进行对比，研究发现实体城市（$R^2=0.92$）比起官方的行政城市（$R^2=0.80$），更满足齐普夫定律，尤其是排名靠后的小城市，表明实体城市更符合城市规模发展的普世规律（Universal Law），进一步体现了实体城市的客观性并支持了其研究的必要性。

## 五、研究总结

理论方面，研究面向我国城市规划的重要问题，有一定的首创性：城市功能地域和实体地域的识别与界定是城乡规划中的重要问题。长期以来，我国城市一直存在行政区域与实体区域和功能区域不匹配的问题，一部分城市甚至连功能区和城乡的位置和范围都无法确定，这给我国新型城市化发展带来了阻碍。鉴于我国一直没有建立起一套可比的且与国际城市接轨的城市功能地域识别与划分思路，也没有明确的城乡界定标准，界定我国城市功能地域和实体地域将直接面向新型城镇化下我国城市规划的重要问题。

研究数据和技术方法具有探索性创新性：此研究尝试纳入表征人类出行行为的OD时空流"大"数据，这种大量的、覆盖全国城市的基于乡镇街道办事处尺度的大数据，与传统的城乡规划研究的"小"数据，在研究中有所体现。并且，研究利用出行大数据，将打破传统的经典案例研究方法，不再识别单一某个城市的

功能地域，而是全面透视中国城市功能地域和实体地域，为城市规划和城市群政策制定供重要依据。

技术层面：研究以覆盖全国范围的乡镇街道办事处为基本单元识别全国城市功能地域和实体地域，保证了与以往的城市统计和管理制度的连续性。另外，乡镇街道办事处边界则基本不变，适合未来动态调整城市功能地域的边界，为城市行政区划调整提供依据。

# 基于共享单车骑行大数据的电子围栏规划模型研究

工 作 单 位：麻省理工学院、伦敦大学学院、慕尼黑工业大学

研 究 方 向：基础设施配置

参 赛 人：吕京弘、张永平、林雕

参赛人简介：团队人员来自国外高校，主要研究方向为智慧城市、城市规划、地理信息系统研究。该作品结合当前重要的互联网商业模式之———共享单车，从共享单车大数据出发，反馈至共享单车的电子围栏设施，开展与城市空间的规划设计相结合的讨论。

## 一、研究问题

共享单车是一种让一般大众共享自行车使用权的服务，自20世纪60年代开始出现并逐渐在世界各地流行起来。它能带来诸多社会经济和环境效益，例如促进公共交通、减缓交通拥堵、疾病减少与控制、减少温室气体排放、消除噪声污染等。2015年，新一代基于互联网的无桩共享单车服务在中国出现并快速兴起。相比于传统的固定桩共享单车，无桩共享单车实现了"随停随用"的技术突破，为用户使用共享单车提供了前所未有的便利。这一便利使无桩共享单车广受欢迎，在短时间内实现了市场的迅速扩张，创造了新的就业岗位，在提供便捷出行服务的同时也带动了城市的社会经济发展。

无桩共享单车的兴起无疑促进了可持续城市的建设与发展。然而，诸多新的城市问题也随之产生，其中之一便是突出的共享单车的"乱停乱放"现象。不少用户在使用之后会将共享单车停放在一些不适合停放的区域（如人行道、地铁入口或封闭社区内），进而影响了城市功能的正常运转和共享单车的正常使用（如妨碍人行道和地铁的正常使用，增加其他用户寻找共享单车的难度等）。面对日益严重的"乱停乱放"现象，政府和主要共享单车服务商计划通过设置电子围栏停车设施的方式，督促共享单车

的规范化使用。面向共享单车的电子围栏可以理解成一个没有物理形态的"虚拟围栏"，用户必须将车辆停在指定区域内，否则无法锁车结束行程。电子围栏技术将与共享单车手机APP应用程序相结合，在应用程序中通过导航和语音引导用户在指定范围内规范停车。2017年8月，国家交通运输部等十个部门在《关于鼓励和规范互联网租赁自行车发展的指导意见》等几个重要政府文件中已经提出支持电子围栏政策和技术规范用户骑行行为的政策指导意见。自2017年初，包括北京和上海在内的多个城市也对共享单车电子围栏设施进行了小范围试点。

目前国内外已有大量有关传统的固定桩共享单车的文献。这些文献大致可以归纳为三类研究。第一类主要关注如何提出各类用于提高共享单车使用效率、单车再分配（rebalance）和优化单车投放等方面的数学模型与分析方法。例如相关学者提出智能路线选择工具提升伦敦巴克莱自行车系统的单车再分配效率；以及关注在大数据环境下的自行车投放优化问题。第二类文献主要关注如何利用各种分析方法理解共享单车的系统与用户行为特征。例如相关学者结合可视化、描述统计、空间分析和网络分析等方法探索了全球五个主要城市的共享单车使用特征；以及通过可视化与空间分析方法识别出利用共享单车进行通勤行为的使用特征。此类研究也会关注各类因素（如建成环境、天气、社会经济

人口特征等）对共享单车使用的影响。第三类研究主要关注利用各种方法支持共享单车有关的设施规划，尤其是关注自行车车站的选址规划。例如利用地理信息系统支持车站选址的方法框架；优化方法支持共享单车系统的设计，考虑在有限经济预算的前提下，如何使单车系统最大化地满足用户需求；高效规划自行车车站的方法，生成的方案有助于替代短距离出租车出行，从而达到减少相应的能源消耗的目的。

由于无桩共享单车出现时间较短，用户骑行数据较难获得，目前仅有极少的相关文献。如基于上海市摩拜单车骑行大数据提出了自行车道规划的优化；利用摩拜公司提供的上海2016年8月约102万条匿名化的出行记录估算出出行距离，并结合摩拜公司的市场占有率等数据，以8月份情况为基准，推测出2016年全年上海共减少约8358吨汽油消耗、25240吨碳排放和64吨氮氧化物排放；通过对北京摩拜单车用户骑行数据进行了时空间特征分析，发现工作日骑行存在明显的早晚高峰特征，公共交通、商业、餐饮等空间要素对骑行的空间特征有较大影响，并根据时空特征对规划共享单车停放设置提出政策性建议；通过构造用户骑行数据的时空分布统计模型优化城市各区域内共享单车投放量。然而，目前仍缺乏针对无桩共享单车停放问题的定量研究。

本研究旨在利用用户骑行大数据来支持无桩共享单车的电子围栏规划。在提出支持电子围栏规划的方法框架后，利用摩拜单车的用户骑行大数据进行了上海的案例研究。本研究第一次量化分析了共享单车的空间停放需求，为共享单车电子围栏定量精准布局和规划提供有效依据，支持共享单车这一可持续交通模式的规范化推进和管理，从而支持可持续城市的规划、建设、管理和发展。

## 二、研究方法

### 1. 研究方法及理论依据

研究主要采用位置分配模型（Location Allocation Model）对共享单车电子围栏进行位置布局规划，即将上海市划分为等面积的网格，通过对上海市道路网络、共享单车在城市网格中的停放需求、共享单车潜在停放位置以及电子围栏计划数量进行"最大化覆盖范围"（maximise coverage）位置分配分析从而得出电子围栏设施点所在的城市网格位置。研究根据电子围栏设施点位置进一

步确定了每个围栏的容纳水平，并根据DBSCAN聚类方法计算出电子围栏设施点在城市网格内的精确位置。

位置分配模型（Location Allocation Model）是ArcGIS软件中网络分析（Network Analysis）中的一项重要功能。通过输入可选择的设施点、需求点和障碍（点、线、面障碍），位置分配模型会根据分配方法定位合适的设施点，并同时将需求点分配给设施点。分配方法需要根据待解决的问题类型而定。可用于位置分配分析的问题类型包括七种：最小化阻抗、最大化覆盖范围、最大化具有容量限制的覆盖范围、最小化设施点数、最大化人流量、最大化市场份额以及目标市场份额。

本研究的目标是识别最佳无桩共享单车电子围栏位置。虽然目前几乎没有针对共享单车停车设施规划的量化分析，但是许多研究已经利用位置分配模型对最佳固定桩共享单车站点位置进行识别和规划。例如，利用ArcGIS中的位置分配分析中的"最小化阻抗"和"最大化覆盖范围"两种方法对固定桩共享单车站点位置及站点存车容量进行分配，发现位置分配分析能够根据不同目标提供最优站点位置分配方法，例如"最小化阻抗"能够使得单车用户到达站点的总距离最短，而"最大化覆盖范围"能够提高站点的可达性，使更多的用户能够使用固定桩共享单车；再如基于García-Palomares等的位置分配分析方法增加了成本收益分析，优化了葡萄牙科英布拉市固定桩共享单车站点位置。

考虑到本研究目标为根据无桩共享单车行程识别城市中各个区域共享单车停放需求并提出最佳电子围栏设施点位置，位置分配分析方法适用于本研究。本研究将共享单车停放需求用每个城市网格内的共享单车交通起止点数（OD）表示，需求点设置为包含OD的城市网格，设施点设置为备选共享单车停放位置。

在模型设定中，城市网格（本研究中选择50m×50m）通常大于现实生活中共享单车电子围栏所需要的面积；所以，仅仅计算出电子围栏设施点所在的城市网格并不足以支持精准规划。为了识别电子围栏在城市中的精准位置，研究还利用了DBSCAN聚类分析（Density-Based Spatial Clustering of Applications with Noise）等方法，找到城市内具有高密度停车需求的精确位置，并将其推荐为设置为电子围栏的精确设施点位。

### 2. 技术路线及关键技术

本研究技术路线见图2-1。研究先对OSM街道片段和摩拜单

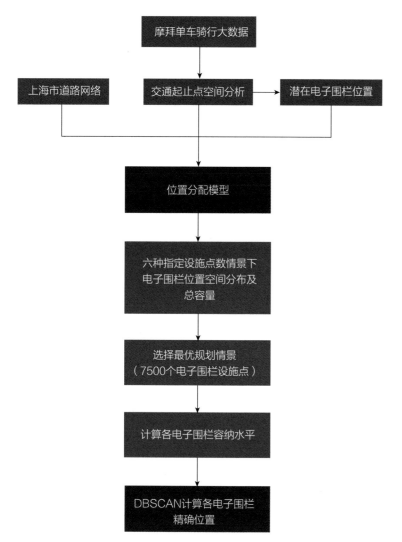

图2-1 模型技术路线

车行程记录等原始数据进行数据预处理，得到上海市道路网络、上海市50m×50m城市网格、摩拜单车交通起止点在城市网格内的空间分布、备选电子围栏位置（所在的城市网格）作为模型输入。接下来，研究在选择模型参数时将问题类型选择为"最大化范围覆盖"；将计划的设施点数分别选为2500、5000、7500、10000、12500、15000个共六个规划情景；将路网距离阻抗界限值（即距离电子围栏的最大距离）设为200m。模型运行后得到六种规划情景下电子围栏所在城市网格的位置分布以及能够满足的总停放需求。研究接下来选择最优情景，并计算了电子围栏设施点应设置的容纳水平以及根据DBSCAN计算电子围栏设施点在城市网格内的精确位置。

## 三、数据说明

### 1. 数据内容及类型

本研究主要应用了两类数据：一是通过开放街道地图（Open Street Map，OSM）获取的可供单车行驶的上海道路网络数据；二是摩拜单车授权使用的用户骑行数据。

研究基于OSMNx工具编写Python脚本从OSM获取上海市的道路网络数据。通过ArcGIS构建可用于网络分析（Network Analysis）的上海道路网数据，数据包含11.69万条街道片段（Network edge）以及8.09万个街道节点（Node），道路总长度为2.69万公里，数据类型为shapefile。街道片段数据经过处理能够形成完整的道路网络，是对共享单车电子围栏位置布局进行分析的重要输入值之一。

摩拜单车用户骑行大数据由摩拜单车直接提供并授权使用。该数据包含上海2017年9月15~30日随机抽样出的777896条骑行记录，由298998辆摩拜单车和135239名用户产生。每条记录包含出行ID、用户ID、单车ID、出行起始（终止）时间、出行起点（终点）经纬度。摩拜单车提供的骑行数据量较大，数据内容相对准确、详细，覆盖时间长，能够较为客观地反映共享单车用户的骑行行为特征。原始数据类型为csv格式，预处理之后数据类型转化为shapefile格式。通过对单车骑行起点和终点进行交通起止点分析（Origin-Destination Analysis，OD分析）能够确定共享单车在城市内停放的空间需求，也是共享单车电子围栏位置分配分析的重要输入值之一。

### 2. 数据预处理技术与成果

（1）上海市道路提取和道路网络构建

研究通过使用Python中的OSMNx Package编写Python脚本，从OSM中提取上海市街道片段，并构建完成自行车道路网络。道路网络数据类型为shapefile，可直接导入ArcGIS中的ArcMap，并作为位置分配分析模型的道路网络输入值（图3-1）。

图3-1 上海市道路提取和道路网络构建

（2）提取停放需求并选取备选电子围栏位置

研究通过使用ArcMap将摩拜单车行程的起始地点和终止地点显示在地图上。为了详细描述城市中各个区域对共享单车的停放需求，研究利用ArcGIS中的Fishnet工具将上海市全市划分为50m×50m的城市网格，并利用Intersect工具计算每个城市网格内共享单车停放需求。经过计算的共享单车停放需求数据类型为polygon shapefile，数据内容包括共享单车停放次数计数等。

研究将城市网格内单车停放次数作为选取共享单车电子围栏布局位置的首要因素，即拥有高停放次数的城市网格被优先考虑为可能的电子围栏位置。本研究中，将城市网格内停放次数的阈值设置为5，即认为停放次数超过5次的城市网格是备选共享单车电子围栏位置。研究通过ArcGIS中的计算功能提取出备选电子围栏位置。备选电子围栏数据类型为 shapefile，数据内容包括共享单车停放次数等（图3-2）。

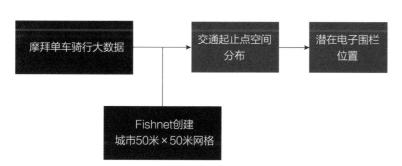

图3-2　提取共享单车停放需求（交通起止点空间分布）并选取备选共享单车电子围栏布局位置

# 四、模型算法

## 1. 模型算法流程及相关数学公式

本模型涉及的核心算法包括位置分配模型算法、DBSCAN聚类算法、最小外接矩形算法和平均中心算法。其中位置分配模型算法用于寻找特定数量的空间网格作为设置电子围栏的地点，后面三个算法均是用于推荐电子围栏规划的精确地点。在选定某个空间网格作为设置电子围栏的地点后，DBSCAN聚类算法用于寻找该网格内的骑行起止点的聚类；选择包含最多起止点的聚类，并计算其最小外接矩形和平均中心，这两个属性共同描述共享单车设置的潜在最佳位置，推荐给相关的规划师/工程师。算法实现流程如图4-1所示。

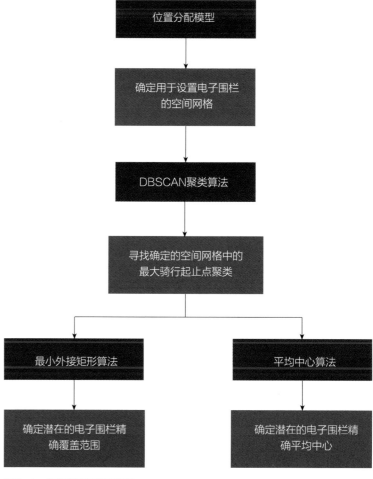

图4-1　模型算法实现流程

最小外接矩形与平均中心算法较为简单，且不是本研究的核心内容。所以，下面我们主要介绍位置分配模型算法和DBSCAN算法。

（1）位置分配模型算法

在共享单车停车需求和需要设定的电子围栏数目给定的情况下，位置分配模型可以以合适的方式定位电子围栏设施点的位置，从而保证最高效地满足共享单车的停车需求。位置分配模型中涉及的主要参数如下：

$i$表示具有停车需求的空间网格编号，$i = 1, 2, ..., n$；

$j$表示能够设置电子围栏的备选空间网格编号，$i = 1, 2, ..., m$；

$d_{ij}$表示$i$和$j$之间的道路网络距离；

$D$表示停车需求能被电子围栏设施点覆盖的距离阈值。参考已有文献（Park and Sohn，2017）和实际情况，本研究设定$D$为200m，即用户通常愿意步行200m的距离来寻找电子围栏停车点；

$N_i$ 表示在停车需求点 $i$ 的 $D$ m内的电子围栏设施点 $j$ 的集合；

$u_i$ 表示停车需求点 $i$ 的需求数量。本研究中用骑行起止点表示，例如某个空间网格包含6个OD起止点，那么该网格的需求数量为6；

$p$ 表示需要设置的电子围栏设施点的总数。本研究考虑2500，5000，7500，10000，12500，和15000个电子围栏共六种规划情景；

$x_i$ 的值为1，表示该停车需求点能够被规划的电子围栏所满足；值为0，表示该停车需求点不能够被规划的电子围栏所满足；

$y_j$ 的值为1，表示该备选空间网格被选为电子围栏设施点；值为0，表示该备选空间网格没有被选为电子围栏设施点。

在本研究中，我们的位置分配模型的目标是，在给定数量的电子围栏设施下（如7500个），尽量最大化地覆盖已有的停车需求（maximum coverage location problem，MCLP）。可以用数学公式表达成如下形式：

$$Maximise: \sum_{i=1}^{n} u_i x_i \quad (1)$$

$$\sum_{j \in N_i} y_j \geqslant x_i \quad (2)$$

$$\sum_{j=1}^{m} y_j = p \quad (3)$$

$$x_i, y_j = (0,1) \quad (4)$$

$$N_i = \{ j | d_{ij} \leqslant D \} \quad (5)$$

（2）DBSCAN聚类算法

DBSCAN（Density-Based Spatial Clustering of Applications with Noise）是一种基于密度的空间聚类算法。该算法能将具有足够密度的区域划分为一个聚类。同一个聚类中的点是紧密相连的，也就是说，在该聚类中的任意点周围不远处一定有点存在。在选定某个空间网格作为设置电子围栏的地点后，DBSCAN聚类算法用于寻找该网格内的骑行起止点的聚类；选择包含最多起止点的聚类，并计算其最小外接矩形和平均中心，这两个属性共同描述共享单车设置的潜在最佳位置。

DBSCAN算法流程如下表示：

输入参数：

$D = (x_1, x_2, ..., x_m)$ 表示样本集，即空间网格内的骑行OD起止点集。

$\varepsilon$ 表示搜索领域半径。本研究中将搜索半径设置为3m。

$MinPts$ 表示半径范围内的最小OD点数目。本研究中将其设置为2个OD点。

输出参数：

$C = \{C_1, C_2, ..., C_k\}$ 表示划分出的聚类，其中我们会统计每个聚类中的OD点数目，并选择包含OD点最多的聚类，用于更进一步的电子围栏精确选址。

计算流程：

1）初始化核心对象集合 $\Omega = \phi$，初始化聚类数 $k=0$，初始化未访问样本集合 $\Gamma = D$，聚类划分 $C = \phi$；

2）对于 $j = 1, 2, ..., m$，按下面的步骤找出所有的核心对象：

a. 通过距离度量方式，找到样本 $x_j$ 的 $\varepsilon$-邻域子样本集 $N_\varepsilon(x_j)$；

b. 如果子样本集样本个数满足 $|N_\varepsilon(x_j)| \geqslant MinPts$，将样本 $x_j$ 加入核心对象样本集合：$\Omega = \Omega \cup \{x_j\}$；

3）如果核心对象集合 $\Omega = \Phi$，则算法结束，否则转入步骤4）；

4）在核心对象集合 $\Omega$ 中，随机选择一个核心对象 $o$，初始化当前聚类核心对象队列 $\Omega_{cur} = \{o\}$，初始化类别序号 $k = k+1$，初始化当前聚类样本集合 $\Omega_k = \{o\}$，更新未访问样本集 $\Gamma = \Gamma - \{o\}$；

5）如果当前聚类核心对象队列 $\Omega_{cur} = \phi$，则当前聚类 $C_k$ 生成完毕，更新聚类划分 $C = \{C_1, C_2, ...C_k\}$，更新核心对象集合 $\Omega = \Omega - C_k$，转入步骤3）；

6）在当前聚类核心对象队列 $\Omega_{cur}$ 中取出一个核心对象 $o'$，通过邻域距离阈值 $\varepsilon$ 找出所有的 $\varepsilon$-邻域子样本集 $N_\varepsilon(o')$，令 $\Delta = N_\varepsilon(o') \cap \Gamma$，更新当前聚类样本集合 $C_k = C_k \cup \Delta$，更新未访问样本集 $\Gamma = \Gamma - \Delta$，更新 $\Omega_{cur} = \Omega_{cur} \cup N_\varepsilon(o') \cap \Omega$，转入步骤5）。

## 2. 模型算法相关支撑技术

模型算法的相关支撑技术显示如下：

（1）软件：ArcGIS。ArcGIS是最成功的商业地理信息系统软件，在本模型的实现中起着重要作用。模型中的部分数据预处理、骑行需求分析、位置分配模型计算等均由ArcGIS实现。

（2）系统：Windows 10。模型主要步骤都在Windows环境下实现，部分数据处理和计算可以跨平台实现，例如DBSCAN聚类分析既可以在Windows也可以在Mac OS平台实现。

（3）开发语言：Python。Python可以很好地与ArcGIS结合使用，同时基于Pandas和Jupyter Notebook，可以方便高效地进行各种数据处理工作。

（4）主要开发工具：Pandas。Pandas（Python Data Analysis Library）是Python的一个数据分析包，它提供了高效地操作大型数据集所需的工具。Pandas主要用于支持整个模型实现过程中的各类数据处理工作。

（5）主要开发工具：Jupyter Notebook。Jupyter Notebook是一个交互式笔记本，支持运行 40 多种编程语言，包括Python。它是模型数据处理的代码运行环境。

（6）主要开发工具：OSMNx。OSMNx可用于快速获取、分析、可视化OSM上的各类地理数据。通过设置空间范围为上海以及设置道路类型为"bikable"，可获取上海市范围内可用于自行车骑行的道路网数据。相比于直接从OSM下载数据，OSMNx获取的道路网数据具有更高的数据质量。

## 五、实践案例

本研究将模型应用于上海进行实证。图5-1显示了数据预处理结果，即构建完成的上海市道路网络、每个城市网格内共享单车的停放需求，以及备选共享单车电子围栏所在的城市网格。

由图5-1A可以看出，上海市中心城区具有较高的道路网密度。将全上海划分为2718296个50m×50m的城市网格，其中有186881个（约6.87%）城市网格中存在共享单车停放需求，其余超过90%的城市网格则不存在单车停放需求。存在停放需求的城市网格中，平均停放需求为8.3辆，标准差为18.1。由图5-1B可以看出，大多数停放需求集中在上海市绕城高速内，特别是黄浦区、静安区和杨浦区等中心城区存在较大量的停放需求。由于缺乏能反映制度、城市基础设施和民众意愿等方面的数据支持，目前研究仅根据摩拜单车用户骑行数据反映出的停放需求确定电子围栏位置。研究将备选电子围栏内停放车辆的阈值设置为5，并依据此标准提取出共58941个城市网格作为电子围栏候选位置，平均每个城市网格内停放需求为22.1辆，标准差为27.5。如图5-1C所示，大部分电子围栏候选位置位于上海绕城高速内且集中在中心城区。

图5-2显示了在六种不同规划情景下电子围栏位置的分布情况。可以看出，当电子围栏数量为2500个时，大部分电子围栏仍集中于中心城区以及浦东新区。随着电子围栏数量的增长，电子围栏从中心城区迅速向郊区扩张，但大部分电子围栏仍分布在上海绕城高速内。

表5-1列出了六种电子围栏规划情景下可容纳的共享单车停放需求百分比。由表可知，随着电子围栏规划数量的增加，能够容纳的边际停放需求递减，即可容纳的共享单车停放需求的增加幅度随电子围栏数量的增加逐渐减少。当电子围栏数量为2500个时，68.2%的摩拜单车停放需求能够被满足。当电子围栏数量从2500个增加至5000个时，能够满足的停放需求显著增加（从68.2%增加至85.0%）。电子围栏数量增长至7500个和10000个时，

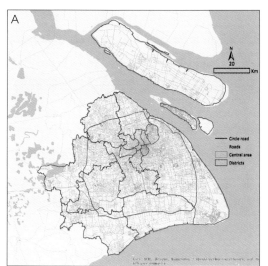
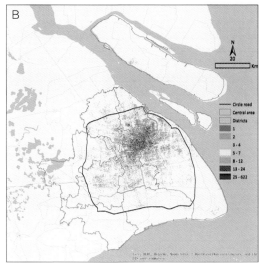
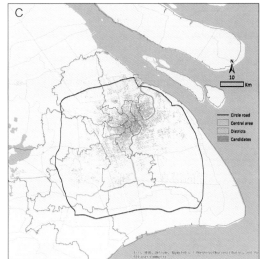

图5-1　经预处理后的A：上海市道路网络；B：摩拜单车停放需求，即每个50m×50m的城市网格内摩拜单车停放次数；C：备选共享单车电子围栏位置，即停放次数超过5次的城市网格

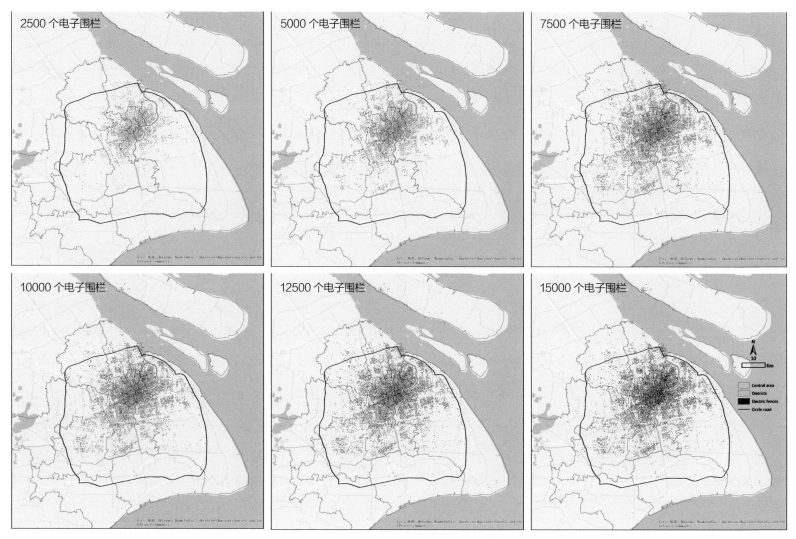

图5-2 不同规划情景下电子围栏的空间分布

能够满足的停放需求仅分别增加6.8%和3.2%。考虑到当电子围栏数量为7500个时第一次有超过90%的共享单车停放需求被满足，本研究将其视为最佳电子围栏规划情景，即以相对适宜数量的电子围栏保证较高需求覆盖。

不同规划情景下电子围栏能够满足的停放需求百分比　　表5-1

| 规划情景 | 计划电子围栏数量 | | | | | |
| --- | --- | --- | --- | --- | --- | --- |
| | 2500 | 5000 | 7500 | 10000 | 12500 | 15000 |
| 能够满足的停放需求百分比（％） | 68.2 | 85.0 | 91.8 | 95.0 | 96.3 | 96.4 |

在规划7500个电子围栏的最佳情景下，每个电子围栏内平均容纳40辆共享单车即可满足上海市298998辆共享单车的停放需求。电子围栏的容纳水平与其对应的停放需求成正比，即某个电子围栏需要满足的停放需求越高，相应的容纳水平也越高。例如，假设某个电子围栏需要满足100个停放需求，那么其对应的容纳水平应设定为：（100/1555792）×298998＝19.2辆车。这里1555792表示上海的总停放需求，是由777896条出行记录转换得来的OD点数量。然而，现实中，我们更倾向于将电子围栏容纳水平设定为在几个固定水平上，如10辆、20辆、50辆。综合考虑已有的规划标准和实际情况，本研究考虑以下六个固定水平：10、20、50、100、150和200辆及以上。我们根据实际停放需求计算得来的容纳水平转化为最为接近的固定容纳水平，进而获取最终

规划7500个电子围栏情景下，各容纳水平电子围栏数量及可容纳单车数量　表5-2

| | 能够停放的共享单车数量（辆） | | | | | | 总计 |
| --- | --- | --- | --- | --- | --- | --- | --- |
| | 0~15 | 15~35 | 35~75 | 75~125 | 125~175 | >175 | |
| 固定水平 | 10 | 20 | 50 | 100 | 150 | >=200 | |
| 围栏数量 | 1956 | 2576 | 2024 | 654 | 184 | 106 | 7500 |
| 可容纳车辆 | 19560 | 51520 | 101200 | 65400 | 27600 | >=21200 | >=286480 |

的电子围栏容纳水平。例如，上述例子中的19.2辆单车的容量水平则转化为20辆。

表5-2显示了在规划7500个电子围栏的情景下各容纳水平的电子围栏数量以及共可容纳的单车数量。由表可知，超过85%的电子围栏容纳水平可设计为20辆、50辆和10辆，仅少数电子围栏需要为其设计高容纳水平。7500个不同容纳水平的电子围栏共可容纳超过286480辆共享单车，即上海市共享单车总数量的95.8%。

图5-3显示了在设计7500个电子围栏的情况下，电子围栏设施点在上海市中心城区的空间分布以及其可容纳的停车需求。红色矩形代表电子围栏设施点所在的城市网格，其周围不同颜色线段表示该电子围栏可容纳的停放需求。由图可知，大部分电子围

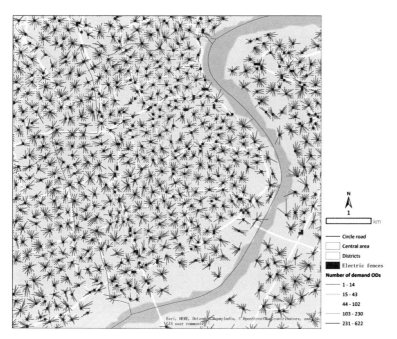

图5-3　在计划7500个电子围栏情景下，上海市中心城区电子围栏设施点位置以及其可容纳的请求点（红色矩形代表应设置电子围栏设施点的城市网格，其周围线段表示设施点周围200米内可容纳的停放需求）

栏设施点落在距离道路较近的位置并尤其靠近路口。

在此情景下，本研究应用聚类方法进一步探索了电子围栏设施点在其所在的城市网格内的精确位置。根据DBSCAN聚类分析结果，在7500个电子围栏位置中，有6770个（90.3%）包含有大量停车需求的集群。其中，具有最大数量停车需求的集群的最小边界矩形（minimum bounding rectangle）的平均面积为$25.5m^2$，即最大的电子围栏设施点需占据$25.5m^2$；所有具有停车需求的集群的最小边界矩形总面积为$172400m^2$，即7500个共享单车电子围栏设施点共需占据约$172400m^2$。

因为每个电子围栏面积较小，在城市尺度上无法观察到，所以本研究选择了五个相对典型的电子围栏设施点精确位置进行介绍，如图5-4所示。图5-4A显示了位于电影院和超市前方并且靠近主要交叉路口的电子围栏准确位置；图5-4B显示了位于公共汽车站和医院附近的电子围栏准确位置；图5-4C为电子围栏在公园内的具体位置；图5-4D显示了两个电子围栏位置，分别位于同济大学食堂和图书馆前；图5-4E显示了位于城隍庙和豫园附近的三个电子围栏位置。

## 六、研究总结

本研究针对无桩共享单车乱停乱放的问题提出一系列方法支持共享单车电子围栏的空间布局规划。本研究以上海市为研究案例，通过分析上海市各区自2017年9月15～30日摩拜单车用户骑行大数据，并运用位置分配分析模型（Location Allocation Model）计算了六种不同电子围栏计划数量下电子围栏的位置布局规划，针对最优情景（7500个电子围栏设施点）计算了不同容纳水平的电子围栏位置数量，并进一步运用DBSCAN聚类等方法计算了电子围栏在城市内的精准位置。

241

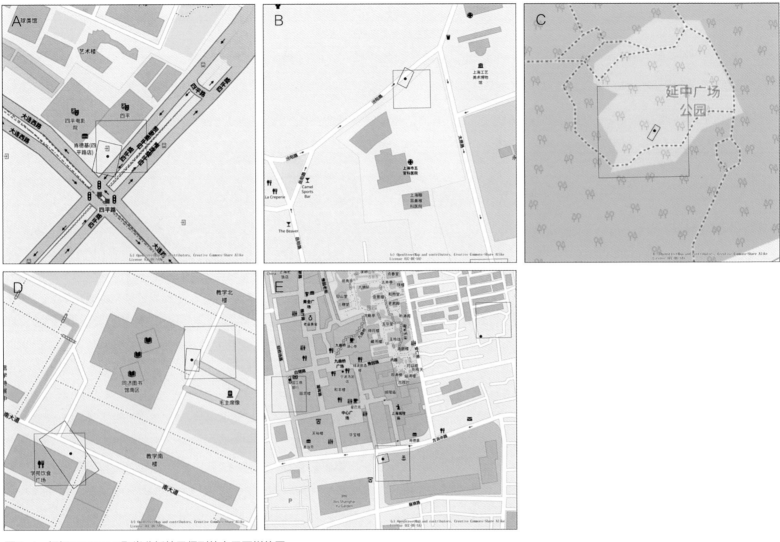

图5-4　根据DBSCAN聚类分析结果得到的电子围栏位置

　　本研究提出的计算电子围栏精准位置的一系列方法仅根据共享单车的停放需求和道路网络情况，并未将制度、城市基础设施和民众意愿等限制因素考虑在内，故研究提出的模型仅对共享单车电子围栏设施的位置有推荐作用，模型运行的结果可以作为电子围栏设施点的参考。研究今后可以将政府制度、城市基础设施和民众意愿等因素进一步纳入模型中，从一定程度上提高模型的准确性和合理性，为规范共享单车使用、促进城市可持续发展做出贡献。

　　由于共享单车出现时间较短、骑行数据相对私密难以获得，所以多数研究着眼于有关共享单车运营和管理的政策优化。本研究获得了摩拜单车提供的骑行数据，数据量较大、数据内容丰富，为研究进行精确量化研究提供了基础。研究所运用的理论、方法和技术例如位置分配模型和DBSCAN聚类分析已经十分成熟。本研究是第一项针对共享单车停放问题进行精细量化分析的研究，研究视角新颖。

　　本研究对无桩共享单车的运营和管理提供依据和建议，有助于政府和共享单车服务商对共享单车进行调配和促进规范化停放，支持可持续交通模式，促进可持续城市的规划、发展和管理。在未来，政府和服务商应利用本研究模型对各共享单车的使用数据进行分析，更新城市各区域内的停车需求。政府和服务商应共同合作进行电子围栏规划。共享单车服务商需相应更新技术，包括停车位信息实时通过手机客户端传递给用户，设计针对用户规划范停车的奖惩机制等。各个共享单车服务商之间也应进行合作交流，共同规划共享电子围栏。

# 基于春运期间LBS数据的乡镇尺度人口动态估计和预测

工 作 单 位： 武汉大学

研 究 方 向： 时空行为分析

参 赛 人： 范域立、张慧子

参赛人简介： 参赛团队来自武汉大学城市设计学院，长期关注大尺度移动数据挖掘研究。此次参赛作品选取了春运这一特殊的时间节点，对春运的末端环节——乡镇交通的基础设施条件、公路网结构等运行能力进行评估、分析、预测，拓展了区域交通大数据研究的微观尺度。

## 一、研究问题

### 1. 研究背景及目的意义

春运是我国特有的短周期、大规模人口迁移现象，具有深刻的经济和文化根源，同时也对各地社会经济活动和交通基础设施造成巨大的冲击。随着我国社会经济的发展，这种冲击开始逐渐由大城市和交通干线扩散到县一级公路和乡镇等较小的居民点：短期内涌入的大规模的人口和私家车辆，带来了较大的出行需求，导致节后运输、道路保畅压力增大；大量返乡劳动力带来消费需求，给乡镇商业带来短期的繁盛，同时也对商业空间有更高要求；按平时人口设计建设的公共服务设施和市政基础设施也同样因为短期内人流涌入而面临压力。然而，由于乡镇一级政府缺少相应的人力、信息和物质资源，往往难以对这种短时间的人口变化作出充分的预见和有效的应对。若能即时预测春运期间乡镇人口变化，将有助于实现物质和人力资源的灵活调度，降低可能造成的相关损失，有利于充分促进当地发展、维持社会稳定。

目前，有关我国春运期间的人口迁移研究一般以省或者地级市为最小的数据获取单元，难以应用于乡镇粒度的人口变化研究；且这些研究大多关注静态的总迁移量，没有对具体的迁移速度和迁移时间进行分析。少数采用动态定位数据、以乡镇或街道为粒度的研究则主要关注个别城市和地区的人口迁入或者迁出状况，未能考虑人口在较大区域中的传递关系。因此，本研究将针对春运期间大区域范围内乡镇人口以天或小时为粒度的短时人口变化进行建模。

### 2. 研究目标及拟解决的问题

本研究旨在利用LBS数据，对乡镇尺度上春运期间的全国各行政区人口变化进行估计；并结合公路网络数据、行政区划隶属关系和历史LBS时序数据，建立春运期间乡镇尺度上的人口动态分析和时序预测模型。然而，实现这一目标需要解决以下两个重要问题：

其一，在乡镇地区，LBS时序数据相当稀少，且存在不少异常或者缺失数据，难以提供稳定、连续的时间序列数据。不过，由于定位请求数据具有显著的周期性特征，且可以获取一个地区内较长时间的历史数据，本研究准备通过基于稳健回归的统计模型，在稀疏数据的基础上完成对定位请求数据的特征曲线拟合。

其二，在乡镇尺度上，目前并没有成熟的含有OD数据的人口迁徙数据产品。典型的相关数据产品——如腾讯迁徙和百度迁徙——仅提供精确到地级行政区划的人口流动数据。研究者难以直接获知人口在县级和乡镇级尺度上的流动路径，也因此难以通过已知的人口传递关系来实现乡镇尺度上的实时人口短时预测。为此，本研究需要借助行政等级、公路网络等其他与人口的传递关系有密切联系的数据，并结合相关联的行政单元的实际人口变化情况，对这种传递关系作出合理的模拟。

# 二、研究方法

## 1. 研究方法及理论依据

时序数据分析是本研究采用的主要方法，它是针对观测到的依时间为序排列的数据序列进行描述、预测和控制的过程。时序分析的对象为同一现象在不同时间上的相继观测值，且前后的观测值一般具有某种程度的相关性；其具有极为宽广的应用领域，涉及包括描述性分析、统计分析、时域和频域分析在内的众多技术方法。

一定空间范围内，LBS数据以及使用LBS数据表征的人口动态数据本身均为典型的非平稳时间序列，是具有趋势性、季节性和周期性变化的复合型序列，适用于通过时序数据分析寻找其变化规律和特征，并挖掘其包含的人口变化信息。一方面，我们希望表征一定空间范围内人口的时序变化，而在春节期间，这一变化在县域和乡镇尺度上表现为回乡人口从交通枢纽进入县城、从县城进入乡镇、在不同的乡镇之间往来活动，以及返程人口从乡镇返回县城、再从县城返回交通枢纽等一系列现象复合作用的结果，而这些行为的时间特征受到休假时间、当地习俗、交通状况等多种因素的影响；另一方面，对于一定的人口来说，一定时间内的定位请求数量也会发生季节性和周期性的变化：个人使用移动设备进行定位活动的频率取决于工作、娱乐、休息、通勤等周期性的活动，同时也可能在一些特殊的情形下发生突然的变化。同时，县域和乡镇尺度上——特别是在农村——LBS定位数据可能非常稀疏，随机性较大，需要利用数据序列本身的周期性和自相关性进行清洗和修正。这表明采用时序分析的思路进行本研究有充分的合理性。

实际上，已经有许多模型将时序数据分析方法用于对短时交通流等类似的动态时空信息的预测，它们采用了包括自回归移动平均模型、历史平均模型、卡尔曼滤波模型等在内的多种统计模型和卷积神经网络、递归神经网络在内的多种神经网络模型。而与基于交通数据的动态模型相比，本研究所采用的原始数据

（LBS时间序列数据）与目标值（人口时间序列数据）之间的数量关系——一定人口发出定位请求的频率——本身也存在剧烈的变化。因此，本研究将针对性地分为基于腾讯定位数据的历史人口动态估计和基于时空信息的短时人口预测两部分，并着重于提高模型在高噪音和稀疏数据下的稳健性。具体地，本研究将采用结合滑动窗口的稳健回归技术，对周期性变化的腾讯定位数据进行拟合，减少异常数据的影响，并通过自相关分析对拟合结果进行验证，再通过样条平滑消除单位人口单位时间定位频次的周期性变化影响，从而得到能够表示历史人口变化状况的特征值；然后寻找人口在邻近行政单元之间的潜在传递关系，并建立和训练时序神经网络，以数据较为稳定、完整的高等级行政单元的人口动态为基准，对春运期间乡镇行政单元的短时人口变化进行预测。

## 2. 技术路线及关键技术

（1）技术路线

1）时序数据预处理

（a）将文本格式的原始数据转化为按时间切片划分的栅格数据；

（b）参考地表覆盖数据对行政区划数据进行栅格化；按照行政区划，对腾讯定位数据进行分区统计；

（c）根据分区统计得到的数据特征，标记并清除腾讯定位数据中的异常数据。

2）历史人口动态估计

（a）对分区统计结果中的非零数据进行滑动窗口稳健回归；

（b）对拟合结果进行自相关性验证；

（c）对拟合结果进行样条平滑，得到各行政区历史人口特征值的估计曲线。

3）建立行政区划关联矩阵

（a）根据行政等级和路网情况，将所有乡镇行政单元分为三级；

（b）对所有低一级的乡镇行政单元，确定其对应的高一级行政单元。

4）短时人口预测

（a）以高等级行政单元的历史人口估计动态为输入数据，以对应的低等级行政单元的历史人口估计动态为目标数据，训练时序神经网络；

（b）将临近日期的高等级和低等级行政单元人口估计输入训练得到的神经网络，输出春运期间的人口特征值（图2-1）。

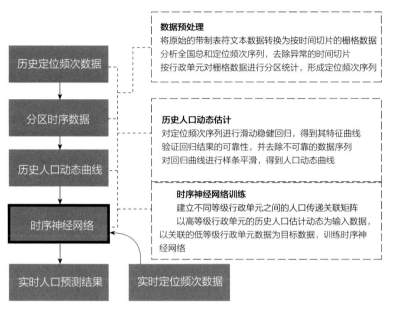

**数据预处理**
将原始的带制表符文本数据转换为按时间切片的栅格数据
分析全国总和定位频次序列，去除异常的时间切片
按行政单元对栅格数据进行分区统计，形成定位频次序列

**历史人口动态估计**
对定位频次序列进行滑动稳健回归，得到其特征曲线
验证回归结果的可靠性，并去除不可靠的数据序列
对回归曲线进行样条平滑，得到人口动态曲线

**时序神经网络训练**
建立不同等级行政单元之间的人口传递关联矩阵
以高等级行政单元的历史人口估计动态为输入数据，
以关联的低等级行政单元数据为目标数据，训练时序神经网络

历史定位频次数据 → 分区时序数据 → 历史人口动态曲线 → 时序神经网络 → 实时人口预测结果

实时定位频次数据

图2-1　本研究的技术路线

（2）关键技术

1）滑动窗口稳健回归：用于在多异常数据条件下估计腾讯定位数据的动态特征曲线。

2）自相关分析：用于验证动态特征曲线的可靠性。

3）时序神经网络：用于对该次春运期间各行政单元的未来人口动态变化作出预测。

## 三、数据说明

### 1. 数据内容及类型

本研究所采用的数据主要包括：

腾讯定位频次数据：本研究采用的核心数据，作为动态估计各行政单元人口涨落的基础。

全国县级及乡镇级行政区划矢量数据：作为腾讯定位频次数据的统计单元和人口估计与预测结果的输出单元。

全国高速公路及县道矢量数据：用于辅助建立不同行政单元之间的关联关系。

30米分辨率全球地表覆盖数据：预处理过程中，用于确定县、乡镇居民点精确位置，明确腾讯定位数据点归属。

具体情况如下：

（1）腾讯定位数据

原始数据为.txt格式的2016年1月15日至2016年2月14日期间的腾讯位置平台定位请求数量统计结果，共约60亿条记录，每一条记录为全球范围内一个1千米网格内在确定的五分钟时间切片中向腾讯定位平台发出的定位请求数量。

该数据来自对腾讯位置数据平台的抓取，具有延续时间长、覆盖面广、时间分辨率高、空间分辨率较高的特点，其数据格式也较易于处理；同时，腾讯平台各应用庞大的用户群体和高活跃度也使得该数据对于人口的动态变化有较好的表征能力。

（2）全国县级及乡镇级行政区划矢量数据

该数据为.shp格式的面矢量数据集，包含WGS 1984坐标系下的我国2854个县级行政区划和46140个乡镇级行政区划空间范围矢量多边形。

该数据来源为城市数据派数据分享。使用精细到乡镇的多级行政区划数据，既是出于对分析结果实用性的考量，也由于乡镇是本模型采用的1千米分辨率定位数据所适宜表征的最小行政单元。

（3）全国高速公路及县道矢量数据

该数据为.shp格式的线矢量数据集，包含WGS 1984坐标系下的我国283252条高速公路折线和581274条县道折线。

该数据来源为城市数据派数据分享。县道和高速公路连接了我国乡镇及以上行政单元，其网络结构直接影响区域人口流动的路径，对于估计多个居民点之间的人口变化传递关系有着重要作用。

（4）30米分辨率全球地表覆盖数据

该数据为.tif格式的栅格数据集，包含WGS 1984坐标系下的2010年全球30米分辨率地表覆盖数据集。

该数据来源为国家测绘地理信息局30米全球地表覆盖（Global Land Cover 30）项目组，它能够直接表征30米分辨率下人造地表覆盖的位置，从而给出乡镇居民点和县一级居民点的准确位置。

### 2. 数据预处理技术与成果

在数据预处理环节中，主要需要达成两个目的：①以乡镇行政单元统计腾讯定位数据；②标识腾讯定位数据中存在的数据异常问题。

（1）腾讯定位数据的栅格化

使用Python和ArcPy模块对原始的.txt格式数据进行处理，将每五分钟的定位数据还原为一份1千米网格栅格数据。具体步骤为：

1）分割原始数据文件：原始数据为带制表符的.txt文件。逐条识别原始数据文件每一行中标识时间片段的字符串，当该字符串的内容与上一行不一致时，以该字符串的内容为文件名，创建并打开新的.txt文件，并将该行文本添加到该.txt文件中；如果时间标识与上一行一致，则直接将该行文本添加到上一行所添加到的.txt文件。

2）生成点矢量数据：在每一份分割后的数据文件的开头添加一行，在该行写入'Date'，'Time'，'Lat'，'Long'，'Val'四个字段名，分别代表该行数据对应的日期、时间片段、纬度、经度和定位请求数量。通过ArcPy模块中的MakeXYEventLayer_management函数，将每个.txt数据文件转化为.shp点矢量文件。

3）转化为栅格图像：通过ArcPy模块中的PointToRaster_conversion函数，将点矢量数据转化为栅格数据。然后以WGS 1984.prj为投影文件，将栅格数据转化为带地理坐标的.tif图像。

（2）腾讯定位数据的分区统计

利用全国行政区划数据，对每一个时间切片对应的腾讯定位数据栅格图像进行分区统计。具体步骤为：

1）行政区划栅格化：将全国行政区划数据进行栅格化，栅格像元大小取为腾讯定位数据空间分辨率的二分之一。相比于矢量区划数据，栅格区划数据在分区统计中有显著更高的运算效率。

2）边界修正：将地表覆盖数据与全国行政区划数据、腾讯定位数据同时进行比对，通过高分辨率的地表覆盖数据明确位于行政边界上的腾讯定位数据点的实际归属，据此修正上一步中得到的栅格化行政区划数据，使之能够与腾讯定位数据对应。

3）分区统计：通过ArcPy模块中的ZonalStatisticsAsTable函数，对每个时间切片对应的腾讯定位数据进行分区统计，并对所有分区统计结果编写Matlab脚本实现基于行政单元编号的数据关联。最终得到以行政单元编号为主键、以每个时间切片上总定位数量为数据字段的数据表。

（3）腾讯定位数据分区统计结果的初步修正

部分数据切片存在整体与其他数据严重偏移的问题，应当找到并标记这些数据切片。大量实验表明，五次多项式能够较好地拟合一个人口稳定的地区在一天的时间内腾讯定位数量随时间的变化规律。对全国总和腾讯定位数据，按时间切片进行排列，并对每天的数据进行五次多项式最小角稳健回归；验证回归结果的可靠性，并将与回归曲线偏离较远的原始数据点标记为异常点，将异常点赋值为零。

## 四、模型算法

### 1. 模型算法流程及相关数学公式

（1）基于滑动稳健回归的人口动态估计

将任意行政单元$t$的历史腾讯定位频次数据序列记为$SeqT_t$，$SeqT_t$是一个包含历史数据中所有时间切片上腾讯定位频次数据统计值的列向量；对于该日中的时间切片$i$，如果切片$i$上的数据缺失或者为异常数据，记$SeqT_t(i)=0$。

建立行数为288（即一天周期所对应的时间切片数量）、列数为总时间切片数$n$的矩阵$SeqE_t$，用于存储所有时间切片上的所有拟合结果；建立行数为总时间切片数量的列矢量$SeqR_t$，用于存储对各个时间切片的腾讯定位数据特征值的最终估计结果（图4-1）。

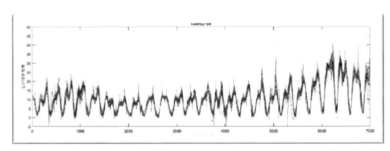

图4-1　滑动稳健回归及其结果

接下来对该行政区的人口动态进行估计。

1）建立局部自变量和因变量序列

建立空的列向量$x$，列向量$y$作为局部的自变量和因变量序列。

对$i \in [1,n] \cup N^*$，取序列片段$SeqF_t^i = SeqT_t([i, i+288])$，用于对数据序列的局部进行拟合。序列片段对应的时间长度为24小时，即单位人口定位频次变化的真实周期。逐个考察$x_0 \in [1, 288]$，对$\forall (x_0 \mid SeqF_t^i(x_0) > 0)$，令$x = [x, x_0]$，$y = [y, SeqF_t^i(x_0)]$。

2）进行局部稳健回归并筛选异常回归值

根据对大量序列数据的观察和实验，各级行政区划中单日定位频次变化曲线几乎都能够通过五次多项式进行较好的拟合。因此，对自变量$x$和因变量$y$进行五次多项式最小角稳健回归（Efron，2004），将回归系数大于0.5的回归结果存入$SeqE_t$中对应的位置。即，对于$i \in [1,n]$，令

$$SeqE_t(j,i+j) = f_i(j) \mid f_i(x_i) \sim y_i, j \in [1,288] \cup N^*  \quad (4-1)$$

由此，得到了对该行政单元定位频次序列上每一个值的多个拟合结果。

对切片$i$上的所有估计值$SeqE_t([:,i])$，求得期望$\mu$和标准差$\sigma$，使得$SeqE_t([:,i]) \sim N(\mu,\sigma^2)$。去除偏离期望的值，并将余下值的期望输入$SeqR_t$，即

$$SeqR_t(i) = E(SeqE_t([:,i]) \mid SeqE_t([:,i]) \in (\mu-\sigma, \mu+\sigma)) \quad (4-2)$$

$SeqR_t$即为对行政单元的腾讯定位数据特征值的估计结果。

3）自相关性验证

由于单位人口单位时间定位频次变化的强周期性，对任意的行政单元，其在步长为288（一天）时，应当具有明显的自相关性；可以借此验证拟合结果的合理性。对每一个行政单元，计算其自相关函数

$$AC_t = E(SeqR_t \cdot SeqR_t)/\sigma^2_{SeqR_t} \quad (4-3)$$

如果$AC_t(288) < 0.2$，说明对行政单元$t$的拟合未能得到符合期望的结果，这可能是由于该行政单元的数据过于稀少。该行政单元的数据将不会进入下一步分析，以免给预测结果造成不稳定性。

4）曲线平滑

$SeqR$是存在着大量转折点的特征曲线，这些转折点主要来自于单位人口单位时间定位请求数量的周期性变化。使用平滑样条内插法拟合该曲线以消除这些高频的变化。具体地，对于行政单元$t$，在（0，1）上寻找合适的平滑参数，使得$SeqR_t$上的转折点在该参数上有最显著的变化。将该参数下$SeqR_t$的平滑结果记为$SeqP_t$，作为行政单元$t$的人口变化特征曲线（图4-2）。

（2）建立行政区划关联矩阵

1）行政单元分级

通过ArcGIS拓扑检查找到高速公路数据中所有的高速公路出入口，并通过空间关联统计所有行政单元包含的高速公路出入口数量；将栅格化的行政区划数据与县道数据叠加，统计每一个行

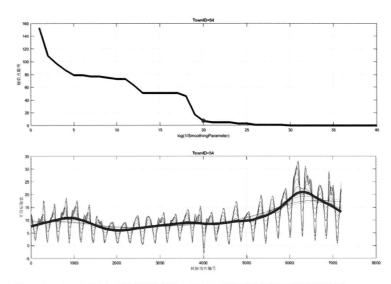

图4-2　上：寻找合适的平滑参数；下：不同平滑参数下的处理结果

政区划的边界与县道的交叉点数量。

对于每一个$SeqP$对应的乡镇，若它包含至少一个高速公路入口，或者位于地级市或更高等级城市的市区，将其记为一级；若它的边界与县道存在至少四个交叉点，或者是县一级行政区划的城关镇，将记为二级。将其他的乡镇记为三级。

2）建立行政区划关联矩阵

对于每一个二级行政单元或三级行政单元，如果它与且仅与一个一级/二级行政单元通过公路连接，则将该一级/二级行政单元记为其关联行政单元。否则，从该行政单元出发，搜索所有与其相隔不超过两个行政单元的高一级/两级行政单元，记为其关联行政单元。

（3）基于时序神经网络的短时人口预测

1）建立时序神经网络

以小时为单位对各行政单元的历史人口变化特征曲线进行汇总统计。

对于每一个二级/三级行政区划单元，将其关联行政单元的历史人口变化特征曲线的一阶导数作为时序神经网络的输入序列，其自身的历史人口变化特征曲线一阶导数作为输出序列，通过Levenberg-Marquardt算法训练NARX神经网络。

2）进行乡镇人口时序预测

对二级/三级行政单元，将神经网络的时序数据延迟设置为24；将最近两天其关联的一级行政单元历史人口变化特征曲线的一阶导数输入到经过训练的神经网络模型中，得到对该行政单元

未来24小时人口变化的估计，并从而得到对其未来一天的人口的估计。

### 2. 模型算法相关支撑技术

本模型算法主要通过带有ArcPy模块的Python语言、ArcGIS平台和MATLAB技术计算语言实现。本模型使用Python2.7和MATLAB语言编写，在ArcGIS10.2和MATLAB2015b平台上运行（图4-3）。具体地：

（1）通过ArcPy模块实现原始数据的批量预处理、分区统计和少数分析结果的呈现；

（2）利用MATLAB科学计算模块、统计分析模块、神经网络模块和绘图模块等，在MATLAB平台上实现模型算法的批量运行、结果输出和可视化呈现。

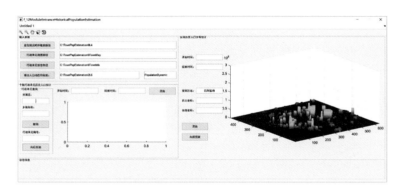

图4-3　基于MATLAB编写的分析和可视化平台

## 五、实践案例

### 1. 模型应用实证及结果解读

本研究选取了2016年1月16日（腊月初八）至2016年2月11日（正月初四）共26天时间中的腾讯定位数据，对模型进行实际检验，并从全国总和定位请求频次、历史人口估计结果、行政单元关联结果和短期人口预测结果四个方面对数据和实验结果进行分析。

（1）全国总和定位请求频次

全国人口在春节期间基本保持稳定，且基数巨大，其定位频次受到随机变化的影响较小。因而，可以通过全国总和定位频次序列，首先移除异常的数据切片。2016年1月17日00：00至2月11日23：55，共有7488个时间切片。经过数据切片和格式转换

后，对每个时间切片上全国所有腾讯定位频次数据进行加和（图5-1）。经过简单的统计分析后容易发现，其中有185个时间切片的数据显著少于其他时间切片，77个时间切片的数据显著多于其他时间切片，另外有254个时间切片上总的定位频次相对于其相邻的切片发生了显著的变化，并且不符合其他时间切片所呈现出来的周期性特征。去除上述时间切片后，尚有6972个时间切片没有明显的总体性问题，占全部时间切片的93%。

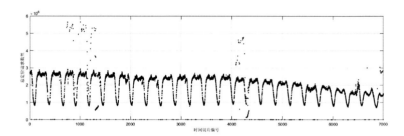

图5-1　部分时间切片的定位请求频次数据存在明显的整体性问题

对估计得到的所有行政区划的历史人口曲线相加和，结果与未处理的、以天为单位统计的腾讯定位数据总量变化情况基本一致。这说明模型所得的历史人口曲线不仅可以用于估计人口变化的趋势，而且对于具体的人口涨落幅度也有一定的表征能力。

（2）历史人口特征曲线估计

对于被保留的时间切片，使用全国乡镇一级行政区划数据进行分区统计，得到与各行政单元对应的36140个数据序列。其中，10492个数据序列可以通过稳健回归获得较好的拟合结果。尽管有效的数据序列仅占总数的29%，但在所有有效的时间序列中，该10492条序列覆盖的腾讯定位总频次占到所有腾讯定位频次的79%。这说明被舍弃的数据序列主要为人口较为稀少的乡镇，占全国人口绝大多数的乡镇在春运期间的腾讯定位请求频次都可以较好地被拟合。在这些乡镇中，属于四川、河南、江苏、山东、湖南、河北和广东七个人口大省的乡镇占了一半以上。由此可见，本模型使用本案例选取的数据可以表征中东部和四川盆地等人口密集地区的乡镇行政单元腾讯定位频次变化。

从模型得到的人口动态特征曲线来看，全国大部分乡镇行政单元在腊月初八至正月初四之间呈现非常明显的人口上升趋势，少部分呈现下降趋势，更少部分（大多位于贵州、云南、广西和福建等省份）基本维持稳定。这与我们的常识性认知和更大尺度上的人口迁移研究结果相符合。更具体地，在腊月初八到年三十

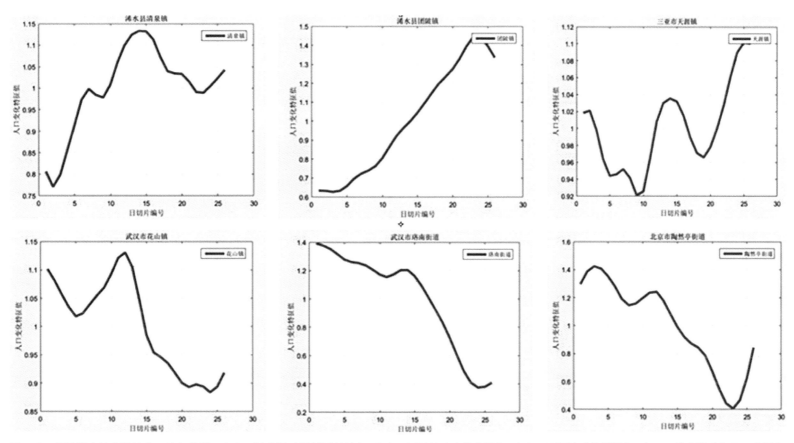

图5-2 部分代表性乡镇的人口特征曲线。左上：清泉镇（县城城关镇）；中上：团陂镇（农业乡镇）；右上：天涯镇（旅游镇）；左下：花山镇（郊区工业镇）；中下：珞南街道（包含高效集中区域的城市中心区）；右下：陶然亭街道（包含大型休闲游乐场所的居民街道）

期间，大约30%的乡镇人口特征值提高了一半或以上，有大约8%的乡镇的人口特征值提高了一倍或以上，这一变化幅度的潜在影响不容小觑（图5-2）。

进一步地考察不同时间段上不同行政单元的人口变化特征，不难发现，各行政单元人口动态特征值的下降主要发生在腊月二十至腊月二十九这十天的时间，以及年初二之后的几天。从腊月二十开始，人口流出的乡镇逐渐增多，并在腊月二十二左右形成了一个小高潮；随后，人口流出城镇继续稳定增多到腊月二十九，随即骤然下降。在年初二，人口流出乡镇再次骤然增多，并维持在较高水平。而人口上升的乡镇数量变化则呈现出了更丰富的特征：在腊月十三前后、腊月十八前后、腊月二十九前后和年初二前后，都有大量乡镇发生了明显的人口增长。显然，这与不同职业、不同人群年前回乡的时间不同以及年后拜年的传统都有密切的联系，如大学生一般在春节前半个月左右放寒假；外出务工人员常在腊月二十左右返乡；而城市白领一般在腊月

二十八至二月三十左右放假。由此可见，本研究通过腾讯定位数据估计得到的各乡镇人口变化特征曲线较为符合春节期间人口迁移的实际规律。

对于具体的乡镇，人口变化特征序列的具体特点也与对应乡镇的人口构成等特点密切相关。如在武汉市，大学生众多的广埠屯街道从腊月初八开始就已经出现显著的人口下降，在腊月二十二之后开始第二波下降，人口特征值减少的总比例也较大，接近四分之三；江汉、桥口和江岸三个区则均在腊月二十二之后才出现明显的人口下降，且下降比例不到三分之二。而在周边，既承载武汉的一部分工业功能和产业人口，本身也是劳动力流出地的豹澥镇、花山镇和阳逻镇则出现了人口特征值先下降、再上升的情况：在本地工作的外来人口逐渐回乡，但随后更多从本地外出务工的人口回到本地。在清泉镇、赤壁镇等县城或者小城市的城关镇，人口特征值则表现为先上升、再下降：它们起到了回乡人口在到达具体乡镇之前的集聚地和中转站作用。在浠水三

店、团陂等典型的农业镇，其人口特征值则不出意外地在正月初三之前始终处在上升状态。

（3）短期人口预测

本研究利用湖北、四川部分乡镇的数据，以一半的时间断面作为训练样本，对时序神经网络模型进行了训练和验证。验证结果表明，使用Levenberg-Marquard算法训练的时序神经网络，在延迟为两天的情况下，预测序列与实际序列普遍具有0.90以上的相关系数，对人口特征值的预测偏差不超过15%（图5-3）。

在有条件的情况下，应当使用不同年份的数据进行训练和验证。一旦能够获取更多年份的相关数据，本研究准备对预测模型进行进一步的完善和验证。

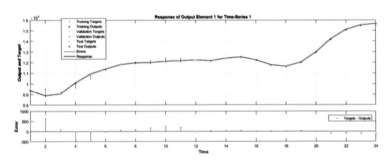

图5-3 时序神经网络模型在四川部分乡镇进行拟合时的表现

## 2. 模型应用案例可视化表达

本模型主要从三个方面实现可视化表达：全国或者区域尺度上人口动态变化的可视化呈现；关联行政单元相互关系的可视化呈现；以及单个行政区划单元人口数量预测过程的动态呈现。可视化表达的实现平台是基于MATLAB GUI编写的窗口程序。

具体地，本模型首先将统计每个行政区在过年之前、人口较为稳定时的人口特征值作为参照值，随着后续时序数据的输入和处理，以动态地图的方式，逐个时间切片地展示每个行政区划单元当前人口特征值相对于过年前的比例和当前时段的人口特征值变化方向及速度；对于单个行政单元来说，则主要以时序数据图表的方式呈现其人口特征值的变化情况和未来的预期值。

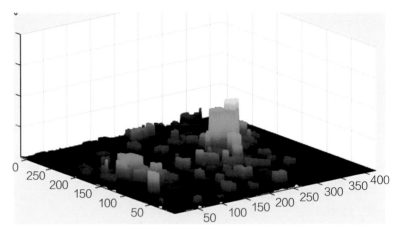

图5-4 三维动态呈现的区域人口变化（图中为上海及周边地区2016年2月4日的情况）

## 六、研究总结

现有的区域人口动态流动研究主要面对地级市或者更大的行政单元。本研究利用覆盖全面、时间分辨率高、空间分辨率较高的腾讯定位请求数据，将春运期间全国范围的区域人口动态变化和分布的分析和预测粒度精细化到了乡镇尺度。借助多种辅助性的地理数据和先验的规则、知识，本研究尝试通过改进稳健回归算法，对乡镇地区动态数据的较大稀缺性和随机性作出了回应。在乡镇地区没有OD（来源地-目的地）信息的情况下，本研究利用乡镇尺度上公路密度小、两点之间路径选择少、跨区域交通较少的特点，利用道路网络数据、行政等级关系和空间邻接关系，对流动人口在区域中的层级传递关系进行了建模。

另一方面，在以往，有关春运中的人口流动的研究主要旨在从劳动力迁徙的角度，对区域发展态势、劳动力的流动方向等宏观、长期社会经济现象进行分析；有关区域交通流的研究则更加关注不同区域间和不同路段上的静态交通流量需求。而本研究则着重于小区域内人口在一天甚至几个小时的尺度上的具体变化状况本身。这种变化，潜在地带来交通流量的异常，进而导致直接的社会经济问题。这一类短时间、短距离的流动，受到当地风俗、甚至是当天的天气等众多复杂因素的影响，需要实际的实时数据和适用的分析模型作为支撑。

从这个角度来说，面向乡镇的区域人口和交通模型更有着重要的实际意义。对于我国中西部的小城市和乡镇来说，相对落后的城市管理和相比于大城市来说稀疏得多的公路网络，使得它们在面对突然的人流和车流时更加脆弱——县道上的一处事故可能使得数个村庄无法通行，拥挤的县城可能导致与其相连的高速公路被中断、瘫痪。如果能在本模型的基础上，结合更加精细的道路、气象等辅助数据和更当地化、更具体的知识规则，建立大尺度的实时交通流预测和管理决策辅助模型，提前预知可能出现问题的具体位置，将有利于合理调动有限的管理资源，最大化地减小异常人流、车流带来的冲击。

当然，不只是人口流动方面的模型，目前大多数基于时空动态数据的研究主要面对的都是大城市和经济发达地区，这与这些地区数据种类多、数据质量高、数据量大，从而有利于分析研究有密切的关系。然而，这不意味着我们的目光应当局限在大城市——随着我国人民对美好生活的需求日益增长，随着交通和通信的日渐发达和生活的日渐多样化，在道路交通、社会福利、应急响应等众多方面，一些曾经主要存在于大城市的需求和问题，也开始在小城市和乡镇凸显。如何借助有限的资源和条件，使得城市模型的应用范围更广阔、更全面，是城市研究者应当关注的重要问题。

# 城市中心区组合用地配建停车泊位共享匹配模型

**工作单位：** 上海市城市建设设计研究总院（集团）有限公司

**研究方向：** 基础设施配置

**参 赛 人：** 王斌、范宇杰、彭庆艳、沈雷洪

**参赛人简介：** 参赛团队来自于上海市城市建设设计研究总院（集团）有限公司，包括城市规划和交通规划的专业工程师，其中不乏专业总工程师。致力于用先进的技术、发展的眼光、科学的论证，聚焦城市交通健康发展，合理利用城市资源，积极引入绿色、低碳、宜居的策划思维，依托自身公共交通研发中心，描绘城市未来发展的蓝图。借助云技术、大数据、移动互联等新兴技术手段，让城市设计和运营管理技术逐步健全，让城市更美好。

## 一、研究问题

### 1. 研究背景及目的意义

随着城市经济的快速发展，机动车保有量迅猛增长，城市中心区停车问题日益严重，突出表现为"需求供给矛盾"和"停车资源不匹配"两方面。

城市中心区停车泊位的建设往往无法与机动车的增长速度相匹配，因此，本文运用共享停车的概念，寻求提高停车泊位使用效率的方法，使其供给和需求在时间和空间上的达到匹配，提高其使用率和周转率，可以有效地解决停车困境。

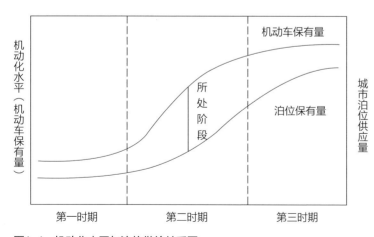

图1-1 机动化水平与泊位供给关系图

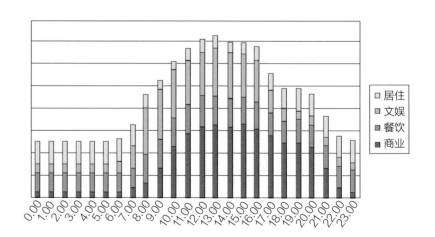

**各类建筑物配建停车设施闲置特性**　　　　　　　　　　　　　　　　　　　　　　　　　表1-1

| 建筑物类型 | 停车闲置特性 |
|---|---|
| 办公 | 工作日白天有固定需求，停车高峰泊位需求较为固定，夜间及节假日停车需求较低，在非上班时间有明显且固定的闲置时间 |
| 居住 | 夜间使用率高，工作日白天因居民驾车通勤出行使停车泊位利用效率低，周末因驾车出行也可能较低泊位使用率，相比周末，工作日存在明显且固定的闲置时间 |
| 商场 | 营业时间内有部分停车需求，周末停车需求要高于工作日，工作日有较为明显的闲置时间 |
| 酒店餐馆 | 周末停车需求高于工作日，全天均有停车需求 |
| 医院 | 白天就诊时间的停车需求高于夜间，存在高峰时间，夜间有较为明显的闲置时间 |

国内外对停车共享的研究现状及存在的问题如下：

（1）目前针对停车行为的研究主要考虑众多影响因素对停车行为选择的影响，泊位共享条件下行为选择的研究还较为薄弱，特别是不同群体停放者在首选停车场无法得到满足，进行备选（共享）停车场选择过程中的行为选择机理性研究相对薄弱；

（2）从共享角度进行多种用地类型组合条件下停车需求的时间与空间动态研究相对薄弱；

（3）基于不同群体停车行为选择变化规律如何影响停车需求分布仍有待进一步深化研究；

（4）缺乏从提升资源利用效率角度进行共享泊位时间和空间分配的定量化研究，特别是匹配实际需求与整体供给时空资源的研究较少，没有从数据层面出发，利用停车共享手段来解决停车供需矛盾。

## 2. 研究目标及拟解决的问题

本研究报告基于多源数据，以停车泊位共享为手段，首先，基于停车场数据分析典型用地类型停车特性，配建停车泊位共享时空窗口之间的匹配关系；其次，融合RP和SP调查数据等数据形式解析共享条件下停车者停放行为选择机理；最后，建立以提升组合用地类型配建停车设施时空资源利用效率为目标的停车需求与供给的时空均衡匹配模型，探究各种用地类型间停车需求分布的动态转移优化方法。

# 二、研究方法

## 1. 研究方法及理论依据

（1）本研究报告重点研究以下几方面内容：

1）组合用地配建停车位停放时变特性研究

利用停车场多源数据，以大数据分析为手段，针对几种常见单一用地的停车特性，分析停车特性如泊位占用率、车辆进出变化、停车时长等的差异。

2）基于泊位共享的停车行为选择研究

共享停车行为特性调查与分析：

结合RP和SP调查设计调查问卷，利用数据分析手段研究不同停车者在不同情境下的共享行为选择偏好。

面向泊位共享的停车行为选择模型：

运用随机系数Logit模型建立更加细化的共享停车选择效用模型，以数据为基础，得到更适合组合用地的共享停车行为选择模型。

3）组合用地类型停车设施共享泊位匹配模型

组合用地类型停车泊位共享匹配关系模型：

从需求、供给和分配三方面入手，基于不同类型用地的停车大数据分析，提出以"停车系统时空资源均衡"为目标的组合用地共享泊位均衡分配方法。

变阻抗条件下组合用地类型停车需求分布转移及共享泊位匹配优化：

以多源数据为主要载体，根据停车者行为选择模型计算阻抗条件下共享泊位实际分配，建立"基于客观数据共享泊位均衡分配"的匹配度指标，并通过对阻抗动态调控，得到基于多源数据下均衡分配的优化方法。

（2）模型的选择与构建

本文的模型主要涉及运用数值仿真手段的随机系数Logit模型、共享停车需求与供给的时空资源消耗匹配模型等。

1）面向泊位共享的停车行为选择模型

本文拟运用典型相关分析等数理统计方法，以RP和SP调查数据为基础，并结合STATA等软件分析工具，提出改进的Mixed-Logit模型，来提取显著性影响因素，建立共享停车行为选择模型，分析不同停车者对于选择不同类型共享停车的选择概率。

2）共享停车需求与供给的时空资源消耗匹配模型及优化方法

本文拟建立的匹配模型以组合停车设施饱和度均衡为目标函数，约束条件为组合用地内各建筑物动态停车需求分布、停车时长以及停车者共享行为选择等。并运用随机扰动分析法等数学方法应用于交通需求时变状态分析及需求转移匹配调节相关模型的建立。

## 2. 技术路线及关键技术

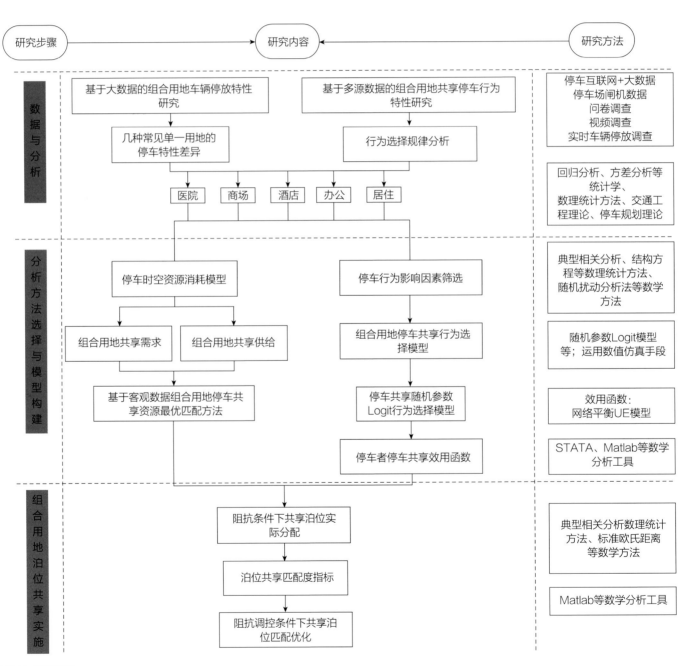

图2-1　报告技术路线图

## 三、数据说明

### 1. 数据内容及类型

停车研究具有两个属性，一个为交通属性，属于静态交通重要的组成部分，选取各类型停车场的停车数据有助于分析停车交通运行特性；另外停车具有一定的社会属性，是出行者社会活动重要的组成部分之一，结合RP和SP调查数据，有助于分析出行者停车选择行为特性。同时结合两者数据能够全方面地对停车时空资源进行调控，发挥最大的交通和社会效益。

（1）停车场数据

本文选取了五类典型建筑物作为停车数据获取对象，获取其停车场App数据、视频数据、闸机数据等，对几种典型用地的停车特性进行数据统计与分析，具体调查来源、样本量见表3-1。

典型建筑物停车特性调查来源和样本量　表3-1

| 调查地点 | 数据时间 | 样本区域 | 样本量 | 样本类型 | 数据形式 |
|---|---|---|---|---|---|
| 南京市 | 2015.1~2016.5 | 新街口、鼓楼地区停车场 | 20 | 居住办公商场酒店医院 | 进出闸机数据<br>车辆进出视频数据<br>停车场App数据 |
| 上海市 | 2016.8~2017.8 | 世博地区停车场 | 10 | | |

（2）行为选择数据（RP&SP调查）

在RP数据中融入SP数据，不仅能够消除单独使用SP数据产生的偏差，也增强了模型对环境变化下停车者潜在选择行为的预测和解释能力。

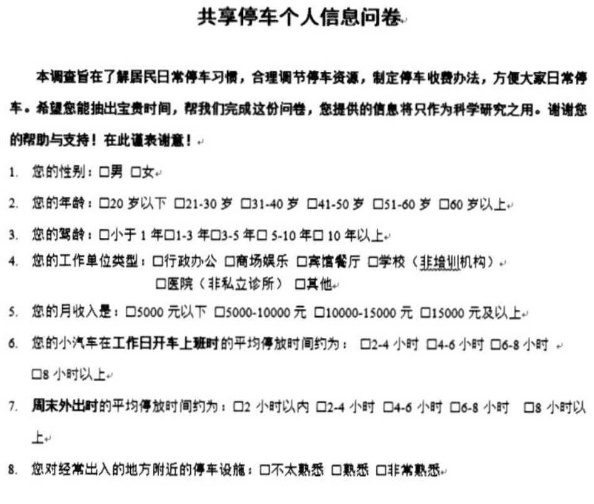

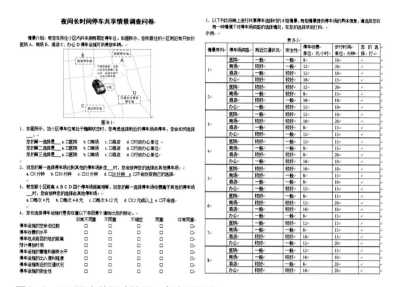

图3-1　SP调查数据来源问卷

1）组合用地停车共享模式一：夜间长时共享停车，具体情景表现为停车者在居住区泊位饱和情况下选取附近建筑物（包括医院、商场、酒店、办公等）进行共享停车；

图3-2　RP调查数据（情景一）来源问卷

2）组合用地停车共享模式二：白天长时共享停车，具体情境表现为停车者白天工作单位泊位饱和情况下选取附近其他类型建筑物进行共享停车；

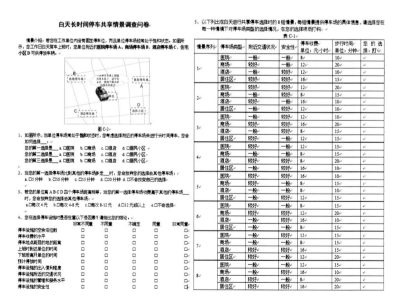

图3-3　RP调查数据（情景二）来源问卷

3）组合用地停车共享模式三：短时共享停车，具体表现为停车者随机出行，在目的地泊位饱和情况下选取附近其他类型建

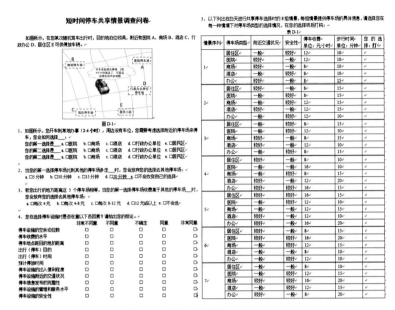 

筑物进行共享停车。

图3-4　RP调查数据（情景三）来源问卷

## 2. 数据预处理技术与成果

### （1）停车场数据预处理

#### 1）不同用地类型车辆进出动态变化分析

开放共享窗口进行停车共享的过程中，既要考虑其他用地类型的需求总量，也需要准确掌握本地停车驶入驶离变化来确保共享不会影响到自身产生的需求。之前的研究大都将车辆驶入驶离停车场进行分开考虑，本研究试将驶入驶离动态综合考虑，建立各用地类型"车辆进出动态变化"图，掌握配建停车场在不同时间的进出变化情况。

07:00~10:00居住成为潜在共享停车场；从15:00开始，医院、办公、酒店、商场成为潜在共享停车场。

根据停车共享策略，可以将停车场车辆"净驶入"时段定义为"抑制自身共享时段"$R_i$，在图中用红色表示，"抑制自身开放共享时段"包含两层含义：①若此时停车场对外开放共享，则应该减少共享的泊位数或者关闭共享；②若此时停车场未对外共享，则应该继续保持不对外共享或者寻求其他停车场的共享泊位。

将停车场车辆"净驶离"时间段定义为"鼓励开放共享时段"$G_i$，在图中用绿色表示，"鼓励开放共享时段"也包含两层含义：①若此时停车场对外开放共享，则可以继续对外进行共享；②若此时停车场未对外共享，则应该寻求较少占用其他停车场的共享泊位或者对外开放共享。

#### 2）停车时长分析

车辆进入停车场进行泊车，不仅占用一个停车位，也会在此

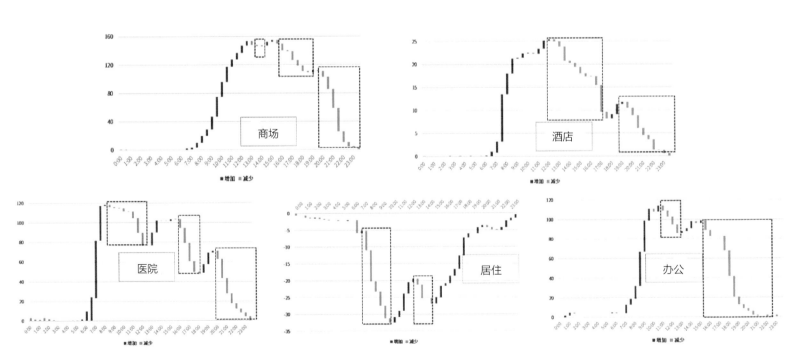

图3-5　不同用地类型车辆进出动态变化图

停车位停放一段时间，因此，在研究停车场占用特性和车辆进出数的同时，还需要对不同时间停车时长特性进行分析。

对不同时刻下停车时长分布进行统计分析，在本文的停车时长分布图中，由浅至深分别表示停车时长1小时以内、1至2小时、2至4小时、4至6小时、8小时以上等停车时长段的分布比例，

在某时刻进行停车共享时，就可以得到此时间停车共享需求中各时长的比例，为后文进行共享分配与匹配提供支持。

居住、办公以长时停车为主；商场、医院以短时停车为主；酒店以中、短时停车为主。

**停车时长数据分析情况列表**  表3-2

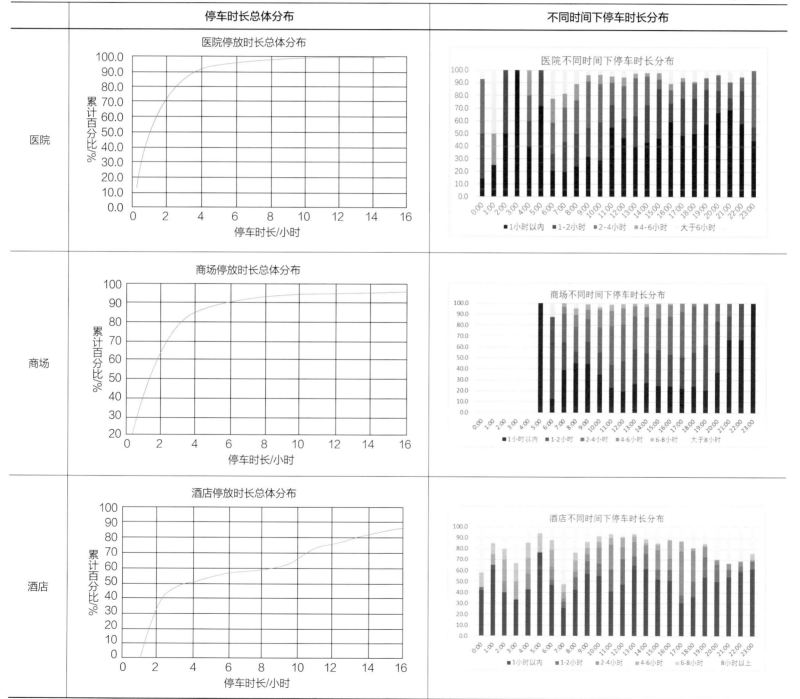

| | 停车时长总体分布 | 不同时间下停车时长分布 |
|---|---|---|
| 办公 | 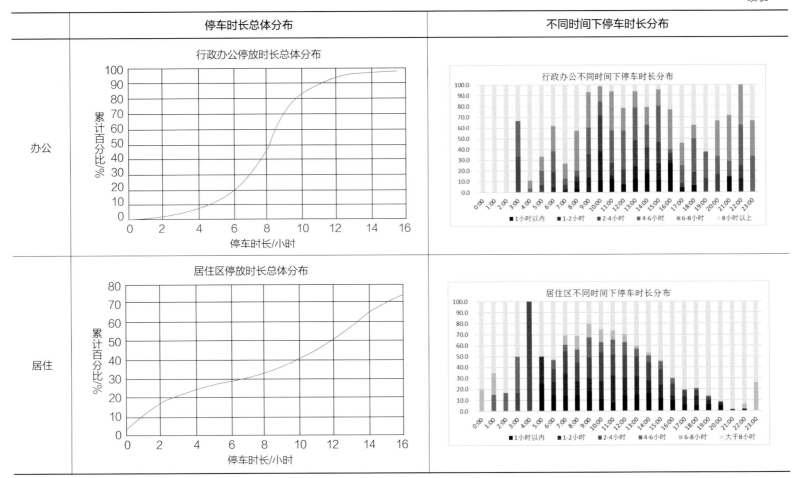 | |
| 居住 | | |

3）不同用地类型停放占用特性分析

针对每种典型用地类型每天24h停车泊位占用数变化数据，统计分析工作日和周末不同用地类型的停车时空资源占用率变化规律，获取不用类型建筑物停车需求高峰时段。

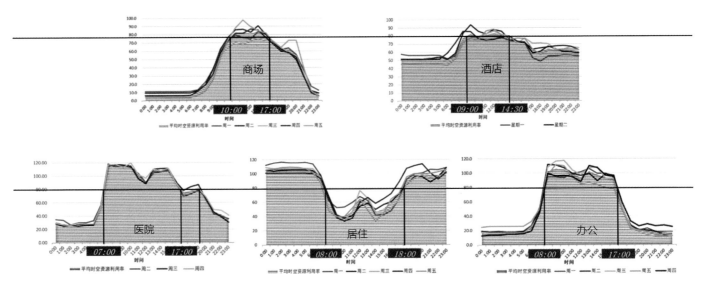

图3-6　不同用地类型停放占用特性数据分析图

从07:00开始，医院、办公、酒店、商场依次进入泊位高峰占用阶段，17:00之后泊位占用较少；居住从18:00到次日08:00处于泊位高峰占用阶段。

4）工作日与非工作日的停车差异性分析

高峰时间不同：非工作日泊位占用高峰时间较工作日有所推迟，且持续时间长于工作日；

占用规律差异：非工作日占用规律为单高峰，工作日中午时

段占用有所下降。

（2）停车行为多源数据预处理

1）停车者个人属性分析

2）夜间长时共享情景数据分析

在夜间居住小区泊位饱和时，45%停车者愿意选择行政办公配建停车场作为自己的备选停车场，34%停车者愿意选择商场配建停车场作为自己的备选停车场，选择酒店和医院停车者较少；超过80%的停车者在首选停车场步行距离大于10min时放弃自己的选择；其次，超过60%的停车者在首选停车场费用增加4元时就会放弃自己的选择。

3）白天长时共享情景数据分析

在工作日白天驾驶员去行政办公等单位上班时若遇到单位泊位数饱和，55%停车者愿意选择附近小区作为自己的备选停车场。

4）短时共享情景数据分析

在进行短时共享的停车场选择时，37%停车者愿意选择附近小区作为自己的备选停车场，27%停车者愿意选择办公单位作为自己的备选停车场。

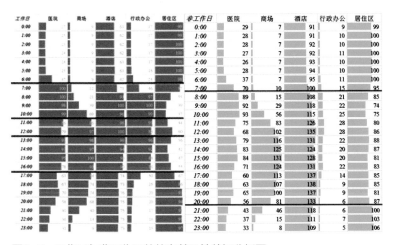

图3-7 工作日与非工作日的停车差异性数据分析图

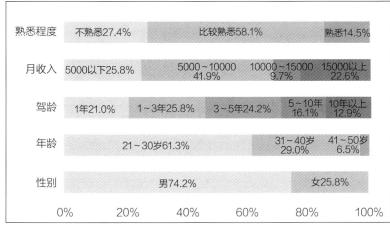

（a）停车者基本属性统计结果

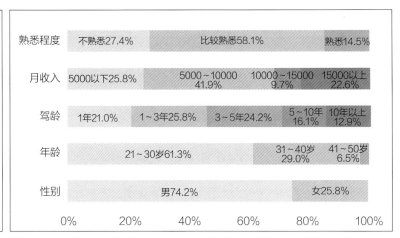

（b）停车者停放时间统计结果

图3-8 停车者个人属性统计结果

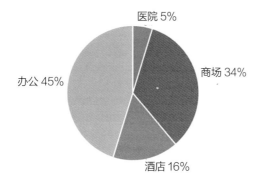

（a）用地类型选择情况

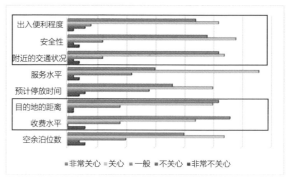

（b）居民关心数据的情况

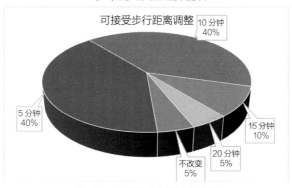

（c）可接受的步行距离调整值

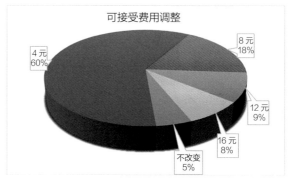

（d）可接受的停车费用调整值

图3-9　夜间停车共享行为选择数据分析结果

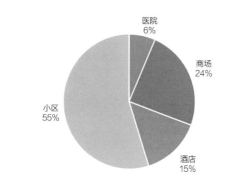

（a）用地类型选择情况

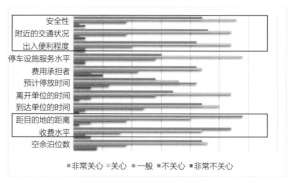

（b）居民关心数据的情况

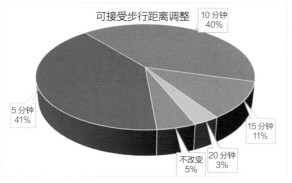

（c）可接受的步行距离调整值

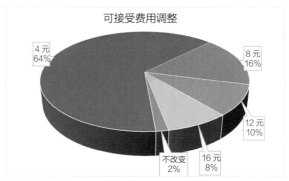

（d）可接受的停车费用调整值

图3-10　白天停车共享行为选择数据分析结果

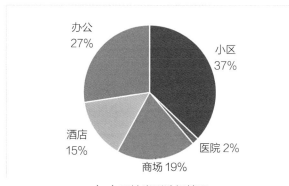

（a）用地类型选择情况

（b）居民关心数据的情况

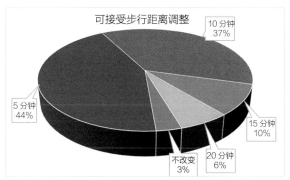

（c）可接受的步行距离调整值

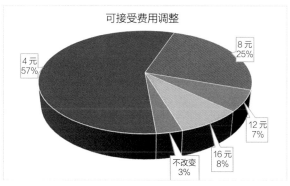

（d）可接受的停车费用调整值

图3-11　短时停车共享行为选择数据分析结果

## 四、模型算法

### 1. 停车共享行为选择模型

停车共享选择行为本质是消费者选择行为，停车者对于各备选停车场属性的满意度以及各备选停车场属性对每个停车者的重要程度都会影响停车者对于共享方案的偏好。因此，基于调查数据建立面向组合用地的停车共享选择行为模型，能够量化停车者对于共享方案的偏好以及各因素对选择的具体影响。

（1）随机系数Logit模型计算

考虑到随机系数Logit模型的参数服从某种分布，因此停车者$j$对停车场$i$选择概率模型，可以看作Logit 模型选择概率的加权平均值，权重由分布密度函数决定，具体表示为：

$$P_{ni} = \int L_{ni}(\beta_n) f(\beta_n \mid \theta) d\beta_n \qquad (4-1)$$

其中，$f(\beta_n \mid \theta)$为某种分布密度函数，可以是正态分布、对数正态分布、均匀分布、三角分布等，可依据逻辑、经验、具体数据对分布函数的形式作出选择；$\theta$为密度函数的未知参数，如正态分布的均值、方差等；$L_{ni}(\beta_n)$为在参数$\beta$下的Logit概率，即：

$$L_{ni} = \frac{e^{V_{ni}(\beta_n, x_n)}}{\sum_{j=1}^{J} e^{V_{nj}(\beta_n, x_{nj})}} \qquad (4-2)$$

所以有：

$$P_{ni} = \int \left[ \frac{e^{V_{ni}(\beta_n, x_n)}}{\sum_{j=1}^{J} e^{V_{nj}(\beta_n, x_{nj})}} \right] f(\beta_n) d\beta_n \qquad (4-3)$$

其中，$V_{in}$为效用函数。

表达式（4-3）从数学上来讲没有封闭的解析解，因此，需要通过计算机模拟，按照对模型中各个参数设定的分布，生成随机系数值，带入函数中，从而求出$P_{ni}$的模拟解。所以，Mixed Logit采用极大模拟似然法的求解过程为：

第一步：求模拟概率$P_{ni}$

1）在给定待估参数某种分布的参数$\theta$的前提下，从密度函数$f(\beta_n \mid \theta)$中随机抽取$R$个互不相关的随机向量$\beta^r (r = 1, 2, ..., R)$；在本文中，抽取随机向量$\beta^r$主要运用变序Halton法，Halton序列法是一种获得拟随机序列的常用方法，主要通过计算机产生（0，1）分布随机数从而获得其他非均匀分布的随机数。

2）根据公式$L_{ni} = \frac{e^{V_{ni}(\beta_n, x_n)}}{\sum_{j=1}^{J} e^{V_{nj}(\beta_n, x_{nj})}}$，计算$L_{ni}(\beta^r)$的值；

3）计算 $L_{ni}(\beta^r)(r=1,2,...R)$ 的均值；

4）根据步骤3）的均值计算概率仿真值 $\hat{P}_{ni}=\dfrac{1}{R}\sum\limits_{r=1}^{R}S_{ni}(\beta^r)$。

**第二步：构造仿真似然函数和极大似然算子**

定义辅助变量

$$y_{in}=\begin{cases}1,\text{停车者}n\text{选择第}i\text{类停车场}\\0,\text{其他}\end{cases}$$

样本容量为 $N$，选择肢个数为 $J$，构造仿真似然函数

$$SL(\beta)=\prod_{n=1}^{N}\prod_{j=1}^{J}\hat{P}_{ni}^{y_{ni}} \qquad (4-4)$$

取上式的对数形式，即得到仿真极大似然算子为：

$$SSL(\beta)=\sum_{n=1}^{N}\sum_{j=1}^{J}y_{ni}\ln\hat{P}_{ni} \qquad (4-5)$$

**第三步：求解 $\theta$**

改变 $\theta$ 的值，直到仿真极大似然算子取得最大值，求解方法可采用 Mewton-Raphson法，梯度法等。

**（2）基于面板数据的随机系数Logit模型计算**

停车者同时进行一系列情境选择时，下一次选择可能会受下一次选择"滞后反应"的影响。因此，在随机系数Logit的基础上，不调整上文中概率公式或模拟方法的情况下，引入面板数据，增加一个维度，表示同一停车者 $n$ 进行一系列情景选择时对停车场的选择效用，具体效用表达式为：

$$U_{nit}=\beta_{nt}X_{nit}+\varepsilon_{nit},\varepsilon_{nit}\sim iid \qquad (4-6)$$

$$\beta_{nt}=b+\tilde{\beta}_{nt} \qquad (4-7)$$

$$\tilde{\beta}_{nt}=\rho\tilde{\beta}_{nt-1}+\mu_{nt} \qquad (4-8)$$

其中，$t$ 表示面板数据中时间维度，在本模型中表示停车者面对同一种共享停车的模式下，进行一系列情景选择，具体如下表所示：

**面板数据列表** 表4-1

| 停车者 | 时间维度$t$ | 停车场选择项$i$ | 各方案影响因素值 | | |
|---|---|---|---|---|---|
| | | | 收费 | 距离 | … |
| $n$ | $t=1$ | 1 | $f_{nt1}$ | $d_{nt1}$ | … |
| | | 2 | $f_{nt2}$ | $d_{nt2}$ | … |
| | | 3 | $f_{nt3}$ | $d_{nt3}$ | … |
| | | 4 | $f_{nt4}$ | $d_{nt4}$ | … |

续表

| 停车者 | 时间维度$t$ | 停车场选择项$i$ | 各方案影响因素值 | | |
|---|---|---|---|---|---|
| | | | 收费 | 距离 | … |
| | … … | | | | |
| $n$ | $t=T$ | 1 | … | … | … |
| | | 2 | … | … | … |
| | | 3 | … | … | … |
| | | 4 | … | … | … |

如表4-1所示，考虑到可选停车场序列，对于每一个时间维度周期，$i=\{i_1,...,i_T\}$，在参数 $\beta$ 下，停车者 $n$ 在连续的情景选择下的Mixed Logit概率为：

$$L_{ni}(\beta_n)=\prod_{t=1}^{T}\frac{e^{\beta_n X_{nit}}}{\sum_j e^{\beta_n X_{njt}}} \qquad (4-9)$$

$$P_{ni}=\int L_{ni}(\beta)f(\beta)d\beta \qquad (4-10)$$

### 2. 组合用地共享停车的时空资源匹配模型及方法

**（1）停车时空资源模型**

组合用地总停车时空资源应该是所拥有的停车场的停车泊位数和其所对应的开放时间，即：

$$C_{总}=\sum_{k=1}^{n}N_k\cdot T_k \qquad (4-11)$$

其中，$N$——组合用地中停车场数量，单位：个；

$N_k$——停车场 $k$ 泊位数，即停车场 $k$ 所拥有的空间资源，单位：个；

$T_k$——停车场 $k$ 开放时间，即停车场 $k$ 所拥有的时间资源，单位：h，若全天开放，其值为24h。

**（2）停车时空资源消耗模型**

对于单辆车停车的时空资源占用消耗，由于一辆车每次泊车只占用一个停车位，所以，不会产生额外的空间占用，存在额外的时间占用。本文认为一辆车进行停车的时间占用即为停车时长。因此，单辆车的时空资源占用为：

$$C'=1\cdot T_{ij}=t_j-t_i \qquad (4-12)$$

其中，

$T_{ij}$——单辆车的停车时长，单位：h；

$t_i$——单辆车进入停车场的时刻；

$t_j$——单辆车离开停车场的时刻。

从$i$时刻到$j$时刻内组合用地中的车辆停放的时空消耗为（如图4-1阴影部分所示）：

$$C_{ij} = \sum_{k=1}^{n}\sum_{t=i}^{j} P_t = \sum_{k=1}^{n}\int_{t=1}^{j} f(t)dt \qquad （4-13）$$

其中，

$P_t$——停车场在时刻$t$时的泊车数；

$f(t)$——停车场的泊位占用关于时间$t$的变化函数。

图4-1　停车场内时空消耗示意图

从$i$时刻到$j$时刻内组合用地中的车辆停放的时空消耗率为：

$$\beta = \frac{\sum_{k=1}^{n}\sum_{t=1}^{j} P_t}{\sum_{k=1}^{N} N_k \cdot T_k} \qquad （4-14）$$

一天中进入组合用地中进行车辆停放的平均时空消耗为：

$$C_{消} = \frac{\sum_{k=1}^{n}\sum_{i}\sum_{m} A_{ki} \cdot T_m \cdot r_m}{\sum_{k=1}^{N}\sum_{i} A_{ki}} \qquad （4-15）$$

其中，

$A_{kt}$——停车场$k$在时间$i$进入停车场的泊车数，单位：个；

$T_m$——停车时长，单位：h；

$r_m$——时间进入停车场的车辆停车时长为$T_m$的比例，$\sum_{m=1} r_m = 1$。

（3）组合用地停车共享资源匹配优化方法

要实现组合用地各配建停车场共享泊位资源匹配，即是在确保其他用地类型自身需求得到满足的情况下，将组合用地溢出需求合理分配到其他用地类型进行泊位共享。如图4-2所示，建立

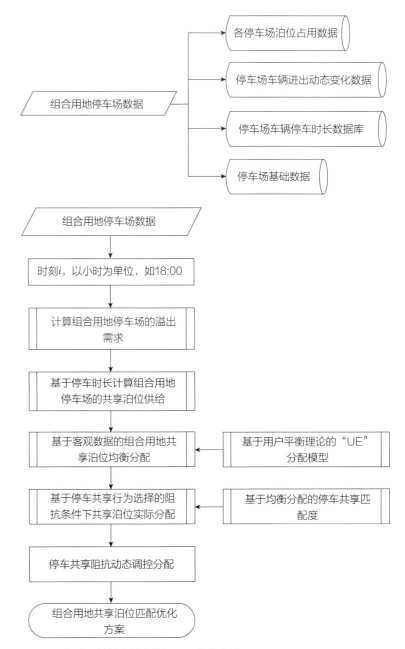

图4-2　组合用地停车共享资源匹配优化方法

组合用地停车共享资源匹配优化方法流程。

（4）组合用地停车溢出需求计算方法

通过停车场数据的计算判断组合用地内在$i$时刻泊位饱和度过高的停车场，得到包括饱和停车场、饱和停车数、停车时长、停车时长分布的集合：

$$Demand = \{s:\{T_m : D_m \cdot (A_{is} - B_{is})\}\},(s = 1,2\ldots;m = 1,2,3\ldots) \qquad （4-16）$$

其中，

$S$——需求溢出的停车场；

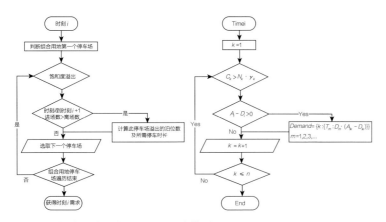

图4-3　组合用地停车共享匹配需求模型

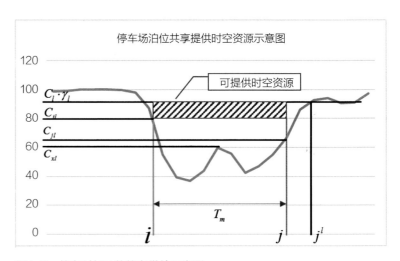

图4-5　停车时长$T_m$的停车供给示意图

$m$——共有$m$个停车时长；

$T_m$——第$m$个停车时长；

$D_m$——第$m$个停车时长的比例。

（5）基于停车时长的组合用地停车共享泊位供给计算方法

计算组合用地在时刻$i$泊位未饱和，且可以提供时长为$T_m$的停车资源的停车场，得到包括未饱和停车场、可以提供共享的泊位数的集合 $sharing\{\ \}$：

$$sharing_m = \{l:(N_l \cdot \gamma_l - N_{xl})\}, (l = 1, 2, \ldots, n) \quad （4-17）$$

其中，

$l$——提供共享的停车场；

$\gamma_l$——停车场$l$的限制饱和度，$\gamma_l \leq 1$，保证停车场有一定预留。

（6）基于用户平衡理论的停车共享分配模型

在确定了$i$时刻停车时长为$T_m$溢出需求的车辆数和能够提供给共享的泊位数之后，研究在不考虑距离、费用等因素的情况下，

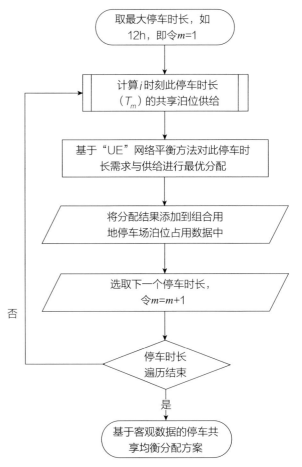

图 4-6　组合用地共享泊位均衡分配

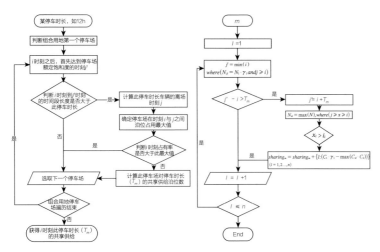

图4-4　基于停车时长$T_m$的停车供给模型

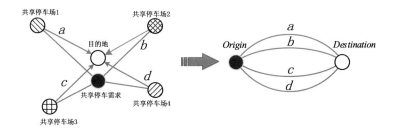

图4-7 一个停车场寻求共享（一对OD）

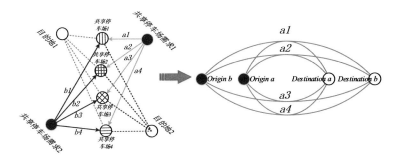

图4-8 多个停车场寻求共享（两对或多对OD）

寻求"组合用地停车时空资源占用均衡"为目标的分配方法。本文运用用户平衡理论，将组合用地停车场应用到UE网络中，OD对看作首选停车场和出行目的地，将路径看作每个开放共享的停车场。将出行者出行看作从首选停车场（饱和停车场）出发，选择存在共享的停车场进行泊车，然后回到目的地，如图4-7和图4-8所示，图4-7所示的是存在一个需要共享的停车场所虚拟的共享停车网络，代表停车者从目的地出发，选择$a$，$b$，$c$，$d$等共享停车场，然后回到目的地；图4-8存在两个或者多个需要共享的停车场所虚拟的共享停车网络。

目标函数：$\min z(x) = \sum_{a \in A} \int_0^{x_a} t_a(\omega) d\omega$ （4-18）

约束条件：$\begin{cases} x_a = \sum_{r \in R} \sum_{s \in S} \sum_{k \in K_{rs}} f_k^{rs} \delta_{a,k}^{rs}, \forall a \in A \\ \sum_{k \in K_{rs}} f_k^{rs} = q_{rs}, \forall r \in R, \forall s \in S \\ f_k^{rs} \geqslant 0, \forall k \in k_{rs}, \forall r \in R, \forall s \in S \end{cases}$ （4-19）

式中，

$x_a$为备选停车场的共享泊位占有量；$t_a(x_a)$为停车场$a$的阻抗函数，在不考虑距离费用的情况下只和实时停车场泊位占有量有关，目标函数表示组合用地泊位占有率最小；$f_k^{rs}$表示OD对$r \sim s$之间路径$k$的流量，在停车系统中表示每个寻求共享的停车场在共享停车场$k$的停车数；$\delta_{a,k}^{rs}$在UE网络平衡中表示路径/路段关联关系，即如果路段$a$在OD对$r \sim s$的第$k$条路径上，则$\delta_{a,k}^{rs}=1$，否则

$\delta_{a,k}^{rs}=0$，在共享停车系统中，路径和停车场的关联关系，即寻求共享是否经过共享停车场，$\delta_{a,k}^{rs}$为固定矩阵；$q_{rs}$表示每个需求溢出的停车场的停车需求。

（7）基于停车共享行为选择的阻抗条件下共享泊位实际分配及调控优化

具体实际分配及调控优化方法如图4-9所示。

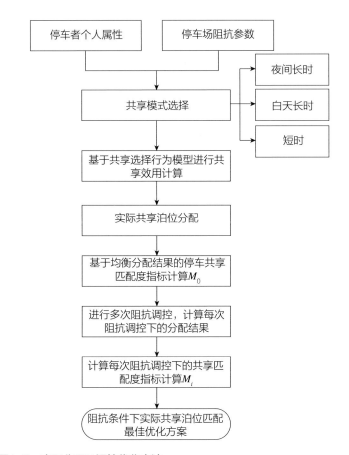

图4-9 实际分配及调控优化方法

停车共享均衡匹配度，旨在反映"阻抗条件下根据停车者行为选择偏好计算得到的各用地类型停车场共享泊位数"与"基于大数据以'时空资源均衡'为目标计算得到的停车场共享分配值"之间的相似程度。

本文运用标准欧氏距离评价两者之间的相似性，标准欧氏距离的思路是：假设基于客观数据的共享泊位均衡分配值为$M_0 = (P_{01}, P_{02}, \ldots, P_{0l})$，阻抗条件下共享泊位实际分配值为$M_i = (P_{i1}, P_{i2}, \ldots, P_{il})$，将两种分配结果看作两个$l$维向量，先将各个分量都"标准化"到均值、方差相等，假设样本集$X$的数

学期望或均值为$m$，标准差为$s$，$X$的"标准化变量"表示为：$X^* = (X-m)/s$，而且标准化变量的数学期望为0，方差为1。可以数学推导可以得到两个$l$维向量间的标准化欧氏距离的公式为：

$$d_{0i} = \sqrt{\sum_{k=1}^{l}\left(\frac{P_{0k}-P_{ik}}{S_k}\right)^2} \qquad (4-20)$$

距离越小，则代表两者越相近，则停车共享均衡匹配度为：

$$S = 1/d_{0i} = 1/\sqrt{\sum_{k=1}^{l}\left(\frac{P_{0k}-P_{ik}}{S_k}\right)^2} \qquad (4-21)$$

式中，

$S$——停车共享均衡匹配度；

$P_{0k}$——停车场$l$基于客观数据的均衡分配结果；

$P_{ik}$——停车场$l$阻抗调控下的实际分配结果；

均衡匹配度值越大，代表实际停车分配越接近基于客观数据的均衡分配。

## 五、实践案例

针对某组合用地进行停车共享匹配研究，如图5-1所示，此区域共包含五种典型用地类型的独立配建停车场：

图5-1　典型用地类型位置关系图

停车场的泊位容量　　　　　表5-1

| 停车场类型 | 停车场容量$N_l$（单位：个） |
| --- | --- |
| 医院$A$ | 200 |
| 商场$B$ | 200 |
| 酒店$C$ | 200 |
| 办公$D$ | 100 |
| 居住区$E$ | 600 |

步骤一：基础数据分析

（1）组合用地夜间时段各停车场泊位占用特性

居住区$E$时空资源占用迅速增加，18:00时泊位占有率较高，存在饱和度溢出的现象，此刻居住区的停车需求很可能需要在组合用地其他停车场寻求共享。除了居住区之外行政办公、商场、医院等用地类型停车场时空资源均呈下降趋势，在17:00～18:00和20:00～21:00下降较快，为潜在的提供共享泊位的停车场。

（2）车辆停放到离特性

（3）停车时长特性

步骤二：计算组合用地停车溢出需求

通过数据分析计算得到组合用地18:00共享停车总需求为：

$$N_i = C_i - 0.85 \times N = C_{(i-1)} + (A_i - B_i) - 0.85 \times N = 100，其中$$

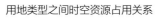

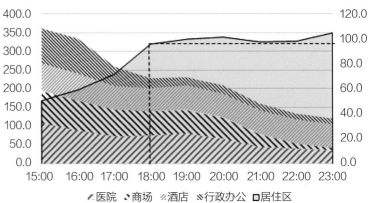

图5-2　用地类型之间时空资源占用关系

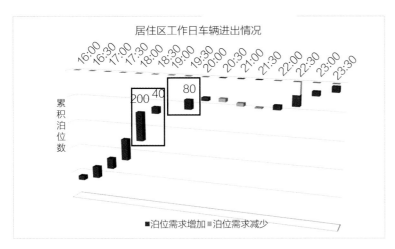

图5-3　居住区车辆进出情况

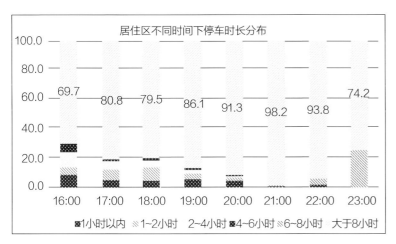

图5-4　居住区夜间停车时长分布

$A_{ik} - D_{ik} = 240$，在此实例中的其他停车场仍能满足自身停车需求。根据停车时长分布得到各停车时长共享需求情况，如表5-2所示。

夜间18:00时各停车时长溢出需求情况　表5-2

| $m$ | 1 | 2 | 3 | 4 | 5 |
|---|---|---|---|---|---|
| 停车共享模式 | 长时共享 | | | | 短时共享 |
| 停车时长 $T_m$ | $T=16h$ | $T=15h$ | $T=14h$ | $8h<T\leqslant13h$ | $T\leqslant4h$ |
| 比例分布 $D_m$ | 0.10 | 0.12 | 0.24 | 0.31 | 0.23 |
| 共享需求 $D_m \cdot (A_{ik}-B_{ik})$ | 10 | 12 | 24 | 31 | 23 |

确定组合用地共享需求集合为：

$$Demand = \{E:\{T_m:D_m \cdot (A_{ik} - B_{ik})\}\}$$
$$= \{E:\{16h:10;15h:12;14h:24;13h:31;4h:7\}\}$$

步骤三：计算各停车时长的组合用地停车共享泊位供给及均衡分配

夜间18:00之后医院$A$、商场$B$、酒店$C$、办公$D$都为潜在的开放共享的停车场。

（1）取$m=1$，停车时长$T_m=16h$，则$i=18:00$时，令$j=i+T_m\geqslant$次日10:00根据基于停车时长的组合用地停车共享匹配供给研究中的计算方法，计算18:00时组合用地此停车时长共享供给情况如表5-3所示。

夜间18:00组合用地停车时长为16h共享供给情况　表5-3

| 参数 | $N_l$/个 | $j^l$ | $j^l-i$/h | $N_{xl}$/个 | $\gamma_l$ | $N_l \cdot \gamma_l - N_{xl}$/个 |
|---|---|---|---|---|---|---|
| 参数意义 | 停车场容量 | 达到饱和时间 | 可共享时长 | 泊位占用最大值 | 饱和系数 | 可共享泊位数 |
| 医院$A$ | 200 | 次日07:00 | 13h<16h | 164 | 0.85 | 不能提供共享 |
| 商场$B$ | 200 | 次日11:00 | 17h | 125 | 0.85 | 45 |
| 酒店$C$ | 200 | 次日09:00 | 15h<16h | 128 | 0.85 | 不能提供共享 |
| 办公$D$ | 100 | 次日08:00 | 14h<16h | 42 | 0.85 | 不能提供共享 |

因此，可以确定停车时长$T_m=16h$停车共享供给集合为：

$$sharing_1 = \{l:[C_l \cdot \gamma_l - \max(C_{xl}, C_{jl})]\} = \{B:45\}$$

$T_m=16h$的停车需求应分配给商场$B$，即如图5-5所示。

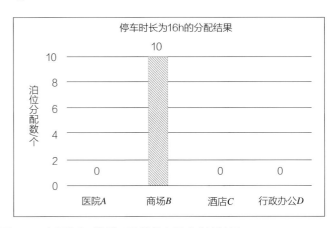

图5-5　夜间停车时长为16h的停车需求分配结果

（2）停车时长为15h的供给情况为：

$$sharing_2 = \{l:[C_l \cdot \gamma_l - \max(C_{xl}, C_{il})_{jl}]\} = \{B:35; C:42\}$$

将组合用地停车场应用到简单UE网络中，在停车时长为15h的分配网络中，共有2条路径代表2个开放共享的停车场。将出行者出行看作从居住区停车场出发，选择某个共享的停车场进行泊车，然后回到目的地，共享停车网络分配图如图5-6所示：

运用用户平衡"UE"的分配模型及算法，对夜间15h的停车共享需求进行分配，得到的分配结果如图5-7：

（3）停车时长为14h的供给情况为：

$$sharing_3 = \{l:[C_l \cdot \gamma_l - \max(C_{xl}, C_{jl})]\} = \{B:33; C:32; D:53\}$$

将组合用地停车场应用到简单UE网络中，在停车时长为14h的分配网络中，共有3条路径代表3个开放共享的停车场，共享停车网络分配图如图5-8所示。

运用用户平衡"UE"的分配模型及算法，对夜间停车时长为14h的共享需求进行分配，得到的分配结果如图5-9：

（4）停车时长为8~13h的供给情况为：

$$sharing_4 = \{l:[C_l \cdot \gamma_l - \max(C_{xl}, C_{jl})]\} = \{A:6; B:31 C:31; D:32\}$$

运用用户平衡"UE"的分配模型及算法，对夜间停车时长为13h的共享需求进行分配，得到的分配结果如图5-11：

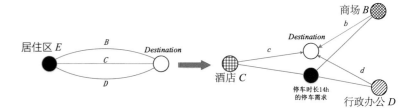

图5-8 停车时长为14h时"UE"网络平衡分配图

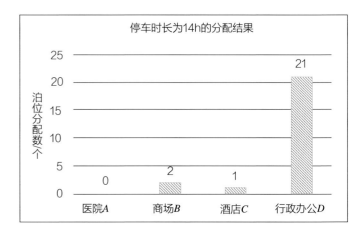

图5-9 夜间停车时长为14h的停车需求分配结果

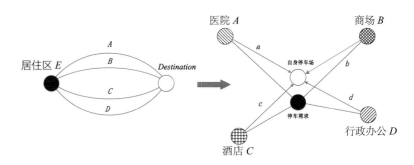

图5-10 停车时长为8~13h时"UE"网络平衡分配图

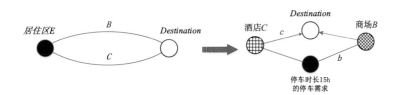

图5-6 停车时长为15h时"UE"网络平衡分配图

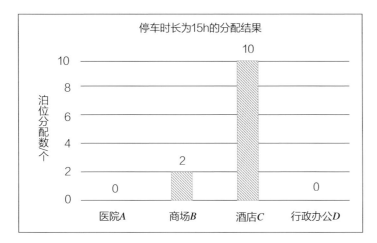

图5-7 夜间停车时长为15h的停车需求分配结果

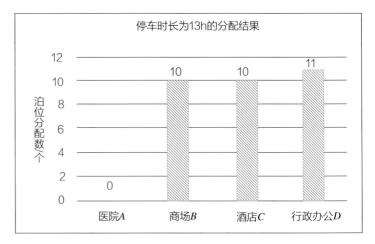

图5-11 夜间停车时长为13h的停车需求分配结果

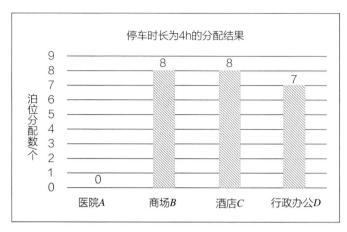

图5-12 夜间停车时长小于4h的分配结果

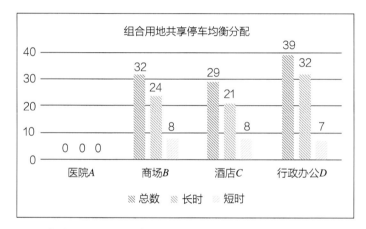

图5-13 组合用地共享停车"均衡分配"

（5）同理，停车时长小于4h的供给情况和分配结果如图5-12：

综上，得到"基于客观数据的停车共享均衡分配"结果如图5-13：

步骤四：基于停车共享行为选择的阻抗条件下共享泊位实际分配及调控优化

（1）基于随机系数Logit的夜间长时共享停车行为选择模型

为了探索停车者各属性的每个选项对于共享停车选择的影响，需要首先对SP调查数据集进行处理，同时，为了保证logit模型能够既考虑随方案而变的解释变量，也能不随方案而变的解释变量，所以需要对每个不随方案而变得解释变量设置哑元变量，由于共有4种用地类型可供选择，所以需要设置4-1＝3个哑元变量，例如变量AGE1需要设置哑元变量Age1_1，Age1_2，Age1_3。

对随机系数Logit停车行为选择模型进行参数标定和模型检验：首先假设各变量的系数服从正态分布，费用系数服从对数正态分布，运用最大似然模拟法进行模型拟合，若Z值检验无法通过，则参数设为固定值，而不是符合某类分布的随机数；若Z值检验通过，则参数符合正态分布；最后，得到此模式下的共享停车选择模型显著参数及其系数形式。

根据以上所述，根据停车共享模式一的调查数据，运用随机系数Logit模型的最大似然模拟法建立夜间长时共享停车行为选择模型，具体标定如表5-4、表5-5所示：

夜间长时共享停车行为选择Mixed Logit模型常数项标定 表5-4

| 类型选择 | 系数 | 标准差 | Z值 | P>|z| | [95%Conf. Interval] | |
|---|---|---|---|---|---|---|
| | Conditional（fixed-effects）logistic regression 只包含固定值时模型的最大似然函数值 Log likelihood=-733.46894 | | | | 样本总量=2232 LR chi2（3）=80.17. Prob > chi2=0.0000. 伪R2=0.0518 | |
| 医院 | 对照组（base alternative） | | | | | |
| 商场 | 1.087249 | .1505438 | 7.22 | 0.000 | .7921881 | 1.382309 |
| 酒店 | 1.131949 | .1497118 | 7.56 | 0.000 | .8385189 | 1.425378 |
| 办公 | .8712224 | .1550527 | 5.62 | 0.000 | .5673246 | 1.17512 |

夜间长时共享停车行为选择Mixed Logit模型显著变量标定      表5-5

| | 变量 | 系数 | 标准差 | Z值 | P>\|z\| | [95%Conf. Interval] | |
|---|---|---|---|---|---|---|---|
| Mixed logit model 模型的最大似然估计值 Log likelihood＝-639.98702 | | | | 样本总量＝2232 LR chi2（1）＝4.06 Prob＞chi2＝0.0438 | | | |
| 平均值 | | | | | | | |
| 停车场类型选择 | 交通状况 | .8128089 | .1905299 | 4.27 | 0.000 | .4393772 | 1.186241 |
| | 安全性 | 1.040412 | .1522889 | 6.83 | 0.000 | .7419312 | 1.338893 |
| | 步行时间 | -.5350251 | .1387527 | -3.86 | 0.000 | -.8069754 | -.2630748 |
| 医院 | 对照组（base alternative） | | | | | | |
| 商场 | Mall | 1.591645 | .2000393 | 7.96 | 0.000 | 1.199575 | 1.983715 |
| | Age3_2 | -.8978429 | .2992463 | -3.00 | 0.003 | -1.484355 | -.311331 |
| | Age5_2 | -1.696985 | .6368963 | -2.66 | 0.008 | -2.945279 | -.4486911 |
| | Drive5_2 | -.8243821 | .4056397 | -2.03 | 0.042 | -1.619421 | -.0293429 |
| | Income3_2 | 2.020606 | .5415027 | 3.73 | 0.000 | .9592805 | 3.081932 |
| | Fami3_2 | -1.265327 | .355945 | -3.55 | 0.000 | -1.962966 | -.5676875 |
| 酒店 | Hotel | -.5044284 | 1.100369 | -0.46 | 0.647 | -2.661113 | 1.652256 |
| | Age2_3 | 3.389166 | 1.120257 | 3.03 | 0.002 | 1.193502 | 5.584831 |
| | Age3_3 | 3.528283 | 1.148655 | 3.07 | 0.002 | 1.276961 | 5.779605 |
| | Age4_3 | 4.626128 | 1.23594 | 3.74 | 0.000 | 2.20373 | 7.048526 |
| | Drive3_3 | .8319965 | .2757149 | 3.02 | 0.003 | .2916052 | 1.372388 |
| | Income1_3 | -2.20006 | .5752337 | -3.82 | 0.000 | -3.327497 | -1.072622 |
| | Income2_3 | -2.248552 | .5617631 | -4.00 | 0.000 | -3.349587 | -1.147516 |
| | Income4_3 | -2.391973 | .5858749 | -4.08 | 0.000 | -3.540266 | -1.243679 |
| 办公 | Office | 1.87848 | .286826 | 6.55 | 0.000 | 1.316311 | 2.440648 |
| | Drive3_4 | .884577 | .3033953 | 2.92 | 0.004 | .2899331 | 1.479221 |
| | Drive4_4 | -.9782 | .3515865 | -2.78 | 0.005 | -1.667297 | -.2891032 |
| | Income1_4 | -1.04262 | .361374 | -2.89 | 0.004 | -1.7509 | -.3343396 |
| | Income2_4 | -.6893163 | .3121856 | -2.21 | 0.027 | -1.301189 | -.0774437 |
| | Fami3_4 | -1.013604 | .4011178 | -2.53 | 0.012 | -1.79978 | -.2274273 |
| | 停车费用 | -.8733106 | .1240072 | -7.04 | 0.000 | -1.11636 | -.630261 |
| 标准差 | | | | | | | |
| | 停车费用 | .3175904 | .10247 | 3.10 | 0.002 | .1167529 | .5184279 |

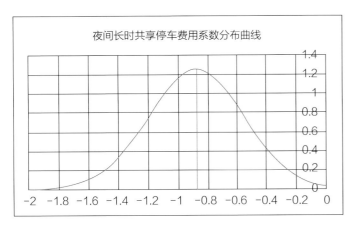

图5-14　停车费用随机系数分布

通过对显著变量的筛选，上表列出显著水平为95%以上的变量，对以上模型的参数标定结果进行如下分析：

通过以上模型测算可知，停车费用系数服从正态分布时均值和方差均显著，因此，停车费用系数服从均值为-0.873，标准差为0.318的正态分布，即 $\beta \sim N(-0.873,0.318)$，这说明停车者对于费用的态度具有一定的差异性，停车系数的概率分布曲线如图

5-14所示，由分布曲线可知，费用系数为负的概率为99.9%，所以仍可认为随着费用的增加，选择共享停车场的概率降低，但是费用的增加对不同停车者的选择效用影响不同。

因此，停车者在夜间选择长时间共享停车场类型的效用函数为：

$$V_{hospital} = -0.535Dis\tan ce + \beta_1 Fee + 0.812Jt + 1.040Aq \tag{5-1}$$

$$V_{mall} = -0.898Age3 - 1.697Age5 - 0.824Drive5 + 2.021Income3 \\ -1.265Fami - 0.535Dis\tan ce - \beta_1 Fee + 0.812Jt + 1.040Aq \\ +1.592 \tag{5-2}$$

$$V_{hotel} = 3.389Age2 + 3.528Age3 + 4.626Age4 + 0.832Drive3 \\ -2.200Income1 - 2.249Incme2 - 2.392Income4 \\ -0.535Dis\tan ce + \beta_1 Fee + 0.812Jt + 1.040Aq - 0.504 \tag{5-3}$$

$$V_{office} = 0.882Drive3 - 0.978Drive4 - 1.043Income1 - 0.689Income2 \\ -1.014Fami - 0.535Dis\tan ce + \beta_1 Fee + 0.812Jt + 1.040Aq \\ +1.878 \tag{5-4}$$

（2）基于随机系数Logit的短时共享停车行为选择模型

运用Mixed Logit的最大似然模拟法建立停车者短时共享停车行为选择模型，模型具体标定如表5-6所示：

短时共享停车行为选择Mixed Logit模型常数项标定　　　　　　　　　　　　　　表5-6

| Conditional（fixed-effects）logistic regression 只包含固定值时模型的最大似然函数值 Log likelihood＝-795.20344 | | | | 样本总量＝2790 LR chi2（4）＝205.73. Prob > chi2=0.0000. 伪R2＝0.1145 | | |
|---|---|---|---|---|---|---|
| 类型选择 | 系数 | 标准差 | Z值 | P>\|z\| | [95%Conf. Interval] | |
| 医院 | 对照组（base alternative） | | | | | |
| 居住区 | 1.6936 | .1699251 | 9.97 | 0.000 | 1.360553 | 2.026647 |
| 商场 | 1.114742 | .1799729 | 6.19 | 0.000 | .7620012 | 1.467482 |
| 酒店 | 1.130615 | .1796225 | 6.29 | 0.000 | .7785613 | 1.482669 |
| 办公 | .0240975 | .2195445 | 0.11 | 0.913 | -.4062017 | .4543968 |

短时共享停车行为选择Mixed Logit模型显著变量标定

表5-7

| | Mixed logit model 模型的最大似然估计值 Log likelihood＝－619.65276 | | | | 样本总量＝2790 LR chi2（1）=6.23 Prob＞chi2＝0.0126 | | |
|---|---|---|---|---|---|---|---|
| | 变量 | 系数 | 标准差 | Z值 | P>|z| | [95%Conf. Interval] | |
| | 平均值 | | | | | | |
| 停车场类型选择 | 停车场便利性 | 2.572179 | .2263458 | 11.36 | 0.000 | 2.12855 | 3.015809 |
| | 安全性 | 2.555222 | .2508853 | 10.18 | 0.000 | 2.063496 | 3.046948 |
| | 步行时间 | －.6722136 | .1409442 | －4.77 | 0.000 | －.9484593 | －.395968 |
| 医院 | 对照组（base alternative） | | | | | | |
| | Residential | 3.127951 | .3942128 | 7.93 | 0.000 | 2.355308 | 3.900594 |
| | Age2_1 | －.7738514 | .3229007 | －2.40 | 0.017 | －1.406725 | －.1409778 |
| | Drive2_1 | 1.028573 | .2757987 | 3.73 | 0.000 | .4880176 | 1.569129 |
| 居住区 | Drive4_1 | 1.054766 | .2984881 | 3.53 | 0.000 | .4697402 | 1.639792 |
| | Income2_1 | －1.321006 | .3071443 | －4.30 | 0.000 | －1.922998 | －.7190139 |
| | Income3_1 | －1.418908 | .4308739 | －3.29 | 0.001 | －2.263406 | －.574411 |
| | Income4_1 | －2.519912 | .407931 | －6.18 | 0.000 | －3.319442 | －1.720382 |
| | Mall | 3.314519 | .4234679 | 7.83 | 0.000 | 2.484537 | 4.144501 |
| | Age2_3 | －1.045221 | .3595774 | －2.91 | 0.004 | －1.74998 | －.3404627 |
| 商场 | Drive5_3 | －.8296359 | .435265 | －1.91 | 0.057 | －1.68274 | .0234679 |
| | Income2_3 | －1.246826 | .3351541 | －3.72 | 0.000 | －1.903715 | －.5899357 |
| | Income3_3 | －1.229378 | .4786878 | －2.57 | 0.010 | －2.167588 | －.2911669 |
| | Income4_3 | －2.642606 | .4747705 | －5.57 | 0.000 | －3.573139 | －1.712072 |
| | Hotel | .8164136 | .2398019 | 3.40 | 0.001 | .3464105 | 1.286417 |
| 酒店 | Drive2_4 | .9136327 | .3350686 | 2.73 | 0.006 | .2569102 | 1.570355 |
| | Drive3_4 | .6268731 | .2962532 | 2.12 | 0.034 | .0462275 | 1.207519 |
| | Office | 1.178933 | .4146571 | 2.84 | 0.004 | .36622 | 1.991646 |
| 办公 | Age2_5 | －1.462545 | .4675402 | －3.13 | 0.002 | －2.378907 | －.5461825 |
| | Income4_5 | －1.538449 | .5137504 | －2.99 | 0.003 | －2.545381 | －.5315169 |
| | $Ln$（停车费用） | －1.219666 | .4603203 | －2.65 | 0.008 | －2.121877 | －.3174548 |
| | 标准差 | | | | | | |
| | $Ln$（停车费用） | .9717562 | .2888111 | 3.36 | 0.001 | .4056969 | 1.537815 |

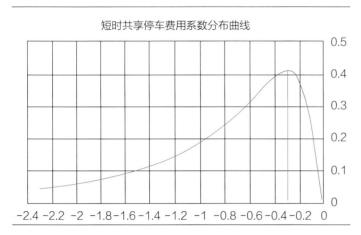

图5-15 停车费用系数分布

| 停车场 | 费用（元/小时） | 停车者长时选择/泊位数 | 停车者短时选择/泊位数 | 实际分配/泊位数 | 均衡分配/泊位数 |
|---|---|---|---|---|---|
| 医院 | 4 | 2 | 0 | 2 | 0 |
| 商场 | 4 | 34 | 17 | 51 | 32 |
| 酒店 | 4 | 20 | 6 | 26 | 29 |
| 办公 | 4 | 21 | 0 | 21 | 39 |

阻抗条件下初始分配结果　　表5-8

通过对显著变量的筛选，上表列出显著水平为95%以上的变量，对以上模型的参数标定结果进行如下分析：

通过以上模型测算可知，停车费用系数 $\beta$ 服从负的对数正态分布，即 $\ln\beta$ 服从均值为-1.220，标准差为0.972的正态分布即 $\mathrm{In}(-\beta) \sim \log N(-1.220, 0.972)$，这说明在进行短时间共享停车时，随着费用的增加，选择共享停车场的概率降低，且停车费用系数 $\beta$ 很大的概率很小，费用系数 $\beta$ 很小的概率也很小，费用系数 $\beta$ 处于中间水平概率很大。停车系数的分布图如图5-15所示；

因此，停车者在白天选择长时间共享停车场类型的效用函数为：

$$V_{\mathrm{residential}} = -0.774Age2 + 1.029Drive2 + 1.055Drive4 \\ -1.321Income2 - 1.419Income3 - 2.520Income4 \\ -0.672Dis\tan ce + \beta_3 Fee + 2.572Bl + 2.555Aq \\ +3.128$$　（5-5）

$$V_{\mathrm{hospital}} = -0.672Did\tan ce + \beta_3 Fee + 2.572Bl + 2.555Aq$$　（5-6）

$$V_{\mathrm{mall}} = -1.045Age2 - 0.830Drive5 - 1.247Income2 \\ -1.230Income3 - 2.642Income4 - 0.672Dis\tan ce \\ +\beta_3 Fee + 2.572Bl + 2.555Aq + 3.315$$　（5-7）

$$V_{\mathrm{hotel}} = 0.913Drive2 + 0.627Drive3 \\ -0.672Dis\tan ce + \beta_3 Fee + 2.572Bl + 2.555Aq + 0.816$$　（5-8）

$$V_{\mathrm{office}} = -1.463Age2 - 1.538Income4 \\ -0.672Dis\tan ce + \beta_3 Fee + 2.572Bl + 2.555Aq + 1.179$$　（5-9）

其中，$\ln(-\beta_3) \sim N(-1.220, 0.972)$

（3）计算实际情况下组合用地停车泊位初始分配情况

（4）均衡匹配度计算

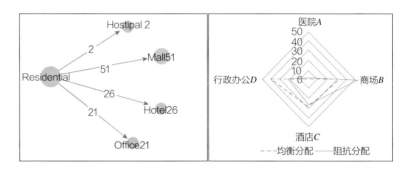

图5-16 阻抗分配与均衡分配对比情况

上图中代表居住区到各停车场寻求共享的车辆数，数字代表停车者选择的共享泊位数，因此停车共享匹配度为：

$$M_{01} = 1/d_{01} = 1/|M_0 M_1| = 1/\sqrt{\sum_{k=1}^{4}\left(\frac{p_{0k}-p_{1k}}{s_k}\right)^2} = 0.038$$　（5-10）

其中，$M_0 = (P_{01}, P_{02}, \ldots, P_{0l}) = (0, 32, 29, 39)$；$M_1 = (P_{11}, P_{12}, P_{13}, P_{14}) = (2, 51, 26, 21)$

（5）进行价格杠杆的调控

需要利用价格杠杆，适当提高医院和商场的费用进行匹配度调控，第一次调控结果如图5-17所示，提高医院、商场的停车费用：

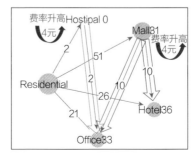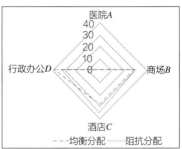

图5-17 第一次价格调控下的共享泊位分配与均衡分配对比

图5-17对医院和商场费率提升4元，标记部分为医院和商场停车场的车辆转移情况，通过价格杠杆的调控可以看出，部分医院和商场的长时停车需求会转移到酒店和办公用地类型进行泊车。此价格调控下的停车共享均衡匹配度为：

$$M_{02} = 1/d_{02} = 1/\sqrt{\sum_{k=1}^{4}\left(\frac{p_{0k}-p_{2k}}{S_k}\right)^2} = 0.108 > 0.038 \quad （5-11）$$

其中，$M_0 = (P_{01}, P_{02}, \ldots, P_{0l}) = (0,32,29,39)$；$M_1 = (P_{11}, P_{12}, P_{13}, P_{14}) = (0,31,36,33)$

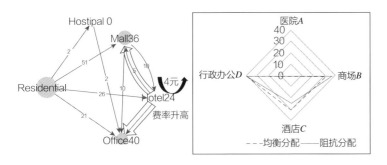

图5-18　第二次价格调控下的共享泊位分配与均衡分配对比

图5-18对酒店费率提升4元，标记部分为酒店的车辆转移情况，通过价格杠杆的持续调控可以看出，部分酒店的停车需求因为停车费用的增加会转移到办公用地类型进行泊车。此时，在价格调控下的基于客观数据均衡分配的停车共享匹配度为：

$$M_{02} = 1/d_{02} = 1/\sqrt{\sum_{k=1}^{4}\left(\frac{P_{0k}-P_{2k}}{S_k}\right)^2} = 0.154 > 0.108 \quad （5-12）$$

其中，$M_0 = (P_{01}, P_{02}, \ldots, P_{0l}) = (0,32,29,39)$；$M_2 = (P_{21}, P_{22}, P_{23}, P_{24}) = (0,36,24,40)$

通过匹配度计算说明对酒店停车场的价格调控，能有效转移部分停车共享需求到行政办公，优化组合用地共享停车资源匹配度。

（6）通过多次价格调控得到最终优化方案

经过对组合用地各个停车场的多次价格调控，可以得到与"基于客观数据的均衡分配"匹配度最高的优化方案。

此价格调控下的基于客观数据最优分配的停车共享匹配度为：

$$M_{03} = 1/d_{03} = 1/\sqrt{\sum_{k=1}^{4}\left(\frac{p_{0k}-p_{3k}}{s_k}\right)^2} = 0.707 \quad （5-13）$$

其中，$M_0 = (P_{01}, P_{02}, \ldots, P_{0l}) = (0,32,29,39)$；$M_3 = (P_{31}, P_{32}, P_{33}, P_{34}) = (0,32,28,40)$

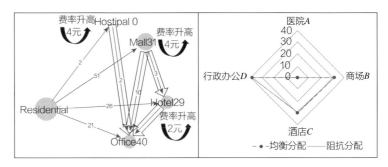

图5-19　最优调控方案的共享泊位分配情况

## 六、研究总结

### 1. 模型设计的特点

（1）基于多源数据进行组合区域内停车共享优化研究，结合大数据与传统数据进行停车共享研究。

（2）在基于泊位共享的停车行为选择研究中，首先通过SP和RP调查获得停车者共享停车偏好数据，并根据情景建立随机系数Logit模型。模型表明：用在三类共享停车行为选择模型中表现出不同的形式，停车者在长时共享时费用系数服从正态分布，而短时共享时费用系数服从对数正态分布，虽然都为负相关但不同情境下对费用的感知存在差异。

（3）基于时空均衡的组合用地停车共享资源匹配模型，得到基于大数据的停车资源均衡分配方案。

（4）将共享停车行为选择模型与停车需求时空资源匹配相结合，提出阻抗变化条件下各种用地类型间停车共享的转移优化模型方法。

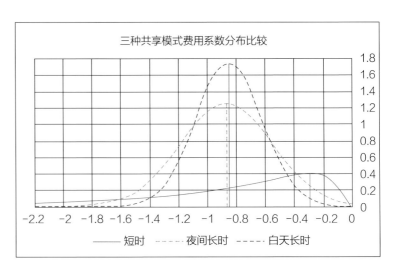

图6-1　三种共享模式下费用系数分布

## 2. 应用方向或应用前景

（1）提高城市组合用地规划设计水平

1）合理进行泊位规划配置：为复合用地或综合体的规划设计提供有效规划方法及思路；

2）实现地下空间互联互通提供支持：合理的泊位匹配有助于反馈地下空间的合理利用，提高地下互联互通的必要性；

3）实现停车场分层分区域配给，统一协调管理：有助于引导小区开放，增强街区连通与活力，提升交通品质。

（2）建立区域停车收费价格机制

1）细化区域划分，对不同区域实行差别化收费标准；

2）合理划分停车场类型，对不同类型停车场实行差别化收费标准；

3）分时计费，对不同停车时长、停放时段实行差别化收费标准；

4）停车服务对象差异化，实行"非服务对象高于服务对象"的原则。

（3）促进停车产业化发展

1）通过经济杠杆作用，调节一定区域内停车需求，引导停车企业合理布局进而引导城市静态交通发展；

2）停车设施企业化、产业化和规模化经营，运用组合用地共享停车方法，实行规划、建设、管理、经营一体化，实现供给的专业化和服务的社会化，实现市场化发展；

3）拥有专利等核心竞争力，为停车产业发展提供技术支持，培育专业化停车管理企业，提升产业竞争力。

# 避难场所和疏散通道规划支持系统[1]

工作单位：武汉大学

研究方向：安全设施保障

参 赛 人：胡周灵、但文羽、刘稳

参赛人简介：参赛人员来自武汉大学城市设计学院，研究方向为数字城乡规划与管理方向，该项目基于"村镇区域综合防灾减灾信息系统研究及示范"课题组，目前，已申请一项专利，已授权一项软件著作权。在前期研究的基础上，研究并开发了"避难场所和疏散通道规划支持系统"，以提高防灾减灾规划的可行性、科学性和先进性。

## 一、研究问题

### 1. 研究背景及目的意义

习近平总书记指出，"我国是世界上自然灾害最为严重的国家之一，灾害种类多，分布地域广，发生频率高，造成损失重，这是一个基本国情。"2008年"5·12"汶川特大地震及随后发生的青海玉树地震造成的破坏暴露了灾损严重的问题与城镇布局不合理、建筑抗灾能力较差等有直接关系，同时也与大多数城镇缺乏场所规划和财力支撑，在防灾避难场所的建设方面滞后有很大关系。避难场所不仅在灾害发生前和发生时为村民提供疏散避难和集中救援的场地，也是避难人员进行避难生活和保障物资储备的重要场所。难以在短时间内改善建筑质量和减少灾害发生的现实情况下，为合理配置应急资源，高效地组织避难疏散和救援活动，节约政府财政投入，作为避灾自救的重要平台，合理的避难场所和疏散通道规划将有效地减少灾害带来的损失。针对目前避难场所研究中缺乏有效的科学的规划方法指导的问题，本项目研究并开发了避难场所和疏散通道规划支持系统。

目前防灾减灾相关的研究主要有政策、模式、技术工具应用、基础理论、行政组织等类型。规划支持系统的概念是美国学者B. Harris于1989年提出，意为结合空间信息技术和城市规划理论，为城市规划在各个进程中提供决策支持。龙瀛等提出了定义和发展目标并建立了框架体系；吴启涛构建了城市抗震防灾规划空间决策支持系统。

避难场所规划相关的研究方法分为定性和定量两种，定性研究主要是选址模型、技术相关指标和原则，如林晨等结合案例对城市应急避难场所的理论进行研究。定量研究主要是布局优化、选址评价、责任区划分及少量的疏散仿真研究和规划支持系统，如吴健宏等开发了基于GIS和多目标规划模型的决策支持系统，构建了城市应急疏散仿真框架。

对于空间可达性的研究主要集中在教育、医疗、养老、公园绿地等公共服务设施。基于GIS的公共服务设施可达性研究方法主要有：缓冲区法、网络分析法、引力模型法、两步移动搜寻法等。其中，缓冲区法操作简单，但忽略了地理空间的实际距离；网络分析法基于现实道路，但忽略了需求点和设施点间的相互

---

[1] 投《地理与地理信息科学》、《地球信息科学学报》，皆于 2018 年 6 月进入重审。

基金项目：国家科技支撑计划项目（2014BAL05B07）

作用；两步移动搜寻法以一定距离分别对需求点和设施点进行搜索，充分考虑了供应与需求关系。

总体说来，目前较多的成果偏重于地震避难场所，理论较多，较少涉及避难场所和疏散通道规划支持系统，且选址模型大多没有容量限制，空间可达性模型待改进。在此基础上，本项目将GIS与一系列不同的技术、模型、量化分析方法进行综合，对避难场所和疏散通道规划支持系统进行研究，构建一种支持和辅助防灾减灾规划的新思路和新方法。

### 2. 研究目标及拟解决的问题

本项目从供需双向考虑出发，在安全性、可达性、经济性和公平性原则的基础上，对避难场所和疏散通道规划支持系统进行研究和开发，在场所有容量限制的条件下，以期用最少的避难场所数量覆盖最大数量的避难人口，并对避难场所进行可达性测度，优化避难场所布局。最后以神农架松柏镇区为例，对规划支持系统进行应用示范，验证了其适用性与科学性。

本项目研究的难点在于：①梳理了避难场所和疏散通道规划的全过程，真正实现安全性、可达性、经济性和公平性原则，并通过简单的操作界面和步骤，实现复杂的规划过程；②研究并开发了避难场所选址模型；③研究并开发了避难场所可达性评价模型。

## 二、研究方法

### 1. 研究方法及理论依据

Owen和Daskin将公共设施区位模型归为四类：中值问题、中心问题、集合覆盖问题和最大覆盖问题。集合覆盖模型是寻找最少设施数量的最恰当配置，其目标是最小化设施配置的成本；最大化有容量限制覆盖模型在设施数目一定和有容量限制的情况下，使尽可能多的请求点被分配到所求解的设施点。集合覆盖模型适用于设施布局的初始阶段，用于确定最少设施数量，中值模型和最大覆盖模型适用于设施区位的布局优化，中心模型适用于设施数量充足的前提下，提高服务效率。

Dai于2011年将高斯函数作为两步移动搜寻法搜索半径内的距离衰减函数，运用到了城市绿地的可达性评价研究中。高斯两步移动搜寻法是一种基于机会累积思想的空间可达性度量

方法，考虑到避难需求点和避难设施点间的相互作用随距离的增加而减少的关系，以一定的搜索半径移动搜索两次，比较搜索范围内居民可以到达的避难场所数量，数量越多，可达性越好。

综合考虑，避难场所选址运用集合覆盖模型和最大化（有容量限制）覆盖模型；避难场所可达性测度运用高斯两步移动搜寻模型。本项目主要运用这三种模型，在容量限制的条件下，以节省设施配置成本和最大化覆盖人口为目标，对避难场所进行规划，并根据可达性测度结果对避难场所进行布局优化。

### 2. 技术路线及关键技术

本项目实施的步骤主要包括理论方法研究、系统开发和示范应用。理论方法研究主要包含避难场所分类标准、选址模型、评价指标、空间可达性评价模型等；系统开发上主要由避难疏散通道规划、避难场所选址适宜性评价、现状避难场所评价、新增避难场所规划和避难场所可达性测度5个模块组成（图2-1）。最后选取神农架松柏镇区对系统进行示范应用。

（1）避难疏散通道规划方法

避难疏散通道规划通过对承灾体的脆弱性评价和孕灾环境的危险性评价赋以权重叠加得到的道路易损性评价中易损性较低的道路，再根据规划，添加新的道路，根据道路等级将其分为主要疏散通道、次要疏散通道和紧急疏散通道（图2-2）。

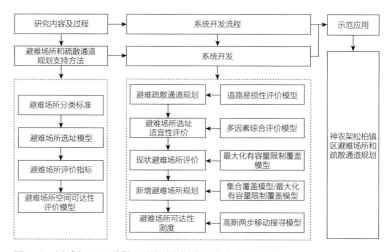

图2-1　避难场所和疏散通道规划支持系统技术路线图

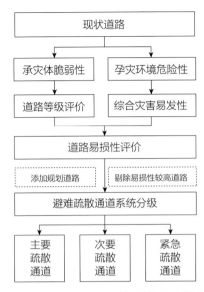

图2-2　避难疏散通道规划技术路线图

（2）避难场所选址适宜性评价方法

避难场所选址需要考虑较多的因素，可概括为安全性和时效性因素。安全性指标包括地形地貌、工程地质、自然灾害和危险源，时效性指标为应急保障基础设施。将各个指标对应的评价结果进行标准化，并用层次分析法（AHP）赋以权重进行选址适宜性评价。

（3）现状避难场所评价方法

现状避难场所评价是根据避难疏散网络，运用最大化有容量限制的覆盖模型进行求解，并将现状场所与选址适宜性评价结果进行叠加得到场所分配和评价结果。整体的评价指标包含安全程度和服务效率两方面，包括服务总人口、服务人口占比、场所总面积和处于危险区域的场所面积占比；单个避难场所的评价指标包括场所面积、服务人口、场所容量、人均避难面积、场所利用率和平均疏散时间。根据评价结果选择是否对未覆盖的避难需求点进行新增避难场所规划，是否对现状避难场所进行保留、扩建、收缩或重新选址。

（4）新增避难场所规划方法

针对现状没有避难场所，或在现状避难场所无法满足要求，需要新增的情况下，进行新增避难场所规划。其方法是将研究区域综合风险评价与人口分布进行叠加，得到落在灾害危险区的人口，称之为避难需求点。将避难需求点在一定疏散时间内步行可达范围和选址适宜性评价叠加得到安全且可达的区域，筛选出位于这个区域的备选避难场所，作为可利用的避难场所。运用集合覆盖模型和最大化（有容量限制）覆盖模型对其进行分配，以期用最少的场所数覆盖最大数量的避难需求点，根据评价结果考虑是否继续新增或扩建避难场所，最后对避难场所进行责任区划分和设施配置（图2-3）。

（5）避难场所可达性测度方法

避难场所可达测度主要分为两步：首先从避难场所出发，以居民疏散时间作为搜索半径，利用OD成本矩阵得到一个空间搜索域，计算落在搜索域中的人口数，根据避难场所到达各居民点的疏散时间，得到高斯方程，并对各居民点人口进行加权求和，得到避难场所服务人口数，再根据避难场所供给量得到各避难场所的供需比；然后根据相同搜索半径内居民点到达的避难场所数，利用高斯方程对各避难场所的供需比进行加权求和，得到各居民点到达避难场所的可达性。根据可达性评价结果对避难场所布局的均衡性和公平性进行测度（图2-4）。

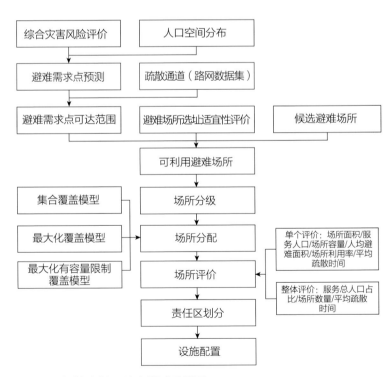

图2-3　新增避难场所规划技术路线图

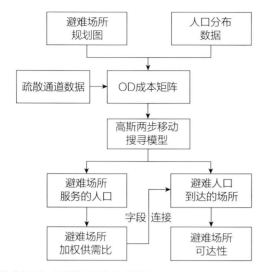

图2-4 避难场所可达性测度技术路线图

## 三、数据说明

### 1. 数据内容及类型

基于LIDAR数据高效采集与智能分析技术，运用局部区域稳健点云分割方法，从连续的地形特征，生成高质量数字高程模型（DEM，Digital Elevation Model）；基于无人机遥感影像快速采集与智能处理技术，利用辐射空三得到辐射修改信息，结合影像参数与

DEM进行正射修正，利用蚁群算法进行影像镶嵌，生成高质量数字正射影像图（DOM，Digital Orthophoto Map）。1m分辨率的DEM和0.2m分辨率的DOM为自然灾害风险评估和模型设计提供了精准的数据。

基于斜坡单元自动划分方法，主客观相结合的层次-熵值法（AHP-Entropy）和AHP-RBF神经网络评价模型及指标体系，对神农架松柏镇的滑坡和泥石流易发性进行评价，其结果为避难场所选址适宜性评价、地质灾害强度评价和避难人口估算提供了有力的数据支撑。

在基于无人机系统的空间信息智能化获取与分析技术和自然灾害风险评估方法上得到的DOM、DEM、滑坡易发性、泥石流易发性等数据，以及神农架林区提供的基础地理信息数据、规划基础信息数据和建设规划数据，对避难场所和疏散通道规划支持系统进行开发（表3-1）。

### 2. 数据预处理技术与成果

运用DOM数据，对镇区建筑信息（Shapefile）和交通建设现状（CAD）进行修正；利用DEM数据生成海拔高度和地面坡度评价；用滑坡易发性、泥石流易发性、崩塌易发性和地震易发性评价等数据，采用多因素评价模型和AHP，用GIS空间分析工具，得到避难场所选址适宜性评价和地质灾害强度评价；通过居民点现状数据（CAD）、DOM和镇区现状调查结果，确定人口分布；运用镇区建筑信息数据（CAD）提取医疗设施、消防站和物资储备库位置作

| 数据说明 | | | 表3-1 |
|---|---|---|---|
| 数据类型 | 数据名称 | 数据格式 | 数据成果 |
| 数字影像 | 1m分辨率的DEM | AIG | 海拔高度评价 |
| | | | 地面坡度评价 |
| | 0.2m分辨率的DOM | AIG | 人口分布 |
| 规划基础信息数据 | 居民点建设现状 | CAD | |
| | 交通建设现状 | CAD | 避难疏散通道 |
| 基础地理信息数据 | 镇区建筑信息 | CAD | 应急保障基础设施分布 |
| | 镇区建筑信息 | Shapefile | 承灾体脆弱性评价 |
| | 滑坡易发性 | TIFF | 地质灾害强度评价；避难场所选址适宜性评价 |
| | 泥石流易发性 | TIFF | |
| | 崩塌易发性 | TIFF | |
| | 地震易发性 | TIFF | |
| 建设规划数据 | 镇区规划（2013-2030）的文本和说明书 | Word | |

为应急保障基础设施分布数据；用镇区建筑信息（Shapefile）数据中的建筑结构和维护状况字段对承灾体脆弱性评价。

## 四、模型算法

### 1. 模型算法流程及相关数学公式

（1）避难场所选址模型

避难场所的选址模型根据现状有无避难场所，方法略有不同。

若现状有避难场所，考虑2种情况：①现状的避难场所保留，仅考虑未覆盖人口；②现状避难场所和新增可利用避难场所统一考虑，当新增的场所可达性更好时，会关闭现状的场所，计算成本时场所的迁移费用应由新增的场所承担。

若现状没有避难场所同样考虑2种情况：①场所数量是否确定。若场所数量确定为$P$个，则进入第2步中场所面积不定的情况；若场所数量不确定，先由集合覆盖模型确定最小设施数量$P$；②每个场所最大面积是否确定。若每个场所最大面积确定，则由最大化有容量限制覆盖模型，在不超过容量限制的情况下，尽可能覆盖多的需求点，从场所数量$P$开始逐个增加直至满足要求；若每个场所最大面积不确定，则由最大化覆盖模型，确定$P$个场所的选址，并根据情况调整场所数量。

$V=\{V_i \mid i=1,2,...,m\}$：避难需求点集合；

$W=\{W_j \mid j=1,2,...,n\}$：可利用避难场所点集合；

$W_i$：覆盖避难需求点$i$的避难场所点集；

$r_i$：避难需求点$i$的人口数量；

$c_j$：避难场所$j$的容量；

$d_{ij}$：从避难需求点$V_i$到可利用避难场所$W_j$的距离（或时间）；

D：从避难需求点到可利用避难场所的最大限定距离（或时间）；

$y_{ij}$：二值变量，当且仅当避难需求点$i$被避难场所$j$覆盖1次时，$y_{ij}=1$；

$x_j$：二值变量，当且仅当避难场所布局于$j$点时，$X_j=1$；

$P$：指定避难场所目标总数；

$A$：设为必选项的场所数量。

第一步：集合覆盖模型的计算方法

$$min\sum_{j=1}^{n} x_j \qquad (4-1)$$

$$subject\ to\sum_{j\in w_i} y_{ij}=1, i\in V \qquad (4-2)$$

$$\sum_{j=1}^{n} x_j \geqslant A \qquad (4-3)$$

$$x_j,y_{ij}\in\{0,1\}, j\in W, i\in V \qquad (4-4)$$

$$0\leqslant d_{ij}\leqslant D \qquad (4-5)$$

目标方程（4-1）为最小化设施点的数量；约束条件（4-2）保证每个避难需求点$i$都只被1个设施点覆盖；（4-3）保证避难场所数量不小于必选项数量；（4-4）保证变量$x_i$，$y_{ij}$，只能取0或1；（4-5）保证避难需求点到避难场所的最大出行距离（或时间）不超过$D$。

第二步：最大化（有容量限制）覆盖模型的计算方法

$$max\sum_{i=1}^{m} y_{ij} \qquad (4-6)$$

$$subject\ to\sum_{j\in w} y_i=1, i\in V \qquad (4-7)$$

$$\sum_{j=1}^{n} x_j = P \geqslant A \qquad (4-8)$$

$$c_j x_j \geqslant \sum_{i=1}^{m} r_i y_{ij} \qquad (4-9)$$

目标方程（4-6）在每个避难需求点的人数相同的前提下，为避难场所覆盖的避难需求点最大化；约束条件（4-7）保证每个避难需求点$i$都只被1个设施点覆盖；（4-8）保证设施点数量为$P$且不小于必选项数量；（4-9）在有容量限制时使用，每个场所的容量不超过其覆盖的人口数；（4-4）和（4-5）同集合覆盖模型的公式。

（2）避难场所可达性测度模型

第一步：

将避难场所的出入口作为避难设施点，从设施点$j$出发，以居民疏散时间作为搜索半径，利用OD成本矩阵得到一个空间搜索域，计算落在搜索域中的人口数，根据设施点到达各需求点的时间阻抗，利用高斯方程对各需求点人口赋予权重，对加权后的人口进行求和，得到设施点服务人口数，再用设施点供给量除以设施点服务人口，得到设施点搜索域内的供需比。

$$R_j = \frac{S_j}{\sum_{k\in\{d_{kj}\leqslant d_0\}}[g(d_{kj},d_0)P_k]} \qquad (4-10)$$

式中，$P_k$表示位于避难设施点空间$j$搜索域（$d_{kj}\leqslant d_0$）内的需求点$k$的人口数；$d_{kj}$表示需求点$k$到达设施点$j$所需要的疏散时间；$S_j$表示避难场所的供给量，本研究中以避难场所的有效面积表示；$d_0$表示避难搜索阈值，本研究中以疏散时间表示；$g(d_{kj},d_0)$表示在搜索半径$d_0$范围内的距离衰减函数，计算公式如式（4-11）所示。

$$g(d_{kj},d_0) = \begin{cases} \dfrac{e^{-1/2(d_{kj}/d_0)2}-e^{-1/2}}{1-e^{-1/2}}, & d_{kj}\leqslant d_0 \\ 0, & d_{kj} > d_0 \end{cases} \qquad (4-11)$$

第二步：

从避难需求点出发，以上一步中同样的搜索阈值$do$得到另一个空间搜索域，将落在空间搜索域中的设施点的供需比$R$同样利用高斯方程赋予权重，对这些设施点的加权供需比进行求和，得到各需求点到达避难场所的可达性$A_i$。

$$A_i = \sum_{l \in \{d_{il} \leq d_0\}} [g(d_{il}, d_0) R_l] \qquad （4-12）$$

式中，$R_l$表示位于避难需求点$i$空间搜索域（$d_{il} \leq d_0$）内的设施点$l$的供需比，其他指标同式（4-10）。$A_i$值的大小可以表示为在一定疏散时间内某个需求点对于避难场所的人均占有量，单位是$m^2/$人，值越大，可达性越好。

### 2. 模型算法相关支撑技术

避难场所和疏散通道规划支持系统以Microsoft Visual Studio 2010为平台，运用C#开发语言，基于ArcObjects的组件式开发模式，以面向ArcGIS开发的跨平台COM接口为基础，在开发方式中通过COM接口实现对具体地理分析工具的集成应用。

## 五、实践案例

### 1. 模型应用实证及结果解读

本项目以神农架松柏镇区为例，验证系统的科学性与可行性。神农架林区位于湖北省西部边陲，松柏镇位于神农架林区北部，是其政治、经济、文化的中心。据统计松柏镇区常住人口为21210人，主要受崩塌、滑坡、泥石流灾害所影响，2005~2015年共计灾害点18处，已收集的历史灾害案例共有285个，灾害规模以微型、小型为主，但灾害数量大、分布广。

（1）避难疏散通道规划

按照道路等级对松柏镇区疏散通道进行道路等级评价，根据主要灾害易发性得到综合灾害易发性评价，对两者分别赋予权重并进行加权叠加得到疏散通道易损性评价，得分越高，易损性越大（如图5-1）。根据评价结果，剔除易损性较高的道路，并根据道路等级，将疏散通道分为：主要疏散通道、次要疏散通道和紧急疏散通道三种类型，如图5-2所示。道路易损性评价结果如图5-3所示。

（2）避难场所选址适宜性评价

如图5-4、图5-5所示，选址适宜性评价主要分为2个板块：

①选取地形地貌、工程地质、自然灾害、应急保障基础设施和危险源5个因素共11个因子，对松柏镇区避难场所进行选址适宜性评价，剔除高压走廊区域和周围建（构）筑物倒塌影响范围2个禁建因子，最终得到选址适宜性评价图（如图5-6），该区域大部

图5-1　疏散通道易损性评价参数设置

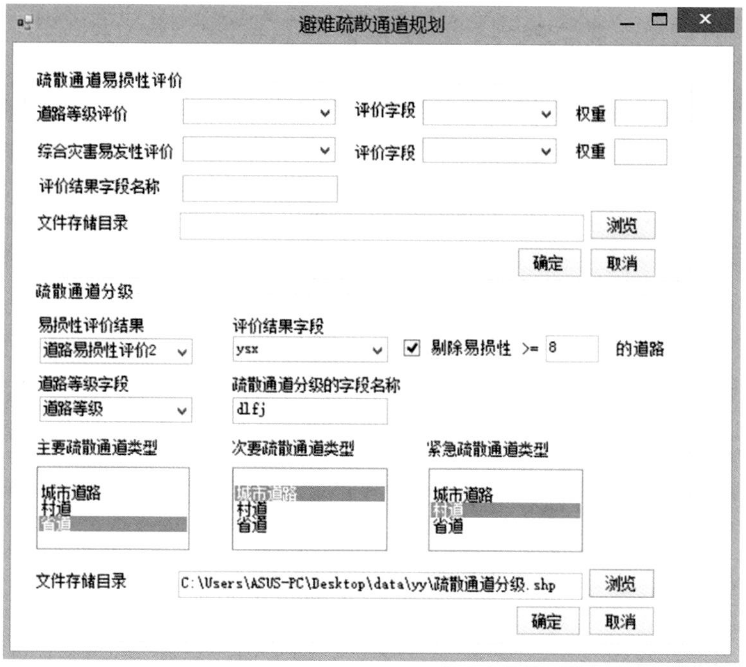

图5-2　疏散通道分级参数设置

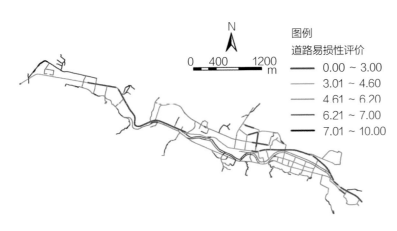

图5-3　疏散通道易损性评价图

图5-4　选址适宜性评价参数设置

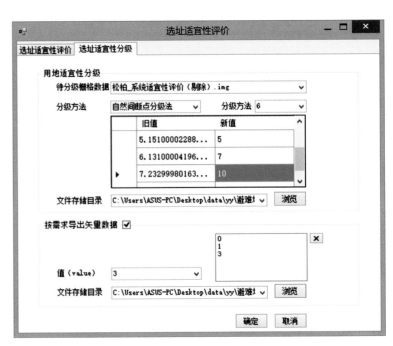

图5-5　选址适宜性分级参数设置

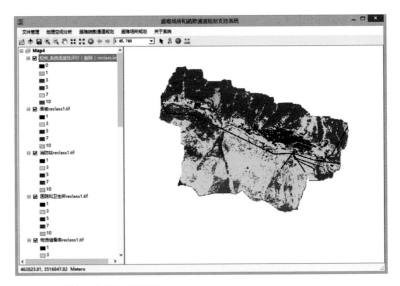

图5-6　选址适宜性评价结果

分地区适宜建设。②对选址适宜性评价结果进行分级，选择"自然间断点分级法"，将评价结果分为0、1、3、5、7、10共6级（图5-7），按需求分别导出了0、1、3级和5、7、10级的两幅矢量格式的评价图（图5-8）。

（3）新增避难场所规划

新增避难场所规划主要分为避难需求点可达范围、避难场所筛选、场所分级、场所分配及评价、责任区划分及设施配置6个板块。

（a）避难需求点可达范围。通过松柏镇区综合风险评价和居民点人口进行叠加，得到位于灾害危险地区的人口，即避难需求点（图5-9）；在"避难需求点可达范围"框中加载镇区疏散通道数据，根据上一步得到的避难需求点数据，得到该区需求点15分钟的可达范围（图5-10、图5-11）。

（b）避难场所筛选。将避难需求点可达范围与选址适宜性评价中较适宜及以上的范围进行叠加，得到避难需求点15分钟可达且较适宜建设的区域，即避难场所可建设区域（图5-12）；

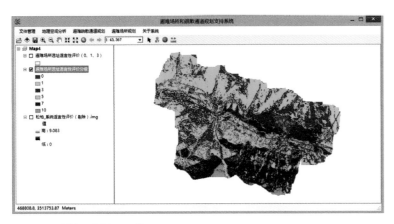

图5-7　选址适宜性分级结果

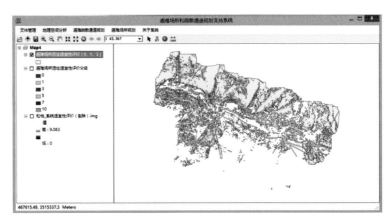

图5-8　按需求导出矢量数据结果

图5-9　避难需求点参数设置

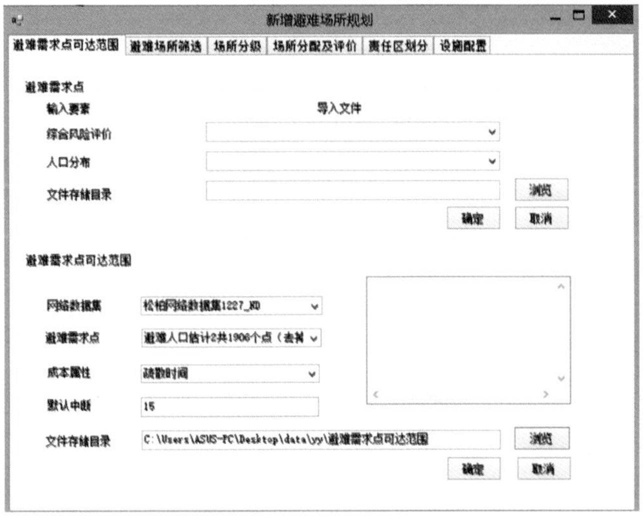

图5-10　避难需求点可达范围参数设置

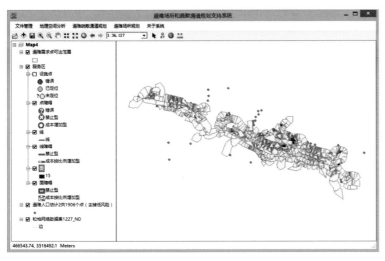

图5-11　避难需求点可达范围结果

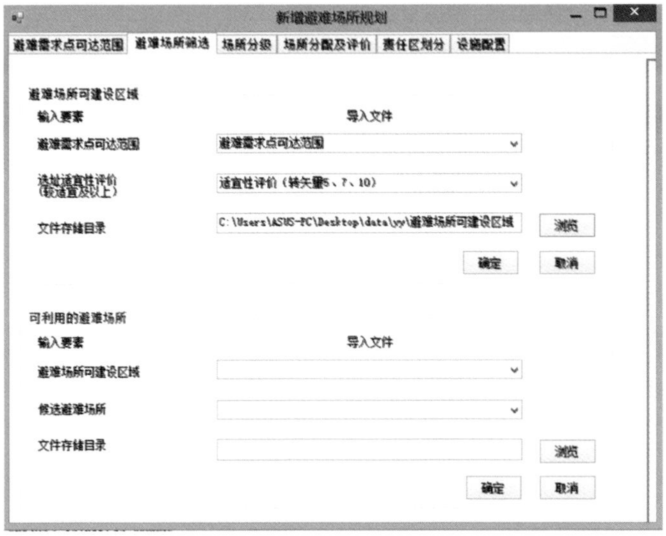

图5-12　避难场所可建设区域参数设置

将避难场所可建设区域与候选避难场所进行叠加，得到可以用来参与新增避难场所规划的候选避难场所及场所的有效面积，即可利用的避难场所（图5-13）。

（c）场所分级。将可利用避难场所按照面积大小进行分级，分为中心避难场所、固定避难场所和紧急避难场所（图5-14）。

（d）场所分配及评价。对分级后的场所进行场所分配及评

价（图5-15~图5-19），由于该区域没有备选中心避难场所，勾选"固定/紧急"，首先对固定避难场所进行分配，结合"最小设施点"和"最大化有容量限制覆盖范围"得到最少场所数量为2个，服务人口占比48.06%（图5-18），点击"导出"得到单个场所的评价结果（图5-19）。将选中2的固定避难场所作为必选项，参与到紧急避难场所规划中，利用"最小设施点"模型得到4个场所，然后选择"最大化有容量限制覆盖范围"模型，逐渐增加设施点

图5-13　可利用的避难场所参数设置

图5-15　场所分配参数设置（最小化设施点）

图5-14　场所分级参数设置

图5-16　场所评价参数设置

图5-17 场所分配参数设置（最大化有容量限制）

图5-18 整体评价结果

图5-19 单个场所评价结果

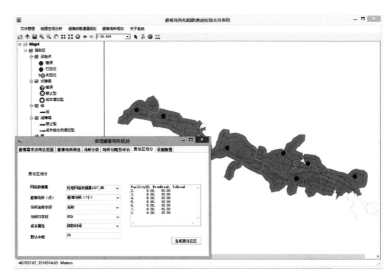

图5-20 新增避难场所责任区划分

图5-21 设施配置

个数，增加到7个避难场所时，服务人口不再显著增加，因此最终为该区域规划2个固定避难场所和5个紧急避难场所。

（e）责任区划分。以15分钟作为疏散时间，生成各新增避难场所对应的责任区（图5-20）。

（f）设施配置。不同类型的避难场所应配置的应急保障设施（图5-21）。

（4）避难场所可达性测度

加载松柏镇区疏散通道数据、避难场所分布和人口分布数据（图5-22），以15分钟作为避难疏散时间，根据场所容量和各居民点人口字段，利用高斯两步移动搜寻法结合OD成本矩阵，

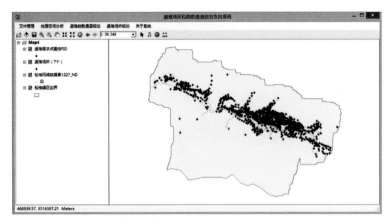

图5-22　避难场所可达性评价准备数据

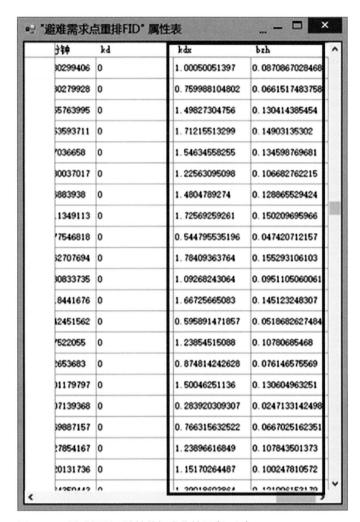

图5-24　避难场所可达性值标准化结果（bzh）

点击"可达性评价"得到各居民点到达避难场所的可达性值（图5-23）。为了消除量纲的影响，增强结果的可比性，对计算得到的可达性值进行标准化处理。处理结果储存在避难需求点标准化字段中（图5-24）。最后，将可达性标准化结果进行反距离权重法空间插值分析，得到栅格格式的避难场所可达性评价图（图5-25、图5-26）。

### 2. 模型应用案例可视化表达

神农架松柏镇区避难场所和疏散通道规划图如图5-27所示，在安全性、经济性的前提下，通过避难场所和疏散通道规划支持系统选择了7个避难场所，包括2个固定避难场所和5个紧急避难场所，神农架高中操场和实验初级中学运动场作为固定避难场

图5-23　避难场所可达性评价参数设置　　　图5-25　反距离权重法空间插值分析参数设置

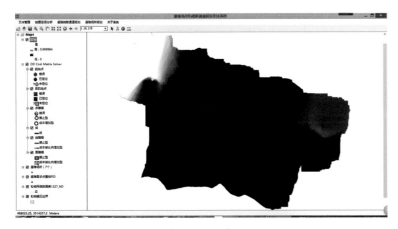

图5-26 反距离权重法空间插值插值分析结果

所，在保证人均面积3m²/人的前提下至少可以容纳镇区48.06%的人口，在灾害初期可以充当紧急避难场所的功能。所有场所面积共45319.32m²，服务人口为18310人，占总人口的96.07%，基本满足避难场所规划要求。

由图5-28和表5-1、表5-2可得，该区避难场所整体可达性较好，证明其场所布局较均衡。在15分钟的疏散时间内，有96.17%的人口可达，较高可达和高可达区域主要集中在两个固定避难场所附近，不可达人口集中在镇区东部人口处，要使得这部分人口可达，需要在镇区入口处增设一定面积的场所，镇区中部低可达人口较多，对于这部分人口可以通过对位于中部的避难场所进行扩建或在其附近增设避难场所来提高其可达性。

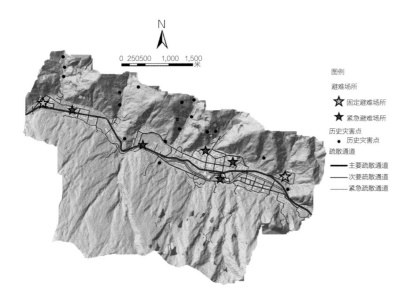

图5-27 避难场所和疏散通道规划图

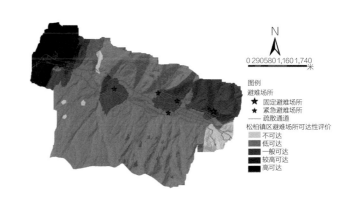

图5-28 避难场所可达性评价图

| | | 避难场所评价 | | | | | 表5-1 |
|---|---|---|---|---|---|---|---|
| | 场所名称 | 场所面积（m²） | 服务人口（人） | 场所容量（人） | 人均面积（m²/人） | 场所利用率 | 平均疏散时间（min） |
| 1 | 神农架高中操场 | 8257.63 | 3410 | 8258 | 2.42 | 0.41 | 6.17 |
| 2 | 实验初级中学运动场 | 19248.20 | 1380 | 19248 | 13.95 | 0.07 | 2.26 |
| 3 | 道路运输管理局空地 | 2751.66 | 2470 | 2752 | 1.11 | 0.90 | 8.81 |
| 4 | 停车场 | 6131.26 | 4150 | 6131 | 1.48 | 0.68 | 6.2 |
| 5 | 社会福利中心空地 | 2249.04 | 1960 | 2249 | 1.15 | 0.87 | 6.16 |
| 6 | 实验小学操场 | 4206.15 | 2470 | 4206 | 1.7 | 0.59 | 5.73 |
| 7 | 炎帝广场 | 2475.38 | 2470 | 2475 | 1.00 | 1.00 | 8.45 |

| 避难场所可达性评价 | | | | | 表5-2 |
| --- | --- | --- | --- | --- | --- |
| | 不可达 | 低可达 | 一般可达 | 较高可达 | 高可达 |
| 避难人口（人） | 730 | 7920 | 6570 | 2450 | 1390 |
| 避难人口占（%） | 3.83 | 41.55 | 34.47 | 12.85 | 7.30 |

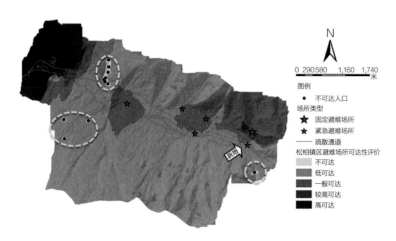

图5-29 新增8个避难场所可达性评价图

根据可达性评价结果，在镇区入口处增设一个紧急避难场所，受场所容量限制，现状8个避难场所可以覆盖96.85%的人口，以15分钟作为疏散时间，镇区99.42%的人口可到达避难场所，不可达人口分布如图5-29所示，对这部分不可达人口建议搬迁或通过疏散通道的改善来增强其可达性。

## 六、研究总结

### 1. 模型设计的特点

目前，在避难场所研究中存在缺乏有效的系统技术支撑及规划方法实际应用的问题。针对这种情况，基于无人机系统的空间信息智能化获取与分析技术和自然灾害风险评估方法，本项目开发了避难场所和疏散通道规划支持系统。

该项目的内容包括：

（1）通过对道路易损性评价选择受损概率较低的疏散通道，为避难场所规划提供了网路数据；

（2）通过避难场所选址适宜评价保证了选址的安全性和时效性；

（3）根据对现状避难场所评价结果对不满足区域进行局部优化；

（4）通过对避难人口总数和避难需求比例随时间变化进行估算，得到了不同等级避难场所的最大避难需求比例；

（5）运用集合覆盖模型和最大化有容量限制覆盖模型进行新增避难场所规划，在有容量约束的条件下，以最少的场所数量，覆盖最大数量的避难人口，且尽量缩短疏散时间；

（6）通过高斯两步移动搜寻模型，对避难场所可达性进行评价，并优化避难场所布局。

该项目的创新点包括：

（1）开发了集避难疏散通道规划、避难场所选址适宜性评价、现状避难场所评价、新增避难场所规划、避难场所可达性测度为一体的规划支持系统，简化了操作步骤，加强了分析结果的可视化；

（2）对既有选址模型没有容量限制进行改进，运用集合覆盖模型和最大化有容量限制覆盖模型进行新增避难场所规划；

（3）将高斯型两步移动搜寻法与网络分析OD成本矩阵相结合，针对易受灾人群，对基于灾害影响的避难场所进行可达性评价。

### 2. 应用前景

我国幅员辽阔，灾害频发且类型复杂，合理的避难场所和疏散通道规划将有效地减少灾害带来的损失。目前对避难场所的研究成果主要集中在地震避难场所规划，且理论较多，本项目综合考虑不同地区的地理环境和灾害类型，以步行作为主要疏散方式，开发一种基于多灾种的避难场所和疏散通道规划支持系统，且同样适用于山地城市和村镇地区，该系统可以支持避难场所规划的方案生成和决策制定，提高防灾减灾规划的可行性、科学性和先进性。同时，简便的操作界面可以满足不同专业背景使用者的使用需求。

# 基于城市消防安全评价的消防设施布局优化模型

工作单位：北京城垣数字科技有限责任公司、北京市城市规划设计研究院

研 究 方 向：安全设施保障

参 赛 人：吴兰若、张尔薇、王浩然

参赛人简介：该团队由北京城垣数字科技有限责任公司和北京市城市规划设计研究院联合组建，专业背景包括城市规划、资源环境、地理信息系统等，是联合了规划编制人员与模型研发人员的综合型团队。团队成员近年来持续关注并参与到城市定量研究、决策支持模型的建设、城市消防安全研究与消防规划编制等方面的工作中。

## 一、研究问题

### 1. 研究背景

火灾是城市中最为常见的一种威胁人民财产安全、阻碍城市平稳运行的灾害。因此消防安全作为城市综合防灾体系的重要组成部分，是经济社会健康发展，人民群众安居乐业的重要保障。火灾不同于其他自然或人为灾害，其发展原因多样，人为和自然的隐患因素均可能引起火灾，发生时间与地点均有一定的突然性和随机性，发生可能性也远大于其他主要灾种，因而对于消防设施布局和消防安全保障策略的研究，是城市安全保障体系需要重点关注的内容之一。

从政策导向看，在国家层面上，党的十九大会议提出了"坚持总体国家安全观""以人民安全为宗旨"的发展理念，强调要"健全公共安全体系""提升防灾减灾能力"。在城市层面上，《北京城市总体规划（2016年–2035年）》也提出，需"健全公共安全体系，提升城市安全保障能力"；加强"城市安全风险管理，深化平安北京建设，降低城市脆弱度，形成全天候、系统性、现代化的城市运行安全保障体系，让人民群众生活得更安全、更放心。"

从消防研究方面看，国内学者对于火灾风险、消防安全及消防设施规划布局的研究始于20世纪80年代，当时的学者在学习了国外的消防规划经验后，将之应用于国内城市的消防设施设置和火灾风险评估之中。20世纪90年代后，规划工作者开始进行城市消防规划的专项编制与实践探索，完成了国内大部分市县以上城镇的消防规划编制。在理论研究方面，学者们主要就城市火灾风险评估及城市消防设施选址布局两大方面开展了大量研究，从初期针对风险评估方法、选址方法及规划重点问题的关注，逐渐拓展到多因素与综合性消防规划研究、火灾风险与设施规划的定量化模型构建与应用上。除了关注城市总体的消防规划，也对于特定类别的火灾开展专项消防或防灾体系的研究与应对策略的分析。从管理角度开展的消防治理体系与管理体系和消防教育等方面的研究也有所涉及。

从规划实践看，应用相应技术手段开展的消防规划仍不太多见。且关注火灾风险评价与设施规划结合的研究人员不足。《消防设施规划规范（GB51080–2015）》中明确指出，消防设施的规划需要针对城市火灾的风险分布，有针对性开展。因此开展应用于规划实际的结合城市消防安全评价的消防设施选址研究十分必要。

### 2. 研究目标

本研究旨在针对特大城市的火灾风险特性与安全管理要求，系统分析城市消防安全的风险成因与分布，并以北京为对象，构

建一套较为成熟的城市消防安全评价指标体系与模型，以及与之相应的消防设施选址模型，支撑城市消防规划从现状评估、规划编制、规划方案预评估、规划方案优化到规划实施全过程，为提升北京城市消防安全提供科学支撑。

## 二、研究方法

### 1. 理论方法

本研究重点开展了城市消防安全评估与消防设施选址优化这两方面的研究。从前人研究中，可发现研究相关问题所应用的方法十分多样。本研究选择了研究该问题较为经典的层次分析法和覆盖选址方法，作为研究理论方法的基础，指导后续的模型研究与构建。

城市消防安全评估是对城市多样、复杂的致灾因子，以及应急救援因子的综合性分析。面对复杂的多因素多层次分析，采用层次分析法是一种较为简便实用的方法。该方法能够对大量多层级的因子进行分门别类的梳理，构建评价体系，并通过一定权重来界定各因素对于整体的影响。本研究根据消防安全的特征，构建了四级评价体系，全面综合分析消防安全的成因，并给出评价结果。

在实际规划的消防站选址工作中，大多是按照城市辖区不大于7平方公里，近郊不大于15平方公里的标准设置。而这种设置方式没有考虑到实际道路运行情况，所配置的消防站在实际中会存在出警时间过长，存在覆盖盲区的现象。在相关研究中，学者们对消防设施选址分析方法包括了负荷距离法、Voronoi图、区位-分配模型、Floyd算法等。其中，基于路网的区位-分配模型是运筹学中进行最优决策选址的一种经典理论，包括了多个不同选址目标导向的选址模型。其中，最大化覆盖模型和集合覆盖模型（也可称为最小化设施数模型），是解决消防设施选址的最为有效的理论模型。集合覆盖的思想是对确定的需求点分布与可选的设施点分布，选择最少的设施点，以能够覆盖到所有的需求点；最大化覆盖模型的思想是，在给定的需求点分布和设施备选点分布情况下，选择给定数目的设施，使其能够覆盖到最多数目的需求点。这两种方法的思想都是尽可能满足对需求点的最大化覆盖，而这正是消防站选址中所需遵循的重要规则，因此这两种覆盖模型常被用于进行消防站或其他类似选址需求的应急设施的选址中。其中集合覆盖模型常用于不考虑建设成本的情况，而最大化

覆盖模型常用于固定数目的设施选址中。本研究在区位-分配模型的思想下，结合消防站规划的实际需求，开展消防设施的选址优化模型构建。

### 2. 技术路线

研究分为前期调研阶段、算法研究阶段和实践应用阶段（图2-1）。在前期调研阶段，综合应用文献调研、专家访谈和历史火灾分析等方法，梳理城市火灾诱因、危险源以及历史火灾与城市用地性质的关联性分析，确立消防安全评价的方向。在前期调研的基础上，采用层次分析法和选址模型分析等方法，构建适应大城市火灾风险特征的城市消防安全评价体系，并进行影响因子参数确定；在此基础上构建消防设施选址模型，提出消防站选址优化的相关参数和方法。并将模型成果应用到北京市的消防安全评价中，开展了现状安全水平评价和规划方案评估，提供选址建议，对模型的有效性进行验证。

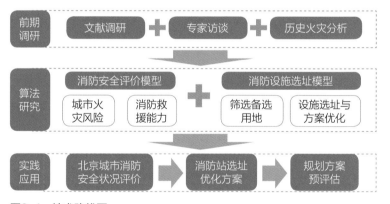

图2-1 技术路线图

## 三、数据说明

### 1. 数据内容及类型

由于火灾因子与消防要素的多样性，本研究所需数据类型多，专业性较强，数据来源也需要多部门配合。研究所选用数据主要从两方面角度出发，一是消防安全评价与消防设施选址模型的构建与应用过程中，所需要的消防安全评价要素；二是从数据获取难度与质量上，尽量选择有条件获取且质量较高的数据，参与模型分析。

从数据类型上，本研究所应用的数据可分为三类。第一类是城市的危险源及重要公共设施等设施类数据，包括了作为城市火灾致灾来源的危化品生产和存储经营企业、油库、加油站、输气设施和输油输气管线等；以及易受灾或受灾后影响较大的公共设施，如大型文体设施、医疗设施、商业设施、文物保护单位和地下设施等。该类数据主要来源于和各专业委办局的合作，数据时效较为依赖相关研究或规划的开展。

第二类数据是城市现状与规划数据，包括了城市用地的性质、城市人口分布情况、建筑分布与建设强度和城市道路等。该类数据主要用于分析火灾带来危害的程度，建立历史火灾发生与规划建设间的关系，并且是规划选址的重要基础。数据主要来自于规划部门，其更新较为稳定，数据时效性较好。

第三类数据是消防设施与消防能力数据，包括了历史火灾情况，消防设施指的是消防站、消防训练、保障基地和消火栓等公共消防设施的空间分布与属性信息，消防能力指的是公安及企业消防队、消防人员、消防装备、消防通信和微型消防站等应急救援能力的配置，以及公民对于消防防范意识及火灾应对知识的了解与掌握程度等。这类数据主要用于评价消防能力情况，为选址提供现状参考。数据主要来源于消防局，数据时效依赖于数据获取的频率。

### 2. 数据预处理技术与成果

城市消防安全评价所需的数据由于来源多样，类型多样，因此需要首先将非空间化数据进行空间化处理，并统一各数据坐标，使其能够在一个统一的坐标系下开展空间多层次分析。另外对于各类设施数据，还需仔细辨别其属性，剔除已关闭、未使用的设施，提高评价结果准确性。

城市道路数据是开展设施现状范围和规划选址的重要依据。根据消防站建设规范，消防站的服务范围应为出警5分钟的时间所到达最远距离。因此需要首先确定道路的行驶速度。根据《城市消防规划规范》GB 51080，大中城市的消防车行驶平均速度为30～35km/h。根据2015年北京交通运行分析报告所调查的全路网运行情况，北京城市早高峰全路网平均速度为28.1km/h，晚高峰全路网平均速度为25.1km/h，畅通平均速度为48km/h。因此本研究选择了30km/h作为全路网的消防车平均速度开展消防设施出警范围的分析。

## 四、模型算法

### 1. 消防安全评价模型算法

消防安全评价模型采用层次分析法，构建了包含4级评价指标，共56个评价要素的定量化消防安全评价体系。依据"消""防"结合的原则，将城市消防安全首先分为城市火灾风险分析、消防救援保障水平两个方面二级指标。

其中，城市火灾风险指标从城市的危险来源、承灾特征两个角度出发，划分为城市的危险性、脆弱性和重要性三个方面，分别对城市的易燃易爆危险品及输油输气走廊，人口、建筑密度及用地特征，重要建筑及文保单位等公共设施进行分析。

城市消防救援保障水平指标从消防设施的硬件及社会防灾意识两个角度出发，分为设施供给、救援保障及社会响应三个方面，对消防队站、消防供水和消防通信等设施布局，消防人员及装备配置，社会防火意识及救火知识等进行分析（表4-1）。

消防安全评价体系　　　　　　表4-1

| 评价目标 | 一级指标 | 二级指标 | 三级指标 |
|---|---|---|---|
| 城市消防安全 | 城市火灾风险 | 危险性 | 易燃易爆危险品 |
| | | | 输油输气走廊 |
| | | 脆弱性 | 建筑特征 |
| | | | 人口特征 |
| | | | 用地特征 |
| | | 重要性 | 重要公共建筑 |
| | | | 城市地下空间 |
| | | | 历史文保单位 |
| | 灭火应急保障 | 设施供给 | 消防队站 |
| | | | 消防供水 |
| | | | 消防装备 |
| | | | 消防车通道 |
| | | 保障能力 | 保障基地 |
| | | | 消防队伍 |
| | | 社会响应 | 公众消防安全教育 |
| | | | 基层消防力量 |

研究对各项三级指标进行细化分析，根据各指标评价的特征，以现有的国家或地方标准为依据，将各指标分为数量型指标和性质型指标，采用不同的计算方式构建消防安全的分级评分体系（表4-2）。评分值在0~100间，0为危险，100为安全，以此表征该类属性对城市消防安全的贡献度。

指标评价类型 表4-2

| 数量型指标 | 性质型指标 |
| --- | --- |
| 易燃易爆危险品、建筑特征、人口特征、重要公共建筑、消防装备、消防车通道、保障基地、消防队伍、公众消防安全教育、基层消防力量 | 输油输气走廊、用地特征、城市地下空间、历史文保单位、消防队站、消防供水 |

同时，采用专家打分的方法，对各层级、各要素之间的相互关系和重要程度进行分析，形成各要素的权重指标，形成完整的城市消防安全评价体系表

评价采用空间单元叠加的方式进行。在叠加过程中，采用极值方法确定某个具体单元、具体要素的属性等级，即以最危险的要素属性代表该单元的危险度。

设某评价单元各指标评分为$x$，一级指标权重为权重$A_i$，二级指标权重为$W_j$，三级指标权重为$Y_k$，评价因素权重为$P_t$，所汇总形成的城市消防安全指数$F$为：

$$F = \sum_{i=1}^{n} A_i \times \left\{ \sum_{j=1}^{m} W_{ij} \left[ \sum_{k=1}^{l} Y_{ijk} \left( \sum_{t=1}^{s} P_{ijkt} \times x_{ijkt} \right) \right] \right\}$$

相对应的城市危险指数$W$为：

$$W = 100 - F$$

## 2. 消防站选址模型算法

以最大覆盖模型和最小设施数模型为理论基础构建消防站选址算法。

在不给出设施选址数量限制时，选择最小设施数模型，其理论公式为：

$$\min \left( \sum_{j \in J} X_j \right);$$

且需满足：

$$\sum_{i \in I} a_{ij} X_j \geqslant 1, \forall i \in I;$$
$$X_j \in \{0, 1\}, \forall j \in J;$$

在给出设施选址数量限制时，选择最大覆盖模型求解，其理

论公式为：

$$\max \left( \sum_{i \in I} w_i Y_i \right);$$

且需满足：

$$Y_i - \sum_{i \in J} a_{ij} X_j \leqslant 0, \forall i \in I;$$
$$\sum_{j \in J} X_j = N;$$
$$Y_i \in \{0, 1\}, \forall i \in I;$$
$$X_i \in \{0, 1\}, \forall i \in J。$$

其中：$I$为需求点集合，$J$为候选点集合，$N$为供应点数量；$a_{ij}$代表$i$是否为候选点$j$所覆盖，$a_{ij}=1$为已覆盖$a_{ij}=0$则未覆盖；$X_j$代表$j$点是否会布置消防站，$X_j=1$为布置，$X_j=0$为未布置；$w_i$为需求点$i$的权重，本模型为消防风险权重；$Y_i$为需求点$i$是否被覆盖，$Y_i=1$为已覆盖，$Y_i=0$为未覆盖。

对于选址结果，设计了覆盖面积效率、消防风险权重两个指标，对各选址点的效率及优先度进行衡量。

覆盖效率包括了整体覆盖效率和具体某一个选址点所覆盖的范围中，未与其他任何消防站范围有重叠的比例。由于消防站设置所需成本较高，因此在选址时，尤其是指定选址数量的情况下，必须考虑其建设的效率，即是否能尽可能多覆盖到当前未在消防站出警时间可达范围内的区域。计算公式为：

区域覆盖效率：$S=y/s$其中，$S$为有效覆盖面积比，$y$为当前方案与现有设施形成的覆盖面积，$s$为研究区整体面积。

选址点覆盖效率：$A_j=x_j/a_j$；其中，$a_j$为点$j$所能到达的最远点和与其他候选点覆盖范围分割线相连形成的面积；$x_j$为该设施覆盖面积中，没有其他设施覆盖的面积。

城市风险权重是对消防站可覆盖范围内，城市风险情况的加权分析。在有效覆盖面积相差不大的情况下，应优先选择风险权重较高区域进行建设，以更大程度降低城市消防风险，保障城市安全。计算公式为：

$$W_j = \sum_{i=1}^{n} w_i s_i / \sum_{i=1}^{n} S_i;$$

其中，$j$为候选点，$i$为$j$点所能到达的各个需求点；$w_i$为$i$点的消防风险值。

由于在实际规划的消防站选址工作中，很少出现从白地开始的选址工作，实际的选址位置受到现有建设情况与规划安排等多重影响。因此，本模型首先需要对可用于消防站建设的用地进行筛选。根据优先落实规划的原则，模型采用优先在规划预留消防

站用地进行建设，在没有适宜预留用地情况下，选择未来有重开发潜能或改造可能的用地，作为备选用地参与选址。在分析选址方案前，还需满足消防站建设的避让要求。模型根据《城市消防站建设标准（建标152-2017）》及其他相关规定，设计排除现有危险品设施危险部位200m以内、加油加气站50m以内、人员密集公共场所，如学校、托幼、医院、影剧院、体育场馆、大型商业设施等场所出入口50m以内的地块。

在分析得到初步选址方案后，对该方案各选址点的有效覆盖面积及风险权重进行分析，判断该方案是否已经达到对研究区的覆盖面积要求，以及各选址点的效率情况及风险权重情况，分析是否需要对效率较低的点重新选择。如需重新选址，则将其余可保留的选址点作为已选点，扩展规划可选用地，再次进行方案生成。直至方案能够满足区域的消防覆盖要求，以及消防建设的效率要求。随后对方案中各危险权重进行分析，综合形成建设时序的建议。

### 3. 支撑技术

本模型开发运行依托城乡规划决策支持平台，整体采用VS2010为开发环境，模型应用支持系统采用C#进行开发，后台数据提供Web服务接口进行交互访问，具体模型基于ArcGIS Engine10.1利用C#语言开发，模型应用支持系统采用DEV Express12.1作为系统的界面开发发包。系统涉及的空间数据利用ARCSDE进行管理，并通过ArcGIS Server进行发布，作为空间数据在实体库中存储实体的网络服务连接信息。

## 五、实践案例

### 1. 案例区现状情况分析

本研究以北京为研究区，应用模型对北京城市消防安全进行评价，并分析了典型地区的设施布局，进行规划方案的生成。

北京市作为北京作为首都和特大城市，人口、资产、功能高度聚集，重要场所较为集中，存在较高的火灾风险，一旦发生火灾，易造成严重的社会影响及生命财产损失。如2017年11月18日的西红门火灾，造成19人死亡，8人受伤，产生了极大的社会影响。

从历史火灾发生的变换来看，近十年间火灾发生数量有所下降，但空间影响范围不断扩大，火灾发生具有空间广域性的特征。其中城乡接合部地区一直是火灾高发的区域。

从火灾发生的用地类型分析，各类生产、生活、生态空间的历史火灾分布存在较大差异，其中居住用地、宅基地是火灾发生次数最多的类型，防控难度大。从火灾发生的原因看，多数火灾原因集中在电气火灾、生活用火不慎、遗留火种以及吸烟等人为原因。因此防火安全教育十分必要。

从现有消防设施布局与建设来看，十年间，城市消防设施的建设得到一定完善，但与2006年《北京消防队站》中规划远期消防站建设相比，实施率在40%左右，且受到消防站周边路网实施情况和交通拥堵的影响，消防站辖区内的出警时间超过5分钟的标准。基层消防组织建设取得了较大成果，北京各区均结合重点消防单位和社区设置了近八千个微型消防站，加强了基层消防力量。

总体来看，北京城市的火灾防控较为有效，但在城市发展与空间快速扩张的过程中，火灾成因复杂，空间分布扩大，为城市消防安全的管控提出了更高的要求。

因此，开展全空间覆盖、兼顾火灾风险与救援能力的全要素消防安全状况分析十分重要；而作为构建全市消防应急救援体系的重要基础，合理规划消防站，优化整体消防站布局，是应对城市火灾风险，提升消防安全的重要举措。

### 2. 北京城市消防安全情况分析

对北京城市整体的消防安全水平采用500m×500m格网为单元进行分析，根据模型所构建的指标体系，对各类数据进行处理，并进行空间叠加分析，形成北京城市空间消防安全评价。

可以看出，当前全市的消防风险整体的趋势与城市建设强度较为一致。风险较高的点分布在中心城及近郊新城的范围内，较为集中的风险高值区域包括旧城内、中关村、朝阳南部、通州新城和房山新城等（图5-1）。

根据层次分析法所划分的不同消防风险因素，可分析各风险区的风险成因。如旧城内虽然消防救援力量并不弱，但由于是中央政府、各类历史文化遗产和文保单位集中的区域，且聚集了年代较长的居住区，拉低了消防安全的评分值。中关村、通州、房山新城以及朝阳南部地区，主要由于各类火灾风险要素集中，而

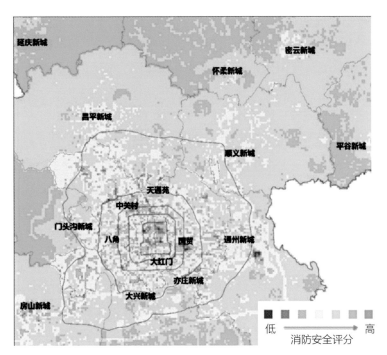

图5-1 消防安全评价成果

同时消防设施的布局有所缺失，导致防灾需求与救灾能力不匹配，造成了较高的消防风险区。

通过对各消防安全因素的分析，可了解不同地区形成消防风险的成因，从而有针对性地制定规划引导策略，提升消防安全水平。

### 3. 案例地区消防设施选址分析

这里选择中关村科技园中心区及周边作为方案分析的研究案例。作为中国首个国家级的高新技术产业开发区，这里被誉为中国的"硅谷"；同时，这里也是我国高等学府和高科技企业等科研人才与研究室最为集中的区域，北大、清华、人大等高等学府，中国科学院及中国工程院的大量科研院所和高新技术企业等十分集中，可以说是高新技术和高端人才集中的区域，其重要性不言而喻，因此研究将其作为消防安全保障的重点区域。而当前分析显示，此处存在较高的消防安全存在隐患，当前消防站的布局存在较大缺口，需要我们开展选址建设方案的分析，有效指导设施建设，提升区域安全保障水平。

作为重点消防区域，规划需要实现该区域的消防站出警范围全覆盖。由于作为案例分析，这里不考虑研究区外的选址所带来的影响，在研究区内进行选址。

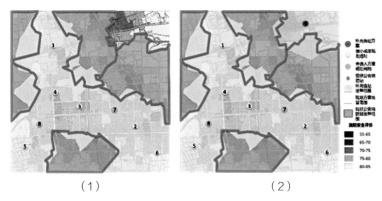

（1）　　　　　　　　　　（2）

图5-2 规划选址方案分析

首先应用模型筛选出规划预留消防用地，并根据现有危险品和重要公共场所的分布进行备选用地筛选后，采用最小成本原则，可分析得到优先落实规划原则下，近期适宜建设的公安消防站选址方案（图5-2（1））。由于研究区内现有规划预留消防用地未能满足覆盖要求，在可进行升级改造地块中，选择合适位置，作为前一方案的补充，达到消防站覆盖范围全覆盖的要求（图5-2（2））。

这样研究就形成了本区域的8个选址点方案，根据地块本身的属性，和所覆盖范围的重要指标，对选址方案的建设方式、建设等级和建设时序进行了建议（表5-1）。如3号用地作为规划预留消防用地，可独立建设消防站，因为该用地在覆盖范围内风险等级最高，推荐其优先建设，根据其占地面积限制，可建设一个二级消防站。

选址方案建议　　　　　　　　　表5-1

| 选址序号 | 建议建设方式 | 建议建设等级 | 建议建设时序 |
| --- | --- | --- | --- |
| 1 | 独立 | 二级 | 7 |
| 2 | 独立 | 二级 | 3 |
| 3 | 独立 | 二级 | 1 |
| 4 | 独立 | 特勤 | 2 |
| 5 | 独立 | 一级 | 6 |
| 6 | 独立 | 二级 | 5 |
| 7 | 近期不建议 | | |
| 8 | 独立或合建 | 待定 | 4 |
| 9 | 独立或合建 | 待定 | 8 |

# 六、研究总结

## 1. 模型特点

本研究从城市整体角度出发，构建了综合防、消两个方面的城市消防风险评估模型，在传统的以设施及建筑等小范围研究尺度和具体地区的火灾风险评价要素的基础上，着重考虑了城市建设与火灾的对应关系，从规划角度选择评价因素；以格网为单位呈现空间评估结果，其成果呈现直观易读，便于比较，能够便捷地分析城市的消防安全弱点及其形成因素，可为城市总体或细部的风险分析与管理以及提出相应对策提供依据。此外，该模型还能够对规划消防安全状况进行预评估，验证规划策略的合理性。

基于定量化选址方法的消防站选址模型，采用经典选址模型方法，与规划实际要求结合，是对经典定量化选址模型与规划选址方法与需求结合的尝试，为规划选址方案提供科学支撑。

## 2. 应用前景

在城市不断发展，城市安全愈发受到重视的当下，城市消防安全工作需要积极探索新思路与新手段，从城市角度关注火灾风险，综合化风险管理与管控，提升消防安全水平。

本研究所构建的模型体系，正是应对当前综合化与空间化的城市风险评估需求，是适用于大型城市复杂火灾风险因素与消防建设需求的安全评价与选址分析，同时也是对消防规划所需的城市消防安全与消防站布局两大核心问题的定量化、模型化的解决方案。所开发的模型系统能够为一线规划工作人员所用，为提升规划编制效率与科学性提供可靠支撑。

未来我们还将深入研究消防安全的提升策略，从微观尺度如人的行为等方面，开展更为全面的消防安全评价与提升方法研究，为城市安全的评价、对策与管理提供支撑。

# 广州市新一轮总规的量化分析模型建设

工作单位：广州市城市规划自动化中心、广州奥格智能科技有限公司

研究方向：空间布局规划

参 赛 人：黄玲、何正国、陈奇志、唐忠成、杜玲玲、王习祥、洪强、黄杰生、龚露安、施志林

参赛人简介：团队由广州市城市规划自动化中心和广州奥格智能科技有限公司骨干技术人员组成。广州市城市规划自动化中心同时加挂广州市基础地理信息中心牌子，主要承担广州市国土资源和城乡规划信息化工作，拥有一支由国务院特殊津贴专家、教授级高级工程师领衔，由国土资源、城市规划、计算机、建筑学、遥感、地理信息系统等专业人员组成的团队。广州奥格智能科技有限责任公司是致力于智慧规划、智慧国土等行业的信息技术企业。

## 一、研究问题

### 1. 研究背景及目的意义

我国城市规划存在着各类功能分区数量过多、内容繁杂、缺乏统筹、难以衔接等问题，这是导致工业化城镇化进程中空间布局不规范、空间无序开发、生态环境恶化等突出矛盾的原因。2017年住房城乡建设部发布了《住房城乡建设部关于城市总体规划编制试点的指导意见》（建规〔2017〕200号），其中提及坚持陆海统筹，科学划定"三区三线"空间格局，协调衔接各类控制线，整合生态保护红线、永久基本农田保护线、水源地和水系、林地、草地、自然保护区、风景名胜区等各类保护边界，按照最严格的要求，在全市域范围内划定生态控制线和城市开发边界，控制生态廊道，理清山水林田湖与城市的关系，延续历史文脉，展现特色风貌，形成全市域理想空间格局。

如何科学划分一个城市的城镇、农业、生态三类空间，对合理高效配置土地资源、城市实体空间布局、国土空间秩序开发、促进人口经济与资源环境协调发展、全面建成小康社会的战略举措等具有重要意义。

广州作为城市总体规划编制试点城市之一，按照广州城市总体发展定位，落实城市主体功能布局定位，形成理想的空间格局，需在国土空间量化分析评价基础上，结合行政边界和自然边界，利用标准统一的地理空间基础数据和地理国情普查成果与监测技术，科学划定城市城镇、农业、生态三类空间。依托三类空间，确定城市开发边界内的功能布局和空间结构，实现城市有序建设、适度开发、高效运行、宜居宜业；划定绿线和蓝线，明确管理要求；明确城市开发边界外城乡统筹、村镇发展和线性工程的规划要求。

### 2. 研究目标及拟解决的问题

本项目针对传统城市三类空间划定方式存在的各种问题，研究与城市相匹配、科学可行、全面客观的系列定量评价模型，利用标准统一的网格化地理空间基础数据，将一些不具体、模糊的各个单因素用具体的数据来表示，并设计城市三类空间量化分析系统，借助地理计算技术，开展国土空间开发网格化适宜性评价，进而自动划定城镇、农业、生态空间城市三类空间，结合城市总体规划实施评估，建立"三区六线"控制体系，形成城市空间布局规划底图，辅助《广州市城市总体规划（2017-2035）》编制。

（1）确定空间开发评价指标。要科学划分城市三类空间，需经过综合分析城市区域及相邻区域的地理信息、经济、社会、人口、资源环境等资料，研究与城市相匹配、科学可行、全面客观

的系列空间开发评价指标，分别定义为适宜性评价指标与约束性评价指标。

（2）建立单项评价指标模型。根据区域的地形地势、交通干线、人口经济基本情况，采用定量方法与定性方法相结合方式，将各指标的影响因子分级，建立量化计算模型，为三类空间的科学划分提供基础依据。

（3）建立综合评价模型。通过单项指标量化分析评价模型，形成可覆盖全域国土空间十项指标的评价结果，由于每项结果反映的都是单方面评价，因此，需基于城市空间主体功能区划分确定综合评价权重，根据永久基本农田分区等空间开发负面清单、现状地表及规划审批数据，建立多指标综合评价模型以及开发适宜性评价模型。

（4）制定三类空间划分规则。通过综合评价模型得出区域的开发适宜性结果，初步划分三类空间。

（5）搭建量化分析系统。建立的评价模型仅仅处于分析层次，要彻底解决操作繁杂、精准度低、耗时长等传统划分三类空间存在的问题，则需根据以上提出的量化分析评价数学模型，结合GIS（地理信息系统，Geographic Information System）空间分析技术，利用ArcGIS二次开发平台，来搭建相对应的城市三类空间量化分析系统。

# 二、研究方法

## 1. 研究方法及理论依据

根据主体功能区规划的要求，为了科学评价国土空间、合理划分城市三类空间，运用以下研究方法及理论依据：

（1）技术系统、专家系统和决策系统相结合

专家系统是抽取专家的知识并加以组织，以提供专家水平的咨询；决策系统为实现数据与模型的有机结合和方便用户而引入了人工智能思想和技术。

以研究课题为主构成的技术系统，以各方面咨询专家为主构成的专家系统和以政府部门为主构成的决策系统，应协同配合并有机地融合在区划工作的各个阶段，形成区划方案应是"技术系统、专家系统、决策系统"共同协作的结果。研究课题组在区划工作的每个重要工作步骤当中，都应及时征求和吸纳专家系统和决策系统的意见，尤其在重要指标和主体功能需要判断时，要充分发挥专家系统和决策系统的作用。

（2）定量方法与定性方法相结合

国土空间评价和三类空间划分应建立在定量分析评价基础上，凡是能够采用定量方法的工作步骤，都应力求采用定量方法，包括各种分级标准和重要阈值的选择，以便客观地阐述其数值所表征的内涵与依据。对于难以定量分析的问题，要进行深入的定性判断。定量方法获取的结果，都应具备合理的定性解释。

（3）综合评价方法和主导因素方法相结合

在城市三类空间划分过程中，要运用十项指标的综合评价，来客观识别地域空间的主体功能，划分标准和方案应当是十项指标共同作用的结果。同时，还要针对优化开发、重点开发、限制开发等不同类型区域，运用反映其成因或特征的若干主导因素，评价划分对象，确定主体功能，划分三类空间。当采用综合评价方法与主导因素方法划分的初步结果出现不一致的情形时，应在方案比较的基础上，通过综合修订，完善区划方案。

（4）刚性约束与弹性调控相结合

应严格遵循国家关于省级区划的相关规定及要求来进行。对于部分特殊地区，其主体功能的确定，也可以通过筛选特征约束要素的方法"一票否决"。各区域应结合不同特征，合理利用规程在指标构成的要素选择、评价分级和区划阈值确定等方面提供的弹性空间，充分反映各区域的实际。

## 2. 技术路线及关键技术

城市三类空间划分流程路线分以下六步进行：

第一步：将城市全域化数字现状、全域和相邻县区的地理国情普查成果、基础测绘成果，以及规划、各类保护区、经济、人口等资料，进行空间底图制作，形成量化分析基础数据。

第二步：依据空间开发评价指标，建立单项指标评价模型，利用空间底图制作的量化分析基础数据，对国土空间进行单项指标评价，形成覆盖全区域国土空间单项评价结果。

第三步：利用单项评价结果，基于城市空间主体功能区划分确定综合评价指标权重，归纳国土空间开发类型及等级，得出综合评价的结果。

第四步：根据国土空间综合评价结果，利用主导因素法遴选出的空间开发负面清单、过渡区，结合现状地表分区及规划审批数据，进行空间适宜性评价，形成国土空间开发适宜性评价结果。

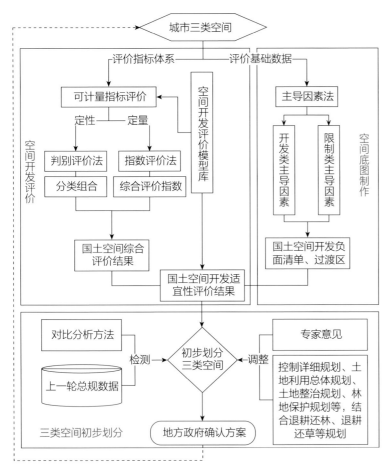

图2-1 技术路线及关键技术

第五步：利用国土开发适宜性评价结果，根据三类空间划分规则，初步形成城市三类空间方案。

第六步：通过上一轮总体规划数据，利用对比分析方法检测初步划分的三类空间，同时结合各类规划数据专家意见来调整初步划分的三类空间，最后由各政府部门确认，落实划分方案的准确性。

## 三、数据说明

### 1. 数据内容及类型

（1）全域数字化现状数据

涵盖市域土地利用现状、生态环境评价、人口与资源环境、历史文化现状、全市经济社会发展水平等，构成基础地理数据，包括三类空间量化分析评价所需的乡镇级行政区划界线、港口和机场、可开发利用土地资源、水资源等资料，以及人口、经济、生态环境等。

（2）空间开发负面清单数据

由受自然地理条件等因素影响不适宜开发，或国家法律法规和规定明确禁止开发的空间地域单元集合组成。主要包括但不局限于基本农田保护区、自然保护区、风景名胜区、森林公园、地质公园、世界文化历史遗产、水域及水利设施用地、湿地、饮用水源保护区等禁止开发，以及受地形地势影响不适宜大规模工业化、城镇化开发的空间地域单元。空间开发负面清单数据建议由城市生态控制线规划编制的主管单位负责提供，并由地方行业核准后使用。这里以地理国情普查数据为基础，结合基本农田、各类保护、禁止（限制）开发区界线资料，组织空间开发负面清单数据。

（3）现状建成区数据

现状建成区是指地理国情普查数据中的房屋建筑区、广场、绿化林地、绿化草地、硬化地表、水工设施、固化池、工业设施、其他构筑物、建筑工地等。提取这些地类边界，生成现状建成区数据。

（4）过渡区数据

以地表覆盖归类数据成果为基础，除空间开发负面清单和现状建成区以外的区域为过渡区，包括以农业为主的Ⅰ型过渡区、以天然生态为主的Ⅱ型过渡区、以地表破坏较大的露天采掘场等为主的Ⅲ型过渡区等数据。

（5）规划审批数据

省域城镇体系规划、城市总体规划、镇总体规划等规划中上报审批通过但是还没有建设的数据。其中城市总体规划、镇总体规划的内容应当包括：城市、镇的发展布局，功能分区，用地布局，综合交通体系，禁止、限制和适宜建设的地域范围，各类专项规划等，且规划区范围、规划区内建设用地规模、基础设施和公共服务设施用地、水源地和水系、基本农田和绿化用地、环境保护、自然与历史文化遗产保护以及防灾减灾等内容，应当作为城市总体规划、镇总体规划的强制性内容。

### 2. 数据预处理技术与成果

（1）数据预处理技术

收集整理地理国情普查成果、基础地理数据成果、全国或省级主体功能区规划、区域规划、市县城镇体系规划、市县土地利用总体规划、重点产业布局规划、交通规划、产业园区规划等各类规划资料，形成空间开发评价的基础数据与参考数据。预处理主要包括图像纠正、坐标转换、格式转化、数据拼接与裁切、区域单元定位点提取、坡度和高程分级、数据一致性、空间矢量化等技术工作。

（2）数据成果

分析处理地理国情普查数据、基础测绘数据、规划数据及相关统计数据，提取行政区划、交通、水域，以及经济、人口、环境、可开发利用土地资源、可开发利用水资源、灾害等单指标要素数据，作为生产空间开发评价的基础数据；提取规划数据中的重点产业、交通、产业园等边界及属性信息，作为生产空间开发评价及发展任务布局的参考数据。要重视对这些海量数据的收集、整理和加工管理，为以后开展三类空间划分修订提供依据，具体的数据图层构成如表3-1所示。

数据图层构成 表3-1

| 数据分类 | 序号 | 图层名称 | 主要内容 | 几何特征 | 图层代码（属性表名） | 约束条件 |
|---|---|---|---|---|---|---|
| 基础地理信息数据 | 1 | 行政区 | 各级行政区 | Polygon | JC_XZQ | M |
| | 2 | 行政区界线 | 各级行政区界线 | Polyline | JC_XZQJX | O |
| | 3 | 地形图 | 地形图 | Polyline | DXT | C |
| | 4 | 规划审批数据 | 已经规划审批通过的，但还未利用的数据 | Polyline | GHSP | C |
| | 5 | 现状地表 | 现状地表情况 | Polygon | XZDB | C |
| | 6 | 过渡区数据 | 除空间开发负面清单和现状建成区以外的剩余区域为过渡区 | Polygon | GDQSJ | C |
| | 7 | 空间开发负面清单 | 受自然地理条件等因素影响不适宜开发，或国家法律法规和规定明确禁止开发的空间地域单元集合 | Polygon | KJKFFMQD | O |
| | 8 | 交通数据 | 铁路、公路、重点枢纽点 | Line/Point | LR | C |
| | 9 | 水域数据 | 河流、水渠、湖泊、水库、坑塘、海面、冰川、常年积雪 | Polygon | HYDA | M |
| | 10 | 基本农田数据 | 永久基本农田、一般农田 | Polygon | NT | M |
| | 11 | 人口经济数据 | 人口、经济 | Polygon | STATI | M |
| | 12 | 城镇建成区 | 城镇建成区范围 | Polygon | BUDA | M |
| | 13 | 区位点数据 | 县级行政驻点 | Point | EBOUP | M |
| | 14 | 道路覆盖数据 | 道路覆盖面 | Polygon | ROAA | M |
| | 15 | 高程、坡度数据 | 高程、坡度 | Polygon | ELEA/SLOA | M |
| | 16 | 自然灾害数据 | 水灾害、地质灾害、地震灾害、热带风暴潮灾害情况 | Polygon | ZRZH | M |
| | 17 | 环境数据 | 大气$SO_2$和水污染物浓度 | Polygon | DQ/SWR | M |
| | 18 | 生态数据 | 水源涵养，林地面积等生态相关数据 | Polygon | SYHY | M |
| 成果数据 | 19 | 地形地势评价图 | 地形地势评价结果 | Polygon | DXDS | C |
| | 20 | 交通干线影响评价图 | 交通干线影响评价结果 | Polygon | JTGX | C |
| | 21 | 区位优势评价图 | 区位优势评价结果 | Polygon | QWYS | C |
| | 22 | 人口聚集度评价图 | 人口聚集度评价结果 | Polygon | RKJJ | C |

续表

| 数据分类 | 序号 | 图层名称 | 主要内容 | 几何特征 | 图层代码（属性表名） | 约束条件 |
|---|---|---|---|---|---|---|
| 成果数据 | 23 | 规划（已批未建）影响评价图 | 规划（已批未建）影响评价结果 | Polygon | JJFZ | C |
| | 24 | 自然灾害评价图 | 自然灾害评价结果 | Polygon | ZRZH | C |
| | 25 | 可利用土地资源评价图 | 可利用土地资源评价结果 | Polygon | KLYTD | C |
| | 26 | 可利用水资源评价图 | 可利用水资源评价结果 | Polygon | KLYSZY | C |
| | 27 | 环境容量评价图 | 环境容量评价结果 | Polygon | HJRL | C |
| | 28 | 生态系统脆弱性评价图 | 生态系统脆弱性评价结果 | Polygon | STXICRX | C |
| | 29 | 多指标综合评价图 | 多指标综合评价结果 | Polygon | ZHPJ | C |
| | 30 | 开发适宜性评价图 | 开发适宜性评价结果 | Polygon | KFSYX | C |
| | 31 | 城市三类空间 | 城镇、农业、生态三类空间 | Polygon | SLKJ | C |

## 四、模型算法

### 1. 模型算法流程及相关数学公式

（1）评价指标

城市三类空间量化分析的评价指标项本着名称易懂、概念清晰、体系结构均衡的要求，筛选出适宜性与约束性十项指标，综合分析城市区域及相邻区域的地理信息、经济、社会、人口、资源环境等资料，对城市国土空间进行量化分析，评价出覆盖全域的数据结果。

其中，适宜性指标为评价城市三类空间发展适宜程度的指标，包括地形地势、交通干线影响、区位优势、人口聚集度、规划（已批未建）影响五项指标；约束性指标指约束和限定市县三类空间发展类型的指标，主要包括但不局限于自然灾害影响、可利用土地资源、可利用水资源、环境容量、生态系统脆弱性等。约束性指标并非每个城市必用指标，可根据实际情况，科学合理地选择或调整。每个指标功能及含义见表4-1所示。

三类空间划分指标项功能与含义 表4-1

| 序号 | 指标项 | 功能 | 含义 |
|---|---|---|---|
| 1 | 地形地势 | 评估一个区域的高程和坡度是否达到适宜开发的集成性评价指标项 | 由区域建设用地的高程和坡度分布要素构成，通过不同的地形地势适宜开发程度来反映 |
| 2 | 交通干线影响 | 评估一个区域现有的交通便利度和通达水平的集成性评价指标项 | 由铁路车站、高速公路、各级主要道路及附近的港口和机场等交通情况要素构成，通过交通干线影响水平来反映 |
| 3 | 区位优势 | 评估一个区域及周边区域的经济水平和交通情况，反映该区域区位优势的评价指标项 | 由区域及周边区域的经济数据和至城中心的交通距离要素构成，通过区位优势来反映 |
| 4 | 人口聚集度 | 评估一个区域现有人口聚集状态的集成性指标项 | 由区域人口密度和人口增长率及其区域面积三个要素构成，通过聚集程度划分等级区间来反映 |
| 5 | 规划（已批未建）影响 | 反映一个区域已经审批未建设规划对区域周边影响的指标 | 由区域已经审批未建设规划对区域周边影响程度进行等级划分，通过现状规划影响分值来反映 |

| 序号 | 指标项 | 功能 | 含义 |
|---|---|---|---|
| 6 | 自然灾害影响 | 评估特定区域自然灾害发生的可能性和灾害损失的严重性而设计的指标 | 由洪水灾害、地质灾害、地震灾害、热带风暴潮灾害的程度等四个要素构成，通过其程度来反映 |
| 7 | 可利用土地资源 | 评价一个地区剩余或潜在可利用土地资源对未来人口聚集、工业化和城镇化的承载能力 | 由后备适宜建设用地的数量、质量、集中规模三个要素构成，通过人均可利用土地资源或可利用土地资源来反映 |
| 8 | 可利用水资源 | 评价一个区域剩余或潜在可利用水资源对未来社会经济发展的支撑能力 | 由本地及入境水资源的数量、可开发利用量和已开发利用量三个要素构成，通过人均可利用水资源来反映 |
| 9 | 环境容量 | 评估一个区域在生态环境不受危害前提下可容纳污染物的能力 | 由于大气环境容量承载指数、水环境容量承载指数和综合环境容量承载指数三个要素构成，通过大气和水环境对典型污染物的容纳能力来反映 |
| 10 | 生态系统脆弱性 | 表征区域生态环境脆弱程度的集成性指标 | 由水源涵养、水土保持、防风固沙和生物多样性维护等不同重点生态功能类型反映，分别采用水源涵养指数、水土流失指数、土地沙化指数、栖息地质量指数为特征指标，评价生态系统功能等级 |

（2）多指标综合评价模型

多指标综合评价模型利用十项单项指标评价模型，对形成的覆盖全域国土空间评价结果进行加权综合。用$F_{叠加分析}$表示多指标综合评价值，$i$表示各单项指标，$f_i$表示各单项指标评价值，$\lambda_i$表示各单项指标权重值，$n$为单项指标数量。则，多指标综合评价模型为：

$$F_{叠加分析} = \sum_{i=0}^{n} \lambda_i \cdot f_i \qquad (4-1)$$

各指标权重值可根据实际情况进行设置，各指标权重值总和为1。由于$f_{可利用土地资源}$、$f_{可利用水资源}$、$f_{环境资源}$三项指标评价单元为镇街行政区范围，会导致某些镇全域被评价为不适宜开发地区，因此当这三项指标中任意一项为0时，$F_{叠加分析}$值为0，表明该区域土地不适宜开发。

计算得到的函数$F_{叠加分析}$取值在0~40之间存在多种情况且数据分散，因此，将$F_{叠加分析}$的取值区间[0，40]进行四等分，并划定相应等级，其多指标综合评价等级划分表如表4-2所示：

**多指标综合评价等级划分表**　　　表4-2

| $F_{叠加分析}$ | [0, 6) | [6, 11) | [11, 16) | [16, ∞) |
|---|---|---|---|---|
| 等级 | 四级 | 三级 | 二级 | 一级 |

等级越高，说明该区域发展潜力越大，越适宜进行开发；级别越低，则发展受限程度越大，越倾向于保护。

（3）开发适宜性评价模型

将空间规划底图中形成的现状地表分区结果与多指标综合评价结果进行叠加，得到市县开发适宜性评价结果。其整体的空间开发适宜性评价流程如图4-1所示。

开发适宜性评价结果分为四个等级：一等为最适宜开发区域，二等为较适宜开发区域，三等为较不适宜开发区域，四等为最不适宜开发区域。叠加规则详见表4-3所示。

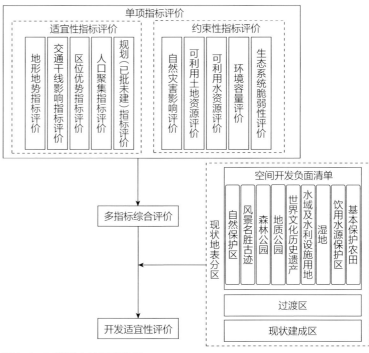

图4-1　开发适宜性评价流程

现状地表分区结果与多指标综合评价结果叠加规则表　表4-3

| 叠加 | | 开发适宜性评价等级 |
|---|---|---|
| 现状地表分区 | 多指标综合评价 | |
| 空间开发负面清单 | 一、二、三、四级 | 四等 |
| 过渡区 Ⅰ型 | 一、二、三、四级 | 等级相同 |
| 过渡区 Ⅱ型 | 一、二、三、四级 | 均降一等 |
| 过渡区 Ⅲ型 | 一级 | 一等 |
| 过渡区 Ⅲ型 | 二级 | 三等 |
| 过渡区 Ⅲ型 | 三级、四级 | 四等 |
| 现状建成区 | 一、二、三、四级 | 等级相同 |

（4）三类空间初步划定规则

基于开发适宜性评价结果，划分城镇、农业、生态三类空间。其中三类空间划分规则如图4-2所示：

农业空间：

（a）基本农田保护区所涉及的地区；

（b）开发适宜性评价结果为三等和四等的现状建成区相邻的Ⅰ型过渡区；

（c）不与现状建成区相邻的Ⅰ型过渡区。

城镇空间：

（a）现状建成区和未来作为规划建设用地；

（b）开发适宜性评价结果为一等和二等的现状建成区相邻的Ⅰ型过渡区；

（c）开发适宜性评价结果为一等和二等的现状建成区相邻的Ⅱ型过渡区中的沙障、堆放物、其他人工堆掘地、盐碱地表、泥土地表、沙质地表、砾石地表、岩石地表；

（d）开发适宜性等级为一等的Ⅲ型过渡区。

生态空间：

（a）空间开发负面清单中除基本农田以外的用地所涉及的地区；

（b）除被划入城镇空间的其他Ⅱ型过渡区和Ⅲ型过渡区；

最后根据控制详细规划、土地利用总体规划、土地整治规划、林地保护规划等，结合退耕还林、退耕还草等规划要求对以上划分的区域进行协调。

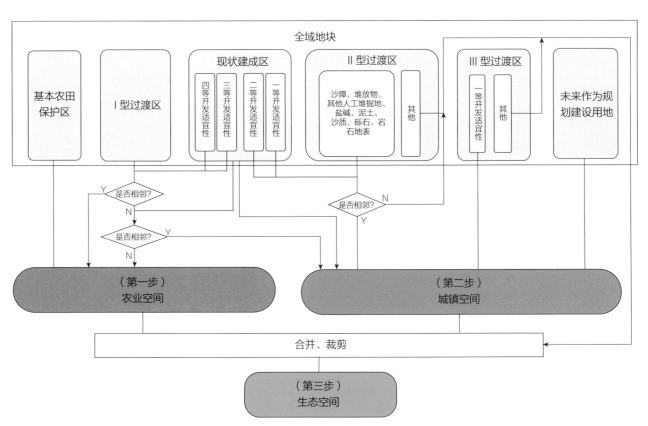

图4-2　三类空间划分规则

（5）三类空间协调与确认

利用模型初步划定的三类空间可能存在地物归属的不明确区域，需要根据影像解译核实、实地核查，以及根据控制详细规划、土地利用总体规划、土地整治规划、林地保护规划等现有审批通过的规划数据，参考上一轮总规中三类空间布局情况，通过专业规划师进行详细的商议协调，最后由当地政府确认。

### 2. 模型算法相关支撑技术

（1）模型算法计算机实现流程

城市三类空间划分依照以上指标项的空间开发评价数学模型搭建系统，沿用"设计→软件开发→应用系统平台建立→系统集成"的技术路线，重点空间开发评价分析模型与GIS系统工具集成、GIS应用系统的环境模式和系统构建的技术方法，采用插件式框架，基于ESRI公司Arc GIS Engine组件和.NET Framework 4.0进行二次开发，采用C#.NET作为开发语言，运行在Windows系列操作系统上。

（2）具体运行环境

1）硬件环境

CPU：要求3.2GHz以上

内存：2G或以上

硬盘：要求在80G以上

2）软件环境

操作系统：Microsoft Windows XP（SP3或以上）、Microsoft Windows Server 2003（SP1或以上）、Microsoft Windows Vista 系列、Microsoft Windows Server 2008 系列、Microsoft Windows 7系列及以上。

其他软件要求：Microsoft Office 2003以上、Microsoft .NET Framework 4或以上、ArcGIS Engine 10.0或以上。

## 五、实践案例

### 1. 模型应用实证及可视化

广州为城市总体规划编制试点城市之一，为证实以上城市三类空间量化评价模型的合理性，以广州市新一轮城市总体规划的背景进行案例解读。

（1）空间规划底图制作

空间规划底图制作包括进行数据预处理、数据分类与提取、坐标转换、数据整合集成等，形成统一的空间规划底图。

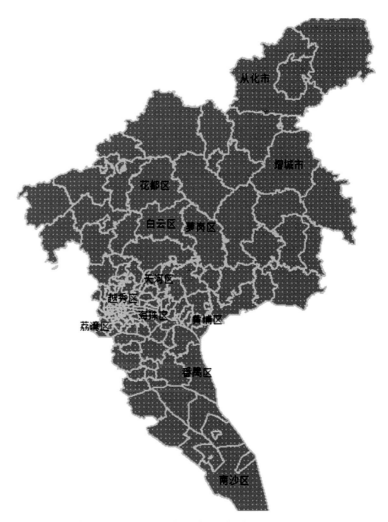

图5-1　广州市300m×300m网格评价单元划分图

如图5-1所示，为提高量化分析模型划分城市三类空间的科学性，根据广州市空间范围大小、技术条件许可、提高评价精确度等要求，本次空间开发评价采取300m×300m栅格作为基本评价单元。经计算，广州市全域评价栅格数约为8.3万个。

（2）单指标空间开发评价

单指标评价以生态系统脆弱性评价结果为例分析，如图5-2所示，广州市的生态系统脆弱性程度最低的为北部山林地区，部分中低谷地和丘陵地区处于生态敏感地段，山林保护程度较好，但林种单一、森林结构、生态系统稳定性较差，导致生态服务功能水平不高，局部山林水土流失严重；越秀区、海珠区和荔湾区生态略为脆弱，呈现城镇连片开发，沿道开发的局面；北部地区与中部和南部地区的生态连通性不强，各类功能区间生态隔离带尚未形成体系。

生态系统脆弱性评价

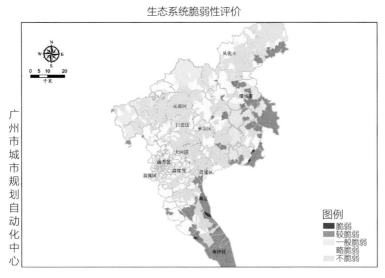

图5-2　生态系统脆弱性评价图

（3）多指标综合评价

根据城市的发展方向和城市功能区划不同，可对不同指标赋予不同的权重。由于广州为一个综合发展的一线城市，由于 $f_{可利用土地资源}$、$f_{可利用水资源}$、$f_{环境容量}$ 三项指标评价单元为镇街行政区范围，会导致某些镇全域被评价为不适宜开发地区，因此当这三项指标中任意一项为0时，$F_{叠加分析}$ 值为0，表明该区域土地不适宜开发。各单项指标权重赋值分别为0.10、0.12、0.12、0.10、0.06、0.12、0.08、0.08、0.10、0.12。多指标综合评价结果如图5-3所示

多指标综合评价

图5-3　多指标综合评价图

开发适宜性评价

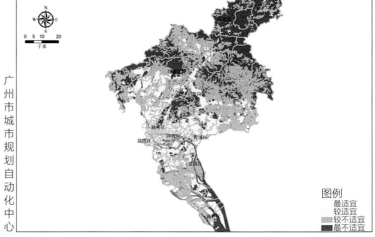

图5-4　开发适宜性评价结果图

示，由黄到绿的颜色转变，表明区域的综合评价等级变化。其中的等级越高即颜色越呈绿色，说明该区域发展潜力越大，越适宜进行开发；级别越低，则发展受限程度越大，越倾向于保护。

（4）开发适宜性评价

根据综合评价结果，结合空间开发负面清单、过渡区和现状建成区数据得出如图5-4所示开发适宜性评价结果图，广州市最适宜开发的地区主要位于广州市的中南部、番禺区的南部、增城区的西部及南部、花都区的北部，以及从化区、南沙区的零星地区，面积约1769.74平方公里，占总面积23.81%，与实际地理国情普查中，统计的建设用地和产业用地面积之和1831.9平方公里相比只多了0.83%，说明模型具有合理性。

（5）三类空间划定

1）农业空间：如图5-5所示为量化分析模型计算结果与广州新一轮总规市域永久基本农田规划图的叠加效果图，两者面积分别为1602.65平方公里和1962.58平方公里，利用重合区域除以规划区域面积算出吻合度79.1%。

2）城镇空间：如图5-6所示，模型建设的量化分析系统生成的城镇空间面积为2524.30平方公里，广州新一轮总体规划城镇开发边界占市域空间比例控制约38%，面积为2795.18平方公里，经叠加对比计算，整体的吻合度为86.7%，增城区东部吻合度比较差，可能是增城区生态覆盖面积较大且分布不均导致。

3）生态空间：如图5-7所示，根据本项目模型建设的量化分析系统生成的生态空间总面积为3263.66平方公里，其中水域面积为873.7平方公里；广州新一轮总体规划生态控制线规划图，面积为2676.24平方公里。为了方便对比，将水域部分剔除，经叠加对比计算其吻合度为87.4%。

4）三类空间：如图5-8所示生成的三类空间布局图，城镇空间占比按照优化开发区域、重点开发区域、农产品主产区、重点生态功能区的功能定位顺序，依次递减，城镇空间在广州市中心

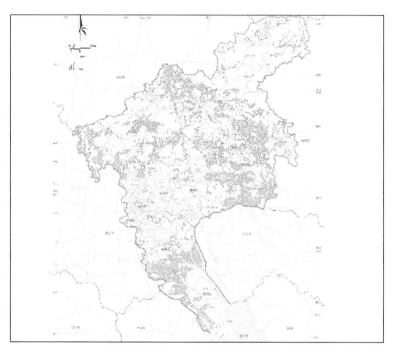

图5-5　农业空间

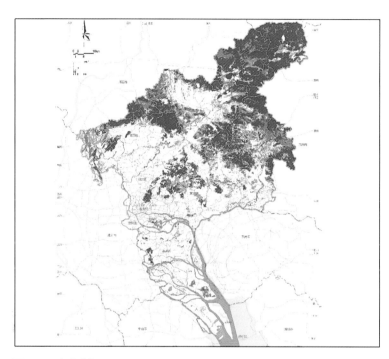

图5-7　生态空间

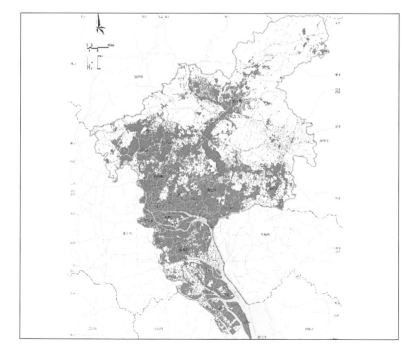

图5-6　城镇空间

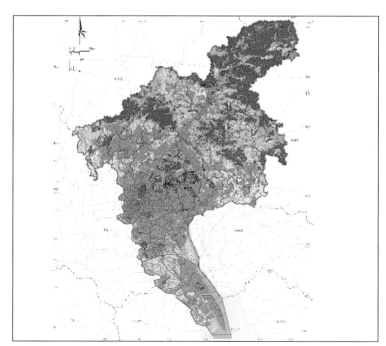

图5-8　三类空间布局图

区域由内至外逐步减少；农业空间占比在农产品主产区的区域高于50%，如南沙区的榄核镇和东涌镇；生态空间占比，在广州的增城区与从化区域高于50%。吻合度达到84.9%。

在广州新一轮总体规划中，利用本项目的模型划分出的三类空间布局图作为总体规划编制底图，使得广州市城市总体规划工作变得便利，同时还为其空间布局规划提供了科学的依据。

（6）三类空间协调与确认

根据量化分析评价模型建立的量化分析系统，初步划定了三类空间，可能存在地物归属的不明确区域，需要经过专业的规划师，根据影像数据、规划数据、历史数据等进行协调。因此系统提供了三类空间确认编辑协调工具，可加载影像数据、规划数据和历史数据等进行对比协调，更改三类空间类型，填写更改原因。界面如下图5-9所示。

## 2. 案例结果优化及解读

（1）三类空间划分方案优化

响应发展战略的空间安排对连片面积小于10公顷的地块进行剔除。

在三类空间基础上，可进一步划定农业和生态保护最小边界、城镇发展最大边界。其中，农业和生态保护最小边界分别为基本农田保护区和生态空间的保护界线；在农业和生态保护最小边界基础上，向外扩展0.5km的缓冲区，生成的边界即为城镇发展最大边界。当现状建成区与基本农田或生态区相邻距离小于0.5km时，则现状建成区的边界即为城镇发展最大边界，城市建设不得突破此界线。当农业或者生态保护最小边界发生变化时，城镇发展最大边界也会随之发生变化。

（2）制定三类空间分类导则

城镇空间：加快空间整合，推进形成广州副中心核心区和中南部产城融合发展区；培育高端职能，完善综合服务功能，体现城市竞争力；提升产业结构层次，大力发展高新技术产业、先进制造业和现代服务业；加快推进区域性基础设施对接；控制现状开发强度，避免蔓延式拓展；推进"三旧"改造，促进土地节约集约利用。根据增城空间发展格局，结合用地发展现状，保证适度的土地利用强度，分为高强度、中高强度、中等强度、低等强度、极低强度开发地区以及开发强度特别控制区等六个强度分区，对建设用地实施开发强度控制。

农业空间：严格保护耕地和基本农田，建设生态农业基地示

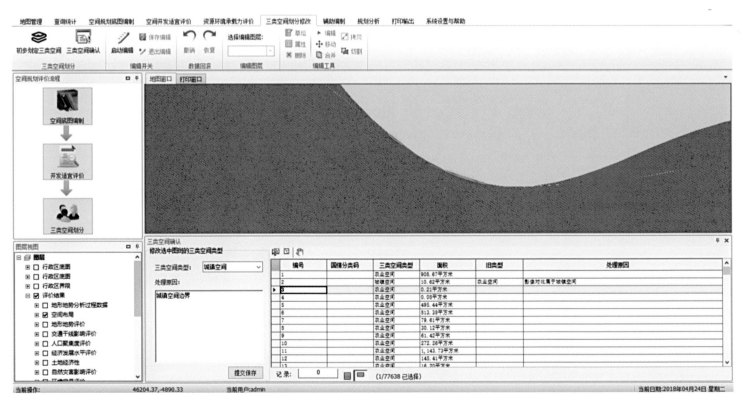

图5-9 三类空间确认界面

范区，因地制宜发展特色农业、观光休闲农业等，建立现代农业体系；引导产业集聚发展，优化整合农村居民点；加快垃圾收集与处理设施等基础设施建设，加强社会保障制度建设与公共服务配套，创建生活宽裕、乡风文明、容貌整洁的现代化新农村。

生态空间：以生态保护为主体功能，发挥水源涵养、水土保持和生态屏障的作用，防治地质和洪涝灾害；着重保护森林生态系统的原生性和生物多样性；加大生态补偿力度，基本实现公共服务均等化；充分利用丰富的旅游资源，适度发展生态旅游业；引导区内人口内聚外迁，有序转移。

# 六、研究总结

## 1. 模型设计的特点

本项目针对传统城市三类空间划定方式存在的各种问题，研究出与城市相匹配、科学可行、全面客观的系列定量评价分析模型，将一些不具体、模糊的各个单因素用具体的数据来表示，并设计出城市三类空间量化分析系统，根据空间规划底图数据，借助地理计算技术，进行单项指标评价、综合评价等，自动划分三类空间形成城市空间布局规划底图。

模型开发的系统具有延展性，在不同区域的情况下，可根据当地情况配置其指标因子的分级及分值配置。界面如图6-1所示。

广州市新一轮总体规划的量化分析模型具体设计特点有以下几点：

（1）数据全面，客观可靠。模型建设采用的数据包括基础国情、地形地势、生态环境、人口与资源环境、历史文化现状、经济与社会发展等，数据涵盖丰富全面，来源可靠，且采用网格化精细数据进行分析和评价，提高了模型的科学性。

（2）参数驱动，灵活通用。对于不同地区不同城市"三区三线"空间格局和功能布局不同，协调衔接的各类控制线范围不一致，模型可进行参数配置的调节，适用于不同区域。

（3）指标体系，综合评价。建立了科学制定划分三类空间的

图6-1　配置界面

指标体系，对各项指标进行综合评价。

（4）量化分析，科学决策。城市空间发展分区应建立在定量分析评价基础上，凡是能够采用定量方法的工作步骤，都采用了定量方法。对于难以定量分析的问题，要进行深入的定性判断。

（5）自动划定，辅助编制。建设的模型可实现三类空间的自动初步划定，辅助编制城市空间布局和功能布局。

## 2. 应用前景

城市三类空间布局规划模型研究尽管国内外进行的较多，但是能形成统一的，科学的量化工具相关模型尚少，通过本文设计的模型搭建的三类空间量化分析系统，在广州新一轮总规编制过程中得到应用，对城市空间布局规划编制起到了良好的辅助作用。

本项目中的模型针对广州新一轮总规编制定制而成，对于不同地区、不同城市"三区三线"空间格局和不同的功能布局，协调衔接的各类控制线范围的不一致，模型可进行参数配置的调节，因地适宜的进行评价。其中，根据模型开发的系统，提供在不同区域的情况下，根据当地情况配置其指标因子的分级及分值配置功能。

# 多灾种城市综合风险评估——以北京市为例

工 作 单 位：北京城市规划设计研究院、北京爱特拉斯信息科技有限公司

研 究 方 向：安全设施保障

参 赛 人：杨兵、李英花

参赛人简介：团队成员分属北京城市规划设计研究院和北京爱特拉斯信息科技有限公司。研究课题关注北京韧性城市建设，团队成员发挥规划学科与地理信息学科的不同专业背景，对多情景模式的灾害进行综合评估，提供灾前预防、灾中应急、灾后恢复的参考信息，助力城市规划建设科学性与系统性的提升。

## 一、研究问题

### 1. 研究背景

随着社会经济的发展和人口的迅速增长，城市人口、资源与环境矛盾日益加深，加之灾害频发，灾害对城市造成的影响也越来越大，已经成为当今人类社会面临的最主要问题之一。我国每年因灾害造成的非正常死亡人数超过20万人，伤残人数超过200万人，经济损失上万亿元。且灾害发生频率呈上升趋势。

灾害风险的研究得到了学者的广泛关注，目前各种单—致灾因子的风险研究较为常见。然而，一个区域往往受到多种致灾因子的共同影响，单灾种风险评估并不足以反映该地区的综合风险，有必要开展多灾种综合风险评估，从而更好把握多种不确定性灾害对城市的影响。

北京市作为典型超大型城市，也面临着一系列潜在的自然、经济、社会危机的威胁。本文以北京市为研究对象，梳理了与之相关的多灾种，并结合GIS技术，尝试在全市域尺度建立一种的多灾种城市综合风险评估模型。

### 2. 研究内容

（1）建立致灾因子与承灾体数据库

致灾因子数据库的建立是工作基础。有关北京的综合风险评估尚属首次，相关数据的类型、属性等往往各有差异。要统一纳入一个模型当中，除了原始数据的清洗外，北京主要致灾因子识别涉及多类型的数据统一与修正调整，北京的承灾体要素也需要从暴露度和敏感性两个方面进行筛选整理。

（2）构建风险评估框架

对致灾因子危险性筛选整理，进行单灾种危险性评估与多灾种危险性评估；对承灾体脆弱性筛选整理，进行单因子脆弱性评估与多因子脆弱性评估；将致灾因子危险性和承灾体脆弱性进行综合，对城市综合风险评估并作区划。

（3）构建城市综合风险数据库

在构建模型的基础上，强化模型应用实效。利用城市综合风险评估模型，建立综合风险数据库，便于后期查询与决策参考。

## 二、研究方法

### 1. 研究方法及理论依据

城市综合风险评估中，灾害风险$R$（risk）一般由致灾因子的危险性$H$（hazard）和承灾体的脆弱性$V$（vulnerability）（暴露度也被归为脆弱性）所确定，即$R=f(H, V)$。目前有关多灾种城市综合风险评估方法主要有两种：风险要素的综合式（2-1）与单

灾种风险结果的综合式（2-2）。

式（2-1）与式（2-2）中：H和V分别表示危险性和脆弱性；i表示种类；符号Σ表示综合的过程，并不一定是简单的加和（下同）。

$$R = f(\sum H_i, \sum V_i) \qquad (2\text{-}1)$$
$$R = f_i \sum (H_i, V_i) \qquad (2\text{-}2)$$

在本研究中采用公式（2-1）的计算模式。根据公共安全三角形理论与韧性城市理念，注重自然灾害、事故灾害等全要素风险领域综合风险评估，建立集"致灾因子危险性—承灾体脆弱性—城市综合风险"的综合评估模型（图2-1）。

由于不同类别的致灾因子的强度难以统一量化，不同致灾因子影响下的脆弱性也很难比较。因此综合所得的多灾种综合危险性和综合脆弱性往往没有实际的概率意义。所以这种类型方法难以定量评估多灾种风险。本研究中采用专家打分，统一量纲，分别评出的综合危险性和综合脆弱性，再采用多等级矩阵法得到多灾种相对风险等级。

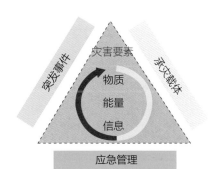

图2-1 公共安全三角形理论图

## 2. 技术路线

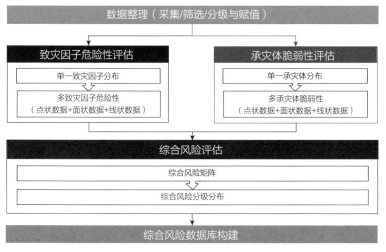

图2-2 技术路线

## 3. 关键技术

（1）原始数据的清洗

原始数据来源杂乱，类型多样，重复、包含、交集等问题突出，要对原始数据进行筛选、整理、统一，归并交集数据，剔除重复数据，完善残缺数据，替换错误数据，补充欠缺数据，并在此基础上完善数据的空间信息。

（2）不同类型的数据叠加

在原始数据中包括点、线、面三种不同类型的数据。多次试验表明，三者简单的空间叠加会带来诸多问题：灾害特征冲淡——原有重大影响的致灾因子危险性在弱危险性的多因子叠加下被冲淡；可视化效果差——机械地为线状数据设置缓冲区，以现有的计算精度很难成图（例如地震断裂带缓冲区设置过大会导致其他致灾因子危险性无法体现，丧失了诸多空间灾害信息），危险级差失效；灾害信息丢失——以灾害点设置缓冲的做法并不能有效地反映空间单元的灾害密集程度，而只能反映灾害的剧烈程度（例如同一空间范围内如果有多种弱灾害叠加和一种强灾害在归一化处理并设置缓冲区后其效果是一样的，但实际状况是二者完全不同）。

（3）空间网格尺度的确定

模型空间网格是本次计算的基础，对于后期的可视化、计算精度具有决定性的作用，不同尺度的网格计算结果有所不同，可视化效果也差异较大。

（4）致灾因子危险性与承灾体脆弱性的叠加

为了得到最终的城市综合风险区划，并有效保留致灾因子危险性和承灾体脆弱性的各自信息，强化模型的科学性、完整性、可溯性，本研究选择矩阵模型加以叠加。

（5）信息表达的科学性

在梳理不同类型的数据基础上，需要综合形成汇总一张图。可视化效果方面，形成的一张图具有较强的可读性，清晰反映不同危险程度的区域；信息承载力方面，一张图上能够承载多种致灾因子的信息量；实地对应性方面，能够按照一张图上的危险等级，准确找出具体原因。

## 三、数据说明

### 1. 致灾因子的数据清洗

（1）数据采集与筛选

以清华大学公共安全研究院建立的328种致灾因子数据库[①]作为基础数据库（图3-1）。在328种致灾因子基础数据库中除去海洋类、冰川等，北京市涉及的致灾因子共计203种。

参照《北京市致灾因子总体应急预案》[②]中筛选52种致灾因子，综合应用文献资料收集、知网数据挖掘[③]、风险矩阵分析及等多种技术方法，识别出37种频率高、影响大的典型致灾因子作为重点研究对象。

将37种典型致灾因子归纳为自然灾害、事故灾害、公共卫生和社会安全4大类，构建北京市致灾因子数据库。

筛选整理得到北京市致灾因子共29种，其中自然灾害包括水灾、地震灾害、地质灾害3中类，12小类；事故灾害包括矿产事故、公共设施和设备事故、环境污染和生态破坏事故、危化品事故5中类，17小类。

（2）数据分级与赋值

清洗后的致灾因子数据包括面状、点状、线状3种数据形式，根据专家打分法将不同致灾因子分级与赋值（表3-1）。

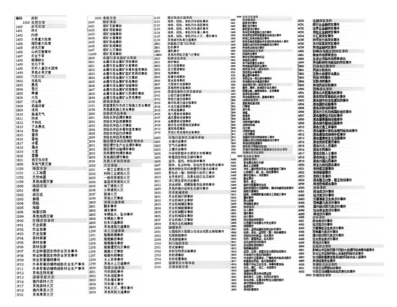

图3-1　清华大学突发事件数据库示意图

---

① 清华大学公共安全研究院将致灾因子（突发事件）按自然灾害、事故灾难、公共卫生事件和社会安全事件分为300余种，该突发事件分类表较全面的涵盖了各致灾因子种类。其原始数据库中共包含308种，除去海洋类、冰川等，与北京相关的突发事件类型共有203种。

② 结合《北京市突发事件总体应急预案（2016年版）》对致灾因子进行梳理。该应急预案中，将北京市主要突发事件划分为自然灾害、事故灾难、公共卫生事件和社会安全事件4大类、23分类、52种。

③ 在知网学术库中从1949年1月1日至2017年8月18日共检索到1200条文献记录，对文献记录进行关键词挖掘，采用最新版Citespace对北京突发事件进行关键词挖掘，经过反复尝试，当检索策略为：主题＝（"北京"AND"突发事件"）的模糊检索时得到的检索结果较为丰富，共挖掘到420余个相关突发事件关键词，通过对关键词的逐一排查与分析，确定了北京市的一些重点突发事件议题，筛选标准按照我国公共安全关注的四大领域分类：自然灾害、事故灾难、公共卫生和社会安全。

| 致灾因子危险性分级表 | | | | 表3-1 |
| --- | --- | --- | --- | --- |
| 一级分类 | 二级分类 | 三级分类 | 数据形式 | 点赋值及面赋级 |
| 自然灾害 | 水灾 | 蓄滞洪区 | 面状 | 4级 |
| | | 洪泛区 | 面状 | 4级 |
| | | 城市积水点 | 点状 | 5级 |
| | | 病险水库 | 点状 | 5级 |
| | 地震灾害 | 活动断裂带 | 线状 | 叠加计算后叠图 |
| | 地质灾害 | 崩塌 | 点状 | 灾害点4级，隐患点3级 |
| | | 不确定斜坡 | 点状 | 灾害点3级，隐患点2级 |
| | | 滑坡 | 点状 | 灾害点4级，隐患点3级 |
| | | 泥石流 | 点状 | 灾害点4级，隐患点3级 |
| | | 采空区 | 点状 | 5级 |
| | | 地面塌陷 | 点状 | 3级 |
| | | 平原区累计沉降量 | 面状 | 大于1300mm赋值为五级，1000-1300mm赋值为四级 |
| 事故灾害 | 矿产事故 | 煤矿事故 | 点状 | 3级 |
| | | 金属矿山事故 | 点状 | 3级 |
| | 公共设施和设备事故 | 输电线路防护区 | 面状（作线状叠图） | 550V为5级，220V为4级，110V为3级 |

续表

| 一级分类 | 二级分类 | 三级分类 | 数据形式 | 点赋值及面赋级 |
|---|---|---|---|---|
| 事故灾害 | 公共设施和设备事故 | 石油天然气管道设施安全防护区 | 面状（作线状叠图） | 防护区一级区为5级，二级区为4级，三级区为3级 |
| | | 高压走廊、油气走廊 | 线状 | 叠加计算后叠图 |
| | 环境污染和生态破坏事故 | 土壤环境质量 | 面状 | 原最差定为5级，较差定为4级 |
| | | 无水河道 | 线状 | 叠加计算后叠图 |
| | | 不达标河道 | 线状 | 叠加计算后叠图 |
| | 危化品事故 | 有毒气体 | 点状 | 5级 |
| | | 油库 | 点状 | 5级 |
| | | 气库&气体 | 点状 | 5级 |
| | | 化工厂 | 点状 | 5级 |
| | | 化工品 | 点状 | 4级 |
| | | 加油加气站 | 点状 | 3级 |
| | | 液化气站 | 点状 | 3级 |
| | | 烟花爆竹仓库 | 点状 | 5级 |
| | | 其他 | 点状 | 3级 |

**承灾体脆弱性** 表3-2

| 一级分类 | 二级分类 | 三级分类 | 数据形式 | 等级划分 |
|---|---|---|---|---|
| 暴露度 | 人口密度 | 乡镇街道人口密度 | 面状 | 按人口密度（街道） |
| | 建筑密度 | 建筑量 | 面状 | 按建筑密度（单位面积） |
| | 文物古迹 | 文物古迹 | 点状 | 世界级5级<br>国家级4级<br>市级3级<br>区级2级<br>（4级以下不参与计算） |
| | | 长城建控带（500m） | 面状 | 当作线状叠图 |
| | 重要场所 | 重要场所 | 点状（计算完成后再落入网格定级） | 火车站、机场—4级<br>中南海、玉泉山—5级<br>天安门广场—5级<br>中央电视台—5级<br>中央人民广播电台—5级<br>北京城市副中心行政区—4级<br>使馆区—4级 |
| | 重点保护设施 | 重点保护设施 | 点状 | A为3，B为4，C为5 |
| 敏感性 | 易感人群/弱势群体 | 易感人群分布（6岁以下儿童） | 面状 | 年龄划分 |
| | | 易感人群分布（65岁以上老人） | 面状 | 年龄划分 |
| | 高层建筑分布 | 高层建筑分布 | 面状 | 按建筑高度划分 |

## 2．承灾体数据清洗

（1）数据采集与筛选

承灾体的数据根据第六次人口普查数据、第三次经济普查数据、《北京城市总体规划（2016年-2035年）》中有关历史文化名城保护的文保分布等资料，综合应用文献资料收集、知网数据挖掘、风险矩阵分析等多种技术方法，识别出7个方面的要素作为研究对象。

承灾体脆弱性评估主要从暴露度和敏感性两方面展开，暴露度包括人口密度、文物古迹、建筑密度、重要场所以及重点保护设施；敏感性包括易感人群/弱势群体、高层建筑分布。

（2）数据分级与赋值

清洗后的承灾体数据包括面状、点状2种数据形式，根据专家打分法将不同承灾体脆弱分级与赋值（表3-2）。

# 四、模型算法

## 1．建立计算网格

数据处理过程中，在ArcGIS中叠加几十上百个不同尺度的、不同类型的数据面临难统一、可视差等诸多问题，有效地把数据统一尺度，并且不失去数据的有效性、真实性、可溯源性是建立该模型的基本原则。

结合现有数据中数量最大，涉及面最广的点状数据的数据属性与特点，综合考虑后期的不同数据叠加，在ArcGIS中选择了六边形的蜂窝网格。六边形的蜂窝网格更趋近于圆形，但能完美的平面镶嵌整个研究区域。我们利用ArcGIS的模型工具创建了六边

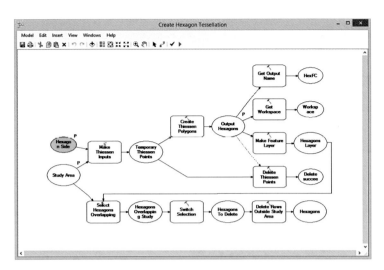

图4-1　ArcGIS中算法逻辑

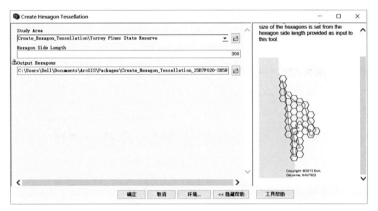

图4-2　蜂窝网格

形蜂窝网格的模型（图4-1、图4-2）。

网格的尺度控制方面，选取了三种尺度，分别是1km²、5km²、10km²进行试验比较，其中网格尺度为1km²的计算结果过密，呈现结果细致，但是趋势不够明显，且计算量大，网格尺度为5km²的计算结果适当，能够较为明显地识别出集中区域，网格尺度为10km²的，集中度过高，精细度不足，综合比较，最终的点赋值计算采用尺度网格为5km²的（图4-3）。

## 2. 不同类型数据计算

### （1）点状数据

点状数据主要采用点赋值然后落入网格，在网格内进行累加计算和分级。利用arctoolbox的spatial join工具，对落入蜂窝网格的点状数据进行数据统计，统计结果在join_count字段，根据join_count字段的数值范围并结合实际情况，对点状数据的致灾因子危险性划分为五个等级。

计算过程中的例外情况为承灾体脆弱性当中的重要场所的点状数据，因为该项数据量小且影响大，叠加会削弱数据影响力。故在点状数据和面状数据等权叠加分级后，将点状数据（重要场所）再落入上述网格直接调整级别。

### （2）面状数据

面状数据从原始数据出发，进行赋级（一～五级），标识叠

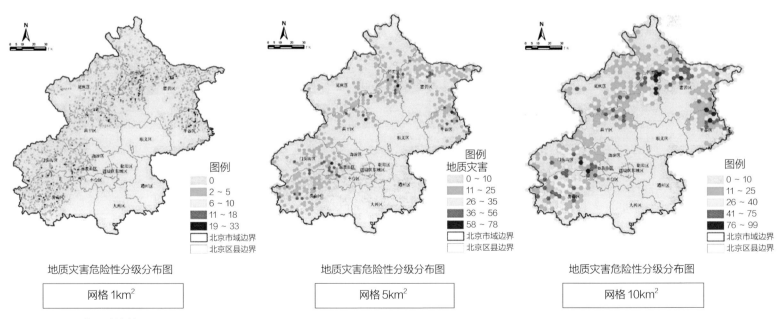

| 地质灾害危险性分级分布图 | 地质灾害危险性分级分布图 | 地质灾害危险性分级分布图 |
| --- | --- | --- |
| 网格 1km² | 网格 5km² | 网格 10km² |

图4-3　不同网格尺度比较

加到蜂窝网格，部分蜂窝网格会被自然切割成更小斑块，进行max运算：四级与五级参与计算，其他等级区域或者空白区域设为空值。因为面状数据的致灾因子危险性往往烈度较低，该项中低等级的区域如果参与计算，较为影响可视化效果。四级与五级区域影响较大，所以进行max运算时予以保留。此过程利用arctoolbox的identity（标识）工具，实现尺度的统一和属性的继承。

（3）线状数据

从理论角度而言可以进行缓冲区设置与点状数据和面状数据的基础网格进行叠加，但是在实际操作过程中，往往涉及诸多问题，反而降低了综合效果。如地震断裂带设置缓冲区实际上看似数字化较为科学，实际上由于不同缓冲区的设置主观成分大，反而丧失了原有数据的直观性，并对原有较为精确的点状数据和面状数据的基底网格数据造成了干扰，降低了精确度。与此同时，本研究中的线状数据较少，承灾体脆弱性没有线状数据，且影响较大。综合考虑，本研究中的线状数据直接赋值分级进行叠图。

（4）不同类型数据叠加

将点状数据spatial join后的蜂窝网格与面状数据identity后的网格进行identity，将点状等级与面状数据等级进行二次叠加分级。致灾因子的点状数据和面状数据叠加时，采用max运算，以蜂窝网格和面状数据矢量切割后的斑块内的最高等级作为本斑块单元的危险性级别（一～五级）；承灾体脆弱性的点状数据和面状数据叠加时，采用等权累加，划分为一～五级。完成点状数据和线状数据叠加的基础上，再直接将线状数据叠图作为参考（图4-4、图4-5）。

## 3. 构建综合风险矩阵

将致灾因子危险性和承灾体脆弱性结合起来，通过5×5的矩阵表示。按照综合风险分值再重新分类：2～3分为综合风险Ⅰ级；4～5分为综合风险Ⅱ级；6分为综合风险Ⅲ级；7分为综合风险Ⅳ级；8～9分为综合风险Ⅴ级，由于得分为10的在实际操作中并没有，故不列入分级计算。决定了每一个区域的风险等级后，分级渲染生成五个等级的综合风险分布图。

综合风险主要由致灾因子危险性和承灾体脆弱性两方面影响，二者有联系，但是并非充分必要条件。相同的风险等级产生的原因不同，比如风险等级值6可能是由风险强度4和易损性程度2或者风险强度2和易损性程度4；也可能是风险强度3和易损性程度造成的。

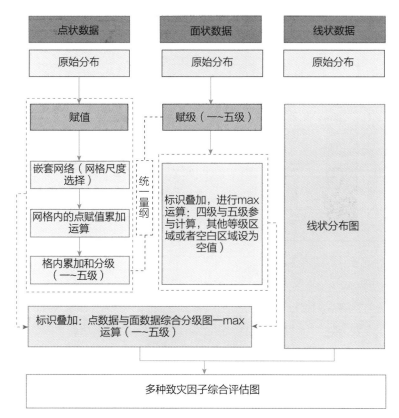

图4-4　致灾因子危险性评估方法

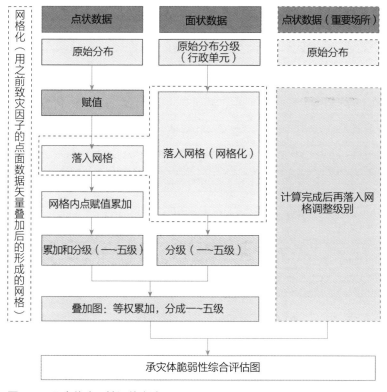

图4-5　承灾体脆弱性评估方法

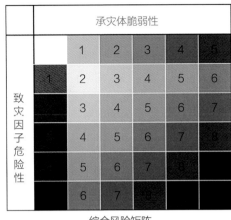

图4-6 综合风险分级矩阵

2～3为综合风险Ⅰ级

4～5为综合风险Ⅱ级

6为综合风险Ⅲ级

7为综合风险Ⅳ级

8～9为综合风险Ⅴ级

# 五、实践案例

## 1. 致灾因子危险性评估

（1）单一致灾因子分布

1）水灾

水灾中考虑到病险水库、积水点、洪泛区及蓄滞洪区等要素。其中，六个病险水库，分别为十三陵水库、玉家园水库、斋堂水库、银冶岭水库、鲁家滩水库和陆家洼水库。积水点共377处、蓄滞洪区55个，洪泛区为小清河洪泛区（图5-1）。

2）地震

北京地震活动十分频繁并且具有发生强震的构造背景。主要隐伏的活动断裂带包括黄庄—高丽营断裂、顺义—良乡断裂、小汤山—东北旺断裂、南苑—通州断裂、南口—孙河断裂、永定河断裂、来广营断裂、莲花池断裂等（图5-2）。

3）地质灾害

地质灾害的三级分类中包括了崩塌、不确定斜坡、滑坡、泥石流、采空区、地面塌陷6个点状数据和平原区沉降量1个面状数据。北京市山区共发育突发地质灾害隐患4614个，其中崩塌2379个，滑坡34个，泥石流856个，地面塌陷87个，不稳定斜坡1258个。从各类地质灾害隐患的规模来看，规模以小型为主占91.8%，中型占7.7%，大型的占0.5%（图5-3、图5-4）。

4）矿产事故

北京市矿产事故中主要考虑煤矿事故和金属矿事故两大类，煤矿矿区共29个，其中大型矿区11个，中型矿区7个，小型矿区11个，主要分布在门头沟、房山、顺义三个区县内。金属矿区共60个，其中大型矿区2个，中型矿区25个，小型矿区33个，主要分布在北京市北部的密云、怀柔、延庆三个区县内（图5-5）。

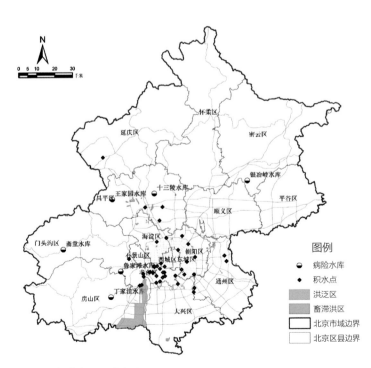

图5-1 水灾致灾因子分布图

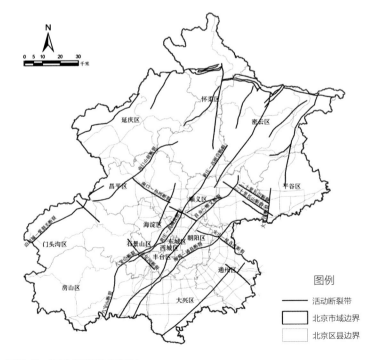

图5-2 活动断裂带分布图

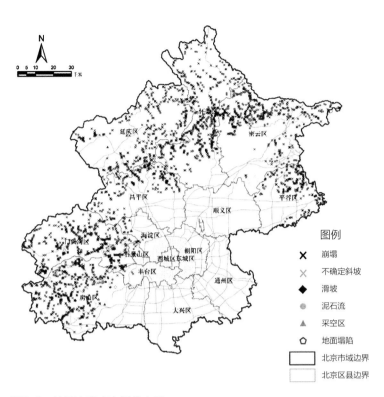

图5-3 地质灾害点空间分布图

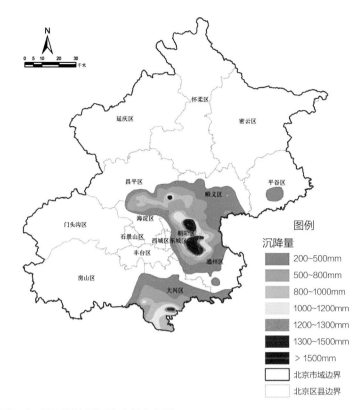

图5-4 平原区地面沉降空间分布图

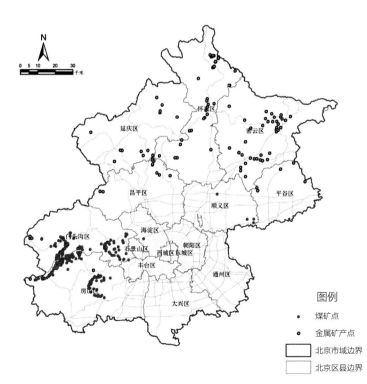

图5-5 全市煤矿和金属矿分布图

5）危化品事故

危化品事故包括了有毒气体、油库、气库与气体、化工厂、化工品、加油加气站、液化气站、烟花爆竹仓库、其他等9类数据，北京市现状危化品储存点共261处，主要分布在五环以外地区（242处）。五环以内19处，其中油库5座（3座位于二环内），有毒气体2处，气体9处，石油公司2处（1处位于二环内），化工品1处（图5-6）。

6）公共设施和设备事故

公共设施和设备事故的三级分类中包括了输电线防护区与石油天然气管道设施安全防护区2个面状数据，高压走廊和油气走廊1个线状数据（图5-7）。

7）环境污染和生态破坏事故

环境污染和生态破坏事故的三级分类中包括了土壤环境质量1个面状数据，无水河道与不达标河道2线状数据。根据水务局2016年对全市河道监测得到的不达标河道和无水河道，进行水污染要素的分级（图5-8、图5-9）。

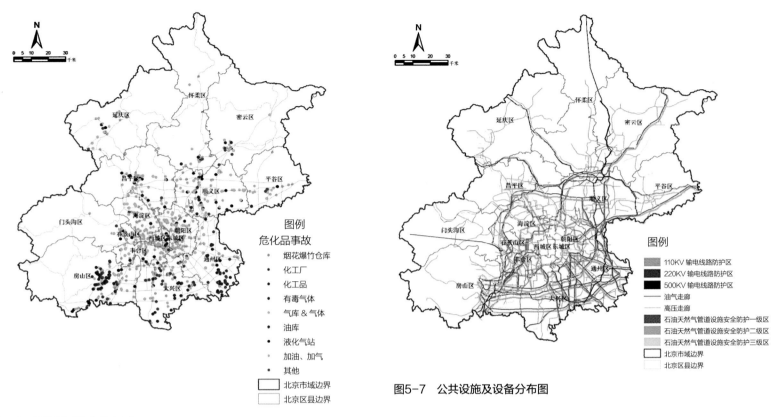

图5-6　危化品风险点分布图

图5-7　公共设施及设备分布图

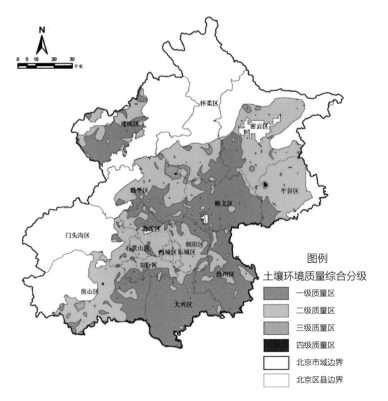

图5-8　土壤环境质量综合分级图

图5-9　不达标河道及无水河道分布图

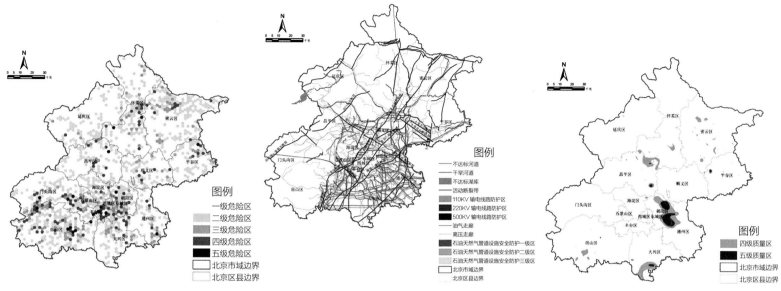

图5-10　点状、线状、面状数据综合危险性分级图

（2）多致灾因子危险性

根据上述计算方法，分别得出点综合、线综合以及面综合的图层（图5-10、图5-11）。

点状数据的网格和面状数据进行标识运算，利用极化模型，取最大值（面状数据矢量切割后的max运算取危险性大的四级与五级，舍危险性较小的一二三级）。计算完成后再将线状数据进行直接叠图（考虑到可视化效果，该图未叠加全部线状数据，未叠加油气走廊、高压走廊、输电线防护区和石油天然气管道设施安全防护区），从而得出多种致灾因子危险性评估图。

由致灾因子综合危险性分级图可以看出：环京山地区域高危险区域主要是因为该范围内地质灾害较多；主城区的高危险区域呈现点状分布，主要受积水点以及危化品的影响；高危险区域离散是适宜的，北京多年的建设情况也是相符的。

昌平和怀柔交接该区域含有一定量的铀，由于早期倾倒废渣等原因，造成土壤质量低下。北七家是黄庄—高丽营断裂带和南口—孙河断裂带交叉的地方，该区域是地震频发区，同时也是地面沉降量较大的区域。

## 2. 承灾体脆弱性评估

（1）单一承灾体分布

1）人口密度

人口密度按照密度从低到高分为5级，高密度区域主要分布

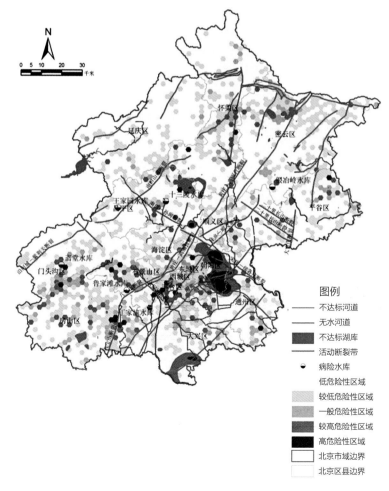

图5-11　北京市综合危险性分级图

在中心城区，呈现明显的圈层结构分布（图5-12）。

2）建筑密度

建筑密度按照密度高低分为5级，高密度区主要分布在东西城地区，外围地区建筑密度逐渐降低（图5-13）。

3）文物古迹分布图

文物古迹包括世界遗产、全国重点文物保护单位、北京市文物保护单位、中国历史文化名城名村。其中世界遗产包括长城、故宫、周口店北京人遗址、颐和园、天坛、明十三陵、大运河7处（图5-14）。

4）重要场所分布图

重点场所选择火车站、机场、使馆区及中南海、玉泉山、天安门广场、中央电视台、中央人民广播电台、北京城市副中心行政区等具有较高敏感性的场所，按照重要等级划分为4~5级（图5-15）。

5）重点保护设施分布图

重点保护设施包括三大类，A类为重要不危险的设施，如国家核心机构、市政府、防灾指挥中心等重要指挥机构，电视台、新华社等重要传媒机构、国家重点实验室、航天集团各研究院等重要科研机构、机场、火车站等重要交通设施、水厂、电厂等市政基础设施、三级综合医院及重要军事设施。B类为既重要又危险设施，如水库大堤、油库、天然气门站等市政基础设施。C类为危险源，如危化生产企业及危险品仓库等（图5-16）。

6）易感人群分布图

易感人群作为承载体脆弱性的重要组成部分，包括6岁以下儿童和65岁以上老人，划分结果可见中心城区老人和儿童密度较大（图5-17）。

7）高层建筑

高层建筑指的是100米以上的建筑，易损性较大。本研究计

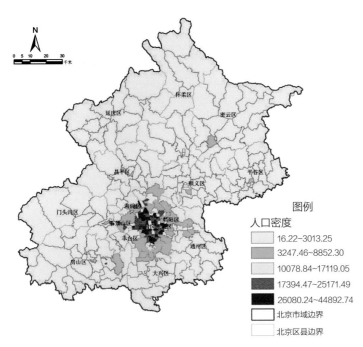

图5-12 人口密度分级图

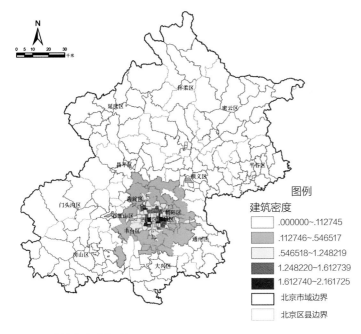

图5-13 建筑密度分级图

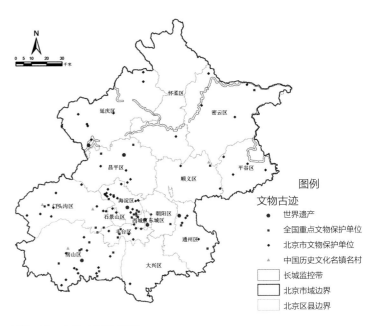

图5-14 文物古迹分布图

图5-15　重要场所分布图

图5-16　重要保护设施分布图

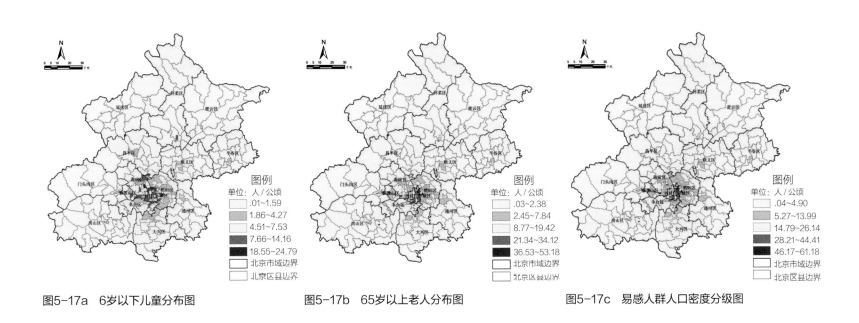

图5-17a　6岁以下儿童分布图　　　图5-17b　65岁以上老人分布图　　　图5-17c　易感人群人口密度分级图

算单位面积内高层建筑的密度，结果表明：CBD、国贸等地高层建筑密度最高（图5-18）。

（2）多承灾体脆弱性

将人口密度、建筑密度、文物古迹、重要场所、重点保护设施、易感人群及高层建筑等高敏感性和暴露度的要素进行综合叠加，得到承灾体脆弱性综合分级图，综合分析结果表明：北京市建筑和人群等承灾体脆弱性较高的地区主要分布在中心城区及一些重要场所所在地。

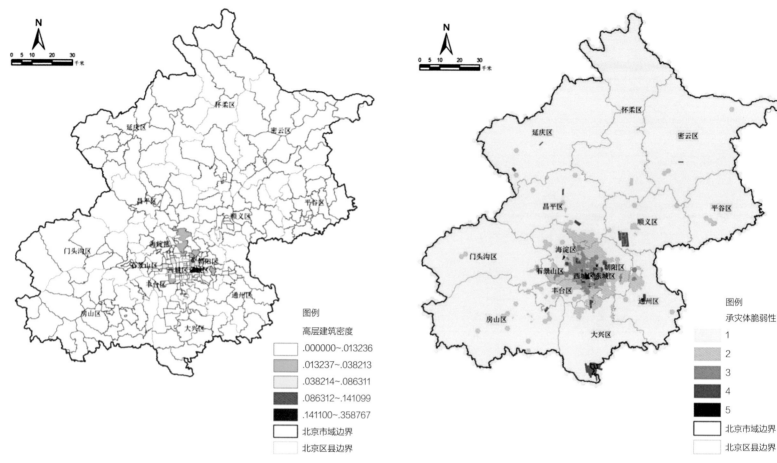

图5-18　高层建筑密度分级图　　　　　　　　　　图5-19　多承灾体脆弱性综合分级图

### 3. 综合风险评估及区划

综合风险较高的区域主要是东西城、未来通州副中心以及城郊的机场。东西城由于聚集了大量的党政军机关办公场所、重要公共活动空间（如天安门、故宫、国家博物馆、剧院等）承灾体暴露度较高，人口密集的公共区域以及建筑密度较高的区域。承灾体脆弱性高是中心城范围内主要综合风险较高区域的主导因素（图5-19～图5-21）。

### 4. 综合风险查询系统构建

综合风险区划矢量斑块共计8291个；其中等级较高的IV级V级的区域共计145个，总面积143平方公里。通过综合风险数据库和查询系统构建，可以迅速详细地获取空间位置、致灾因子危险性、承灾体脆弱性、综合风险等级（图5-22）。

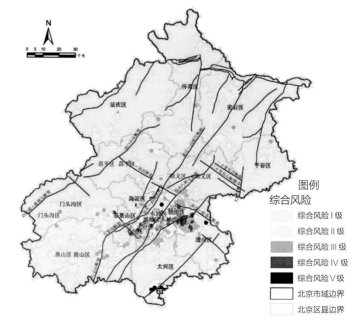

图5-20　北京市域综合风险分布图

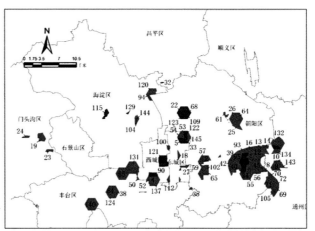

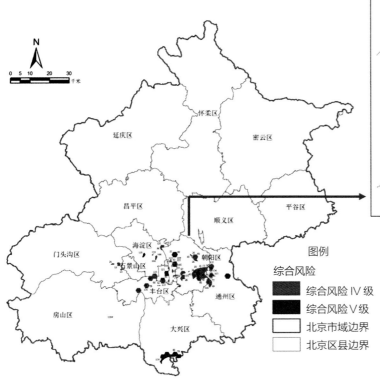

图5-21 中心城重要风险编码图

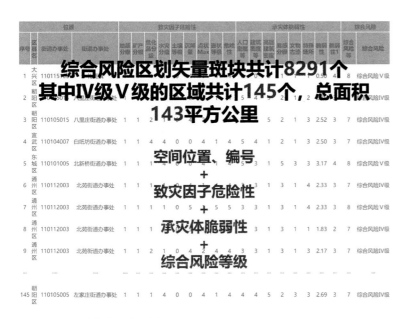

图5-22 风险查询系统示例图

## 六、研究总结

### 1. 模型设计特点

灾种类型多样。基于韧性城市理念的城市多灾种综合风险评估不再围绕单一情景模式，更加注重多灾种的综合叠加效果，从更高的角度、更广的视野来进行评估。

计算效果明显。现有模型弊端忽略风险间相互作用，矢量图斑简单叠加未能反映真实信息，且对城市空间规划指导不足。本研究对模型算法进行了改进，对初始单项致灾因子危险性指数进行修正，得到耦合后的综合危险性指数，使得不同风险等级的空间差异更加明显。

数据平台便捷。基于评估模型进一步建立综合风险数据库和查询系统构建，方便快捷、清晰地了解城市不同区域的脆弱性，为规划决策提供参考。

### 2. 模型应用价值

该研究的相关成果为落实《北京城市总体规划（2016年—2035年）》"强化城市韧性"要求提供了有力支撑。相关研究成果已纳入《推进北京地震安全韧性城市建设行动计划（2018-2020年）及2018年实施方案》（京抗震发[2018]2号文）中，为城市政府推进北京韧性城市建设提供切实有效的决策依据和规划指引。

综合看来，该模型对于未来城市建设、重要公共设施选址、公共服务设施的配给都具有重要参考价值。对于提升规划的预见性和引导性具有重要指导作用。

# 宁波市轨道交通线网规划决策支持模型

工 作 单 位：宁波市规划设计研究院
研 究 方 向：基础设施配置
参 赛 人：洪智勇、洪锋、胡俐先、钟章建
参赛人简介：团队长期以来专注城市出行品质的改善和交通治理方法的创新，对宁波市轨道交通建设规划工作有持续和深入的理解。团队组成员参与了宁波市几乎所有轨道交通项目的规划评估工作，经验丰富，在宁波市轨道模型的构建和发展上做出了重要贡献。

## 一、研究问题

### 1. 研究背景及目的意义

近几年我国轨道交通发展迅速，但很多城市缺乏有效的模型分析工具，导致决策缺乏严谨性，战略目标缺乏科学性。建立城市轨道交通线网规划决策支持模型（以下简称轨道模型）的目的在于为城市轨道交通建设的线站位选择、建设必要性的论证、运营组织模式的形成、成本—效益的核算和风险的把控提供全面科学的数据支持，并具有长期演化的评估能力。

轨道模型本质是探究城市用地与交通系统之间的相互作用机理，并重点关注服务水平对出行行为模式的影响。交通系统本身是一个复杂的巨系统，单就交通论交通没有太大意义，城市用地与交通系统之间存在复杂的交互作用，其机制可以简单地抽象成城市用地层、交通设施层、交通服务层和交通行为层，由下而上是城市土地性质、土地价值的作用方向，

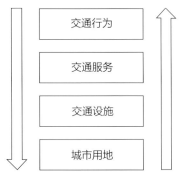

图1-1 城市用地与交通系统相互作用示意图

由上而下则是城市出行理念、出行需求的变化对交通服务提出的新要求，从而影响交通设施的发展，最后通过交通基础设施的建设引导城市用地的发展，其中尤以轨道交通所引领的TOD发展模式最为典型。

建立轨道交通模型是一项极为复杂的工作，国内外相关理论和实践尚未形成既定可循的模式。各个城市采用的建模方法也千差万别。目前普遍采用的是基于"四阶段法"的建模方法，《城市轨道交通客流预测规范》GB/T 51150–2016虽然未对具体采用何种理论做明确规定，但对轨道模型做出的原则性要求便是以"四阶段法"理论为出发点的。

"四阶段法"方法对数据要求较高，建模过程也相对复杂，国内实际完成的城市并不多，现状面临的主要问题包括：

（1）缺乏足够的综合调查：出于成本原因，少有城市能够开展可持续的综合交通调查，难以支撑轨道模型的参数标定。

（2）缺乏持续的数据更新保障机制：受经费、部门利益等多因素制约，数据滚动更新机制往往难以建立，基础数据随时间逐渐失真，模型准确性难以得到保障。

（3）无轨道开通的城市建模困难：根据相关规定，轨道客流预测是轨道线网规划和轨道建设规划的前提条件，因此想要建设但没有开通轨道线路的城市面临参数难以标定的窘境，简单采用

类比法进行估测可信度较低。

（4）模型技术路线不够完善：大多数城市对"四阶段法"简化处理，但事实上交通生成、出行分布、方式选择和交通分配四个阶段本身是相互影响的，现有的技术对各阶段的相互影响欠做深入考虑。

（5）对轨道开通后导致的出行链变化未作深入考虑：轨道交通开通后，居民的出行链方式会发生明显变化，以城市轨道交通、轨道快线、市域轨道交通和常规公交为核心的组合出行大量增加，并且必然出现"P＋R"出行模式，这种出行链的复杂程度的增加，无疑提高了建模难度，但也往往被忽视或简化。

### 2. 研究目标及拟解决的问题

项目的总体目标是综合考虑用地、交通设施、服务水平和出行行为之间的相互关系，基于多源数据，以人的移动为关注点，建立具有可持续性、综合性、实用性、灵活性的轨道模型，能够实现用地与交通系统之间的快速反馈，能够实现无轨道交通开通下的客流预测，能够实现关键因素的敏感性评估等功能，从而为城市轨道交通的建设决策和长期演化评估提供可靠的数据支持。

项目瓶颈和解决方法如下：

（1）获取模型可支持的基础数据：综合交通调查需要根据轨道客流来源特点，对出行人群进行细分，如考虑将枢纽、酒店和大学生作为单独的分类。

（2）形成历年可滚动更新的保障机制：为了保证模型计算结果的可靠性，必须建立有效的数据更新机制，本项目按照模型数据支持与规划部门利益相互结合的思路，在体制内争取稳定的资金来源。

（3）现状无轨道交通前提下的建模：这也是本项目开展时的一个重要背景，需要对模型框架和模型原理进行深入研究。

（4）建立各个阶段能够产生互动的模型框架：关键是建立能够控制跨模型组循环的逻辑块以及设定一个全局的收敛标准。

（5）解决不同层次公交网络以及"P＋R"换乘的衔接问题：供给要素和需求要素分开管理，在供给模型中定义供给要素的拓扑关系，在需求模型中定义服务设施对应的服务要素，并通过服务要素连接供给要素的属性和服务要素的属性。

（6）项目开发和使用分离：项目开发过程和使用过程面临的具体问题不同，所以在建模之初就需要考虑开发与使用的分离，开发过程面向技术人员，提供的操作环境必须适合数据清洗、调试和参数标定。使用过程较多面向半专业化人员，使用环境尽量保证图形化操作、易于多方案比选、易于结果输出。

## 二、研究方法

### 1. 研究方法及理论依据

（1）研究方法

1）理论与实践相结合：在已有技术理论基础上统筹考虑宁波自身特点和轨道交通客流预测项目的特点；

2）专家咨询：建模过程中同步咨询业内专家，保证模型在框架逻辑和关键技术上实现业内领先。

（2）理论依据

已有"四阶段方法"主要包括需求模型和供给模型。需求模型包括出行产生、出行分布以及方式划分三个子模型，得出各方式的交通矩阵；供给模型则包含交通供给系统的相关交通网络数据（包括交通小区，道路路段，道路节点和公交站点，公交线路等）和分配模型。供给模型以交通需求（OD矩阵）和交通网络数据作为输入，使用各种交通分配模型对交通系统进行分析和评价。

需求模型：

1）出行生成

在出行生成阶段，活动模型根据交通小区中居民分组数据和不同分组居民的一日出行活动链（Activity Chains）计算出各个交通小区一日的出行目的活动链数据。活动链描述了一个人（具有相同属性的一类人）一天中与出行相关活动的次序，活动链的起点和终点都是家庭。这里活动（Activity）的定义相当于一次在目的地的出行（Trip Purpose），活动是与出行行为相关的活动，而与出行行为无关的活动则不计入活动链中。

2）出行分布

在出行分布阶段，目的地选择模型通过将各种活动分布到相应的目的地小区，将活动链数据转化为出行链数据。对于出行链中的活动目的地的选择，模型必须给每个活动都提供交通小区对这个活动（出行）的吸引度量化数据（如土地利用数据）。然后目的地的选择依赖于出行OD对之间的阻抗（例如距离，出行时间，公交服务水平等）和各个居民分组和居民活动类型对于这些阻抗的敏感度决定。

3）方式划分

经过出行生成和出行分布阶段，得到了总的出行需求并以OD小区之间的出行链的形式表现，然后根据多项Logit模式选择模型，考虑到可转换交通模式和不可转换交通模式的因素将出行链分解为特定的交通模式。

供给模型：

1）交通网络

交通网络描述了交通系统中供给方数据，包括道路网络和公交网络以及相应的交通模式和产生出行的交通小区、节点（代表网络中的交叉口以及公交站点）、路段（路段属性包括车辆在道路网络的速度，通行能力以及公交车辆的行程时间）、转向关系、公交线路、交通小区和小区连杆。

2）交通分配

根据需求模型得到的各模式的交通矩阵，供应模型进行相应的机动车交通分配和公交客流分配，在交通分配阶段，可以计算得到各模式的道路网系列服务指标。依据公交客流分配结果计算可以得到一系列可用于评价分析用的服务指标。

## 2. 技术路线及关键技术

项目总体按照确立顶层制度保障、现状模型标定、规划模型应用的流程进行开发。其中顶层的制度保障确保了基础数据滚动更新的资金来源，现状模型标定完成了模型参数的估计和模型精度的校验，规划模型应用对目标年的轨道客流指标进行预测和展示。关键技术包括基础数据的特征工程、模型框架的构建以及轨道交通模型的构建。

特征工程包括对基础数据进行规整、清洗、扩样和矩阵反估等，目的是确保基础输入数据的准确性。

模型框架的构建即梳理业务逻辑，重点实现互动模型之间的迭代循环。

现状模型参数代入规划年交通预测模型，并输入规划年资料，可得各类轨道客流预测指标。

## 三、数据说明

### 1. 数据内容及类型

模型涉及的关键数据如下：

（1）现状路网和现状公交线网：为供给模型的重要基础数据，格式为.shp文件，几何部分均来源于测绘部门，公交线网的属性来源于公交公司。

（2）现状社会经济数据：是出行需求数据分类、扩样的参考依据，数据源包括六普查数据、第二次经济普查数据、由测绘部门提供的现状用地数据、由交通管理部门提供的机动车拥有量普查数据、由规划部门提供的现状教育资源分布数据以及由电子地图统计得到的宾馆分布等。

（3）交通调查数据：是模型标定的核心数据，通过问卷调查或大数据技术手段获得，其中问卷调查主要包括居民出行调查、流动人口出行调查、高校学生出行调查、公交乘降量及OD调查、出入口流量及OD调查、核查线流量调查、路段及交叉口流量调查、交通枢纽出行特征调查、路段车速调查、出租车出行调查等。大数据手段主要包括基于手机信令数据获取全方式空间出行分布，基于IC卡数据获取公交出行的空间分布、轨道站间出行OD等。

（4）规划路网和规划轨道线网：由规划部门提供。

（5）规划用地数据：用于预测人口岗位分布，由规划部门提供。

（6）规划"P+R"设施：根据综合交通规划确定其分布和规模。

### 2. 数据预处理技术与成果

数据预处理的主要工作包括基础数据的空间化、清洗、扩样、校核和反估等。需进行预处理的关键数据及其流程如下：

（1）交通小区划分

交通小区作为交通模型中分析出行及流量的抽象空间单元，是建立交通模型的基础。其划分流程包括边界的确定，需求形心点的确定和需求引线的确定。

（2）现状路网

从测绘部门获取的现状路网的.shp文件，缺少路网属性，部分线型不符合模型要求，需要进一步梳理。模型所需路网属性如表3-1所示：

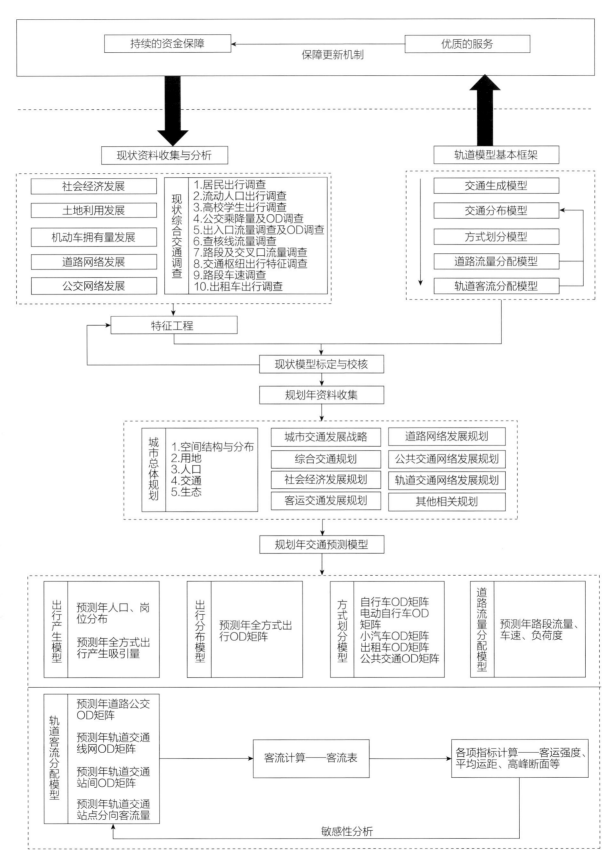

图2-1 技术路线图

| 现状道路属性表 | | 表3-1 |
| --- | --- | --- |
| 属性名称 | 类型 | 备注 |
| Name | TEXT | 道路名称 |
| Linktype | Short | 道路等级 |
| Lanes | Short | 车道数 |
| Speed | Short | 设计车速 |
| Capacity | Long | 道路通行能力 |
| OneWay | Boole | 是否为单行路 |
| CrossSetn | Short | 道路断面类型 |
| Bus_Line | Boole | 是否有公交专用道 |
| BolSid | Boole | 是否有辅路 |
| RS_Park | Boole | 是否有路边停车 |
| RoadFee | Boole | 是否收费 |

路网通行能力计算结合道路等级、道路车道数、道路横断面形式、路边停车设置、公交专用道设置等情况综合进行通行能力地给出。待路网属性完成后，需要对交叉口转弯惩罚文件进行添加属性。

（3）现状社会经济数据

对收集到的社会经济数据进行统计得到各类样本的总量。

| 基础年社会经济数据汇总 | | | 表3-2 |
| --- | --- | --- | --- |
| 编号 | 项目 | 编号 | 项目 |
| 1 | 总人口 | 13 | 总就业岗位数 |
| 2 | 有车人口 | 14 | 行政办公类就业岗位 |
| 3 | 无车人口 | 15 | 商业金融类 |
| 4 | 有车家庭就业人员 | 16 | 服务业 |
| 5 | 有车家庭学生 | 17 | 工业 |
| 6 | 无车家庭就业人员 | 18 | 总就学岗位 |
| 7 | 无车家庭学生 | 19 | 幼儿园就学岗位 |
| 8 | 有车户数 | 20 | 小学就学岗位 |
| 9 | 无车户数 | 21 | 中学就学岗位 |
| 10 | 总户数 | 22 | 大学就学岗位 |
| 11 | 私家车总数 | 23 | 宾馆床位数 |
| 12 | 单位车总数 | | |

（4）交通调查数据

居民出行调查数据为交通模型标定的核心数据，是所有交通模型标定的基础。但为准确反映居民出行行为在调查完成的居民出行调查数据基础上，需要进一步进行下述步骤工作：居民出行调查数据的电子化、居民出行调查数据的逻辑正确性核查、居民出行调查原始样本信息统计、出行调查数据的扩样、扩样后出行调查数据库转化为出行矩阵、根据核查线数据进行出行矩阵反估、结合路段调查数据和公交登降量调查数据进行对应出行矩阵的OD反估。

高校学生、流动人口出行矩阵作为与居民出行调查形成的居民出行矩阵平行的另外一类矩阵单独存在，并单独进行相关的出行总量、分布及方式分担的预测工作。

由于交通枢纽点的客源主要由城市居住人口和流动人口两部分组成，因此枢纽出行的处理将主要结合居民出行调查与流动人口出行调查完成枢纽市内出行部分及公路客运枢纽的城际出行部分的相互校核。同时根据枢纽的出行人数、出行方式分担、出行时空分布，完善交通枢纽点的出行特征，在模型中进行专项补充。具体操作方式为将交通枢纽出行特征调查结果分为枢纽与市内各区域联系和长途客运站的路上对外交通联系两部分。

公交乘降量及OD调查主要包括公交乘降量调查与公交站间OD调查两部分内容。公交乘降量调查采用读取公交视频数据的方法进行，进一步统计分析得出站点上下客人数、站间断面客流、公交运营速度等特征。公交站间OD调查分析得出的居民公交出行OD片段结果，显然不能等同于公交出行的OD进行使用，但其可作为模型公交出行OD反估中的"Part-trip data（公交OD出行片段数据）"辅助进行公交出行的OD反估。

路段车速调查是对宁波市现状道路网路段车速的较为真实、全面的反应。从中可以总结宁波现状路网的车速时空分布规律，为宁波现状模型计算结果提供车速校核基础。

手机信令调查，通过手机信令数据挖掘全方式出行OD，作为数据扩样、校核的辅助手段。

公交IC卡数据分析，通过公交IC卡数据挖掘公交出行OD分布，以及轨道客流的站间OD分布等数据，用于和公交调查数据相互验证和校核。

其他调查内容的预处理方式基本与上述内容一致，不再赘述。

（5）现状公交线网

在现状公交线网文件绘制前，基于已有的公交线网GIS文件，需首先根据模型计算需求设置公交线路属性，其中，必须属性见表3-3：

现状公交属性设置表　　　表3-3

| 属性编码 | 属性名称 | 属性内容 | 字段类型 | 备注 |
|---|---|---|---|---|
| 1 | Name | 公交线路简称 | C | 此名称作为线路查询字段必须唯一，且尽量简洁，如1-1 |
| 2 | LongName | 线路全称 | C | 线路全称 |
| 3 | ALLSTOP | 是否所有节点均为站点 | N | 1：是 0：否 |
| 4 | HEADWAY[N] | 线路车头时距 | F | 线路第N个车头时距，至少设置一个，具体设置个数及时距值需与分配时段一致 |
| 5 | Oneway | 是否为单向线路 | N | 1：是，2：否 |
| 6 | Circular | 是否为环形线路 | N | 1：是 2：否 |
| 7 | Mode | 线路类型 | N | 广义设置，包括公交线路与非公交线路，与公交系统文件设置相对应 |
| 8 | Operator | 运营公司 | N | 对应运营公司编码信息 |
| 9 | Vehicletype | 车辆类型 | N | 车辆类型，若使用公交拥挤分配模型，需设置 |

图3-1　现状公交线路分布图

（6）规划用地数据

规划用地数据用于预测交通小区对应的人口、岗位数量。需要根据交通小区、按照用地性质、用地面积、容积率进行统计，并根据用地调查数据计算交通小区对应的规划人口岗位数量。

（7）规划轨道线网

轨道线网在导入模型时起始节点编号取较大值，以区分一般道路节点编号。然后在节点属性中增加属性"NAME"，将轨道站点名称录入至"NAME"中。在两点之间增加轨道线路。最后将轨道线网并入基础路网中，将轨道线路并入公交线路文件中。

轨道线网并入基础路网，将轨道站点节点与距离轨道站点800米范围内的交通小区形心，用引线相联，并标上特定的属性。将轨道站点节点与常规公交站点，用引线相联，并标上特定的属性。在轨道换乘站点之间用引线相联，并标上特定的属性。在轨道站点与P＋R停车场之间用引线相联，并标上特定的属性。在轨道P＋R停车场与一定服务范围内的小区形心之间用引线相联，并标上特定的属性。

（8）数据处理成果说明

经上述步骤处理后，最终可以得到交通小区的属性数据和出行矩阵数据，并可计算得到出行广义费用等。

## 四、模型算法

### 1. 模型算法流程及相关数学公式

本项目流程如图4-1所示。出行生成模型组、出行分布模型组和方式划分模型组都嵌入开发了相应的标定模块，在模型运行中自动完成标定。Loop模块用于控制成本矩阵的流转，首先以成本矩阵预处理模型组的输出作为输入，原封不动地输出成本矩阵，启动循环；其次与成本矩阵处理模块中的Loop控制模块呼应，计算前后两次综合成本矩阵的误差，判断是否停止迭代。分配模型组中含有道路流量分配模型组和轨道客流分配模型组，其中道路流量分配模型组的输出路网作为轨道客流分配模型组的背景路网。

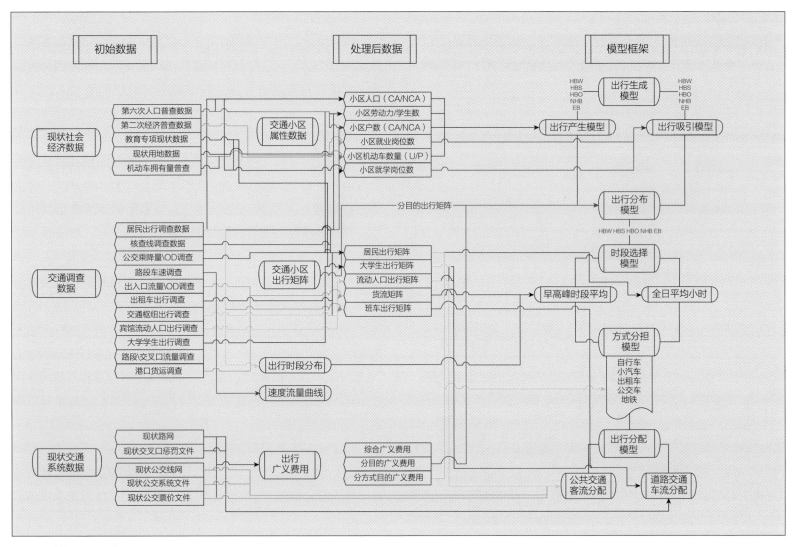

图3-2　数据处理示意图

（1）出行生成模型

出行生成模型主要用于建立人口、就业等交通出行产生与吸引源与基于各自不同出行目的的交通出行量之间的关系。

$$G = a_i \times X_i + \varepsilon$$

$$A = b_i \times X_i + \varepsilon$$

式中：$G$ 为交通小区发生量；$A$ 为交通小区吸引量；$X_i$ 为小区相关社会经济自变量；$a_i$、$b_i$ 为标定回归系数；$\varepsilon$ 为随机变量。

标定模型选用多元回归模型完成，各子模型标定的过程主要包括：（a）标定原始样本异常数据剔除处理；（b）模型自变量选取及参数标定；（c）模型整体拟合度及各参数显著性检验。

根据交通大调查中的调查类型及分析目的，最终将出行产生

模型分为11类来分别进行标定。

（2）出行分布模型

出行分布模型主要用于将出行生成模型中所生成的不同出行类型的产生、吸引量对应起来，形成出行需求矩阵。

标定模型选用双约束的重力模型完成，模型标定主要确定阻抗函数中的参数，阻抗函数形式为：

$$F(C_{ij}) = C_{ij}^{x_1} \times \exp(x_2 \times C_{ij})$$

其中 $C_{ij}$ 为 $i$ 到 $j$ 小区间的综合出行成本，$x_1$ 和 $x_2$ 为待标定的参数。

$i$ 到 $j$ 小区间的出行量估计值计算公式为：

$$T_{ij} = a_i \times b_j \times P_i \times A_j \times F(C_{ij})$$

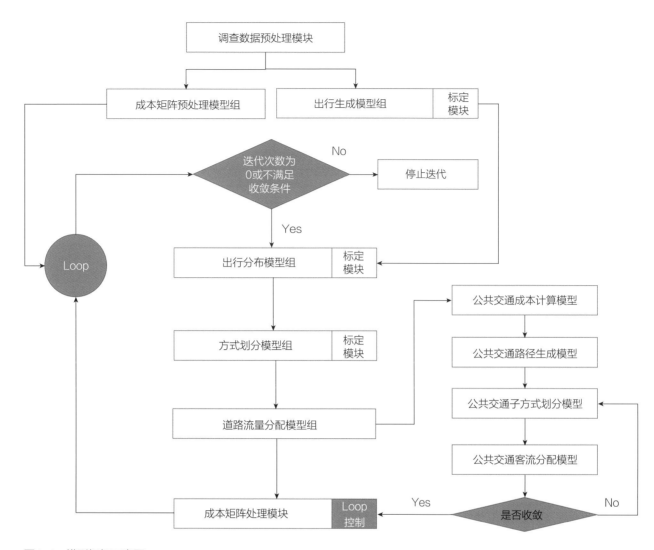

图4-1　模型框架示意图

参数标定中使用的目标函数为：

$$OFN = \sum_{i=1}^{zones} \sum_{i=1}^{zones} [T_{ij} - N_{ij}(\log T_{ij} - \log N_{ij})]$$

上述公式中：$T_{ij}$为$i$到$j$小区间的出行估计量；$a_i$、$b_j$为双约束重力模型中的平衡控制参数；$P_i$为小区$i$的产生量；$A_j$为小区$j$的吸引量。

基于上述目标函数，通过调整$x_1$和$x_2$的值，使用极大似然估计法使其得到目标函数最小值，从而得到$x_1$和$x_2$估算的值。

（3）方式选择模型

方式划分模型主要用于将出行分布模型得出的不同出行目的的出行需求OD矩阵根据各交通方式在OD间的出行广义费用，分配到不同的出行方式中。具体方式分段层级关系见图4-2。

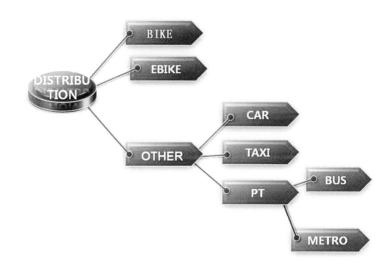

图4-2　交通方式划分图

方式划分模型的标定均使用在CUBE中搭建的ModeChoice-calibration模块完成。

其中的非机动化出行方式部分（包括自行车和电动车）使用出行距离曲线完成，机动化出行方式部分调用Biogeme软件使用多项逻辑特模型（MNL）完成，其中公共交通所含的常规公交和轨道交通的划分不在此进行，而是在公交流量分配模块完成。

标定模型选用多元逻辑特模型完成，各子模型标定的过程主要包括：①标定原始样本异常数据剔除处理；②模型参数标定；③模型整体拟合度及各参数显著性检验。

广义费用（GeneralCost，GC）作为交通模型中评估每一种交通方式从出发地到目的地的出行交通成本，作为各交通方式选择的依据及出行分布计算出行阻抗的基础，是整个模型中重要的一个子模块。本次广义费用选用广义出行时间作为统一单位进行分析。各交通方式的广义费用基本将包括交通方式的各类出行时间和各类出行费用转化为的等价出行时间。

1）自行车广义费用

$$GC_{ij} = Dist_{ij}/Spd_{Bk}$$

$Dist_{ij}$：小区$i$，$j$间最小距离；$Spd_{Bk}$：自行车速度。

2）电动自行车广义费用

$$GC_{ij} = \frac{Dist_{ij}}{Spd_{Ebk}} + Pen_{Ebk}$$

$Dist_{ij}$：小区$i$，$j$间最小距离；$Spd_{Ebk}$：电动自行车速度；$Pen_{Ebk}$：存取车时间。

3）小汽车广义费用

$$GC_{ij} = InVeh_T + \alpha \times Acc_T + \beta \times Egr_T + \gamma \times Park_T + (VOC \times Dist + Toll)/VOT$$

$InVeh_T$：行车时间；$Acc_T$：行车前花费时间（取车等）；$Egr_T$：行车后花费时间（存车等）；$Park_T$：停车时间；$Toll$：车辆过路、维护等费用；$VOC$：单位距离所需费用；$Dist$：行车距离；$VOT$：单位时间所需的费用；$\alpha$：权重系数；$\beta$：权重系数；$\gamma$：权重系数。

4）出租车广义费用

$$GC_{ij} = InVeh_T + \alpha \times Wait_T + (Fee + Toll)/VOT$$

$InVeh_T$：行车时间；$Wait_T$：等车时间；$Fee$：乘车费用；$Toll$：过路费等；$VOT$：单位时间所需的费用；$\alpha$：权重系数。

5）公共交通广义费用

$$GC_{ij} = lnVeh_T + \alpha \times Acc_T + \beta \times Egr_T + \gamma \times Wait_T + \delta \times Transfer_T + n \times PenB + m \times PenX + Fare/VOT$$

$InVeh_T$：行车时间；$Acc_T$：到达站点步行时间；$Egr_T$：离开车站步行时间；$Wait_T$：等车时间；$Transfer_T$：换乘时间；$PenB$：乘车惩罚；$PenX$：换乘惩罚；$Fare$：费用；$VOT$：单位时间所需的费用；$\alpha$：权重系数；$\beta$：权重系数；$\gamma$：权重系数；$m$：权重系数；$n$：权重系数；$\delta$：权重系数。

（4）交通分配模型

1）道路车流量分配

机动车分配采用了平衡分配算法，遵循以下原理："在最终平衡分配的网络中，每一个机动车用户所选取的路径，相对于其他可选择的路径其道路阻抗是相等的；而相对于其他不可选择的路径而言，所选择路径的阻抗是最小的。"其方法就是将O–D量在路网上分配，得出各路段（或线段）上的流量。

在交通分配之前的必要准备工作是分不同的时段（高峰时段、非高峰时段）的O–D矩阵表、路网、转弯惩罚文件、速度—流量曲线（即延误函数）、收费文件。本项目交通分配的顺序设计为公共汽车、自行车、小汽车和摩托车、出租车、社会客车、小型货车和重型货车，依次分别进行分配。每一次分配后在路网上形成的流量，作为后一次分配时的路网初始流量。但公共交通由于是定线的且有一定发车间隔的，所以对公共交通车流的分配是作为预分车流，提前分配到路网上的，不参与九次均载分配。自行车分配也只进行一次，并且对自行车分配流量按两步进行考虑，第一步是全分配自行车流量，第二步是把超出路段自行车通行能力的那部分自行车流量折算到机动车道的pcu流量。对余下车种的流量分配则依次进行九次循环均载分配。

2）轨道客流量分配

本项目采用的是多路径选择区分公交子方式的Logit模型，即先对公交主方式进行划分（如常规地面公交和快速轨道交通），后对子系统进行分配（如各条地面公交线路和各条轨道交通线路）。

公交分配Logit模型的数学表达式为：

$$L_n = \frac{e^{-\lambda(t_n - t_0)}}{1 + \sum e^{-\lambda(t_n - t_0)}}$$

主方式承担率：

$$P_m = \frac{L_m}{L_m + L_h}$$

$$P_b = 1 - P_m$$

子方式承担率：

$$P_{mj} = \frac{L_{bj}}{\sum L_{bj}} \times P_m$$

式中：

$L_n$：Logit值；$P_m$：轨道分担率；$P_b$：公交分担率；$P_{mj}$：轨道交通某一线路的分担率；$L_m$：轨道方式的Logit值；$L_b$：公交方式的Logit值；$L_{bj}$：公交方式某一线路的Logit值；$t_0$：最佳线路的出行时间，即最小时耗；$t_n$：第几条线路的出行时间；$\lambda$：Logit参数，取0.09。

参数标定包括两部分，首先是公交道路网络的参数设定，以机动车交通分配后的道路网络（即加载路网）作为基础，根据公交分配模型的需要，增补与公交相关联的路段或连线，如轨道交通线路、轨道交通与地面道路公交的连线、小区与道路公交的连线、小区与轨道交通的连线、轨道交通与轨道配建停车场的连线。最后得到的公交网络由四种路段组成：步行路段、步行公交共享路段、公交专用路段和"P＋R"（Park & Ride）的小汽车路段。

其次是公交服务网络的参数设定，根据项目需要，本次研究对公交服务划分了两种方式，即常规地面公交、快速轨道交通，各种公交线路由以下基本要素组成：

线路走向：公交线路所经道路节点和公交站点设置情况；

公交方式：分常规地面公交、快速轨道交通；

票价情况：统一票价还是计程票价费率设置等；

公交服务水平：线路的运力、公交速度、服务频率等。

公司：指的是线路所属公司名称。

车辆类型：普通公交分标准车和双层车，轨道交通采用6B编组。

发车间隔：采用由公交公司提供的每条线路的计划发车间隔时间。

座位数：公交或轨道交通车辆所提供的座位数。

总容量：公交或轨道交通车辆核定满员所能载客数。

### 2. 模型算法相关支撑技术

针对上述研究问题，项目采用Citilab公司开发的Cube软件作为建模的基础框架。Cube是一套用于支持交通规划与决策的模型库，能够非常方便地进行场景管理、业务逻辑定制和可视化操作。Cube出色的公交模型处理能力，得益于其强大而灵活的源码式建模策略，并能与流行的ArcGIS、RStiduo、Python和Biogeme等工具进行耦合开发，极大地提高了建模的流畅性和统筹性。

## 五、实践案例

### 1. 模型应用实证及结果解读

宁波市轨道模型建立至今已经应用于宁波市诸多轨道项目的客流支持，预测结论获得了专家的一致认可。例如，2015年宁波市轨道线网修编项目和轨道交通5号线一期工程客流预测项目分别听取了专家组评审意见，专家组均一致认为轨道客流预测依据的基础数据翔实，结论可信。

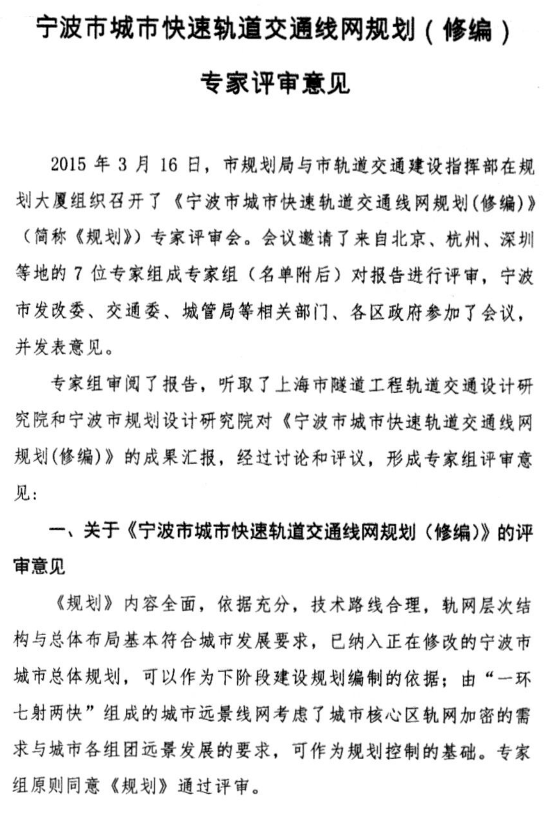

**宁波市城市快速轨道交通线网规划（修编）**

**专家评审意见**

2015年3月16日，市规划局与市轨道交通建设指挥部在规划大厦组织召开了《宁波市城市快速轨道交通线网规划(修编)》（简称《规划》）专家评审会。会议邀请了来自北京、杭州、深圳等地的7位专家组成专家组（名单附后）对报告进行评审，宁波市发改委、交通委、城管局等相关部门、各区政府参加了会议，并发表意见。

专家组审阅了报告，听取了上海市隧道工程轨道交通设计研究院和宁波市规划设计研究院对《宁波市城市快速轨道交通线网规划(修编)》的成果汇报，经过讨论和评议，形成专家组评审意见：

**一、关于《宁波市城市快速轨道交通线网规划（修编）》的评审意见**

《规划》内容全面，依据充分，技术路线合理，轨网层次结构与总体布局基本符合城市发展要求，已纳入正在修改的宁波市城市总体规划，可以作为下阶段建设规划编制的依据；由"一环七射两快"组成的城市远景线网考虑了城市核心区轨网加密的需求与城市各组团远景发展的要求，可作为规划控制的基础。专家组则同意《规划》通过评审。

图5-1 专家评审意见扫描图

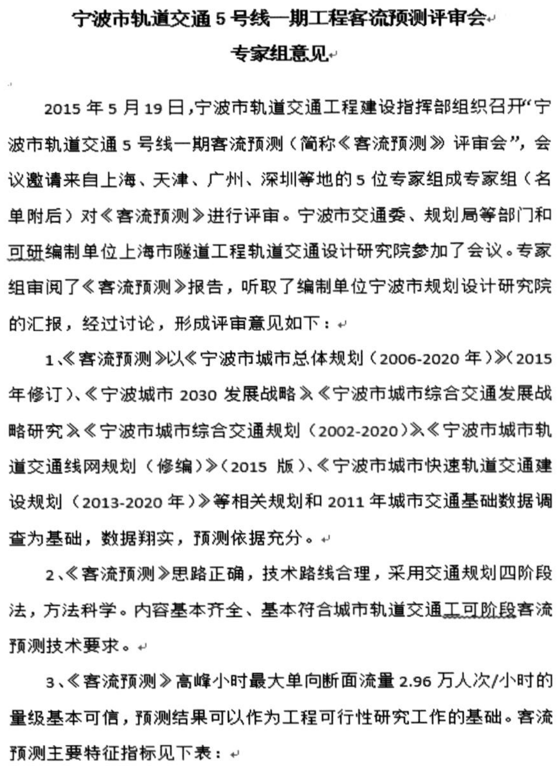

宁波市轨道交通 5 号线一期工程客流预测评审会
专家组意见

2015 年 5 月 19 日，宁波市轨道交通工程建设指挥部组织召开"宁波市轨道交通 5 号线一期客流预测（简称《客流预测》）评审会"，会议邀请来自上海、天津、广州、深圳等地的 5 位专家组成专家组（名单附后）对《客流预测》进行评审。宁波市交通委、规划局等部门和可研编制单位上海市隧道工程轨道交通设计研究院参加了会议。专家组审阅了《客流预测》报告，听取了编制单位宁波市规划设计研究院的汇报，经过讨论，形成评审意见如下：

1、《客流预测》以《宁波市城市总体规划（2006-2020 年）》（2015 年修订）、《宁波城市 2030 发展战略》《宁波市城市综合交通发展战略研究》《宁波市城市综合交通规划（2002-2020）》《宁波市城市轨道交通线网规划（修编）》（2015 版）、《宁波市城市快速轨道交通建设规划（2013-2020 年）》等相关规划和 2011 年城市交通基础数据调查为基础，数据翔实，预测依据充分。

2、《客流预测》思路正确，技术路线合理，采用交通规划四阶段法，方法科学。内容基本齐全、基本符合城市轨道交通工可阶段客流预测技术要求。

3、《客流预测》高峰小时最大单向断面流量 2.96 万人次/小时的量级基本可信，预测结果可以作为工程可行性研究工作的基础。客流预测主要特征指标见下表：

图5-2　专家评审意见扫描图

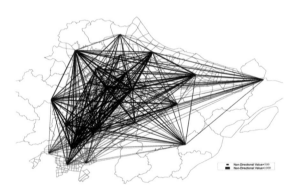

图5-3　OD出行分布示意图

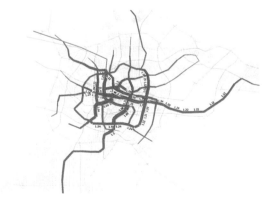

图5-4　轨道交通网络断面示意图

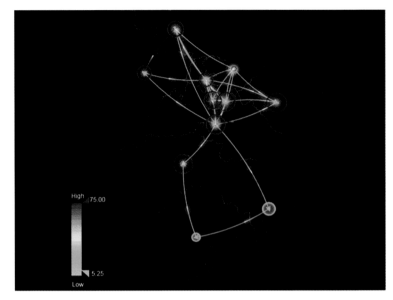

图5-5　基于EChart的OD示意图

### 2. 模型应用案例可视化表达

根据轨道交通项目的要求，涉及的可视化内容主要包括轨道沿线人口、岗位分布，全方式出行OD分布，公交出行OD分布，不同交通方式的结构分布，轨道网络客流的早高峰、晚高峰、平峰的客流断面分布，轨道线路的客流断面分布，轨道区间OD分布，轨道客流规模走势图等。可视化技术解决方案如下：

（1）基于Cube自带的图形处理功能，采用期望线图表达出行OD、采用断面流量图表达轨道线网客流断面。也可采用开源的ECharts工具展示出行OD分布。

（2）基于Cube自带的图形处理功能，采用多种颜色表示道路拥堵程度。

（3）在Cube中调用ArcGIS，采用等比例圈层图表示站点客流来源。

## 六、研究总结

### 1. 模型设计的特点

本项目综合考虑了土地利用与交通系统之间的相互关系，关注人的移动性、多源数据的挖掘和关键变量的敏感性分析，形成了一套专业化的轨道交通评估决策工具，具有以下特点：

（1）多源数据支撑，对土地利用和交通系统之间的相互作用具有长期的演化评估能力，有别于单源的大数据分析。

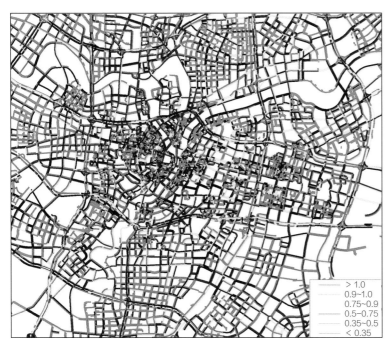

图5-6 路网拥挤程度示意图

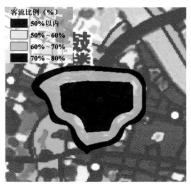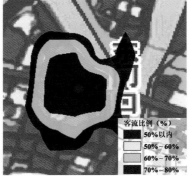

图5-7 站点客流来源示意图

（2）可以解决无轨道交通开通下的客流预测问题。

（3）考虑轨道客流的出行特点，对大学生、酒店房客和枢纽客流进行细分，是本项目的创新点之一，提高了轨道模型的合理性。

（4）通过向甲方提供具有黏性的优质服务和数据共享，保障了本项目数据更新的资金来源，从而保障模型的可靠性。

（5）构建了循环的四阶段模型框架，解决了各个阶段之间无互动的问题。

（6）在轨道交通模型中考虑"P+R"出行方式，提高了模型的合理性。

（7）模型开发过程中嵌入R、Biogeme等优秀的数学分析软件，从而使得数据处理、参数标定和可视化融为一体，极大提高了建模效率。

## 2. 应用方向或应用前景

我国已经进入城市轨道交通快速发展阶段，与之相辅相成的是市域一体化的大力推进和城市群的快速成型，在这一大趋势下轨道交通模型将不得不面临以下挑战：

（1）市域一体化的推进或城市群的发展评估需要轨道模型的支持，这就要求轨道模型在研究的时空尺度上要有质的突破，研究空间的拓展将带来空间交互模式的极大变化，以及轨道线网层次的复杂化，轨道模型或将面临结构性调整。

（2）随着轨道线网的逐渐成熟，很多城市的轨道发展将由建设阶段转入运营管理阶段，由此关注的问题将侧重于风险评估和组织优化。已有轨道模型虽然能够满足这类分析需求，但深入研究并优化模型的业务逻辑和对外开放的数据接口将有利于提高模型应用的可接受性。

# 基于多源大数据的西安公共厕所选址规划决策研究

工 作 单 位：西安建筑科技大学

研 究 方 向：公共设施配置

参 赛 人：惠倩、李笑含、陶田洁、周嘉豪、满璐玥、谢雨欣、王甜甜

参赛人简介：参赛的7名同学均来自西安建筑科技大学建筑学院城乡规划系郑晓伟老师的团队。在大数据时代背景下，他们顺应城市规划信息化发展趋势，致力于探索新技术、新方法在城市规划中应用的可能性。在郑晓伟老师的带领下，团队于近期完成了《陕西省城镇体系规划（2018-2035年）》大数据专题研究、基于大数据背景下的地产投资地图研究。

## 一、研究问题

### 1. 研究背景及目的意义

（1）研究背景

公共服务配套设施的合理布局和质量提升是新型城镇化的内涵之一，公共厕所作为其重要组成部分，它的建设和管理水平的高低，在一定程度上体现出一个城市社会经济的发展水平，影响到市民和旅游者的居住和旅行舒适程度以及城市的总体形象和投资环境。此外，公厕已成为城市形象、文明的"窗口"。人们感受一座城市的变化，可能更多地在感受城市细节所带来的变化。城市公厕不仅是表现城市细节的基础设施，也是城市文明的细节。公厕以其独特的服务功能，为城市增添了建筑细节美，正日益受到社会各界的重视。

公厕问题已经引起世界各方的高度重视。20世纪80年代后，日本各地行政机构开始将"公厕革命"列为重要事务。2002年足球世界杯举办城市之一的韩国水原市把"厕所文化"作为城市的特色，打出"拥有世界最美丽的公厕的城市"的广告语；澳大利亚做出一种简单实用的"厕所地图"，标明了全国各地公共厕所位置和开放时间；我国的杭州市也在积极努力地打造15分钟的"如厕圈"。可见，国内外对公共厕所建设的重视程度在不断提升。

但是，来自全国各地的调查表明，我国目前除了城市公共厕所设施落后、不符合卫生标准外，公厕数量不够、分布不合理仍是城市公共厕所面临的首要问题。因此，科学规划城市公共厕所的标准、数量及分布，仍然是发展中的中国城市急需重视的一个重要问题。

（2）研究目的及意义

在"互联网+"的时代，我们将基于多源大数据建立一个城市公共设施（公厕）选址综合分析评价体系，将西安市作为研究样本，深入分析西安中心城区公共厕所空间分布现状及存在的主要问题，并以设施布局全覆盖为规划研究目标，实现以公共厕所为代表的城市公共服务设施布局"均等化"。

希望通过一种基于大数据的手段挖掘"市民空间活动密度与规律"的城市公共设施选址规划方法，旨在全面消解市民"如厕难"的问题，充分体现"以人文本，构建和谐社会"的城市管理理念，提升城市形象和城市品位。

### 2. 研究目标及拟解决问题

（1）研究目标

从服务水平的角度来讲，西安中心城区现状的公厕分布虽然满足了国家规范的相关要求。但是公厕的服务对象是"人"，传统的以

服务半径全覆盖为目标的选址布点方法忽视了中心城区人口的时空间密度分布差异。因此，在对西安中心城区公厕依据国家规范进行选址布点的基础上，如何通过优化和调整将"人"的空间分布特征更好地体现在布点上，使选址的公共厕所空间分布还能够满足不同时段、不同区域人流的如厕需求，成为我们的研究目标。

（2）拟解决问题

作为国际大都市的西安是一个24小时均处于高速运转中的动态有机体，而人口普查数据则反映的是人在一天中某个时段内相对静态的数据，无法准确捕捉和跟踪一天不同时段城市的人流活动规律；此外，人口普查数据在空间上具有局部性，人口普查数据是捆绑在居住用地上的，无法反映城市中商业、商务、产业等不同功能空间的使用情况，而人对如厕需求最高的区域却是商业区。

因此，需要依靠更新、更动态的数据来剖析和解答。本次研究以百度地图热力图（Baidu Heatmap）大数据为支撑，利用多源大数据试图对西安中心城区分别在工作日、休息日、节庆日期间的密度分布变化特征进行提取、总结，在此基础上建立人流密度与公厕密度之间的匹配关系，并进一步对中心城区公厕选址布点进行优化。

## 二、研究方法

### 1. 研究方法及理论依据

（1）研究方法

传统的城市规划以人口分布数据为基础，但似乎还不足以精确而动态地描述出人流活动的变化特点，从而支撑科学合理的规划，所以需要依靠更新、更动态的数据来剖析和解答。因此本次研究以传统方法结合大数据分析，相互对比补充，支撑研究结果。

本次研究以百度地图热力图数据为研究的主要数据来源，结合西安中心城区的土地利用规划数据（西安市规划局信息中心提供）、中心城区道路网数据（OpenStreetMap获取）等其他数据共同构成本次规划的主要数据基础，并在ArcGIS环境下通过坐标系的统一和数据格式的转换实现公厕选址布点信息数据库的构建。

对现状公共厕所数据进行收集后，分析数量及密度分布，以服务半径全覆盖为目标，结合规范技术要求对各类建设用地上的公厕进行调整；并对中心城区不同时间、不同地点的人流密度与公厕密度进行对比，计算得出在人流密度比较高的区域需要增设的公厕选址方案，基于此提出以人厕对应为导向的公厕增设优化建议。

（2）理论依据

基于城市相关技术规范要求，将现状获取的数据与之对比，保证科学性可行性：

《城市环境卫生设施规划规范》GB 50337-2003：城市公共厕所平均设置密度应按每平方公里规划建设用地3~5座选取；

《城市公共厕所设计标准》CJJ-14-2016；

《陕西省城市规划管理技术规定》；

《城市居住区规划设计规范》GB 50180-1993。

### 2. 技术路线及关键技术

（1）技术路线

根据研究需要，对抓取的西安中心城区百度地图热力图原始图像数据进行栅格化处理以及地理坐标投影，考虑到利用移动数据来代替真实的人口密度分布数据可能存在一定的误差（百度地图热力图估测的人口密度单位值为人/100m$^2$），为了数据分析的便利，采用人流密集程度来衡量热力地图所反映的密度情况，运用ArcGIS软件的自然间断分类法（Jenks）对热力图的值进行分级（7级），并赋予1~7的人流密集度数值：7代表人流极高高密区、6代表中度改密区、5代表一般高密区、4代表平均密度区、3代表一般低密区、2代表中度低密区、1代表极低低密区。为了便于统一量纲计算，对基于规范要求的选址后中心城区公厕密度也采用同样的处理方法。

由于城市中的人流活动在不同时段（例如日间和夜间）、不同日期（例如工作日和休息日）呈现出的集聚特征不同，即市民的活动很大程度上呈现出以周为单位的周期性变化，为了更加深入地分析这种规律性变化，本研究将研究时段分为工作日日间、工作日夜间、休息日日间、休息日夜间、节庆日日间、节庆日夜间6种类型，数据获取的原则为：工作日日间人流密度数据为2017年1月16日至1月20日连续多日8：00到18：00（数据抓取间隔时间为1小时，下同）之间人流密度的平均值，工作日夜间人流密度数据为2017年1月16日至1月20日连续多日18：00到23：00之间人流密度的平均值；休息日日间人流密度数据为2016年12月17日至12月18日8：00到18：00之间人流密度的平均值，休息日夜间人流密度数据为2016年12月17日至12月18日18：00到23：00之间人流密度的平均值；节庆日研究选取2017年2月11日（农历正月十五）日间和夜间相应时间段的人流密度平均值。

（2）研究目标

公共厕所的服务对象是城市中的"人"，这种以服务半径全覆盖为目标的选址布点方法忽视了中心城区人口的时空间密度分布差异。因此，通过使用大数据对人流密度的研究，在对西安中心城区公厕依据国家规范进行选址布点的基础上，进一步将"人"的空间分布特征作为一个重要的影响因素，对公厕布局进行优化和调整，使其空间分布能够满足不同时段、不同区域人流的如厕需求。

（3）关键技术

ArcGIS；

百度地图热力图（Baidu Heatmap）。

## 三、数据说明

### 1. 数据内容及类型

（1）数据内容

项目实施过程中需要的数据主要有百度热力图数据、城市道路网数据、百度地图的公厕设施点数据、西安市中心城区土地利用规划数据。

（2）数据类型

数据类型具体有人口密度数据、城市道路数据、现状公厕数据、土地利用数据这四类数据。

（3）数据来源

项目所需数据的数据来源主要来源于互联网开放数据和西安市规划局。其中互联网开放数据中的人口密度数据来源于百度热力图网站；城市道路数据来源于Open Street Map网站；现状公厕数据来源于百度地图网站。而土地利用数据则来源于西安市规划局下属的西安市城市规划信息中心。

（4）获取方式

项目所需数据的获取主要是基于网络开放数据平台、编程软件与ArcGIS平台。其中人口密度数据是基于Python 2.7通过对百度热力图的开放数据抓取获得的。城市道路数据是通过FME平台对Open Street Map的路网数据处理获得的。现状公厕数据是基于百度地图API通过对百度地图现状公厕数据的抓取获得的。土地利用数据则是基于ArcGIS10.4平台的处理获得的。并在ArcGIS环境下通过坐标系的统一和数据格式的转换实现公厕选址布点信息数据库的构建。最终形成西安市主城区现状公共厕所大数据空间分

析平台与数据库（ArcGIS平台）。

（5）数据选择与使用的目的

首先，项目选择现状公厕数据是为了进行西安市现状公厕布点分析。界定西安中心城区的范围，借助百度地图API借口对中心城区范围内现状的公共厕所（poi数据格式）进行抓取，并进一步对独立式公共厕所和附属式公共厕所进行分类，计算现状中心城区公共厕所的数量以及密度分布；结合各行政区公厕数量以及密度分布的情况，总结西安中心城区现状公共厕所空间分布的特点以及存在的问题。

其次，选择城市道路数据和土地利用数据是为了以现状中心城区公厕分布为依据，以服务半径全覆盖为目标，结合规范技术要求对各类建设用地上的公厕进行增设。

最后，选择人口密度数据是为了从另一种思路研究西安市公厕布点，形成第二套方案，从而能与使用传统规划技术进行公厕布点的方案进行方案对比和互相校正。即在基于技术规范要求对中心城区公厕进行选址布点的基础上，进一步借助百度地图热力图工具，对中心城区不同时间、不同地点的人流密度与公厕密度进行对比，计算得出在人流密度比较高的区域需要增设的公厕选址方案，基于此提出以人厕对应为导向的公厕增设优化建议。

### 2. 数据预处理技术与成果

（1）数据的预处理流程

在进行数据挖掘之前，我们要对数据进行预处理，以规避原始采集数据中存在的不一致、不完整、含噪声、高维度的问题。本研究的数据预处理流程基本分为四个步骤进行。

第一步，数据抽取。因为抓取的原始数据具有多种结构和类型，所以使用Excel表格首先对这些复杂的数据进行抽取，使其转为单一的或者便于处理的构型，以达到快速分析处理的目的。

第二步，数据清洗，主要包含遗漏值处理（缺少感兴趣的属性）、噪声数据处理（数据中存在着错误或偏离期望值的数据）、不一致数据处理。首先，对抽取数据中存在的缺失值进行处理。应从机械和人为两方面分析缺失值产生的原因，并根据故障原因，使用最可能的值代替缺失值，使缺失值与其他数值之间的关系保持最大。然后，对抽取数据中的异常值进行处理。将数据集中偏离大部分数据的异常值挑选出来，并用均值对异常值进行替换。

第三步，数据集成，即将多个数据源中的数据结合起来存放

在一个一致的数据存储中。这一过程着重要解决三个问题：模式匹配、数据冗余、数据值冲突检测与处理。

第四步，数据变换，即通过处理抽取上来的数据中存在的不一致的问题，将抽取数据转换成为适合数据挖掘的形式。统一数据的名称及格式，即数据粒度转换、商务规则计算以及统一的命名、数据格式、计量单位等。

（2）关键技术

在数据预处理过程中最关键的技术是数据清洗。数据清理从数据的准确性、完整性、一致性、唯一性、适时性、有效性几个方面来处理数据的丢失值、越界值、不一致代码、重复数据等问题。数据清理可以将数据库精简以除去重复记录，并使剩余部分转换成标准可接收的格式。

（3）预处理成果数据的结构

预处理成果数据的结构包括数据的逻辑结构，数据的存储结构。其中数据的逻辑结构为集合结构，数据的存储结构为顺序存储结构。

## 四、模型算法

### 1. 模型算法流程及相关数学公式

通过百度地图API发送"公厕"关键词请求，获得数据信息，

中心城区范围内的现状公共厕所数量。按照《城市环境卫生设施规划规范》GB50337-2015征求意见稿的要求，城市公共厕所平均设置密度应按每平方公里规划建设用地3～5座选取，得到基于规范规定的中心城区公厕密集度（$D_{wc}$）；人均规划建设用地指标偏低、居住用地及公共设施用地指标偏高的城市、山地城市、旅游城市及小城市可适当提高。

| 公厕设置密度 | | | | 表4-1 |
|---|---|---|---|---|
| 城市用地类别 | 设置密度（座/km²） | 建筑面积（m²/座） | 独立式公厕所用地面积（m²/座） | 备注 |
| 居住用地（R） | 3~5 | 30~80 | 60~120 | 旧城区宜取密度的高限，新区宜取密度的中、低限 |
| 公共管理与公共服务设施用地（A）、商业服务业设施用地（B）、交通设施用地（S） | 4~11 | 50~120 | 80~170 | 商业服务业设施用地（B）、交通设施用地（S）等人流量大的区域宜取密度指标的高限；其他人流稀疏区域宜取中、低限 |
| 绿地（G） | 5~6 | 50~120 | 80~170 | 不包括防护草地（G2） |
| 工业用地（M）、仓储用地（W）、公用设施用地（U） | 1~2 | 30~60 | 60~100 | |

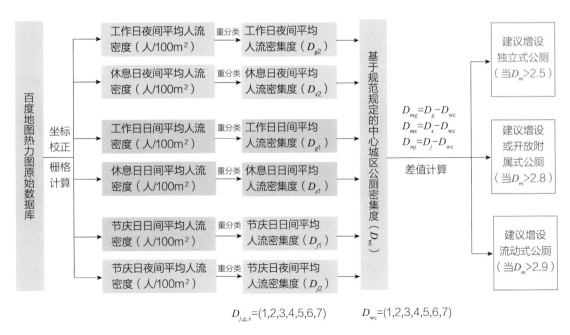

$$D_{j,g,x}=(1,2,3,4,5,6,7) \quad D_{wc}=(1,2,3,4,5,6,7)$$

图4-1 算法流程图

对抓取的西安中心城区百度地图热力图原始图像数据进行栅格化处理以及地理坐标投影（由百度坐标系转换为WGS_1984_UTM_Zone_49N投影坐标系）。同时，考虑到利用移动数据来代替真实的人口密度分布数据可能存在一定的误差（百度地图热力图估测的人口密度单位值为人/100m$^2$），为了数据分析的便利，采用人流密集程度来衡量热力地图所反映的密度情况，运用ArcGIS软件的自然间断分类法（Jenks）对热力图的值进行分级（7级），并赋予1～7的人流密集度数值：7代表人流极高高密区、6代表中度改密区、5代表一般高密区、4代表平均密度区、3代表一般低密区、2代表中度低密区、1代表极低低密区。为了便于统一量纲计算，对基于规范要求的选址后中心城区公厕密度也采用同样的处理方法。

由于城市中的人流活动在不同时段（例如日间和夜间）、不同日期（例如工作日和休息日）呈现出的集聚特征不同，即市民的活动很大程度上呈现出以周为单位的周期性变化，为了更加深入地分析这种规律性变化，本研究将研究时段分为工作日日间、工作日夜间、休息日日间、休息日夜间、节庆日日间、节庆日夜间6种类型。

对6种时段类型内平均人流密集度（$D_{j, g, x}$）和基于规范规定的中心城区公厕密集度（$D_{wc}$）的差异对比（减法运算），可以公厕供需差异较大的区域。基于对6种时段类型内中心城区人流密度与公厕密度的空间供需比较分析（$D_m = D_{j, g, x} - D_{wc}$），提出公厕布点建议。当$D_m > 2.5$，建议增设独立式公厕；$D_m > 2.8$，建议增设或开放附属式公厕；当$D_m > 2.9$，建议增设流动式公厕。

### 2. 模型算法相关支撑技术

（1）POI数据的获取方法

要通过百度地图API获取POI数据，首先需要在百度地图开放平台（http://developer.baidu.com/map/）注册，成为百度开发者。注册成功后申请密钥，获得访问应用（AK）。然后运用火车采集器采集POI信息，获得西安市中心城区范围内的现状公共厕所的坐标信息。但此时得到的公厕坐标是百度地图使用的百度坐标，需要将其转换为WGS_1984_UTM_Zone_49N投影坐标系，利用未来交通实验室出品的玩的坐标转换软件，可将获取的公厕坐标转换为地理坐标投影，方便数据的进一步分析。

（2）百度地图热力图数据的获取方法

百度地图热力图是百度公司在2014年新推出的一款大数据可视化产品，该产品以LBS平台手机用户地理位置数据为基础，通过一定的空间表达处理，最终呈现给用户不同程度的人群集聚度，即通过叠加在网络地图上的不同色块来实时描述城市中人群的分布情况。利用百度地图开放平台中申请到的密钥，通过Python2.7自编程序，对热力图数据定时截取，作为本次研究的重要基础数据。

## 五、实践案例

### 1. 项目概况

（1）研究范围确定

本次研究范围包括了西安的中心城区以及外围的部分组团。其中中心城区：以绕城高速为基本轮廓，东至灞河，西到绕城高速路，南至长安（潏河），北到渭河，总面积490km$^2$城市发展集中连片的特征，本次研究所指的中心城区是指规划研究范围所确定的区域，面积为522km$^2$，其中建设用地的面积大概为500km$^2$。

（2）公共厕所现状分布及问题

通过百度地图API发送"公厕"关键词请求，获得数据信息返回的西安市中心城区范围内的现状公共厕所有1481座，整体的公厕密度为2.84座/km$^2$，低于国家规范规定的3～5座/km$^2$，同时相比2008年的3.21座/km$^2$也有了一定的下降。从公厕的空间聚集情况看，呈

图5-1 研究范围示意图

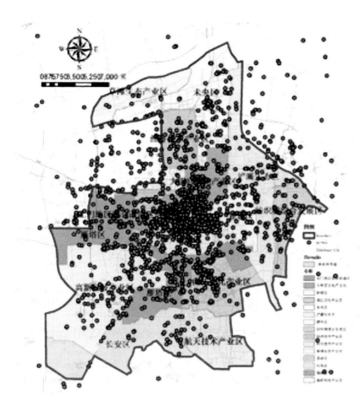

图5-2　西安市中心城区公厕分布现状图

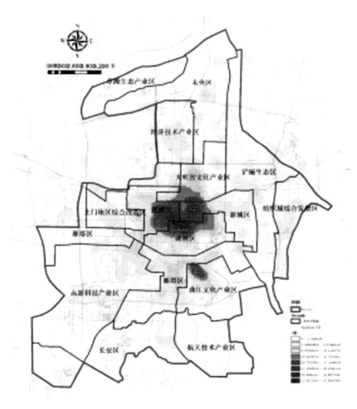

图5-3　西安市中心城区公厕分布现状核密度分析图

现出城市中心区密度较高、外围地区密度较低的空间分布特征。公厕现状存在建设用地落实难，数量不足，空间分布不合理，环境较差，高等级公厕数量亟待进一步增加，管理不到位等方面的问题。

## 2. 基于技术规范要求的公厕服务水平评定

（1）项目评定参考规范

《城市环境卫生设施规划规范》GB50337-2003参考标准　　表5-1

| 城市用地类别 | 设置密度（座/km²） | 设置间距(m) | 建筑面积（m²/座） | 独立式公共厕所用地面积（m²/座） | 备注 |
|---|---|---|---|---|---|
| 居住用地 | 3~5 | 500~800 | 30~60 | 60~100 | 旧城区宜取密度的高限，新区宜取密度的中、低限 |
| 公共设施用地 | 4~11 | 300~500 | 50~120 | 80~170 | 人流密集区域取高限密度、下限间距，人流稀疏区域取低限密度、上限间距。商业金融业用地宜取高限密度、下限间距。其他公共设施用地宜取中、低限密度，中、上限间距 |
| 工业用地仓储用地 | 1~2 | 800~1000 | 30 | 60 | |

《城市环境卫生设施规划规范》GB50337-2015征求意见稿参考标准　表5-2

| 城市用地类别 | 设置密度（座/km²） | 建筑面积（m²/座） | 独立式公共厕所用地面积（m²/座） | 备注 |
|---|---|---|---|---|
| 居住用地（R） | 3~5 | 30~80 | 60~120 | 旧城区宜取密度的高限，新区宜取密度的中、低限 |
| 公共管理与公共服务设施用地（A）、商业服务业设施用地（B）、交通设施用地（S） | 4~11 | 50~120 | 80~170 | 商业服务业设施用地（B）、交通设施用地（S）等人流量大的区域宜取密度指标的高限；其他人流稀疏区域宜取中、低限 |
| 绿地（G） | 5~6 | 50~120 | 80~170 | 不包括防护绿地（G2） |
| 工业用地（M）、仓储用地（W）、公用设施用地（U） | 1~2 | 30~60 | 60~100 | |

《城市公共厕所设计标准》CJJ-14-2016参考标准　表5-3

| 设置区域 | 类别 |
|---|---|
| 商业区、重要公共设施、重要交通客运设施、公共绿地及其他环境要求高的区域 | 一类 |
| 城市主、次干路及行人交通量较大的道路沿线 | 二类 |
| 其他街道 | 三类 |
| 设置场所 | 类别 |
| 大型商场、宾馆、饭店、展览馆、机场、车站、影剧院、大型体育馆、综合性商业大楼和二、三级医院等公共建筑 | 一类 |
| 一般性商场（含超市）、专业性服务机关单位、体育场馆和一级医院等公共建筑 | 三类 |

（2）西安市中心城区现状公厕服务半径

本次研究选取300m、500m和1000m半径作为公厕服务水平的覆盖范围。研究表明，300m的服务半径水平基本在明城区内可以实现全覆盖；500m的服务半径水平在二环路以内基本实现全覆盖，仅在北二环以西和南二环以东的部分区域未能实现；从1000m的服务半径水平来看，则出现了大量未能覆盖的区域，例如草滩生态产业区、航天技术产业区和高新科技产业区的绝大部分区域。主要原因在于这些区域都作为产业区，公厕数量相对较少，同时现状仍未开发建设。

（3）中心城区居住用地公厕现状分析与布点建议

图5-4　现状公厕服务半径分析图

中心城区居住用地增设公厕34座

现状覆盖率：79.7%

图5-5　居住用地现状公厕服务半径分析图

新增后覆盖率：95.3%

图5-6　居住用地新增公厕布点选址建议图

（4）中心城区商业用地公厕现状分析与布点建议

中心城区商业用地增设公厕 219 座

现状覆盖率：68.1%

图5-7　商业用地现状公厕服务半径分析图

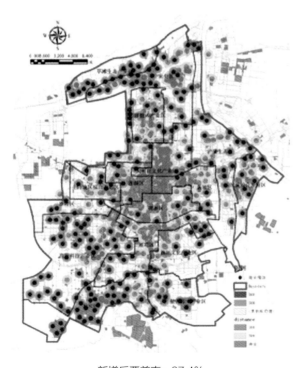

新增后覆盖率：97.4%

图5-8　商业用地新增公厕布点选址建议图

（5）中心城区绿地公厕现状分析与布点建议

中心城区绿地增设公厕 26 座

现状覆盖率：84.3%

图5-9　绿地现状公厕服务半径分析图

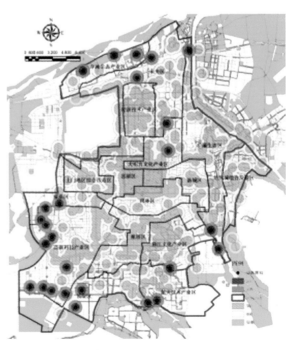

新增后覆盖率：98.8%

图5-10　绿地新增公厕布点选址建议图

（6）中心城区工业用地公厕现状分析与布点建议

（7）增设公厕的叠置与删选

将四类建设用地上增设的公厕进行叠置，得到新增公厕数量291座。将叠置后可能存在的距离过近的公厕点进行筛选。

（8）基于技术规范要求的公厕选址布点结果

基于规范规定的西安中心城区公共厕所增加后由原来的1481座增加为1772座，经删选后剩余1768座，公厕密度提升为3.54座/km²。从空间分布看，公厕增设密度较大的区域主要集中在建成区周边以及现状还未开发建设的区域。

中心城区工业用地增设公厕12座

现状覆盖率：77.2%

图5-11 工业用地现状公厕服务半径分析图

新增后覆盖率：93.9%

图5-12 工业用地新增公厕布点选址建议图

图5-13 现状公厕分布图

图5-14 增设重叠后公厕分布图

图5-15 删选后公厕分布图

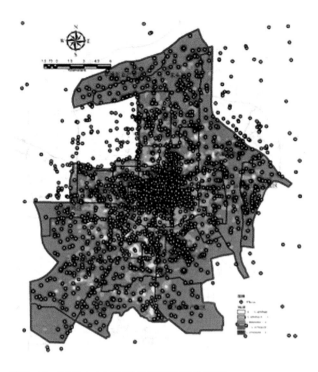

图5-18　西安中心城区公厕供需差异分析图

图5-16　增设删选后的西安中心城区公厕空间分布密度图

### 3. 基于移动定位大数据的公厕选址布点优化

（1）基于工作日夜间人流密度特征的西安中心城区公厕（独立式）布点优化

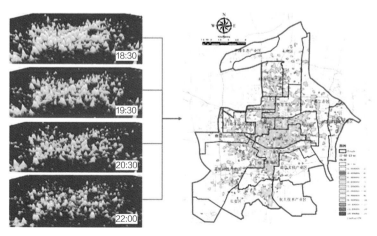

图5-17　工作日夜间西安中心城区平均人流密度分布图

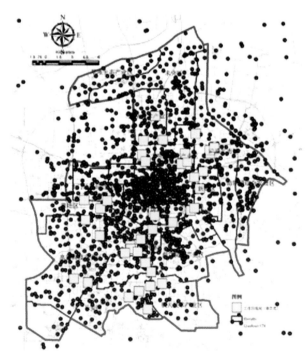

图5-19　西安中心城区公厕（独立式）优化布点图

基于对工作日夜间中心城区人流密度与公厕密度的空间供需比较分析（$D_{mg}=D_{g2}-D_{wc}$），规划建议增设公厕47座，以独立式公厕为主。

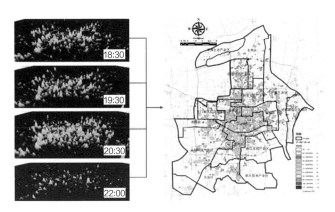

图5-20　休息日夜间西安中心城区平均人流密度分布图

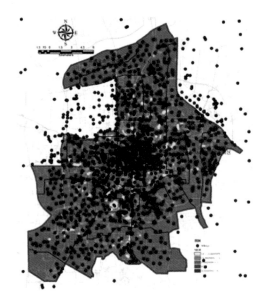

图5-21　西安中心城区公厕供需差异分析图

图5-22　西安中心城区公厕（独立式）优化布点图

（2）基于休息日夜间人流密度特征的西安中心城区公厕（独立式）布点优化

基于对休息日夜间中心城区人流密度与公厕密度的空间供需比较分析发现（$D_{mg}=D_{x2}-D_{wc}$），与工作日夜间公厕供需差异分布基本相同，增设后工作日夜间西安中心城区的公厕（黄色点数据）基本能够同时满足休息日夜间中心城区人流密度的如厕需求，规划建议仅在休息日增设公厕4座（粉色点数据），并且以独立式公厕为主。

（3）基于工作日日间人流密度特征的西安中心城区公厕（独立式）布点优化

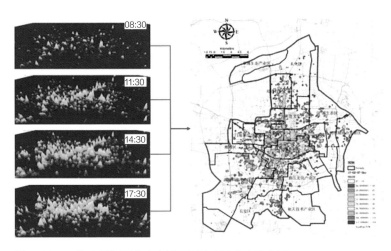

图5-23　工作日日间西安中心城区平均人流密度分布图

17:30

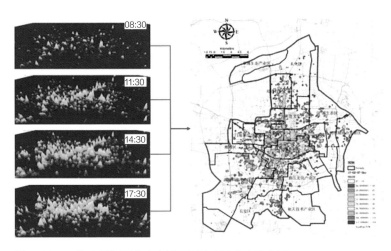

图5-24　西安中心城区公厕供需差异分析图

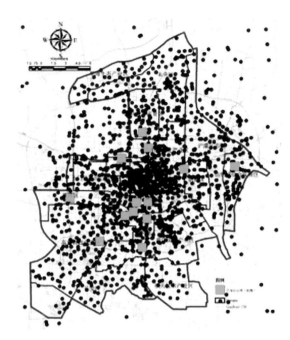

图5-25　西安中心城区公厕（独立式）优化布点图

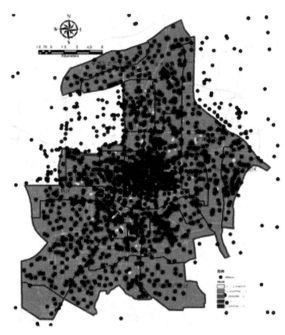

图5-27　西安中心城区公厕供需差异分析图

基于对工作日日间中心城区人流密度与公厕密度的空间供需比较分析（重分类后公厕密度与人流密度的差值计算），规划建议增设公厕13座，以附属式公厕为主。

（4）基于休息日日间人流密度特征的西安中心城区公厕（独立式）布点优化

休息日日间虽然城市人流的密度相对有所增加，但绝大多数都集中在城市的主要公共中心，因此休息日日间西安中心城区公厕的供需差异也不甚明显，需在工作日增设附属式公厕的基础上再增设12座（蓝色点数据），以附属式为主。

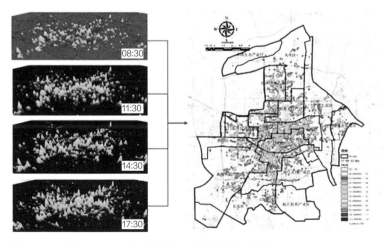

图5-26　休息日日间西安中心城区平均人流密度分布图

图5-28　西安中心城区公厕（独立式）优化布点图

（5）基于节假日日间人流密度特征的西安中心城区公厕布点优化

通过对节庆日日间平均人流密集度和中心城区公厕密集度的差异对比发现节庆日日间人流密度与普通休息日日间的人流密度规律几乎相同，故本次规划研究针对该种类型的节庆日日间不考

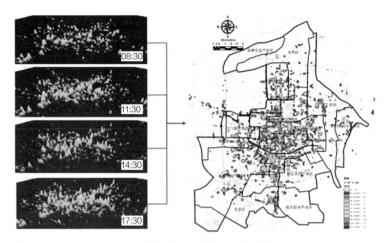

图5-29 节假日日间西安中心城区平均人流密度分布图

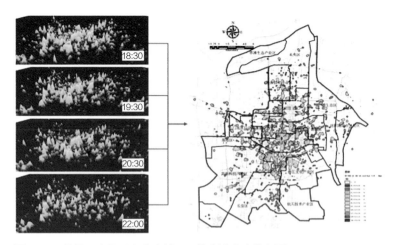

图5-31 节假日夜间西安中心城区平均人流密度分布图

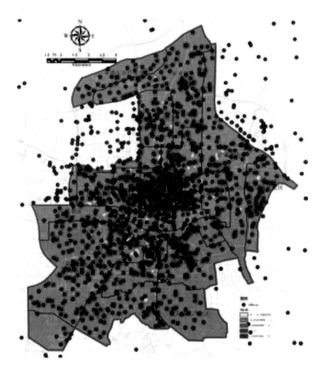

图5-30 西安中心城区公厕供需差异分析图

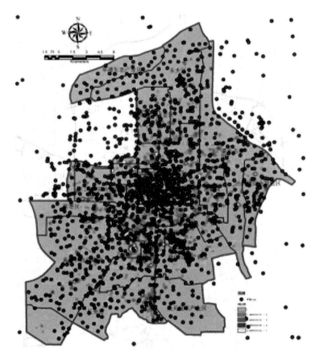

图5-32 西安中心城区公厕供需差异分析图

虑增设公厕。

（6）基于节假日夜间人流密度特征的西安中心城区公厕布点优化

虽然特殊节庆日日间的人流活动密度对流动公厕的需求较小，但夜间在一些特殊的旅游景点（例如大唐芙蓉园、南门、城墙景区）公厕供需矛盾非常突出，因此研究建议在这些旅游景点附近适当增设部分流动式公厕。

（7）基于移动定位大数据的公厕选址布点优化结果

西安中心城区现状公厕1481座，公厕密度2.84座/km²。基于技术规范要求增设后的公厕（独立式）数量为1768座，公厕密度为3.54座/km²。基于移动定位大数据优化后的公厕数量在此基础上又增加了76座，最终优化后的中心城区公厕数量为1844座，公厕密度为3.69座/km²。

公共厕所的空间配置有待进一步改善，可适当在城市外围的

图5-33　西安中心城区公厕选址布点优化图

低等级城市中心区、交通干线、快速路以及就业高密度地区增设公厕；考虑到节庆日的偶发性活动，建议在中心城区各大景区，结合不同节庆日的活动特征，适时地增设部分流动式公厕。

# 六、研究总结

## 1. 模型设计的特点

在"互联网+"的时代，本项目研究的是基于多源大数据的城市公共设施（公厕）选址综合分析评价体系。此综合评价体系将市民空间活动密度与规律进行可视化，并呈现作为选址布点的重要依据，旨在全面消解市民"如厕难"的问题，充分体现"以人文本，构建和谐社会"的城市管理理念，提升城市形象和城市品位。

公共厕所的服务对象是城市中的"人"，这种以服务半径全覆盖为目标的选址布点方法忽视了中心城区人口的时空间密度分布差异。因此，该研究是在依据国家规范进行选址布点的基础上，应进一步将"人"的空间分布特征作为一个重要的影响因素，对其进行优化和调整，使选址的公共厕所空间分布还能够满足不同时段、不同区域人流的如厕需求。城市是一个24小时均处于高速运转中的动态有机体，而人口普查数据则反映的是人在一天中某个时段内相对静态的数据，无法准确捕捉和跟踪一天不同

时段城市的人流活动规律；此外，人口普查数据在空间上具有局部性，人口普查数据是捆绑在居住用地上的，无法反映城市中商业、商务、产业等不同功能空间的使用情况，而人对如厕需求最高的区域却是商业区。

以传统的人口分布数据为基础，似乎还不足以精确而动态地描述出区域人流活动的变化特点，需要依靠更新、更动态的数据来剖析和解答。因此，该项目研究还以百度地图热力图（Baidu Heatmap）大数据为支撑，利用多源大数据区域分别在工作日、休息日、节庆日期间的密度分布变化特征进行提取、总结，在此基础上建立人流密度与公厕密度之间的匹配关系，并进一步对中心城区公厕选址布点进行优化。

## 2. 项目研究应用前景

（1）大数据应用是行业发展主流

传统布点方法市场小，技术落后，遗留问题多。而在"互联网+"时代，探索出一种基于通过大数据的手段挖掘"市民空间活动密度与规律"的城市公共设施选址规划方法是非常必要的。公共厕所的服务对象是城市中的"人"，传统方法忽视了人口的时空间密度分布差异。因此，新时代下，利用大数据分析，进一步将"人"的空间分布特征作为一个重要的影响因素，对其进行优化和调整，使选址的公共厕所空间分布还能够满足不同时段、不同区域人流的如厕需求。

（2）二三线城市及乡镇地区市场需求庞大，有待开发

来自全国各地的调查表明，除了乡村，我国城市公厕问题，随着社会发展也日益严峻。目前除了城市公共厕所设施落后、不符合卫生标准外，公厕数量不够、分布不合理仍是城市公共厕所面临的首要问题。因此，科学规划城市公共厕所的标准、数量及分布，仍然是发展中的中国城市急需重视的一个重要问题，而特大城市以及一些大中型城市及少量小城市已经开始寻求解决办法，响应政府号召。但我国幅员辽阔，基数较大，从总量上看仍有很大比例的城市还未开始行动，或是行动了效果不尽如人意。

除公厕布点选址外，利用该项目研究的视角与技术方法对城市内其他公共服务设施以及商业设施等项目的选址服务都能提供更为科学可靠的依据。后续研究还会将此技术应用于更为广泛的规划决策领域，让"以人文本"不再是依据规划口号，而全面落实于规划项目之中。

# 基于灯光数据与社会网络分析法的城市群空间关联模型

工 作 单 位：清华大学

研 究 方 向：空间布局规划

参 赛 人：沈一琛、张馥蕾、苏鑫、陈虎、何煦

参赛人简介：该团队成员来自清华大学城乡规划、工商管理、管理科学与工程、材料科学与工程、环境科学与工程五个不同学科背景。团队成员均参与了清华大学大数据提升项目，基于对大数据时代各种新型数据源的兴趣走到一起，希望借助新型数据源与数据分析方法，以复合背景的视角看到描述城市发展规律的新可能。

## 一、研究问题

### 1. 研究背景及目的意义

随着中国城市化水平提高与技术进步，城市间的联系不断增强，区域一体化的进程近年不断加快，城市群宏观的时空演变受到关注。城市群是具有空间集聚能力、辐射扩散能力、巨大的发展潜力以及扩张能力的有机体系，每一个城市群是由多个城市和城镇的集合形成的独立个体。中国已形成的十大城市群分别是长江三角洲城市群、珠江三角洲城市群、京津冀城市、山东半岛城市群、中原城市群、辽中南城市群、长江中游城市群、海峡西岸城市群、成渝城市群与哈长城市群。

关于城市群的研究最早源于20世纪初，E. Howard 最先从组合群体角度研究城市群结构体系，P. Geddes运用区域综合规划方法，将城市演化形态归结为城市地区、集合城市、世界城市，其中集合城市被看作是城市群。国外方面，1939 年 M. Jefferson 对城市群规模体系展开了理论探讨，1957 年美国学者提出用空间相互作用理论研究城市群内外空间相互作用机制，20世纪60年代以来，学者提出现代空间扩散理论、经济发展与空间演化相关模式、区域城市相互联系类型说等理论。国内方面，近年相关研究不仅涉及城市群发展过程与动力机制、流强度模型等理论，也包含诸如珠江三角洲城市群的实证案例分析。

改革开放40年来，中国的城镇化取得突飞猛进的进展，2017年已经达到了58.52%。在此语境下，城镇化的关注点由原先的量的快速积累转变为质的提升，城市群成为未来中国城市发展的重要方向，正在作为国家参与全球竞争与国际分工的全新地域单元，深刻影响着国家的国际竞争力。对于城市群的研究，尤其是客观上对城市间关系的描述，有利于把握城市群宏观时空演变，辅助城市群空间格局的战略决策与具体的政策、金融工具的实施和评估，具有重要的战略价值与经济价值。

### 2. 研究目标及拟解决的问题

上述对城市群的研究以城市群为主体，解释了区域尺度下城市群发展与经济、人口、交通等要素的重要关联及其空间演化，但是往往偏向质性研究，通过代理变量的方式解释模式与理论，缺乏相对客观简洁的变量作为表征，且权重往往采用专家意见进行加总使得模型较为繁复而主观。同时，描述各个城市特征的各个代理变量之间往往存在较大关联，如人口与经济往往存在相互影响的线性关系，很难在定量研究中排除干扰。此外，由于诸多代理变量在大时间跨度下往往由于经济、制度的变化产生剧烈变化，不能用于很好监控空间尺度大、时间跨度大的时空演变。

本研究拟在在城市群理论视角下，根据灯光与城市发展相结合的研究基础，探讨夜间灯光的关联如何反映城市群内部城市之间发展的关联，结合社会网络分析的方法，为灯光数据在城市群发展研究上做出扩展和创新，提出简洁的描述城市群内部城市关联的模型，为城市群宏观时空演变提供一种新的研究视角。研究运用此模型，对京津冀、长江三角洲、珠江三角洲三大中国城市群进行刻画与分析，以验证模型的有效性。

## 二、研究方法

### 1. 研究方法及理论依据

研究采用DMSP/OLS（Defense Meteorological Satellite Program/Operational Linescan System）数据，这是由NOAA（美国国家海洋与大气管理局）发布的，由卫星传感器产生的夜间稳定灯光数据。不同于一般卫星传感器采集地表对太阳光的反射信号，DMLS/OLS传感器采集夜间的灯光、火光信号，对信号也较为灵敏，因而可以区分夜间的城市灯光、小规模居民区灯光、甚至车流灯光，因此可以较好地作为人类活动的表征。利用该数据的研究始于20世纪90年代，图2-1展示了以此为关键词谷歌学术搜索的相关研究数量，自NOAA在2010年免费公开提供夜间灯光数据之后研究热度迅速上升。与国外相比，国内在这方面的研究起步较晚，在该数据的研究与应用方面还有很大的进步空间。检索文献中，大约1/3发表在地理学刊物上，随着越来越多的相关研究发

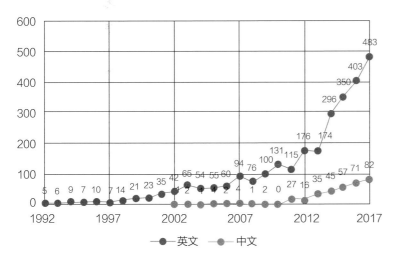

图2-1 1992~2017年谷歌学术搜索DMSP/OLS 夜间灯光数据相关研究数量变化

现夜间灯光数据与GDP、人口、用电量等社会经济指标具有显著的相关性，在研究中能够作为代理变量，因而近年来受到社会科学研究者的重视，主要与城市发展、人口与社会经济参数估计、环境以及其他社会问题的研究相关，关于灯光数据的研究仍有很多新的议题可以探讨。

结合灯光数据对城市发展进行研究的文献主要分类两大类，一类是发表在地理学相关期刊上，从地理学的角度考察城市形态发展。范俊甫等（2013）利用修正的1992~2010年夜间灯光数据衡量城市建成区面积，对环渤海城市群空间格局变化进行分析。刘沁萍等（2014）利用1992，2000和2010年的灯光数据提取中国城市建成区，从城市形态演变和城市扩张速度两个角度分析了中国城市空间扩张。高倩等（2017）基于1992，2002和2012年的夜间灯光数据，提取中亚、西亚和中国新疆共25个城市像元，对一带一路沿线城市的空间扩张类型、扩张速度和程度、形态紧凑度等方面进行研究。另一类则与经济、人口、社会学相关，刘华军，杜广杰（2017）利用1992~2013年中国291个城市按照行政区划的平均夜间灯光数据作为衡量地区经济发展水平的代理变量，考察中国经济发展的地区差距及演变趋势。刘修岩和艾刚（2016）结合灯光数据构建了中国城市的郊区化指数和蔓延指数，进而分析与FDI（外商直接投资）之间的关系。杨孟禹等（2017）基于夜间灯光数据构建了新城市规模指数，一定条件下能纠正土地和人口总量度量法引起的误差，利用空间计量模型研究城市间的竞争来源。已有文献多采用灯光像元的景观分析法或是将灯光的平均值作为经济变量的代理指标，城市群的发展与城市之间的关联密不可分，既然已有研究表明灯光可以作为GDP的代理变量，那城市之间发展的关联是否也可以用灯光来解释，这个问题尚未被探讨。因此，从灯光的视角下考察城市群内部的发展关联以及变化，并探讨由灯光反映的关联与经济、人口等传统指标所反映的关联之间的联系。

社会网络分析法是一种社会学研究方法，社会学理论认为社会不是由个人而是由网络构成的，网络中包含结点及结点之间的关系，社会网络分析法通过对于网络中关系的分析探讨网络的结构及属性特征，包括网络中的个体属性及网络整体属性（李德奎，2014）。社会网络分析法在教育与社交网络中研究业已成熟，而在城市群领域方兴未艾。将城市群中的城市抽象为结点，可以通过社会网络分析法研究城市群的整体属性与城市群中的各个城市结点的个体属性。利用灯光数据构建城市群的社会网络是

模型的主要构建逻辑。1942年，Zipf首次将万有引力定律引入城市体系空间相互作用分析，建立城市群空间相互作用的理论基础。在经典的模型中，经济总量往往作为城市的质量，而研究将市域的灯光总量作为引力定律中的质量，可以得到不同城市间的引力大小，进一步构建城市群的灯光关联网络。

### 2. 技术路线及关键技术

（1）数据预处理

将不同年代的市域灯光数据进行初步处理，可以得到不同城市群的灯光扩展图示，并通过灯光值的积分可以得到市域范围的灯光总量。

（2）灯光数据表征下的城镇扩展强度

由于不同城市群的面积不同，灯光总量的绝对大小并不同，通过相对化处理可以比较不同城市群的城镇扩展强度。

（3）灯光量引力矩阵构建

根据引力公式得到城市群各个城市对各个城市的引力值矩阵。

（4）灯光关联矩阵构建

根据引力值对矩阵进行1和0的二元化，形成社会网络分析的关联矩阵。

（5）城市群灯光关联网络刻画

在关联矩阵的基础上进行网络整体的指标的计算。

（6）城市群中不同城市扮演的角色分异——块模型

在关联矩阵的基础上通过块模型进行各个城市扮演角色的分析。

（7）城市群关联原因——QAP分析（社会网络分析方法）

以灯光关联矩阵作为响应变量，以其他代理指标构建的诸如人口、经济、交通关联矩阵进行回归分析，定量分析城市群关联是由哪些关联推动。

## 三、数据说明

### 1. 数据内容及类型

（1）灯光数据

DMLS/OLS卫星数据为TIFF栅格数据，其将全球分为了16801行×43201列的7.25亿个网格，每个网格一个灯光亮度数据值（下称DN值）。该灯光亮度DN值用0~63的灰度来表示，数值越大，灯光强度越大。DMLS/OLS卫星总共发射了六代分别为F10、F12、

F14、F15、F16、F18。每一代卫星的传感器灵敏度有所不同，而且同一颗卫星的传感器的灵敏度也会随着使用时间的增长而有所衰减。因此根据太平洋无人区的噪点数值的强度作为表征，选取了灵敏度最为相近的F101993、F121998、F142003、F162008、F182013等4组数据作为的研究对象。

（2）传统数据获取

1）经济数据

本研究的经济数据来源于国家统计局，采用GDP指标。

2）人口数据

人口数据来源于国家统计局，采用常住人口指标。显然从逻辑上分析不管是灯光亮度还是经济发展应该与常住人口相关而不是户籍人口。

3）交通数据

本研究的交通数据来源于EPS数据平台的中国城市数据库，采用货运量指标。衡量一座城市的交通水平通常采用货运量或客运量或综合两者（给两者赋权相加）的指标，本研究采用货运量。

### 2. 数据预处理技术与成果

DMSP-OLS数据为TIFF格式的栅格数据，首先需要将TIFF格式的数据中每个栅格的光强DN值读取处理。本研究首先使用了R语言中的raster包和rgdal包读取了DMSP/OLS卫星数据的TIFF文件，将中国数据切割出来。然后使用ArcGIS根据中国行政区划边界对灯光数据进行区域分割选取特定城市群作为区域研究对象。

对每个地级行政区的数据进行如下处理，计算整个行政区域平均DN值、中心城区平均DN值、中心市区面积以及整个行政区域的灯光强度对面积的积分值，以及中心城区的灯光强度对面积的积分值，以供后续分析。以往的研究往往以灯光强度的平均值作为研究的主要参照因子，虽然平均DN值可以表征一个区域的单位面积经济活动以及人类活动的水平，但是却不能表征整个区域整体的总的活动体量的水平，因此计算了灯光强度对面积的积分，以表征行政区划内的总体人类经济活动水平与经济总体量值。对于城区边界的界定，本研究通过灯光DN地图与航拍云图进行对比选取了DN值大于等于25的区域为中心城区，本文并没有按照其他研究那样对每个地区的中心城区的划分标准进行区分，因为本研究重要侧重于城市之间的相互关联，因此对于不同城市的中心城区的划分统一标准更能具有合理性。对中心城区划分的标准的选取的确具有较大的主

观性，但是对整个行政区域内的灯光值对面积积分可以避免这个问题，因此综合上述的几个参数进行分析，可以较好地利用卫星灯光数据对人类活动，以及城市之间关联进行有效的分析。

# 四、模型算法

## 1. 模型算法流程及相关数学公式

（1）灯光数据表征下的城镇扩展强度

为了比较不同时段内不同城市群扩展快慢，本文引用刘盛和等（刘盛和等，2000）提出的年平均扩展强度指数，并利用夜间灯光数据得到的城市土地面积进行计算。它实质是用各空间单元的土地面积来对其年平均扩展速度进标准化处理，使其具有可比性。计算公式为：

$$\beta_{i,t-t+n} = [(ULA_{i,t+n} - ULA_{i,t})/n]/TLA_i \times 100$$

其中 $\beta_{i,t-t+n}$、$ULA_{i,t+n}$ 和 $ULA_{i,t}$ 分别为空间单元 $i$ 的年均扩展强度指数、在 $t+n$ 及 $t$ 年的城市土地利用面积，$TLA_i$ 为其土地总面积。

（2）灯光量引力矩阵构建

城市间经济联系有相互吸引的规律，根据距离衰减原理，距离的增加会导致联系强度减少（段显明和陈蕴恬，2016）。1942年，Zipf首次将万有引力定律引入城市体系空间相互作用分析，建立城市群空间相互作用的理论基础。典型公式为：

$$R_{ij} = k\frac{M_i \times M_j}{D_{ij}^2}$$

$R_{ij}$ 为两城市之间的引力；$M_i$，$M_j$ 分别为两城市的"质量"，可以有人口或是经济指标来表征；$D_{ij}$ 为两城市之间的距离，$k$ 为经验常数。根据灯光积分值、GDP、人口和交通分别构造城市间的引力矩阵。$D_{ij}$ 为通过ArcGIS测算的城市质心之间的距离。

引力矩阵及其计算公式表　　　　　表4-1

| 引力矩阵 | 引力计算公式 |
|---|---|
| 灯光引力矩阵 | $L_{ij} = \dfrac{L_i \times L_j}{D_{ij}^2}$<br>$L_i$为第$i$个城市的灯光总量，$L_j$为第$j$个城市的灯光总量 |
| 人口引力矩阵 | $P_{ij} = \dfrac{P_i \times P_j}{D_{ij}^2}$<br>$P_i$为第$i$个城市的人口，$P_j$为第$j$个城市的人口 |

续表

| 引力矩阵 | 引力计算公式 |
|---|---|
| 经济引力矩阵 | $G_{ij} = \dfrac{G_i \times G_j}{D_{ij}^2}$<br>$G_i$为第$i$个城市的GDP，$G_j$为第$j$个城市的GDP |
| 交通引力矩阵 | $T_{ij} = \dfrac{T_i \times T_j}{D_{ij}^2}$<br>$T_i$为第$i$个城市的货运量，$T_j$为第$j$个城市的货运量 |

（3）灯光关联矩阵构建

根据引力矩阵进一步构造灯光关联矩阵，若 $L_{ij} \geqslant \overline{L_{\cdot j}}$，即城市 $i$ 和 $j$ 之间的灯光引力大于城市 $i$ 和其他城市之间引力的平均值，则产生一条由 $i$ 指向 $j$ 的关联，权重即为两者之间的引力值。

（4）网络密度、互惠度、中心势

进一步，借鉴李响的研究，利用R计算网络密度、互惠度和中心性三大指标，对城市群灯光关联网络进行比较分析。

1）网络密度反映了网络中各城市间紧密程度，密度的测算公式为：

$$D = \frac{\sum_i \sum_j d(c_i, c_j)}{n(n-1)}$$

$n$ 为城市网络中的城市个数，若城市 $i$ 和 $j$ 之间有联系则 $d(c_i, c_j)$ 为1，否则为0。网络越密集，其中个体所能完成的吸收、传递和处理能力就越强；但是联系越多各成员受到来自网络结构的约束也更强，单个城市自主行为的能力越弱。

2）网络互惠度反映有向网络中的双向联系

$$R = \frac{n_{逆}}{n_{总}}$$

分母为网络中的总边数，分子为逆向边数，衡量了在有向网络中若存在城市 $i$ 指向城市 $j$ 的关联，那么城市 $j$ 也指向城市 $i$ 的概率。

3）网络中心势从整体上反映了网络中节点的差异程度，根据比较点度中心度、中间中心度和接近中心度的差异程度而有三种中心势。点度中心势的计算公式为：

$$C_d = \frac{\sum_{i=1}^{n}(C_{max} - C_i)}{\max\left[\sum_{i=1}^{n}(C_{max} - C_i)\right]}$$

其中 $C_i$ 接代表单个节点的点度中心度，$C_{max}$ 代表点度中心度的最大值，分母是用理论上的最大值进行标准化。接近中心势从整体上衡量网络中个体作为其他两个个体交往桥梁的差异，该值越大说明网络中个体间的交往受少数个体控制的差异越大。接近中心势的计算公式为与点度中心势基本一致，只需把点度中心度替换为接近中心度。

（5）块模型

根据不同子群内城市发出、接受关系的多少与内外部联系的多少，可以划分为不同的板块，进而描述不同城市在城市群中的扮演的不同角色。对板块内外均产生了溢出效应，属于"双向溢出板块"；接受的关系数目相对多于发送的关系数目，属于"净受益板块"；送的关系数目相对多与接受的关系数目，属于"净溢出板块"；板块同其他板块存在较多的关联关系，但板块内部成员间关系相对较少，属于"经纪人板块"。

（6）QAP分析

QAP回归分析的目的是研究多个矩阵和一个矩阵之间的回归关系，并且对$R^2$的显著性进行评价。在具体计算的时候要经过两步。首先，针对自变量矩阵和因变量矩阵的对应元素进行标准的多元回归分析；其次，对因变量矩阵的各行和各列进行同时随机置换，然后重新计算回归，保存所有的系数值以及判定系数$R^2$值。重复这种步骤几百次，以便估计统计量的标准误差。

### 2. 模型算法相关支撑技术

模型主要依靠$R$作为编程语言，具体代码参见附录（略），附录A为关联矩阵构建与城市群网络指标刻画代码，附录B为QAP分析代码与结果，附录C为地图剪裁代码。

块模型运用UCINET软件，利用CONCOR法，选择最大分割密度为2，收敛标准为0.2，可以根据城市群的关联网络将各城市群分成四个板块。

## 五、实践案例

研究选取京津冀、长江三角洲、珠江三角洲三大城市群进行模型应用实证研究。模型应用及其结果解读与可视化按技术路线逻辑顺序呈现如下。

### 1. 案例选取与城市群扩展模式

根据王晓慧等的研究，京津冀城市群以北京、天津为核心，包括石家庄、唐山、保定、秦皇岛、廊坊、沧州、承德、张家口等

10个城市；长江三角洲城市群以上海为中心，包括南京、杭州、苏州、无锡、南通、泰州、扬州、镇江、常州、湖州、嘉兴、宁波、舟山、绍兴等15个城市。珠江三角洲城市群以广州为核心，包括深圳、珠海、惠州、东莞、肇庆、佛山、中山、江门等9个城市。

通过对三大城市群1993~2013年的灯光影像叠置，可以分析城市群在过去20年的发展形态及演化。图5-1到图5-3是三大城

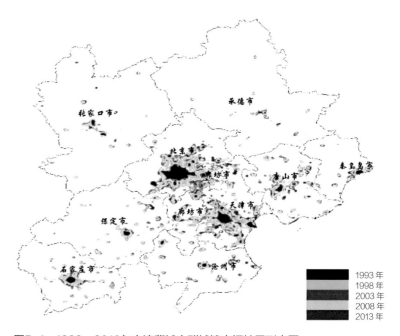

图5-1　1993~2013年京津冀城市群城镇空间扩展形态图

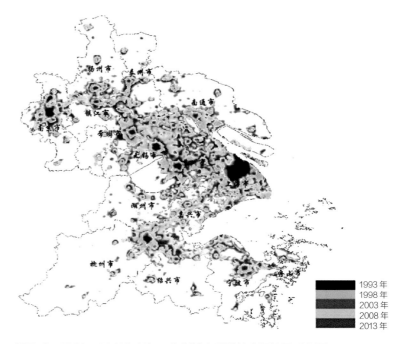

图5-2　1993~2013年长江三角洲城市群城镇空间扩展形态图

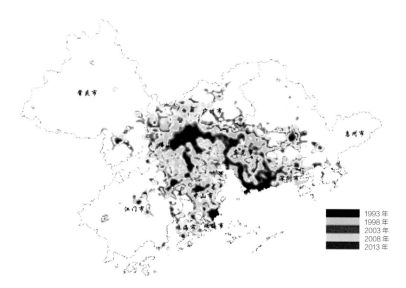

图5-3　1993～2013年珠江三角洲城市群城镇空间扩展形态图

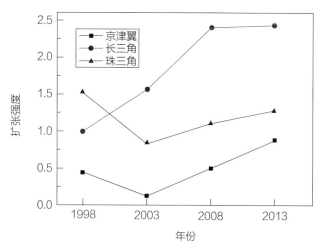

图5-4　1993～2013年三大城市群城镇扩展强度图

市群城镇近年空间扩展过程。可以发现，京津冀和长江三角洲城市群在20世纪90年代均呈点状分布，京津冀以北京市和天津市为中心向外扩展，长江三角洲的中心则较多，包括上海、苏州、无锡、南京、杭州。而珠江三角洲以广州、佛山、东莞、中山、深圳、珠海市为中心，早在年代已经形成了集群状，并不断向外围扩张。到20世纪90年代末期，长江三角洲开始出现城市集群状发展，且西北部的城镇扩展较为集中。京津冀近年并未形成集聚形态，仍然以各个点状城镇为中心向周边扩展。

从城镇扩展模式来看，目前京津冀城市群主要以领域扩展模式为主，即围绕原有城镇向周边扩展，但北京市的城镇扩展有向东边和西南边扩展的趋势，加上天津市往西北方向的扩展趋势，未来该地区也有形成集聚形态的趋势。而长江三角洲城市群则呈现明显的集聚特征，由于该城市群西北部城市带较为密集，因此很快形成了集聚模式，且呈现了带状城市群分布。珠江三角洲城市群则形成围绕入海口的圈状分布。

## 2. 灯光数据表征下的城镇扩展强度

图5-4为根据年平均扩展强度指数计算得出的20世纪90年代以来三大城市群的城镇扩展强度。可以看出在2000年以前，珠江三角洲城市群空间扩展强度最高，随后进入降低阶段。与此同时，随着长江三角洲城市群的城镇扩展进程的加快，其城镇空间扩展强度超过了珠江三角洲，并一直保持着很高的扩展水平。

京津冀城市群和珠江三角洲城市群在过去20年内扩展趋势基本相同，都经历了先升高后降低的变化，但是珠江三角洲城市群的扩展强度要相对高一些。总体来看，进入21世纪后，发展速度最快的是长江三角洲城市群，其次是珠江三角洲城市群，而京津冀城市群的发展最为缓慢。

## 3. 城市群灯光关联网络刻画

根据得到的城市群灯光关联网络，分别对1993，2003，2013年三大城市群的关联网络进行分析。首先利用Gephi软件对三大城市群的有向加权网络进行可视化，如图5-5～图5-7所示，图中不同颜色的点是对关联网络进行模块化分析的结果，模块化是一种发现网络内部集群的最优化方法。京津冀城市群的灯光关联网络在20年间的变化不大，仍然是北京、廊坊、天津之间的联系最紧密，保定和石家庄构成了城市群内部之间的子群。长江三角洲城市群灯光网络的关联明显增多，苏州与南通和嘉兴的联系增强，并且最大的权重有所降低，2013年整体网络的权重较1993年更加均衡。而珠江三角洲城市群内的灯光关联连接有所减少，城市群内部之间的关系也发生了变化。1993年江门、中山和珠海构成子集群，而2013年珠海和东莞、深圳、惠州形成新的子集群，江门和中山则和广州成为同一集群。

图5-8展示了三大城市群的整体指标，包括网络密度、互惠度、中心势。

（1）京津冀和长江三角洲城市群的网络密度都有所上升，珠

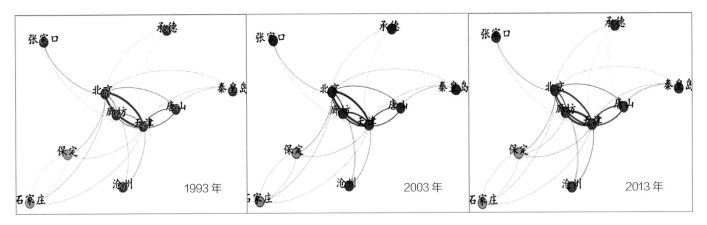

图5-5　京津冀城市群灯光关联网络

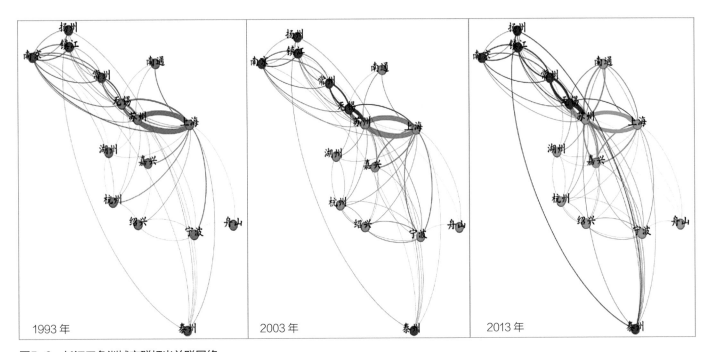

图5-6　长江三角洲城市群灯光关联网络

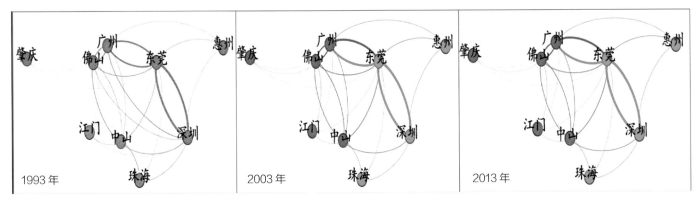

图5-7　珠江三角洲城市群灯光关联网络

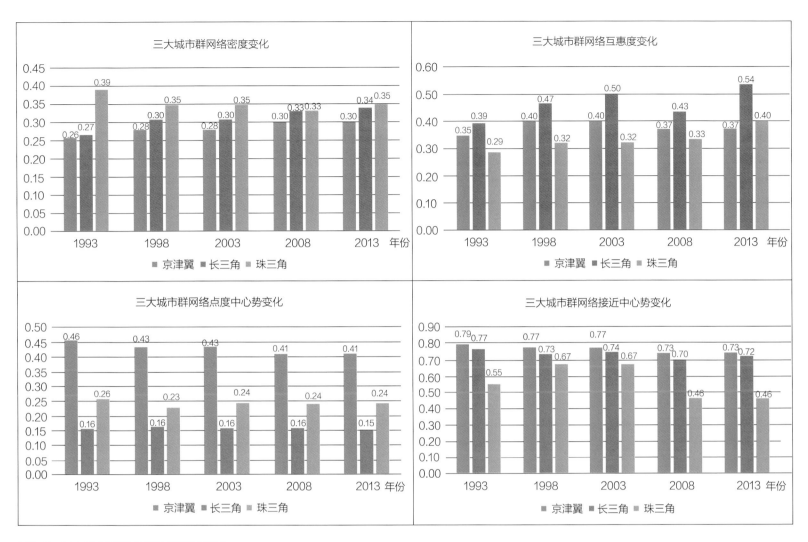

图5-8　三大城市群灯光关联网络特征变化

江三角洲城市的网络密度有所下降但仍高于其他城市群，说明珠江三角洲城市的自主发展能力在过去20年中有所增强。

（2）三大城市群网络的互惠度在过去20年中都有所提高，以长江三角洲的网络互惠度最高，珠江三角洲城市群经过20年的发展在网络的双向联系上超过了京津冀城市群。

（3）京津冀城市群的点度中心势略微下降但仍远高于其他城市群，反映了北京天津双核带动的发展模式；长江三角洲的多核驱动发展模式也使得其点度中心势较低。三大城市群的接近中心势在20年后都有所下降，说明城市群内部的发展更加均衡。

### 4. 城市群中不同城市扮演的角色分异——块模型

对城市灯光关联网络矩阵进行变换，该行城市若对该列城

市发出关系，则值为1。根据不同子群内城市发出、接受关系的多少与内外部联系的多少，可以划分为不同的板块，进而描述不同城市在城市群中的扮演的不同角色。运用CONCOR法，选择最大分割密度为2，收敛标准为0.2，可以根据各城市群1993，1998，2003，2008，2013年的关联网络将各城市群分成四个板块。为了方便阐述，以2013年长江三角洲城市群为例。第一板块包括上海、嘉兴、苏州，对板块内外均产生了溢出效应，属于"双向溢出板块"；第二板块的成员包括杭州、绍兴、宁波、舟山、湖州，接受的关系数目相对多于发送的关系数目，属于"净受益板块"；第三板块包括镇江、常州、南京、扬州、泰州，发送的关系数目相对多与接受的关系数目，属于"净溢出板块"；第四板块只有南通和无锡，该板块同其他板块存在较多

的关联关系，但板块内部成员间关系相对较少，属于"经纪人板块"。

纵观20年，根据灯光数据关联网络块模型分析可以比较三大城市群关联发展的差异。京津冀城市群京津双核双向溢出板块稳固，城市经纪人较多，城市群外围的城市主要与京津双核发生互动，但彼此之间关系松散，与此同时，主受益板块较少并减少，这与京津冀城市群发展缓慢有一定关系。长江三角洲城市群双向溢出板块从原来的上海、苏州、无锡转变为上海、苏州、嘉兴的三角，可以表明长江三角洲北翼主导的发展模式逐渐转变为南北两翼共同发展，同时长江三角洲其他板块的城市变动也较为剧烈，呈现环上海城市激烈竞争的态势。珠江三角洲广州佛山双向溢出，主受益板块城市增加，而净溢出板块的深圳、东莞实际上按定义也已经发展为实质上的双向溢出板块，这与近年来深圳的快速发展密不可分。

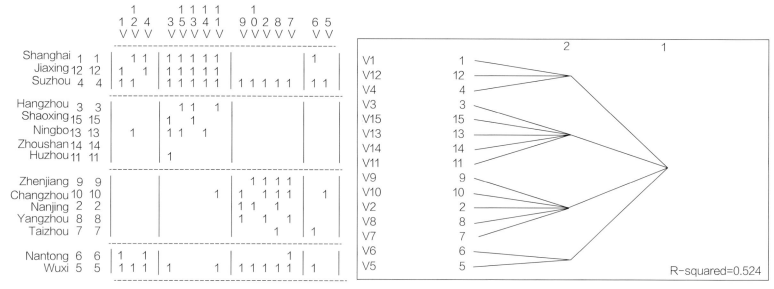

图5-9　长江三角洲2013块模型板块划分图与树状图

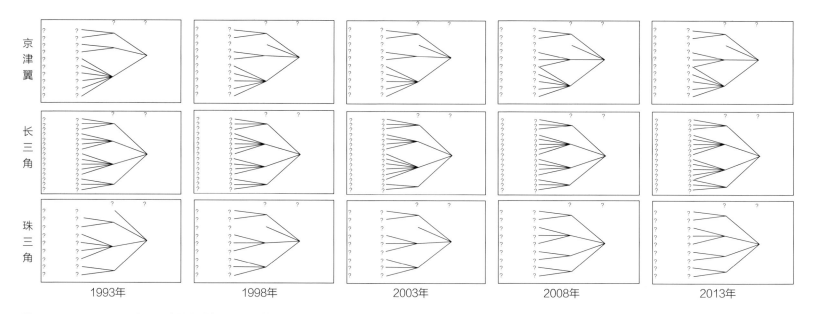

图5-10　1993~2013中国三大城市群板块划分树状图演变

## 5. 城市群关联原因——QAP分析（社会网络分析方法）

### （1）相关分析

以京津冀为例，对灯光关联矩阵$L$和人口关联矩阵$P$进行相关分析，相关系数为0.905153，使用重排法对结果的显著性进行检验，随机计算出来的相关系数大于或等于实际相关系数的概率为0，很明显落入拒绝域，所以灯光关系和人口关系存在相关关系。同理，灯光关联矩阵$L$和经济关联矩阵$G$相关系数为0.8088654，概率为0.004；灯光关联矩阵$L$和交通关联矩阵$T$相关系数为0.8327371，概率为0。所以，灯光关系和人口关系、经济关系、交通关系存在相关关系。同样，可以发现长江三角洲和珠江三角洲城市间的灯光关系和人口关系、经济关系、交通关系存在相关关系，相关系数和$P$值如表5-1。

灯光关联矩阵与人口关联、经济关联、交通关联矩阵相关系数表

表5-1

| 灯光关联矩阵 | 关联矩阵 | 相关系数 | $P$值 |
|---|---|---|---|
| 京津冀L | $P$ | 0.905153 | 0 |
| | $G$ | 0.8088654 | 0.004 |
| | $T$ | 0.8327371 | 0 |
| 长三角L | $P$ | 0.8939452 | 0 |
| | $G$ | 0.9314518 | 0 |
| | $T$ | 0.5176108 | 0.001 |
| 珠三角L | $P$ | 0.8923554 | 0 |
| | $G$ | 0.8435459 | 0 |
| | $T$ | 0.8650908 | 0 |

### （2）回归分析

以矩阵$L$为因变量，矩阵$P$、$G$、$T$为自变量进行回归分析，其中$L$作为城市群发展的表征，即$L_{ij}$越大，表明第$i$个城市和第$j$个在城市群发展的过程中联系越紧密，于是作回归可以分析找到城市群发展的动力来源。

模型的$F$值为93.3，$P$值为0，说明模型整体上是显著的。模型的可决系数R-squared为0.8722，修正的可决系数Adjusted R-squared为0.8629，说明模型的解释能力较好。其中$G$的$P$值为0.876，不显著，$P$和$T$的$P$值小于0.05，系数是显著的，因此剔除$G$重新进行回归分析，结果如下：

京津冀灯光关联回归分析结果表

表5-2

| | Estimate | Std. Error | $t$ value | $P_r(>|t|)$ |
|---|---|---|---|---|
| （Intercept） | -0.2131844 | 0.265 | 0.735 | 0.265 |
| $P$ | 31749.2772055 | 0.998 | 0.002 | 0.002 |
| $G$ | 11.5775292 | 0.575 | 0.425 | 0.876 |
| $T$ | 16.0072993 | 0.981 | 0.019 | 0.023 |

剔除人口矩阵自变量的京津冀灯光关联回归分析结果表　表5-3

| | Estimate | Std. Error | $t$ value | $P_r(>|t|)$ |
|---|---|---|---|---|
| （Intercept） | -0.2202243 | 0.289 | 0.713 | 0.287 |
| $P$ | 32505.5446542 | 0.999 | 0.001 | 0.001 |
| $T$ | 16.0031694 | 0.984 | 0.016 | 0.019 |

回归方程为：$L=-0.2202243+32505.5446542P+16.0031694T$。其中$F$值为143.3，$P$值为0，可决系数R-squared为0.8722，修正的可决系数Adjusted R-squared为0.8661。回归结果说明，京津冀城市群发展的推动力主要为人口和交通。

对长江三角洲，回归结果如下：

长江三角洲灯光关联回归分析结果表

表5-4

| | Estimate | Std. Error | $t$ value | $P_r(>|t|)$ |
|---|---|---|---|---|
| （Intercept） | 0.5290997 | 0.935 | 0.065 | 0.065 |
| $P$ | 1448.1912153 | 0.577 | 0.423 | 0.900 |
| $G$ | 518.1219534 | 0.997 | 0.003 | 0.004 |
| $T$ | -6.7944079 | 0.140 | 0.860 | 0.279 |

$F$值为227.1，$P$值为0，可决系数R-squared为0.8709，修正的可决系数Adjusted R-squared为0.8671。同理，剔除$P$和$T$，得到回归方程为：$L=0.4404559+505.2165352G$。其中$F$值为675，$P$值为0，可决系数R-squared为0.8676，修正的可决系数Adjusted R-squared为0.8663。回归结果说明，长江三角洲城市群发展的推动力主要为经济关联。

对珠江三角洲，回归结果如下：

得到回归方程为：$L=0.2718281+41820.5696119P-347.9053741G+15.8172122T$。其中$F$值为505.5，$P$值为0，可决系数R-squared为

珠江三角洲灯光关联回归分析结果表　　表5-5

|  | Estimate | Std. Error | *t* value | $P_r(>|t|)$ |
|---|---|---|---|---|
| （Intercept） | 0.2718281 | 0.847 | 0.153 | 0.153 |
| P | 41820.5696119 | 1.000 | 0.000 | 0.000 |
| G | -347.9053741 | 0.000 | 1.000 | 0.000 |
| T | 15.8172122 | 1.000 | 0.000 | 0.000 |

0.9793，修正的可决系数Adjusted R-squared为0.9774。回归结果说明，经济关联与城市群灯光关联负相关，珠江三角洲城市群发展的推动力主要为人口、交通关联，这是由于发达地区的市域面积较小而珠江三角洲镇域经济发达，而模型的结果相对简化。

# 六、研究总结

## 1. 模型设计特点

基于灯光数据与社会网络分析法的城市群关联模型是一种创新、有效的解释城市群发展的模型。

在理论上，本研究延伸了经典的引力模型，为城市群宏观时空演化提供了新的研究视角；在方法上，本研究结合了社会网络分析法；在技术上，以研究目标为导向，综合运用了GIS、R语言、UCINET等多种技术手段；在数据上，采用了可以描述宏观时空行为的灯光数据作为城市群研究的新兴数据源。

以灯光数据描述建设用地的扩张模式与强度，在以往研究灯光与经济发展相关性的基础上，进一步通过市域范围内的灯光总量建立城市群的社会关系网络，与人口、经济、交通量关联度构成的城市网络进行矩阵相关分析，可以简洁直观、深入定量地解释城市群发展的演进与内在动力机制。以灯光为表征的城市群发展与人口、经济、经济的城市间关联高度相关，而不同城市群发展的主要推动力有所侧重，而网络分析块模型可以揭示不同城市在城市群中扮演的角色，为城市、城市群发展定位提供依据。

## 2. 应用前景

由于将灯光数据结合关联网络进行城市群分析也是做出的一次尝试，因此选择了传统的城市群进行分析，所得到的结果在传统的研究视角下具有合理性。未来可以利用灯光数据，结合凝聚子群和块模型的分析方法，研究其他城市群、新兴的城市群之间的关联发展模式，探索更广阔的适用范围，包括寻找应被纳入既有城市群的外围城市、新发育的小城市群等等。在QAP的自变量上，本研究仅例举了人口、经济、交通三种要素，未来可以推广到可以用二元关系表示城市间关联的任意专项要素的分析，如特定产业的投入资本、特定职业的劳动人口、是否互通政策平台等关联矩阵，以解释城市群关联的动力，为金融、就业、科技政策的制定与评估提供定量依据，助力城市群战略发展。

# 基于街景影像的交通护栏分布优化研究

工作单位：武汉大学、清华大学

研究方向：基础设施配置

参 赛 人：杜坤、常坤、李经纬

参赛人简介：团队成员杜坤、常坤现为武汉大学测绘学院2016级博士生，李经纬为清华大学建筑学院2017级博士生。研究方向分别为城市空间信息、遥感与摄影测量和建成环境与公共健康。

## 一、研究问题

### 1. 研究背景及意义

过去几十年我国城市道路建设取得了巨大成就，但同时也为城市街区活力、城市安全出行带来了压力和挑战。交通护栏作为道路交通设施，是传递交通管理信息的道路语言，对交通安全和居民日常活动有显著作用及影响。在当前强调"智慧交通"和"以人为本"的新形势下，交通管理和城市规划部门关注的重点正逐渐从以往"强调交通功能"向"强调促进城市街区发展"转变，从以往主要"重视机动车通行"向"全面关注人的交流和生活方式"转变。因此，在营造满足市民日常生活功能和促进社会公平融洽的街道空间中，如何合理设置交通护栏，才能既发挥好其维护交通秩序的作用，又减少对居民日常生活造成影响，是亟需关注和解决的问题。

在新型城镇化时期，高容量、高速度、多样性的大数据流所蕴含的关于社会空间和人群行为活动的丰富信息，被认为是促进城市规划科学化与城镇治理高效化的有力工具，并同时为相应的学术研究、规划实践带来了新的发展契机。其中，图像数据，尤其是大量带有空间位置的影像数据成为刻画城市物质空间的有效来源，能够更为精准细致的在城市不同尺度洞悉和了解城市各类元素分布，有助于针对性的优化及解决城镇治理中的相关问题及制定相关政策。

新形势下，街道空间的规划设计和管理工作是城市管控的重要内容和主要切入点。在以影像数据为代表的新数据环境下，对交通护栏分布的研究，可视为从"管控道路红线"向"管控街道空间"转变的初步探索，且会促进地理信息、城市规划与计算机科学等相关学科的进一步融合，以及在研究方法和内容上的创新。

### 2. 研究现状及存在问题

（1）对当前交通护栏存在的问题关注度低，研究较少

1）相关规范中关于护栏设置的要求存在冲突矛盾

2011年由住建部颁布的《城市道路交通设施设计规范》GB 50688-2011的第7.6条提出，在宽马路上可以设置栏杆等分隔设施，并未给出对道路设置护栏的明确具体要求。但在其上位规范，由住建部于2012年颁布的《城市道路工程设计规范》CJJ37-2012的第3.4条"道路建筑限界"部分中，存在"道路建筑限界内不得有任何物体侵入"的强制性规定。在同一个标准体系里，出现前后冲突的规定，是极为罕见的漏洞，表明该领域对这一问题的认知较为混乱。

2）主管部门缺乏对设置护栏的宏观掌握和合理设置思路

公安机关交通管理部门是绝大部分城市中负责交通护栏设置、管理和维护的主要机构。但在具体工作中，交通护栏主要是由辖区内交管部门根据实际情况具体设置的，主要取决于主管部门的行政意志。交管部门很少全面掌握护栏分布的具体信息，也缺少城市宏观层面的合理分析规划。

3）学界对交通护栏的空间分布及影响研究较少

交通护栏虽然维护了交通秩序，也会对街道活力及居民日常生活造成干扰影响，具体体现在其对街道空间活力影响、对居民步行和交往行为等方面。但基于现有文献可发现，在城市规划领域，对交通护栏的关注度不高，以交通护栏为主体的研究较少，尤其是交通护栏分布相关的研究甚为少见；通常仅将交通护栏作为交通设施和街道家具的一部分进行定性阐述。这主要是因为基于以往传统的城市空间数据限制了对于交通护栏分布及优化的研究。

（2）基于深度学习的街景影像研究在城市空间领域日趋成熟

自2007年谷歌街景地图诞生后，相关研究表明同费时费力的实地考察相比，利用街景来审视建成环境具有很好的效果。2012年以来，深度学习极大地推动了图像识别的研究进展，突出体现在ILSVRC（ImageNet Large Scale Visual Recognition Challenge）和人脸识别等方面，且正快速推广到城市空间研究领域。这不仅为研究街景影像内容提供了更有效的方法，也促进了城市空间领域研究内容的拓展革新。近年来在城市空间领域，基于深度学习技术对街景影像的研究逐渐增多并日趋成熟，使得大范围高精度地刻画街道空间要素信息提供可能。这为研究交通护栏分布提供了新的数据源和更好的处理办法，也为护栏分布的优化研究打下坚实基础。

### 3. 研究目标

研究交通护栏的合理分布问题，首先要对交通护栏在城市中的实际分布情况及特征进行研究，发现护栏设置的现存问题；其次要结合其他相关空间数据综合分析，提出设置护栏的指标体系，优化护栏设置。

本研究主要目标包括：

（1）利用深度学习模型对街景影像中是否包含护栏进行识别判定，提出基于街景影像大范围提取护栏分布道路的方法。在此基础上，对护栏空间分布特征进行研究，剖析交通护栏分布存在

的问题。

（2）针对城市支路，结合其他相关空间数据，制定设置交通护栏的指标体系。将构建模型运用于设置护栏的实践中，提出设置护栏的具体方案，通过与护栏设置现状对比，验证模型的实用性及优点。

## 二、研究方法

### 1. 交通护栏分布优化技术流程

（1）明确护栏分布现状

爬取研究区域内的街景影像，利用深度学习模型来识别判断出含有交通护栏的影像。对研究区域内的矢量道路数据进行拓扑处理后，基于街景的位置信息，对包含交通护栏的道路进行提取。

（2）研究护栏空间分布特征及存在问题

研究护栏分布道路的长度、密度特征和空间集聚特征。重点关注设置护栏的支路与周边用地关系，及其对街道活力的影响。

（3）制定设置护栏的指标体系

以设置护栏的城市支路为主要研究对象，综合考虑影响交通护栏分布的因素，从街道自身特征和周边特征两方面来选取相关指标和制定指标权重。

（4）提出设置护栏的优化方案

将构建模型运用于设置护栏的实践中，提出设置护栏的具体方案，通过与护栏设置现状对比，验证模型的实用性及优点。

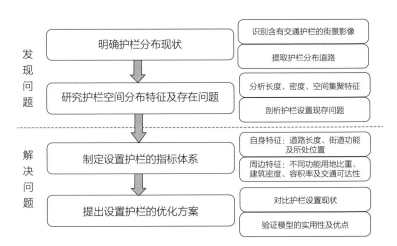

图2-1　交通护栏分布优化的技术流程

## 2. 交通护栏分布优化的关键技术

（1）利用卷积神经网络识别含交通护栏的街景影像

卷积神经网络（Convolutional Neural Network，CNN）作为深度学习中的一种基本模型，是多层次结构的神经网络，擅长处理图像相关的机器学习问题。它通过局部感知区域、下采样和权值共享等方式，减少了网络学习参数，提高了特征的鲁棒性和稳定性。卷积神经网络在处理复杂图像时具备一定优势，自动完成特征提取过程，减少了人为干预。

ImageNet数据库是目前世界上最大的图像识别数据库。该数据集包含1400万张图片，两万多个类别，是深度学习进行图像分类、定位、物体检测研究工作的最优质的数据集合。在选取若干张含有交通护栏的街景影像并建立样本库的基础上，基于ImageNet的模型提取预训练权重值，得到影像中含有交通护栏的高维特征及对应的权重参数，并利用该参数处理所有待匹配影像，识别判断出含有交通护栏的影像。

（2）制定设置交通护栏的指标体系

基于要素指标应具有针对性、相对独立性、可操作性、相对完备性和科学性的原则，综合考虑影响交通护栏分布的因素，主要从街道自身特征和周边特征两方面来选取相关指标，合理制定各指标权重。并针对通过指标体系筛选出的拟设置护栏的支路，结合街道特点，提出更细化具体的护栏设置方案。

# 三、数据说明

## 1. 数据介绍

本模型中所需数据主要包括腾讯街景地图、公开地图（Open Street Map，OSM）、高德地图兴趣点（Point of Interest，POI）、城市用地数据和建筑矢量数据等。除城市用地数据外，其他数据均可以在网络上直接免费下载或爬取。模型利用街景影像和OSM数据对交通护栏空间分布进行研究；利用OSM、POI、城市用地和建筑等数据对影响护栏分布因素进行研究并构建交通护栏的指标体系。

（1）腾讯街景地图作为实景地图，可实现人视角度360度全景图像的浏览体验，能够有效审视城市环境；其采集区域基本覆盖了大城市建成区的所有车行道路，可利用网络爬虫法来抓取街景任意角度的影像信息进行具体研究。采用网络爬虫法，以ID查询方式获取腾讯街景地图上带有位置信息的街景影像。水平视角

下（pitch=0），在每个点位东西南北四个角度（heading=0，90，180，270）各抓取一张影像，图片大小为600×400像素。

（2）Open Street Map（OSM）作为开源地图，方便获取，使用中受限制因素较小，且数据信息较为完善，在较多城市空间研究中被应用。

（3）POI主要指一些与人们生活密切相关的地理实体（如学校、银行、车站等）；高德地图POI描述了这些地理实体的空间和属性信息，具有样本量大、涵盖信息细致等优势。

（4）当地城市用地数据中，选取与市民日常生活密切相关的居住用地（R类用地）、公共管理与公共服务用地（A类用地）和商业服务业设施用地（B类用地）。

（5）建筑矢量轮廓数据通过百度地图爬取，其中包含了建筑位置、建筑面积及建筑高度等信息。

## 2. 数据预处理

（1）提取护栏分布数据预处理

1）构建卷积神经网络样本库

在已爬取的街景影像中，随机人工选取不少于1000张含有交通护栏的街景影像，建立基于ImageNet预训练模型的卷积神经网络的样本库。

2）道路矢量数据拓扑处理

考虑护栏主要分布的街道等级及后续拓扑处理工作，删除OSM点面类数据，清除OSM中的非道路类数据（如河流水系等）及快速交通路、街坊路和小区内部路等类数据。根据道路等级将保留数据重新划分为主干路、次干路及支路三类（表3-1）。为提高研究精度，将保留数据进行拓扑处理，对所有道路在交点处打断，并将多线道路合并为单线道路。

| OSM保留数据类型 | | | 表3-1 |
|---|---|---|---|
| 保留数据类型 | 重新整理分类 | 保留数据类型 | 重新整理分类 |
| primary | 主干路 | tertiary | 支路 |
| Primary link | | Tertiary link | |
| secondary | 次干路 | unclassified | |
| Secondary link | | residential | |

（2）研究护栏空间分布特征数据预处理

1）建立道路缓冲区

基于已拓扑处理过的道路矢量数据，分别建立其50米和100米范围的缓冲区，用以统计提取道路周边空间特征。

2）提取道路交叉口

本文以街道缓冲区所包含的道路交叉口数量来衡量街道肌理密度。统计道路交叉口的方法为：对经拓扑处理后的OSM数据，选择各矢量道路交点为道路交叉口。

3）整理筛选POI

功能密度以缓冲区范围内与居民日常生活关联度较高的POI密度来衡量。POI描述的地理实体的空间和属性信息更为精细。选取与居民日常生活的POI并根据其功能类型进行简单分类（表3-2）。

| POI数据功能分类 | | | 表3-2 |
| --- | --- | --- | --- |
| POI类别 | 整理类别 | POI类别 | 整理类别 |
| 风景名胜 | 其他功能 | 汽车维修销售服务 | 生活商业类功能 |
| 政府机构及社会团体 | 其他功能 | 体育休闲服务 | 生活商业类功能 |
| 科教文化服务（除培训机构外） | 其他功能 | 金融保险服务 | 生活商业类功能 |
| 交通设施服务 | 交通性功能 | 生活服务 | 生活商业类功能 |
| 商务住宅 | 生活商业类功能 | 医疗保健服务 | 生活商业类功能 |
| 科教文化服务（培训机构） | 生活商业类功能 | 公共设施（除紧急避难场所外） | 生活商业类功能 |
| 住宿服务 | 生活商业类功能 | 购物服务 | 生活商业类功能 |
| 公司企业 | 生活商业类功能 | | |

# 四、模型算法

## 1. 模型算法介绍

（1）提取护栏分布模型算法

1）识别含有交通护栏的街景影像

采用深度学习中的深度卷积神经网络（Deep convolutional neural networks）来识别判定识别街景影像中是否含有交通护栏。

数据输入的部分是图像的像素的张量。

$$D = \{(X^i, y^i)\}_{i=1}^m \qquad (4-1)$$
$$X^{(i)} \in R^{H \times W \times D}, \forall i \qquad (4-2)$$
$$y^{(i)} \in \{1, 2, 3, ..., K\}, \forall i \qquad (4-3)$$

其中，$D$是索引，$X^{(i)}$是第$i$张图像的向量展开，$H \times W \times D$是每张图像的尺寸（$W$）只有在本语境下是指宽度，剩余的都是指权重）。$y^{(i)}$指第$i$个图像向量展开之后对应的标记，$K$是指类别数量。

神经网络中的神经元沿着三个维度（height、width、depth）排成张量。$L$层（最后一层）的神经元输出的维数为（1，1，$K$）。其中$K$中的每个值代表每个类别的得分。

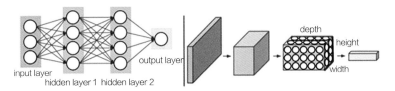

图4-1　卷积神经网络的三维性

每一层的神经元均与上一层的神经元采用全连接。神经网络的假设函数如下：

$$\vec{a}^{(l)} = \max(0, w^{(l)}\vec{a}^{(l-1)} + \vec{b}^{(l)}), \forall I = 1, 2, ..., L-1 \qquad (4-4)$$
$$h(\vec{x}) = W^{(l)}\vec{a}^{(L-1)} + \vec{b}^{(l)} \qquad (4-5)$$

本公式是一个递归形式。第$i$层的神经元输出$\vec{a}^{(l)}$作为第$i$+1层的输入，神经元之间没有同层链接。$h(\vec{x})$代表的是假设预期，$W$为权值，$b$为偏移向量。

基于ImageNet的模型提取预训练权重值，在已构建的含有交通护栏街景影像的样本库中进行微调，进而得到影像中含有交通护栏的高维特征及对应的权重参数。利用该参数处理所有待匹配影像，结果表明识别含有交通护栏的街景影像准确率可达到98%。选取模型判断概率大于50%的影像作为含有交通护栏的影像。

2）提取护栏分布道路

在识别单张街景影像中是否含有交通护栏及对道路进行拓扑处理基础上，判断各条道路是否包含交通护栏并进行提取（图4-3）。经多次比较试验，最终确定分别统计主干路在27.5米缓冲区范围内、次干路在22.5米缓冲区范围内和支路在10米缓冲区范围内含有交通护栏影像的次数来作为判定结果较为理想。为提高判别护栏分布道路精度，降低围栏等类似图像特征造成的误判影响，将包含交通护栏次数不小于两次且长度大于20米的道路作为

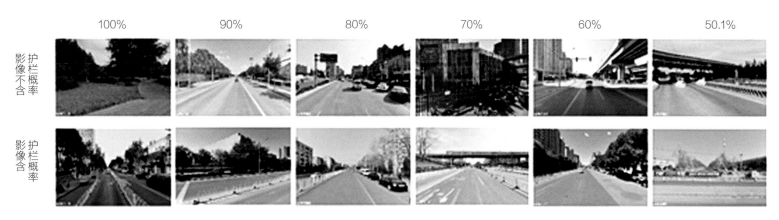

图4-2 基于ImageNet预训练模型的卷积神经网络识别判断结果示例

图4-3 提取护栏分布道路示意图

最终的护栏分布道路。通过上述操作步骤，可以保证经确定的护栏分布道路有很高的准确性。

（2）交通护栏分布优化算法

1）设置交通护栏的指标体系

因为主干路和次干路上主要以交通功能为主，故对与市民日常生活密切相关、以服务功能为主的支路进行重点研究。综合考虑街道自身和周边环境，制定设置交通护栏的指标体系，其中自身特征包括道路长度、街道功能及所处区域的具体位置；周边特征包括功能用地比重、建筑密度与容积率和交通可达性。具体设置护栏的指标体系见表4-1。基于上述指标体系，可根据式（4-6）计算出每条街道的得分情况。

| 设置交通护栏的指标体系 | | | | | 表4-1 |
|---|---|---|---|---|---|
| 街道特征 | | 街道特征权重 | 要素指标含义 | 要素指标 | 要素指标权重 |
| 自身特征 | 街道功能 | $X_1$ | 50米缓冲区内交通功能密度 | $\beta_{11}$ | $X_{11}$ |
| | | | 50米缓冲区内生活购物功能密度 | $\beta_{12}$ | $X_{12}$ |
| | | | 50至100米缓冲区内生活购物功能密度 | $\beta_{13}$ | $X_{13}$ |
| | 街道位置 | $X_2$ | 街道所属圈层 | $\beta_{21}$ | $X_{21}$ |
| | | | 街道与区域内中心点距离 | $\beta_{22}$ | $X_{22}$ |
| 周边特征 | 周边用地 | $X_3$ | 50米缓冲区内居住用地 | $\beta_{31}$ | $X_{31}$ |
| | | | 50米缓冲区内公共管理与公共服务用地 | $\beta_{32}$ | $X_{32}$ |
| | | | 50米缓冲区内商业服务业设施用地 | $\beta_{33}$ | $X_{33}$ |
| | | | 50至100米缓冲区内居住用地 | $\beta_{34}$ | $X_{34}$ |
| | | | 50至100米缓冲区内公共管理与公共服务用地 | $\beta_{35}$ | $X_{35}$ |
| | | | 50至100米缓冲区内商业服务业设施用地 | $\beta_{36}$ | $X_{36}$ |
| | 周边建筑 | $X_4$ | 50米缓冲区内建筑密度 | $\beta_{41}$ | $X_{41}$ |
| | | | 50米缓冲区内容积率 | $\beta_{42}$ | $X_{42}$ |
| | | | 50至100米缓冲区内建筑密度 | $\beta_{43}$ | $X_{43}$ |
| | | | 50至100米缓冲区内容积率 | $\beta_{44}$ | $X_{44}$ |
| | 交通可达性 | $X_5$ | 50米缓冲区内道路交叉口密度 | $\beta_{51}$ | $X_{51}$ |
| | | | 50至100米缓冲区内道路交叉口密度 | $\beta_{52}$ | $X_{52}$ |
| | | | 50米缓冲区内公交车站密度 | $\beta_{53}$ | $X_{53}$ |
| | | | 50米缓冲区地铁出入口密度 | $\beta_{54}$ | $X_{54}$ |

$$Y = (\beta_{11} * X_{11} + \beta_{12} * X_{12} + \beta_{13} * X_{13}) * X_1 + (\beta_{21} * X_{21} + \beta_{22} * X_{22})$$
$$* X_2 + (\beta_{31} * X_{31} + \beta_{32} * X_{32} + \beta_{33} * X_{33} + \beta_{34} * X_{34} + \beta_{35} * X_{35}$$
$$+ \beta_{36} * X_{35}) * X_3 + (\beta_{41} * X_{41} + \beta_{42} * X_{42} + \beta_{43} * X_{43} + \beta_{44} * X_{44})$$
$$X_4 + (\beta_{51} * X_{51} + \beta_{52} * X_{52} + \beta_{53} * X_{53} + \beta_{54} * X_{54}) * X_5$$

$$\text{（4-6）}$$

2）筛选应设置护栏的街道

利用自然间断点分级法，将根据式（4-6）计算得到的评分结果分为若干类。"自然间断点"类别基于数据中固有的自然分组，将对分类间隔加以识别，可对相似值进行最恰当地分组，并可使各类内部差异最小化，各类之间的差异最大化。根据具体情况，考虑分类数及各类中包含街道数量，选取结果得分较高的几类街道作为应设置护栏的街道。

3）对待设置护栏街道的细化设计

针对筛选出的街道，考虑街道车道数、两侧人行道设置及其周边POI分布情况，对护栏分布进行更细化设计。将街道平均分成四段，统计50米缓冲区范围内每段包含POI数占所在道路的比重。根据各街道内部POI分布情况，判断出街道POI布局类型（图4-4）。具体公式及判断如下：

模型参数：

$Y$——街道50米缓冲区范围内包含POI个数，

$Y_n$——街道某段在50米缓冲区范围内包含POI个数，

$\alpha_n$——街道某段在50米缓冲区范围内包含POI比重，

$n$——对应的街道某段，如图4-3，可取值为1，2，3，4。

$$a_n = \frac{Y_n}{Y} \qquad \text{（4-7）}$$

$$a_2 + a_3 > 2 \times 0.33 \qquad \text{（4-8）}$$

$$a_1 > 0.33 \text{ 或 } a_4 > 0.33 \qquad \text{（4-9）}$$

$$a_1 + a_2 > 2 \times 0.33 \text{ 或 } a_3 + a_4 > 2 \times 0.33 \qquad \text{（4-10）}$$

$$a_1 > 0.33 \text{ 且 } a_2 < 0.25 \text{ 且 } a_3 < 0.25 \text{ 且 } a_4 < 0.25 \qquad \text{（4-11）}$$

$$a_4 > 0.33 \text{ 且 } a_1 < 0.25 \text{ 且 } a_2 < 0.25 \text{ 且 } a_3 < 0.25 \qquad \text{（4-12）}$$

$$a_1 > a_2 \text{ 且 } a_2 > a_3 \text{ 且 } a_3 > a_4 \qquad \text{（4-13）}$$

$$a_1 < a_2 \text{ 且 } a_2 < a_3 \text{ 且 } a_3 < a_4 \qquad \text{（4-14）}$$

式（4-7）的含义为，根据街道某段缓冲区范围内包含的POI个数与总数的比，求出街道内该段所含POI的比重。

若仅满足式（4-8），说明街道中间段POI所占比重高，表明街道业态主要集中在中间地段；若仅满足式（4-9），说明街道首尾两端POI所占比重高，表明街道业态主要集中在街道两侧交叉

口；若仅满足式（4-10）、式（4-11）或式（4-12）中的一项，说明街道首端或尾端POI所占比重高，表明街道业态主要集中在街道某一侧交叉口；若仅满足式（4-13）或式（4-14）中的一项，说明街道内由一端至另一端，POI比重逐渐降低，表明街道业态呈递减分布状态；若$Y_n$存在，且不满足（4-8）至（4-14）中的任意一项，则表明街道业态呈均匀分布状态；若$Y_n$不存在，则表明街道缓冲区范围内不存在POI。

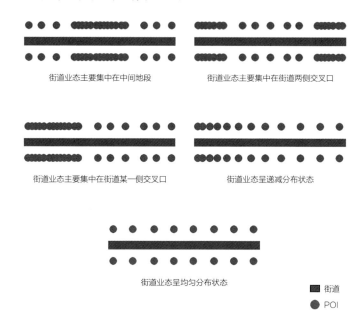

图4-4　街道POI布局示意图

## 2. 模型算法相关支撑技术

本模型中的卷积神经网络在unbuntu16.10下的Caffe框架实现。Caffe是一种开源软件框架，内部提供了一套基本模板框架，用以实现GPU并行架构下的深度卷积神经网络。Caffe中的语言大部分采用的是python2.7或3.5。

预训练模型（Pre-train Model）参数采用的是bvlc-reference-caffe model。预训练数据库采用的是斯坦福大学的ImageNet数据库。ImageNet数据库是目前世界上最大的图像识别数据库。该数据集包含1400万张图片，两万多个类别，是深度学习进行图像分类、定位、物体检测研究工作的最优质的数据集合。

# 五、实践案例

本研究选取北京五环内地区作为实践研究区域。作为首都城

市中心城区的核心部分，该区域涵盖了城市重要功能，选取此研究区域有典型意义。北京五环内累计采点193549个，共爬取街景774180张，各点位平均间隔距离为20.3米，街景采集时间段主要集中在2015年10月。

## 1. 北京中心城区交通护栏空间分布特征及现存问题

### （1）交通护栏空间分布特征

北京五环内，设置护栏的主干路、次干路及支路的总长度分别约为114.44千米、239.22千米和445.83千米，分别占对应等级道路总长度的比重约为58.53%、50.84%和13.68%（图5-1）。五环各圈层内，设置护栏的道路总长度上呈现出由内环向外环逐渐增加的趋势（表5-1）；从不同道路等级看，二环三环内主干路上、三环四环内次干路和支路上设置的护栏长度更长，其比重超过同等级道路的其他圈层。在护栏分布的密度方面，总体呈现出各等级道路密度由内环向外环逐渐降低的趋势（表5-1）。值得注意的是，北京的快速交通路、主干路和次干路中，不仅在机动车道间、机动车道与非机动车道间设置交通护栏，且在非机动车道与人行道间也大量设置护栏，设置总长度超过370千米（图5-2）。

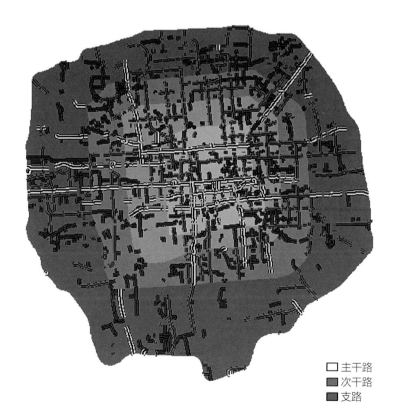

图5-1　北京五环内交通护栏分布图

□ 主干路
■ 次干路
■ 支路

交通护栏在各等级道路上分布的长度及密度情况（单位：千米，米/平方米）

表5-1

| | | 二环 | 三环 | 四环 | 五环 | 总计 |
|---|---|---|---|---|---|---|
| 主干路 | 道路长度 | 57.62 | 44.82 | 46.79 | 46.30 | 195.53 |
| | 护栏长度 | 41.81 | 31.23 | 17.53 | 23.86 | 114.44 |
| | 道路密度 | 0.000924 | 0.000459 | 0.000324 | 0.000126 | 0.000291 |
| | 护栏密度 | 0.000670 | 0.000320 | 0.000121 | 0.000065 | 0.000170 |
| | 护栏长度比重 | 72.57% | 69.68% | 37.47% | 51.53% | 58.53% |
| 次干路 | 道路长度 | 76.74 | 92.50 | 115.98 | 185.33 | 470.55 |
| | 护栏长度 | 30.89 | 48.89 | 79.07 | 80.37 | 239.22 |
| | 道路密度 | 0.001230 | 0.000947 | 0.000802 | 0.000505 | 0.000701 |
| | 护栏密度 | 0.000495 | 0.000500 | 0.000547 | 0.000219 | 0.000356 |
| | 护栏长度比重 | 40.26% | 52.86% | 68.17% | 43.37% | 50.84% |
| 支路 | 道路长度 | 629.33 | 590.21 | 647.37 | 1392.65 | 3259.56 |
| | 护栏长度 | 62.96 | 97.78 | 127.29 | 157.79 | 445.83 |
| | 道路密度 | 0.010089 | 0.006039 | 0.004479 | 0.003796 | 0.004854 |
| | 护栏密度 | 0.001009 | 0.001001 | 0.000881 | 0.000430 | 0.000664 |
| | 护栏长度比重 | 10.00% | 16.57% | 19.66% | 11.33% | 13.68% |
| 合计 | 道路长度 | 763.69 | 727.53 | 810.14 | 1624.28 | 3925.64 |
| | 护栏长度 | 135.67 | 177.91 | 223.89 | 262.02 | 799.49 |
| | 道路密度 | 0.012243 | 0.007445 | 0.005606 | 0.004427 | 0.005846 |
| | 护栏密度 | 0.002175 | 0.001821 | 0.001549 | 0.000714 | 0.001191 |
| | 护栏长度比重 | 17.77% | 24.45% | 27.64% | 16.13% | 20.37% |

图5-2　北京街道上设置的多重交通护栏

为更好展示护栏分布特点，本文利用全局空间自相关分析进行进一步研究，结果表明：Moran's I指数大于0且p值为0，z值为20.67，在1%显著水平下通过假设检验，说明北京五环区域内交通护栏分布均存在空间正相关，即护栏分布存在较为明显的聚集趋势。热点分析（图5-3）表明，北京的热点区域主要分布在三环以内地区以及北四环的奥体中心和中关村区域，尤其是北京三环以内已表现出连片的护栏聚集态势；绝大部分冷点区域分布于五环圈层区域。

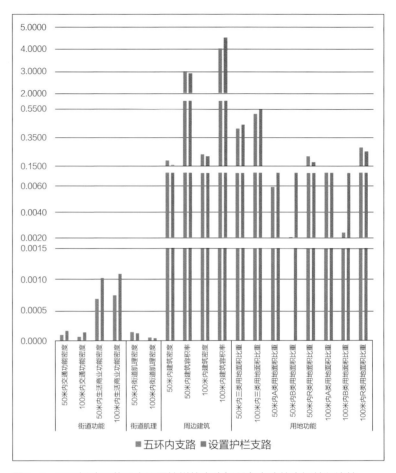

图5-4　不同缓冲区范围内设置护栏的支路与所有支路的空间特征比较

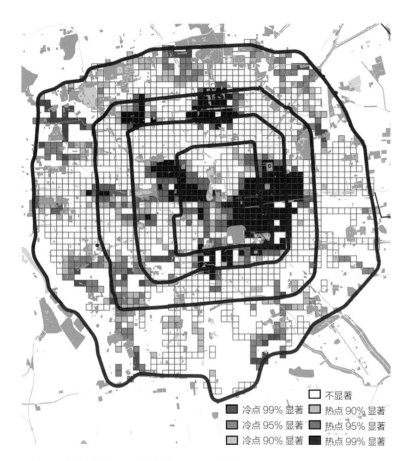

图5-3　基于空间热点分析的交通护栏分布特征

（2）设置护栏支路与周边空间的关系

因为主干路和次干路上主要以交通功能为主，故对与市民日常生活密切相关、以服务功能为主的支路进行重点研究，结合设置护栏支路50米和100米缓冲区范围内的用地功能、POI分布、建筑密度与容积率、道路肌理等，分析护栏设置特征（图5-4）。下文中相关数据均采用各组数据中的中位数进行比较。

1）用地功能

数据预处理后的城市用地的研究显示，设置护栏的支路50米和100米缓冲区范围内，三类用地所占比重分别为北京五环内支路的106.09%和106.73%，这表明设置护栏支路周边与市民日常生活密切相关的用地比重较高。具体到上述三类用地可发现，设置护栏支路周边，尤其是沿街范围内，公共管理与公共服务用地和商业服务业设施用地较多。这表明，设置护栏的支路相对而言较集中于公共和商业用地区域，且在居住用地中分布也较多。

2）街道功能

基于相关功能的POI密度研究显示，设置护栏的支路50米缓冲区范围内，交通功能和生活商业功能密度分别为五环内支路的164.46%和147.67%，这表明设置护栏支路具有更强的交通性和生活商业氛围。结合100米缓冲区范围来看，设置护栏支路街道沿街交通性更强。

3）周边建筑

研究显示，设置护栏的支路50米缓冲区范围内，建筑密度和容积率分别为北京五环内支路的81.07%和97.01%，结合100米缓冲区范围内可发现，设置护栏支路周边，尤其是沿街，建筑密度与容积率均小于北京五环平均水平。

4）街道肌理

数据预处理后的街道交叉口的研究显示，设置护栏支路50米和100缓冲区范围内，街道肌理密度分别为五环内支路的84.19%和86.67%。这表明，周边的街道肌理密度低于五环内支路的平均水平，设置护栏支路的交通可达性较弱。

综上，可将护栏设置与周边环境的关系总结为：用地方面，设置护栏支路与市民日常生活密切相关的用地比重较高，主要集中于公共和商业用地区域，且在居住用地中分布也较多；街道功能方面，设置护栏支路街道沿街交通性更强，50米和100米缓冲区范围内生活商业功能POI密度差异较小，沿街生活商业氛围不显著；建筑密度与容积率均小于北京五环平均水平；此外，周边的街道肌理密度低于五环内支路的平均水平，表明设置护栏支路的交通可达性较弱。

（3）基于设置护栏支路的热点区域研究

为进一步研究北京护栏设置对街道肌理与活力的影响，针对设置护栏的支路形成的热点区域，选择其中较为典型的区块进行

比较研究。北京有五个较为典型的热点区域，分别为中关村区域、国贸区域，蓝靛厂区域、对外经贸大学与联合大学区域和西四环定慧北桥以西区域（图5-5）。

北京热点区域均位于三环线和四环线周边，且热点区域中几乎均有环线通过。从热点区域功能看，北京的中关村和国贸区域是典型的商务办公区，蓝靛厂和定西四环定慧北桥以西区域为典型的住宅区，而对外经贸大学与联合大学区域主要包含了教育科研和居住功能。

1）用地功能

比较热点区域内不同缓冲范围内三类用地总面积的比重，可发现除中关村区域外，其他四个热点区域的比重均小于设置护栏支路的中位数。热点区域中几乎都含有环线快速交通路，且区域内支路宽度较宽，具有更强的交通通行能力，因此热地区域内支路50米缓冲区内的用地功能中的道路用地和绿化用地占比较高，导致三类用地总面积比重较低。

2）街道功能

基于相关功能的POI密度研究显示，两个以商务办公功能为主的中关村和国贸区域的交通功能和生活商业功能的POI密度最高；而对外经贸大学与联合大学区域，虽然功能混合度高，但活

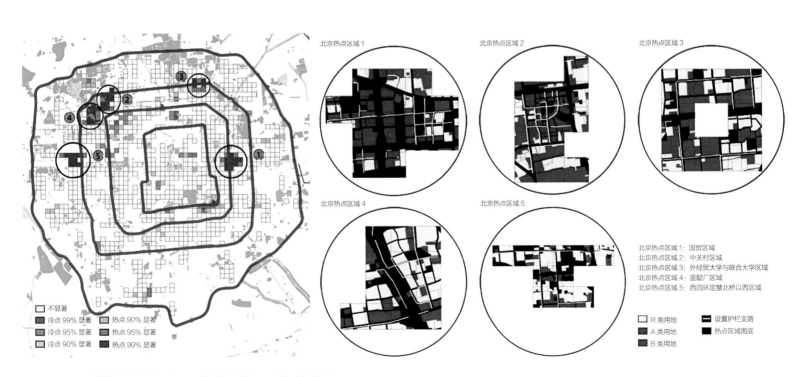

图5-5　设置护栏的支路空间热点区域分布特征及用地功能情况

力并不突出，基本与中心区域内设置护栏支路缓冲区内的POI密度一致。以居住功能为主的北京蓝靛厂、定慧北桥以西区域两类POI密度明显低于设置护栏支路缓冲区内的POI密度，尤其是蓝靛厂区域，沿街商铺店面较少，街道功能以交通为主，较为冷清。

3）周边建筑

比较热点区域内的建筑密度和容积率可发现，仅有蓝靛厂区域的建筑密度和容积率低于设置护栏支路的中位数。其他四个区域中，国贸区域沿街的建筑密度和容积率最高，但中关村沿街的建筑密度低于设置护栏支路的平均水平。

4）街道肌理

比较热点区域内不同缓冲区范围内的街道肌理情况，可发现五处热点区域的交叉口密度均低于设置护栏支路的平均水平。其中邻近范围内，中关村、蓝靛厂和国贸区域的道路交叉口相对较少。

基于对北京设置护栏的支路形成的热点区域研究表明（图5-6）：多数热点区域周边用地较为多样，未局限集中在研究的RAB三类用地中；具有不同功能的热点区域包含的交通和生活商业功能的POI以及建筑密度和容积率差异较为明显，未均达到已

设置护栏支路的平均水平以上；五处热点区域的交叉口密度均低于设置护栏支路的平均水平。

（4）护栏设置现存问题

对护栏设置与周边环境的研究表明，当前北京支路上设置的交通护栏存在问题包括：设置护栏的支路不仅集中于商业用地区域，也较集中与公共用地和居住用地区域；设置护栏支路的交通功能较强，沿街生活商业氛围不显著；设置护栏支路周边的建筑密度与容积率相对较低；设置护栏支路的交通可达性较弱。

在公共用地和居住用地区域支路过多设置交通护栏，会对街道活力、居民步行以及交往行为方面产生影响；而在交通功能较强、沿街生活商业氛围不显著、可达性弱以及低建筑密度及低容积率区域街道过多设置护栏，不仅对维护交通秩序作用有限，且会对街道空间产生负向影响，进一步降低街道空间的活力和交流性。

通常而言，以维护交通秩序及安全为主要功能的交通护栏应设置于城市公共功能聚集且交通量较大的区位。北京交管部门在支路上设置护栏，很可能更多考虑了保障交通秩序，而忽略了街区功能因素的考量。北京设置护栏的支路长度较长、密度较大，护栏分布呈现出"摊大饼式"的状态，未体现出设置护栏的有效性和针对性。

## 2. 北京中心城区交通护栏分布优化方案

（1）交通护栏设置优化方案

根据前文提出的指标体系，结合对北京五环内支路上现有护栏的所存问题，为指标体系中赋权重如表5-2所示，并根据该指标体系计算得到各条街道的评分结果。综合考虑北京五环内支路数量及所得分数分布情况，利用自然间断点分级法，将得分结果分为五类，选取分数最高的前两类街道作为应设置护栏的街道。

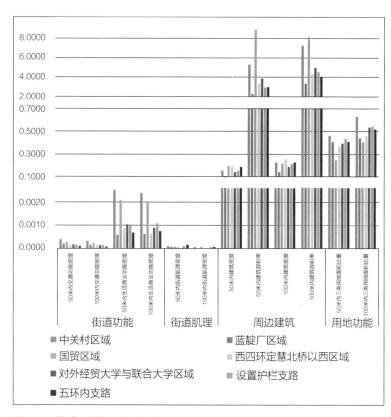

图5-6　热点区域不同缓冲区范围内空间特征比较

| 北京五环内支路设置交通护栏的指标体系 | | | 表5-2 |
| --- | --- | --- | --- |
| 街道特征 | 街道特征权重 | 要素指标含义 | 要素指标权重 |
| 自身特征 | 街道功能 40% | 50米缓冲区内交通功能密度 | -10% |
| | | 50米缓冲区内生活购物功能密度 | 20% |
| | | 50至100米缓冲区内生活购物功能密度 | -20% |
| | 街道位置 20% | 街道所属圈层 | -10% |
| | | 街道与区域内中心点距离 | -10% |

续表

| 街道特征 | 街道特征权重 | 要素指标含义 | 要素指标权重 |
|---|---|---|---|
| 周边特征 | 周边用地 30% | 50米缓冲区内居住用地 | -20% |
| | | 50米缓冲区内公共管理与公共服务用地 | -10% |
| | | 50米缓冲区内商业服务业设施用地 | 40% |
| | | 50至100米缓冲区内居住用地 | -10% |
| | | 50至100米缓冲区内公共管理与公共服务用地 | -10% |
| | | 50至100米缓冲区内商业服务业设施用地 | -20% |
| | 周边建筑 30% | 50米缓冲区内建筑密度 | 10% |
| | | 50米缓冲区内容积率 | 40% |
| | | 50至100米缓冲区内建筑密度 | -10% |
| | | 50至100米缓冲区内容积率 | -30% |
| | 交通可达性 30% | 50米缓冲区内道路交叉口密度 | 20% |
| | | 50至100米缓冲区内道路交叉口密度 | -10% |
| | | 50米缓冲区公交车站密度 | 10% |
| | | 50米缓冲区地铁出入口密度 | 10% |

优化后的设置护栏长度为272.52千米，占支路总长度的8.36%（表5-3），护栏的长度和密度呈现出有内环向外环逐渐降低的趋势。与原有护栏相比，尽管优化后的总长度仅为原有长度的61.11%，但二环内设置护栏的支路增加长度超过50%。热点分析（图5-7）表明，优化后的热点区域显著减少，主要集中于二环和东三环区域。

**优化后的交通护栏长度及密度情况比较（单位：千米，米/平方米）**

表5-3

| | | 二环 | 三环 | 四环 | 五环 | 总计 |
|---|---|---|---|---|---|---|
| | 道路长度 | 629.33 | 590.21 | 647.37 | 1392.65 | 3259.56 |
| | 道路密度 | 0.010089 | 0.006039 | 0.004479 | 0.003796 | 0.004854 |
| 优化后支路 | 护栏长度 | 99.7 | 67.52 | 56.23 | 49.06 | 272.52 |
| | 护栏密度 | 0.000752 | 0.000627 | 0.000714 | 0.000336 | 0.000498 |
| | 护栏长度比重 | 15.84% | 11.44% | 8.69% | 3.52% | 8.36% |
| 原有支路 | 护栏长度 | 62.96 | 97.78 | 127.29 | 157.79 | 445.83 |
| | 护栏密度 | 0.001009 | 0.001001 | 0.000881 | 0.00043 | 0.000664 |
| | 护栏长度比重 | 10.00% | 16.57% | 19.66% | 11.33% | 13.68% |

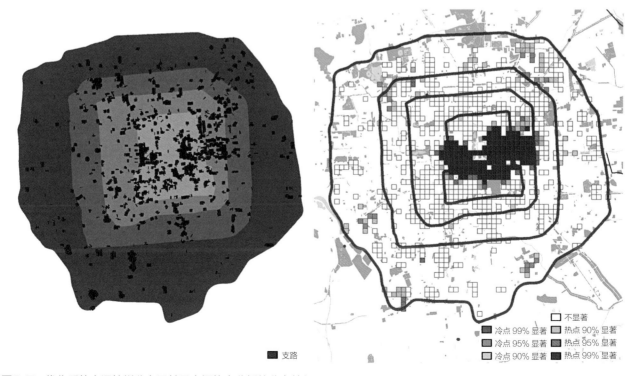

支路

不显著
冷点 99% 显著　　热点 90% 显著
冷点 95% 显著　　热点 95% 显著
冷点 90% 显著　　热点 99% 显著

图5-7　优化后的交通护栏分布及基于空间热点分析的分布特征

（2）优化后的交通护栏设置与周边空间关系

1）用地功能

优化后设置护栏的支路50米和100米缓冲区范围内，三类用地所占比重分别为现状护栏支路的112.74%和102.41%，这表明优化后的支路相对更集中于与日常生活密切相关的功能用地中。具体到上述三类用地可发现，优化后的支路周边，尤其是沿街范围内，商业服务业设施用地明显增加，而公共管理与公共服务用地和居住用地明显减少。

2）街道功能

优化后设置护栏的支路50米缓冲区范围内，交通功能和生活商业功能密度分别为原有护栏支路的104.59%和125.31%；结合100米缓冲区范围来看，在沿街范围内，沿街交通功能密度低，生活商业功能密度高。这表明，优化后设置护栏的支路生活商业氛围更强。

3）周边建筑

优化后设置护栏的支路50米缓冲区范围内，建筑密度和容积率分别为原有护栏支路的133.17%和139.23%；结合100米缓冲区范围来看，在沿街范围内，建筑密度和容积率均更高。这表明，优化后设置护栏的支路更集中于高密度高容积率的区域。

4）街道肌理

优化后设置护栏的支路50米和100米缓冲区范围内，道路肌理密度分别为原有护栏支路的149.94%和134.33%；结合100米缓冲区范围来看，在沿街范围内，道路肌理密度更高。这表明，优化后设置护栏的支路更集中于街道肌理较为密集，可达性较高的区域。

优化设计后设置护栏的街道与原来相比（图5-8），商业服务业设施用地明显增加，而公共管理与公共服务用地和居住用地明显减少；沿街生活商业氛围更强，更集中于高密度高容积率的区域，可达性较高。

（3）优化方案小结

通过对优化后设置护栏的街道POI布局（图5-9）研究表明，中间高、一端高和均匀型的三类街道占比重最多，其长度均超过优化后总长度的25%（图5-10）。针对街道不同的POI布局类型，可在优化后的护栏设置中进行更深入的设计。

综上，优化后的设置护栏的支路长度为272.52千米，仅为原设置护栏长度的61.11%；其中二环内设置护栏的支路增加长度超

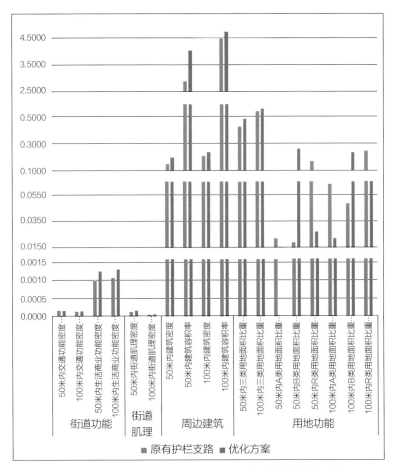

图5-8　不同缓冲区范围内优化方案与原有护栏支路的空间特征比较

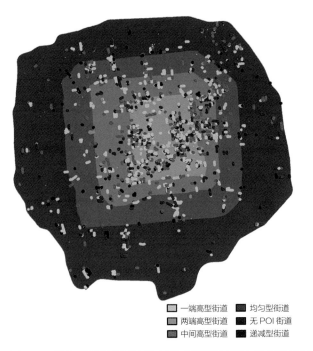

图5-9　优化后设置交通护栏支路不同类型POI布局街道分布

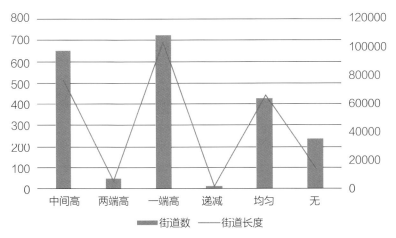

图5-10 优化后设置交通护栏支路不同类型POI布局街道分析

过50%，三环、四环和五环内设置护栏长度均大幅减少，圈层越向外，设置护栏长度缩减越多。优化后的热点区域显著减少，主要集中于二环和东三环区域。原支路护栏形成的热点区域，仅国贸和中关村区域仍存在。优化后设置护栏的街道周边，商业服务业设施用地明显增加，而公共管理与公共服务用地和居住用地明显减少；沿街生活商业氛围更强，更集中于高密度高容积率的区域，可达性较高。

因此，优化设计后设置护栏的街道，充分考虑了街道自身和周边环境特征，注重街区功能因素，设置更具针对性，尽量减少不必要的护栏设置，充分发挥护栏维护交通秩序、防止路边乱停车的作用，并会很大程度减少对街道活力、居民步行以及交往行为方面产生影响。

## 六、研究总结

### 1. 模型设计的特点

本研究基于街景影像，利用深度学习和GIS技术，提出了一种提取设置交通护栏分布道路的方法；在总结护栏空间分布特征及存在问题基础上，制定设置护栏的指标体系，并提出了设置护栏的优化方案。模型具有以下优点：

一是模型利用街景影像和深度学习方法，对交通护栏分布问题进行了深入探究。城市空间领域对交通护栏的关注度不高，交

管部门掌握护栏分布信息有限，针对交通护栏分布的研究较为罕见。本模型以街景影像为数据，利用卷积神经网络和GIS技术，能够有效提取设置交通护栏分布道路。对交通护栏分布的研究，拓宽了城市空间领域的研究内容，是从"管控道路红线"向"管控街道空间"转变的初步探索，能够促进城市规划和管理的科学化。

二是优化方案能够有效降低护栏对街道空间和人正常行为的影响，并缩减资金投入。优化设计后设置护栏的街道充分考虑了街道自身和周边环境特征，注重街区的功能因素，设置更具针对性，很大程度上降低交通护栏对街道活力、居民步行以及交往行为方面产生影响。此外，在经济效益方面，优化后的方案会显著减少护栏设置长度，有效缩减了设置护栏的资金投入。

三是模型操作性强，数据易获取，可在不同地区实施应用。针对各地区护栏分布的不同特点，可根据当地的存在问题及实际情况，调整设置护栏指标体系中的内容及权重，提出适合当地的护栏设置优化方案。模型所需要的街景影像、道路、建筑物及POI数据，均可通过网络爬取，可得性高。模型所采用的卷积神经网络作为开源深度学习项目，也可以在网上免费下载和使用。

### 2. 应用方向

本文提出的交通护栏分布优化方法，综合考虑了城市建成环境，减少了护栏在大范围城市空间内地泛泛设置，具有针对性，有效降低护栏对街道空间的影响，缩减了设置护栏的资金投入。基于上述优点，本模型可在以下方面开展应用：

（1）城市交通管理领域：本模型能够帮助交管部门掌握城市护栏分布现状，为设计规划及优化现有道路交通护栏提供咨询决策，引导城市道路更加合理地设置交通护栏。

（2）街道空间评价及治理方面：本模型注重街道特征和街区功能因素，能够评价诊断街道空间中交通护栏分布状况及存在问题；提出优化措施，能够有效降低交通护栏对街道活力、居民步行以及交往行为方面产生的影响。

在模型的进一步研究和应用过程中，还可增加人流活动特征指标要素的考量，具体包括工作日和周末日不同时段的人流总量和波动变化特征，这将更有助于护栏设置的设计及优化工作。

# 山地城市普惠教育设施服务评价模型

工 作 单 位：重庆市规划信息服务中心
研 究 方 向：公共设施配置
参 赛 人：周宏文、周翔、周安强、罗波、万斯奇
参赛人简介：参赛团队由重庆市规划信息服务中心副主任周宏文带队，团队核心成员学科背景涵盖城乡规划、系统研发、数据处理、应用数学等。团队近年来持续研究并积极实践山地城市的公共服务设施配置和评估工作，以期为提升城市品质、创造人民美好生活贡献自己的力量和智慧。

## 一、研究问题

### 1. 研究背景及目的意义

党的十九大提出"中国特色社会主义进入新时代，我国社会主要矛盾已经转化为人民日益增长的美好生活需要和不平衡不充分的发展之间的矛盾"，"提高保障和改善民生水平，加强和创新社会治理"，以及"在发展中补齐民生短板、促进社会公平正义，在幼有所育、学有所教、劳有所得、病有所医、老有所养、住有所居、弱有所扶上不断取得新进展"。同时，2018年国务院政府工作报告也重点强调"要加快推进教育现代化，办好人民满意的教育""稳步推进教育综合改革，完善城乡义务教育均衡发展促进机制"。重庆是典型的山地城市，在公共服务设施配置方面与一般平原城市有着显著的差别，不能用传统的服务半径模型来解决重庆市的公共服务设施科学配置问题，故本次我团队参加模型设计大赛的研究方向为公共设施配置方向，研究主题为"山地城市普惠教育设施服务评价"。

本模型旨在，以普惠教育设施（中学、小学）服务评价为切入点，契合山地城市实际情况，提升城市管理水平和城市品质，增进民生福祉，为教育设施在规划布局和建设时序上面临的实际问题提供决策依据，也为提高政府投放城市公共产品的精准性和时序性提供技术支撑。

### 2. 研究目标及拟解决的问题

本模型研究目标包括三个方面，一是对普惠性教育设施（中学、小学）的现状及规划服务情况进行评价；二是根据山地城市特点对中小学实际服务范围按照步行"等时圈"进行优化；三是辅助教育主管部门决策，并在新建学校选址和建设时序上提供技术支撑。

（1）现状及规划服务能力评价

本模型针对普惠性教育设施的两方面内容进行评价，一是教育设施在现状城市空间的服务能力评价，用可视化方式展现现状城市空间内教育资源拥挤的范围和对应的现状学校。二是根据重庆市主城区近年来已编制完成的"规划全覆盖"中教育设施专项规划及控制性详细规划，对城市规划终极状态的服务能力评价。

（2）适应山地城市特点

常规的城市规划及教育设施专项规划中，教育设施一般按照固定半径画圆的模式划定服务半径。按照规范小学服务半径为500～1000米，中学为1000～1500米。

山地城市由于地形高差较大，规划形态往往依山就势，按照普通的服务半径划分服务范围不仅不能反映学生实际上学的步行时间，同时也导致常规专业专项规划的可实施性较差，不能与教育主管部门的实际工作相结合。本模型利用高德地图提供的市民步行大数据，识别出市民日常步行经过的山城步道、梯坎等山地

特征的步行通道，结合城市道路人行道及人行过街设施，按照学生10分钟步行时间确定中小学实际能够服务的居住用地，以此建立中小学与居住用地的匹配关系。

（3）辅助政府及教育主管部门决策

为达到实际辅助决策的目的，模型需要通过数据分析，直观表达现状教育设施服务状况，预见即将产生的入学需求，避免社会矛盾，提高人民对教育设施的满意度。

以前受制于技术手段不成熟及数据不完备等原因，教育与规划建设主管部门对新建居住用地的大致竣工时间和前期入住率缺乏预判，在城市新区往往出现新建学校规模和数量不足的问题，中小学建设周期滞后于居住小区。从技术层面上看，模型在解决现状入学难问题的同时，预判近期即将建成入住的居住用地及其入学需求，由模型计算提出新建学校选址的建议方案，辅助政府及教育主管部门决策。

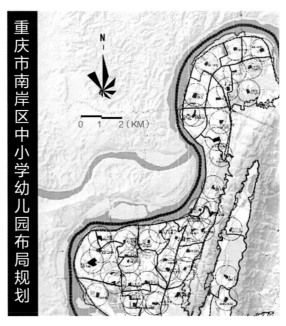

图2-1　中小学"同心圆"模式规划示意图

## 二、研究方法

### 1. 研究方法及理论依据

（1）基于数据分析的定量城市研究

定量城市研究是在城乡规划理论基础之上，采用各种数据和技术方法，致力于探索城市发展，诊断城市问题、模拟城市运行、评估发展政策、寻求解决方案的科学研究方法，可应用于支持城乡规划现状分析、方案编制与方案评估等各个阶段。注重对城市客观全面的分析和直观的表达，从政府、规划师、城市居民等多方面出发，提高城乡规划与相关政策制定的科学性。

（2）数据来源与应用——传统数据和互联网数据的融合运用

在传统数据方面，通过十年以来规划管理数据的积累、城乡建设实施动态数据的持续收集和动态更新，以及各类城乡规划编制成果的积累叠加和控规数据全覆盖，本中心已掌握了大量的城乡规划传统数据。同时，项目组通过移动运营商获取了手机信令数据，以及高德地图提供的步行数据、POI数据等互联网开放数据，通过传统数据和互联网数据的融合运用，充分发挥不同类型数据的优势，提升模型计算的科学性。

（3）服务范围划定——从"同心圆"的经典模型到以人为本的"等时圈"

常规的普惠教育设施专业规划中，经典的服务范围划定方法

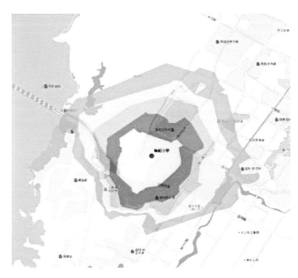

图2-2　中小学"等时圈"示意图

为按照服务半径画圆的模式。这种粗放式的服务范围划定方式在早年快速城市化时期，能够适应城市快速发展建设的需要。但在当下，对于提升城市品质、改善民生水平的要求不断提高，普惠教育设施的规划和建设必须更加体现规划精细化和以人为本。

本模型利用高德地图提供的市民步行大数据，即建立以中小学用地为中心的15分钟"等时圈"作为中小学的服务范围，既是对经典模型的优化和细化，也是结合山地城市特色地形条件的分析方式。

（4）服务能力评价——契合实际的地方标准

《重庆市城乡公共服务设施规划标准》DB50T/ 543—2014为重庆市目前最新的相关规划标准，且与重庆市"大城市带大农村"特殊市情，以及重庆市不同区域的人口结构和现状设施用地情况相适应。本模型中对普惠教育设施的服务能力评价标准，结合模型应用案例（重庆市南岸区江南新城），按照该标准中重庆市主城区城市新区的标准进行取值。如模型以后需应用于其他区域，其评价标准可按其他标准进行设定。

（5）预测人口集聚——两个维度多项指标预测新建小区入住率

在预判周边在建用地建成竣工时间后，还需对其建成后的人口聚集情况，即新建小区入住率进行预测。模型从居住用地住宅类型（规划容积率）和周边配套设施成熟度两方面分析入住率。

（6）辅助决策——预判建设情况，提出选址建议

通过统计分析得出，一般中小学项目从立项到竣工，建设周期为1.5～2年。因此，在解决现状区域入学难问题的同时，必须将2年内即将竣工的在建用地入学需求计算在内。

通过对近8年以来重庆市主城区1300多个一般建设项目样本的统计，从项目类别和规模等级两个维度进行交叉透视，对各类别的项目建设周期取平均值，获得了各类、各规模等级项目的平均建设天数，以此作为周边在建用地建成竣工时间的预判依据。

## 2. 技术路线及关键技术

本模型项目实施步骤包括普惠教育设施的现状服务能力评价、规划服务能力评价、建设时序分析三部分，其中前两部分评价是第三部分的基础工作。

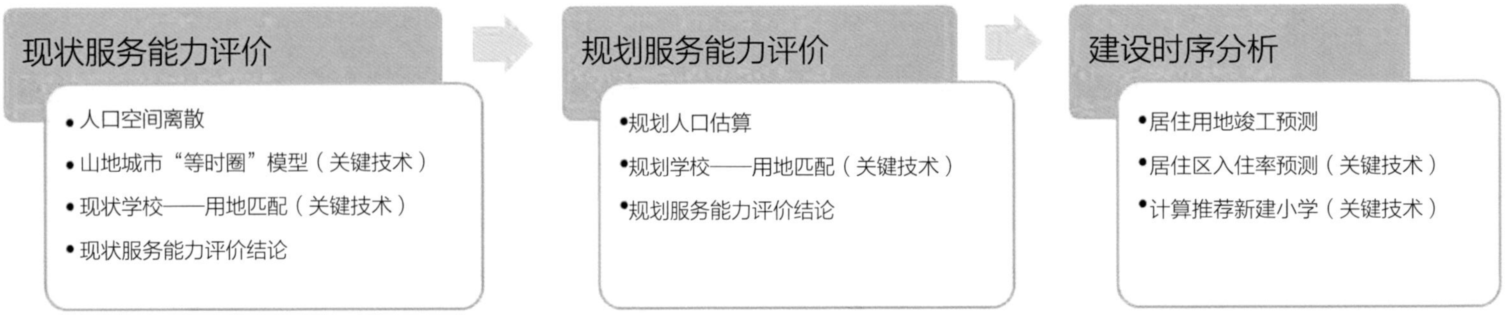

现状服务能力评价

- 人口空间离散
- 山地城市"等时圈"模型（关键技术）
- 现状学校——用地匹配（关键技术）
- 现状服务能力评价结论

规划服务能力评价

- 规划人口估算
- 规划学校——用地匹配（关键技术）
- 规划服务能力评价结论

建设时序分析

- 居住用地竣工预测
- 居住区入住率预测（关键技术）
- 计算推荐新建小学（关键技术）

图2-3　模型技术路线框图

（1）现状服务能力评价：

1）人口分布空间离散

本次模型在结合空间化的手机信令数据基础上，将公安部门提供的人口统计数据离散至控规地块，作为计算居住用地产生的入学需求量的基础。

2）山地城市"等时圈"模型

将学校和居住用地的空间数据导入高德地图开放接口，通过模拟市民步行经过的通道和距离，计算出以中小学为中心的15分钟步行服务范围的"等时圈"数据。

3）现状学校——用地匹配算法

将现状学校的"等时圈"数据结合学校可容纳学生人数，以及周边居住用地入学需求人数，运用"模拟退火"算法，确定学校与居住用地的匹配关系。

4）现状服务能力评价结论

按照匹配完成后的学校服务情况，模型自动计算现状学校的服务能力，并标识出学位不足、须超额接收学生的学校，以及对应的居住用地。此部分居住用地的学生所属学校为过度拥挤的学校，或者超过规范要求的入学距离才能入学。即通过可视化的方式直观表达存在"上学难"问题的区域，并通过地块色彩和属性表格表达具体的入学难度值。

（2）规划服务能力评价：

1）规划人口估算

对于规划期末的理想状态，根据规划居住用地面积及容积率，参照《重庆市控制性详细规划编制技术规定》（2017年）中

确定的指标估算人口规模及分布情况。

2）规划学校——用地匹配算法

按照规划期末的理想状态，根据规划学校可容纳学生人数，以及规划居住用地入学需求人数，运用"模拟退火"的算法，确定学校与居住用地的匹配关系。

3）规划服务能力评价结论

按照匹配完成后的规划学校服务情况，模型自动计算规划学校的服务能力，通过可视化的方式直观表达规划期末的各规划学校的服务饱和度情况，及各居住用地的入学难度。

（3）建设时序分析：

1）居住用地竣工预测

通过对10年以来一般建设项目样本的统计分析，得出不同类型、不同规模等级项目的平均建设天数，以此作为周边在建用地建成竣工时间的预判依据。

2）即将建成居住小区入住率预测

按照目前在建的居住用地住宅类型（规划容积率）和周边配套设施成熟度两方面分析得出居住用地在建成初期的入住率，以此计算出其入学需求。

3）计算推荐新建小学

将即将建成的居住小区入学需求作为准现状考虑，结合现状入学难区域，按照"模拟退火"算法求解出建设学校的最优位置，并可视化的展现建设后对现状"入学难"的改善情况。最后，将推荐的建设方案及现状拆迁量等其他相关信息，报送政府或主管部门，辅助决策。

# 三、数据说明

## 1. 数据内容及类型

（1）数据内容

本次模型研究的核心目的是要解决中小学合理配置问题，涉及教育资源的总量均衡、布局均衡和建设时序均衡问题。支撑模型的数据内容方面主要有人口数据、用地数据、建筑数据、交通设施数据以及等时圈、POI等数据内容。

（2）数据来源及获取方式

本次模型所使用的数据来源于传统数据、手机信令分析数据以及互联网数据三个方面。其中传统数据主要包括城乡规划主管部门编制的控规数据，城乡规管理部门审批许可的居住、中小学、公园、道路、轨道设施等项目建设实施动态数据，基础地理信息建设单位采集加工的现状道路、现状建筑普查、现状遥感解译用地等数据内容。运营商手机信令数据主要是基于移动运营商获取了手机信令数据，以及基于手机信令数据分析模型得到的现状人口分布数据。互联网数据主要通过网络数据抓取工具获得的高德POI数据、等时圈数据内容。

|  |  | 支撑数据列表 | 表3-1 |
|---|---|---|---|
| 数据类型 | 数据内容 |  | 数据来源 |
| 人口数据 | 现状人口 |  | 基于运营商手机信令数据分析 |
| 用地数据 | 居住用地 | 规划居住用地 | 控制性详细规划 |
|  |  | 现状居住用地 | 现状用地遥感解译 |
|  |  | 在建居住用地 | 城乡规划许可 |
|  | 中小学用地 | 规划中小学用地 | 控制性详细规划 |
|  |  | 现状中小学用地 | 现状用地遥感解译 |
|  |  | 在建中小学用地 | 城乡规划许可 |
|  | 公园用地 | 现状公园 | 现状用地遥感解译 |
|  |  | 在建公园 | 城乡规划许可 |
| 建筑数据 | 现状建筑数据 |  | 现状建筑普查 |
| 道路数据 | 城市道路 | 现状道路 | 城市交通数据库 |
|  |  | 在建道路 | 城乡规划许可 |
| 公交数据 | 现状公交站点数据 |  | 高德地图 |
| 轨道数据 | 轨道站点数据 | 现状轨道站点 | 高德地图 |
|  |  | 在建轨道站点 | 城乡规划许可 |
| POI数据 | 高德POI数据 |  | 高德地图 |
| 等时圈数据 | 高德等时圈数据 |  | 高德地图 |

（3）数据对模型设计所起的作用

现状人口数据：现状人口数据主要用于中小学生人数评估。目前的手机信令数据最下空间粒度为交通小区（平均约1平方公里），需要结合现状居住建筑面积情况，利用人口空间离散模型，将人口离散到控规地块单元。

居住用地：居住用地包括现状居住用地、在建居住用地和规划居住用地，具体包括居住用地范围、面积、容积率、建设项目规划和许可阶段等基本信息。一方面居住用地是本次模型分析的最小空间单元，作为模型各种分析结果信息的空间载体，另一方面居住用地需结合现状建筑规模，规划许可建筑规模和规划建筑规模，分别评估和测算人口及学生人数。

中小学用地：中小学用地是本次模型评估的主题，用于学位数的测算。

公园用地：具体包括现状和在建的森林公园、风景名胜区、城市大型公园、组团级公园、社区公园和街头游园，是居住用地周边配套设施成熟度分析和入住率预测的指标之一。

现状建筑数据：用于地块现状居住建筑的统计以及现状人口的测算，同时现状建筑也为中小学选址方案拆迁量的计算提供支撑。

城市道路：城市道路数据包括现状和在建道路数据，用于居住用地周边配套设施成熟度分析。

公交站点数据：公交站点数据用于分析居住地块周边公交出行的便利程度，支撑用地周边配套设施成熟度分析。

轨道站点数据：轨道站点数据用于分析居住地块周边轨道交通方式出行的便利程度，支撑用地周边配套设施成熟度分析。

高德POI数据：高德POI数据用于分析居住地块周边生活便利程度，支撑用地周边配套设施成熟度分析。

高德等时圈数据：建立以中小学用地为中心的15分钟"等时圈"作为中小学的服务范围，对经典"同心圆"服务半径模型的优化和细化，结合山地城市特色地形条件进行精确分析。

## 2. 数据预处理技术与成果

### （1）现状人口数据离散

利用现状建筑数据，通过汇总统计每个地块的现状居住建筑规模，同时通过不同容积率人均建筑面积的计算标准，得到地块现状理论人口，通过汇总交通小区现状理论人口，与交通小区手机信令人口进行平差，计算每个居住地块的现状人口数。

### （2）2020年竣工地块预测

根据重庆市主城区近五年居住项目平均实施周期为2年的统计结果，2018年前进入规划审批的居住用地，将在2020年前完成项目竣工规划核实，这部分"已批、在建建筑"将在2020年成为"现状建筑"。2020年的现状居住总建筑面积为2018年的现状居住

建筑面积加上2018年已批、在建的居住建筑面积。

### （3）2020年学生人数预测

同现状人口由总建筑面积和人均建筑面积得到理论人口，再根据不同地区的竣工年份、类似地区近几年的入住率情况，通过一次指数平滑法预测2020年每个居住地块的入住率基数。然后通过层次分析法，把影响居住入住率的因素分为公交、轨道、公园、POI和路网，计算出入住率系数。汇总得到2020年的学生人数（具体步骤见"模型算法"部分）。

### （4）等时圈搭建方法

时间是衡量城市交通状况的重要指标之一，例如评价一个城市辐射范围的一小时、两小时、三小时交通圈，评价城市交通状况的高峰/低峰交通时距等。

互联网开放地图能帮助我们获取任意两点间采取自驾/公交/步行的方式的出行时间，利用这些出行时间，便可以构建相应的交通时距圈。

以鲁能珊瑚小学为例，具体流程如下：

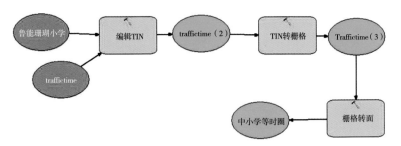

图3-1 "鲁能珊瑚小学"等时圈搭建流程图

模型步骤如下：

首先利用高德地图提供的WebAPI，计算学校规划点到各个居住地块步行的距离和时间，然后将数据矢量化，以耗时为Z值，创建点目标点图层。

利用ArcGIS中的3D分析模块→数据管理→创建Tin，将目标点图层转成Tin类型。

将Tin图层利用3D分析模块→转换→由Tin转出→Tin转栅格，其中采样距离为0.00001。

将栅格转为矢量图层中小学等时圈面图层，利用Conversion Tools→由栅格转出→栅格转面工具。

在ArcMap中将采用分级颜色图对结果进行渲染得到等时圈图。

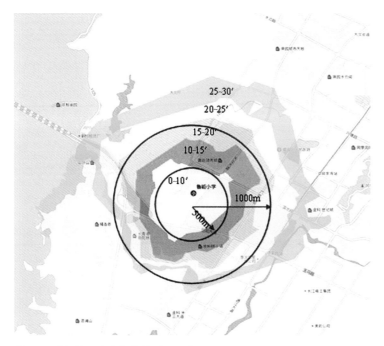

图3-2 "鲁能珊瑚小学"等时圈示意图

图3-2中热力范围圈第一圈为10分钟等时圈，第二圈为15分钟（红色区域），第三圈为20分钟（橙色区域），第4圈为25分钟（黄色区域），第5圈为30分钟（绿色区域）。

由图3-2可知，鲁能珊瑚小学500米半径范围与10分钟等时圈大约类似，但1000米范围在位于20~25分钟等时圈范围（橙色-黄色范围），超过重庆市地方规范中1000米所对应的15分钟入学距离较多。故以等时圈评估学校实际服务范围较规范中的1000米更为精确，并且若以等时圈评估重庆市地形高差更大的区域，其对比将更加明显。

## 四、模型算法

### 1. 人口预测模型算法流程及相关数学公式

由总建筑面积$S$和人均建筑面积$r$得到理论人口，再乘以每个居住地块入住率$q$，得到2020年的人口数据。按照规范，重庆市小学生千人指标为48生/千人，则2020年学生人数公式为：

$$p=S/r \times q \times 0.048 \quad (4-1)$$

1）地块建筑面积$S$已知。

2）人均建筑面积$r$受居住地块容积率$FAR$的影响。

按容积率大小把居住地块分为4种类型分别进行讨论，详见表4-1。

人均建筑面积计算表　表4-1

| 容积率$FAR$ | 居住地块住房类型 | 人均建筑面积 |
|---|---|---|
| $FAR<1.5$ | 别墅 | 60 m²/人 |
| $1.5 \leq FAR<2.5$ | 多层住宅 | 45 m²/人 |
| $2.5 \leq FAR<3.5$ | 普通高层 | 35 m²/人 |
| $3.5 \leq FAR$ | 公租房 | 根据实际情况 |

据实地考察，江南新城的公租房人均建筑面积大约在20 m²/人。

3）不同居住地块的入住率主要受两个因素影响，一个是本身的住房类型，一个是居住地块周边的环境。住房类型决定入住率基数$B$，周边的环境决定入住率系数$\gamma$。

入住率$q$=function（入住率基数$B$，环境系数$\gamma$）

则$pop=S/r \times$function（$B$，$r$）

4）入住率基数$B$我们采用一次指数平滑法通过近几年相同类型不同环境住房的平均入住率统计对2020年的入住率基数$B$情况进行预估。

现状居住小区入住率统计表　表4-2

| 环境优秀的别墅的入住情况 | | | | | | | |
|---|---|---|---|---|---|---|---|
| | | 2010年 | 2012年 | 2014年 | 2016年 | 2018年 | 2020年 |
| 建成时间 | 2008年 | 20.02% | 37.67% | 51.38% | 63.44% | 73.89% | 80.00% |
| | 2010年 | | 21.24% | 37.24% | 52.99% | 62.66% | 73.89% |
| | 2012年 | | | 21.77% | 38.66% | 52.85% | 63.05% |
| | 2014年 | | | | 20.38% | 38.47% | 52.26% |
| | 2016年 | | | | | 20.76% | 38.25% |
| | 2018年 | | | | | | 20.72% |

| 环境一般的别墅的入住情况 | | | | | | | |
|---|---|---|---|---|---|---|---|
| | | 2010年 | 2012年 | 2014年 | 2016年 | 2018年 | 2020年 |
| 建成时间 | 2008年 | 24.56% | 41.03% | 55.32% | 68.03% | 80.00% | 80.00% |
| | 2010年 | | 25.64% | 41.88% | 56.73% | 67.70% | 80.00% |
| | 2012年 | | | 25.01% | 42.32% | 58.88% | 67.86% |
| | 2014年 | | | | 24.49% | 42.01% | 58.65% |
| | 2016年 | | | | | 24.98% | 42.04% |
| | 2018年 | | | | | | 25.03% |

续表

#### 环境优秀的多层住宅的入住情况

| | | 2010年 | 2012年 | 2014年 | 2016年 | 2018年 | 2020年 |
|---|---|---|---|---|---|---|---|
| 建成时间 | 2008年 | 25.48% | 45.33% | 78.13% | 90.00% | 90.00% | 90.00% |
| | 2010年 | | 25.84% | 45.89% | 77.96% | 90.00% | 90.00% |
| | 2012年 | | | 25.33% | 45.25% | 77.55% | 90.00% |
| | 2014年 | | | | 26.21% | 46.64% | 77.59% |
| | 2016年 | | | | | 25.99% | 45.68% |
| | 2018年 | | | | | | 25.72% |

#### 环境一般的多层住宅的入住情况

| | | 2010年 | 2012年 | 2014年 | 2016年 | 2018年 | 2020年 |
|---|---|---|---|---|---|---|---|
| 建成时间 | 2008年 | 35.66% | 58.38% | 89.13% | 90.00% | 90.00% | 90.00% |
| | 2010年 | | 34.64% | 59.47% | 88.33% | 90.00% | 90.00% |
| | 2012年 | | | 33.45% | 60.13% | 88.85% | 90.00% |
| | 2014年 | | | | 35.24% | 61.32% | 88.74% |
| | 2016年 | | | | | 36.01% | 61.19% |
| | 2018年 | | | | | | 35.01% |

#### 环境优秀的普通高层的入住情况

| | | 2010年 | 2012年 | 2014年 | 2016年 | 2018年 | 2020年 |
|---|---|---|---|---|---|---|---|
| 建成时间 | 2008年 | 54.25% | 93.00% | 93.00% | 93.00% | 93.00% | 93.00% |
| | 2010年 | | 56.77% | 93.00% | 93.00% | 93.00% | 93.00% |
| | 2012年 | | | 55.03% | 93.00% | 93.00% | 93.00% |
| | 2014年 | | | | 55.42% | 93.00% | 93.00% |
| | 2016年 | | | | | 54.97% | 93.00% |
| | 2018年 | | | | | | 55.42% |

#### 环境一般的普通高层的入住情况

| | | 2010年 | 2012年 | 2014年 | 2016年 | 2018年 | 2020年 |
|---|---|---|---|---|---|---|---|
| 建成时间 | 2008年 | 34.35% | 74.66% | 93.00% | 93.00% | 93.00% | 93.00% |
| | 2010年 | | 36.45% | 75.46% | 93.00% | 93.00% | 93.00% |
| | 2012年 | | | 35.33% | 75.45% | 93.00% | 93.00% |
| | 2014年 | | | | 34.87% | 75.34% | 93.00% |
| | 2016年 | | | | | 36.01% | 75.13% |
| | 2018年 | | | | | | 35.42% |

公租房属于特殊情况，按照重庆实际，公租房一般建成后2年时间内入住率能达到95%以上。

我们认为环境一般的为该种类型住房入住率的下限$f$，环境好的为该种类型住房入住率的上限$l$。

5）环境系数$\gamma$受周边环境因素影响，对每个居住地块的周边环境。

6）分5个因子进行环境优劣评估。并用层次分析法，由专家进行两两比较，带入公式算出权重$w_i$。

#### 入住率影响因子权重表　　　　表4-3

| 环境系数因子 | 权重$w_i$ |
|---|---|
| 公交便利程度 | $w_1=0.1731$ |
| 轨道便利程度 | $w_2=0.3948$ |
| 公园绿地 | $w_3=0.0707$ |
| POI密度 | $w_4=0.1741$ |
| 路网密度 | $w_5=0.1872$ |

a. 首先把环境系数$\gamma$分为5个因子由专家进行两两比较，得到矩阵如下，第$i$行第$j$列$=m/n$代表$i$因子的重要程度是$j$因子的$m/n$倍。

#### 入住率影响因子两两比较矩阵　　　表4-4

| | 公交 | 轨道 | 公园 | POI | 路网 |
|---|---|---|---|---|---|
| 公交 | 1/1 | 1/2 | 2/1 | 1/1 | 1/1 |
| 轨道 | 2/1 | 1/1 | 5/1 | 3/1 | 2/1 |
| 公园 | 1/2 | 1/5 | 1/1 | 3/1 | 2/1 |
| POI | 1/1 | 1/3 | 3/1 | 1/1 | 1/1 |
| 路网 | 1/1 | 1/2 | 3/1 | 1/1 | 1/1 |

b. 进行一致性检验，平均随机一致性指标$RI$如下

#### 平均随机一致性指标$RI$表　　　表4-5

| $n$ | 1 | 2 | 3 | 4 | 5 | 6 | 7 | 8 | 9 |
|---|---|---|---|---|---|---|---|---|---|
| $RI$ | 0.00 | 0.00 | 0.58 | 0.90 | 1.12 | 1.24 | 1.32 | 1.41 | 1.45 |

一致性指标 $CI=(λ−n)/(n−1)$

一致性比例 $CR=CI/RI(n)<0.1$

$n$为因子个数，$λ$为矩阵的最大特征值。

若$CR<0.1$说明两两比较的评价较为合理，可用。若$CR≥0.1$，则需要重新比较。

将两两比较的评价带入以上公式，得到$CR=0.0097<0.1$

c. 计算权重

计算矩阵最大特征值对应的特征向量$W$。

将$W$归一化$w=W/sum(W)$即为各自权重。

d. 得到各个因子权重后，分别对各个因子进行讨论：

公交便利程度：根据重庆社区规划相关要求，分析日常公交出行的方便程度，对每个现状及在建居住地块边界范围外150米，300米，450米和750米的现状及在建公交点个数，作为居住地块属性指标值，为交通便利度评估模型提供预处理数据。

轨道便利程度：根据重庆轨道交通规划对轨道站点密度的考量以及日常出行的方便程度，分析每个现状及在建居住地块边界范围外300米，600米，900米和1500米的现状及在建轨道站点个数，作为居住地块属性指标值，为交通便利度评估模型提供预处理数据。

绿地游憩便利度：对居住用地周边500米范围内的绿地面积进行汇总，并对每个居住地块周边的绿地总面积分5个档次进行打分。

POI密度：根据高度POI数据，分析每个居住地块周边500米范围内POI的密度，作为评判居民生活便利程度的指标之一，作为居住地块属性指标值，为用地周边配套设施成熟度分析型提供预处理数据。

路网密度$ρ_2$：对居住地块周边300米以内的城市道路中心线长度进行汇总，再除以地块周边300米缓冲区面积（不含居住地块本身的面积），得到居住地块周边的路网密度。

则各居住地块的环境系数$γ$为：$γ=\sum w_i×S_i(i=1，2，3，4，5)$

7）最终小学生人数预测公式

$$p=S/r×\{f+[(1−f)×\sum w_i×S_i]/100\}×0.048 \qquad （4−2）$$

## 2. 小学用地分配及位置选择模型，算法流程及相关数学公式

（1）模型的建立

在建立模型中，依据收集到的数据，记居住地块为$i$，$i$居住地块的学生数量为$N_i$；记学校为$j$，$j$学校的规划学生数量为$C_j$。把任意居住地块到任意学校的时间用二维矩阵的形式表示，记为$d_{ij}$，第$i$行第$j$列代表$i$居住地块到$j$学校的时间。每一行乘以该地块的人口即得到居住地块$i$的所有学生到学校$j$的总时间$D_{ij}$。对矩阵$D_{ij}$的每一行选取合适的时间为$i$居住地块的学生上学的时间，记为$D_i$，总时间为$D=\sum D_i(i=1，2，……)$。

规划的目标：①考虑到学生上下学方便，以所有学生上学总时间$D$最少为目标。②考虑到学校规划学生数量$C_j$有限，以不超过每个学校规划学生数量为目标。③考虑到经济教育成本，在现有学校的基础上，以新建满足服务要求的学校数目$n$最少为目标。依据上述三个目标建立数学模型，构成多目标规划。

约束条件：①每个居住地块的学生必须有学校上。②按规范，设置小学生上学的最长时间为15分钟，$limit=15分×60秒/分=900（秒）$。③考虑任意居住地块$i$的所有学生到学校最短的学校$j_1$和第二短的学校$j_2$的距离差，根据距离差设置权重，距离差大的优先分配学校。

（2）模型的求解

根据所建立的数学模型运用matlab编程，并运用"模拟退火"的算法求解出需要建小学的位置、合理的地块到小学的分配情况，并将最后的解画成图像，观测图像进行综合分析得出最佳的新建小学的方案。

具体步骤如下：

1）设定初始条件

初始温度$T=1000$；冷却速度$V=0.80$；

初始计划建校数目$n$；随机学校选址$X_n$；

根据约束条件，得到初始的分配方案以及初始难以分配学校的学生数$H$，总时间$D$。

2）建立扰动函数

随机一个计划建校地区$i$，随机一个未建立学校的地区$j$，交换$ij$。

得到新的学校选址$X_n'$，新的分配方案、新的$H$以及新的总时间$D'$。

3）比较新旧方案优劣

人数差$diff=H'−H$

若$diff<0$则新的方案优于旧方案，保留这个方案，即将其记录为旧的方案。$H=H'$。

若$diff>=0$则以一个$P=\exp（-diff/T）$的概率保留这个方案。

4）继续扰动

每成功扰动5次，以初始冷却速度$V$降低一次温度$T$；每成功扰动5次，作一次图，记录学校位置，分配方案，总时间$D$，难以分配的学生人数$H$。

5）最终结果

到温度$T<1$时，基本达到平衡，得到一个较优解，停止扰动，并作图，记录最终分配方案，学校位置$X_n$，总时间$D$，难以分配的地块个数、编号和所有上学困难的学生人数$H$及其所占比例$H/\sum N_i$，学校的利用率$\sum N_i/\sum C_j$（$j$=现有学校+新建学校）。

### 3. 模型算法相关支撑技术

本文在多变量约束条件下，采用三目标规划模型，通过matlab编程、层次分析法、一次指数平滑法和模拟退火算法，可精确、快速的求得最优解。不仅模型结合实际，且简化了运算过程，同时支持各种系统：

支持Windows（32位和64位）：包括Windows XP、Windows 7、Windows 8、Windows 10。支持Linux。支持苹果电脑。具有广泛的适应性。

## 五、实践案例

### 1. 模型应用实证及结果解读

本模型实践案例选取重庆市南岸区江南新城，对其进行对其普惠性教育设施进行评估。首先，江南新城为重庆市主城区中相对独立的组团，且为城市新区，其公共服务设施规划与建设自成体系。其次，且组团中包含高档住宅、中档住宅及公租房等各种类型，其对教育设施的需求体现的较为充分。最后，从居民反映情况来看，江南新城的普惠性教育设施的现状建设滞后于实际需求，居民对于新建小学的呼声较高，对模型实践具有较好的验证性。

（1）江南新城区位情况

重庆市南岸区江南新城位于重庆市主城区中部，城市建设用地东南部，铜锣山以东至明月山以西。江南新城组团在行政区划上，包括现状南岸区天文街道、峡口镇、长生桥镇、迎龙镇和广阳镇的控规覆盖范围，约90平方公里，城市建设用地约67.8平方公里。

图5-1　重庆市南岸区江南新城区位图

（2）江南新城用地现状情况

江南新城现状已建成居住用地共647公顷，现状常住人口共32万人，学生13825人，现状已建成小学共10所，小学容量13500人。

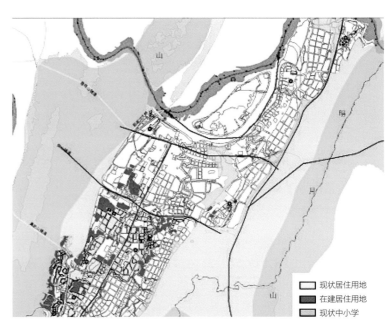

图5-2　江南新城居住用地现状分析图

（3）江南新城用地规划情况

江南新城规划居住用地共1595公顷，规划人口共71万人，学生34779人，规划小学共38所，小学容量46530人。

（4）普惠性教育设施现状评估

在现状建设基础上，用模型分析可得（如图5-5）：有8270名的小学生存在上学困难的情况，占学生总人数的60%。学校利用率达到100%，有5所学校超员接收学生。学生平均上学时间19分钟。

（5）普惠性教育设施规划评估

按照江南新城控制性详细规划，用模型分析可得（如图5-6）：有4137名的小学生存在上学困难的情况，占总学生人口的12%。

学校利用率达到75%，有8所学校超员接收学生。学生平均上学路程为504米。

（6）普惠性教育设施建设实施时序评估

预计2020年居住用地达到1185公顷，常住人口45万，小学学生人数16519人，小学数量15所，小学容量20520人。

1）建一所小学，用模型分析可得（如图5-8）：最佳建校位置在学校编号为23的小学。有5792名的小学生存在上学困难的情况，占总学生人口的35%。学校利用率达到76%，有5所学校超员接收学生。学生平均上学时间14分钟。

2）建两所小学，用模型分析可得（如图5-9）：最佳建校位置在学校编号为23 和27的小学。有5141名的小学生存在上学困难的情况，占总学生人口的31%。学校利用率达到72%，有4所学校超员接收学生。学生平均上学时间13分钟。

图5-3　江南新城控制性详细规划-土地利用规划图

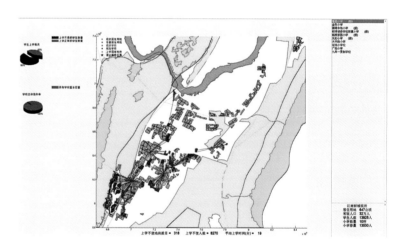

图5-5　江南新城规划评估图

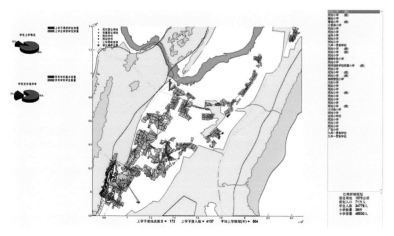

图5-4　江南新城现状评估示意图

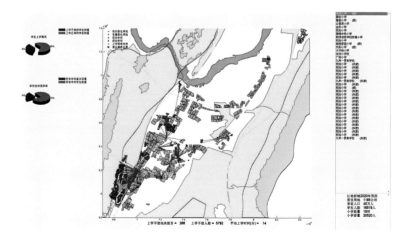

图5-6　江南新城2020年建一所学校图

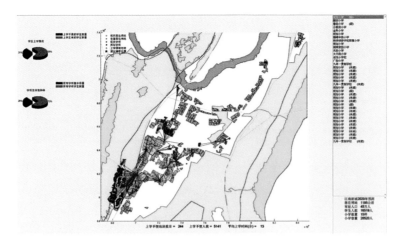

图5-7　江南新城2020年建两所学校图

以此类推，绘制出新建1~7所学校情况的图像，分析图像可得：

由图像分析，随着新建学校的增加，满足要求的学生呈缓慢增长的趋势，在$x=1$时增长率最高，在$x=6$时达到饱和。同时，学校的利用率呈均匀递减的趋势。由图可知，在建2到3所学校之间时，满足要求的学生占比和学校利用率同时达到较优值。建议到2020年新建2到3所学校，编号为23、27、33。

（7）其他相关问题

经研究图像后我们发现，学生上学不便区域主要集中在江南

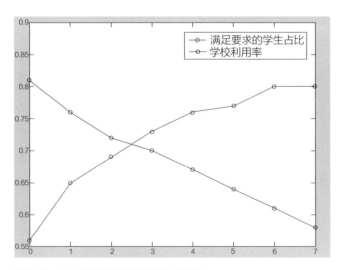

图5-8　江南新城学校建设评估分析图

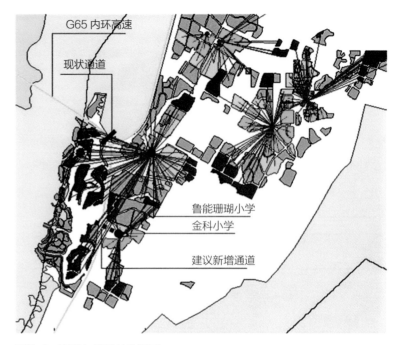

图5-9　现状入学相关分析图

新城翠伯庄和庆隆南山高尔夫国际社区（图5-9中左下角区域）。按照高德步行数据进行评价后发现，该部分居住用地的学生全部分配至东侧鲁能珊瑚小学，而并未分配到距离更近的金科小学。仔细观察现状后发现，原因是该片区被G65内环高速分割，其与东面的学校仅在北侧有一个步行通道相连，导致其按照其步行路径只能分配至鲁能小学，而并非空间距离上更近，学位也更富余的金科小学。

基于步行等时圈数据的分析，我们建议，在庆隆南山高尔夫国际社区和金科小学之间新增一条跨G65内环高速的步行通道，让学生可以就近去金科小学入学，以大大缓解学生上学不便的情况。

### 2. 模型应用案例可视化表达

可视化表达的步骤分为"现状"界面、"现状—评估"界面、"规划"界面、"规划—评估"界面、"实施"界面及"实施—评估"界面。

（1）"现状"界面

点击"现状"按钮，加载现状数据。如图，"红色小点"为现状学校，"灰色地块"为存量居住用地，他绿色地块为现状已建成居住地块。

图5-10　现状界面示意图

（2）"现状——评估"界面

在加载"现状"数据后，点击"评估"按钮，将对加载的待评估区域现状数据进行评估。

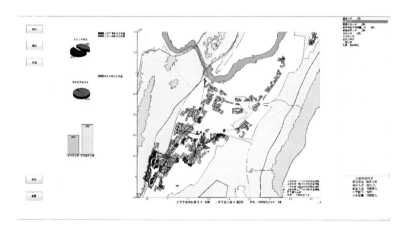

图5-11　现状——评估界面示意图

（3）"规划"界面

点击"规划"按钮，将加载江南新城的规划数据。

（4）"规划——评估"界面

在加载"规划"数据后，点击"评估"按钮，进行规划评估。

（5）"实施"界面

点击"实施"按钮，将加载江南新城2020年的预计数据。

（6）"实施——评估"界面

在加载"实施"数据后，在"计划建校"输入框中建校数目，进行评估。

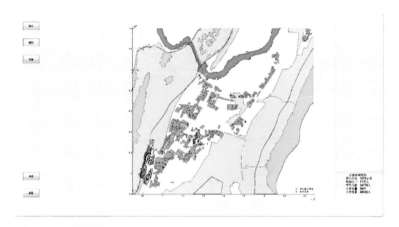

图5-12　规划界面示意图

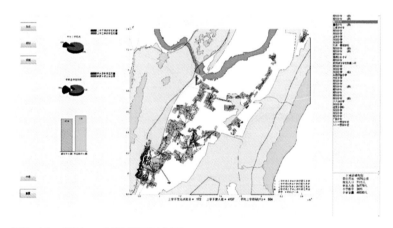

图5-13　规划——评估界面示意图

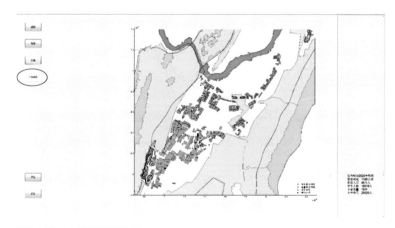

图5-14　实施界面示意图

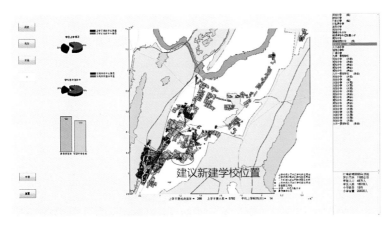

图5-15　实施——评估界面示意图

# 六、研究总结

## 1. 模型设计的特点

（1）更客观的反应实际，以人为本的评价教育设施服务能力

与传统的中小学规划方法相比，本模型更客观反映了实际，主要体现在两方面，一方面通过步行"等时圈"数据的应用，更客观的反映了学校对周边市民的实际服务能，以及市民日常活动的情况，体现了以人为本的分析评价方法；另一方面，也更客观的反映了山地城市的实际地形条件，让模型的推广及优化有更好的适应性。

（2）更有效的辅助决策，提高城市公共产品投放精准性和时序性

本模型所实现的功能包括，客观反映入学划片区域、直观表达现状"入学难"区域、预测短期内的新增入学需求、提出新建学校选址建议方案及背景情况等。其出发点为尽量贴近教育主管部门的实际工作，利用数据优势和技术手段，消除各部门之间的信息不对称，强化信息沟通，为教育设施在规划布局和建设时序上面临的实际问题提供决策依据，也为政府投放城市公共产品的精准性和时序性提供技术支撑。

（3）更全面的描绘城市，融合运用传统数据和互联网数据

数据的作用是用来描绘对城市空间和城市生活的认识，更好地面向未来实施规划与建设。数据使用的核心有两个层面，第一个层面，不管是传统数据还是互联网数据，其作用是分析城市的现状，是支撑我们对城市物质空间的描绘；第二个层面，每个数据背后都是鲜活的城市生活，描述的是城市的空间组织方式、运行方式，以及人的活动方式。本模型力求融合运用传统数据和互联网数据，充分发挥不同类型数据的比较优势，全面动态的描述城市，为提升城市规划编制水平、城市管理水平和城市品质提供技术支撑。

## 2. 应用方向或应用前景

（1）全面辅助公共服务设施规划建设，提高人民满意度

习总书记指出"城市规划建设做得好不好，最终要用人民满意度来衡量"。普惠教育设施只是城市公共服务设施中的一个重要类型，本模型在后续深入研究其他公共服务设施与人的实际需求情况下，可通过模型优化、衍生使其匹配医疗、文化、养老等其他公共服务设施的分析和评价，辅助城市公共服务设施建设，支撑公共产品投放安排与决策，并可扩展至城市运行监测，对公共产品的缺失进行预警等方面功能。让政府的公共产品投放能够满足财政投入和社会效益的最大公约数，实现综合效益的最大化，提高人民对城市建设的满意度。

（2）贯彻行政审批机制改革，加强对城乡规划龙头作用的数据支撑能力

为贯彻十九大提出的"增强政府公信力和执行力，建设人民满意的服务型政府"要求，以及国务院推进的"放""管""服"改革工作要求，发挥城乡规划在城市发展中的龙头作用，重庆市正在积极探索行政审批机制体制改革，推动建设项目从项目评估、空间协调、项目储备、预研预控的"规划生成项目"机制改革，进而为公共服务设施及市政基础设施等建设项目的审批提速创造条件。本模型提出的以教育设施为切入点，后续对公共服务设施进行精准评估和需求预测，及实施建议等，是整个贯彻行政审批机制改革的重要一环，也是对城乡规划龙头作用的数据支撑和技术支撑。

（3）开展城市用地成熟度分析，量化土地价值

本模型为实现预定功能，涵盖了多个子模型，如"即将建成的居住小区入住率预测模型"。该模型从两个维度五项指标进行分析，以周边同类居住区的经验数据为基础，结合了居住小区用地成熟度分析，以预测未来入住率。其中的用地成熟度分析，可以在本模型基础上更加深入细化，应用于城市储备用地价值分析、城市土地出让成熟度分析等方面。

（4）精确构建生活服务圈，辅助城市品质提升

"等时圈"模型可以从5分钟、10分钟，20分钟等不同时间进行分析，使10分钟社区生活服务圈，20分钟街道公共服务圈等城市品质提升行动更精准、更客观，更贴近人民日益增长的美好生活需要。

# 基于大数据和复杂系统理论的城市绿地评价模型

工 作 单 位：南京大学

研 究 方 向：城市设计研究

参 赛 人：徐沙、宫传佳、童滋雨

参赛人简介：参赛队伍来自南京大学建筑与城市规划学院，由两个建筑学研究生和一个研究生导师组成。该团队致力于研究城市大数据、城市微气候、空间句法、城市复杂理论等方向，希望能够利用自己的研究内容构建城市规划决策支持模型，为城市的规划和设计提供有效建议。

## 一、研究问题

### 1. 研究背景及目的意义

中国的城市化正处在快速发展的阶段，与其相伴的是土地资源和环境承载力的严重不足，城市的生态环境受到了空前的挑战。城市绿地布局的合理性研究对改善城市人居环境具有重要的理论价值和实践意义。然而，相对于被广泛采用的绿化覆盖率、人均绿地面积等指标，绿地布局仍然缺乏科学的评价指标体系和可操作的设计方法。因此，建立科学的城市绿地分布评价模型，是实现有效的城市绿地布局优化的必要途径。

城市绿地的评价指标体系一直是国内外学者研究的重点，尽管包容了多个学科的评价标准，但在绿地的结构和布局等方面仍然几乎是空白，仅有的一些相关指标也只限于与绿地形状相关的景观生态学指标，并不能真正表述和评价绿地布局的优劣。在设计上，大部分都是静态的自上而下的规划模式，强调的是绿地的生态功能，并未能提出一些可行的规划技术手段来保障绿地布局的合理性，也难以真正被用于规划管理和设计指导。

绿地作为城市用地的重要组成部分，它既对周边区域有多方面的促进作用，包括提供游憩场地、改善微气候和环境质量等，同时又受到这些区域的用地性质、人口状况、交通状况等客观因素的制约。城市绿地、周边环境、人为活动以及三者相互之间的互动关系构成了典型的复杂网络。新兴的城市复杂性理论（Complexity Theories of Cities）为解决此类问题提供了有效途径。基于城市复杂性理论的多主体系统方法通过对人在选择和使用绿地时的行为模拟，为绿地的使用状态评估提供了一种自下而上的研究模型。与此同时，大数据方法的应用为多主体系统模拟提供了真实的数据基础。

### 2. 研究目标及拟解决的问题

本研究以南京市鼓楼区为案例，综合大数据和多主体模拟方法，对研究区域内居民使用公共绿地的情况进行模拟，完成区域内公共绿地使用效率的量化评估，实现对绿地布局的有效性和合理性评价，为绿地布局的优化提供参考。

本研究有两个关键问题，分别是基础数据的获取和居民行为的合理性模拟。

基础数据获取涉及城市范围内所有居住区及其出入口、居住区内居民数量、交通网络、公共绿地及其出入口等信息，这些将利用大数据相关技术，包括网络数据爬取和人工清洗等方式解决。

居民行为的合理性模拟被分解为居民使用绿地的时段差异、

居民选择绿地的倾向性差异、居民前往绿地的路径选择等一系列问题，通过结合了大数据技术的热力图分析、引力模型、幂律分布和最短路径分析等方法进行解决。

# 二、研究方法

## 1. 研究方法及理论依据

### （1）基于多主体系统的计算机模拟方法

多主体系统是由多个自治运行的主体组成的集合，它通过对个体的行为规则和环境因素进行设定，得到群体行为的一般性规律。该技术可以还原城市居民在城市环境中的运动行为，通过大量独立主体——城市居民在研究场地中的运动，实时、动态的模拟城市居民在道路上的运动状态以及各个绿地公园内部的居民数量。

该方法主要用于一天中城市居民出行绿地的行为模拟，包括居民的绿地选择、沿道路行走、在公园停留、返回小区等行为。

### （2）大数据方法

大数据方法是包含数据获取、数据处理、数据分析、数据可视化等一系列技术的研究方法。该技术可以实现从网络平台获取相关的数据，对获取的数据进行预处理以生成模型可直接使用的数据，通过可视化技术在模型中实时表达等。

本研究中，该方法主要用于从"百度地图""高德地图""房天下"等网络平台对模型基础数据的获取，从而获得本模型的各类要素的空间关系以及实现绿地的可达性分析。获取的内容包括小区及其出入口位置、小区户数、绿地及其出入口位置、道路网等。

### （3）基于幂律分布的复杂理论统计方法

幂律分布技术是研究复杂网络的重要工具，其研究对象主要是具有自组织、自相似、小世界、无标度等特征的复杂网络。

针对"选择"类型的幂律分布模型，现实世界中存在一类幂律现象，如网页被点击次数的分布、书籍及唱片销量的分布等，就本质而言，这些频度型幂律分布是人们的行为选择导致的结果。而发生幂律分布现象的人类选择行为往往具有以下两个重要的特征：

1）人类的选择行为是理性的，个体独立地、客观的做出选择。

2）人类选择行为的目的是实现自身利益最大化，即人类的选择行为是自利的。

在本研究中，居民在选择绿地时必然倾向于评价高、面积大、路程近的绿地，即实现自身利益最大化；而各个居住区的人出行时，也不会涉及群体的讨论并决策，因此出行选择上也是独立、客观的。由此，绿地出行选择符合幂律分布的"选择"模型的重要特征，此模型也作为本研究中绿地出行选择的理论支持。

本研究中，绿地出行选择的相关影响因素包括出行距离、绿地面积、绿地综合评价（包括设施、景观等评价因素）。

本研究中，该方法主要用于城市居民的出行绿地选择，考虑的因素包括出行距离、绿地面积、绿地综合评价等。

## 2. 技术路线及关键技术

### （1）技术路线

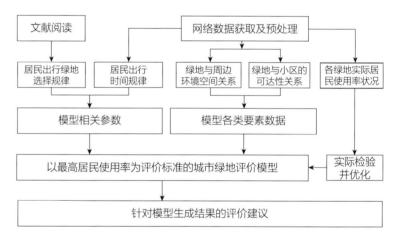

图2-1 技术路线图

### （2）研究步骤及关键技术

第一步：网络数据获取及预处理——利用网络数据获取技术，获得小区、绿地、道路网、微信热力地图等相关数据。对数据进行预处理，通过小区及其出入口位置、绿地及其出入口位置、道路网等数据得到绿地与周边环境的空间关系、绿地与小区的可达性关系；并将这两者转化为模型各类要素数据。此步骤的关键技术为对网络数据的获取并进行编程预处理。

第二步：通过微信热力地图，统计各个时间段内各绿地内的居民总量，得到居民出行绿地的时间分布规律；结合文献阅读，设定居民对绿地的选择规律。将这两个规律转化为模型的相关参数。此步骤的关键技术为对"幂律分布"的研究应用。

第三步：利用多主体系统分模块建模，将模型各类要素数据转化成各个模块的算法数据，将相关参数作为多主体的相关属性，建立以最高居民使用率为评价标准的城市绿地评价模型。此处的关键步骤为对多主体系统的模块化编程。

第四步：通过微信热力地图数据，统计各个绿地在一天中的最高居民使用率，获得各绿地实际的一天内最高居民使用率值。并以此值对该模型的结果进行实际校验和优化。

第五步：针对模型生成结果进行评价并提出建议。

# 三、数据说明

## 1. 数据内容及类型

本研究所获得的初始数据均为南京市鼓楼区的相关数据，包括道路网、小区平面、小区出入口、小区户数、绿地平面、绿地出入口位置、热力图数据。数据的内容、类型、来源和获取方式见表3-1：

各类数据信息　　　　　　　　表3-1

| 数据内容 | 数据类型 | 数据来源 | 获取方式 |
| --- | --- | --- | --- |
| 城市道路网 | 各端点的经纬度坐标信息（浮点型） | 高德地图 | 高德地图API |
| 小区平面 | 各端点的经纬度坐标信息（浮点型） | 百度地图 | 网络爬虫 |
| 小区出入口位置 | 经纬度坐标（浮点型） | "房天下"网站腾讯地图 | 网路爬虫腾讯地图API |
| 小区户数 | 数字（整数型） | "房天下"网站 | 网络爬虫 |
| 绿地平面 | 各端点的经纬度坐标信息（浮点型） | 百度地图 | 网络爬虫 |
| 绿地出入口位置 | 经纬度坐标（浮点型） | "房天下"网站腾讯地图 | 网路爬虫腾讯地图API |
| 热力图数据 | 带有热力值的点坐标（浮点型） | 微信宜出行 | 网络爬虫 |

道路网、小区平面和绿地平面数据反映了研究范围内各类空间要素的空间分布关系。在本研究中，模拟的是居民通过道路网，在小区和绿地之间来往的过程，因此这三类数据是模型建立的基本条件。

小区出入口位置和绿地出入口位置数据是居民出入小区和绿地的实际位置。在本研究中，基于具体的小区和绿地出入口可以模拟更实际的居民出入行为，更真实表达绿地的可达性，避免传统设计中以公园服务半径代替可达性的缺陷。

小区户数数据反映了研究范围内的居民密度的分布状况。居民密度对周边绿地的使用率有着极为重要的影响，也是保证本研究的科学性和真实性的重要因素。

各个时间段的绿地热力图数据反映了研究范围内的实际居民密度分布。在本研究中，不同时间段的绿地内部的热力数据差异将被转化为居民出行使用绿地的比例，不同绿地的热力数据差异则被用来校验模型结果的合理程度。

## 2. 数据预处理技术与成果

数据的预处理成果包括五部分：可选择路径、绿地与出入口、各空间要素的空间分布、居民出行绿地时间分布规律、不同绿地的实际热力数据。

（1）可选择路径

将获得的道路网、小区出入口位置、绿地出入口位置数据导入GIS平台，利用投影工具将经纬度坐标转化为平面坐标。将GIS数据导出CAD文件，利用Rhino平台的Grasshopper插件，将CAD数据导入，用点坐标方式来表示小区以及绿地出入口坐标，以两个端点坐标方式来表示所有道路的每一条线段。将这些点坐标信息重新定坐标原点，并分别导出成CSV文件。

利用Python编程以及连通图数据结构，将道路节点作为图的顶点，该道路的长度作为两顶点间路径的权重，将所有道路信息输入。同时将小区出入口与最近的道路端点连接，作为小区与道路网的连接路径；将绿地出入口与最近的道路端点连接，作为绿地与道路网的连接路径，并输入该连通图结构。

在此，我们假设当一个人确定要出行的绿地后，他会沿着最短路径步行前往。利用连通图的最短路径算法，我们可以获得，从每一个小区出入口出发，经过步行到达每一个绿地的所有路径以及路径长度。

整理以上所涉及的数据，得到一个包含居民多主体所需数据的CSV文件，每一行依次排列为：居住区及出入口名字—出入口横、纵坐标—该入口的平均户数—路径长度—路径端点横、纵坐标（个数由路径经过的端点数量决定）。每一个居住区出入口都要对应每一个绿地，因此所有数据的行数为：小区出入口数量×绿地数量。

（2）绿地与出入口

如前所述，将数据导入GIS平台并处理后，导入到Rhino平台。利用Grasshopper插件，将绿地的各出入口位置数据和绿地的边界端点坐标信息导出到CSV文件。

数据保存的格式是：绿地出入口位置横、纵坐标—对应绿地的边界端点横、纵坐标（个数由边界的端点个数决定）。每一个出入口都要对应一个绿地，因此所有数据的行数为：绿地出入口总个数。

（3）各空间要素的空间分布

把前述从Rhino中的小区、绿地、道路等数据以端点坐标的方式导出，利用Processing软件直接读取坐标信息，形成这些数据的可视化界面，保存成PNG文件，该PNG文件包含所有道路、居住区、绿地的信息，用来作为模型运行的底图，起标识作用。

（4）居民出行绿地时间分布规律

将带有坐标信息和权重的微信热力地图数据导入GIS平台。选取一天内6：00～24：00，每个整点时刻的本研究所涉及的绿地范围内的点，统计各时刻所有这些点的权重总值。经过此方法计算的权重总值可以理解为是，这个时间点的居民出行绿地的相对人数值，而把各个时间段的数据都统计出来，可以得到一天中居民出行绿地的时间分布规律。

数据保存的格式是一列数字，即各个时间段的相对人数值。

（5）不同绿地的实际热力数据

同上将微信热力地图数据导入GIS平台。针对每一个绿地，统计一天内各个时刻该绿地的权重最大值，并除以该绿地的面积，作为该绿地一天内的居民使用率的最大值。该数据将用于校验模型结果的合理性。

数据保存的格式也是一列数字，即各个绿地的居民使用率的最大值。

## 四、模型算法

### 1. 模型算法流程及相关数学公式

（1）模型算法流程

1）模型数据读取和参数说明

模型首先读取前面预处理所准备的数据，包括环境数据、居民主体数据、绿地主体数据。环境数据是一张预处理的PNG图；

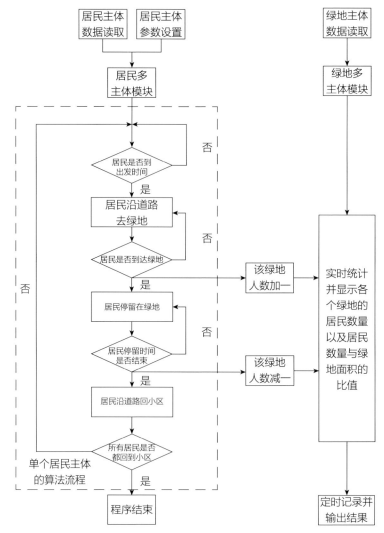

图4-1　模型算法流程图

居民主体数据为关于居民的所有数据的CSV文件；绿地主体数据为关于绿地的所有数据的CSV文件。

对居民主体设定参数，包括居民的绿地选择、居民的行走速度、一天中居民出行绿地的时间分布、居民在绿地停留的时间等参数。其中居民绿地选择方法，详见下一节中的绿地对居民的吸引力指数公式以及幂律分布公式。

对绿地主体设定参数，输入各个绿地的综合评价指数。综合评价指数依据为：4分——有完整设施和优质景观的绿地；3分——有较好设施或较好景观的绿地；2分——设施较差且景观一般的绿地；1分——无设施且景观较差的绿地。

该模型也带有时间因素，默认的时间范围为6：00到24：00。

注：以上参数，根据文献阅读，已设定默认值，也可根据案例实际情况输入符合实际情况的参数。

2）模型具体运行过程

每一个居民主体生成后，读取所需数据和设定的基本参数，并利用基于幂律分布的统计计算方法确定居民主体的绿地选择以及行进路径。由此，居民主体获得所有需要的数据。

居民主体的行进路径为一系列道路端点组成的列表数据结构（List），居民从路径的第一个端点出发，速度方向指向下一个端点，当未到达下一个端点时，居民的速度方向不变，当到达下一个端点时，居民速度方向变成列表的下一项，由此保证居民端点能够沿着路径不断向前，当到达列表的最后一项，即绿地的出入口时，该绿地内的人数加一，同时不再显示居民的位置。直到居民在绿地内停留完毕需返回小区后，居民以同样的方式，从路径列表的最后一项开始逐点往第一项移动，直到回到小区出入口，运行方式同前述。

当小区有多个出入口时，小区各出入口的人流量是均匀的，即居民从各小区出入口出行的概率是相等的。研究范围内的所有居民都会出行且只出行一次绿地。

居民运行的同时，绿地多主体模块会实时统计每个绿地内的实时人数变化，当居民进入绿地时，绿地人数加一，当居民离开绿地时，人数减一，并用数字和绿地的填充色分别实时的表达当前的绿地人数和人数与绿地面积的比值。

当所有居民从绿地返回小区后，程序结束。

（2）相关数学公式

1）绿地对居民的吸引力指数公式：

$$I = \frac{PA}{D^2}$$

$I$表示绿地对居民的吸引力指数，$P$表示绿地的评价指数，$A$表示绿地的面积，$D$表示居民出发点到绿地的实际路径长度。该公式是经典的引力模型公式，广泛地应用于旅游、交通等行业，且受到广泛认可。

2）名次–规模分布的幂律分布公式：

$$P_x = \frac{\dfrac{1}{x}}{\sum\left(1 + \dfrac{1}{2} + \dfrac{1}{3} + \cdots + \dfrac{1}{n}\right)}$$

$P_x$表示排名$x$的项的选择概率，$x$表示该项的排名，$n$表示所有项的个数。名次–规模分布是幂律分布中常见的形式，由前面所述，居民出行选择绿地的情况满足幂律分布发生的特征，因此引用此公式来计算各个绿地被选择的概率。此处排名的依据来自上述的绿地对居民的吸引力指数公式。

## 2. 模型算法相关支撑技术

本模型的开发编程基于Processing平台，Processing是基于Java的可视化编程语言，在本模型的开发过程中，可以提供直观的可视化界面、自由设定的参数以及灵活的规则设定，在保证算法实现的同时、能够实时的展现多主体运行的过程，能够满足本模型所需要的各类要求。

# 五、实践案例

## 1. 模型应用实证

本研究选用案例为南京市鼓楼区，对该区域内的绿地的使用效率进行量化，从而实现对绿地布局的评价。

（1）基础数据信息

案例中所用道路包括鼓楼区的各类主次干道，见图5-1。

案例中所用南京市鼓楼区居住小区共497个，户数共282876户；小区的出入口位置信息共1475个。由南京市统计局信息可知，南京市平均每户人口约为2.77人，可得本模型中人数总数约为78万人。小区及出入口与道路的空间关系见图5-2。

根据小区的空间位置与小区的户数可得南京市鼓楼区的人口密度分布图，见图5-3。

图5-1　鼓楼区道路网

图5-2　鼓楼区居住区及出入口与道路空间关系图

鼓楼区内共有较大规模公共绿地32块。但考虑到居民在使用绿地时，并不会受到行政区划的限制，因此鼓楼区周边的绿地对处于边缘地带的居民同样有相应的吸引力。为避免此边界效应带来的系统失真，我们将这类区域外的绿地也纳入模型中，作为分流居民的因素存在，但这些绿地的使用效果并不计入整体模型的评价结果，以免造成新的失真。

案例中所涉及绿地共41块，出入口共91个，在城市中的分布见图5-4，其中浅绿色表示鼓楼区内绿地，深绿色表示区外绿地。

（2）案例参数说明

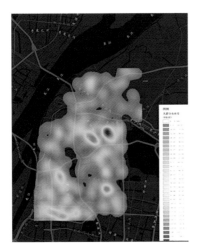

图5-3　鼓楼区人口密度分布图

图5-4　鼓楼区绿地及出入口与道路空间关系图

1）人步行速度：1.4m/s；

2）绿地评分：按照第四章中的评分标准，所有绿地评价分数为1~4分；

3）居民出行分布时间概率：由前面预处理得到的一串表示各时间段相对人数的数字。

4）居民在绿地停留时间为30~120分钟；

5）居民绿地选择时，最远出行距离为2.5km，约为30分钟的步行距离，超过这个距离的绿地不会作为居民的出行选择；

6）程序模拟时间范围为6：00~24：00；

（3）模型模拟过程

模型模拟为动态过程，见图5-5，其中绿色表示绿地范围，红色的点表示在道路上的居民，绿色的亮度表示当前绿地内的人数和绿地面积的比值，红色的数字表示绿地内部的当前人数，模

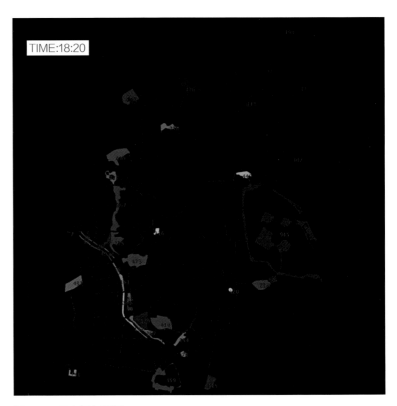

图5-5　程序运行界面

型左上角为程序内部模拟的时间。每隔一个半小时截取一张过程图片，整个过程如图5-6所示。

## 2. 模型结果解读

取一天内各个绿地的绿地使用人数的峰值和绿地面积比值作为该绿地的最大使用率情况，见图5-7。

分别选取4月25日和4月26日的微信热力图数据，同样取出一天内各个绿地的绿地使用人数的峰值和绿地面积比值作为该绿地的最大实际使用率情况，并取平均值，与模拟结果进行校对，见图5-8。

针对模拟结果和实际情况，分别对各绿地进行分析与解读。

（1）较为拟合部分

图5-9中，绿色的部分为绿地模拟结果与实际较为拟合的部分。由图5-3可知，鼓楼区城市人口主要分布于研究范围的中部以及南部，而秦淮河斜穿鼓楼区中、南部区域，也带来了更好的景观，因此能够吸引较多的人流。

沿着秦淮河周边的绿地主要包括沿河绿带、清凉山、石头城、古林公园、小桃园、绣球公园、阅江楼景区等，这些绿地整

体使用率较好。在模拟结果和实际结果对比中，沿江绿带整体的南边部分使用率均高于北边部分，在整体上契合，但在个别绿地中，实际使用率高于模拟结果值，经过调研发现各个沿江条状绿

带的设施和景观有差异，但由于沿江绿带本身是相连的，且整体契合，因此结果仍较为拟合；西北部的大桥公园与西南角的郑和宝船厂遗址公园都对周边居民有一定吸引力，结果也基本拟合；东北部的北崮山、余家山以及"T"形绿地都由于位置较偏，可达性差，因此模拟值和实际值都显示使用率较低；东南部较小的鼓楼公园，因为周边没有可以分流的绿地，吸引了较多的人流，也符合实际情况。

（2）模拟值高于实际值部分

图5-9中，黄色的部分为模拟值高于实际值部分。这四处自北向南分别为象山新寓北部绿地、神策门公园、妙耳山、国民政府中央广播电台旧址绿地。

经过调研，香山新寓北部绿地为一荒废绿地，无良好设施，因此现实中并无人会去使用该绿地；神策门由于紧邻玄武湖，且入口也相邻，而玄武湖为南京市区最为优质的绿地景观，在实际使用中人们更倾向于直接进入玄武湖，因此实际值低于模拟值；妙耳山为一市区中的小山丘，且被回龙桥社区"3503"厂居民生活区所包围，并未直接暴露在外部街道中，因此对外部人流产生了一定的阻挡影响，使得模拟值高于实际值，但是作为城区中为数不多的绿地，仍有一定的使用率。国民政府中央广播电台旧址内的绿地，经调查发现未向公众开放，因此实际值显示无使用率。

### 3. 模型结果的可视化表达

针对最后获得的统计数据，对南京市鼓楼区绿地出行模拟结果进行可视化表达。

图5-10为各绿地一天内的人流总量图示，颜色越亮表示总人流量越大。人流量较多的绿地主要为沿秦淮河的沿河绿带以及各

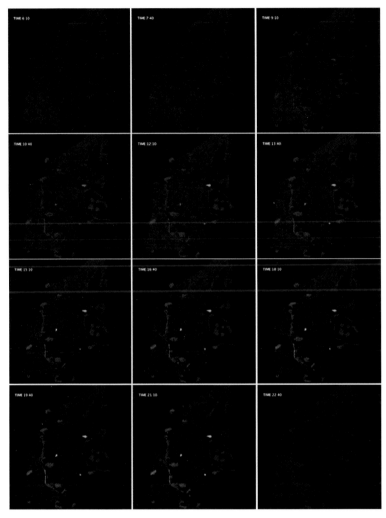

图5-6　程序动态运行的过程截图

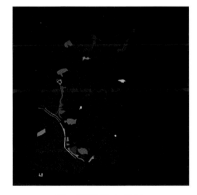

图5-7　模型模拟获得的结果

图5-8　微信热力地图获得的结果

图5-9　对模拟结果的校验

图5-10　各绿地一天内的人流总量
　　　　分布图

个公园，包括清凉山公园、龙江船厂遗址、古林公园、小桃园、绣球公园、阅江楼等。

图5-11为模型生成的绿地承受最大人数与面积比值图。整体上，沿秦淮河的绿地普遍使用率较高，但使用率最高的点出现在妙耳山、鼓楼公园、神策门公园。这三个绿地的特点是，周边相对公园密度稀疏，且有较多居住区，再加上自身面积小，因此具有较高的人群使用率。而鼓楼区北部的绿地，由于居住区较少，加上绿地自身相关设施较差，对居民吸引力较小，因此使用率普遍不高。

图5-12～图5-16，分别为在300m、500m、800m、1200m、2000m路程内，能够到达绿地的小区分布情况。当路程为2000m时，所有小区都能够到达最近的绿地。

图5-17显示了居住小区与周边绿地的关联情况。图中，绿色部分为研究涉及的所有绿地，红色的线表示所有的居民出发的小

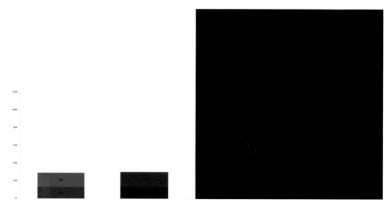

图5-13　500m内能到达绿地的小区分布及统计

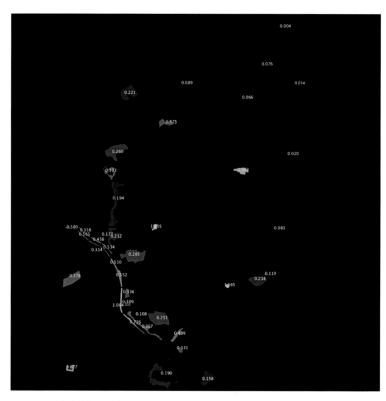

图5-11　各绿地一天内的人流峰值与面积比值图

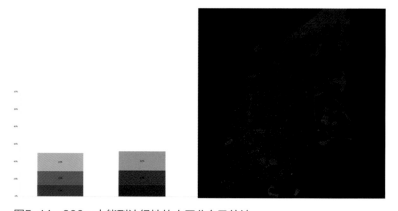

图5-14　800m内能到达绿地的小区分布及统计

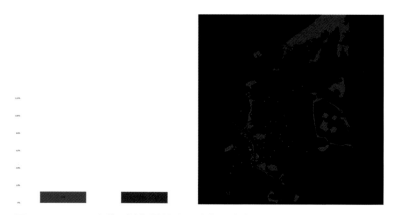

图5-12　300m内能到达绿地的小区分布及统计

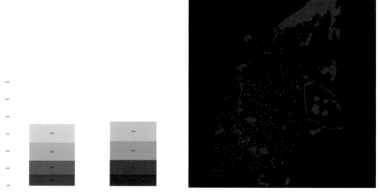

图5-15　1200m内能到达绿地的小区分布及统计

区点和选择绿地的出入口点的连线，线的透明度表示该类情况居民的数量，颜色越红表示该类情况居民数量越多。从图中，我们可以大致看出各个绿地出入口的服务范围以及服务居民的数量，从而得到各个绿地的整体的服务范围。从红线的位置布局，也能看出居民的主要分布点以及所前往的绿地范围。研究范围的中部以及南部有较高的居民密度，中部居民主要受东边的玄武湖和西边的小桃园、八字山公园、绣球公园、阅江楼等吸引；南部居民主要受到沿江绿带及临近的莫愁湖、清凉山公园等吸引；北边的分布居民较少，对绿地的需求也相对较少。

图5-18为以2km为路程，各居住小区享有的绿地数量。红色的圆半径越大表示该小区对应的绿地数量越多。由图中可知，秦淮河周边的小区享有的绿地数量较多，主要是因为水系周边绿地排布比较密集，绿地面积小、数量多。而北边由于绿地数量少，分布也较为稀疏，因此小区所对应的绿地普遍较少。

图5-19为以2km为路程，能到达不同数量绿地的小区数。图

5-20为以2公里为路程，能到达不同绿地数量的对应居民数。由图可知居民可到达的绿地数量主要集中在2 ~ 4个。

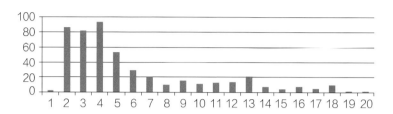

图5-19　2km内能到达绿地数量的对应小区数量

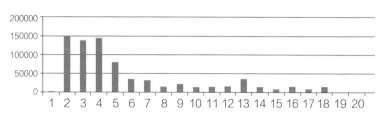

图5-20　2km内能到达绿地数量的对应居民数量

## 六、研究总结

### 1. 模型设计的特点

我国城市绿地系统评价多以"绿地率""绿地覆盖率""人均公园面积""绿地服务半径"等指标来衡量，而未考虑城市居民与城市绿地之间发生的互动关系。本研究基于城市复杂理论，用多主体系统和幂律分布理论来描述城市居民、城市绿地、周边环境三者之间形成的复杂网络系统，从个体视角来实现对城市绿地使用效率的量化评估。

本研究摒弃传统的绿地服务半径概念，从道路可达性出发，借助于网络数据爬取技术，获取和居民出行相关的小区出入口、道路网、绿地出入口等相关信息，从而实现可达性研究所需要条件；针对城市居民人口密度分布不均匀问题，利用小区的空间分布，以及每个小区的户数信息，来分析城市居民的分布情况；针对居民出行选择绿地的行为，创新性的借助于复杂系统理论的幂律分布统计计算方法，利用绿地质量评分、绿地面积、出行距离等因素对选择行为进行模拟；针对居民使用绿地的时段差异，不同于传统的人工计数统计法，借助于微信热力地图在各个时间段

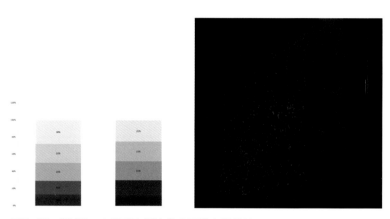

图5-16　2000m内能到达绿地的小区分布及统计

图5-17　居住小区与周边绿地的
关联情况

图5-18　居住小区享有绿地的情况

的绿地使用居民总量，对居民的使用时段差异进行分析和总结；针对居民前往绿地的路径选择，借助于图论的最短路径算法，使得居民能沿着最短路径到达目标公园。

最后，借助于Processing可视化编程平台，对整个模拟过程进行实时的模拟展示，实现并记录一天内从6：00～24：00的整个模拟过程。

## 2. 应用方向和前景

一个城市绿地的布局结构是否科学、合理，很大程度上是体现在绿地系统与城市自然地理、城市形态、用地结构、经济结构等相互关系上的，是一项与城市其他系统相互制约、相互促进的综合性系统工程。

2015年住建部将三亚列为"城市修补、生态修复（双修）"首个试点城市，逐步开启了全国范围内的城市"双修"活动，希望能以此来解决"城市病"，保障并改善民生问题。其中在完善绿地系统方面提出了居民出行"300米见绿、500米入园"的要求，要均衡布局公园绿地。然而仅仅这样的要求并未考虑到道路的通达距离、人口密度差异和绿地品质的差异。对城市绿地的使用效率需要更合理的评价方法。

本研究综合考虑了上述要素，利用大数据和复杂系统理论对城市绿地做出量化评估，并对绿地提出改善建议。本模型的研究成果可以应用于城市建成区和新区规划的绿地评估，并为建立更均衡的公园绿地布局提供参考。

# 民国以来北京老城街道网络演变研究——基于空间句法的视角[1]

工作单位：清华大学、北京市规划和国土资源委员会海淀分局、新加坡国立大学

研究方向：历史文脉保护

参 赛 人：周麟、李薇、张臻、范晨璟

参赛人简介：参赛人分别来自清华大学建筑学院、北京市规划与国土资源委员会海淀分局与新加坡国立大学算机学院，具备城乡规划学、地理学、区域经济学及计算机科学等不同专业背景，而且都是多年的老朋友，因缘际会凑到一起做了这样一项研究，希望能够为北京老城变得更好做出一点点贡献。

## 一、研究问题

### 1. 研究背景与意义

（1）研究背景

众所周知，北京老城作为中国政治文化的心脏，称得上是全世界保存最完好，而且继续有传统、有活力的，最特殊、最珍贵的艺术杰作。从元大都时期王城之制思想的秉承，到明、清时期严整礼制格局的形成；从民国时期西方现代规划思想的嫁接，到新中国成立以来保护与更新的争议性博弈，老城历经800余年兴衰起伏，在政治体制变迁、社会文化变革与人居需求变化中不断生长，差异化城市记忆的叠合使其成为镌刻珍贵历史印记的有形地面遗存。

街道网络赋予城市生命，作为交通流、信息流与经济流的空间载体，其如血液系统般维系着城市功能的弥久历新。对于北京老城而言，明清时期便已形成的棋盘式路网与街巷胡同格局早已享誉世界。纵览老城古今，中华民国的建立是街道网络演化发育的转折点，遵循传统礼制的稳定结构随封建制度的终结踏上波澜起伏的百年之路。特别是改革开放之后，诸多拥有悠久历史的街道为了迎合政治、经济与交通需求展开大规模改造与重建，这无疑推动了老城的现代化进程，但对传统文化的冲击却无法挽回。2000年以来，整体保护日渐成为老城规划建设的"公约"，街道网络蕴含的历史、文化价值开始受人瞩目。连续两版北京城市总体规划也均明确规定，应全盘保护老城原有棋盘式路网骨架和街巷胡同格局，建构成体系的文化景观系统。更好地营造未来的基本前提便是更好地理解过去，因此有必要对老城街道网络的过往今日，特别是民国以来的演变过程进行详细探讨。

（2）研究意义

在理论层面，研究引入空间句法理论与方法，结合详细史料与数字化历史地图，完整呈现民国以来北京老城街道网络的演变图景，并探索其对政权更替、规划思想转变等社会形态剧变的结构性回应，为系统、全面梳理老城的街道发展史提供了新视角。同时，研究尝试从人、车流的出行成本优化出发，提出一个新的句法参数—运转效率，这在一定程度上拓展了空间句法的理论体系，对于深入理解网络结构（并不局限于街道网络）的效率也有着重要意义。

在实践层面，研究为北京老城构建了横跨百年的、精确到每

[1] 本文摘自：周麟，田莉*，张臻，李薇. 基于空间句法视角的民国以来北京老城街道网络演变. 地理学报，2018，08：1433–1448.

基金项目：国家自然科学基金项目（51222813,51728802）；北京市社会科学基金项目（16GLB036）

一条街道变迁的街道网络数据库，客观总结其在近现代的生长经验与教训，并尝试从街道网络结构与社会经济结构的共同演化机制出发，为老城日后发展提出建议，这不仅为如何更好地保护古都风貌，传承历史文脉提供了街道网络视角的逻辑支撑，也有助于规划人员从历史、演化的视角更为理性地剖析老城、制定规划、模拟实施效果，具有较强的现实意义。

## 2. 文献综述与关键问题

### （1）民国以来北京老城街道网络演变研究述评

北京老城的街道网络演变在近年来受到一些地理学、城乡规划学及社会学等学科学者的关注。例如：王军、刘欣葵、Meyer结合历史档案、当事人口述等史料，以民国以来规划思想、实践活动及管理模式的变迁为切入点，定性归纳、还原老城街道网络的发展过程，Shi、王亚男、王煦基于相同视角，专注于晚清到民国时期的研究。郝田则将目光聚焦于老城中保留胡同地名但空间发生剧烈变化的胡同，并对其演变规律、机理进行讨论。董明等和王静文等学者采用定量方法，分别对1949~2005年、1981~2003年的北京历史地图进行数字化，并从胡同数量、可达性等方面分析老城街道网络的演变过程。

概括来讲，逻辑演绎、史料发掘等定性研究是相关文献的主流。少数定量研究则主要按照"看图说话"的方式归纳街道网络显型的演变规律，对于蕴藏在显型背后的某些隐型逻辑还有待发掘，且研究时段主要集中在新中国成立后，对于民国时期街道网络的动荡演变缺乏必要的量化解读。

### （2）空间句法视角下的街道网络演变研究述评

随着复杂性网络科学在城市研究中的起势，一些学者开始从拓扑、联系的视角刻画老城街道网络的演变，尤以空间句法学派为甚，其将街道网络视为由一系列相互依赖的街道段[1]构成的复杂动态系统，并认为这些街道段间的拓扑关系能够有效表征所在城市与区域的社会经济结构。相关研究可分为两类，一是将老城的街道网络置于城市全景，探讨新老关系的变迁。例如：Psarra等指出城市蔓延致使底特律的高穿行度街道在1949年后由内城延伸的放射性干道向郊区高速公路网络迅速迁移，其扮演的角色也由微观经济容器向快速交通动脉转变。Al-Sayed等发现曼哈顿与巴塞罗那老城的街道网络在城市尺度的可达性逐渐减弱，但在邻里尺度却一直保持显著的通达优势。二是单独考论老城自身的演变模式。例如：Shen等论证了天津老城的街道网络对于现当代城市肌理的良好适应能力。Jeong以平壤为研究对象，发现老城的高可达性街道随自上而下的规划而趋向轴线化，其承载的城市职能也由日本统治时期的商业、金融为主转向中华人民共和国成立后的政治景观为主。田金欢等则刻画了昆明的整合中心由传统"寺—市—山"中轴线东迁至格网式主干道的过程。上述研究的方法、流程也较为一致，即：运用整合度、穿行度等经典句法参数描述老城街道网络显型的演变过程→对不同时期的参数统计值（如：均值、最大值等）进行对比、归纳、总结演变规律。

可以说，国内外学者针对老城街道网络演变进行了较为深入的研究，但仍有些许欠缺。首先，老城是拼贴的，不同区域的街道网络可能拥有迥异的规划范式与城市记忆，其演变路径因此存在差异吗？这在既有研究中多被忽略。相应的，各子区域与老城全域的"局部—整体"关系也就较少有人问津，而这对于理解不同区域的兴衰起伏至关重要。其次，运转效率在近年来已成为网络研究中的新焦点，并被视为评价网络结构优劣的重要属性。然而据笔者所知，尚未有学者从空间句法视角出发，提出街道网络运转效率的算法并予以运用。

## 3. 研究目标

### （1）基于空间句法理论与方法，理解民国以来北京老城街道网络的演变历程。

在梳理国内外相关文献的基础上，研究将结合不同时期的数字化历史地图与详细史料，从街道网络显型、"局部—整体"层级关系及运转效率等三方面描绘民国以来北京老城街道网络的演变图景，并探索其对政权更替、规划思想转变及产业结构转型等社会形态剧变的结构性回应。

### （2）结合复杂性网络科学的新动向，界定空间句法语境下的运转效率概念，对其理论算法体系进行适当扩展。

空间网络上的随机游走（Random walk）是现阶段复杂性网络科学的研究热点，高效的网络结构可使任意两点间随机游走的最小运动成本（Movement cost）更少，Barthélemy、Huang等学者将度量运动成本的参数为运转效率。基于此，研究尝试界定空间句法

---

① 街道网络显型：泛指长度、密度、可达性等能够通过分层设色方式在地图上进行可视化的街道网络属性。

语境下的运转效率概念，进行理论与算法上的创新。

（3）从街道网络视角为北京老城的保护、更新提供决策支撑。

在归纳、总结民国以来老城街道网络演变模式、特征规律与动力机制的基础上，研究将结合《北京城市总体规划（2016年—2035年）》对于老城发展的要求，为后续的保护、更新提出切实可行的建议。

## 二、研究方法与技术路线

### 1. 研究方法与应用模式

（1）水平横剖面法

作为经典的区域历史地理学研究方法，主张通过一系列特定时期横剖面的复原，从横剖面的静态分析及其连续变化来刻画某一地区空间、社会经济等地理景观的演变过程。在此基础上，研究将通过梳理既往文献、史料与历史地图，依据重要历史事件的发生与影响，对民国以来老城的发展阶段进行划分。随后，结合可获取的历史地图年份、精度等要素，选择不同阶段衔接点地图作为研究的基础横剖面。

（2）空间句法

作为源自图论的城市学理论，空间句法旨在探讨空间的社会逻辑，并广泛应用于城市扩张、犯罪空间分布、城市形态演变、历史街区改造等研究领域，其核心论点包含两点：一为空间的社会逻辑，即：将街道网络视为由一系列相互依赖的街道段构成的复杂动态系统，并认为这些街道段间的拓扑关系能够有效表征所在城市与区域的社会经济结构。二为以运动为媒介的出行经济机制，即：不同区域的街道网络通过承载强度各异的人、车流运动而影响区域内的功能布局、土地收益及城市活力，并伴随持续性回馈与倍增效应，正是这种机制决定了各区域的差异化演变路径。在此基础上，研究对通过水平横剖面法选定的历史地图进行数字化，并分别通过Depthmap、ArGIS与Matlab等平台进行整合度、穿行度、"局部—整体"累积分布曲线、运转效率等分析，揭示老城街道网络百余年来的演变过程。

### 2. 关键步骤与技术路线

（1）关键步骤

1）依据重要历史事件划分民国以来北京老城的发展阶段，并

对选定的横剖面历史地图进行数字化，构建街道网络时空数据库。

2）基于整合度、穿行度等经典句法参数，探讨老城街道网络显型的演变过程。

3）提出空间句法语境下的"局部—整体"累积分布曲线绘制方法，探讨老城各子区域"局部—整体"层级关系的演变过程。

4）界定空间句法语境下的运转效率概念，并提出对应算法，探讨老城全域与各子区域运转效率的演变过程。

5）提炼老城街道网络百余年来演变的特征规律与动力机制，并基于此提出切实可行保护、更新建议。

（2）技术路线图

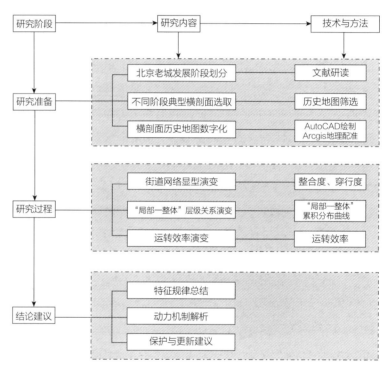

图2-1　技术路线图

## 三、研究区域与数据

### 1. 研究区域

根据《北京城市总体规划（2016年—2035年）》界定，北京老城特指明清北京护城河及遗址以内（今二环路以内）的城市建成区，面积约为62.5km²，其街道网络在16世纪中叶便形成以轴为始、礼制为规、四重城垣、胡同纵横的严整格局。

北京老城可分为皇城、东城、西城、外城四个子区域（图3-1），其中，皇城作为皇家建筑、园林及各类衙署的所在地，城内不许兵民通行，与内城仅靠四座城门联系。东、西城作为内城的两个部分，集聚了大量官僚、贵族住所与政府机构，以元大都时期规划为基础，基本延续了九经九纬、胡同纵横的街道网络，前者相对垂直、交错，后者则较为迂回。外城是普通民众及市井商业的聚集地，除东部少数街道按照胡同肌理布局外，其他均沿河道沟渠顺势修建。这一格局纵跨明清两代，直到民国建立才被打破。

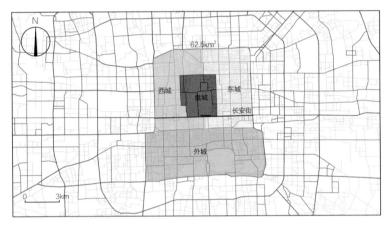

**图3-1 北京老城及各子区域范围**
资料来源：作者自绘

## 2. 研究阶段划分

研究以重要历史事件为切入点，将民国以来老城发展划分为5个阶段。

（1）1912~1928年。辛亥革命推翻帝制后，袁世凯在北京建立北洋军阀政权，老城皇权至上的封建封闭结构开始解体。

（2）1928~1949年。从国民政府迁都南京到抗日战争、国共内战先后爆发，老城发展命运多舛，不仅建设的财力、物力投入大幅削减，原有的规划计划也被彻底打乱。

（3）1949~1976年。新中国成立后，老城进入了以宏大场所营造（如扩建天安门广场、兴建十大建筑）为主的发展活跃期。然而，这对传统城市风貌也造成了一定破坏，包括城墙、城门的拆除以及部分胡同的消失。

（4）1976~1992年。随着"文革"的结束与改革开放的到来，

中国进入新的历史阶段。老城建设也由政治力量驱动转向经济、文化力量驱动，保护与更新之间的矛盾进一步凸显。

（5）1992年至今。《北京城市总体规划（1991-2010）》首次将北京定位于世界城市。老城由此迎来大规模、现代化的城市更新，并在保护与更新的博弈中逐渐繁荣、开放。

## 3. 研究数据获取与处理

依据上述发展阶段划分与可获取的历史地图精度等因素，研究以1912年、1928年、1949年、1976年、1992年与2016年等不同阶段衔接点的历史地图为基础（图3-2），在AutoCAD中绘制空间句法地图，并以2016年地图为基准，在Arcgis中进行地理配准与坐标纠偏，构建街道网络时空数据库（图3-3）。值得注意的是，考虑到新中国成立后，二环路外建设对于老城街道网络存在显著影响，研究将1976年、1992年与2016年的绘图与计算范围扩大至三环内，但分析时仅针对老城区。

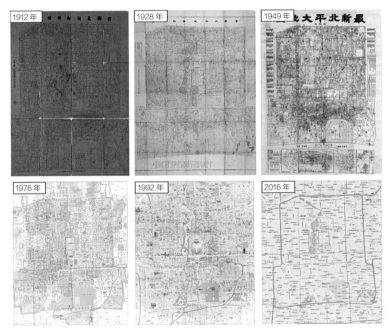

**图3-2 不同时期历史地图**
资料来源：1912年《实测北京内外城地图》由中华民国内务部职方司测绘；1928年《京师内外城详细地图》由中华民国京师警察厅总务署制；1949年《最新北平大地图》（解放版）摘选自《北京古地图集》，由陆洁清于1949年编制；1976年《北京市地图》由北京市地址地形勘测处编制；1992年《北京市区图》由中国地图出版社编制；2016年电子地图来自Google Earth。

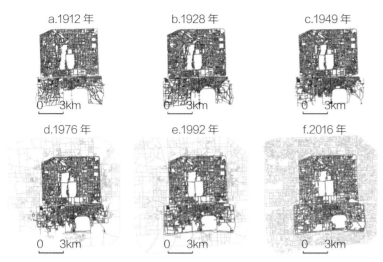

图3-3　不同时期空间句法线段图

资料来源：作者自绘

## 四、模型算法

### 1. 整合度与穿行度

在空间句法语境中，每条街道段均具备两层含义：一为出行的起、终点，二为出行的必经之路，由此衍生出两个经典句法参数：整合度（Integration）与穿行度（Choice）。前者用来衡量系统内任意街道段到其他街道段的远近程度，也可视为拓扑可达性；后者则用来衡量系统内任意街道段被其他两条街道段最短拓扑距离路径穿过的概率，也可视为穿行频率。研究应用Hillier等提出的标准化最小转角距离法，综合考虑不同街道段间的拓扑连接与角度变化，通过标准化后的整合度（Normalized angular integration，简称：NAIN）与穿行度（Normalized angular choice，简称：NACH）对各时期北京老城的街道网络进行分析。公式如下：

$$NAIN = \frac{n^{1.2}}{\sum_{i=1}^{n} d(x,i)} x \neq i \qquad (4-1)$$

$$NACH = \frac{\log\left(\frac{\sum_{i=1}^{n}\sum_{j=1}^{n}\sigma(i,x,j)}{(n-1)(n-2)} + 1\right)}{\log\left(\sum_{i=1}^{n} d(x,i) + 3\right)} i \neq x \neq j \qquad (4-2)$$

式中：n为研究系统包含的街道段数量。d(x,j)为街道段x到i的最

小转角距离，相邻街道段的距离为$2\theta/180°$，其中$\theta$为相邻街道段的转角。$\sigma(j,x,j)$为街道段i途径x到j的最小转角距离，当i到j不经过x时，$\sigma(j,x,j)=0$；当i到j经过x时，$\sigma(j,x,j)=l(i)l(j)$；当x为i时，$\sigma(j,x,j)=l(i)l(j)/2$；当x为j时，$\sigma(j,x,j)=l(i)l(j)/2$。$l(i)$为街道段i的米制长度。

Hillier等进一步按照整合度、穿行度的高低将不同街道段归为前景网络[①]与背景网络[②]，并认为整合度、穿行度的平均值、最大值可以表征街道网络系统的某些结构性特征。其中，整合度的平均值、最大值分别代表背景、前景网络的整体可达性，数值越高，则可达性越高。穿行度平均值代表不同区域背景网络间的结构连续性，也可理解为整个系统几何格网的程度，数值越高，则区域间关联越密切，系统也就更趋向几何格网；最大值则代表前景网络的突显性，数值越高，则突显性越强，承载大规模人、车流运动的能力也就越强。

### 2. "局部—整体"累积分布曲线

层级结构是空间句法理论关注的重点，无论整合、穿行核心还是前景、背景网络，均可视为不同层级的街道网络。那么考虑皇城、外城等子区域与老城全域的"局部—整体"层级关系，不同区域的各层级街道段与老城全域的相同层级街道段一一对应吗？例如：皇城前5%的整合、穿行核心是否均处于老城的整合、穿行核心中，还是说部分已滑落至前5%～10%的前景网络？东城前20%的前景网络是不是绝大多数已跻身老城全域的整合、穿行核心？再者，各子区域的层级关系在百余年来又分别经历怎样的演变过程？针对上述疑惑，研究提出"局部—整体"累积分布曲线[③]的概念，以表征街道网络的"局部—整体"层级关系。设横轴为子区域以5%为阈值划分的层级，纵轴为老城全域以5%为阈值划分的层级。在均质分布状态下，各子区域的累积分布曲线应为一条45°直线，但在真实世界中，主导功能、发展路径等要素的不同致使子区域之间必然存在差异，曲线随之出现波动。

### 3. 运转效率

空间句法理论认为，虽然人们在出行过程中均试图"抄近路"，但事实上他们对于距离的认知更多是基于几何、拓扑视

① 前景网络：整合度或穿行度数值位居前20%的街道段，承载着较多功能分布与经济活动。其中数值位居前5%的街道段为整合/穿行核心，是城市政治、经济与文化的核心轴线。
② 背景网络：整合度或穿行度数值位居后80%的街道段，主要作用在于为居民的日常生活与居住提供场所。
③ 累积分布曲线：能完整描述一个实数随机变量 X 的概率分布的曲线。

角，而非如计算效用函数般精准地计算米制距离，并通过大量实证分析论证其在出行过程中更偏好最小转角路径（图4-1）。那么最小转角路径与最短距离路径之间是否存在联系？

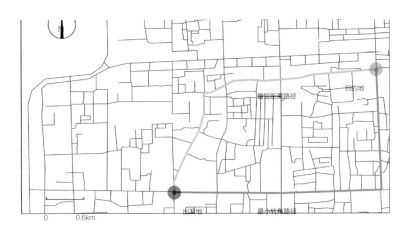

**图4-1　最短距离路径与最小转角路径对比**
资料来源：作者自绘

研究尝试对其进行解答：设前者的米制距离为$P_A$，后者为$P_m$，考虑两种极端情况：①当出行目的地为相邻街道段时，则$P_A$与$P_m$重合。②当系统为绝对方格网、三角网及六边网等规则网络时，任意两条街道段间的$P_A$与$P_m$虽未必重合，但长度一定相同。然而在真实世界中，大多数出行是迂回的，绝对规则的街道网络也并不存在，对于任意两条街道段而言，$P_A$与$P_m$未必重合，且$P_A \geqslant P_m$。因此，研究提出单次出行效率$E_{od}$的概念，即：

$$E_{od} = \frac{P_m(i,j)}{P_A(i,j)} \tag{4-3}$$

式中，$i$为单次出行的起始街道段，$j$为到达街道段。假设交通流是均质的，$E_{od}$越接近1，则单次出行成本越接近理想状态下的最优成本，出行效率也就越高。反之，若人们为了追求最小转角路径而去绕更远的路、花费更多的时间抵达目的地，则出行效率降低。

基于此，研究进一步针对街道网络系统提出运转效率$E_s$的概念，即：

$$E_s = \frac{1}{n(n-1)} \sum_{n=1}^{n} \frac{P_m(i,j)}{P_A(i,j)} \tag{4-4}$$

同样假设均质交通流，$E_s$越接近1，任意两条街道段间的平均出行效率越高，系统的运转效率也就越高。反之，则任意一次出行的平均绕道距离越长，系统的运转效率也就越低。

## 五、实践案例

### 1. 街道网络显型演变

（1）整合度分析

首先，对街道网络的整合结构演变进行分析（图5-1）。民国成立伊始，北京正值改朝换代之际，明、清时期的街道网络基本延承。由1912年句法图可知，皇城以绝对隔离的方式占据老城几何中心。内城出现两个可达性极强的方环，分别为紧绕皇城的内环与由东、西单大街等贯穿东、西城的街道围合而成的外环。前门大街、宣武门大街等少数几条衔接内、外城的"桥梁"则扮演了外城整合核心的角色，云集众多商业、文化场所。

1912～1928年，皇城的可达性随城墙打通得到一定提升，并有南北长街、池子大街等几条街道跻身前景网络。扩建天安门广场、外延长安街等建设活动致使内城的双重方环被"凹"型整合核心结构取代，若干高可达性街道段在东、西单大街与长安街及其沿线汇聚。外城则在上一时期的基础上又涌现出由新华街与香厂新市区构成的高球杆式前景网络结构。前者作为联通内外外城的第四条"桥梁"，迅速承载了重要的社会经济职能，北京市第一家照相馆、中国最早的高等师范学校、北京电话总局等机构均分布于此。后者作为第一次按照西方现代规划思想营建的街区，由地势低洼、环境杂差的荒地摇身一变成为北京的金融、商业中心，不仅重塑了城市的经济景观，也在很大程度上推动了外城的发展。

1928～1949年，原本中轴对称的整合核心出现明显西偏，这显然得益于第一条贯通老城南北的长街的诞生，其由西单大街、宣武门外大街等构成，不仅拥有最高的整合度，诸多与之相连道路的可达性也得到大幅提升，相应的，西城在彼时发展速度明显加快，西单更是成为最繁华的商业中心之一。

新中国成立后，老城开始进入政治引领的新阶段。1949～1976年，贯穿东西的长安街一跃成为可达性最高的道路，其沿线遍布中央行政机构与国家形象工程，并扮演着国庆阅兵与群众游行的场所，是名副其实的新中轴线，凸显了政治力量对于仪式型空间的塑造能力。同时，整合核心的非均衡格局依旧存在，但倾斜方向却与上一时期相反，内城东的交错长街系统构成新的整合

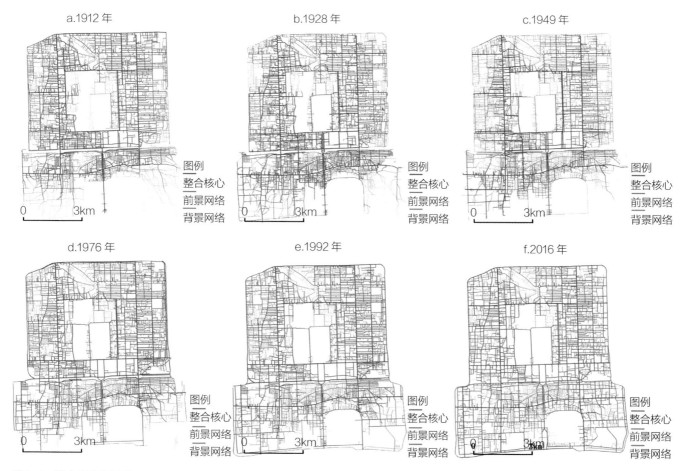

a.1912 年　　　　　　　　b.1928 年　　　　　　　　c.1949 年

d.1976 年　　　　　　　　e.1992 年　　　　　　　　f.2016 年

图例
整合核心
前景网络
背景网络

**图5-1　整合度分析结果**
资料来源：作者自绘

核心集聚区，这应与长安街的贯通以及东北二环外更为通达、完善的网络结构的"拉扯"有关。

1976～1992年，街道网络显型的最大变化莫过于南二环的从无到有，然而由1992年句法图可知，其包含的大多数街道段均处于背景网络，这与环路的初衷相差甚远。相比而言，上一时期便已贯通的北二环则拥有极高的可达性。从更大尺度解释，北二环与长安街以北的前景网络形成了良好共生关系，由此引发了整合度的倍增效应。反观长安街以南，不仅整体可达性较低，与南二环关联的街道段也多为背景网络，这也就引发了整合度的倍减效应。

1992～2016年，大规模改造式更新的持续进行致使老城街道段数量由10925条锐减至9670条，整合结构也出现较大调整。首先，南二环的可达性随长安街以南街道网络的致密、完善提升显著，并与北二环有机衔接。其次，二环路整体与若干贯穿老城的

长街共同构成了"环形+大格网"式整合核心，较以往更为简洁、舒展，彰显了"大马路"在现代城市中的重要位置。同时，东单大街及其串联的若干纵横胡同形成的规则格网结构作为元大都时期的遗留，仍保持显著的通达优势，并在市井文化的基础上，逐步向创意文化街区转型。相比而言，其他区域的许多传统胡同、小巷可达性大幅降低，且在现实生活中也出现明显衰退。

（2）穿行度分析

对街道网络的穿行结构演变展开分析（图5-2）。对比不同时期句法图可知，穿行度的前景网络在1912～1949年间越发均质，大多数街区均存在"必经之路"以减少居民出行过程中的绕道距离。同时，与整合核心演变相似，以皇城为中心，环环相扣式的穿行核心也经历了中轴对称结构消失的过程，但其突破点并非以西单大街为轴的鱼骨状结构，而是由东单大街、鼓楼大街等重要商业通道构成的规则格网结构。

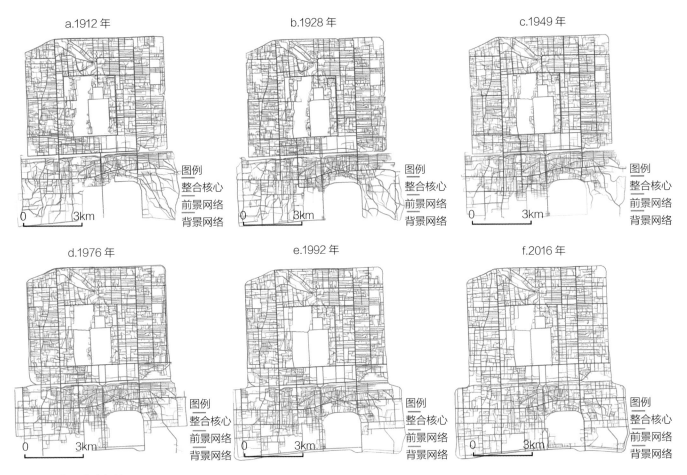

a.1912 年　　　　　　　　b.1928 年　　　　　　　　c.1949 年

d.1976 年　　　　　　　　e.1992 年　　　　　　　　f.2016 年

图例
整合核心
前景网络
背景网络

**图5-2 穿行度分析结果**
资料来源：作者自绘

新中国成立后，由二环路、贯穿老城的长街及其相接的若干街道段构成的老城穿行骨架逐渐凸显，而大多数胡同、小巷对于出行选择的重要程度则出现持续下降，到了2016年，三段式的穿行结构基本稳定，即："环形+大格网"式穿行核心、接轨穿行核心的致密格网式前景网络以及以传统小尺度街道为主的背景网络。究其原因：二环路与纵横长街构成的"环形+大格网"式回路作为连接老城内外的枢纽，串联了大量主、次、支路，并承担着极其重要的通勤职能，故拥有最高的穿行频率。相比而言，地块优先、封闭内向的改造式更新致使一些原本通畅的胡同系统被强行隔断，且越发迂回，穿行频率也降至冰点。

（3）相关参数分析

为了更为客观地阐述老城街道网络显型的演变过程，反映不同时期整合、穿行结构的相关句法参数被记录如下（表5-1）。

| 不同时期相关句法参数演变 | | | | | 表5-1 |
|---|---|---|---|---|---|
| 年份（年） | 街道段数量（条） | 整合度最大值 | 整合度平均值 | 穿行度最大值 | 穿行度平均值 | 整合/穿行结构R$^2$ |
| 1912 | 10427 | 1.64 | 1.02 | 1.58 | 0.88 | 0.33 |
| 1928 | 14341 | 1.69 | 1.07 | 1.60 | 0.87 | 0.31 |
| 1949 | 13178 | 1.91 | 1.17 | 1.62 | 0.87 | 0.37 |
| 1976 | 11660 | 2.07 | 1.29 | 1.60 | 0.89 | 0.44 |
| 1992 | 10925 | 2.06 | 1.29 | 1.59 | 0.90 | 0.47 |
| 2016 | 9670 | 2.05 | 1.36 | 1.57 | 0.91 | 0.50 |

资料来源：作者自绘

就整合度而言，新中国的成立是其参数变化的转折点。1912～1949年，整合度的最大值与平均值分别由1.64、1.02增至1.91、1.17，前景、背景网络的整体可达性均随西方现代规划思想的引入与内、外、皇城关联关系的破冰增幅显著，老城街道网络结构日趋整合、通达。新中国成立后，两者进一步提升，但演变路径出现分叉，最大值在1975、1992与2016年稳定在2.05~2.07，前景网络的可达性随二环路与贯穿老城长街的逐步完善而趋向稳定；平均值则在1992~2016年间由1.29升至1.36，背景网络的可达性随现代城市肌理的大规模植入出现显著提升。

穿行度参数的变化同样具备两段式特征。1912~1949年，穿行度的最大值、平均值分别出现持续上升与下降，前景网络的突显性与承载人、车流的能力不断增强，这也迎合了民国时期快速增长的交通需求与经济活动需求。随后，两者变化开始转向，前者持续下降，后者则截然相反，并在2016年分别达到百余年来的谷值与峰值。由此可知，老城街道网络的几何格网特征在新中国成立后逐渐鲜明，区域间的穿行联系也越来越密切。

值得注意的是，无论"环形+大格网"式整合、穿行核心的明晰，还是诸多胡同、小巷的冷清迂回，整合、穿行结构变得越来越相似。为此，研究以单一街道段为基本单元，对不同时期的整合、穿行结构进行OLS回归，结果表明：两者的$R^2$在1928年后开始持续上升，并在2016年达到0.50。显然，自上而下的政府主导型规划塑造了日益稳固的出行秩序，不同街道段的可达性与交通承载力逐渐趋同，大多数整合、穿行核心与前景网络的功能更为复合，并涌现出交道口大街、王府井大街等独具特色的"明星"街道，但也在一定程度上导致部分以胡同、小巷为主的区域出现空间隔离。

（4）小结

综上所述，政权更替将北京老城街道网络的演变进程分为两部分，民国时期（1912~1949年），内、外、皇城的关联、若干长街的贯通以及香厂新市区的落成等一系列规划变革有效推动了老城街道网络由皇权、礼制主导的封建隔离结构向经济、交通主导的现代开放结构转变，环环相扣、中轴对称式的整合、穿行核心格局同时被打破。新中国成立以后（1949年至今），在政治需求、规划引导与城市扩张的联合推动下，老城的几何格网特征越发明显，二环路与贯穿老城的长街逐渐构成兼具高可达性与高穿行频率的闭合、完整回路，不仅承载了最为重要的首都核心职能，还扮演着城市通勤要道的角色，是名副其实的出行运动骨架，不同区域的传统胡同、小巷则呈现迥异的兴衰演变路径。同时，随着老城出行秩序的日益稳固，不同街道段的可达性与穿行频率逐渐趋同。

## 2. "局部—整体"层级关系演变

由上文可知，不同区域的街道网络演变存在较大差异，那么其"局部—整体"层级关系有何不同？基于研究绘制的皇城、东城、西城与外城的整合度、穿行度"局部—整体"累积分布曲线可知（图5-3、图5-4），不同区域整合度曲线的波动均要比穿行度曲线剧烈得多，这表明各区域的可达性层级关系随时间推移不断变化，穿行频率关系则保持稳定。

进一步比较各区域"局部—整体"层级关系。就整合度而言，有两点值得关注（图5-3）。一是不同时期东、西城的整合度层级关系曲线均具备凹性，两者的整体可达性要高于老城平均水平，尤其是前者，累积速度明显快于其他三个区域，其走势在历经1912~1928年的迅速下降与1928~1976年的缓慢上升后趋向稳定，并有28%~30%的街道段位于老城前景网络之中，较累积速度最慢的外城高出近一倍，展现了技高一筹的可达能力。二是皇城相对动荡的曲线变迁及凸性的持续减弱彰显了其从封闭走向开放的过程。具体来说：封闭、内向的特性致使其在1912年仅有1.66%的街道段位于老城前景网络，近90%的街道段则位于老城后50%的背景网络，随着内、外、皇城的联通，上述两个比值分别变为10%、70%上下。新中国成立后，皇城逐步对外开放，可达性也在持续升高，整合核心、前景网络占比在2016年已达到5.01%、19.86%，后50%的背景网络占比则降至62.40%。就穿行度而言，上述两点同样存在，但由于穿行度曲线自身的稳定性，东城、皇城表现出来的"通达"与"质变"特征相对较弱（图5-4）。

## 3. 运转效率演变

最后，对街道网络结构的运转效率演变展开讨论（表5-2、图5-5）。就老城全域而言，运转效率历经"下降→上升→下降→上升"的起伏过程。其中，两次下降均出现在新政权建立初期。1912~1928年，老城的封闭隔离结构被打破，可达性显著提升，但运转效率却由0.81降至0.72。1949~1976年，老城街道网络结构再次出现剧变，且越发趋向几何格网，但运转效率却由0.76降至0.67。笔者认为其原因实际上是一样的，即：新结构的嵌入。两次政权更替不单重构了老城的社会经济结构，执政者对于城市规划的执念也掀起老城大刀阔斧式的扩容与更新，目的性极强的新结构在短时间内嵌入较为稳定的旧结构，这虽然

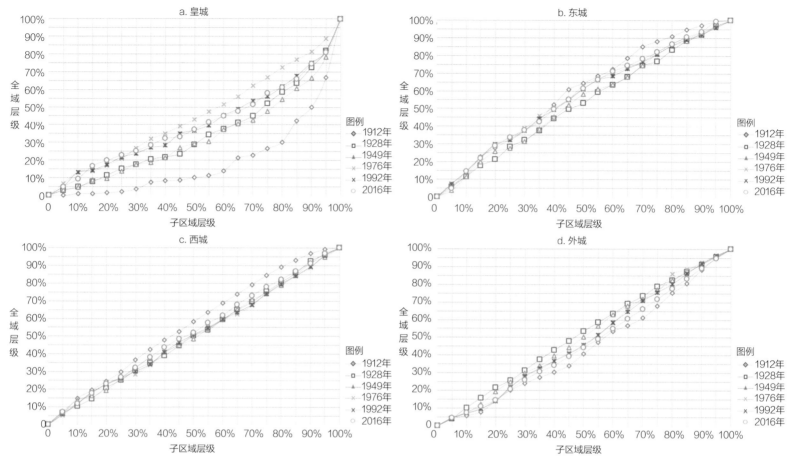

**图5-3　整合度"局部—整体"层级关系曲线**
资料来源：作者自绘

使得老城的整体可达性得到提升，但新旧秩序的相互磨合不可避免地重构了街道段之间的拓扑关系，进而干扰了整个系统的正常运转，运转效率随之下降。再将目光转向两次上升期，即：1928～1949年与1976～2016年。由上文可知，两次新结构嵌入后，老城随即展开一系列规划建设活动，然而无论长街的联通、环路的修建还是局部地块的更新，均具备一个共同特征，即：较强的路径依赖性。这些活动并未打破新旧结构冲突、融合形成的街道网络秩序，而是在此基础上的延续性调整，效率至上的固有原则敦促规划决策者通过大量地观察与实践理解街道网络，包括人、车流会更加青睐哪类路径，既有结构有哪些低效之地等，并针对性地予以优化，如果将优化主体换为街道网络本身，上述过程即可理解为老城内部的自适应与修复过程，由此引发运转效率的提升。

**老城全域及各子区域运转效率演变　　　表5-2**

| 年份（年） | 1912 | 1928 | 1949 | 1975 | 1993 | 2016 |
|---|---|---|---|---|---|---|
| 全域 | 0.81 | 0.72 | 0.76 | 0.67 | 0.72 | 0.78 |
| 东城 | 0.77 | 0.73 | 0.83 | 0.71 | 0.84 | 0.87 |
| 西城 | 0.74 | 0.72 | 0.75 | 0.71 | 0.73 | 0.74 |
| 皇城 | 0.93 | 0.87 | 0.88 | 0.82 | 0.81 | 0.82 |
| 外城 | 0.71 | 0.68 | 0.72 | 0.66 | 0.69 | 0.71 |

资料来源：作者自绘

不同区域的运转效率演变则存在明显差异（表5-2、图5-5）。其中，东、西、外城同样经历了"下降→上升→下降→上升"的起伏过程，但前者上升幅度同比较大，且效率值较高，并于2016年增至0.87。后两者上升幅度较小，最终落脚于0.71、0.74。皇城

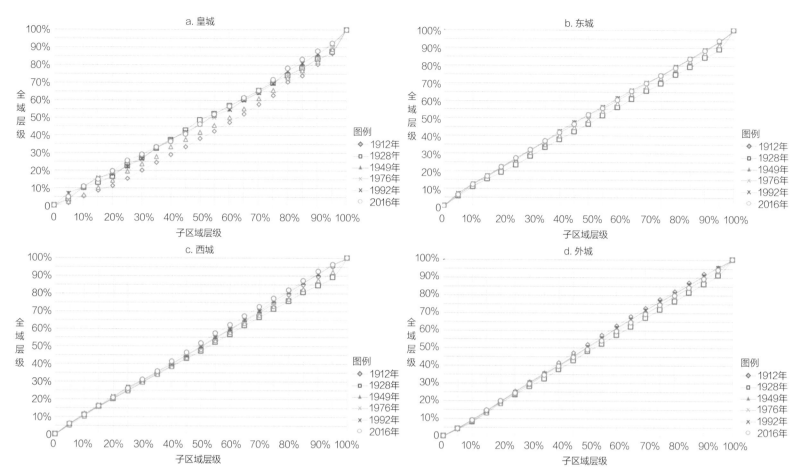

图5-4 穿行度"局部—整体"层级关系曲线
资料来源：作者自绘

则有些特立独行，其运转效率在1912年高达0.93，随后呈阶梯式下降，并于新中国成立后稳定在0.81左右。究其原因，街道网络的几何格网特征是其中的关键环节。由运转效率算法可知，系统越接近规则网络，运转效率值越高，若将系统限定为城市，规则网络即可理解为几何格网。各子区域中，东城街道网络大多垂直、交错，几何格网特征更强，人、车流出行的绕道可能性降低，不同时期的运转效率也就相对较高。同时，这种强几何格网特征赋予东城更好的韧性，即在新结构嵌入后，能够迅速优化自身结构，恢复、提升运转效率。反观西城、外城，其均有部分街道顺应水势、沟渠修建，几何格网特征相对较弱，虽历经多次改造，但并未大幅触及此类迂回肌理，不同时期的运转效率因此略逊于东城，而持续的弱几何格网特征也降低了两区域的韧性，两次上升幅度由此较为平缓。皇城则相对特殊，民国成立之前，其作为一个小规模封闭系统，在长时间的演化发育中调整、优化自身结构，进而拥有

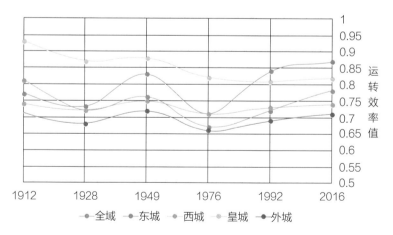

图5-5 运转效率演变曲线
资料来源：作者自绘

接近理想状态的运转效率。随着系统的不断开放，这一稳定高效结构逐步解体，以迎合现当代城市发展诉求，运转效率由此迅速下降。

## 六、研究总结

### 1. 主要结论

研究基于空间句法理论与方法，结合详细史料与历史地图，对民国以来北京老城的街道网络演变展开讨论，结论如下：

政权更替将老城街道网络的演变进程分成两部分：民国时期，老城街道网络由皇权、礼制主导的封建隔离结构向经济、交通主导的现代通达结构转变，环环相扣、中轴对称式的整合、穿行核心格局同时被打破。新中国成立后，在政治需求、规划引导与城市扩张的联合推动下，街道网络的几何格网特征越发明显，二环路与贯穿老城的长街逐渐构成"环形+大格网"式的运动骨架，不同街道段的可达性与穿行频率逐渐趋同。

就"局部—整体"层级关系而言，不同区域的整合度层级关系在百余年来持续变化，穿行度层级关系则相对稳定。其中，东城街道网络在各个时期均展现了技高一筹的可达性与穿行频率，皇城整合度、穿行度层级关系曲线的剧烈波动则展现了其从封闭走向开放的过程。

就运转效率而言，政权更替之际新结构的嵌入与后续规划建设的路径依赖使得老城街道网络的运转效率历经"下降→上升→下降→上升"的起伏过程。这一过程同样出现在东、西、外城，但更强的几何格网特征促使前者的两次上升幅度较大，且在不同时期均拥有较高的运转效率。同时，随着小规模封闭系统的开放，皇城的运转效率在百余年来呈阶梯式下降。

### 2. 保护、更新建议

在空间句法语境中，街道网络不再仅是人、车流运动的载体，更是社会经济要素的容器，这在本文中得到进一步验证。无论长安街由封闭肃穆的"天街"跃迁为集政治、经济及文化景观为一体的"神州第一街"，还是东、西单大街与前门大街百余年来的持续繁荣；无论香厂新市区的昙花一现，还是部分传统小尺度街巷的日渐萧条；无论政权更替之际街道网络结构与社会经济结构的同时性剧变，还是后续演化发育的路径依赖，对于北京老城而言，不同时期的街道网络结构与社会经济结构彼此依存、互利共生。基于这种关系，研究尝试为老城的保护、更新提出三点建议：

（1）建议从历史、演化的视角对老城整体编制街道设计导则。摸底每一条街道的记忆与价值，充分考虑通达能力与功能业态的变迁，萃取关键要素，形成"一街一策"式的设计指引，建构彰显北京历史与未来的文化景观体系。

（2）从街道网络结构入手，为衰落的历史文化街区提供"重生"依据。香厂新市区、鲜鱼口、阜成门内等历史文化片区历经兴衰，现状不容乐观。建议在制定规划策略时重点参考其街道网络结构与演变过程，寻找兴衰原因，预判潜在发展方向，进而思考如何通过对自身或周边街道网络的微调，提升片区的可达性及穿行频率，从街道网络视角为社会经济的"重生"提供依据及可操作的方法。

（3）理解元大都时期的传统营城模式对于现代城市发展的适应与契合，以此为先导，对老城的保护、更新路径进行创新。东城的规则格网结构作为元大都时期的遗留，不仅一直保持良好的通达能力，还拥有具备明显比较优势的运转效率与"空间—社会"韧性。如何依托街道网络优势、悠久历史文脉与现有社会经济活力，引领老城发展路径的创新、优化，是值得我们思考的。

### 3. 研究创新点

研究视角上，运用数字化手段还原老城从封建自闭的传统都城结构向以政治、经济为中心的现代开放城市结构转变的过程，并定量揭示内、外、皇城的互联互通、正阳门改造、香厂新市镇建设等开创性建设活动对于老城开化的催化作用。

研究内容上，在街道网络显型分析的基础上，结合复杂性网络科学中的一些方法，界定"局部—整体"层级关系、运转效率等街道网络的隐型属性，并基于此对老城全域及不同子区域的演变进行分析，发掘老城街道网络显型下的某些结构性特征及其蕴含的社会经济逻辑。

理论架构上，参考复杂性网络理论的新动向，以空间句法对于距离、连接的基础认知为切入点，提出一个新的句法参数—运转效率，其切实考虑微观出行行为，能够从宏观架构上度量街道网络结构的效率。同时，这一参数还可应用于不同尺度、不同区域研究中，例如：识别某一区域到另一区域的运转效率变化，进而推导出两区域之间的关联关系演变；识别不同区域差异化的运转效率变化，进而揭示不同区域街道网络结构的异速生长过程。

# 基于百度POI与交通MNL创新磁铁模型的要素与空间耦合研究

工 作 单 位：浙江省城乡规划设计研究院

研 究 方 向：空间布局规划

参 赛 人：陈桂秋、杨晓光、董翊明、李星月、贺晓琴、陈濛

参赛人简介：参赛团队来自浙江省城乡规划设计研究院。参赛作品对于创新空间理论进行了创新，并依托理论框架建立了分析模型框架，探讨了城市创新的要素与空间之间的互动作用。

## 一、研究问题

### 1. 研究背景及目的意义

中国赶超阶段的目标决定了，市、县、镇、村等多个空间层面的同步增长，但却依赖集体土地低成本置换，由此催生粗放的用地方式，直接助长了城市、园区、街巷等空间"容器"与人流、车流、经济流、信息流等要素"磁铁"的脱节。

为提高单位用地的综合产出效益，国外在20世纪70年代精明增长、新都市主义等思潮下，大规模建设集聚要素的创新园区与科学城，但部分文献指出蓝图构想在分散决策下难以实现，更理性的是制定涵盖"规划–用地–交通–财税–环保"供需引导策略，通过宜居环境建设、产学研联动等激励机制培育创新空间。近十年来，我国也规划了上海杨浦、台湾新竹、杭州未来科技城等创新园区，但空城鬼城也频现，激发了学界深入探讨要素与省市域空间之间的关联。

现有研究总体存在未覆盖不同空间尺度与要素空间两方面、未细分对象与模型、缺数据支撑的问题。其中，国外对土地利用与交通出行的研究日趋精细，但密度、出行特征、社群结构的差异导致国外经验不能直接应用于我国，尚存分歧的模型结果有待经验证伪，但严谨的模型框架值得借鉴。

我国在创新产业与创新空间内在关联领域已积累了若干学术成果，但还未开展"流要素"与"场空间"细分研究，模型偏向复杂模拟，而忽略政策、行为等隐性需求，缺乏逻辑串联社会经济空间体制各环节的体系分析，以及结构–布局整体分析与城市间横向比较，这就难以回答"空间要素究竟在多大程度尺度上作用于要素集聚？空间属性不同的社群是如何决策的？是否受空间变量影响？空间变量的作用范围、强度、机制是怎样的？是否有变量能替代空间变量更好解释要素集聚行为？"等问题。

### 2. 研究目标及拟解决的问题

本研究以浙江省、杭州市及城西片区为例，分析空间对要素、要素对空间之间的多向关联。包括：①收集百度地图POI大数据与居民出行调查小数据，进行统计分析；②选择影响因子，建立多层化的热点网络核密度模型（Point of Interest，POI），模拟不同要素分布对不同尺度空间的影响；③建立细分化的多项逻辑斯蒂克（Multinomial Logistic，MNL）模型，模拟不同空间利用方式对不同要素集聚的影响；④结合模型结果，分析流要素与场空间的作用与机理，获得细分化的空间–要素有效政策分区；⑤提炼多种空间组织模式与要素集聚模式，提出规划政策建议，明确模型应用前景。

已有不同模型的结果差异，能从方法上得到客观解释：①不同城市与空间尺度代表了不同密度与地方需求，都将影响结果有效性。②因子选择与模型架构也会决定结果精度；③模型结果需进一步考量，因为相关性并不能推出因果性。

尚未开展的空间-要素细分研究，可在百度地图POI开源大数据与小数据的支撑下得以推进，并可由此揭露总量数据、小样本数据难以揭示的细节与规律。

## 二、研究方法

### 1. 理论依据及研究方法

创新磁铁模型的理论依据主要包括百度地图POI多层网络、交通非集计多项MNL模型两大方面。

（1）百度地图POI多层网络的理论依据。主要包括集聚经济、城市经济学、级差地租等理论，指出要素的不同集聚程度将影响空间的利用效益。集聚经济理论揭示了企业向某一特定地区集中而产生的利益，是城市存在和发展的重要原因和动力；城市经济学理论认为城市要素规模增长的诸多好处，能折衷大城市病的坏处，因此增长不可避免；级差地租理论认为，等量资本投资在面积相同、等级不同的土地上，将产生不同的利润，所支付的地租也不相同。

（2）交通非集计多项MNL模型的理论依据。主要包括城市空间系统、效用最大化、系统动力学等理论，指出空间利用的不同方式将影响要素集聚的程度与方向。城市空间系统理论提炼了城市形态、联系模式、组织原则三大因子，指出拥堵源自功能在空间配置上不合理衍生的区位矛盾，往往能在用地方式上找到共同根源；效用最大化理论认为满意度是直接影响交通决策的内核因子；行程表、出行链理论认为出行周期（Tour）是各类社会活动的派生需求；系统动力学理论认为修路治堵引入的负反馈环造就了交通拥堵的自我加剧机制。

### 2. 技术路线及关键技术

本研究遵循"问题导向+需求导向+机制导向+行动导向"的技术路线（图2-1）。

（1）问题导向的约束研判。基于研究述评与实地调研，挖掘多层空间"容器"与要素"磁铁"脱节的真实问题，分析背后的

供需不匹配约束。

（2）需求导向的磁力分析。基于百度POI大数据，抓取各市各类POI数据，利用多种模型分析省域、都市区、市域要素"磁铁"分布对空间"容器"布局的影响，省域主要包括规模、就业、居住、商业结构分析，市域及都市区主要包括4类设施要素分析；基于家庭活动小数据，遴选个体属性、出行特征与用地特征三组因子，利用多项逻辑斯蒂克（Multinomial Logistic，MNL）非集计模型，探究空间"容器"对要素"磁铁"分布的影响，通过模型简化、全数据库与子数据库模拟，分析出行起止点用地对不同社群出行方式、距离、频率影响的差异，利用GIS可视化表达用地对不同社群、不同目的的出行起显著影响的治堵政策分区。

（3）机制导向的规则分析。利用大数据分析不同层面空间对要素的作用机制，利用小数据分析多目的出行模式与街区用地形态、社群属性的作用机制，挖掘背后的行为约束、出行决策机理与竞争规则，为依托于用地的政策提供佐证。

（4）行动导向的模式提炼。根据模型结果的规划政策意涵，将省域分为多个城镇化地区，将城市分为多个集聚中心，将街区细分为多个中观单元，提炼出包含一揽子战略限定条件的多种中观组织模式，提出用地-交通一体化发展的措施，明确空间增长管理制度的顶层设计与行动时序。

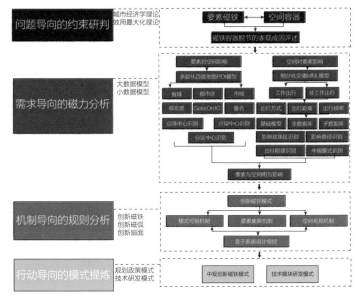

图2-1 技术路线图

# 三、数据说明

## 1. 要素"磁铁"对空间"容器"影响模型数据概况

本研究选取了浙江省杭州、宁波、温州、嘉兴、湖州、绍兴、金华、衢州、舟山、台州、丽水11个地级市百度地图的6大类用地、20中类热点、149个小类设施104万余条POI，作为研究数据。选取商业、居住、就业以及各类设施等常用要素作为因子。

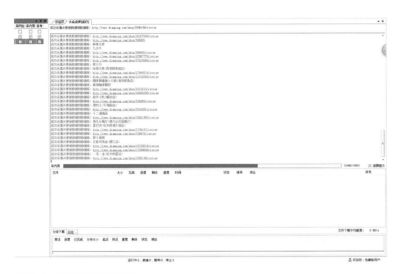

图3-1 数据抓取过程图

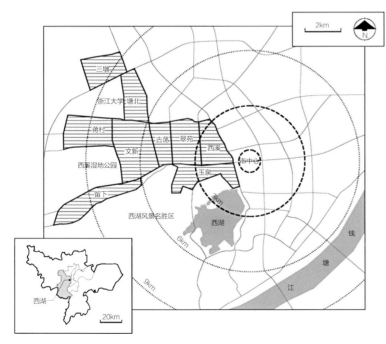

图3-2 调查区域图

## 2. 空间"容器"对要素"磁铁"影响模型数据概况

本研究选取杭州作为样本城市，调查共发放问卷2000份，回收1808份，整理后有效问卷1365份。模型的因子初步分为个体特征、出行特征与土地利用特征三类。

# 四、模型算法

## 1. 要素"磁铁"对空间"容器"影响算法

首先，基于核密度估计和Getis-Ord G*指数法识别城市尺度下，商业休闲、科技产业园、金融商务以及教育医疗设施的热点区域，判断城市内产业集聚特征，分析城市规模（人口、经济水平）、交通设施、人文环境等因子对于各类POI空间分布特征的影响。

其次，基于核密度估计，识别省域及都市区的规模结构、就业结构、居住结构、商业结构。

最后，识别总体公共中心、分项中心和分区集聚水平（图4-1）。

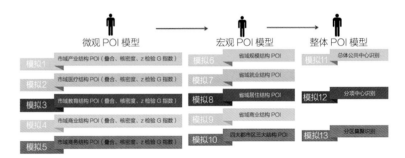

图4-1 POI模型架构

算法采用Getis Ord G算法，用以度量每一个观测值与周围邻近要素之间是否存在空间关联的G统计量，通过对比某一类要素及其给定距离范围内的要素属性值，与总体研究范围内的总体特征进行对比，从而在统计学意义上描述某一类属性在空间上存在的集聚水平。其公式表示为：

$$G_i^* = \frac{\sum_{j=1}^{n} w_{ij}(d)x_j}{\sum_{j=1}^{n} x_j} \qquad (4-1)$$

式中：$X_j$——第$j$各空间单元的要素属性值；$n$——要素总数；$W_{i,j}$——空间权重矩阵，若第$i$和第$j$各空间单元之间的距离位于临界距离$d$之内，则认为它们是"邻居"，空间权重矩阵中的元素为1；否则为0；$G_i^*$统计量值越高，则说明要素属性值越显著。

### 2. 空间"容器"对要素"磁铁"影响模型算法

建立细分化的交通MNL模型，针对2类出行，以3种应变量建立3类子模型，通过3大模拟过程，实现数据库4种细分，形成4大可视化政策工具。

首先，收集工作出行与非工作出行的家庭活动数据，选取社群属性、出行特征、土地利用特征、态度特征等因子；

其次，分别以出行方式、出行距离、出行频率为因变量，建立子模型。

然后，通过基础模型简化、全数据库模拟、子数据库模拟等步骤，在控制各类变量的情况下，探索土地利用对交通出行的影响，其中子数据库模拟可分为按收入、按距离、按距离与收入等。

最后，形成空间对要素政策区识别、空间对要素路径识别、出行决策肌理识别、中观磁铁模式识别4种政策工具（图4-2）。

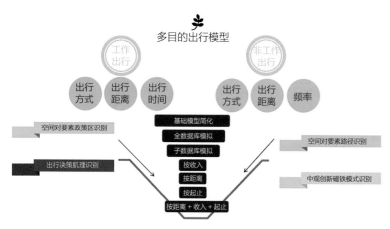

图4-2　MNL模型架构图

（1）MNL基础优势比模型

为模拟土地利用和个体出行之间的关系，将影响出行方式选择的因子分为个体属性、出行特征、土地利用特征三大类。其中，为降低距离、时间、频率这三个出行变量间的强交互影响，本研究采用"距离"变量包容时间与频率。

据此，以出行方式为因变量，假定一个多项逻辑斯蒂克模型（Base Model）：

$$Logit\ (P_1/P_2) = f\ (SD_i, D_i, LU_i) \qquad (4-2)$$

式（4-2）中：Logit（$P_1/P_2$）=任意两种交通方式优势比的自然对数值；$SD$=个体属性；$D$=出行距离；$LU$=土地利用变量；

$i$=1，2，…，指样本个体。

（2）MNL细分优势比模型

在具体的模拟分析中，以小汽车作为共同的参照目标，对比其他四种出行方式，获得如下四个应用分析模型：

$$LN\ (P_{walk}/P_{car}) = \beta_{a0}+\beta_{a1}X_1+\beta_{a2}X_2+\beta_{a3}X_3+\cdots\cdots+\beta_{an}X_n \qquad (4-3)$$

$$LN\ (P_{bike}/P_{car}) = \beta_{b0}+\beta_{b1}X_1+\beta_{b2}X_2+\beta_{b3}X_3+\cdots\cdots+\beta_{bn}X_n \qquad (4-4)$$

$$LN\ (P_{e-bike}/P_{car}) = \beta_{c0}+\beta_{c1}X_1+\beta_{c2}X_2+\beta_{c3}X_3+\cdots\cdots+\beta_{cn}X_n \qquad (4-5)$$

$$LN\ (P_{transit}/P_{car}) = \beta_{d0}+\beta_{d1}X_1+\beta_{d2}X_2+\beta_{d3}X_3+\cdots\cdots+\beta_{dn}X_n \qquad (4-6)$$

式（4-3）至式（4-6）中：$X$=各项自变量；$\beta$=各项自变量的系数与常数项。

## 五、实践案例

### 1. 要素"磁铁"对空间"容器"影响结果

（1）市域微观结构分析

对杭州市域范围内的产业空间进行核密度分析，高密度集聚区主要分布于杭州主城区以及临平、下沙、江南副城。

叠加"六普"人口分析可知，钱江新城周边人口集聚程度较高但产业集聚程度较低，钱塘江南萧山区块人口规模较为平均但产业设施相对较少，其余地区人口密度其余区块基本与人口分布一致。中心城区极化效应仍然明显，但周边副城已经随着人口、资源的流动开始分担中心城区的产业职能，逐渐呈现出多中心的特征（图5-1）。

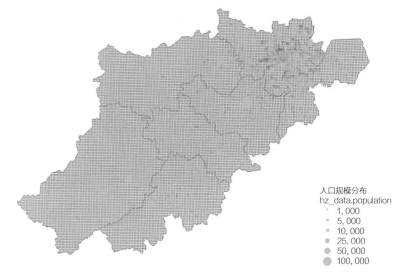

人口规模分布
hz_data.population
· 1,000
· 5,000
· 10,000
● 25,000
● 50,000
● 100,000

图5-1　产业集聚程度与人口分布的相关性分析图

（2）省域宏观结构分析

以省域规划提出的"五级"为对象，选取与规模结构"产城人"等要素相关的"就业、商业、居住"等POI，进行核密度拟合分析，得出省域现状规模结构图。

总体结果显示：规模结构在全省大尺度上呈较为显著的"大集中、小分散"单中心等级式分布，四大都市区（长三角区域中心城市）的核密度最高，其次是台州、嘉兴、绍兴、湖州、衢州、丽水和舟山等7座省域中心城市，部分中心镇与县市域中心的核密度分布相近，一般镇的核密度最低，基本符合省域规划的规模结构划定。

## 2. 空间"容器"对要素"磁铁"影响结果

（1）基础模型简化

非工作出行基础模型。由SPSS软件计算出非工作出行的基础模型，仅纳入个体属性和距离两组因子。其中，Column A和Column B显示了变量筛选前后各因子的变化（表5-1）：

1）Column A表明，"出行距离"和"电动车拥有量"是影响居民非工作出行最重要的因子。说明非工作出行受距离、交通工具拥有情况的影响较大。

2）删除无显著性意义的因子后，Column B显示了仅纳入距离、家庭总人数、小汽车、电动车、自行车拥有量、年收入、文化7个变量的简化基础模型结果。尽管模型拟合效果有所下降，但这是多次筛选后的最简化形式。

非工作出行基础模型拟合效果　表5-1

| | Column A | | Column B | |
|---|---|---|---|---|
| | $\chi^2$ | sig. | $\chi^2$ | sig. |
| Dis（距离） | 284.5 | 0.000*** | 333 | 0.000*** |
| Fam1（家庭总人数） | 8.2 | 0.083* | 8.6 | 0.071* |
| Fam2（家庭工作人数） | 4.7 | 0.312 | | |
| Fam3（家庭成年人数） | 4.4 | 0.349 | | |
| Fam4（家庭上学人数） | 5.5 | 0.240 | | |
| Veh1（小汽车拥有量） | 21.3 | 0.000*** | 234.2 | 0.000*** |
| Veh2（电动车拥有量） | 116.5 | 0.000*** | 137.9 | 0.000*** |
| Veh3（自行车拥有量） | 19.1 | 0.001** | 23.3 | 0.000*** |

续表

| | Column A | | Column B | |
|---|---|---|---|---|
| | $\chi^2$ | sig. | $\chi^2$ | sig. |
| Inc1（年收入小于6万） | 9.9 | 0.041* | 21.8 | 0.000*** |
| Inc2（年收入6万~10万） | 2.2 | 0.697 | | |
| Inc3（年收入大于10万） | 6.6 | 0.160 | | |
| Edu1（大专及以下） | 4.1 | 0.392 | | |
| Edu2（本科及以上） | 16.7 | 0.002** | 15.4 | 0.004** |
| 模型整体$\chi^2$ | 987.8 | | 858.4 | |
| 伪$R^2$（Cox & Snell） | 0.645 | | 0.548 | |

工作出行基础模型。同理，可得出工作出行的基础模型。其中，距离和小汽车拥有量是最能影响通勤方式的因子。

（2）全数据库模拟

非工作出行全数据库模拟。以非工作出行为例，将土地利用纳入4个模型，表5-2是单独纳入商住用地比的结果，表5-3是其余土地变量的汇总。结果显示：土地利用在"电动车/小汽车"和"公交车/小汽车"的比选中无统计意义；在"步行/小汽车"和"自行车/小汽车"中影响力不大，但呈正比关系。

1）商住用地比——在"步行/小汽车"的比较中，商业居住用地比越高，步行的选择概率越大，而在其他模型中作用不显著。

2）沿街商铺长度比、路网密度、支路网密度、道路连通度与公交密度——都仅在"自行车/小汽车"中有影响，表现为鼓励自行车的出行概率；但公交密度在"公交汽车/小汽车"中也没有显著影响。

3）公共自行车密度——在"步行/小汽车""自行车/小汽车"的比较中，都表现为抑制小汽车的出行概率。

4）"道路连通度、公共自行车密度、沿街商铺长度比、公交密度"比"商住用地比、路网密度、支路网密度"更能鼓励出行的非小汽车选择。

工作出行全数据库模拟。同理，可得出工作出行的全数据库模型（过程略）。结果表明：土地利用在"自行车/小汽车"和"公交车/小汽车"的选择中无解释力；在"步行/小汽车"和"电动车/小汽车"中虽然有影响，但却呈反比。

（3）子数据库模拟

全数据库分析结果显示，在"电动车/小汽车、公交车/小汽

**"商住用地比"在4个模型中的参数结果** 表5-2

| | B | S.E. | Wald | Sig. | B | S.E. | Wald | Sig. |
|---|---|---|---|---|---|---|---|---|
| | 模型1.步行与小汽车优势比的对数模型 | | | | 模型2.自行车与小汽车优势比的对数模型 | | | |
| 距离 | -1.128 | 0.095 | 142.6 | 0.000*** | -0.311 | 0.068 | 21.1 | 0.000*** |
| 小汽车拥有量 | -1.376 | 0.170 | 65.7 | 0.000*** | -2.056 | 0.235 | 76.7 | 0.000*** |
| 电动车拥有量 | 0.132 | 0.156 | 0.7 | 0.398 | -0.421 | 0.212 | 3.9 | 0.047 |
| 自行车拥有量 | 0.145 | 0.111 | 1.7 | 0.192 | 0.585 | 0.135 | 18.8 | 0.000*** |
| 家庭总人数 | -0.189 | 0.100 | 3.6 | 0.058* | -0.102 | 0.123 | 0.7 | 0.406 |
| Inc1（小于6万） | 0.772 | 0.328 | 5.5 | 0.019* | 0.722 | 0.370 | 3.8 | 0.051* |
| Edu2（本科） | -0.536 | 0.204 | 6.9 | 0.009** | -0.962 | 0.285 | 11.4 | 0.001** |
| 商业居住用地比 | 0.911 | 0.381 | 5.7 | 0.017** | -0.044 | 0.478 | 0.009 | 0.926 |
| | 模型3.电动自行车与小汽车优势比的对数模型 | | | | 模型4.公交汽车与小汽车优势比的对数模型 | | | |
| 距离 | -0.047 | 0.043 | 1.2 | 0.276 | 0.072 | 0.039 | 3.3 | 0.068* |
| 小汽车拥有量 | -1.819 | 0.220 | 68.2 | 0.000*** | -2.289 | 0.242 | 89.6 | 0.000*** |
| 电动车拥有量 | 1.482 | 0.171 | 75.3 | 0.000*** | -0.401 | 0.207 | 3.8 | 0.052* |
| 自行车拥有量 | -0.062 | 0.137 | 0.2 | 0.650 | 0.000 | 0.139 | 0.000 | 0.995 |
| 家庭总人数 | -0.192 | 0.111 | 3.0 | 0.084* | 0.122 | 0.113 | 1.2 | 0.279 |
| Inc1（小于6万） | 1.278 | 0.316 | 16.3 | 0.000*** | 0.158 | 0.393 | 0.2 | 0.689 |
| Edu2（本科） | -0.385 | 0.266 | 2.1 | 0.148 | -0.317 | 0.273 | 1.4 | 0.246 |
| 商业居住用地比 | 0.618 | 0.375 | 2.7 | 0.1 | 0.268 | 0.390 | 0.5 | 0.492 |

**其他土地利用变量在4个分析模型中的参数结果** 表5-3

| | B | S.E. | Wald | Sig. | | B | S.E. | Wald | Sig. |
|---|---|---|---|---|---|---|---|---|---|
| | 1.沿街商铺长度比 | | | | | 2.路网密度 | | | |
| 模型1 | 0.275 | 0.625 | 0.2 | 0.66 | 模型1 | 0.056 | .057 | 0.99 | 0.321 |
| 模型2 | 2.021 | 0.789 | 6.6 | 0.01* | 模型2 | 0.168 | .073 | 5.2 | 0.022* |
| 模型3 | 0.520 | 0.721 | 0.5 | 0.471 | 模型3 | 0.016 | .066 | 0.06 | 0.805 |
| 模型4 | 0.224 | 0.786 | 0.08 | 0.775 | 模型4 | 0.007 | .075 | 0.009 | 0.926 |
| | 3.支路网密度 | | | | | 4.道路连通度 | | | |
| 模型1 | 0.045 | 0.107 | 0.2 | 0.672 | 模型1 | 0.005 | .003 | 1.8 | 0.18 |
| 模型2 | 0.328 | 0.135 | 5.9 | 0.015* | 模型2 | 0.013 | .005 | 8.6 | 0.003** |
| 模型3 | 0.088 | 0.128 | 0.5 | 0.494 | 模型3 | 0.002 | .004 | 0.2 | 0.627 |
| 模型4 | 0.172 | 0.143 | 1.4 | 0.229 | 模型4 | 0.004 | .004 | 1.1 | 0.305 |
| | 5.公交密度 | | | | | 6.公共自行车密度 | | | |
| 模型1 | 0.016 | 0.015 | 1.1 | 0.284 | 模型1 | 0.000 | .956 | 1.1 | 0.005** |
| 模型2 | 0.047 | 0.018 | 6.6 | 0.01* | 模型2 | 0.011 | .006 | 3.2 | 0.074* |
| 模型3 | 0.004 | 0.017 | 0.06 | 0.803 | 模型3 | -0.003 | .006 | 0.4 | 0.545 |
| 模型4 | -0.005 | 0.018 | 0.07 | 0.793 | 模型4 | -0.004 | .006 | 0.4 | 0.513 |

车"的比选中，出行距离对决策无影响，而小汽车拥有量、收入等经济属性才是主导因子。显然，如果不根据出行距离及经济条件对样本进行分组，就必将导致土地利用模拟结果不真实。为此，将全样本数据拆分为不同子数据组（由于结果较繁琐，以非工作出行为例，省略工作出行的子数据库模拟结果）。

按收入高低将全样本拆分为"低收入（6万以下）、中等收入（6万~10万）和中高收入（10万以上）"三个子数据库（表5-4）。结果显示，土地利用对不同社群的出行决策都有显著的正相关

土地利用变量在4个子数据库模型中的参数结果简表　　　　　　　　　　　　表5-4

| | 1.低收入（503份） | | | | 2.中等收入（272份） | | | | 3.中高收入（564份） | | | |
|---|---|---|---|---|---|---|---|---|---|---|---|---|
| | B | S.E. | Wald | Sig. | B | S.E. | Wald | Sig. | B | S.E. | Wald | Sig. |
| 商住用地比 | | | | | | | | | | | | |
| 模型1 | 2.219 | 1.019 | 4.7 | 0.029* | 0.530 | 0.524 | 1.0 | 0.311 | 1.944 | 0.967 | 4.0 | 0.044* |
| 模型2 | -0.068 | 1.28 | 0.0 | 0.958 | 0.153 | 0.595 | 0.1 | 0.797 | -0.452 | 1.339 | 0.1 | 0.736 |
| 模型3 | 1.134 | 0.913 | 1.5 | 0.214 | 0.797 | 0.495 | 2.6 | 0.108 | -0.190 | 1.383 | 0.0 | 0.891 |
| 模型4 | 1.607 | 1.101 | 2.1 | 0.144 | 0.215 | 0.498 | 0.2 | 0.666 | -1.602 | 1.232 | 1.7 | 0.194 |
| 沿街商铺长度比 | | | | | | | | | | | | |
| 模型1 | -0.602 | 2.257 | 0.0 | 0.789 | -0.070 | 0.964 | 0.0 | 0.942 | 0.484 | 0.987 | 0.2 | 0.624 |
| 模型2 | 2.656 | 2.530 | 1.1 | 0.294 | 1.444 | 1.166 | 1.5 | 0.215 | 2.899 | 1.430 | 4.1 | 0.043* |
| 模型3 | -2.691 | 2.285 | 1.4 | 0.239 | 1.038 | 1.058 | 1.0 | 0.327 | 1.205 | 1.313 | 0.8 | 0.359 |
| 模型4 | -5.601 | 3.735 | 2.2 | 0.134 | 0.700 | 1.082 | 0.4 | 0.518 | 1.666 | 1.427 | 1.4 | 0.243 |
| 路网密度 | | | | | | | | | | | | |
| 模型1 | 0.018 | 0.179 | 0.0 | 0.918 | 0.000 | 0.090 | 0.0 | 0.997 | 0.138 | 0.088 | 2.4 | 0.118 |
| 模型2 | 0.306 | 0.209 | 2.1 | 0.144 | 0.245 | 0.109 | 5.1 | 0.024* | -0.040 | 0.129 | 0.1 | 0.760 |
| 模型3 | 0.007 | 0.166 | 0.0 | 0.965 | 0.009 | 0.095 | 0.0 | 0.928 | 0.106 | 0.131 | 0.7 | 0.420 |
| 模型4 | -0.183 | 0.224 | 0.7 | 0.413 | 0.128 | 0.103 | 1.6 | 0.213 | -0.107 | 0.141 | 0.6 | 0.449 |
| 支路网密度 | | | | | | | | | | | | |
| 模型1 | -0.174 | 0.359 | 0.2 | 0.629 | -0.067 | 0.176 | 0.1 | 0.701 | 0.198 | 0.155 | 1.6 | 0.202 |
| 模型2 | 0.840 | 0.435 | 3.7 | 0.054* | 0.368 | 0.203 | 3.3 | 0.070* | -0.018 | 0.240 | 0.0 | 0.939 |
| 模型3 | -0.200 | 0.341 | 0.3 | 0.558 | 0.092 | 0.191 | 0.2 | 0.631 | 0.347 | 0.238 | 2.1 | 0.145 |
| 模型4 | -0.511 | 0.494 | 1.1 | 0.301 | 0.406 | 0.200 | 4.1 | 0.043* | 0.056 | 0.256 | 0.1 | 0.826 |
| 道路连通度 | | | | | | | | | | | | |
| 模型1 | 0.001 | 0.010 | 0.0 | 0.950 | 0.000 | 0.005 | 0.0 | 0.991 | 0.013 | 0.006 | 4.8 | 0.029* |
| 模型2 | 0.020 | 0.013 | 2.4 | 0.120 | 0.014 | 0.007 | 4.9 | 0.027* | 0.008 | 0.008 | 0.9 | 0.352 |
| 模型3 | 0.000 | 0.009 | 0.0 | 0.950 | 0.000 | 0.005 | 0.0 | 0.935 | 0.012 | 0.008 | 2.0 | 0.162 |
| 模型4 | -0.009 | 0.012 | 0.5 | 0.467 | 0.01 | 0.006 | 2.7 | 0.101 | 0.004 | 0.008 | 0.2 | 0.665 |

| | 1.低收入（503份） | | | | 2.中等收入（272份） | | | | 3.中高收入（564份） | | | |
|---|---|---|---|---|---|---|---|---|---|---|---|---|
| | B | S.E. | Wald | Sig. | B | S.E. | Wald | Sig. | B | S.E. | Wald | Sig. |
| 公交密度 | | | | | | | | | | | | |
| 模型1 | 0.026 | 0.049 | 0.3 | 0.595 | -0.005 | 0.024 | 0.0 | 0.848 | 0.039 | 0.023 | 2.8 | 0.095* |
| 模型2 | 0.092 | 0.055 | 2.8 | 0.096* | 0.055 | 0.028 | 3.9 | 0.047* | 0.022 | 0.031 | 0.5 | 0.478 |
| 模型3 | -0.004 | 0.047 | 0.0 | 0.928 | -0.004 | 0.025 | 0.0 | 0.865 | 0.044 | 0.033 | 1.8 | 0.174 |
| 模型4 | -0.065 | 0.066 | 1.0 | 0.327 | 0.008 | 0.025 | 0.1 | 0.750 | 0.003 | 0.033 | 0.0 | 0.935 |
| 公共自行车密度 | | | | | | | | | | | | |
| 模型1 | -0.022 | 0.015 | 2.1 | 0.148 | -0.005 | 0.008 | 0.4 | 0.520 | 0.013 | 0.008 | 2.8 | 0.095* |
| 模型2 | 0.021 | 0.018 | 1.3 | 0.263 | 0.015 | 0.009 | 2.8 | 0.093* | -0.005 | 0.011 | 0.2 | 0.646 |
| 模型3 | -0.012 | 0.014 | 0.7 | 0.408 | -0.007 | 0.008 | 0.7 | 0.414 | 0.009 | 0.012 | 0.6 | 0.426 |
| 模型4 | -0.030 | 0.019 | 2.5 | 0.112 | 0.006 | 0.008 | 0.6 | 0.433 | -0.013 | 0.012 | 1.3 | 0.255 |

性，对中高收入者的影响略高于低收入者，且影响因子迥异。

1）在低收入社群模拟中，商住用地比在"步行/小汽车"的比较中能增加步行出行的概率；支路网密度、公交密度在"自行车/小汽车"的比较中能显著提高自行车出行概率。但仅是统计意义，因为低收入者很少有支付小汽车的能力。

2）在中等收入社群模拟中，支路网密度在"自行车/小汽车、公交车/小汽车"的比较中能提高自行车与公交车选择概率；路网密度、道路连通度、公交、自行车密度在"自行车/小汽车"的选择比较中，能提高自行车的选择概率。

3）在中高收入社群模拟中，商住用地比、道路连通度、公交线网密度、公共自行车密度在"步行/小汽车"的比较中会提高步行的概率；沿街商铺长度比在"自行车/小汽车"的选择比较中，会显著提高自行车的概率。

按距离远近。当出行距离过远时，步行、自行车和电动车将很难满足居民的需求，若用全数据库模拟，就会夸大距离因子的影响。因此，在对"步行/小汽车、自行车/小汽车、电动车/小汽车"的模拟中，将样本分别限定在2km、4 km、6 km以内（结果略）。结论为：

（1）步行/小汽车（2 km内）——商住用地比、路网密度、道路连通度、公交和自行车密度都能显著增加居民的步行概率，反

映了全数据库未有的细节。

（2）自行车/小汽车（4 km内）——路网密度、支路网密度、道路连通度、公交和公共自行车密度能显著增加自行车选择概率，与全数据库结果基本一致。

（3）电动车/小汽车（6 km内）——商住用地比的增加能显著提高电动自行车的出行概率，与全数据库结果不一致。

### 3. 模型可视化表达

（1）要素"磁铁"对空间"容器"影响可视化表达

以杭州市为例，分类提取GDP、商业休闲、商务金融、产业园区、教育、医疗设施各类POI数据分布，并与空间叠加分析如图5-2：

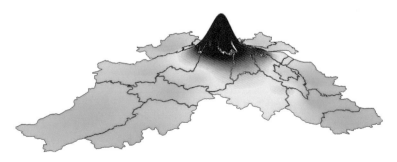

图5-2 杭州都市区GDP分布图

在此基础上，进一步对城区商业中心进行识别，结果表明城区已基本形成市区范围内商业连绵、部分商业逐渐外拓的特征。下沙区块由于高教园区的建设，集聚着一批为学生生活服务的零售商业，商业品质不高，但数量规模较大。

结合中心城区商业设施热点叠加分析，市区周边商业也已形成多个热源点，武林商圈、钱江新城、城西等多个板块已经形成了商业设施的连绵发展，这也表明主城区网络化的商业格局已经初步形成（图5-3、图5-4）。

（2）空间"容器"对要素"磁铁"影响可视化表达

街区土地利用与多目的出行模式——非工作出行情景。在高人口密度、高社群混合的样本街区，易形成以"小汽车、步行、电动车"为主的非工作出行结构。模型结果则表明，街区土地利用对不同社群出行方式选择具有显著的统计意义，但不同因子的解释力有所差别（图5-5、图5-6），推论为：

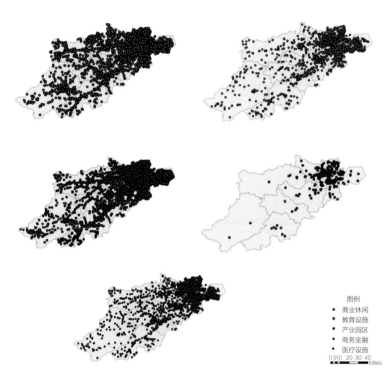

图5-3　杭州市域商业休闲、商务金融、产业园区、教育、医疗设施POI空间分布

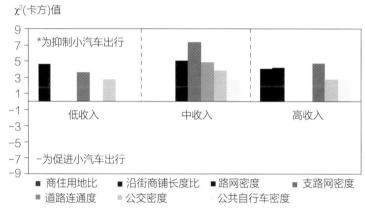

图5-5　土地利用变量对不同社群出行方式的影响（非工作出行模型）

1）街区可达性的提高，可明显提高非工作出行的步行、自行车选择概率。

2）街区商住混合度的增加，有助于减少非工作出行的小汽车选择概率。

3）公交服务水平的提高可以鼓励非工作出行的非机动化选择，但公交密度本身尚不足以抑制小汽车选择概率。

街区土地利用与多目的出行模式——工作出行情景。案例城区通勤结构主要由"小汽车、公交车和电动车"构成，但与经验相悖的是，高密度路网、混合开发等土地利用举措并未鼓励非机动出行，反而助长了小汽车出行，推论为：

1）在较高的收入水平下，土地利用难影响通勤方式。

2）对混居的社群来说，"道路连通度、路网、支路网密度"的提高反而提升了中低收入者对小汽车的接受度。

3）在街区蔓延增长中，土地混合难在短期内促进职住平衡。

4）在较差的非机动出行环境下，公交线网密度的提升不能带动非机动化通勤。

图5-4　中心城区商业设施热点叠加与识别图

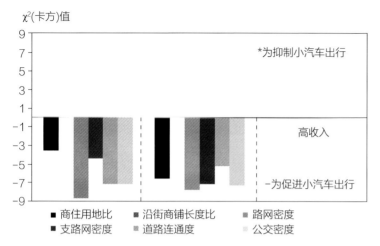

图5-6　土地利用变量对不同社群出行方式的影响（工作出行模型）

多目的出行情景。计量模型结果表明，街区土地利用对非工作出行有一定影响，而对工作出行的影响有限。可能的解释是，工作出行作为非弹性出行，在严格限定的时间与距离下受效用最大化原则的影响有限；非工作出行作为弹性休闲出行，受时间、距离的限制小，易受使用约束与空间福利的影响。

在获得精细的用地影响分区的基础上，为可视化土地利用影响的空间范围，有必要利用GIS软件的网络分析（Network）模块，根据实际路径描绘出可寄托于用地优化的交通政策有效范围。以超市出行方式因变量为例，根据"2~4km低收入社群"起止点双重子数据库模拟结果，土地利用的最终影响范围如图5-7所示。

图5-7　土地利用变量对2~4km低社群出行方式的影响分区（非工作模型）

（3）分类导控的中观空间组织模式

我国大城市不仅在建成区尺度上表现为高密度填充、大规模连绵，在街区尺度上也呈现社群混合、高频率更新的特征。这种格局决定了，有必要遵循中观组织结构优化的渐进思路，近期改进矛盾凸显的出行联系模式，推动拥堵源头的城市形态与空间组织原则变革。具体目标包括：一是优化出行方式。改变不适宜相应尺度的交通方式选择，鼓励非机动出行；二是优化出行尺度。通过用地混合策略增加人口密度与设施密度，缩短出行尺度，减少城市出行总量；三是优化出行组织层次。调整不同距离段出行关系，使高频率出行在小尺度内得到满足。

在以上目标导向下，为显化拥堵缓解机制，避免拥堵加剧机制，适宜将多个街区作为空间组织的中观单元（层次），根据土地利用对不同社群的影响分区（即细分模型），将街区分为"中高收入者居住地2km内、低收入者居住地2km内、中高收入者居住地2~4km内与低收入者居住地2~4km内"四个中观空间组织优化单元，以获得细致的政策分区；并且，根据各单元的特点提炼平衡交通供需的多种中观"创新磁铁"组织模式，每种模式又是由一揽子战略要素限定条件（用地控制、设施配置、交通提升等）构成，共计53条细则。

需强调的是，这四种中观组织模式之间是相互平行的关系，同时也并非与社群混居的理念相悖，只是在应对不同类型规划设计时有明确的导向。此外，虽然中观组织单元的空间尺度大于城市控规单元，但却可遵循层次优化的原则予以落实，如可在控规单元尺度解决的问题通过控规协调，而不能在控规单元尺度解决的问题通过其他规划协调，中观组织单元指向的也正是控规单元改革。

## 六、研究总结

### 1. 模型特点

在我国城市建成区扩张与功能更替下，要素"磁铁"与空间"容器"的脱离就像一面镜子，折射出粗放发展下内生磁力不足的体系性内耗，但传统模型尚不能反映这些复杂影响，也未引起学界的足够关注。

为此，本研究利用无需政务交流的API接口数据创新获取方式，建构了创新磁铁模型，既可依托多层化的百度地图POI探究要素对空间影响，也可借助细分化的交通多项逻辑斯蒂克模型探究空间对要素影响，主要特点可总结为"4个结合"，即要素与空间结合、大小数据结合、多层空间结合、细分属性结合。主要结论为：

（1）创新磁铁模型总体分析表明，浙江省域间要素–空间磁力较弱，主要是由浙江块状加民营的扁平化禀赋决定的；市域间要素–空间磁力的可塑性较大，以新经济主导的都市区要素–空间磁力较强，良好的空间布局能推动要素更高质量的集聚，高端要素对高端空间的依赖性较强。

（2）省域宏观结构POI分析表明，浙江尚未形成《浙江省城镇体系规划》预期的"三群四区七核五级网络化"结构，在等级、居住与商业要素集聚上仍是以杭州都市区为核心加若干散点的"单中心结构"，在就业上更是以杭州为主的"单打冠军"，在空间上则是北部平原网络化、东南沿海点轴化、西南山区散点化并存的"平行世界"。各类POI数据纵向反映了各级城镇以"块状+民营"工业为基、以商业为辅的增长过程，横向反映了"杭领先、温与金义紧随、甬落后"的四大都市区现状。

（3）市域微观结构POI分析表明，杭州东部地区集聚着大量的资源，杭州中心城区仍然是各类设施的核心，未来杭州主城区仍然承担着区域服务的职能。各类设施中，市域微观结构POI模型Getis Ord G网络分析表明，杭州东部地区集聚大量资源，中心城区仍是各类设施核心，西部地区也将崛起，市域将向东西部两个扇面同时打开。各类设施中，产业增量在市域的分布较散，公益类设施"一心独大"，商业设施在城区已连绵成网。

（4）交通多项MNL模型分析表明，土地利用不仅可调节居民的机会、距离、时间、金钱、心理等成本而直接影响出行模式，也可通过居住区位选择间接影响出行决策。对于受时空约束较大的工作非弹性出行，街区土地优化负反馈于非机动方式选择，因为在足够的财富水平下，小汽车通勤边际成本远低于用地优化成本，较差的非机动环境也会吞噬公交线网加密的硕果。对具有休闲性质的非工作弹性出行，在控制社群属性与距离的基础上，居住地土地优化正反馈于非机动方式选择。

（5）有必要遵循中观空间组织优化的渐进思路，根据用地对不同社群作用差异将街区细分为中观单元，近期制定涵盖用地预留、设施配置、小汽车管制、非机动优化等战略限定条件的中观"创新磁铁"组织模式，不断强化要素"磁铁"与空间"容器"之间的联系。

## 2. 应用前景

针对我国要素多元、空间密实、社群混合、出行多样的特征，本文采用的大小数据多重化、细分化、双向化模拟思路，不仅有助于立体刻画不同要素集聚对不同空间布局的影响，也有助于揭示不同空间供给对不同要素集聚影响的差异，提高对城市土地利用划分以及空间集聚度量的准确性。

未来还可搭建评估用地和出行对空间影响的技术平台，研发POI要素密度阈值、中心识别、空间影响分区自动识别、磁力指数发布、自然资源数据库建立、开发边界管控等模块，最终为创新磁铁与智慧城市大脑建设提供技术合理性与社会合法性支撑。

专家
采访

# 施卫良：
# 模型将推动规划行业量化研究的理念和应用探索

施卫良
北京市规划和国土资源管理委员会总规划师
北京市城市规划设计研究院院长
中国城市规划学会副理事长

专访施卫良院长，聊聊：

作为城垣杯大赛的主办方，组织本次大赛的目的和意义是什么？

北京规划院的信息化探索历程是怎样的？

规划决策支持在推动城乡规划科学化发展方面的主要意义何在？

信息技术在推动规划行业转型中扮演怎样的角色？

面对智慧城市的机遇和挑战，北京的城市规划将如何面对？

作为城乡规划人员，如何应对日益复杂的城市科学的综合性和多样性？

……

## 采访内容

记者：施卫良院长您好，2017年和2018年北京规划院和中国规划学会新技术委员会联合举办了两届"城垣杯·规划决策支持模型设计大赛"，大赛筹备的过程一直受到了社会各界的广泛关注，作为主办方请谈下在当初设计这个竞赛的目的和意义是什么？

施卫良：我们组织模型大赛实际上初衷是为了推动整个规划行业在数据量化研究方面的理念探索跟应用探索，一方面是为了动员更多的从业人员利用新技术，利用数据资源开展量化的数据分析、定量分析和研究，更重要的是想推动整个行业在量化思维

方式上的提升，进一步推动在理念、技术方法、实践应用上的创新和探索，从而提升整个规划工作的科学性，推动规划从原来定性的分析研究转向量化的分析研究。

记者：北京规划院的信息化建设很早就开始了，这些年也一直处在国内领先的地位，您能简单介绍下规划院在信息化领域的探索历程吗？

施卫良：北京规划院的信息化建设历程经历了很长时间，最早可以追溯到北京规划院成立之前1984年的时候，在当时北京规划局就成立了北京城乡规划数据所，同期开展了北京航空遥感等多项研究。随着新技术的不断推广和应用，后来建立了院的信息

中心，始终围绕着新技术应用，全院的信息化服务和规划综合数据库的建设，不断地发展，不断地壮大。在这过程当中也跟业内的同行进行广泛的学习和交流，从他们那里学到了很多有益的、成功的经验。到目前为止新技术应用，如综合数据库、系统规划平台，规划应用实践等多个领域，都取得了一定的成绩，在业内也享有一定的声誉。目前我们也是紧跟新技术发展最前沿的东西，以城市感知、城市认知、城市决策，还有体检评估作为城市评判的四个目标，不断拓展我们的工作，从而让规划信息技术更好的支撑智慧城市的建设。

记者：施院长刚才您也提到北规院是1984年就开始信息化的探索，那在定量模型研究的技术上，这些年也是有比较深厚的积累，无论是从规划决策支持框架，再到研发的规划决策支持平台，那您认为我们在规划决策支持推动整个规划行业更加科学，更加量化方面的主要意义是在哪里？

施卫良：实际上在整个规划行业和规划学科当中，大家一直围绕着规划方法论，来展开讨论或者是研究，但是以往的规划方法和规划方式，从我参与规划开始可能更多地基于经验的总结，或者更多地来自案例的总结，但是真正的从城市发展自身这种科学性的总结来看，还是不足的，特别是在量化研究层面。面对更加综合，更加复杂的城市问题，我觉得迫切需要从以前经验性的规划、定性化的规划向量化研究来转变。那么需要通过规划模型，大数据的分析和运用，来解决多方案比选、综合评估评判的规划决策，通过量化分析来提高规划管理工作的效率，提高规划的科学性。

记者：规划行业已经面临着势在必行的转型，从社会或者是国家对我们的要求来看，也从北京规划院信息化发展的经验来看，您认为信息技术是如何来支持规划行业转型的要求的？

施卫良：从目前规划改革的要求来看，更加体现了规划的综合性，体现了规划这种宏观战略的引领作用，也体现了规划的全领域、全空间、全过程，体现了更多地社会广泛参与。在这种前提下，规划信息化的发展就是适应这种改革的要求，特别是在数据的支持、模型的支持，还有各项标准规范的衔接，打通技术环节在规划信息化的作用。那么在这个方面，实际上恰恰是这种规划信息化的规划模型作用，能够打通各专业领域

之间的各技术连接的节点，打通他们的综合统筹，在平台上形成联通的环节。

记者：您曾提过"云规划"的理念，其实是去改变以往自上而下的宏图式的规划模式，转向成一种自下而上微小更新式的规划方式，您能通过一到两个案例谈一下云规划这种理念具体的实践应用么？

施卫良：就像刚才谈到的规划改革一样，实际上，我觉得未来的规划更是趋于规划平台的作用，所以提出了云规划的理念，体现在数据的汇集。智慧的汇集和动力的汇集，我们也在努力地朝着构建规划云平台的方向，做一些探索和实践。比如我们在天通苑、回龙观地区的更新和改造规划当中，利用线上线下相结合的方式来进行广泛的公众、社会以及技术部门的参与。我们通过这种大数据的调查分析和模型的测算，了解到回龙观当地面临的职住矛盾的问题，交通出行的问题，提出了加强公共服务，针对IT产业家属引进产业来回归，也提出了构建从回龙观到上地的一条自行车专用路的规划实施设想。到今年已经列入政府的专项实施工程项目，我们后续也在规划层面，在设计层面上继续跟进。同时，在去年我们继续推出了"回天有数"的工作计划，就是希望把线上线下相结合的规划平台这种思路和模式，扩展到整个回龙观、天通苑地区下一步的更新实施改造中，动员更多社会资源、社会力量，参与到这个工作当中。

目前清华同衡、中规院，也参与到了一些社区治理、社区营造、旧区更新、老城保护的案例中，也欢迎更多的社会资源共同加入到存量规划的改造工作中。在这种工作当中，实际上是一种数据资源和智慧和动力资源相结合的过程，那么他们就是进一步把我们的信息技术和我们的感知社区、感知社会的这种能力和居民更广泛参与存量改造的主动性更好地结合，这就是我们所说的云规划的一种理想吧！

记者：近几年"智慧城市"理念不断得到各地政府的认可，甚至很多城市把智慧城市提升到了一个战略层次要求，那么说智慧城市是机遇也好，挑战也好，北京的规划是怎么面对这个情况的呢？

施卫良：北京实际上也提出了智慧城市的发展方向，包括我

们最新开展的副中心规划当中，也在对标雄安，特别是雄安提出来要建设数字城市的队伍，和世界城市相对应。但是有很多工作实际上我们还在深化研究当中，我个人觉得应该包括四个方面，从规划层面上加以巩固完善：第一就是要建立一套集合各部门数据的综合数据平台，目前规土合并之后，我们也在整合其他部门的数据，这样为城市的定期体检评估和动态监测提供服务，城市运行当中规划的问题，能够及时地加以纠正和调整。第二就是要构建以互联网为基础的智慧网络，包括智能的城市基础设施系统，来保障城市的有效运营和管理，提升整个服务的效率。第三就是结合我们规划特定的区域，来开展智慧示范区的建设，比如在通州的特定区域提出了要建设智慧示范区，那么示范区就是率先让这些创新性的智慧城市的技术，比如说无人驾驶汽车、智能电网加以示范应用，然后进一步推广。第四就是建立这种普惠精准的智能的公共服务体系，让智慧城市为老百姓，为市民提供服务。那么这种体系的建立，也是建立在了我们这种智慧分析的基础上，城市决策模型实际上在通州城市公共服务设施的配置选点当中，也发挥了作用，为精准配置各类城市公共服务设施提供了保障。

记者：城市是一个特别复杂的系统，城市规划从一开始的建筑学为基础，发展到城市规划学科，再到加入了社会学、生态学或经济学的一些学科进来，作为这种规划人员或者在高校学习规划学生来说，我们怎么样去面对这种不断变化，或者说更加复杂的城市研究，城市问题呢？

施卫良：好像面临的城市问题越多，对规划师提出的挑战就越多，大家面临的压力也越大，但是现在随着知识的普及，技术的普及，我觉得在这个年代，相比我们刚参加工作的时候，可以利用的知识跟技术手段更加的丰富，对于规划师来讲，要适应现在这种复杂性要做到三个方面：第一是要拓宽视野，吴先生说要建立人居环境科学，他就是把单纯的园林建筑、园林规划通过这种生态、人文、社会知识的背景把它组合起来，实际上就是建立一个更宏观、更宽泛的大规划体系。在这种前提下，我觉得从规划师来讲，就要拓宽自己的视野和知识的背景，然后适应这种规划日益强调社会、人文、生态，包括技术的这种要求。第二就是利用和掌握新的技术手段，特别是随着目前机器学习、人工智能的发展，实际上将来会成为规划师的一条腿，能够帮助规划师们解决很多问题，包括前边谈到的决策模型的应用，实际上是规划师重要的一个工具。那么包括绘图的工具也好，知识的数据库、数据包也好，实际上都会为规划师提供更多的工具和手段，大家要学会这个工具。第三个我觉得是最重要的，就是要秉持规划人的价值观，这个也就是大家都在提的不忘初心。那么规划师的初心是什么？我觉得规划师的初心是要构建一个和谐、美丽、宜居的家园，在这个过程当中，智慧城市更多地体现在人的这种对价值观的认同，否则你技术再好，价值观的方向错了，可能对城市带来的是灾难性的破坏，所以我觉得最重要的是秉持人文、科学、公益、建设美丽美好家园的价值观，这种价值取向将引领着我们利用新的技术手段，把城市规划好、建设好。

记者：感谢施院长的采访，相信施院长刚才的阐述和见解，不仅对于竞赛的参与人员受益匪浅，我觉得也是对于规划行业的一个启迪，非常感谢施院长的分享。

# 钟家晖：
# 规划决策支持模型是量化分析的有效方法和工具

钟家晖
广州市城市规划自动化中心主任
中国城市规划学会城市规划新技术应用学术委员会主任委员

专访钟家晖主任，聊聊：

作为城垣杯大赛的主办方，组织本次大赛的目的和意义是什么？

规划决策支持模型技术在我国城乡规划管理单位中的应用情况是什么样的？

大赛的整体感受如何？留下最深刻印象的是什么？

作为城垣杯模型大赛的专家评委，有哪些印象深刻的作品？

对于城垣杯模型大赛的参赛者，有哪些建议？

规划信息化主要的发展方向以及面临的机遇和挑战是什么？

规划信息人如何面对和迎接这些机遇与挑战？

……

## 采访内容

记者：中国城市规划学会城市规划新技术应用学术委员会是"城垣杯·规划决策支持模型设计大赛"主办方之一，作为委员会的主任委员，您认为组织这个大赛的目的和意义是什么？

钟家晖：城市规划在城市发展中起着重要引领作用，在新时期，城市存量发展下的盘活用地、绿色生态发展、科学规范城市发展模式等等方面，都对城市量化研究在规划行业的应用提出了更高的要求；规划决策支持模型是应用于量化分析的有效方法和工具，具体来说，是通过运用信息技术手段，对规划问题进行建模、数据分析、综合评估和模拟预测，并从多方案中选择或综合出最优方案的过程，为科学准确与高效处理复杂的规划问题提供技术支撑手段。

中国城市规划学会城市规划新技术应用学术委员会的主要工作就是推动新技术在整个规划行业中的应用，提高整个规划行业信息化的水平，因此举办城垣杯模型大赛是非常有意义的事情，2017年首届城垣杯模型大赛的成功举办得到了社会各界的广泛关注，极大地激发了城乡规划领域广大从业人员的参与热情和创造性，对于推动我国城乡规划量化分析研究工作的深入探索起到了良好的促进作用。在此我谨代表新技术应用学术委员会，对北京市城市规划设计研究院为举办首届城垣杯模型大赛付出的艰辛努力表示感谢。

**记者**：本届大赛颁奖环节将在今年贵阳的信息化年会开幕式举行，信息化年会还专门设置了大赛获奖项目汇报交流分会场，您认为这样的安排对于推动我国城乡规划量化研究有什么影响？

**钟家晖**：中国城市规划信息化年会是全国城乡规划领域影响最大、水平最高的信息化专业会议，每年举办一次。去年信息化年会吸引了来自83座城市的151家规划相关单位以及国内外从事城乡规划信息化的专家学者600多人。可以预见，参加今年年会的专家、学者以及相关从业人员将会更多，在此次年会期间给大赛的获奖选手颁奖、并开设获奖项目的交流分会场，一是为了丰富年会的内容，让全国规划同行及时分享大赛的成果，及时了解到当前国内城乡规划量化分析研究的最新动向和最高水平。二是为了扩大模型大赛的影响力，让大家了解模型大赛，进而有更多的人关心和参与进来，促进整个城乡规划行业量化分析水平的提升。

**记者**：您作为专家评委参加了两届"城垣杯·规划决策支持模型设计大赛"，请问大赛给您留下的整体感受如何？其中留下最深刻印象的是什么？

**钟家晖**：大赛的参赛选手主要有三大主力阵营，一是高校，二是规划编制单位，三是从事规划信息化的信息中心或专业咨询公司。参赛选手有国内的、也有来自国外的，有从事理论研究的，也有具体从事规划编制，以及信息技术开发应用的专业团队。

整体感受是"三个多"，一是参赛选手年轻人居多，反映出年轻人思想活跃，是创新的主力，这其中，高校研究生博士生组成的团队占了相当的比例；二是面向应用的模型多，很多作品都有实际应用的背景，注重理论与现实问题的结合；三是好作品多，评委们在评审完成后有个共同的感受，就是觉得这个大赛很值得继续办下去。这次大赛留给我最深刻的印象是评审方式的创新，开放式评审为选手提供了互相学习的机会，以学术交流、技术切磋为出发点，给选手、评审专家带来了非常好的互动体验。

**记者**：大赛的成功举办对于推动城乡规划决策支持系统的理论探索与实践应用具有哪些现实作用？对于推动城乡规划信息化发展具有什么重要意义？

**钟家晖**：大赛作品在理论探索和实践应用上有三个特点：一

是密切结合城乡规划量化研究的发展趋势、应用需求，如公共服务设施配置上，以人为本视角得到充分体现，强调公共服务设施的获得感，关注城市健康与生活方式；二是引入多源数据，综合运用可视化等新技术，有力支撑了交通市政等传统模型的创新；三是紧密结合对总体规划的支持，宏观层面关注城市空间发展、中观层面关注集约建设、微观层面关注街巷品质提升。

我认为模型大赛对推动城乡规划信息化的发展主要有以下两个方面的意义：一是充分展现了规划信息化的应用效能。在第一届大赛中，很多作品通过创新的量化决策支持模型，解决复杂的规划问题，展现了规划信息化所带来的生产力、竞争力和应用效能。另外，第一届大赛期间，通过社交媒体广泛传播，让越来越多的人了解了量化决策支持模型，也让更多的人进一步认识了规划信息化的多方位、深层次应用。二是推进了规划信息化的应用、促进了科学决策。第一届大赛很多作品有模型有实证数据，基于数据决策是相对客观、公正和科学的。

**记者**：您对今后参加竞赛的选手们有什么建议？您更希望在竞赛中看到怎样的成果？

**钟家晖**：首先，我当然是为各个参赛团队加油、鼓劲，希望多出精品，希望提交的作品能全面展示业内的创新研究水平。具体来说，我更关注几个方面：一是内容完整：应包括理论方法、技术路线、模型设计、使用数据、系统工具以及实践案例；二要突出创新：包括研究方法的先进性、算法的先进性等；三是实际操作方面：注意模型流程设计合理、参数配置灵活，操作尽量简单等；四是应用前景方面：要与时代相结合，与社会的实际需求结合，具有推广价值。去年国家住房城乡建设部在推进新一轮总规编制改革试点时，明确提出了量化总规的要求，我非常期待这方面的成果作品。

**记者**：面对当前规划改革与信息技术发展要求，您认为规划信息化主要的发展方向以及面临的机遇和挑战是什么?规划信息人如何面对和迎接这些机遇与挑战？

**钟家晖**：在当今互联网时代，我简单预测一下规划信息化主要的发展方向：一是移动互联。移动互联网的创新，新业务形态、新商业模式的不断涌现，对传统产业的发展和转型升级形成倒逼机制。随着移动互联网和智能终端的兴起，规划信息系统也将快速进入到移动互联时代。二是大数据技术将与云计算融合。市场中将会出现大量面向规划行业应用的大数据云平台，为政府提供面向规划行业数据的深度信息分析服务，政府部门也将拥有更多可获取的资源和数据服务，进而提升其信息利用和决策能力。三是人工智能。人工智能将在规划知识发掘、规划模型建立方面有更广泛的应用，辅助我们更好地进行城乡规划的管理和编制。

虽然，规划信息赶上了移动互联时代，在这个一切皆服务的时代，我们规划涉及的海量空间数据的挖掘技术，规划公示和数据保密的矛盾，以及如何让规划这样相对比较专业的知识飞入寻常百姓家等，这些都是我们规划信息化需要面临的挑战。

信息技术的飞速发展，为IT从业人员提供了无限的可能，我们规划信息人应把握机遇、顺势而为。我们中国城市规划学会新技术应用学术委员会，将努力为全国同行搭建一个交流学习的平台，通过这样一个集全国规划信息化力量的平台，推动行业不断创新和进步。

记者：作为中国城市规划学会城市规划新技术应用学术委员会主任委员，最后请您谈谈委员会在推动城乡规划信息化建设方面做了哪些工作，本年度主要计划是什么？

钟家晖：近两年来，在中国城市规划学会的直接领导下，在全体会员单位的大力支持下，学委会秉持"为会员服务、为学科建设服务、为决策服务、为行业服务"的发展宗旨，结合国家、省和地方城市规划新技术发展工作要求，组织开展了一系列学术技术交流会议和相关活动，努力推动城乡规划信息化的发展，主要有以下三方面工作：一是开展多源高分辨率新数据支持总体城市设计尺度的研究。也就是利用各种类型新数据，如兴趣点、机动车轨迹、手机信令、街景图片等，对城市设计特别是总体城市设计提供数据和理论方法的支持。二是推进人工智能及深度学习在城市研究与规划设计编制中的应用，并取得初步成效。三是加强新技术在城市总体规划编制中的应用推广。目前新技术已全面应用于多规合一、规划统筹、空间规划、智慧城市建设中。

今年计划在三个方面开展工作：一是配合全国规划领域的改革、创新需要，2018年启动一项标准立项，即控制性详细规划数据标准的立项工作。二是组织开展各类研讨活动，包括配合做好规划学会2018杭州年会、组织开展好学委会年会（即2018年贵阳年会）、新技术专题研讨会等各类学术交流和研讨活动；召集专家撰写实质性、可操作的政策建议。三是吸收规划新技术领域的青年加入学委会，增加来自规划设计院、高等院校及企业的委员。

记者：钟主任的分享不仅使大赛组织方和参赛人员受益匪浅，更是对整个规划行业以及规划信息人的启迪！感谢您接受采访！

# 党安荣：
# 20年亲历新技术，我眼中的大数据、规划模型、人工智能

党安荣
清华大学建筑学院教授，博士研究生导师
清华大学人居环境信息实验室主任
清华大学国家文物局重点科研基地主任
中国城市规划学会城市规划新技术应用学术委员会副主任委员

专访党安荣教授，聊聊：

究竟什么是"城乡规划新技术"？
城乡规划新技术的发展走过了怎样的历程？
什么是数字城市规划？它的未来发展趋势是什么？
对于"城垣杯·规划决策支持模型设计大赛"，有哪些印象深刻的作品？
对于"城垣杯·规划决策支持模型设计大赛"参赛者，有什么样的建议？
如何理解规划决策支持模型？它的作用是什么？
人工智能时代，规划师的核心竞争力究竟是什么？
未来规划决策支持模型的机遇与挑战有哪些？
……

## 采访内容

记者：目前流行的大数据、人工智能等，这些新技术也被规划师学习，逐步地融入规划工作中。您是怎么理解"城乡规划新技术"这个概念？如何判断某个技术是可以囊括在城乡规划新技术的范畴中？

党安荣：城乡规划领域是一个应用领域，它本身并不见得产生很多的新技术方法，但是确实需要相关的技术方法来做支撑。比如说遥感、地理信息系统、虚拟现实等，都是城乡规划的一些技术方法，或者说叫新技术方法。

随着技术本身的发展与进步，比如说大数据、人工智能等逐渐成熟，城乡规划就希望把这些技术方法引用过来。引用过来干什么呢？其实是要解决城乡规划自身的问题，什么样的问题呢？做城乡规划管理工作的话，首先要明确城乡发展所处的阶段，那也就是对发展的现状要进行评估，评估当然就离不开数据，那么光有数据还不够，还需要有一些方法、模型等来做分析。这样才能够真正认识城市处于什么样的阶段，或者存在什么样的问题，这是规划管理的出发点。所以无论是大数据还是人工智能，或者

以前的3S技术，它都是结合城乡规划本身的需求，然后开展相关的定量的研究，为城乡规划提供科学的依据。

记者：刚刚您提到一个概念"模型"，这个概念最近也比较热门，在2017年和2018年由新技术委员会跟北京市城市规划设计研究院主办了"城垣杯·规划决策支持模型设计大赛"，您是作为评委参与比赛中。您能不能用浅显的语言给大家讲讲什么是规划决策支持模型？

党安荣：整个城乡规划工作过程中，需要各种各样的模型来做相关数据的分析。我们需要用到一些模型，来开展相关数据的分析，涉及比如人口的模型预测，用地的模型预测等。所有这些预测的工作，都离不开模型。所以在规划过程当中，确实是少不了各种各样的模型。当然城乡规划工作不是一个简单的计算过程，它实际上是一种多目标的决策，或者说多系统和多要素的决策。

因此我们需要借助于分析的模型，提供很多的定量支撑。基于这个定量的支撑，再结合规划师以及城市管理者等，共同协商或者讨论确定未来的规划方案。从这个意义来讲，所有的分析模型以及分析模型的结果，其实是为最后规划方案的决定提供一种支撑，或者说叫决策支撑，所以这相关的模型是一种规划决策支撑模型。

记者：作为两届大赛的专家评委，您对大赛参赛者能不能给到一些建议？您在大赛中期待看到什么样或具有什么特点的模型呢？

党安荣：主要是两个重要的方面。一个是要对技术，对模型本身的深化应用，第二个方面来讲，就是需要跟城乡规划的专业问题结合。两届参赛的选手提交的作品，把握这两点很关键。不能就技术来论技术，或者叫唯技术论。一定要把最好的、最新的技术或者是有关模型技术研究的成果，跟城乡规划本身的专业问题和需求有机地结合在一起，这是一个大前提，或者是基础点。有了这个基本点之后，才能够取得更好的成果，才会脱颖而出。

期待的模型作品方面，我觉得需要对这个大的时代背景有所了解，技术本身在不断地发展。比如大数据的应用，怎么处理这些数据，就需要有相关的模型来做支撑。所以第一个要创新的就

是怎样能够集成多源的大数据，构建相关的大模型，在既有模型基础之上，给它做发展，这是一个发展的方向。第二点是什么呢？大家也注意到最近人工智能的一些发展。那人工智能并不是说高不可及，其实它就是针对一些专业的问题，然后让它的决策支持更加的数据化或者智能化。我们也期待有新的作品能够在模型构建数据处理的流程方法上，体现出自动化或者智能化这种人工智能的特色。期待的第三个方面，是希望这些成果能够相对成熟，真正能够在以后的比如说智慧城市规划的平台里作为一个集成的模块。所以我想提倡大家在研究的基础上，真正把科技成果转化成一种可应用的模块，或者是软件，或软件平台上的一种插件，这样就可以有更多的人来应用这相关的成果。

记者：在大数据和人工智能的时代背景下，您认为规划决策支持模型会面临什么样的新机遇和挑战吗？

党安荣：在人工智能飞速发展以及大数据广泛应用的时代中，城乡规划的决策支持模型确实也是机遇和挑战并存的。从机遇的角度来讲，可能有了大量的动态的数据，然后有了一些新的分析技术方法。那么挑战在哪里呢？挑战就在于，既有的模型，可能有一些是失灵的，或者不能处理相关的数据，或者不能支撑某个方面的诉求。所以就需要发展新的模型和方法。

到底通过什么样的新技术方法，才能够处理多种数据？到底通过什么样的技术流程，才能够快速地得到一些处理的结果，或者怎么样来解决输入输出以及过程的这些接口技术，才能够快速生成多种的情景？所以我觉得这方面的这种挑战，应该说随时都在。

同时，随着城乡规划领域当中人工智能技术的发展与应用，可能要面临很多新的问题。比如说以前快速城镇化发展，城市面临很多城市病，于是就提出来城市治理这样一个重要的方式。那么面向未来，随着海绵城市的构建、智慧城市的构建、韧性城市的规划与建设，可能又会面临一些新的问题。那这些新的问题也需要用新的技术方法，新的模型来做支撑。

还有一个非常重要的方面是什么呢？就是既有的模型，往往是一种单打独斗，或者说这个规划院在用一种模型来做分析，那个规划设计单位在用一种模型方法。那么也有很多的规划人员，可能拿不到一些模型，或者没有掌握一些模型，就没有办法去应用。于是，如果站在城乡规划这个行业的角度来看的话，需要构

建面向行业的一些应用服务平台，把模型、技术、方法或者甚至相关的数据，使其以服务的形式来面向行业当中的从业人员，提高其应用性。

这里就涉及很多的挑战，或者说需要解决的问题。到底这个模型切割成多大的，用什么样的组合方式，让不同的模型能够组织在一起，这里边就需要对这个行业本身，无论是模型的应用流程，还是规划的业务流程等，都要有非常深入的理解。然后才能够让这些模型以服务的方式，为整个行业来服务。那么这些挑战，有待于我们整个行业，一步一步地深入发展，然后逐步来解决。

记者：随着新技术的发展，规划师是不是应该感到不安？未来规划师的核心竞争力究竟是什么呢？

党安荣：确实由于人工智能的快速发展，可能大家会觉得有一些危机，或者说我们面临很多的挑战。那对于城乡规划这个行业来讲，我自己认为，有一点危机感是需要的，或者说也是客观存在的。但是并不是说有了人工智能，规划师就该失业了，我觉得这两者没有什么可替代性。我们说人工智能的技术方法与城乡规划的结合，它毕竟是一种结合，人工智能是一个支撑，是技术手段。另外一个重要方面，实际上就是城乡规划本身，如果离开了城乡规划本身对于城乡规划的理解，或者城乡规划本身的理论方法模型等来做支撑，单纯去强调人工智能或者技术方法，我觉得这是偏颇的。

正像刚才讲说，有关"城垣杯·规划决策支持模型设计大赛"，我们应该关注到的就是要把两者有机的集成在一起。所以这两条腿，共同来支撑人工智能在城乡规划领域当中的应用，才可能取得更好的成果，如果仅仅有人工智能是不够的，仅仅这个固守传统的城乡规划，应该也是不可以的。我们要有一种开放的心态，或者是积极的态度，学习人工智能或者新技术方法。但与此同时，一定要坚守我们对于城市的理解，或者说城市规划本身的理论模型方法。这两者结合在一起，才能够更好地发展。

# 詹庆明：
# 模型将在大数据时代发挥更大的作用

詹庆明
武汉大学教授，博士研究生导师
武汉大学城市设计学院教授委员会主任
武汉大学数字城市研究中心主任
武汉大学人居环境信息技术研究中心主任
中国城市规划学会城市规划新技术应用学术委员会副主任委员
中国城市科学研究会城市大数据专业委员会副主任委员

专访詹庆明教授，聊聊：

城乡规划新技术领域都走过了哪些发展阶段？

数字城市跟大数据城市规划之间有什么关系？

作为"城垣杯·规划决策支持模型设计大赛"的专家评委，有哪些印象深刻的作品？

对于"城垣杯·规划决策支持模型设计大赛"的参赛者，有哪些建议？

目前模型技术在行业中的应用发展处于什么阶段？

什么样的模型是一个好的模型？

规划决策支持模型未来的行业前景如何？

城市越来越复杂，给模型带来了哪些机遇或挑战？

高校、学生、规划师应如何应对新时代的转变，更好地适应未来的新技术对人才的需求？

……

## 采访内容

记者：作为城乡规划新技术领域的专家，能介绍下新技术都走过了哪些发展阶段吗？数字城市跟大数据城市规划两个概念有什么关系？

詹庆明：新技术在规划中应用，历史也至少有30年了。从20世纪80年代中到90年代中，是"甩图板"的十年，用CAD辅助规划设计。1995年到2005年是规划办公自动化的十年。2005年到

2015年，是数字规划的十年。2015年之后，数字城市向智慧城市转移。我认为数字城市跟大数据是一体的。大数据在时间、分辨率上有大大地提高。它还是要落在比如GIS这样的数字城市基础框架上，要云平台来支撑，也是在数字城市的框架基础上往外延伸，这两个只是发展阶段不同，内涵不同，但用的很多原理、方法、技术有一定连续性。

记者：为了推动模型的应用，2017年和2018年由新技术应用

委员会和北京市城市规划设计研究院联合主办了"城垣杯·规划决策支持模型设计大赛"。您作为专家评委参加到大赛中，从提交的成果看，您个人感觉如何？

詹庆明：我还是很兴奋的，因为参赛方向很多，有偏建筑类的规划，有偏地理类的规划，以及偏数字化的规划，所以群众基础还是不错的，选题也多样化，而且青年学者还是敢想敢做的，我觉得有一种眼前一亮的感觉。尽管现在做到这个程度或解决问题的难度还是相对浅显的，但不管怎么说这是一个好的苗头，因为有些事情不是一步到位的，有更多的人关注这个问题，而且有更好的数据和计算环境，假以时日我觉得将来会发挥更大的作用，可以解决更复杂的问题。

记者：从大赛的竞赛成果来看，目前模型技术的应用以及它在行业当中的发展大概是处于什么样的一个阶段？具有什么样的特点？

詹庆明：参加的大部分都是年轻的学生，包括一些研究生，还有规划院的一些年轻人，他们思想活跃，有动力有勇气来尝试，我觉得是个好现象。由于他们的背景，对城市的研究、观察、理解较为初步，所以要拿出很有深度的一些成果的话，有一定难度。我觉得随着他们在规划界的渗透和努力，将来会有更多深层次的成果，当然这有一个发展过程。如果有更多经验丰富的规划师或者学者介入，可以把问题钻研的更深一点，用的模型可能更复杂一点，用的数据也更多源化，来面对更深层次的问题展开研究，我想应该是下一阶段要大家一起努力的目标。

记者：您是第一届及今年第二届城垣杯大赛的专家评委，根据您的经验，能不能给今后的参赛者提供一些建议？您觉得什么样的模型是一个好的模型？

詹庆明：第一个建议是我希望大家关注现实问题，模型不是拿来看的，也不是拿来秀的，希望这个模型能够解决一点问题，哪怕不能百分之百把某个问题解决了，也不希望说能把一个很复杂的问题一次性解决，但是我们只要面对一些真实的问题，面对一些比较深层次的问题，面对一些比较复杂的问题，我们相对取得了进步，就要落到实地。当然我们也不排除大家可以做一点比较炫一点的，或者能够吸引眼球的，这也是可以的，但是我更多

的希望大家做得更实一点，更深一点，可以是一个更长远更大一点的目标。

记者：您认为规划决策支持模型在规划行业里面未来的前景是怎么样？

詹庆明：以后的规划会面临各种各样的约束条件，特别是现在的规划行业面临很多的调整，包括空间规划，如何优化、如何更协调地去发展，这里就有很多的矛盾冲突需要协调。更多的约束条件需要更复杂的角度去看，自然对模型就提出了新的要求，要把各种需求、限制条件考虑在内，从而来优化空间，使空间更有效率，更有秩序，更有效果的发展，这个是我们下一步的目标。以前我们只关注一些局部的目标，以后关注更全面的发展目标。

记者：现在城市也变得越来越复杂，能拿到的信息或者是数据也越来越多源，这既是一种机遇，它可能也是一种挑战，因为它可能给模型带来很多的不确定因素或者增加复杂性，您怎么看待这种复杂性给模型带来的机遇或挑战？

詹庆明：参与做模型的人需要很聪明地去拿捏，并不是把数据丢给模型去做，就能够达到最好的效果。你要对复杂的问题进行梳理，哪些问题、哪些数据适合模型来做，哪些事情需要人来做判断，这样来做分工。你要真的把一些复杂的东西丢给一个模型，模型做得越来越复杂，最后谁也搞不明白到底里面的机制是什么，这个答案结果是不是最优化的，敢不敢用，好不好用都不知道，那这模型就被悬挂起来了，变得很有神秘感，不见得会被直接采纳或者使用。反而把模型做得比较透明一点，简易、让人好理解，这样的话该由模型做的由模型做，该由人来判断的由人来判断，这样组合起来我觉得才是更好的。我们不能指望把所有的决定都让机器来做，帮我们做，但是我们也不是说为了能守住我们自己的饭碗，一概拒绝用机器模型来帮我们解决问题，实际上这两个应该是一种合作的方式，我觉得可以达到一种双赢。

记者：您先后访问过国外著名的大学，在您看来国外的新技术应用和国内相比，有什么样的差别？

詹庆明：国际上这些学者的探索，更强调学术上的创新。比

如说能够申请国家的基金，有些创新的真实的实验，就是他这个研究有意义，能解决问题，然后成果能够在高水平的国际期刊上去发表，是他们的一个价值取向。那国内的研究更强调的是落地应用，除了技术方法很高深很高精尖以外，更需要解决实际问题。其实国内的规划和城市碰到的问题比国外还要复杂，因为我们城市更大、人口更多、发展速度更快，面临的复杂性比他们要大很多。比如国外有很多用一个简单的模型能够解决的问题，到了中国就不灵了。所以很多国外的一些现成的算法或者方法到国内还是要经过改造和深化，才能在一定程度上解决国内的问题。另外很多国外的学者现在也在研究中国的问题，觉得很有挑战性，做出来的效果会觉得更有说服力。所以现在在我们跟国外的合作也是在加强这方面，把学者带进来研究复杂的问题。

记者：作为一名高校教师，您认为现在的规划专业教育体系能否满足未来大数据、人工智能等新技术对未来人才的需求呢？

詹庆明：目前各个高校都在转型的过程中，现在整个行业受到各种机遇，也受到各种压力和挑战。机遇是指尽管经历了30年的快速发展时期，城市化进程还没有结束，我觉得未来还有30年到50年的比较高速的发展期。但是后30年跟前30年的发展节奏，面对的问题和解决问题的方法会有很大不同。前30年更多讲究的是效率、速度，是粗放型的，后30年应该是更精细的、更精准的，速度更慢但是要求会更高，更复杂，要提出的解决方案更需要符合实际情况，能够解决更复杂的问题。所以对我们的压力会更大，因为现在追求的不是速度了，是效益质量，就不可回避要面对很多复杂的问题。那么怎么去梳理问题，需要更多的数据、模型、方法、技术来面对复杂的问题。

记者：对于高校的教育跟规划专业的学生这两方，您有没有一些建议？

詹庆明：我感觉现有的规划教育模式和教学计划，不是很适应时代的需求和发展。当然各个学校也都在反思和调整，因为现在的构架是有历史渊源的，按赵燕菁老师的说法，现在的培养模式比较适合增量型规划的需求，但慢慢转入存量型规划了，就会有很多不适应，这是时代转变带来的不适应。以前比较强调的是美学的、设计的，现在纳入到更广泛的空间规划体系中，应该把视野进一步拓宽，在新的框架下来构建学科体系，把一些新技术方法、要素补充进来。当然这有个过程，我希望各个学校都可以拿出自己的特色，从不同角度去探索这方面的技术、方法和思路，我觉得还有几十年的高速发展时期，可以带动学科更好的发展。

记者：除了学生群体，对于一线的从业人员规划师，如果他们要更多的应用模型，您觉得需要做哪些方面的工作？对于规划设计机构而言，在人才储备和团队搭建上需要哪些专业背景的？

詹庆明：对已经适应了原有的发展模式的规划师和机构，可能面临三条路，一种重新把新的发展方向明确出来，对原有的人手、知识结构、设备等各方面做积极地调整，来适应新的需求，会有更大广阔的天地，有更多的任务和规划的种类可以去承接，这是一个做加法的做法。另外一个就是补短板的做法，缺哪个补哪个，在原有的基础上做小的调整、小的补充来适应现有的发展，这一种也能生存，有一定的发展，但是格局会小一点。还有一种是以不变应万变，这样的一种方式，就是抗拒新的变化，也不做适应的调整，也不去补充一些新的人才需求，将来有可能就面临被淘汰了。因为将来的需求以及规划的类型和内容会跟现在有很大的不同。如果不适应的话，将来会有生存的问题。但我希望行业不至于大范围的出现这种情况，可能个别的会有这样的情况。年轻的学生应该早做谋划，既要做好将来城市的规划，也要考虑到职业和人生的规划，提前做好布局。

影像
记忆

# 01

## 全体合影

第一届大赛全体合影

第二届大赛全体合影

第二届大赛颁奖现场

# 02
## 选手精彩瞬间

# 03
## 专家点评及
## 现场花絮

# 附录

## 2017 年"城垣杯·规划决策支持模型设计大赛"获奖结果公布

| 作品名称 | 参赛单位 | 参赛选手 | 获得奖项 |
|---|---|---|---|
| 基于城市内部土地利用的空间扩张模拟研究 | 北京市城市规划设计研究院、爱荷华州立大学 | 胡腾云、李雪草 | 特等奖 |
| 街道空间品质的测度模型 | 清华大学 | 唐婧娴 | 一等奖 |
| 基于居民行为的城市社区生活圈服务设施配置优化模型 | 北京大学 | 孙道胜、端木一博、蒋晨、符婷婷 | 一等奖 |
| 基于ABM的社区老年活动中心规划布局研究——以福州市为例 | 福州大学 | 王喆妤、吴若晖、李俊晟、哈志琦、郑颖、马妍、陈小辉、赵立珍 | 一等奖 |
| 京津冀城市空间范围扩展及城市群集聚度分析模型 | 北京城垣数字科技有限责任公司、北京市城市规划设计研究院 | 荣毅龙、王蓓 | 二等奖 |
| 城市洪涝防治系统规划模型构建及应用 | 北京市城市规划设计研究院 | 王强、黄鹏飞、孟德娟、刘子龙、付征垚、崔硕、叶婉露、王乾勋、葛裕坤、黄涛 | 二等奖 |
| 基于GIS的24小时便利店布局优化研究——以厦门市思明区为例 | 福州大学 | 曹浩然、林筠茹、万博文、戚荣昊、张远翼 | 二等奖 |
| 城市社会经济活动空间演化模型 | 中国科学院地理科学与资源研究所 | 牛方曲 | 二等奖 |
| 城市养老设施选址及评估模型 | 中国科学院地理科学与资源研究所 | 颜秉秋、许泽宁、吴兰若、吴丹贤、季珏、甄茂成 | 二等奖 |
| 基于街坊类型学的城市三维体量模型的生成方法研究 | 同济大学 | 孙澄宇、罗启明、饶鉴 | 三等奖 |
| 城市建设强度分区规划支持系统的研究与开发 | 同济大学 | 薄力之、宋小冬、徐梦洁 | 三等奖 |
| 基于综合分析方法的城市通风廊道划定研究 | 江苏省城市规划设计研究院 | 蒋金亮、韦胜、李苑常 | 三等奖 |
| 城市建成区绿地综合评价指标体系 | 广州市规划编制研究中心、广州奥格智能科技有限公司 | 黄怡敏、施志林、梁枫明、游甜 | 三等奖 |
| 基于多准则决策分析的交通枢纽选址模型 | 瑞士联邦理工学院 | 王碧宇、梁弘 | 三等奖 |
| 基于企业微观数据库的空间数据挖掘与决策支持平台 | 苏州科技大学 | 叶林飞、邵鑫焱、赵朱祎 | 三等奖 |
| 基于均等性评价的公园绿地布局优化研究 | 天津大学 | 戚一帆、王美介、于君涵 | 三等奖 |
| 空心村大数据信息库支撑技术研究 | 北京舜土规划顾问有限公司 | 白亚男、陈冬梅、杨华、何昭宁、周建民、李东 | 三等奖 |
| 多灾种综合应对的避难场所选址优化研究 | 清华大学、南京大学 | 范晨璟、周姝天、翟国方 | 三等奖 |
| 避暑休闲资源识别与开发空间布局规划 | 重庆市地理信息中心 | 肖禾、闻记影、何志明、陈甲全 | 三等奖 |

# 2018 年"城垣杯·规划决策支持模型设计大赛"获奖结果公布

| 作品名称 | 参赛单位 | 参赛选手 | 获得奖项 |
|---|---|---|---|
| 基于大数据的城市就业中心识别及其分类模型研究 | 北京市城市规划设计研究院 | 王良、崔鹤 | 特等奖 |
| 基于大规模出行数据的我国城市功能地域界定 | 清华大学 | 马爽、李双金、徐婉庭 | 一等奖 |
| 基于共享单车骑行大数据的电子围栏规划模型研究 | 麻省理工学院、伦敦大学学院、慕尼黑工业大学 | 吕京弘、张永平、林雕 | 一等奖 |
| 基于春运期间LBS数据的乡镇尺度人口动态估计和预测 | 武汉大学 | 范域立、张慧子 | 一等奖 |
| 城市中心区组合用地配建停车泊位共享匹配模型 | 上海市城市建设设计研究总院（集团）有限公司 | 王斌、范宇杰、彭庆艳、沈雷洪 | 二等奖 |
| 避难场所和疏散通道规划支持系统 | 武汉大学 | 胡周灵、但文羽、刘稳 | 二等奖 |
| 基于城市消防安全评价的消防设施布局优化模型研究 | 北京城垣数字科技有限责任公司、北京市城市规划设计研究院 | 吴兰若、张尔薇、王浩然 | 二等奖 |
| 广州市新一轮总规的量化分析模型建设 | 广州市城市规划自动化中心、广州奥格智能科技有限公司 | 黄玲、何正国、陈奇志、唐忠成、杜玲玲、王习祥、洪强、黄杰生、龚露安、施志林 | 二等奖 |
| 多灾种城市综合风险评估——以北京市为例 | 北京市城市规划设计研究院、北京爱特拉斯信息科技有限公司 | 杨兵、李英花 | 二等奖 |
| 宁波市轨道交通线网规划决策支持模型 | 宁波市规划设计研究院 | 洪智勇、洪锋、胡俐先、钟章建 | 三等奖 |
| 城镇化与生态环境耦合调控模型的构建及其应用——以京津冀城市群为例 | 中国科学院地理科学与资源研究所 | 梁龙武、孙湛、虞洋、刘若文、王新明、徐耀宗 | 三等奖 |
| 基于多源大数据的西安公共厕所选址规划决策研究 | 西安建筑科技大学 | 惠倩、李笑含、陶田洁、周嘉豪、满璐玥、谢雨欣、王甜甜 | 三等奖 |
| 基于灯光数据与社会网络分析法的城市群空间关联模型 | 清华大学 | 沈一琛、张馥蕾、苏鑫、陈虎、何煦 | 三等奖 |
| 基于街景影像的交通护栏分布优化研究 | 武汉大学、清华大学 | 杜坤、常坤、李经纬 | 三等奖 |
| 山地城市普惠教育设施服务评价模型 | 重庆市规划信息服务中心 | 周宏文、周翔、周安强、罗波、万斯奇 | 三等奖 |
| 基于生态安全格局和生态功能的区域生态修复研究 | 北京大学 | 蔡爱玲 | 三等奖 |
| 基于大数据和复杂系统理论的城市绿地评价模型 | 南京大学 | 徐沙、宫传佳、童滋雨 | 三等奖 |
| 民国以来北京老城街道网络演变研究——基于空间句法的视角 | 清华大学、北京市规划和国土资源委员会海淀分局、新加坡国立大学 | 周麟、李薇、张臻、范晨璟 | 三等奖 |
| 基于百度POI与交通MNL创新磁铁模型的要素与空间耦合研究 | 浙江省城乡规划设计研究院 | 陈桂秋、杨晓光、董翊明、李星月、贺晓琴、陈濛 | 三等奖 |

# 后记

　　规划决策支持模型设计大赛面向全体热衷于城市量化研究的科研人员，秉承科学性、专业性和开放性的原则，以行业交流、技术切磋为出发点，在保证公平、公正、高效的前提下，采取公开评审的方式，打造了一场理论与实践同台竞技的学术盛宴，涌现出大量优秀作品。高校学者和从业规划师作为两大主力阵营参赛，前者侧重于理论探索，后者侧重于解决实际问题应用，两股思想的碰撞有助于进一步推动城市量化研究的探索与实践。

　　大赛自筹备以来备受业界、学界的广泛关注。特此，感谢石楠、汤海、王引、党安荣、詹庆明、沈振江、柴彦威、钟家晖、任超、黄晓春、彭明军、徐辉、王昊、龙瀛、胡海等十五位来自城乡规划、信息科学、计算机科学等领域的行业专家，从提交成果的完整性、模型方法的创新性、系统工具的可操作性、规划模型的实用性等四个方面对大赛的入围项目进行严格审定和精准点评。

　　大赛的成功举办以及《作品集》的完美呈现均离不开大赛承办单位北京城垣数字科技有限责任公司、协办单位北京城市实验室（BCL）的大力支持与积极配合，特此表示衷心的感谢！

　　创新不是一蹴而就，而在于点滴智慧的积累。希望各位学者立足当下，勇于开拓，践行梦想，用科学的力量引领城市的未来。

　　《作品集》难免存在疏漏或欠妥之处，敬请各位批评指正。

编委会

2018年12月

# Epilogue

Planning Decision Support Model Design Contest (Chengyuan Cup) is open to all the scientific researchers who are dedicated to quantitative study in urban & rural planning. In line with the principles of scientificity, profession and openness and under the preconditions of fairness, justice and efficiency, the competition is launched from the points of professional communication and technical exchanges by open review, which is an academic feast for theoretical and practical contend together. And substantial distinguished works are produced consequently. Participants can be divided into university scholars and planning practitioners, the former focusing more on theoretical exploration while the latter stressing more on actual issues application. The bent of these two domains will further the exploration and practice of quantitative study in urban & rural planning.

The Competition has been receiving considerable attention from the industry and academic circles since the very beginning of preparation. And hereby, special thanks go to the following 15 experts from such fields as rural-urban planning, information technology and computer science: Shi Nan, Tang Hai, Wang Yin, Dang Anrong, Zhan Qingming, Shen Zhenjiang, Chai Yanwei, Zhong Jiahui, Ren Chao, Huang Xiaochun, Peng Mingjun, Xu Hui, Wang Hao, Long Ying and Hu Hai. They have conducted a stringent inspection and accurate review for the competition's selected works from the following four aspects: the completeness of achievement, the innovativeness of method, the operability of system and the practicability of model operation.

The success to hold the competition and the eventual publishment of the collection would not become a reality without the great support and cooperation from the organizer Beijing Chengyuan Digital Technology Co., LTD. and the co-organizer Beijing City Laboratory, to whom our sincere thanks are given.

Innovation is not accomplished in one day; it's an accumulation of every bit of wisdom. All scholars are expected to stand on a solid ground of the current affairs and be brave in exploration and making dreams come true, and strike a future for the city with scientific powers.

There may be some omissions or deficiencies in the collection. All criticisms and comments are warmly welcomed.

Editorial Board

December 2018